国外名校名著

材料热力学导论

（原著第六版）

[美] 大卫·R．盖斯凯尔（David R. Gaskell）
大卫·E．劳克林（David E. Laughlin）　著

刘长友　译

Introduction to the
Thermodynamics of Materials

（sixth edition）

化学工业出版社
·北京·

内容简介

　　《材料热力学导论》(原著第六版)为引进国外名校名著。书中从工程应用的角度阐释材料(冶金)热力学知识，内容表述更贴合材料和冶金专业课程内容。1~6章讲解热力学三大定律和麦克斯韦尔关系，是材料与冶金热力学的基础部分；7~10章涉及相平衡，包括一元、二元系统的气相和液相平衡，是材料与冶金相图的基础；11~15章分别涉及气相化学反应、液相反应、电化学反应以及相变热力学，讲述材料制备以及金属热处理的热力学原理。此外，每个章节都有与材料和冶金工程实际问题相关的例题和习题，对于培养学生综合分析能力大有裨益。

　　本书是材料、冶金、化学化工等相关专业本科生、研究生的教材，对从事相关领域研究的科技工作者也有较高的参考价值。

Introduction to the Thermodynamics of Materials 6th Edition/by **David R. Gaskell**，**David E. Laughlin**/ **ISBN：978-1-498-75700-3**

Copyright © 2018 by CRC Press.

Authorized translation from English language edition published by CRC Press，part of Taylor & Francis Group LLC；All rights reserved. 本书原版由 Taylor & Francis 出版集团旗下，CRC 出版公司出版，并经其授权翻译出版。版权所有，侵权必究。

Chemical Industry Press is authorized to publish and distribute exclusively the **Chinese (Simplified Characters)** language edition. This edition is authorized for sale throughout **Mainland of China.** No part of the publication may be reproduced or distributed by any means，or stored in a database or retrieval system，without the prior written permission of the publisher. 本书中文简体翻译版授权由化学工业出版社独家出版并限在中国大陆地区销售。未经出版者书面许可，不得以任何方式复制或发行本书的任何部分。

Copies of this book sold without a Taylor & Francis sticker on the cover are unauthorized and illegal. 本书封面贴有 Taylor & Francis 公司防伪标签，无标签者不得销售。

北京市版权局著作权合同登记号：01-2024-3122

图书在版编目（CIP）数据

　　材料热力学导论/（美）大卫·R.盖斯凯尔
（David R. Gaskell），（美）大卫·E.劳克林
（David E. Laughlin）著；刘长友译. —北京：化学
工业出版社，2024.4
　　书名原文：Introduction to the Thermodynamics
of Materials
　　ISBN 978-7-122-44592-6

　　Ⅰ.①材…　Ⅱ.①大…②大…③刘…　Ⅲ.①材料力学-热力学　Ⅳ.①TB301

中国国家版本馆 CIP 数据核字（2023）第 243339 号

责任编辑：陶艳玲　　　　　　　装帧设计：关　飞
责任校对：杜杏然

出版发行：化学工业出版社
　　　　　（北京市东城区青年湖南街 13 号　邮政编码 100011）
印　　装：三河市航远印刷有限公司
787mm×1092mm　1/16　印张 30¾　字数 766 千字
2024 年 8 月北京第 1 版第 1 次印刷

购书咨询：010-64518888　　　　　售后服务：010-64518899
网　　址：http://www.cip.com.cn
凡购买本书，如有缺损质量问题，本社销售中心负责调换。

定　　价：258.00 元　　　　　　　版权所有　违者必究

译者前言

本书译自 David R. Gaskell（大卫·R. 盖斯凯尔）和 David E. Laughlin（大卫·E. 劳克林）著《Introduction to the Thermodynamics of Materials》2018 年第 6 版。两位作者多年从事冶金与材料科研与教学，是本领域的知名专家和学者。原著第一版成书较早，经过 40 余年的多次再版，本书成为本领域的经典材料热力学教科书。

为什么要翻译此著作呢？

热力学的教程很多，诸如材料热力学、冶金热力学、化工热力学、工程热力学等，这还不算物理化学教程。目前，物理化学教材理论性很强，这是优点。但是，怎样把物理化学的内容直接转到材料科学上，至少在教材内容的选取和编排上还要下很大的功夫，否则，学生学完之后，对于具体的材料问题，不知道如何下手，不知道怎么用这些知识处理材料领域的问题。对于材料热力学的其他教程，诸多数学形式的深刻分析，学生往往一时半会儿吃不透热力学知识内容，学习畏难情绪非常大。化学/化工热力学和工程热力学，也都有其各自的专业背景，有些内容与材料热力学相距甚远。所以，很有必要把这本紧密贴合材料和冶金专业的材料热力学教程提供给国内读者。

《热力学与相变》为西北工业大学伦敦玛丽女王大学工程学院的全英文核心专业基础课程，本书原著为该课程的教材。原著虽然简明扼要，但作为热力学分支学科的课程教材，概念仍很抽象，理论水平要求仍较高。国内的物理化学、工程热力学和材料热力学等中文教材，无论是在内容覆盖度还是在难度上，均不能满足学生自主学习的需求，迫切需要一本内容完整的中文译著，以帮助学生准确理解课程内容，提高学习效率。另外，原著与国内的冶金原理内容高度契合，译著很适合本科生在学习冶金原理课程时作为重要的参考书。

为什么要选择第 6 版翻译呢？相比而言优势如下。

第 6 版图的质量是最高的，图形的文字大小合适，线条容易识别。第 6 版和第 5 版都改变了公式的录入形式，比第 4 版的图片格式、公式更清晰。

第 6 版新增了磁功内容，该内容在目前国内外的材料热力学教材和专著中大都较少涉及，是对当前材料热力学内容的扩充，和电功的内容相似，都是很好的开拓读者专业视野的材料热力学内容。

第 6 版新增了相变热力学内容，舍弃了二元系统的温度-压力-组成相图。温度-压力-组成相图专业性强，适于作为本科教材的选修内容，而新增的相变热力学内容使教材在科学体系上更加合理。

译著至今能交初稿，也是一波三折，译者感触颇多。不记得多少次了，为了翻译好一个专业术语，我辗转于知网、读秀、百度、谷歌（代理）网站，不停地查询各种在线翻译平台，不停地查阅各种专业电子词典，甚至用网友制作的反查字典搜索。耗费的时间和精力，不是三言两语就能说清的。文献还没顾上看，科研计划拖之又拖，颓废与无奈之感袭来，曾经不止一次地告诫自己：但行好事，莫问前程。为了翻译好一个句子，月余的时间已过去了，深刻体验了大翻译家严复的感慨！为了翻译好语篇，我临时抱佛脚，翻阅了几本翻译理论书籍，得出的结论是：译出佳作实非我个人能力所及！译著水平有限，不妥或错误之处，还请读者批评指正。译著翻译工作我能坚持下来，还要感谢家人的理解与默默的支持，特别感谢妻子对我深夜对着电脑屏幕发呆的容忍，特别感谢妻子对我凌晨三四点还在敲键盘、撕稿纸打扰她休息的宽宥。

原著中存在的印刷错误或笔误，凡是我发现并且确认的，在中译版中都已作了更正，一般没有加译注。为方便读者理解，书中的单位制沿用了原著的单位，未修改为标准单位。

从本书的翻译策划到最后完稿付梓，化学工业出版社给予了很多关心和支持。感谢西北工业大学伦敦玛丽女王大学工程学院和西北工业大学教务处的资助。

译者

2024 年 2 月

作者前言

在准备这个新版本时，我努力保留前五个版本的内容，同时补充一些我个人的偏好。这些补充内容反映了我的研究兴趣（磁性和相变），也与当前材料科学专业的学生有关。本版补充内容包括 P-V 功之外功的作用（例如磁功），与之相应的熵和麦克斯韦尔关系，以及它们在相图应用领域中的作用。此外，本书对相变热力学给予足够的关注，这些主题分布在全书之中。本书增加了一个全新的章节（第 15 章），专门讲述热力学在相变研究中的具体应用。直到快要交稿了，我电脑上的文稿仍保留了一些更改信息，也许有一天这些更改信息会出现在本书的第七版中！

本书是为材料专业本科生编写的，也可供本科阶段未修过此类课程的材料相关专业的研究生使用。我在卡内基梅隆大学（CMU）讲授我的第一堂热力学课时使用本书的第一版，距今已有 40 多年了。20 世纪 90 年代中期，我还在 CMU 的几个暑期学校热力学课程中使用了这本书。根据我的经验，在一学期的课程中不可能教完全部内容。在这个版本中，我将全书分为三个部分。我建议一个学期的本科课程至少包括第一部分（热力学原理）和尽可能多的第二部分（相平衡），第三部分（反应和相变）可以归入讲授氧化、能量和相变的其他课程中。

我充分意识到计算材料科学的兴起以及此类课程对计算热力学的需求。我认为本书是任何热力学计算方法课程的先修内容：一个人不应该去计算他不理解的东西！

我感谢家人的持续支持，特别是我的妻子黛安。多年来，她一直非常容忍我到书房去准备讲座，通常是在周末！在多年的教学和研究中，我所有的学生都在很多方面提供了帮助。特别感谢我以前的学生 Jingxi Zhu 博士帮助我校对了几个章节。近二十年来，我受益于与 Michael McHenry 教授的合作和友谊，我曾与他一起教授磁性材料课程，其中热力学是主要内容。最后，感谢弗吉尼亚大学的 William A. Soffa 教授与我长期的友谊，感谢与他在热力学、磁学、相变以及科学史和哲学相关主题上进行的无数次讨论和学习时光。我希望他从我这里学到的东西能达到我从他那里学到的一半。

在大卫·R. 盖斯凯尔去世大约 4 年后，我很荣幸能够修订盖斯凯尔《材料热力学导论》第六版。愿本书继续能在热力学基础知识方面更好地帮助材料专业的学生。

大卫·E. 劳克林（David E. Laughlin）

美国铝业公司物理冶金学特聘教授

宾夕法尼亚州匹兹堡，卡内基梅隆大学，材料科学与工程系

作者简介

大卫·R. 盖斯凯尔

在苏格兰格拉斯哥大学获得冶金和工业化学学士学位，在安大略省汉密尔顿市麦克马斯特大学获得博士学位。盖斯凯尔博士的第一个教职是在宾夕法尼亚大学，他从1967年到1982年在那里教授冶金和材料科学。1982年，被印第安纳州西拉斐特的普渡大学聘为教授，任教至2013年。在盖斯凯尔博士的职业生涯中，他担任加拿大国家研究委员会的客座教授（新斯科舍省哈利法克斯市大西洋区域实验室，1975—1976），澳大利亚墨尔本大学化学工程系G. C. Williams提取冶金合作研究中心客座教授（1995）。在澳大利亚休假期间，他还在维多利亚州克莱顿的联邦科学与工业研究组织（CSIRO）担任访问科学家。盖斯凯尔博士撰写了教科书《冶金热力学导论》《材料热力学导论》和《材料工程传输现象导论》。

大卫·E. 劳克林

宾夕法尼亚州匹兹堡的卡内基梅隆大学（CMU）材料科学与工程系，美国铝业公司物理冶金学特聘教授，电气和计算机工程系讲座教授。1987—2016年，担任《冶金与材料会刊》主编。毕业于宾夕法尼亚州费城德雷塞尔大学（1969年）和马萨诸塞州剑桥市麻省理工学院（1973年）。矿物、金属和材料学会（TMS）的会士，美国矿业、冶金和石油工程师协会（AIME）的名誉会士，以及美国材料信息学会的会士。还因卓越的教学和研究获得了多个CMU奖项，并被任命为TMS电子、磁性和光子材料部门的杰出科学家。在相变、物理冶金和磁性材料领域发表了400多篇技术出版物，获得了12项专利，并主编及合编了7本书，其中包括第五版《物理冶金》。

目录

第一部分
热力学原理

第1章

引言和术语的定义

1.1　引言

　　热力学一词与两个希腊词 therme 和 dynamikos 相关，它们分别翻译成英语的"热"和"功"（或"运动"）。热力学是一门专注于能量和功之间关系的物理科学，它还研究系统的平衡状态和变量。重要的是，热力学定义了热量，并将其与能量从一个区域逆着温度梯度传递到另一个区域的过程相联系。在本书中，我们将主要使用"热能"这个词使其与这种能量传递形式相联系，但有时会使用"热"这个词。热力学处理能量间守恒以及各种形式能量间的相互转化。热力学关注的是被称为"系统"的那部分物质与被称为"环境"的那部分物质之间的性质和相互作用。系统就是我们希望详细研究的那部分物质，而环境则是系统之外的另一部分物质，系统和环境可以通过交换能量或物质而相互作用。系统可以对环境做功或被环境对其做功。系统与环境之间的边界或壁面使这种相互作用成为可能。在所谓的简单热力学系统中，环境仅通过压力和温度变化与系统相互作用。在简单系统中组成保持不变。

　　我们很方便通过系统与环境之间发生的相互作用的类型来描述系统。

　　① 孤立系统：在这些系统中，系统不做或不被做任何功。此外，能量或物质也不进入或离开系统。因此，这些系统的能量保持不变，整体组成也不变。即孤立系统不受环境变化的影响。

　　② 封闭系统：这些系统可以从环境接收能量，也可以向环境释放能量。此时的边界是透热的，也就是说，它们允许热能通过它们传入或传出系统。但是，这些边界是物质无法渗透的，因此，在这些系统中物质的量是恒定的。

　　③ 开放系统：这些系统可以与环境交换能量和物质。这些系统的能量和组成都不需要保持不变。边界是可渗透和透热的。

　　系统的边界或壁面分类如下：

- 绝热：热能不能通过边界。
- 透热：热能可以通过边界。
- 可渗透：物质可以通过边界。
- 不可渗透：物质不能通过边界。

• 半渗透：一些组成物能够通过，而另一些则不能。

显而易见，在研究一个系统时，了解或确定它与环境的相互作用是重要的。

温度是系统的宏观性质，是热力学课题的一个备受关注的研究方向。在导论性的物理课程中，不使用温度来描述物质的力学性质（如质量、速度、动量等）。机械能通过摩擦可以转化为热能的发现是热力学发展初期的一个重要里程。后来，热能转化为机械能或其它形式的能量，成为经典热力学的焦点。这个内容将在第 2 章热力学第一定律的介绍中讨论。

系统可以是我们感兴趣的机器（热机）或设备（换能器）。在材料热力学的研究中，系统通常是由物质组成的，物质是任何有质量并占据空间的东西。物质具有给定的温度、压力和化学成分，以及诸如热膨胀、可压缩性、热容、黏度等物理性质。应用热力学的核心目标是确定环境对给定系统平衡状态的影响。由于环境通过传递或接收各种形式的能量或物质与系统相互作用，因此应用热力学的另一个重点是在给定系统的平衡状态和与其作用的影响因素之间建立业已存在的关系。

1.2 状态的概念

热力学的一个基本概念是热力学状态。如果有可能知道一个系统中所有组成粒子的质量、速度、位置和所有运动模式（平移、旋转等），这些将有助于描述该系统的微观状态，反过来，将在原则上决定该系统所有可以测量的热力学变量（能量、温度、压力等）。对于具有宏观尺寸的系统，这将需要超过 10^{24} 个坐标，显然是一项不可能完成的任务。在缺乏确定系统微观状态所需的这些详细描述的情况下，经典热力学首先考虑的是系统的变量，这些变量一旦确定，就完全确定了系统的宏观状态。也就是说，当所有的热力学变量都是固定的，那么系统的宏观状态就是固定的，可以说是处于平衡状态。人们发现，当少数热力学变量的值被固定时，其余的热力学变量的值也能被固定。事实上，一个简单的系统，如固定成分的某一数量的物质，固定两个热力学变量的值就能确定其余热力学变量的值。因此，只有两个热力学变量是独立的，它们被称为系统的独立热力学变量。所有其它变量都是因变量。因此，当两个独立变量的值固定时，系统的热力学状态是唯一确定的。这被称为杜亥姆❶假设。然而，在有些情况下，需要更多的独立变量，例如当温度和压力以外的热力学场存在时。这些场包括电场或磁场。

一个系统的热力学变量的值不是该系统的发展过程的函数，也就是说，它们与该过程将系统从以前的状态变为现在的状态的路径无关。因此，这些热力学变量对系统状态来说是内禀的（内在的、固有的）。这种热力学变量是状态的函数，可以表示为其因变量的精确完全微分❷。当然，有的时候，系统的属性确实取决于它的发展过程。这些性质通常被称为外在（外来）属性，它们不是系统的平衡性质，在一定时间内可能会发生变化。应该指出的是，一些外在特性是可以控制的，以期制备具有最佳特性的材料。

考虑 1 摩尔简单气体的体积 V，其数值取决于气体的压力 P 和温度 T 的数值。因变量

---

❶ 皮埃尔·莫里斯·玛丽·杜亥姆（Pierre Maurice Marie Duhem，1861—1916）。

❷ 有关精确微分方程的讨论，请参见附录 B。

V 与自变量 P 和 T 之间的关系可以表示为：

$$V = f(P, T) \tag{1.1}$$

在一个以体积、压力和温度为坐标的三维图中，在 V-P-T 空间中表示系统处于平衡状态的点位于一个曲面上。图 1.1 是 1 摩尔简单气体的情况。当系统处于平衡状态时，固定三个变量中任意两个的值，就可以确定系统第三个变量的值。

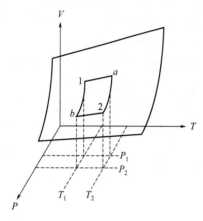

考虑一个将气体从状态 1 变为状态 2 的过程。这个过程导致的气体体积变化为：

$$\Delta V = V_2 - V_1$$

这个过程可以沿着 V-P-T 面上的许多不同路径进行，其中就有两个路径，即 $1 \to a \to 2$ 和 $1 \to b \to 2$，如图 1.1 所示。考虑路径 $1 \to a \to 2$，体积的变化是：

$$\begin{aligned}
\Delta V &= \Delta V_{1 \to a} + \Delta V_{a \to 2} \\
&= (V_a - V_1) + (V_2 - V_a) \\
&= V_2 - V_1
\end{aligned}$$

其中，$1 \to a$ 发生在恒定压力 P_1 下，$a \to 2$ 发生在恒定温度 T_2 下。我们可以把这些变化表示为：

$$\Delta V_{1 \to a} = V_a - V_1 = \int_{T_1}^{T_a} \left(\frac{\partial V}{\partial T} \right)_{P_1} \mathrm{d}T$$

图 1.1　1 摩尔简单气体在 V-P-T 空间以一个曲面来表示的平衡状态

和

$$\Delta V_{a \to 2} = V_2 - V_a = \int_{P_a}^{P_2} \left(\frac{\partial V}{\partial P} \right)_{T_2} \mathrm{d}P$$

所以，

$$\Delta V_{1 \to 2} = \int_{T_1}^{T_2} \left(\frac{\partial V}{\partial T} \right)_{P_1} \mathrm{d}T + \int_{P_1}^{P_2} \left(\frac{\partial V}{\partial P} \right)_{T_2} \mathrm{d}P \tag{1.2}$$

同样地，对于路径 $1 \to b \to 2$，有：

$$\Delta V_{1 \to b} = V_b - V_1 = \int_{P_1}^{P_b} \left(\frac{\partial V}{\partial P} \right)_{T_1} \mathrm{d}P$$

和

$$\Delta V_{b \to 2} = V_2 - V_b = \int_{T_b}^{T_2} \left(\frac{\partial V}{\partial T} \right)_{P_2} \mathrm{d}T$$

所以，

$$\Delta V_{1 \to 2} = \int_{P_1}^{P_2} \left(\frac{\partial V}{\partial P} \right)_{T_1} \mathrm{d}P + \int_{T_1}^{T_2} \left(\frac{\partial V}{\partial T} \right)_{P_2} \mathrm{d}T \tag{1.3}$$

式（1.2）和式（1.3）必须得到相同的 $\Delta V_{1 \to 2}$ 的值。在体积变化极微小的情况下，由这些表达式可导出式（1.1）的完全微分为：

$$\mathrm{d}V = \left(\frac{\partial V}{\partial P} \right)_T \mathrm{d}P + \left(\frac{\partial V}{\partial T} \right)_P \mathrm{d}T \tag{1.4}$$

将气体从状态 1 变为状态 2 所引起的体积变化只取决于状态 1 和状态 2 的体积，而与气体在状态之间的路径无关。这是因为气体的体积是一个状态函数，式（1.4）就是热力学状态变量体积的精确微分。

这两个偏微分将体积变化与热力学强度变量（P 和 T）的变化联系起来，它们与气体的特性有关，即

$$\beta_T = -\frac{1}{V}\left(\frac{\partial V}{\partial P}\right)_T,\text{等温压缩系数，量纲为 } P^{-1}$$

和

$$\alpha = \frac{1}{V}\left(\frac{\partial V}{\partial T}\right)_P,\text{热膨胀系数，量纲为 } T^{-1}$$

因此，式（1.4）的完全微分可以写为：

$$dV = \alpha V dT - \beta_T V dP$$

这个方程可以很容易地在 T 和 P 的范围内积分，其中 β_T 和 α 被假定为常数。

1.3 平衡的例子

在图 1.1 中，位于 V-P-T 空间的一个曲面代表系统的平衡状态。这意味着系统平衡存在于特定的 P 和 T 组合点上，这个点要满足 V（P，T）面方程。

一个特别简单的系统如图 1.2 所示。在这个图中，1 摩尔的气体被装在一个活塞可以移动的气缸中。当满足如下条件时，该系统处于平衡状态。

① 气体对活塞施加的压力等于活塞对气体施加的压力。

② 气体的温度与环境的温度相同（假设热能可以通过气缸的壁面传递，也就是说，气缸的壁面是透热的）。

由于作用于系统的外部影响致使系统变化（即温度和压力）的趋势与系统抵抗这种变化的趋势势均力敌，气体的状态被固定下来，系统也达到了平衡状态。假设气体的压力固定在 P_1，那么 T_1 将决定系统的状态，体积因此将固定在 V_1。如果在温度不变的情况下，通过适当增加放在活塞上的物体的重量，使施加在气体上的压力增加到 P_2（图 1.1），由此导致气体作用在活塞上的压力和活塞作用在气体上的压力不相等，活塞将移入气缸。这个过程气体体积减小，因此气体的压力（压强）增加，它又反作用于活塞上，直到压力重新相等。作为这个过程的结果，气体的体积从 V_1 减小到 V_b。在热力学上，压力从 P_1 到 P_2 的等温变化使系统的状态从状态 1

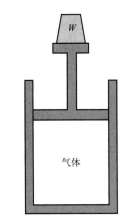

图 1.2　1 摩尔气体被活塞封装在一个气缸中（气缸壁是透热的，W 是放在活塞上的物体的重量）

（P_1，T_1）变为状态 b（P_2，T_1），体积作为因变量，从 V_1 下降到 V_b。这表明活塞对气体做了功。

如果活塞对气体施加的压力保持在 P_2 不变，而环境的温度从 T_1 上升到 T_2，那么随之而来的跨越气缸壁的温度梯度导致热能从环境转移到气体中。在恒定压力 P_2 下，气体温度

的升高导致了气体的膨胀，从而将活塞由气缸内向外推出。当气体均匀地处于温度 T_2 时，气体的体积为 V_2。同样，在热力学上，在恒定压力 P_2 下，温度从 T_1 增加到 T_2，使系统的状态从状态 b（P_2，T_1）变为状态 2（P_2，T_2），体积作为因变量从状态 b 的 V_b 增加到状态 2 的 V_2。在这种情况下，膨胀的气体对活塞做了功。由于体积是一个状态函数，如果首先将状态从 1 变为 a，然后再从 a 变为 2，最终的体积 V_2 将是相同的。

1.4　理想气体的状态方程

1660 年，罗伯特·波义耳（1627—1691）通过实验确定了气体在恒温下的压力-体积关系，他发现，在 T 恒定时，

$$P \propto \frac{1}{V}$$

上式被称为波义耳定律。同样，雅克·亚历山大·查尔斯（1746—1823）在 1787 年通过实验确定了恒定压力下气体的体积-温度关系。这种关系被称为查尔斯定律，即在恒定压力下，

$$V \propto T$$

因此，在为 1 摩尔气体绘制的图 1.1 中，V-P-T 空间面与恒温 T 面相交产生了矩形双曲线，在 P-V 关系图中双曲线渐渐接近 P 轴和 V 轴；而在与恒压 P 面相交时，交线在 V-T 关系图中则为直线。这些内容如图 1.3（a）和（b）所示。

1802 年，约瑟夫·路易·盖-吕萨克（1778—1850）观察到所谓的永久气体的热系数是一个常数。前文中，我们注意到热膨胀系数，α，被定义为气体体积在恒定压力下随着温度变化而增加的分数，即

$$\alpha = \frac{1}{V}\left(\frac{\partial V}{\partial T}\right)_P \tag{1.5}$$

式中，V 为 0℃时 1 摩尔气体的体积。盖-吕萨克得到的 α 值为 1/267，但亨利·维克多·雷诺（1810—1878）在 1847 年进行的更精细的实验表明 α 的值为 1/273。后来，人们发现，波义耳定律和查尔斯定律描述气体行为的准确性因气体不同而不同。一般来说，沸点较低的气体比沸点较高的气体更严格地遵守这些规律。研究还发现，随着气体压力的降低，所有气体都更严格地遵守这些规律。因此，人们发现一种假想的气体是很方便的，它在所有的温度和压力下都完全遵守波义耳定律和查尔斯定律。这种假想的气体被称为完美气体或理想气体，它的 α 值为 1/273.15。

由于热膨胀系数是一个确定的数值，因此它为理想气体的冷缩设定了一个限制。也就是说，由于 $\alpha = 1/273.15$，那么温度每降低 1 度，气体体积减小的分数是 0℃时体积的 1/273.15。因此，在 -273.15℃时，气体的体积将为零，因此温度下降的极限，-273.15℃，是温度的绝对零度。这就定义了一个绝对温标，称为理想气体温标，它与任意的摄氏温标之间的关系可以由下式描述：

$$T(\text{绝对温度}) = T(\text{摄氏温度}) + 273.15$$

由波义耳定律，

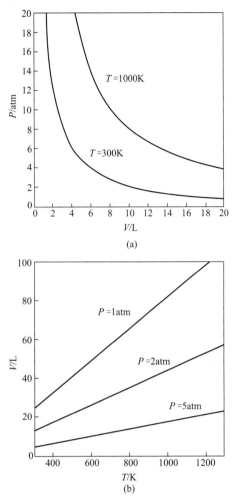

图 1.3 （a）在 300K 和 1000K 时，1 摩尔理想气体的压力随体积变化的关系；
（b）在 1atm、2atm 和 5atm 下，1 摩尔理想气体的体积随温度变化的关系
（1atm＝101325Pa）

$$P_0 V(T, P_0) = PV(T, P)$$

和查尔斯定律，

$$\frac{V(P_0, T_0)}{T_0} = \frac{V(P_0, T)}{T}$$

二者组合可得：

$$\frac{PV(P, T)}{T} = \frac{P_0 V(P_0, T_0)}{T_0} = 常数 \qquad (1.6)$$

式中，P_0 为标准压力（1 个大气压，atm）；T_0 为标准温度（273.15K 绝对温度）；V $(P，T)$ 为在压力 P 和温度 T 下的体积。根据阿伏伽德罗（Lorenzo Avogadro，1776—1856）的假设，所有理想气体在 0℃ 和 1atm ［称为标准温度和压力（STP）］下的摩尔❶体

---

❶ 物质的摩尔质量是以克表示的阿伏伽德罗常数个物质分子的质量。因此，1 摩尔的 O_2 的质量为 32g，1 摩尔的 C 的质量为 12g，1 摩尔的 CO_2 的质量为 44g。

积为 22.414L。因此，式（1.6）中常数的值是：

$$\frac{P_0 V_0}{T_0} = \frac{1\text{atm} \times 22.414\text{L}}{273.15\text{K} \cdot \text{mol}} = 0.082057 \frac{\text{L} \cdot \text{atm}}{\text{K} \cdot \text{mol}}$$

这个常数用符号 R 表示，即气体常数，由于适用于所有理想气体，它是一个通用常数。因此，式（1.6）可写为：

$$PV = RT \tag{1.7}$$

这就是 1 摩尔理想气体的状态方程。式（1.7）也被称为理想气体定律。由于理想气体的状态方程形式简单，所以在热力学讨论中理想气体是一个被广泛使用的系统。

绝对温标的存在表明，不同的系统可以被赋予一个单值函数来指定其热能的强度。热力学第零定律可表述如下：如果系统 A 与系统 B 处于热平衡状态，而系统 B 与系统 C 处于热平衡状态，则系统 A 与系统 C 也处于热平衡状态。所有三个系统必须具有相同的绝对温度，因此，系统的温度是一个热力学强度状态变量。如果两个系统之间的温度梯度等于零，那么这两个系统就处于热平衡状态。如果温度梯度不为零，就会出现能量从高温系统向低温系统转移的趋势，通常称为热传递。我们将看到，温度是对构成系统的粒子的能量的度量。

1.5 能量与功的单位

R 单位中出现的单位"L·atm"（liter·atm）是一个能量项。当一个力使一个物体移动一段距离时，就会做功。功和能量的量纲是力×距离。压强是作用在单位面积上的力。因此，功和能量的量纲还可以是压力（强）×面积×距离，或压力（强）×体积。国际单位制中能量的单位是"J（Joule）"，它是 1N（Newton）的力运动 1m（meter）距离时所做的功。"L·atm"与"J"的转换关系如下：

$$1\text{atm} = 101325 \frac{\text{N}}{\text{m}^2}$$

两边同时乘以升（10^{-3}m^3），得：

$$1\text{L} \cdot \text{atm} = 101.325\text{N} \cdot \text{m} = 101.325\text{J}$$

所以：

$$R = 0.082057 \frac{\text{L} \cdot \text{atm}}{\text{K} \cdot \text{mol}}$$

$$= 8.314 \frac{\text{J}}{\text{K} \cdot \text{mol}}$$

其它形式的功，如磁功和电功以及它们的转换，将在文中出现时再讨论。

1.6 热力学广延量和强度量

热力学状态参数或是广延量或是强度量。广延量的值取决于系统的大小，而强度量的值则与系统的大小无关。体积是一个具有广延性质的变量，而温度和压力是具有强度性质的变量。一个系统的单位体积或单位质量的广延变量，具有强度量的特征。例如，每单位质量的体积（比容）和每摩尔的体积（摩尔体积）就是强度量，其数值与系统的大小无关。对于一个由 n 摩尔理想气体组成的系统，其状态方程为：

$$PV' = nRT$$

式中，V' 为系统的总体积。对于 1 摩尔理想气体组成的系统，状态方程可以简化为式（1.7），即

$$PV = RT$$

式中，V 为气体的摩尔体积，$V = V'/n$。在标准温度和压力（STP）下，理想气体的摩尔体积是 22.414L/mol。

1.7 平衡相图和热力学组分

在用图形表示一个系统存在的平衡状态的几种方法中，组分图或平衡相图是最通用和最方便的。相图的复杂性主要由系统中出现的组分数量决定，其中组分是有固定成分的化学物质。最简单的组分是化学元素和整化学计量比的化合物。系统主要按其包含的组分数量进行分类——例如，单组分（一元）系统、双组分（二元）系统、三组分（三元）系统、四组分（四元）系统等。

只有两个独立状态变量的单组分系统的相图，以两个独立变量为坐标轴，用二维图形表示平衡状态的相互依赖性。这两个独立变量通常为压力（压强）和温度。图 1.4 是 H_2O 单组分相图的局部图。图 1.4 中完整曲线把图形分为三个区域，分别对应于固体、液体和气体。如果一定量的纯 H_2O 处于某温度和压力下，由 AOB 区域内的一个点表示，那么 H_2O 的平衡状态是液态。类似的，在 COA 区域内和 COB 曲线下方，水的平衡状态分别是固态和气态。当平衡状态位于这些区域之一时，它是均质的。也就是说，它只由水的一个物相组成。

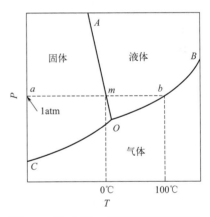

图 1.4　H_2O 压力-温度平衡相图局部
（m 点对应的温度为熔点，b 对应的温度为沸点）

如果存在的状态位于一条曲线上，平衡状态由两相组成。在曲线 AO 上，液体和固体 H_2O 彼此平衡共存。诸如此类的状态是非均质的。现在，❶我们把相定义为物理系统中的一个有限体积，在这个体积中，热力学参数是均匀不变的。也就是说，在这个体积内，热力学参数从一个点到另一个点的过程中不会经历任何突变。

---

❶ 有关相的更精确的定义，请参阅第 15 章的引言部分。

曲线 AO 表示 P 和 T 需要同时变化，以维持固体和液体 H_2O 之间的平衡，因此它反映了压力对冰融化温度的影响。同样，曲线 CO 和 OB 分别表示 P 和 T 需要同时变化，以维持固体和气体 H_2O 之间以及液体和气体 H_2O 之间的平衡。因此，曲线 CO 是固体冰的饱和蒸汽压力随温度的变化曲线，或者是水蒸气的凝华温度随压力的变化曲线。曲线 OB 反映液态水的饱和蒸气压随温度的变化，或者说反映水蒸气的露点随压力的变化。三条两相平衡曲线在 O 点（三相点）相遇，因此它表示三相（固体＋液体＋蒸气）平衡时 P 和 T 有唯一的数值。

图中路径 amb 表示，如果一定量的冰在 1atm 的恒定压力下被加热，熔化发生在状态点 m 处，根据定义，对应的温度是冰的正常熔化温度。沸腾发生在状态点 b，对应的温度就是水的正常沸腾温度。

我们已经看到，相可以是固体、液体或气体。（混合）气体是单相的，因此是均质相。液体可能是均匀的、单相的，也可能分成不同成分的区域，由两相或多相组成。同样地，固体可以是单相的，也可以由一个以上的相组成。人们通常把由一种以上组分组成的金属称为合金。合金可以是单相的，也可以是多相的。单相结晶合金由两个或更多的组分组成，组分随机分布在单一晶体结构中。这种单相合金就是所谓的固溶体。

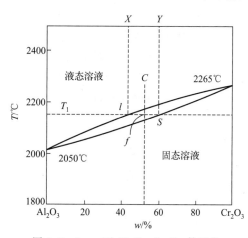

图 1.5　1atm 下 Al_2O_3-Cr_2O_3 体系的温度-组成平衡相图

如果系统包含两个组分，必须包括一个成分轴，因此，完整的相图是三维的，坐标是成分、温度和压力。然而，在大多数凝聚相的情况下，三维图的恒压截面图就能充分地反映二元相图了。选定的恒压通常是 1atm，坐标是成分和温度。图 1.5 是一个典型的简单二元相图，显示了 1atm 下 Al_2O_3-Cr_2O_3 体系中存在的相关系。这个相图显示，在温度低于 Al_2O_3 的熔化温度（2050℃）时，固体 Al_2O_3 和固体 Cr_2O_3 在所有比例下都是完全混溶的，并形成一种固体溶液。这可能是因为 Al_2O_3 和 Cr_2O_3 具有相同的晶体结构（刚玉，空间群 $R\bar{3}c$），而且 Al^{3+} 和 Cr^{3+} 的大小相似，Al^{3+} 和 Cr^{3+} 被认为是随机分布在空间群 $R\bar{3}c$ 的 c 位上。温度高于 Cr_2O_3 的熔化温度（2265℃）时，液态 Al_2O_3 和液态 Cr_2O_3 在所有比例下都是完全混溶的，形成液态溶液。

因此，该图包含了固相完全互溶和液相完全互溶的区域，这些区域被一个两相区域隔开，其中固体和液体溶液相互平衡地共存。例如，温度为 T_1 时，在成分介于 X 和 Y 之间的 Al_2O_3-Cr_2O_3 体系中，成分为 l 的液态溶液与成分为 S 的固态溶液处于平衡状态，两相共存。平衡状态下两相的相对比例只取决于 X—Y 范围内系统的整体组成，并由杠杆定律决定，如下所示。

对于温度为 T_1 整体成分为 C 的体系，在 T_1 时处于平衡状态的固体相对比例为 lC/lS，液体相对比例为 CS/lS，表达式的分子和分母是相图上所示线段的长度。

因为对组分（组元）的唯一要求是它有固定的组成（成分），所以对系统组分的指定是有些随意的。在 Al_2O_3-Cr_2O_3 系统中，组分显而易见地被指定为 Al_2O_3 和 Cr_2O_3。然而，最方便的选择并不总是显而易见，选择组分的随意性将在后面处理其它氧化物相图时再讨论。

1.8 热力学定律[1]

有时，热力学可概括为几条定律，这些定律可以被视为自然界中通过实验确定的事实，也可以被视为能够推导出其它热力学关系的公理。我们已经看到，所谓的第零定律向我们介绍了一个重要的热力学强度变量——温度，T。温度是材料热强度的一种度量，用来确定热平衡。在接下来的小节中我们会总结其它三个定律，这三个定律将是全书研究的主题。

1.8.1 热力学第一定律

第一定律不仅指出整个体系的能量是守恒的，而且还提出各种形式的能量（例如热能、电能、磁能和机械能）都可以转化为其它形式的能量。第一定律最初是这样表述的，热能（热量）可以转化为机械功，这对热机特别有用。该定律还定义了一个重要的广延热力学状态函数，即所研究系统的内能，U。

1.8.2 热力学第二定律

尽管第二定律在普通的科学讨论中也备受关注，但它却经常被错误地解读了！用该定律描述系统和环境时必须非常小心谨慎。如果考虑到其它重要的限制条件，第二定律使我们能够对系统在自发过程中随时间变化的方向做出重要预测。第二定律引入了另一个重要的广延热力学状态函数，即熵，S。第二定律的简短表述是整个体系的熵永远不会减少。

1.8.3 热力学第三定律

第三定律强调的是，内部完全平衡的系统在温度接近绝对零度时，其各种类型的熵都接近于零。有时，第三定律是这样表述的：一个系统的温度永远不可能达到绝对零度。这也称为不可达到原理。

本教程将在接下来的章节中讨论热力学定律，并在本书后面的章节中，将其应用于系统热力学稳定性的分析。

1.9 小结

① 在热力学中，整个体系被划分为系统（我们感兴趣的那部分物质）和环境。在系统和环境之间有几类边界，每种类型的边界都定义了具有具体特性的系统。

② 在热力学中，系统的平衡（概念）意义在于：如果它是能为人所知的，人们就可以判断系统的状态是否会发生变化，以及这种变化会向哪个方向发展。

---

[1] 关于热力学定律，一个非常好的总结见于彼得·阿特金斯编写的《热力学定律——一个非常简短的介绍》（牛津大学出版社，牛津，英国，2010.）一书。

③ 一个简单系统的状态是由该系统的两个独立强度变量温度和压力决定的。

④ 其它热力学变量是压力和温度的函数，系统的平衡状态是自变量的函数，可通过图形来描述。

⑤ 热力学第零定律引入了强度变量温度，T。

⑥ 热力学第一定律指出孤立系统的能量是恒定的，表明不同形式的能量可以相互转化，并引入了热力学广延变量内能，U。

⑦ 热力学第二定律描述了哪些过程可以自发发生，并引入了热力学广延变量熵，S。孤立系统的熵永远不会减少。

⑧ 热力学第三定律指出，如果系统处于内部完全平衡状态，当系统温度接近绝对零度时，各种类型的熵都接近零值。

1.10 本章概念和术语

读者应写出以下术语的简要定义或描述。在适当的情况下，可以使用方程式。

合金

边界：绝热/透热/渗透/半渗透

波义耳定律

查尔斯定律

热膨胀系数

组分

能量守恒

能量转化

能量/功

平衡相图

完全微分

广延/强度热力学变量

气体常数，R

均质/异质系统

理想气体/理想气体定律

热力学自变量/因变量

孤立/封闭/开放系统

等温压缩性

热力学定律

微观/宏观热力学变量

固体/液体溶液

系统/环境

热力学场

热力学状态

热力学状态函数

热力学状态参数

三相点

蒸气（汽）压

V-P-T 空间

1.11　证明例题

（1）证明例题 1

图 1.1 是 1 摩尔理想气体的体积随压力和温度变化的关系图。对于 2 摩尔的理想气体，图形将如何变化？对于 n 摩尔理想气体它又会如何变化？

解答：

对于 2 摩尔理想气体，曲面将向上移动，使每个点的体积增加 1 倍，表面在 $2V_i$ 处的斜率和曲率与在 V_i 处的相同。对于 n 摩尔理想气体，曲面上每个点都向上移动 nV_i，同样，斜率和曲率保持相同。

（2）证明例题 2

求理想气体的 β_T 和 α 的简化表达式。

解答：

$$\beta_T = -\frac{1}{V}\left(\frac{\partial V}{\partial P}\right)_T; \quad \alpha = \frac{1}{V}\left(\frac{\partial V}{\partial T}\right)_P$$

将理想气体状态方程，

$$V = RT/P$$

$$\left(\frac{\partial V}{\partial T}\right)_P = R/P$$

$$\left(\frac{\partial V}{\partial P}\right)_T = -RT/P^2$$

代入对应表达式中，得：

$$\beta_T = \left(-\frac{1}{V}\right)\left(\frac{\partial V}{\partial P}\right)_T = \left(-\frac{P}{RT}\right)\left(-\frac{RT}{P^2}\right) = \frac{1}{P}$$

$$\alpha = \frac{1}{V}\left(\frac{\partial V}{\partial T}\right)_P = \frac{P}{RT} \cdot \frac{R}{P} = \frac{1}{T}$$

1.12　计算例题

（1）计算例题 1

考虑 1 摩尔的理想气体。以压力为纵轴、温度为横轴，绘制体积为 11.2L、22.4L 和

44.8L 时气体的压力随温度的变化关系图。使用压力和温度范围与图 1.3 一致。

解答：

可以使用理想气体定律（$PV'=nRT$）计算恒定体积状态。下表为计算结果，关系曲线如图 1.6 所示。

T/K	P/atm		
	$V=11.2L$	$V=22.4L$	$V=44.8L$
300	2.20	1.10	0.55
400	2.93	1.47	0.73
500	3.66	1.83	0.92
600	4.40	2.20	1.10
700	5.13	2.56	1.28
800	5.86	2.93	1.47
900	6.59	3.30	1.65
1000	7.33	3.66	1.83
1100	8.06	4.03	2.01
1200	8.79	4.40	2.20
1300	9.52	4.76	2.38

注：1atm=101325Pa。

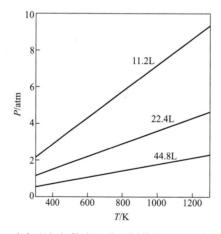

图 1.6　1摩尔理想气体在三种不同体积下的压力-温度关系

（2）计算例题 2

一块质量为 10lb 的岩石从悬崖落下 100ft，落到峡谷底部。岩石的势能变化（ΔPE）是多少？

解答：

1lb=0.4536kg，因此，10lb=4.536kg

1in=2.54cm，1m=100cm，1ft=12in，因此，100ft=30.48m

$\Delta PE = mg\Delta h = (4.536\text{kg}) \times (9.81\text{m/s}^2) \times (-30.48\text{m}) = -1356\text{kg} \cdot \text{m}^2/\text{s}^2$

$1\text{N}=1\text{kg} \cdot \text{m/s}^2$；$1\text{J}=1\text{N} \cdot \text{m}$

$$\Delta PE = -1356J$$

 作业题

1.1 气体的 $V = f(P, T)$ 图如图 1.1 所示。求出该图中体积的两个二阶导数的表达式（提示：曲面的主曲率与这些二阶导数成正比），判断曲率的符号并给出解释。

1.2 V 对自变量 P 和 T 的全导数表达式为：

$$dV = \left(\frac{\partial V}{\partial P}\right)_T dP + \left(\frac{\partial V}{\partial T}\right)_P dT$$

将证明例题 2 中得到的 β_T 和 α 值代入该方程，并将它们积分得到理想气体的状态方程。

1.3 图 1.4 压力-温度相图中没有两相区（只有两相平衡曲线），但图 1.5 温度-组成相图中有两相区。请给出你的解释。

1.4 根据理想气体体积微分表达式计算 α/β_T 的值。

---

❶ 第 6 版中的新作业题。

第 2 章

热力学第一定律

2.1 引言

能量守恒定律是在 17 世纪后期因研究机械系统而被发现的，热力学第一定律有时被认为仅仅是能量守恒定律的延伸。然而，绝对不是这样！第一定律引入了重要的热力学状态变量内能 U（也称为热力学势），该定律指出能量可以从一种形式转化为另一种形式。此外，该定律还引入了一个重要观念，即热能（热量）的传递是一种不同于做功过程的能量传递。这里，让我们先回顾一下基础力学知识。

在两个相互作用的刚性弹性体的无摩擦系统中，动能是守恒的。这两个刚性弹性体之间的碰撞导致动能从一个转移到另一个上。一个物体所做的功等于另一个物体被做的功。碰撞的结果是系统的总动能没有变化。如果这个运动系统处于重力场的影响之下，那么物体的动能和势能之和是常数。重力场中物体位置的变化，以及物体速度的变化，并不会改变系统总的动力学能（机械能）。作为可能的相互作用的结果，动能可能转化为势能，反之亦然，但两者之和保持不变。然而，如果系统中发生摩擦，那么随着物体之间的持续碰撞和相互作用，系统总的动力学能就会减少，并产生热能。因此，我们有理由相信，在摩擦的影响下，耗散的动力学能和产生的热能之间存在某种关系。

这种关系的建立为热力学方法的发展奠定了基础。作为一门学科，这已经远远超出了对能量从一种形式到另一种形式转化的简单认知——例如，从动力学能到热能。方便的热力学状态函数的发明，使得热力学从早期发展到现在的状态。本章将介绍这些热力学函数中的前两个——内能 U 和焓 H。

2.2 热-功关系

热（热能）和功之间的关系是由朗福德伯爵（又名 Benjamin Thompson 爵士，1753—1814）在 1798 年提出的，他在慕尼黑兵工厂的大炮钻孔过程中注意到，钻孔过程中产生的

热量 q 与钻孔过程中的功 w 基本成正比。这个提法很新颖,因为当时热被认为是一种被称作"卡路里"的看不见的流体,存在于物质组成物颗粒之间。在热能的"卡路里"理论中,物质的温度被认为是由它所含的"卡路里"气体的数量决定的。人们过去认为,当两个温度不同的物体相互接触时,由于"卡路里"在它们之间流动,它们会达到一个中间的共同温度。当一个物体中"卡路里"气体的压力与另一个物体中"卡路里"气体的压力相等时,就达到了热平衡。

大约 40 年后,詹姆斯·普雷斯科特·焦耳(1818—1889)进行了一系列实验,基于翔实的量化数据,最终确立了热和功之间的关系。焦耳在做实验时,向容器中一定数量的处于绝热状态❶的水做功,然后他测量了因做功而导致的水温增量。他注意到,在所做的功和由此产生的温度上升之间存在着直接的比例关系,而且无论采用何种方式做功,都存在着同样的比例关系。焦耳采用的做功方法包括:

① 旋转浸入水中的桨轮;

② 用电动机向浸入水中的线圈供电;

③ 压缩浸入水中的气缸;

④ 摩擦浸入水中的两个金属块。

所做的功与温度升高之间的这种比例关系引出了热功当量的概念,为了确定这个数值,有必要定义一个热能单位。这个单位是卡(或 15°卡),它是转移到 1g 水中的使水温从 14.5℃ 升高到 15.5℃ 所需的热能的量。在此定义的基础上,焦耳确定了热功当量值,即我们现在所谓的 1 焦耳(J)相当于 0.241 卡。目前公认的数值为每焦耳 0.2389 卡(15°卡)。将其四舍五入为每焦耳 0.239 卡,该值就是所规定的热化学卡,在 1960 年引入 SI 单位之前,热化学中习惯上用它作为能量单位。

从前面的讨论可以看出,热能 q 的传递和做功 w,是发生在系统上的或针对系统的过程的,而不是系统所固有的。也就是说,它们不是系统的变量。但是,当这些过程作用在系统上时,它们确实会改变系统的性质。

2.3 内能与热力学第一定律

根据焦耳实验,可以说"绝热边界内的物体从给定的初始状态到给定的最终状态的变化,无论以何种方式进行,都涉及相同的功量"❷。该陈述是热力学第一定律的初级表述,鉴于这种说法,有必要定义一些仅取决于物体或系统内部状态的函数。这样的函数之一就是 U,即内能。我们将看到,内能与系统做功的能力有关。最好通过与较为熟悉的概念进行比较来介绍内能。

当一个质量为 m 的物体在重力场中从高度 h_1 提升到高度 h_2 时,对物体所做的功 w 由下式给出。

---

❶ 绝热容器是一种以阻止或至少尽量减少热能通过其壁为目的而构造的容器。绝热容器最常见的例子是杜瓦瓶(通常称为保温瓶)。通过使用由真空空间隔开的双层玻璃和橡胶或软木塞,可以最大限度地减少通过传导进入或流出该容器的热能。通过使用高度抛光的镜面可以最大限度地减少辐射传输的热能。

❷ Kenneth Denbigh. The Principles of Chemical Equilibrium. Cambridge:Cambridge University Press,1971.

$$w = \text{力} \times \text{距离}$$
$$= mg \times (h_2 - h_1)$$
$$= mgh_2 - mgh_1$$
$$= \text{位置 } h_2 \text{ 处的势能} - \text{位置 } h_1 \text{ 处的势能}$$

由于已知质量 m 的物体的势能仅取决于物体在重力场中的位置，因此可以看出，对物体所做的功仅取决于其最终和初始位置，并且与物体在两个位置之间，即在两个状态之间所经过的路径无关。U 就是那样的势能。

类似地，根据牛顿定律，对质量为 m 的物体施加力 f 会使物体加速，

$$f = ma = m\frac{dv}{dt}$$

式中，加速度 a 等于 dv/dt。因此，通过积分可获得对物体所做的功：

$$dw = f dl$$

式中，dl 为力使物体移动的距离。

所以：

$$dw = m\frac{dv}{dt}dl = m\frac{dl}{dt}dv = mv dv$$

积分可得：

$$w = \frac{1}{2}mv_2^2 - \frac{1}{2}mv_1^2$$
$$= \text{物体在速度 } v_2 \text{（状态 2）下的动能} - \text{物体在速度 } v_1 \text{（状态 1）下的动能}$$

同样，对物体所做的功是物体状态函数值之间的差值，与物体在各状态之间所经过的路径无关。在这种情况下，U 的变化等于系统动能的变化。

在对具有恒定势能和动能的绝热物体做功的情况下，描述物体状态或状态变化的相关函数是内能 U。因此，绝热物体对外做的功，或对绝热物体做的功，等于物体内部能量的变化，即功等于终态 U 值与初态 U 值之差。在描述功时，我们将按照惯例，规定作用在物体上的功为负值，物体（对外部）所做的功为正值。之所以出现这种约定，是因为我们经常认为物体所做的功是 $P dV$ 功。当气体膨胀时它反抗外部压力做功，积分 $\int_1^2 P dV$（系统所做的功）为正值。因此，内能必须减少。对于绝热过程，对气体做功 w，结果是使气体状态从 A 移动到 B。

$$w = -(U_B' - U_A')$$

如果对物体做功 w，则 $U_B' > U_A'$（$w < 0$）；如果物体对外做功，则 $U_B' < U_A'$（$w > 0$）[1]。

在焦耳的实验中，测得的水温升高反映了绝热水的状态变化。通过将水与比其更热的热源接触，使能量逆着温度梯度流入水中，也可以使水产生相同的温度升高量，从而使水产生相同的状态变化。在描述热量的传递时，我们将按照惯例，规定由物体传递出去的热量为负值（放热过程），被物体吸收的热量为正值（吸热过程）。所以，

$$q = U_B' - U_A'$$

因此，当能量由于热梯度转移到体物中时，q 是正数，$U_B' > U_A'$；当能量由于热梯度由

---

[1] U' 表示系统的总内能，U 表示每摩尔的系统内能。

物体转移出去时，$U'_B < U'_A$，q 是负数。关于本教程中使用的热和功符号约定的示意图描述，请参阅图 2.1。

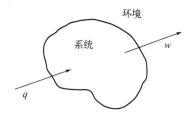

图 2.1　功和热的符号约定
（系统所做的功 w 为正值，转移到系统的热量 q 为正值）

　　现在我们感兴趣的是一个同时做功和吸收热能的物体的内能变化。假设一个物体最初处于 A 状态，它做功 w、由于温度梯度吸收热量 q，并因此而移动到 B 状态。吸热 q 会使物体的内能增加 q 的量，而物体做功 w 会使其内能减少 w 的量。因此，物体内能的总变化 $\Delta U'$ 可表示为：

$$\Delta U' = U'_B - U'_A = q - w \tag{2.1}$$

　　这个方程总结了固定成分系统的热力学第一定律。该方程表明，虽然系统的内能改变了一个量 $(q-w)$，但环境的能量却改变了 $-(q-w)$。因此，整个体系（系统＋环境）的总能量是不变的。

　　对于一个无限小的状态变化，式（2.1）可以写成如下微分形式：

$$dU' = \delta q - \delta w \tag{2.2}$$

　　请注意，式（2.2）的左侧给出了系统固有属性的增量值，而右侧没有相应的解释。U' 为总内能，是系统的一个广延状态变量（函数），这意味着两个状态之间的 dU' 的积分确定了一个值，它与系统在两个状态之间经历的路径无关。当 δq 和 δw 被积分时，情况并非如此。热效应和功效应涉及能量的输运，取决于两个状态之间的路径，因此，如果不了解具体的路径，就无法知道 δw 和 δq 的积分值。图 2.2 对这一点进行了说明。图中 $U'_2 - U'_1$ 的值与状态 1（P_1，V_1）和状态 2（P_2，V_2）之间的路径无关。然而，系统所做的功，即 $w = \int_{V_2}^{V_1} P\,dV$（曲线下方在 V_1 和 V_2 之间的面积），因路径的不同而不同。在图 2.2 中，1→2 过程中沿路径 c 所做的功小于沿路径 b 所做的功，而沿路径 b 所做的功又小于沿路径 a 所做的功。从式（2.1）可以看出，δq 也必须取决于路径，在 1→2 的过程中，沿路径 a 吸收的热能多于沿路径 b 吸收的热能，而后者又大于沿路径 c 吸收的热能。在式（2.2）中，使用符号 d 表示状态函数或状态变量的微分单元，其积分与路径无关；使用符号 δ 表示非状态函数在数量上的微小变化。在式（2.1）中，需要注意的是，两个与路径有关的量的代数和等于一个与路径无关的量。

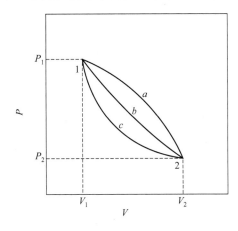

图 2.2　固定数量的气体在从状态 1 移动到状态 2 的过程中所经历的三条路径
（气体在膨胀过程中所做的功取决于该过程中所经过的路径）

　　在循环过程的情况下，系统将返回到其初始状态，例如，图 2.2 中的过程 1→2→1，该过程 U' 的变化为零，就是说：

$$\Delta U' = \int_1^2 dU' + \int_2^1 dU' = (U'_2 - U'_1) + (U'_1 - U'_2) = 0$$

循环积分消失，$\oint dU' = 0$，是一个状态变量的属性。

在焦耳实验中，$(U_2' - U_1') = -w$，该过程是绝热的（$q = 0$）。因此，该过程的路径是指定的。

由于 U' 是一个广延的热力学状态变量，对于一个由固定成分的一定数量的物质组成的简单系统，一旦任何两个热力学变量（自变量）被固定，U' 的值也就会被固定下来。如果选择温度和体积作为自变量，那么：

$$U' = U'(V', T)$$

以偏导数表示的完全微分 $\mathrm{d}U'$ 可写为：

$$\mathrm{d}U' = \left(\frac{\partial U'}{\partial T}\right)_{V'} \mathrm{d}T + \left(\frac{\partial U'}{\partial V'}\right)_{T} \mathrm{d}V'$$

应该注意的是，如果系统是开放的，物质的摩尔数会变化，上式应包括这种变化，可改写为：

$$\mathrm{d}U' = \left(\frac{\partial U'}{\partial T}\right)_{V',n} \mathrm{d}T + \left(\frac{\partial U'}{\partial V'}\right)_{T,n} \mathrm{d}V' + \left(\frac{\partial U'}{\partial n}\right)_{T,V'} \mathrm{d}n$$

这里我们假设系统只由一个化学组分组成。

既然两个自变量固定时，封闭系统的状态是固定的，我们可以让其中一个自变量的值保持不变，而允许另一个自变量发生变化，因此我们有兴趣研究此时可能发生的那些过程。通过这种方式，我们可以研究体积 V' 保持恒定的过程（等容或等体积过程）、压力 P 保持恒定的过程（等压过程），或温度 T 保持恒定的过程（等温过程）。我们还可以研究 $\delta q = 0$ 的绝热过程。

2.4 恒容过程

如果一个简单系统的体积在一个过程中保持不变，则系统不做功（$\int P \, \mathrm{d}V' = 0$），根据热力学第一定律，方程（2.2）简化为：

$$\mathrm{d}U' = \delta q_V \qquad (2.3)$$

式中，下标 V 表示恒定体积。在恒容过程中，对方程（2.3）积分，得：

$$\Delta U' = q_V$$

这表明封闭系统内能的增加或减少分别等于系统在定容过程中吸收或放出的热能。如果热能进入系统，系统的内能就会增加。对于这个过程有：

$$(\mathrm{d}U')_V = \left(\frac{\partial U'}{\partial T}\right)_{V'} \mathrm{d}T = \delta q_V$$

热力学性质 $(\partial U'/\partial T)_{V'}$ 是系统的定容热容（见第 2.6 节）。

2.5 恒压过程和焓

如果系统在从状态 1 到状态 2 的过程中压力保持恒定，则封闭系统所做的功为：

$$w = \int_{V_1}^{V_2} P\,dV' = P \int_{V_1}^{V_2} dV' = P \times (V'_2 - V'_1)$$

由热力学第一定律，得：

$$U'_2 - U'_1 = q_P - P(V'_2 - V'_1)$$

这里下标 P 表示恒压过程。上式经整理，得：

$$(U'_2 + PV'_2) - (U'_1 + PV'_1) = q_P$$

由于表达式 $(U' + PV')$ 仅包含热力学状态变量，因此表达式本身必须是热力学状态变量。它被定义为系统的焓 H'，即

$$H' \equiv U' + PV' \tag{2.4}$$

因此，焓的完全微分形式为：

$$dH' = dU' + P\,dV' + V'\,dP$$

恒压条件下有：

$$dH' = dU' + P\,dV'$$

积分得：

$$\Delta H' = H'_2 - H'_1 = q_P \tag{2.5}$$

因此，恒压过程中的焓变等于该过程中进入系统或从系统中释放出的热能。

假设我们要知道 BCC 结构 Fe（α）氧化成为固体赤铁矿（Fe_2O_3）的摩尔焓变 ΔH，

$$2Fe(\alpha) + \frac{3}{2}O_2 = Fe_2O_3$$

已有表格没有给出该反应的 ΔH 值，但表格中有下列反应的摩尔焓变 ΔH 值：

$$3Fe(\alpha) + 2O_2 = Fe_3O_4 \qquad \Delta H_1$$

$$2Fe_3O_4 + \frac{1}{2}O_2 = 3Fe_2O_3 \qquad \Delta H_2$$

由于焓是一个热力学状态参数，它从一种状态到另一种状态的变化值与路径无关。因此，如果我们将 2/3 倍的如下反应：

$$3Fe(\alpha) + 2O_2 = Fe_3O_4 \qquad \Delta H_1$$

与 1/3 倍的如下反应：

$$2Fe_3O_4 + \frac{1}{2}O_2 = 3Fe_2O_3 \qquad \Delta H_2$$

相加，得：

$$2Fe(\alpha) + \frac{3}{2}O_2 = Fe_2O_3$$

因此：

$$\Delta H = \frac{2}{3}\Delta H_1 + \frac{1}{3}\Delta H_2$$

这种使用等效反应处理的方式是热力学第一定律和焓变与路径无关的直接结果。该结果被称为赫斯热总量不变定律（Germain Hess，1802—1850），常用于热化学。

2.6　热容

为方便讨论绝热和等温过程，这里要介绍一下热容的概念。系统的热容 C，是固定组成

的系统吸收或放出的热能与因吸、放热导致的系统温度变化的比值。即

$$C \equiv \frac{q}{\Delta T}$$

或者，若是温度变化极其微小，那么：

$$C \equiv \frac{\delta q}{dT}$$

热容的概念只有在向系统提供热能或系统释放出热能产生温度变化时才会使用。该概念不适用于相变。例如，如果系统是在 1atm 和 0℃下的冰水混合物，那么吸收的热量只是融化了一部分冰，温度没有发生变化。在这种情况下，根据定义，热容将是无穷大的。

请注意，如果一个系统处于状态 1，系统吸收了一定量的热能，使其温度从 T_1 上升到 T_2，那么最终温度为 T_2 的说法是不足以确定系统最终状态的。这是因为该系统有两个独立变量，因此除了温度之外，为了确定系统的状态，还必须要指定另一个变量。这第二个自变量可以以特定的方式变化，也可以在系统状态变化期间保持不变。后一种情况更为实际，因此，通常是在恒压或恒容的情况下，向一个简单系统中输入热能以产生温度变化。通过这种方式，我们规定了过程的路径，并且知道了系统的最终状态。

因此，恒定体积下的热容 C_V 和恒定压力下的热容 C_P 被定义为：

$$C_V \equiv \left(\frac{\delta q}{dT}\right)_V$$

$$C_P \equiv \left(\frac{\delta q}{dT}\right)_P$$

由式（2.3）和式（2.5），可得：

$$C_V = \left(\frac{\delta q}{dT}\right)_V = \left(\frac{\partial U'}{\partial T}\right)_V \quad 或 \quad dU' = C_V dT \tag{2.6a}$$

$$C_P = \left(\frac{\delta q}{dT}\right)_P = \left(\frac{\partial H'}{\partial T}\right)_P \quad 或 \quad dH' = C_P dT \tag{2.6b}$$

热容取决于系统的大小，因此是一个广延量。然而，在正常使用中，使用单位数量的系统的热容更为方便。因此，比热容是恒定 P（或恒定 V）下每克系统的热容，摩尔热容是恒压或恒容下每摩尔系统的热容。因此，对于一个 n 摩尔的系统，有：

$$nc_P = C_P$$

和

$$nc_V = C_V$$

式中，c_P 和 c_V 为每摩尔系统的热容值。

可以预计，对于任何物质，c_P 的数值都将大于 c_V。如果要求将一个系统的温度提高一定量，那么，若该过程是在恒容下进行的，所有输入该系统的热能都被用来提高该系统的温度。然而，若该过程是在恒压下进行的，那么，除了将温度提高到所需的量之外，输入的热能还要用于系统在恒压下膨胀对外做功。这种温度每增加 1 度抵抗恒定压力下膨胀时所做的功，其计算式为：

$$\frac{P dV'}{dT} \quad 或 \quad P\left(\frac{dV'}{dT}\right)_P$$

因此，可以预期，

$$c_P - c_V = P\left(\frac{\mathrm{d}V'}{\mathrm{d}T}\right)_P \qquad (2.7)$$

对于 1 摩尔理想气体，有：

$$\left(\frac{\mathrm{d}V'}{\mathrm{d}T}\right)_P = \frac{R}{P}$$

因此，$c_P - c_V = R$。

对于任何气体，c_P 与 c_V 的差值可按下述过程计算。

$$c_P = \left(\frac{\partial H}{\partial T}\right)_P = \left(\frac{\partial U}{\partial T}\right)_P + P\left(\frac{\partial V}{\partial T}\right)_P$$

且

$$c_V = \left(\frac{\partial U}{\partial T}\right)_V$$

所以：

$$c_P - c_V = \left(\frac{\partial U}{\partial T}\right)_P + P\left(\frac{\partial V}{\partial T}\right)_P - \left(\frac{\partial U}{\partial T}\right)_V$$

又因为：

$$\mathrm{d}U = \left(\frac{\partial U}{\partial V}\right)_T \mathrm{d}V + \left(\frac{\partial U}{\partial T}\right)_V \mathrm{d}T$$

所以：

$$\left(\frac{\mathrm{d}U}{\mathrm{d}T}\right)_P = \left(\frac{\partial U}{\partial V}\right)_T \left(\frac{\mathrm{d}V}{\mathrm{d}T}\right)_P + \left(\frac{\partial U}{\partial T}\right)_V$$

所以：

$$\begin{aligned}
c_P - c_V &= \left(\frac{\partial U}{\partial V}\right)_T \left(\frac{\partial V}{\partial T}\right)_P + \left(\frac{\partial U}{\partial T}\right)_V + P\left(\frac{\partial V}{\partial T}\right)_P - \left(\frac{\partial U}{\partial T}\right)_V \\
&= \left(\frac{\partial V}{\partial T}\right)_P \left[P + \left(\frac{\partial U}{\partial V}\right)_T\right] \qquad (2.8)
\end{aligned}$$

关于 $c_P - c_V$ 的两个表达式［式（2.7）和式（2.8）］的不同之处在于如下项：

$$\left(\frac{\partial V}{\partial T}\right)_P \quad \left(\frac{\partial U}{\partial V}\right)_T$$

在尝试求解 $(\partial U/\partial V)_T$ 的数值时，对于气体，焦耳做了一个实验，即在一个铜制容器中注入一定压力的气体，并通过一个旋塞阀将这个容器与一个类似的但已抽空的容器相连。将双容器系统浸入一定量的绝热水中，打开旋塞阀，使气体自由膨胀到真空的容器中。在气体膨胀之后，焦耳无法检测到系统温度的任何变化。由于系统处于绝热条件下，没有做功，那么从热力学第一定律来看，

$$\Delta U = 0$$

所以，

$$\mathrm{d}U = \left(\frac{\partial U}{\partial V}\right)_T \mathrm{d}V + \left(\frac{\partial U}{\partial T}\right)_V \mathrm{d}T = 0$$

由于 $\mathrm{d}T = 0$（实验确定），而 $\mathrm{d}V$ 不是 0，所以 $(\partial U/\partial V)_T$ 必定为 0。焦耳因此得出结论，气体的内能仅是温度的函数，与体积（以及压力）无关。因此，对于某一气体，有：

$$c_P - c_V = P\left(\frac{\partial V}{\partial T}\right)_P$$

然而，在焦耳和汤姆森进行的一个更严谨的实验中，当压力为 P_1、摩尔体积为 V_1 的绝热气体通过一个多孔隔膜节流控制变为压力为 P_2、摩尔体积为 V_2 的气体时，观察到了气体温度的变化，这表明，对于真实气体，

$$\left(\frac{\partial U}{\partial V}\right)_T \neq 0$$

不管怎样，如果：

$$\left(\frac{\partial U}{\partial V}\right)_T = 0$$

那么，由式（2.8）得：

$$c_P - c_V = P\left(\frac{\mathrm{d}V}{\mathrm{d}T}\right)_P$$

且对于 1 摩尔理想气体，$PV = RT$，我们能够得到前述的关系：

$$c_P - c_V = R$$

焦耳在最初的实验中没有观察到温度上升，原因是铜容器和水的热容大大超过了气体的热容。因此，气体中实际发生的微小热量变化被铜容器和水所吸收。这使实际温度变化降低到低于当时采用的温度测量方法的极限。

在式（2.8）中，下项：

$$P\left(\frac{\partial V}{\partial T}\right)_P$$

代表系统在温度每升高 1 度时，反抗作用于系统上的恒定外部压力 P 而膨胀所做的功。式（2.8）中的另一个项，即

$$\left(\frac{\partial V}{\partial T}\right)_P \left(\frac{\partial U}{\partial V}\right)_T$$

表示温度每升高 1 度时，反抗系统组成颗粒之间的内部内聚力而膨胀所做的功。正如在第 8 章中将看到的，理想气体是一种由无相互作用的粒子组成的气体，因此，理想气体的原子或分子可以相互分离而不需要消耗功。因此，对于某一理想的气体，下项：

$$\left(\frac{\partial V}{\partial T}\right)_P \left(\frac{\partial U}{\partial V}\right)_T$$

等于 0。又因为：

$$\left(\frac{\partial V}{\partial T}\right)_P = \alpha V \neq 0$$

式中，α 为体积热膨胀系数。在前述表达式中，对于理想气体，下项：

$$\left(\frac{\partial U}{\partial V}\right)_T$$

等于 0。

在真实气体中，内部压力的贡献比外部压力的贡献要小得多。但在液体和固体中，原子间的作用力是相当大的，在系统膨胀时反抗外部压力所做的功与反抗内部内聚力所做的功相比，是微不足道的。因此，对于液体和固体，下项：

$$\left(\frac{\partial U}{\partial V}\right)_T$$

数值非常大。

热容可以与热力学第一定律结合起来使用，以计算作为温度函数的焓变。考虑 1 摩尔液体在其平衡凝固温度 T_2 下凝固成固体的情况（图 2.3），可见其冻结（或凝固）焓的值为：

$$H_S(T_2) - H_L(T_2) < 0$$

这是因为热能离开物质并进入环境（放热）。这个值是图 2.3 中线段 $\overline{cd}$ 长度的负值。如果液体被过冷到温度 T_1，可以看到凝固的焓变为 $H_S(T_1) - H_L(T_1)$。该值可按以下方式计算：

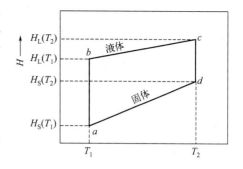

图 2.3　1 摩尔固体和液体的焓随温度的变化
（表明如果热容不同，转变焓依赖于温度。T_2 是平衡凝固温度）

液体在 T_1 时的焓 $H_L(T_1) = H_L(T_2) + \int_{T_2}^{T_1} c_P^L dT$

$$= H_L(T_2) + c_P^L(T_1 - T_2)$$

固体在 T_1 时的焓 $H_S(T_1) = H_S(T_2) + \int_{T_2}^{T_1} c_P^S dT = H_S(T_2) + c_P^S(T_1 - T_2)$

因此，

$$H_S(T_1) - H_L(T_1) = H_S(T_2) - H_L(T_2) + \int_{T_2}^{T_1} (c_P^S - c_P^L) dT$$

等于线段 $\overline{ba}$ 长度的负值。这个值比在 T_2 时更负（更多的热能离开系统，放热程度更强），这是因为固体焓值随温度的变化比液体焓值的变化大。焓对温度的依赖关系就是热容！当热容随温度线性变化时，焓变作为温度的一个函数可以写为：

$$\left(\frac{\partial \Delta H}{\partial T}\right)_P = \Delta c_P$$

2.7　可逆绝热过程

在可逆过程中，气体的状态发生改变，但气体从未离开过图 1.1 所示的平衡面。因此，在一个可逆过程中，气体会经历连续平衡状态，功 w 可由 $\int_{V_1}^{V_2} P dV$ 的积分值确定。在一个可逆绝热过程中，$q = 0$，因此由热力学第一定律可得，$dU' = -\delta w$。

考虑一个由 1 摩尔理想气体组成的系统。由式（2.6a）可知：

$$dU = c_V dT$$

并且对于可逆绝热过程，有：

$$dU = -\delta w_{ad} = -P dV$$

所以：

$$c_V dT = -P dV$$

又因为系统是 1 摩尔理想气体，所以：

$$P = \frac{RT}{V}$$

因此：

$$c_V \, dT = -\frac{RT}{V} \, dV$$

从状态 1 到状态 2 积分，得：

$$c_V \ln \frac{T_2}{T_1} = R \ln \frac{V_1}{V_2}$$

或

$$\left(\frac{T_2}{T_1}\right)^{c_V} = \left(\frac{V_1}{V_2}\right)^{R}$$

或

$$\frac{T_2}{T_1} = \left(\frac{V_1}{V_2}\right)^{\frac{R}{c_V}}$$

对于理想气体，已经证明 $c_P - c_V = R$。因此 $(c_P/c_V) - 1 = R/c_V$，如果我们令 $c_P / c_V = \gamma$，那么 $R/c_V = \gamma - 1$，因此：

$$\frac{T_2}{T_1} = \left(\frac{V_1}{V_2}\right)^{\gamma - 1}$$

由理想气体定律可知：

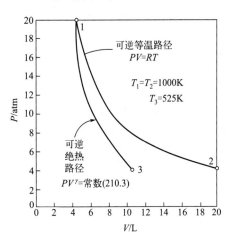

图 2.4　可逆等温膨胀与可逆绝热膨胀的比较

（1摩尔理想气体，初始压力为 20atm，

最终压力为 4atm）

$$\frac{T_2}{T_1} = \frac{P_2 V_2}{P_1 V_1} = \left(\frac{V_1}{V_2}\right)^{\gamma - 1}$$

因此：

$$\frac{P_2}{P_1} = \left(\frac{V_1}{V_2}\right)^{\gamma}$$

即

$$P_1 V_1^{\gamma} = P_2 V_2^{\gamma} = PV^{\gamma} = 常数 \qquad (2.9)$$

这就是一个正在经历可逆绝热过程的理想气体的压力和体积之间的关系（图 2.4）。对于理想气体，由于：

$$c_V = \frac{3}{2}R \quad c_P = \frac{5}{2}R$$

所以：

$$\gamma = \frac{5}{3}$$

2.8　理想气体可逆等温过程的压力或体积变化

由热力学第一定律有：

$$dU' = \delta q - \delta w$$

对于理想气体的等温过程，$dT = 0$，$dU' = 0$。

所以，对于每摩尔气体，$\delta w = \delta q = P\,dV = RT\,dV/V$。

由状态 1 到状态 2 积分，得：

$$w = q = RT \ln \frac{V_2}{V_1} = RT \ln \frac{P_1}{P_2} \qquad (2.10)$$

因此，对于理想气体来说，等温过程是一个内能恒定的过程，在此期间，系统所做的功等于系统所吸收的热能，两者均由式（2.10）确定。

图 2.4 是可逆等温过程和可逆绝热过程的压力与体积的关系图。可以看出，下降相同的压力，可逆等温过程所做的功（等于曲线下的面积）大于可逆绝热过程所做的功。这种差异是由于在等温过程中，热能被系统吸收以保持恒温，而在绝热过程中，没有热能被吸收到系统。在等温膨胀过程中，气体的内能保持不变，但在绝热膨胀过程中，内能减少的量等于气体所做的功。

【例题】 对于图 2.4 中所示的可逆等温路径，式（2.10）确定了气体所做的功为：

$$w = RT \ln \frac{P_1}{P_2} = 8.3144 \times 1000 \times \ln \frac{20}{4} = 13.38 (kJ)$$

对于可逆绝热路径，曲线下的面积按如下步骤求得。由于 $PV^\gamma = $ 常数 $= 210.3$，且

$$\gamma = \frac{c_P}{c_V} = \frac{5/2R}{3/2R} = \frac{5}{3}$$

所以：

$$w = \int P\,dV = 210.3 \times \int \frac{dV}{V^{5/3}}$$

由式（2.9）可得气体在状态 3 下的体积为 $V_3 = (210.4/4)^{3/5} = 10.78$ （L），而在状态 1 下的体积为 $V_1 = (210.3/20)^{3/5} = 4.10$ （L）。因此：

$$w = 210.3 \times \left(-\frac{3}{2} \right) \times (V_3^{-2/3} - V_1^{-2/3})$$

$$= 210.3 \times (-1.5) \times (10.78^{-2/3} - 4.10^{-2/3})$$

$$= 58.4 (L \cdot atm)$$

$$= 5.92 (kJ)$$

换一种方法，因为 $q = 0$，所以 $w = -\Delta U = c_V (T_3 - T_1) = -1.5 \times 8.3144 \times (525 - 1000) = 5.92$ （kJ）。

因此，等温过程中所做的功比绝热过程中所做的功多。

2.9　其它形式的功

到此为止，我们只在热力学第一定律中使用了 $P\,dV$ 功。我们称这些系统为简单系统。当

然，还有其它类型的功可以作用在系统上或由系统来完成。在这里，我们提出了另外三种功，并将在本书的后面章节中利用这些功。为了包括其它形式的功，热力学第一定律可以写为：

$$\mathrm{d}U' = \delta q - \sum \delta w_i$$

重要的是要记住，在这个方程中，每项 δw_i 都是系统所做的功。

2.9.1 顺磁性材料的磁功

外部磁场作用在材料上的功可以表示为：

$$\delta w' = -V\mu_0 \boldsymbol{H} \, \mathrm{d}\boldsymbol{M}$$

$$w' = -V\mu_0 \int_{M_1}^{M_2} \boldsymbol{H} \, \mathrm{d}\boldsymbol{M}$$

式中，$\boldsymbol{M}$（磁化强度）和 $\boldsymbol{H}$（磁场强度）的单位是 A/m；μ_0 为真空介电常数，单位是 $\mathrm{N/A^2}$；V 的单位是 $\mathrm{m^3}$。这个方程式中的功的单位是 J。$\boldsymbol{H}$ 和 $\boldsymbol{M}$ 都是轴向矢量。

因此，热力学第一定律可以改写为：

$$\mathrm{d}U' = \delta q - \sum \delta w_i = \delta q - P \, \mathrm{d}V + V\mu_0 \boldsymbol{H} \, \mathrm{d}\boldsymbol{M}$$

对于绝热恒容过程，有：

$$(\mathrm{d}U')_{q,V} = V\mu_0 \boldsymbol{H} \, \mathrm{d}\boldsymbol{M}$$

因此，在规定的条件下，当外加磁场增加顺磁材料的磁化程度时，其内能 U' 会增加。因此，系统能够做更多的功，因为一部分内能可用于做功。

2.9.2 介电材料的电功

外部电场作用在材料上的功可以表示为：

$$\delta w' = -V\boldsymbol{E} \, \mathrm{d}\boldsymbol{D}$$

$$w' = -V\int_{D_1}^{D_2} \boldsymbol{E} \, \mathrm{d}\boldsymbol{D}$$

式中，$\boldsymbol{E}$ 为电场强度，N/C；$\boldsymbol{D}$ 为电位移，$\mathrm{C/m^2}$。功的单位是 J。$\boldsymbol{E}$ 和 $\boldsymbol{D}$ 都是极向矢量。

因此，在这种情况下，热力学第一定律成为：

$$\mathrm{d}U' = \delta q - \sum \delta w_i = \delta q - P \, \mathrm{d}V + V\boldsymbol{E} \, \mathrm{d}\boldsymbol{D}$$

对于绝热恒容过程，有：

$$(\mathrm{d}U')_{q,V} = V\boldsymbol{E} \, \mathrm{d}\boldsymbol{D}$$

因此，在规定的条件下，如果施加的电场增加其电位移场，则电介质材料的内能 U' 就会增加。

2.9.3 形成或扩展表面的功

产生一个面积为 A 的新表面所做的可逆功（单位：J）可表示为：

$$\delta w' = -\gamma \, \mathrm{d}A$$

式中，γ 的单位为 $\mathrm{J/m^2}$；A 的单位为 $\mathrm{m^2}$。表面能 γ 是一个标量。对于液体，表面能是各向同性的。对于固体，表面能的对称性至少具有固体的点（群）对称性。此时热力学第一定律可写为：

$$dU' = \delta q - \sum \delta w_i = \delta q - P\,dV + \gamma\,dA$$

对于绝热恒容过程，有：

$$(dU')_{q,V} = \gamma\,dA$$

因此，在规定的条件下，当产生新的表面积时，系统的总能量增加。

在这一点上，我们忽略了材料的表面能。我们的隐含假设是，体积项比表面项大得多，因此，表面项可以被忽略掉。当表面相与体积相比不可忽略时，需要考虑表面项，如小颗粒的情况。

该功的相关数值等于以应力 σ 拉伸表面而使其面积增加的可逆功。这项功可表示为：

$$\delta w' = -\sigma\,dA$$

表面应力 σ 是一个二阶张量，单位为 N/m。对于液体来说，表面应力 σ 是各向同性的，在数值上等于表面能 γ，且为正值。对于结晶性固体来说，情况不一定是这样，表面应力可能是正值也可能是负值。

2.10 小结

1.引入热力学函数 U（内能）有助于建立作用在系统上或由系统所做的功与进入或离开系统的热能之间的关系。

2.U 是状态函数，因此，两个状态下的 U 值之差仅取决于状态，而与系统在状态之间移动所经历的过程路径无关。

3.固定成分的 1 摩尔系统从一种状态移动到另一种状态时，内能的变化、所做的功和吸收的热能之间的关系为 $\Delta U = q - w$，或者，对于这个过程的微小变化，有 $dU = \delta q - \delta w$。这种关系就是所总结的热力学第一定律。

4.孤立系统（$\delta q = 0$ 且 $\delta w = 0$）的内能是恒定的。

5.只有在系统从一种状态移动到另一种状态的过程路径已知的情况下，才能得到 δq 和 δw 的积分。便于想到的过程路径包括：

a.恒体积（等容）过程。如果只考虑 $P\,dV$ 功，则 $\int \delta w = \int P\,dV = 0$。

b.恒压（等压）过程。如果只考虑 $P\,dV$ 功，则 $\int \delta w = P\int dV = P\,\Delta V$。

c.恒温（等温）过程。

d.绝热过程（$q = 0$）。对于绝热过程，系统从 $U' = U_1'$ 到 $U' = U_2'$ 所需的功与路径无关。

6.对于简单系统中的恒容过程，$w = 0$ 和 $\Delta U' = q_V$。恒容摩尔热容定义为：

$$c_V = \left(\frac{\delta q}{dT}\right)_V = \left(\frac{\partial U}{\partial T}\right)_V$$

这是一个实验可测量的量，有助于确定由恒容过程引起的 U 的变化，因为 $\Delta U = \int_{T_1}^{T_2} c_V\,dT$。

7.引入热力学函数 H 有助于考虑恒压过程；摩尔焓的定义是 $H \equiv U + PV$。由于 H 的表达式仅包含状态函数，所以 H 也是状态函数。因此，两种状态下的 H 值之差仅取决于状态，而与系统在两状态之间移动的路径无关。

8. 对于恒压过程，$\Delta H = \Delta U + P\Delta V = (q_P - P\Delta V) + P\Delta V = q_P$。恒压摩尔热容定义为：

$$c_P = \left(\frac{\delta q}{dT}\right)_P = \left(\frac{\partial H}{\partial T}\right)_P$$

这是一个实验可测量的量，有助于确定由恒压过程引起的 H 的变化，因为 $\Delta H = \int_{T_1}^{T_2} c_P \, dT$。

9. 对于理想气体，内能 U' 只是温度的函数。

10. 对于理想气体，$c_P - c_V = R$。

11. 理想气体经历可逆绝热状态变化的过程路径由 $PV^\gamma =$ 常数描述，其中 $\gamma = c_P / c_V$。在绝热膨胀过程中，由于 $q = 0$，系统内能的减少等于系统所做的功。

12. 由于理想气体的内能仅是温度的函数，因此理想气体的内能在等温状态变化期间保持恒定。所以，等温过程中进入或离开气体的热能等于气体所做的功或对气体所做的功，两个量均由下式确定：

$$w = q = RT \ln \frac{V_2}{V_1} = RT \ln \frac{P_1}{P_2}$$

13. 只能测量两种状态之间 U' 和 H' 的差值，即 $\Delta U'$ 和 $\Delta H'$ 的值。无法确定任何给定状态下 U' 和 H' 的绝对值。

14. 其它功包括通过施加外部磁场或通过电场对材料所做的功。此外，必须通过对材料做功来产生新的表面。广义的热力学第一定律可以写成：

$$dU' = \delta q - \sum \delta w_i$$

其中 $\sum \delta w_i$ 是由系统做的总功。

2.11　本章概念和术语

读者应写出以下术语的简要定义或描述。在适当的情况下，可以使用方程式。
绝热过程
卡
能量守恒
循环过程
电功
熔化/凝固焓
焓，H
热力学第一定律
热（热能）
热容
赫斯热总量不变定律
内能，U
等压过程
等温过程

动能/势能

磁功

热功当量

过程

可逆过程

比热容/摩尔热容

表面能/表面功

热力学状态变量（函数）

功

2.12 证明例题

（1）证明例题1

在压力为1atm、温度为273K的情况下，1摩尔理想气体在恒压下膨胀到其体积的2倍。

a. 以 P、V_1 和 V_2 表示做了多少功，功是作用在气体上还是气体对外做功？请给出解释。

b. 如果2摩尔理想气体在相同的初始压力和温度下，在恒定的压力下将其体积增加1倍，那么该气体将做多少功或被做多少功？将该值与a中的值进行比较。

c. 在a和b两种情况下，温度是上升还是下降？解释一下。

解答：

a. 气体对外做功，该功等于 $P\Delta V = P(V_2 - V_1) = PV_1$。

b. 在这一问中气体的起始体积是 $2V_1$，而 V_2 是这个数字的2倍，为 $4V_1$。因此，2摩尔气体所做的功是 $2PV_1$，是问题a中的2倍。

c. 两种情况下温度都升高。以a为例，$P_1V_1 = RT_1$，$P_2V_2 = RT_2$，但是 $P_1 = P_2$ 且 $V_2 = 2V_1$，所以，$T_2 = 2T_1$，温度升高。

为什么温度会升高？为了在恒定压力下膨胀，必须向气体提供更多的能量以保持压力不下降。

（2）证明例题2

在一个具有正磁感应强度 χ 的材料上加一个磁场 $\boldsymbol{H}$。假设 $\boldsymbol{M}/\!/\boldsymbol{H}$，$\boldsymbol{M}$ 与 $\boldsymbol{H}$ 的关系图是线性的，斜率为 χ [图2.5（a）]。

a. 确定当 $\boldsymbol{H}$ 从0变化到 $\boldsymbol{H} = \boldsymbol{H}_f$ 时做的功。

b. 在 $\boldsymbol{H}\text{-}\boldsymbol{M}$ 图上画出对材料所做功的相应区域。

c. 乘积 $V\mu_0\boldsymbol{M}_f\boldsymbol{H}_f$ 是一个能量。用 $V\mu_0\boldsymbol{M}_f\boldsymbol{H}_f$ 值减去a的答案，这个能量是什么？

解答：

a. $w = V\mu_0\displaystyle\int_0^{M_f}\boldsymbol{H}\,\mathrm{d}\boldsymbol{M} = V\mu_0\displaystyle\int_0^{M_f}\frac{\boldsymbol{M}}{\chi}\,\mathrm{d}\boldsymbol{M} = \frac{V\mu_0\boldsymbol{M}_f^2}{2\chi} = \frac{V\mu_0\boldsymbol{M}_f\boldsymbol{H}_f}{2}$

b. 参照图 2.5 (b)。

c. 这是磁矩（**M**）在抵抗磁化过程中对施加的磁场（**H**）所做的功。由于这是一个可逆的线性过程，所以功的大小与施加在材料上的功相等，符号相反。

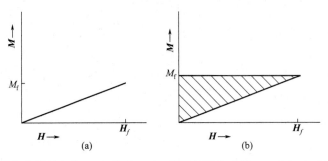

图 2.5 （a）施加在材料上的 **M**-**H** 关系；（b）阴影区域代表图 2.5 （a）中对材料所做的功

2.13 计算例题

将 10L、25℃、10atm 的单原子理想气体膨胀到最终压力为 1atm。气体在恒定体积下的摩尔热容 c_V 为 3/2R，与温度无关。计算在如下过程中气体所做的功、吸收的热量以及 U' 和 H' 的变化。

a. 等温可逆过程。

b. 绝热可逆过程。

在确定了气体在可逆绝热膨胀后的最终状态后，请验证如下过程中 U' 的变化与初始状态和最终状态之间的路径无关。

i. 先进行等温过程再进行恒容过程。

ii. 先进行恒容过程再进行等温过程。

iii. 先进行等温过程再进行恒压过程。

iv. 先进行恒容过程再进行恒压过程。

v. 先进行恒压过程再进行恒容过程。

解答：

首先必须计算出系统的物质的量。根据系统的初始状态，如图 2.6 中的 a 点所示，

$$n = \frac{P_a V'_a}{R T_a} = \frac{10 \times 10}{0.08206 \times 298} = 4.09(\text{mol})$$

a. 等温可逆膨胀。

气体的状态沿着 298K 的等温线从 a 移动到 b。沿着任何等温线，PV' 乘积是恒定的。

$$V'_b = \frac{P_a V'_a}{P_b} = \frac{10 \times 10}{1} = 100(\text{L})$$

对于一个正在进行等温过程的理想气体，$\Delta U' =$

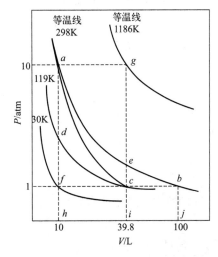

图 2.6 计算过程中考虑的 5 个过程路径

0，因此，由热力学第一定律可知：

$$q = w = \int_{V'_a}^{V'_b} P \, dV' = nRT \int_{V'_a}^{V'_b} \frac{dV'}{V'} = 4.09 \times 8.314 \times 298 \times \ln \frac{100}{10}$$
$$= 23.3 \text{(kJ)}$$

因此，在沿 298K 等温线从状态 a 到状态 b 的过程中，该系统做了 23.3kJ 的功，并从恒温环境中吸收了 23.3kJ 的热量。

因为对于理想气体来说，H' 只是温度的函数，所以 $\Delta H'_{(a \to b)} = 0$，就是说：

$$\Delta H'_{(a \to b)} = \Delta U'_{(a \to b)} + (P_b V'_b - P_a V'_a) = P_b V'_b - P_a V'_a$$
$$= nRT_b - nRT_a = nR(T_b - T_a) = 0$$

b. 可逆绝热膨胀。

如果绝热膨胀是以可逆方式进行的，那么在这个过程中，系统的状态在任何时候都是由 $PV'^\gamma = $ 常数确定的，最终状态是图中的 c 点。体积 V'_c 是由 $P_a V'^\gamma_a = P_c V'^\gamma_c$ 确定的，即

$$V'_c = \left(\frac{P_a V'^\gamma_a}{P_c} \right)^{1/\gamma} = \left(\frac{10 \times 10^{5/3}}{1} \right)^{3/5} = 39.8 \text{(L)}$$

且

$$T_c = \frac{P_c V'_c}{nR} = \frac{1 \times 39.8}{4.09 \times 0.08206} = 119 \text{(K)}$$

因此，c 点位于 119K 的等温线上。由于该过程是绝热的，$q = 0$，因此：

$$\Delta U'_{(a \to c)} = -w = nc_V(T_c - T_a)$$
$$= 4.09 \times 1.5 \times 8.314 \times (119 - 298)$$
$$= -9.13 \text{(kJ)}$$

由于这个过程系统所做的功等于系统内能的减少，故 $w = 9.13 \text{kJ}$。

i. 等温过程＋恒容过程（沿路径 $a \to e \to c$，即从 a 到 e 的等温变化，然后再从 e 到 c 的恒容变化）。

$$\Delta U'_{(a \to e)} = 0 \text{（因为是等温过程）}$$
$$\Delta U'_{(e \to c)} = q_V = \int_{T_e}^{T_c} nc_V \, dT \text{（} \Delta V' = 0，\text{所以 } w = 0 \text{）}$$

并且由于状态 e 位于 298K 的等温线上，那么：

$$\Delta U'_{(e \to c)} = 4.09 \times 1.5 \times 8.314 \times (119 - 298) = -9.13 \text{(kJ)}$$

所以：

$$\Delta U'_{(a \to c)} = \Delta U'_{(a \to e)} + \Delta U'_{(e \to c)} = -9.13 \text{(kJ)}$$

ii. 恒容过程＋等温过程（路径 $a \to d \to c$，即从 a 到 d 的恒容变化，然后再从 d 到 c 的等温变化）。

$$\Delta U'_{(a \to d)} = q_V = \int_{T_a}^{T_d} nc_V \, dT \text{（} \Delta V' = 0，\text{所以 } w = 0 \text{）}$$

并且由于状态 d 位于 119K 的等温线上，那么：

$$\Delta U'_{(a \to d)} = 4.09 \times 1.5 \times 8.314 \times (119 - 298) = -9.13 \text{(kJ)}$$
$$\Delta U'_{(d \to c)} = 0 \text{（因为是等温过程）}$$

所以：

$$\Delta U'_{(a \to c)} = \Delta U'_{(a \to d)} + \Delta U'_{(d \to c)} = -9.13 \text{(kJ)}$$

iii. 等温过程＋恒压过程（路径是 $a \to b \to c$，即从 a 到 b 的等温变化，然后再从 b 到 c 的恒压变化）。

$$\Delta U'_{(a \to b)} = 0 \text{（因为是等温过程）}$$

$$\Delta U'_{(b \to c)} = q_P - w = \int_{T_b}^{T_c} n c_P \mathrm{d}T - P_b(V'_c - V'_b) \left[P_b = P_c，\text{所以 } w = P_b(V'_c - V'_b) \right]$$

由于 $c_V = 1.5R$，$c_P - c_V = R$，那么 $c_P = 2.5R$，且因为 1L·atm 等于 101.3J，因此：

$$\begin{aligned}
\Delta U'_{(b \to c)} &= 4.09 \times 2.5 \times 8.314 \times (119 - 298) - \\
&\quad 1 \times (39.8 - 100) \times 101.3 \\
&= -15.22 \text{kJ} + 6.10 \text{kJ} \\
&= -9.12 \text{(kJ)}
\end{aligned}$$

所以：

$$\Delta U'_{(a \to c)} = \Delta U'_{(a \to b)} + \Delta U'_{(b \to c)} = -9.12 \text{(kJ)}$$

iv. 恒容过程＋恒压过程（路径是 $a \to f \to c$，即从 a 到 f 的恒定体积变化，然后再从 f 到 c 的恒压变化）。

$$\Delta U'_{(a \to f)} = q_V = \int_{T_a}^{T_f} n c_V \mathrm{d}T \quad (V'_a = V'_f，\text{所以 } w = 0)$$

由理想气体定律，有：

$$T_f = \frac{P_f V'_f}{nR} = \frac{1 \times 10}{4.09 \times 0.08206} = 30 \text{(K)}$$

也就是说，状态 f 位于 30K 的等温线上。因此：

$$\begin{aligned}
\Delta U'_{(a \to f)} &= 4.09 \times 1.5 \times 8.314 \times (30 - 298) \\
&= -13.67 \text{(kJ)}
\end{aligned}$$

$$\begin{aligned}
\Delta U'_{(f \to c)} &= q_P - w = \int_{T_f}^{T_c} n c_P \mathrm{d}T - P_f(V'_c - V'_f) \\
&= 4.09 \times 2.5 \times 8.314 \times (119 - 30) - 1 \times (39.8 - 10) \times 101.3 \\
&= 7.57 \text{kJ} - 3.02 \text{kJ} \\
&= 4.55 \text{(kJ)}
\end{aligned}$$

因此，

$$\Delta U'_{(a \to c)} = \Delta U'_{(a \to f)} + \Delta U'_{(f \to c)} = -13.67 + 4.55 = -9.12 \text{(kJ)}$$

v. 恒压过程＋恒容过程（路径 $a \to g \to c$，即从 a 到 g 的恒压变化，然后再从 g 到 c 的恒容变化）。

$$\Delta U'_{(a \to g)} = q_P - w$$

由理想气体定律，有：

$$T_g = \frac{P_g V'_g}{nR} = \frac{10 \times 39.8}{4.09 \times 0.08206} = 1186 \text{(K)}$$

也就是说，状态 g 位于 1186K 的等温线上。因此：

$$\begin{aligned}
\Delta U'_{(a \to g)} &= 4.09 \times 2.5 \times 8.314 \times (1186 - 298) - 10 \times (39.8 - 10) \times 101.3 \\
&= 75.49 \text{kJ} - 30.19 \text{kJ} \\
&= 45.30 \text{(kJ)}
\end{aligned}$$

$$\Delta U'_{(g\to c)}=q_V=4.09\times1.5\times8.314\times(119-1186)$$
$$=-54.42\,(\text{kJ})$$

因此：
$$\Delta U'_{(a\to c)}=\Delta U'_{(a\to g)}+\Delta U'_{(g\to c)}=45.30-54.42=-9.12\,(\text{kJ})$$

因此，$\Delta U'_{(a\to c)}$ 的值与状态 a 和 c 之间所经历的路径无关。

从 a 到 c 的焓值变化如图 2.6 所示。焓变最简单的计算方法是考虑一个路径，其中包括一个等温过程，即 $\Delta H'=0$，和一个等压过程，即 $\Delta H'=q_P=\int nc_P\,\mathrm{d}T$。例如，考虑路径 $a\to b\to c$。

$$\Delta H'_{(a\to b)}=0$$
$$\Delta H'_{(b\to c)}=q_P=\int_{T_b}^{T_c}nc_P\,\mathrm{d}T$$
$$=4.09\times2.5\times8.314\times(119-298)$$
$$=-15.2\,(\text{kJ})$$

因此：
$$\Delta H'_{(a\to c)}=\Delta H'_{(a\to b)}+\Delta H'_{(b\to c)}=-15.2\,(\text{kJ})$$

或者，
$$\Delta H'_{(a\to c)}=\Delta U'_{(a\to c)}+(P_cV'_c-P_aV'_a)$$
$$=-9.12\text{kJ}+(1\times39.8-10\times10)\times101.3\text{J}$$
$$=-9.12\text{kJ}-6.10\text{kJ}$$
$$=-15.2\,(\text{kJ})$$

在（i）到（v）的每条路径中，热和功都不同，尽管在每种情况下，$q-w$ 的差值都等于 -9.12kJ。在可逆绝热路径的情况下，$q=0$，因此，$w=+9.12\text{kJ}$。如果（i）到（v）的过程是可逆的，那么：

- 对于路径 i，$q=-9.12+$ 面积 $aeiha$
- 对于路径 ii，$q=-9.12+$ 面积 $dcihd$
- 对于路径 iii，$q=-9.12+$ 面积 $abjha-$ 面积 $cbjic$
- 对于路径 iv，$q=-9.12+$ 面积 $fcihf$
- 对于路径 v，$q=-9.12+$ 面积 $agiha$

 作业题

2.1　300K 的单原子理想气体在 15atm 下的体积为 15L。考虑如下过程：

i. 可逆等温膨胀至 10atm；

ii. 可逆绝热膨胀到 10atm。

已知气体的恒容摩尔热容 c_V 的值为 1.5R，计算上述两过程的如下参数。

a. 系统的最终体积；

b. 系统所做的功；

c. 进入或离开系统的热量；

d. 内能的变化；

e. 气体经历这些过程前后焓值的变化。

2.2 1摩尔单原子理想气体，初始状态 $T=273K$、$P=1atm$，经历了以下三个过程，每个过程都是可逆的。

a. 在恒定压力下，体积增加一倍；

b. 然后在体积不变的情况下，压力增加 1 倍；

c. 最后沿着路径 $P=6.643\times10^{-4}V^2+0.6667$ 回到初始状态。

计算这三个过程中每个过程的热和功。

2.3 一定量的单原子理想气体的初始状态是 $P=1atm$、$V=1L$、$T=373K$。该气体等温膨胀到 2L，然后在恒压下冷却到体积 V。最后气体被可逆绝热压缩到 1atm 时，系统会恢复到初始状态。所有的状态变化都是可逆进行的。

计算该体积 V 值，以及气体所做的总功或气体被做的功。

2.4 在压力为 1atm、温度为 300K 的条件下，含有 2 摩尔的单原子理想气体，34166J 的热量被转移到气体中，结果气体膨胀并对环境做了 1216J 的功。这个过程是可逆的。计算该气体的最终温度。

2.5 1摩尔 N_2 初始处在 273K 和 1atm 状态下。然后在恒定压力下，向气体提供 3000J 的热量，气体因膨胀而对外做功 832J。假设 N_2 为理想气体，并且状态变化是可逆的，计算：

a. 气体的最终状态；

b. 状态变化的 ΔU 和 ΔH 的值；

c. N_2 的 c_V 和 c_P 值。

2.6 10摩尔单原子理想气体，初始状态 $P_1=10atm$、$T_1=300K$，进行以下循环。

a. 沿着 P-V 图上的直线路径，可逆变化到状态 $P=1atm$、$T=300K$；

b. 然后可逆恒压压缩到 $V=24.6L$；

c. 最后可逆恒容恢复到 $P=10atm$。

系统在循环中做了或被做了多少功？这些功是作用在系统上的还是由系统所做的？

2.7 1摩尔单原子理想气体在 25℃、1atm 下按以下可逆方式执行循环过程：

a. 等温膨胀到 0.5atm；

b. 然后等压膨胀到 100℃；

c. 然后等温压缩到 1atm；

d. 然后等压压缩到 25℃。

然后使该系统再经历以下可逆的循环过程：

a. 等压膨胀到 100℃；

b. 然后在体积不变的情况下，压力下降到压力 P atm；

c. 然后在 P atm 下等压压缩到 24.5L；

d. 然后在恒定体积下，压力增加到 1atm。

计算 P 的值，使第一循环中对气体做的功等于第二循环中气体所做的功。

2.8❶ 1摩尔单原子理想气体在标准温度和压力下（STP）经历以下三个过程：

a. 在恒定压力下，温度翻倍；

b. 在恒定温度下，压力加倍；

---

❶ 第 6 版中的新作业题。

c. 气体通过一个恒定体积的过程返回到 STP。

计算经历一个循环过程的 ΔU、ΔH、q 和 w。

2.9[1] 顺磁性盐类通常服从居里关系:

$$\frac{\boldsymbol{M}}{\boldsymbol{H}} = \frac{constant}{T} = \frac{C}{T}$$

请推导该材料从 $\boldsymbol{M}=0$ 变化到 $\boldsymbol{M}=M_f$ 时所需功的表达式。假设磁场和磁化方向是平行的。

2.10[1] 1 摩尔单原子理想气体经历的路径为 $A \to B \to C \to D \to A$,如图 2.7 所示。

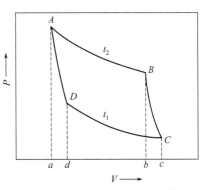

该单原子理想气体的循环有两条等温路径和两条绝热路径,$ABCDA$ 所包围的面积是气体在循环中做的功。所有路径都是可逆的。

- $A \to B$ 是气体的可逆等温膨胀。
- $B \to C$ 是气体的可逆绝热膨胀。
- $C \to D$ 是气体的可逆等温压缩。
- $D \to A$ 是气体的可逆绝热压缩。

图 2.7 1 摩尔单原子理想气体
经历的路径

a. 根据 V_a、V_b、V_c、V_d、t_1、t_2 和 R 推导出每一步中的 ΔU、q 和 w 的表达式,确定每项的符号。

b. 根据 V_a、V_b、V_c、V_d、t_1、t_2 和 R 确定 $\sum w_i$、$\sum q_i$ 和 $\sum \Delta U_i$ 的值,确定每项的符号。

2.11[1] 当 1 摩尔固体水(冰)在 273K 融化时,其熔值变化为 6008J。

a. 计算冰在 298K 融化时的熔值变化。这个过程在 1atm 下可能吗?

b. 计算过冷的水在 260K 凝固时的熔值变化。

c. 画出固体和液体水的 H 与 T 的关系图。

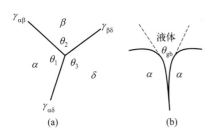

图 2.8 (a) 在一个点上相遇的三个相
及其表面之间的夹角 (b) 具有平衡
沟槽角度的晶界沟槽

在该问题的温度范围内,假定液态水的热容为 75.44J/K,固态水的热容为 38J/K。298K 时的液态水的熔值可以任意设定为 0。

2.12[1] 如图 2.8(a)所示,三相 α、β 和 δ 相遇,形成三个相间界面,即 $\alpha\beta$、$\alpha\delta$ 和 $\beta\delta$,可以证明下式成立。

$$\frac{\gamma_{\alpha\beta}}{\sin\theta_3} = \frac{\gamma_{\alpha\delta}}{\sin\theta_2} = \frac{\gamma_{\beta\delta}}{\sin\theta_1}$$

利用这个方程式,确定晶界沟槽角 θ_{gb} 与界面能 $\gamma_{\alpha L}$ 和晶界能 $\gamma_{\alpha\alpha}$ 相关的方程式[图 2.8(b)]。

附录 2A 关于 δw 符号惯例的说明 (以 1 摩尔理想气体为例)

文献对热力学第一定律中的功项有两种符号惯例。一个惯例是,系统所做的功被认为是正的。对于 $\delta q = 0$ 的情况,因此内能 U 减少,有

---

[1] 第 6 版中的新作业题。

$$dU = -\delta w \qquad\qquad\qquad\qquad\qquad \text{(惯例 1)}$$

本教程采用这个惯例。

另一个惯例是作用在系统上的功是正功，因此，当做正功时，系统的内能会增加（对于 $\delta q = 0$），即

$$dU = +\delta w \qquad\qquad\qquad\qquad\qquad \text{(惯例 2)}$$

在主要涉及气体的热力学讨论中，最好使用第一个惯例。这是因为当系统是气体并对其施加压力时，气体会收缩（$V_2 < V_1$）。这意味着，气体的内能变化（对于 $\delta q = 0$）为：

$$dU = -P\,dV = -P(V_2 - V_1) > 0$$

这一惯例是基于这样一个事实：施加在气体上的压力被定义为正值，因此，气体的体积就会减少。

如果气体做功，气体的内能必须减少。

使用这一惯例，对于由外部磁场或应力场的作用引起的功项，作用在系统上的功项是负功。例如，热力学第一定律可写作：

$$dU = \delta q - \delta w = \delta q - (-V\mu_0 \boldsymbol{H}\,d\boldsymbol{M}) = \delta q + V\mu_0 \boldsymbol{H}\,d\boldsymbol{M}$$

这表明，正如预期的那样，作用在系统上的磁功增加了内能。

对于应力来说，也考虑了这一点，因为与静水压力相当的应力是一个压应力，

$$P = -\frac{1}{3}\begin{pmatrix} \sigma & 0 & 0 \\ 0 & \sigma & 0 \\ 0 & 0 & \sigma \end{pmatrix}$$

该项被定义为负应力，而拉应力为正应力。

第3章

热力学第二定律

3.1　引言

在第 2 章中，我们看到，当一个系统发生状态变化时，随之而来的系统内能的变化只取决于初始状态和最终状态，并且等于热能 q 和功 w 的代数和。此时产生了两个问题：

① q 和 w 的大小可能是多少？

② 控制二者大小的标准是什么？

可能会出现与第一个问题相关的两种极端情况：

- $w=0$ 和 $q=\Delta U'$；
- $q=0$ 和 $w=-\Delta U'$。

但如果 $q\neq0$ 且 $w\neq0$，就会出现第三个问题，即

③ 系统在状态变化期间所做的功是否有明确的极限值？

回答这些问题需要研究影响 q 和 w 的过程的性质。本章进行的研究确定了两种类型的过程（可逆过程和不可逆过程），并且引入了被称为熵（S）的状态函数。

熵的概念将从两个不同的切入点引入。在 3.2～3.8 节中，熵将被视为过程不可逆程度的量化指标。在 3.10～3.14 节中，可以看出，作为可逆运行热机特性的研究结果，自然会产生一个函数，它具有热力学状态函数的所有特性，这个函数就是熵。这些发现导致了热力学第二定律的表述，该表述与其它热力学定律一起为本书讨论用热力学方法描述物质性质奠定了基础。

3.2　自发或自然过程

一个任其自生自灭的系统会做如下二选一的事情：要么保持它当前所处的状态，要么自行改变到其它的状态。也就是说，如果系统最初与环境处于平衡状态，那么，如果任由它自己发展，它将保持这种平衡状态。但是，如果初始状态不是平衡状态，系统将自发地[1]（即

---

[1] 在热力学中，自发变化与系统变化速率无关，只表明它的发生没有能量势垒。

没有任何外部影响）向其平衡状态移动。平衡状态是一种静止状态（至少在宏观层面），因此，一旦处于平衡状态，一个系统只有在受到某种外力的作用时才会离开平衡状态。即便如此，由原系统和外力组成的组合系统，也只是在向新组合系统的平衡状态移动。涉及系统从非平衡状态到平衡状态的自发演化的过程被称为自然或自发过程。由于这样的过程在没有外力的作用下无法逆转，且（如果逆转）这个外力也会在自身中留下永久性变化，所以这样的过程被称作是不可逆转过程。在这里，自然、自发和不可逆这些术语含义是相同的。

气体的混合和热量逆着温度梯度的转移是自然过程的常见例子。

• 如果一个系统由 A 和 B 两种气体组成，处在初始状态，气体 A 装在一个容器中，气体 B 装在另一个容器中。那么，当这两个容器相互连接时，系统会自发地移动到两种气体完全混合的平衡状态。也就是说，混合气体的成分在气体所占的整个空间内是均匀的。

• 如果双体系统的初始状态是一个物体处于一个温度而另一个物体处于另一个温度，那么当两个物体彼此热接触时，就会发生一个自发过程，即热量从温度较高的物体转移到温度较低的物体。当两个物体达到共同的均匀温度时，就达到了平衡状态。

在这两个例子中，相反的过程（混合气体自动分开和热量沿着温度梯度的转移）永远不会自发地进行。在这两个热力学的例子中，常见的经验允许我们预测平衡状态，而无需了解平衡的标准。然而，在更复杂的系统中，平衡状态可能无法依据普通经验而预测出来，在计算平衡状态之前，必须建立支配平衡的热力学标准。

平衡状态的确定在热力学中是非常重要的，因为无论对于什么材料系统，关于平衡状态的了解，将允许人们确定任何状态从某一起始或初始状态发生变化的方向。例如，知道了一个化学反应系统的平衡状态，如：

$$A+B \Longrightarrow C+D$$

将提供一些信息，如反应从什么初始状态（可能是 A、B、C 和 D 的某种混合物）开始，是从右向左进行，还是从左向右进行，等等。此外，还可以了解在达到平衡之前反应进行的程度。

如果一个系统正经历一个涉及做功和热能传递的自发过程，那么随着该过程的进行，在此期间系统接近其平衡状态，系统进一步自发变化的能力下降，进一步做功的能力也下降。一旦达到平衡，系统进一步做功的能力就会耗尽。孤立系统（内能恒定的系统）初始处于非平衡状态，系统的部分能量可用于做有用功。当达到平衡状态时，由于自发过程结束，即使系统的总能量没有减少，系统的能量也不能用于自发地进一步做有用功。因此，作为自发过程的结果，系统的能量已经退化了，从这个意义上说，原来可以用于做有用功的能量，现在变成了一种不能用于外部目的的能量形式。有时，这个过程被称为能量的耗散。

3.3 熵和不可逆性的量化

两种不同类型的自发过程如下：

① 将功转化为热能——即机械能退化为热能（热）；

② 热能逆着温度梯度的转移。

如果一个系统经历一个能量退化的过程，那么这个过程是不可逆的。为了能够区分在不同过程中的退化程度，需要拟定一个量化指标，来度量上述退化程度或不可逆程度。

对表现出不同不可逆程度的过程，说明如下。如图 3.1 所示，考虑重物-热源系统。该系统包括一个重物-滑轮装置和一个与之相连的恒温储热器。当作用在重物上向上的力与向下的重力 W 完全平衡时，系统就处于平衡状态。如果撤去向上的力，平衡就会被打破，重物就会自发地下降，所做的功通过带动一个合适的桨轮系统的方式转化为热能，进入恒温储热器中。当再次施加作用在重物上向上的力时，就会重新达到平衡，这个过程的净效果是机械能被转化为热能。

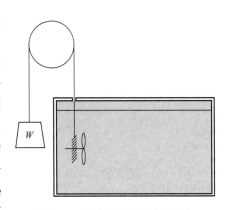

图 3.1　重物-滑轮-储热器系统
(在该系统中，重物下降所做的功退化为热能，
被储存在储热器中)

Lewis 和 Randall[1] 考虑了以下三个过程。

① 重物-储热器系统中的储热器处于温度 T_2。允许重物下降做功，w，产生的热能 q 进入储热器。

② 温度为 T_2 的储热器与另一个温度较低（T_1）的储热器进行热接触，并允许相同的热能 q 从 T_2 的储热器转移到 T_1 的储热器。

③ 重物-储热器系统中的储热器处于温度 T_1。允许重物下降，做功，w，产生的热能 q 进入储热器。

这些过程中的每一个都是自发的，所以是不可逆的。因此，在每一个过程中都会发生退化。然而，由于过程③是过程①和过程②的总和，在过程③中发生的退化必须大于在过程①和过程②中每个过程发生的退化。因此，可以说过程③比过程①或过程②都更不可逆。对这三个过程的研究表明，转移的热能量 q 和转移该能量对应的温度在定义不可逆转性的量化尺度方面都很重要。在比较过程①和过程③时，数值 q/T_2 比数值 q/T_1 小，这与过程③比过程①更不可逆的结论一致。因此，数值 q/T 可以作为过程的不可逆程度的衡量标准，而 q/T 的数值是因该过程发生而导致的熵的增加量。因此，当重物-储热器系统经历一个自发过程，使得在恒温 T 下吸收热能 q 时，系统产生的熵增 $\Delta S'$，可以由下式确定：

$$\Delta S' = \frac{q}{T} > 0 \tag{3.1}$$

在低温储热器的情况下，这个值更大。因此，该过程引起的熵的增加量是对该过程的不可逆程度的一种衡量。

3.4　可逆过程

既然一个过程的不可逆程度与路径有关，所以应该有以不可逆程度最小化的方式进行的

❶ G. N. Lewis and M. Randall. Thermodynamics，revised by K. S. Pitzer and L. Brewer. 3rd ed.. New York：McGraw-Hill，1995：78.

过程。这种最小化的最终极限是一个不可逆程度为零并且不发生能量退化的过程。实际系统的过程能够接近这个极限，被称为可逆过程。如果一个过程是可逆的，那么自发性的概念就不再适用了。回顾一下，自发性是系统按照自己的"意愿"（即没有外部影响）从非平衡状态移动到平衡状态的结果。因此，如果去除自发性，很明显，在这个过程中的任何时候，系统都处于平衡状态。所以，一个可逆过程是一个系统从未离开平衡状态的过程。一个把系统从状态 A 带到状态 B 的可逆过程，是一个路径经过连续平衡状态的过程。当然，这样的路径是理想化的，但是，一个实际过程是有可能以这样方式进行的，使其几乎可逆的。这种实际过程（有时称为准静态过程）是在一个无限小的驱动力的作用下进行的。这样，在这个过程中，系统偏离平衡永远不会超过一个无限小量。如果在路径的任何一点上，移除小的外部影响，那么这个过程就会停止。如果小的外部影响的方向是相反的，那么过程的方向也是相反的。

可逆过程和自然过程在下一节中说明。

3.5 可逆过程和不可逆过程的示例

在本节中，我们将比较两个过程：理想气体的等温可逆膨胀和理想气体的自由膨胀。这两个过程的共同点是气体的温度保持恒定。由于气体是理想的，气体的内能对于任何一个过程都不会改变，因为温度不会改变。然而，这两个过程的不同之处在于，在可逆情况下，气体在膨胀过程中做功，但在自由膨胀过程中气体不做功。我们将看到，在可逆情况下，孤立体系（系统加上环境）的熵保持不变（$\Delta S'_{total}=0$），而在不可逆情况下（自由膨胀），孤立体系的熵增加（$\Delta S'_{total} > 0$）。

3.5.1 理想气体的等温可逆膨胀

让我们考虑 1 摩尔单原子理想气体从状态（V_A，T）到状态（V_B，T）的等温可逆膨胀，其中 $V_B > V_A$（图 3.2）。气体与温度为 T 的储热器[❶]热接触，通过一次去除一粒沙子来缓慢减轻活塞上的重量，气体产生的压力仅比由活塞对气体施加的瞬时压力大无穷小。因此，气体的状态始终位于 V-P-T 表面的恒温 T 截面上［图 1.1 和图 1.3（a）］，气体从状态（V_A，T）到状态（V_B，T）。由于气体永远不会失去平衡，因此该过程是可逆的。

由热力学第一定律：

$$\Delta U = q - w$$

我们已经知道，理想气体的内能只取决于其温度。因此，$\Delta U=0$，所以，$q=w$。也就是说，膨胀的气体对活塞所做的功等于从恒温储热器转移到气体中的热能。

---

❶ 恒温储热器的相关特征是，它只经历热效应，既不对外做功，也不被做功。冰量热计由 0℃、1atm 的冰和水系统组成，是一个简单的恒温储热器的例子。在 0℃ 时转入或转出量热计的热能，被测量为因热能流动而导致的冰与水比例的变化。由于冰的摩尔体积大于水的摩尔体积，这个比例的变化被测量为量热计中冰和水总体积的变化。严格来说，如果热能流出量热计，冻结一些水，系统的体积就会增加，因此，事实上量热计确实抵抗大气压力做了膨胀功。然而，膨胀过程中所做的功与离开系统的相应热能之比足够小，可以忽略功的影响。

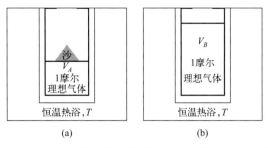

图 3.2 （a）被一团沙子压缩在容积为 V_A 空间的 1 摩尔理想气体；

（b）移去沙子后新体积为 V_B 的 1 摩尔理想气体

我们计算出所做的功为：

$$w_{rev} = \int_{V_A}^{V_B} P \, dV = \int_{V_A}^{V_B} \frac{RT}{V} \, dV = RT \ln \frac{V_B}{V_A}$$

由于 $V_B > V_A$，根据气体做功的事实，w_{rev} 是一个正值。热能从储热器转移到气体中（在恒定的内能下）导致气体的熵发生变化，

$$\Delta S_{gas} = \Delta S_{A \to B} = \int_A^B \frac{\delta q}{T} = \int_A^B \frac{\delta w_{rev}}{T} = R \ln \frac{V_B}{V_A}$$

这也是一个正值。储热器熵的变化可以由下式确定：

$$\Delta S_{reservoir} = -\frac{q}{T} = -\Delta S_{gas} = R \ln \frac{V_A}{V_B} < 0$$

熵的总变化（气体加储热器）可以写成：

$$\Delta S_{total} = \Delta S_{reservoir} + \Delta S_{gas}^* = 0 \tag{3.2}$$

对于可逆过程，整个体系熵的总变化为零，即没有产生任何熵。

3.5.2 理想气体的自由膨胀

我们现在考虑 1 摩尔理想气体从 V_A 到 V_B 的自由膨胀（即抵抗 0atm 的膨胀）。我们在第 2 章中已经知道，理想气体的自由膨胀也是等温的。因此，自由膨胀的最终状态与等温可逆膨胀过程的最终状态相同（即两种状态具有相同的 V 和 T）。然而，在这种情况下，气体对活塞没有做功，因为活塞上的重物被迅速移除。因此，$\Delta U = 0$，$w = 0$，根据热力学第一定律，这意味着 $q = 0$。由于熵是一个状态函数，自由膨胀时气体的熵的变化必须与等温膨胀时相同。

$$\Delta S_{gas} = S_B - S_A = R \ln \frac{V_B}{V_A}$$

另外，由于没有热能离开储热器，$\Delta S_{reservoir} = 0$。自由膨胀的熵（气体加储热器）的总变化为：

$$\Delta S_{total} = \Delta S_{reservoir} + \Delta S_{gas} = \Delta S_{gas} = R \ln \frac{V_B}{V_A} \tag{3.3}$$

在自由膨胀的情况下，储热器的熵没有减少，因为理想气体没有吸收热能，也没有做功。因此，对于自由膨胀过程，整个体系的熵会增加（$\Delta S_{total} > 0$）。

3.6 可逆和不可逆膨胀的深层次差异

我们现在从热能的角度来看这些过程：热能从储热器转移到气体，气体对外做功。对于等温可逆膨胀，$q_{rev}=w_{max}$。这个过程产生了气体在等温膨胀过程中可能做的最大功，也产生了从储热器转移到气体中的最多热能。孤立体系的总熵值变化为 0。

对于气体的自由膨胀，我们已经知道，$w=q=0$。

总的来说，可以看出，在前面所提及的理想气体的两种等温膨胀情况下，所做的功在 0（等温自由膨胀）和 w_{max}（等温可逆膨胀）之间变化。就是说，

$$0 \leqslant w \leqslant w_{max}$$

我们已经知道，

$$0 \leqslant q \leqslant q_{rev}$$

这意味着，

$$0 \leqslant \Delta S_{total} \leqslant \frac{q_{rev}}{T}$$

当过程是可逆的，$\Delta S_{total}=0$。当过程不可逆时，$\Delta S_{total} > 0$。ΔS_{total} 的最大值出现在完全不可逆的自由膨胀情况下。

值得注意的是，气体最终状态和初始状态之间的熵差与该过程是可逆还是不可逆进行无关。在从状态 A 到状态 B 的过程中，

$$\Delta S = S_B - S_A = \frac{q}{T} + \Delta S_{irr} \left(\Delta S_{irr} = \frac{q_{rev}-q}{T} \right) \tag{3.4a}$$

$$= \frac{q_{rev}}{T} \tag{3.4b}$$

式（3.4a）中 ΔS_{irr} 为 $(q_{rev}-q)/T$，是不可逆过程产生的熵，是能量退化的度量。式（3.4b）表明，由于熵的变化只能通过测量在温度 T 下可逆转移的热能来确定，那么熵的变化只能在可逆过程中测量，在这种情况下，测量的转移热能是 q_{rev}，$\Delta S_{irr}=0$。

3.7 理想气体的等温可逆压缩

考虑将 1 摩尔的理想气体从状态 (V_B, T) 可逆地等温压缩到状态 (V_A, T)（图3.2）。气体与温度为 T 的储热器进行热接触，通过在活塞顶部每次加入一粒沙子，气体被缓慢压缩。在压缩过程中的任何时候，作用在气体上的压力都只比气体的瞬时压力 P_{inst} 大无限小，其中 $P_{inst}=RT/V_{inst}$。因此，气体的状态在任何时候都位于 V-P-T 表面恒温 T 的截面上 [图 1.1 和图 1.3 (a)]，因此，气体在从状态 (V_B, T) 到状态 (V_A, T) 的过程中会经过连续的平衡状态。由于气体永远不会失去平衡，这个过程是可逆的，不会发生能量的退化，在这个过程中不会产生熵。熵从气体转移到储热器，在那里它被测量为进入的热能除以温度 T。由于压缩是以等温方式进行的，所以 $\Delta U=0$。因此，对气体做的功等于从气

体中转移出的热能。就是说，

$$w_{\max} = q_{\mathrm{rev}}$$

其中，

$$w_{\max} = \int_{V_B}^{V_A} P\,\mathrm{d}V = \int_{V_B}^{V_A} \frac{RT}{V}\,\mathrm{d}V = RT\ln\frac{V_A}{V_B}$$

由于 $V_B > V_A$，根据对气体做功的事实，$w_{\max}$ 是一个负数。热能从气体转移到储热器会引起气体熵的变化，

$$\Delta S_{\mathrm{gas}} = \frac{q_{\mathrm{rev}}}{T} = \frac{w_{\max}}{T} = R\ln\frac{V_A}{V_B}$$

这也是一个负数。由于在可逆压缩过程中，总的熵没有变化，所以储热器熵的变化可以由下式表达：

$$\Delta S_{\mathrm{reservoir}} = -\Delta S_{\mathrm{gas}} = R\ln\frac{V_B}{V_A} > 0$$

3.8 理想气体的绝热膨胀

考虑 1 摩尔理想气体从状态（P_A，T_A）到状态（P_B，T_B）的可逆绝热膨胀，其中 $P_B < P_A$。为了使这个过程是可逆的，它必须进行得足够慢，以便在任何时候，气体的状态都位于其 V-P-T 表面上。如第 2 章所述，这个条件，加上 $q = 0$（绝热过程），决定了穿越 V-P-T 表面的过程路径遵循曲线 $PV^\gamma =$ 常数。由于该过程是可逆的，因此不会发生能量的退化，而且，由于该过程是绝热的，因此不会发生热能转移。因此，气体熵的变化是 0，位于 $PV^\gamma =$ 常数曲线上的理想气体的所有状态都是熵值相等的状态（比较：位于 $PV = RT$ 曲线上的理想气体的所有状态都是内能相等的状态）。因此，一个可逆的绝热过程就是一个恒熵过程。在可逆绝热膨胀过程中，气体所做的功，$w_{\max}$，等于气体内能的减少。就是说，

$$\Delta U = -w_{\max}$$

我们可以为可逆过程写出以下内容：

$$w = \int_{V_A}^{V_B} P\,\mathrm{d}V \quad \text{且} \quad PV^\gamma = \text{常数} \quad (\text{令其为 } K)$$

$$w = \int_{V_A}^{V_B} P\,\mathrm{d}V = K\int_{V_A}^{V_B} V^{-\gamma}\,\mathrm{d}V = \frac{PV}{-\gamma+1}\bigg|_{P_A V_A}^{P_B V_B} = \frac{R(T_B - T_A)}{1-\gamma}$$

$$w = \frac{3}{2}R(T_A - T_B)$$

由于气体所做的功是正的，所以 $T_B < T_A$。就是说，气体会冷却。内能的变化可以计算为：

$$\Delta U = \int_{T_A}^{T_B} c_V\,\mathrm{d}T = \frac{3}{2}R(T_B - T_A) = -w$$

它是负的。气体内能减少了气体所做功的大小。

现在让气体恢复到原来的平衡状态（P_A，T_A）。如果此时作用在气体上的压力突然从

P_A 降到 P_B，那么气体的状态就会离开 $V\text{-}P\text{-}T$ 表面，由于失去了平衡，膨胀就会不可逆转地发生，能量就会退化。由于气体处在绝热的条件下，能量退化产生的热能仍留在气体中，因此，不可逆膨胀后的气体最终温度大于可逆绝热膨胀后的温度 T_B。因此，气体从 P_A 到 P_B 的不可逆绝热膨胀后的最终状态，与从相同初始压力到相同最终压力的可逆（绝热）膨胀后的最终状态不同。不可逆绝热膨胀并不沿着路径 $PV^\gamma =$ 常数移动。不可逆过程在气体中产生的熵，是最终状态和初始状态之间的熵差值，而最终状态本身由该过程的不可逆程度决定。也就是说，对于一定的压力下降（$P_A \rightarrow P_B$），过程越不可逆，气体中退化产生的热能越多，最终温度和内能越高，熵的增加也越多。因此，在不可逆的绝热膨胀过程中，气体所做的功仍然等于气体内能的减少（正如热力学第一定律所要求的那样），但 U 的减少量小于从 P_A 到 P_B 的可逆膨胀中的减少量，这是由于能量退化在气体中产生了热能。

3.9　要点总结

到目前为止，讨论中出现了以下重要观点：
① 熵是一个热力学状态变量（函数）。
② 当一个系统经历一个可逆的过程时，不会产生熵。熵从系统/环境的一部分转移到了另一部分。
③ 当一个不可逆的过程发生时，孤立体系的总熵增加。
④ 对于所有的过程，系统的熵的变化可以写成 $\Delta S'_{\text{system}} = q/T + \Delta S'_{\text{irr}}$，$q \leqslant q_{\text{rev}}$。
⑤ 对于所有的过程，孤立体系熵增加或保持不变。孤立体系的总熵永远不会减少。

3.10　热机性质

传统上，熵作为热力学状态函数，其概念是通过研究热机的行为和特性而引入的。热机是一种将热能（热量）转化为功的装置。值得注意的是，蒸汽机在运行了相当长的时间后，才被研究出相反的过程，也就是将功转化为热能——是由朗福德在 1798 年研究的。在热机

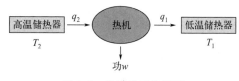

图 3.3　热机的工作原理

的运行中，从高温储热器中转移出来的部分能量被转化为功，其余的能量被转移到低温储热器中。该过程示意见图 3.3。将发动机视为系统，由热力学第一定律可知：

$$\Delta U' = q_2 - q_1 - w$$

蒸汽机是热机的一个典型例子。在蒸汽机中，过热的蒸汽从锅炉（高温储热器）传到汽缸，蒸汽通过膨胀对活塞（发动机）做功。作为膨胀的结果，蒸汽的温度下降，在活塞冲程结束时，废蒸汽被排到大气中（低温储热器）。飞轮使活塞回到原来的位置，从而完成循环并为下一个工作冲程做准备。

热机的效率可以由下式确定：

$$效率＝\eta＝\frac{获得的功}{输入的能量}＝\frac{w}{q_2}$$

1824 年，卡诺（Nicolas Léonard Sadi Carnot，1796—1832）解释了决定这一过程效率的因素，他考虑了图 3.4 所示的循环过程。

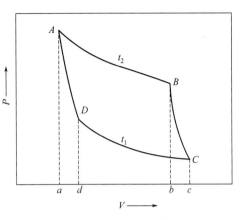

图 3.4　卡诺循环的压力-体积示意

在 $A{\rightarrow}B$ 的步骤中，热能 q_2 从温度为 t_2 的储热器中等温可逆地转移到热力学物质中，结果热力学物质从状态 A 等温可逆地膨胀到状态 B，并做了等于 $ABbaA$ 面积的功 w_1。

在 $B{\rightarrow}C$ 的步骤中，热力学物质经历了从状态 B 到状态 C 的可逆绝热膨胀，其结果是温度下降到 t_1，并且它所做的功 w_2 等于 $BCcbB$ 的面积。

在 $C{\rightarrow}D$ 的步骤中，能量 q_1 从热力学物质以等温可逆的方式转移到温度为 t_1 的储热器中。对物质做了等于 $DCcdD$ 面积大小的功 w_3。

在 $D{\rightarrow}A$ 的步骤中，热力学物质被可逆地绝热压缩，在此期间，其温度从 t_1 升高到 t_2，并且对物质做了等于 $ADdaA$ 面积的功 w_4。

在这个使热力学物质回到其初始状态的循环过程中，该物质做了 $w＝w_1＋w_2－w_3－w_4$（等于 $ABCDA$ 面积）的功，并吸收了热能 $q＝q_2－q_1$。对于一个循环过程，$\Delta U'＝0$，因此，由热力学第一定律，有：

$$\sum q_i＝\sum w_i$$

因此：

$$q_2－q_1＝\sum w_i＝w$$

这个循环过程（被称为卡诺循环）的效率可以由下式确定：

$$效率＝\eta＝\frac{w}{q_2}＝\frac{q_2－q_1}{q_2}＝1－\frac{q_1}{q_2}$$

这个方程式表明，在这个理想化的卡诺循环中（所有的过程都假定是可逆的），由于有限的能量 q_1 被耗散掉，所以效率是小于 1 的。

循环过程中的所有步骤都是可逆的，其结果在如下讨论中说明。假设第二台热机用不同的物质工作，同样是在温度 t_1 和 t_2 之间，让第二台热机比第一台热机效率更高。这种更高的效率可以通过以下两种方式中的一种获得。

① 在 t_2 时，从储热器中提取相同数量的热能 q_2，从它那里得到的功 w' 比从第一台热机得到的多，即 $w'＞w$。因此，与第一台热机相比，第二台热机在 t_1 时转移给低温储热器的热能 q_1' 更少，即 $q_1'＜q_1$。

② 在 t_2 时，从储热器中提取较少的热能 q_2'，就能得到相同的功，即 $q_2'＜q_2$。因此，在 t_1 时转移给低温蓄热器的热能 q_1' 较少，即 $q_1'＜q_1$。

现在考虑第二台热机在正向运行，而第一台热机在反向运行，即它充当了一个热泵。从①中可知，对于第二台正向运行的热机，$w'＝q_2－q_1'$。对于第一台反向运行的热机，$－w＝－q_2＋q_1$。这两个过程的总和是：

$$w'－w＝q_1－q_1'$$

即，从一定量的热能（$q_1 - q_1'$）中获得了一定量的功（$w' - w$），而没有发生任何其它变化。尽管这一结论并不违背热力学第一定律，但它与人们的经验相悖。这样一个过程相当于第二种永动机。也就是说，热量被转化为功，而不在任何其它物体中留下变化（第一种永动机是无中生有，创造能量）。

从②来看，对于第二台正向运行的热机，$w = q_2' - q_1'$。对于第一台反向运行的热机，$-w = -q_2 + q_1$。由这两个过程的总和可得：

$$q_2' - q_2 = q_1' - q_1 = q$$

根据条件②可知 $q < 0$，表示其传输方向与正向运行的热量传递方向相反。也就是说，在较低温度下的一定量的热能已经转移到较高的温度下（区域），而没有发生任何其它变化。这相当于热能沿着温度梯度自发转移，因此比第二种永动机更加违背人们的经验。

前面的讨论产生了以下两个热力学第二定律的初步表述。

① 通过循环过程，将热能从高温储热器（热源）中转移出来并转化为功，而在此过程中没有热能转移到低温储热器中，这个过程是不可能的。这种表述被称为开尔文和普朗克（Lord Kelvin, aka William Thomson, 1824—1907 和 Max Karl Emst Ludwig Planck, 1858—1947）原则。

② 将热能从低温储热器（物体）转移到高温储热器（物体），而与此同时没有将一定量的功转化为热能，这个过程是不可能的。这种表述就是克劳修斯原则（Rudolf Julius Emanuel Clausius, 1822—1888）。

这两种说法是等同的。如果其中一个被证明是不成立的，那么另一个也一定是不成立的。

3.11　热力学温标

前面的讨论表明，所有在相同的高温和低温之间运行的可逆卡诺循环必须具有相同的效率——即可能的最大值。该最大效率与工作物质无关，仅是工作温度 t_1 和 t_2 的函数，因此：

$$效率 = \eta = \frac{q_2 - q_1}{q_2} = f'(t_1, t_2) = 1 - \frac{q_1}{q_2}$$

或

$$\frac{q_1}{q_2} = f(t_1, t_2)$$

考虑图 3.5 所示的卡诺循环。在 t_1 和 t_2 之间以及 t_2 和 t_3 之间运行的两个循环，相当于在 t_1 和 t_3 之间运行的一个循环，因此有：

$$\frac{q_1}{q_2} = f(t_1, t_2)$$

$$\frac{q_2}{q_3} = f(t_2, t_3)$$

和

$$\frac{q_1}{q_3} = f(t_1, t_3)$$

所以：

$$\left(\frac{q_1}{q_3}\right) \times \left(\frac{q_3}{q_2}\right) = \frac{f(t_1, t_3)}{f(t_2, t_3)} = \frac{q_1}{q_2} = f(t_1, t_2)$$

由于 $f(t_1, t_2)$ 独立于 t_3，那么 $f(t_1, t_3)$ 和 $f(t_2, t_3)$ 的形式必须是：

$$f(t_1, t_3) = \frac{F(t_1)}{F(t_3)}$$

和

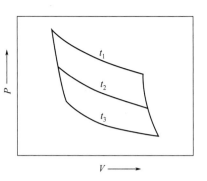

图 3.5 运行在 t_1 和 t_2、t_1 和 t_3、t_2 和 t_3 之间的卡诺循环

$$f(t_2, t_3) = \frac{F(t_2)}{F(t_3)}$$

也就是说，效率函数 $f(t_1, t_2)$ 是单独的 t_1 和 t_2 的函数之商，即

$$f(t_1, t_2) = \frac{F(t_1)}{F(t_2)}$$

开尔文认为这些函数具有最简单的形式，即 T_1 和 T_2，因此：

$$\frac{q_1}{q_2} = \frac{T_1}{T_2}$$

在这种情况下，卡诺循环的效率为：

$$效率 = \eta = \frac{q_2 - q_1}{q_2} = \frac{T_2 - T_1}{T_2} = 1 - \frac{T_1}{T_2} \tag{3.5}$$

上式定义了一个独立于工作物质的绝对热力学温标。可以看出，这个温标的零点是低温储热器的温度，它使得卡诺循环效率达到 100%。

绝对热力学温标（或开尔文温标）与第 1 章中讨论的理想气体温标相同。这可以通过将 1 摩尔理想气体视为卡诺循环中的工作物质来证明，参照图 3.4。

A 状态到 B 状态，在 t_2 下的可逆等温膨胀，$\Delta U = 0$，由式（2.10）得：

$$q_2 = w_1 = R t_2 \ln \frac{V_B}{V_A}$$

B 状态到 C 状态，可逆绝热膨胀，$q = 0$，由式（2.6a）得：

$$w_2 = -\Delta U = -\int_{t_2}^{t_1} c_V \mathrm{d}T$$

C 状态到 D 状态，在 t_1 下的可逆等温压缩，

$$q_1 = w_3 = R t_1 \ln \frac{V_D}{V_C}$$

D 状态到 A 状态，可逆绝热压缩，$q = 0$，

$$w_4 = -\int_{t_1}^{t_2} c_V \mathrm{d}T$$

作用在气体上的总功为：

$$w = w_1 + w_2 + w_3 + w_4$$
$$= R t_2 \ln \frac{V_B}{V_A} - \int_{t_2}^{t_1} c_V \mathrm{d}T + R t_1 \ln \frac{V_D}{V_C} - \int_{t_1}^{t_2} c_V \mathrm{d}T$$

从高温储热器抽取的热量为：

$$q_2 = Rt_2 \ln \frac{V_B}{V_A}$$

可以证明（见作业题 3.7），

$$\frac{V_B}{V_A} = \frac{V_C}{V_D}$$

因此，

$$w = R(t_2 - t_1) \ln \frac{V_B}{V_A}$$

最后，

$$效率 = \eta = \frac{w}{q_2} = \frac{t_2 - t_1}{t_2} = 1 - \frac{T_1}{T_2}$$

这相当于式（3.5）。因此，绝对热力学温标与理想气体温标相同。

3.12　热力学第二定律

方程

$$\frac{q_2 - q_1}{q_2} = \frac{T_2 - T_1}{T_2}$$

可以写为：

$$\frac{q_2}{T_2} - \frac{q_1}{T_1} = 0 \tag{3.6}$$

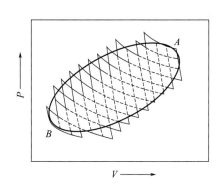

图 3.6　一个循环过程被分解成许多卡诺循环

任何循环过程都可以分解为若干个卡诺循环，如图 3.6 所示。在以顺时针方向围绕循环 ABA 时，系统所做的功等于循环路径所包围的面积。如图所示，这个循环可以被许多卡诺循环粗略地近似，对于这些循环的"之"字形路径，由式（3.6）可得：

$$\sum \frac{q_i}{T_i} = 0$$

其中传入系统的热能为正，传出系统的热能为负。通过使卡诺循环越来越小，可以使卡诺循环的之字形路径与循环 ABA 重合，在重合的极限中，可以用循环积分代替求和，即

$$\oint \left(\frac{\delta q_i}{T_i} \right)_{\mathrm{rev}} = 0$$

循环积分为 0 表明，该被积函数是系统的某个状态函数的精确微分。这个函数就是熵，S，对于可逆过程，我们可以写成：

$$\mathrm{d}S' = \frac{\delta q}{T} \tag{3.7}$$

式中，δq 是温度为 T 时传入（或传出）系统的无限小的热能。因此，如果热能被转移到系统中，系统的熵会增加。

对于循环 ABA，

$$\oint dS' = 0 = \int_A^B dS' + \int_B^A dS' = (S_B - S_A) + (S_A - S_B) = 0$$

需要强调的是，式（3.7）中的 δq 是可逆的热能增量，因此，式（3.7）应正确写成：

$$dS' = \frac{\delta q_{rev}}{T} \tag{3.8}$$

将式（3.6）应用于可逆运行的热机，从温度为 T_2 的恒温源中转移出 q_2，做功 w，将 q_1 转移到温度为 T_1 的恒温散热器，表明高温源熵的减少量 q_2/T_2 等于散热器熵的增加量 q_1/T_1；也就是说，$\Delta S'_{total} = 0$，这是由于该过程是可逆进行的。

因此，热力学第二定律可以表述如下：

① 热能被可逆地传入（或传出）系统，熵的变化 dS' 为 $dS' = \delta q_{rev}/T$，函数 S 是系统的状态函数。

② 在绝热的环境中，系统的熵永远不会减少。

· 在不可逆的过程中，熵会增加。

· 在可逆过程中，熵保持不变。

· 如果系统最初处于平衡状态，则熵保持不变。

由上述表述②可以看出，一个处于绝热环境的系统，对于其无限小的状态变化，有：

$$\sum dS' \geqslant 0 \tag{3.9}$$

也就是说，如果状态的无限小变化是可逆的，那么系统中所有相互热接触的 i 个部分，其熵的变化量之和为零；如果状态的无限小变化是不可逆的，则大于零。式（3.9）可以转换为一个等式，写为：

$$\sum_i dS'_i = \Delta S'_{irr} \tag{3.10}$$

式中，$\Delta S'_{irr}$ 是在某一给定的不可逆变化过程中产生的总熵。

3.13 最大功

对于从 A 到 B 的状态变化，由热力学第一定律可知：

$$U'_B - U'_A = q - w$$

在第 3.1 节中，就这一定律提出了三个问题。第三个问题是：

系统在其状态变化过程中所做的功的大小是否有明确的极限值？

正如我们在第 3.1 节中所指出的，关于给定过程中 q 和 w 能够取值的大小，第一定律没有给出说明。我们在前面的讨论中已经看到，尽管 q 和 w 的值可以根据状态 A 和 B 之间路径的不可逆程度而变化，但是热力学第二定律对在给定状态变化期间可以从系统中获得的最大功设定了明确的限制。因此，它对系统可能吸收的热能也设定了限制。对于一个无限小的状态变化，式（3.4a）可写为：

$$dS'_{\text{system}} = \frac{\delta q}{T} + dS'_{\text{irr}}$$

根据热力学第一定律，

$$\delta q = dU'_{\text{system}} + \delta w$$

因此：

$$dS'_{\text{system}} = \frac{dU'_{\text{system}} + \delta w}{T} + dS'_{\text{irr}}$$

或

$$\delta w = T dS'_{\text{system}} - dU'_{\text{system}} - T dS'_{\text{irr}}$$

所以：

$$\delta w \leqslant T dS'_{\text{system}} - dU'_{\text{system}} \tag{3.11}$$

如果温度在整个过程中保持恒定（并且等于向系统供热的储热器的温度），那么式（3.11）从状态 A 到状态 B 的积分可得：

$$w \leqslant T(S'_B - S'_A) - (U'_B - U'_A)$$

由于 U 和 S 是状态函数，因此 w 不能大于确定的值 w_{max}，即当过程可逆地进行时从系统获得的功：

$$w_{\text{max}} = T(S'_B - S'_A) - (U'_B - U'_A)$$

这个功 w_{max} 对应于吸收的最大热量 q_{rev}，是状态变化过程中所能做的最大功。既然熵是一个状态函数，那么，在经历任何的状态变化时，从 A 到 B，都有：

无论这个过程是可逆的还是不可逆的，系统的熵的变化都是一样的。

前面的讨论表明，在两种情况下，不同的是热效应。也就是说，如果该过程涉及热能的吸收并以可逆方式进行，那么所吸收的热能 q_{rev} 就会大于该过程以不可逆方式进行时所吸收的热能。正如已经知道的，当 1 摩尔理想气体以等温和可逆方式从状态 A 膨胀到状态 B 时，热量 q 是从储热器可逆地转移到气体中的，其中：

$$q = RT \ln \frac{V_B}{V_A}$$

气体的熵增加量 $S_B - S_A$ 等于 $R \ln V_B / V_A$。储热器的熵减少了相等的量，因此没有产生熵，也就是说，$\Delta S_{\text{irr}} = 0$。但是，如果允许这些气体从 P_A 自由膨胀到 P_B（如 2.6 节中讨论的焦耳实验），那么，由于气体不做功，所以没有热能从储热器转移到气体，并且储热器的熵没有变化。由于熵是一个状态函数，$S_B - S_A$ 的值与过程路径无关，因此，所产生的熵，ΔS_{irr}，等于 $S_B - S_A$，等于 $R \ln V_B / V_A$。这种熵是由于功的退化而产生的，该功应是气体抵抗非零外力进行膨胀时所做的功。这种退化的功等于 w_{max}，也等于 q_{rev}。

因此，自由膨胀代表了完全不可逆的极限，在此期间，由于气体体积的增加，所有潜在的功都会退化。气体中退化的潜在的功是气体熵增加的原因。对于 1 摩尔理想气体从状态 A 到状态 B 的等温膨胀，ΔS_{irr} 的值为：

$$0 \leqslant \Delta S_{\text{irr}} \leqslant R \ln \frac{V_B}{V_A}$$

对于可逆等温膨胀，$\Delta S_{\text{irr}} = 0$；对于自由膨胀，$\Delta S_{\text{irr}} = R \ln V_B / V_A$。因此，$\Delta S_{\text{irr}}$ 的值取决于过程的不可逆程度。

3.14　熵和平衡判据

本章开头指出，一个系统，如果任其自然（即与周围环境没有相互作用，一个孤立的系统），它要么保持在原来所处的状态，要么会自发改变（即没有任何外部影响）到其它状态。如果系统最初处于平衡状态，那么它将保持平衡，如果它最初不处于平衡状态，它将变为其平衡状态。根据定义，这种自发过程是不可逆的，并且系统从其初始非平衡状态到最终平衡状态的运动，伴随着系统熵的增加。达到平衡状态的同时熵达到最大值，因此，对于这样的系统，熵可以作为确定平衡状态的判据。

在一个具有恒定内能 U' 和恒定体积 V' 的孤立系统中，U' 和 V' 都有固定值，当系统的熵达到最大时，系统就达到了平衡。考虑在恒定体积的绝热容器中发生某一化学反应：

$$A+B \Longrightarrow C+D$$

从 A 和 B 开始，只要系统的熵增加，反应就会从左向右进行；或者相反，从 C 和 D 开始，如果系统的熵增加，反应将从右向左进行。图 3.7 显示了熵可能随反应程度的变化。可以看出，系统熵沿反应坐标可到达具有最大值的点。该点对应系统的平衡状态，因为在任何方向继续进行反应都会使熵降低，因此不会自发发生。当我们在第 11 章讨论气体的反应时，将会用到这个概念。

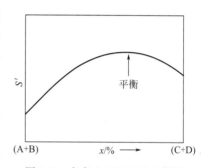

图 3.7　含有 A＋B＋C＋D 封闭系统的熵
（它是内能和体积不变的情况下
A＋B \Longrightarrow C＋D 反应程度的函数）

3.15　热力学第一定律和第二定律的综合表述

对于一个简单封闭系统状态的（微小）递增变化，由热力学第一定律得：

$$dU'=\delta q-\delta w$$

并且，如果这个过程是可逆的，由热力学第二定律得：

$$dS'=\frac{\delta q_{rev}}{T} \quad 或 \quad \delta q_{rev}=T\,dS'$$

对于简单系统，

$$\delta w=P\,dV'$$

两个定律的组合可得如下方程式：

$$dU'=T\,dS'-P\,dV' \tag{3.12}$$

式（3.12）适用的条件是：

① 系统是封闭的，即在过程中不与周围环境交换物质；

② 由于体积变化而产生的功是系统所做的唯一形式的功。

式（3.12）将系统的因变量 U' 与自变量 S' 和 V' 联系起来，就是说：

$$U' = U'(S', V')$$

U' 的总微分写为：

$$dU' = \left(\frac{\partial U'}{\partial S'}\right)_{V'} dS' + \left(\frac{\partial U'}{\partial V'}\right)_{S'} dV' \tag{3.13}$$

对比式（3.12）和式（3.13）可以发现，

$$温度 = T = \left(\frac{\partial U'}{\partial S'}\right)_{V'}$$

$$压力 = P = -\left(\frac{\partial U'}{\partial V'}\right)_{S'}$$

式（3.12）的形式特别简单，因为在考虑作为因变量的 U' 的变化时，自变量的"自然"选择是 S' 和 V'。考虑将 S' 作为因变量，则 U' 和 V' 作为自变量，也就是说：

$$S' = S'(U', V')$$

因此：

$$dS' = \left(\frac{\partial S'}{\partial U'}\right)_{V'} dU' + \left(\frac{\partial S'}{\partial V'}\right)_{U'} dV' \tag{3.14}$$

将式（3.12）重新整理，得：

$$dS' = \frac{dU'}{T} + \frac{P\,dV'}{T}$$

并与式（3.14）相比较，可知：

$$\left(\frac{\partial S'}{\partial U'}\right)_{V'} = \frac{1}{T} \text{ 和 } \left(\frac{\partial S'}{\partial V'}\right)_{U'} = \frac{P}{T} \tag{3.15}$$

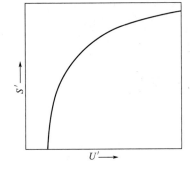

图 3.8 熵随内能变化的曲线
（注意：当 U' 接近其最小值时，
S' 也接近其最小值）

从上式可以看出，在恒定体积下增加系统的内能会增加其熵，因为 $1/T > 0$（图 3.8）。S' 随 U' 变化曲线的曲率是负的，即

$$\left(\frac{\partial^2 S'}{\partial U'^2}\right)_{V'} = -\frac{1}{T^2}\frac{\partial T}{\partial U'} < 0$$

另外，由于 $P/T > 0$，在 U' 不变的情况下，增加体积会增加系统的熵。S' 与 V' 的关系曲线与 S' 与 U' 的关系曲线相似。S' 随着 V' 的增加而增加，并且该曲线具有负曲率。

还可以看到，当 T 接近零时，U' 接近其最小值，熵也是如此（关于这一点，在第 6 章讨论热力学第三定律时，会有更多说明）。

没有必要通过吸收传入的 δq 来增加熵！这种熵与系统占用空间的增加有关。我们将把它称为构型熵，以区别于所谓的热熵。

热力学的进一步发展是由于 S' 和 V'（或 S' 和 P）是一对不方便的自变量这一事实。在考虑一个真实的系统时，排列系统状态以使其同时具有所需的熵并占据所需的体积，会遇到相当大的困难。将温度和压力或温度和体积作为两个独立变量会更好。在第 5 章中，将介绍其它热力学状态函数，这将有助于我们研究热力学。

在下一章中，将给出熵的更多物理内涵。

3.16　小结

① 系统状态发生变化时，所经历的过程路径可分为两类：可逆和不可逆。

• 当系统状态的变化是由于施加有限驱动力而导致时，这个过程是不可逆的，而且这个过程的不可逆程度随着驱动力的增加而增加。

• 为了使一个过程可逆地发生，驱动力必须是无限小的，因此，可逆过程以无限小的速率进行。在一个可逆过程中，系统被想象为在连续的平衡状态间移动。

② 当一个系统发生状态变化时，在此过程中它会做功并吸收热能，当状态变化可逆时，w 和 q 的大小分别为最大值（w_{max} 和 q_{rev}）。对于两个状态之间的不可逆路径，系统所做的功较少，相应地吸收的热能也较少。

③ 存在一个叫做熵的状态函数，S'，当 δq_{rev} 进入（或离开）系统时可以写为：

$$dS' = \frac{\delta q_{rev}}{T}$$

因此，状态 B 的熵与状态 A 的熵之差为：

$$\Delta S' = S'_B - S'_A = \int_A^B \frac{\delta q_{rev}}{T}$$

④ 系统在两种状态之间移动时，如果其温度保持不变，则系统的熵的变化为 $\Delta S' = q_{rev}/T$，其中 q_{rev} 是系统在两种状态之间可逆移动时吸收或放出的热能。

⑤ 如果 q_{rev} 是由温度为 T 的恒温储热器提供的，由于系统从 A 到 B 的移动，储热器的熵减少了 q_{rev}/T 的量。因此，作为可逆过程的结果，系统和储热器总的熵是不变的。熵仅仅是从储热器被转移到了系统。

⑥ 如果一个系统从 A 到 B 的状态变化是不可逆的，那么系统从储热器中提取的热能 q（$q < q_{rev}$）就会减少。因此，储热器的熵减少的幅度会更小（等于 q/T）。然而，由于熵是一个状态函数，气体的熵变，$S'_B - S'_A$，与过程路径无关，因此，$\Delta S'_{system} + \Delta S'_{reservoir} > 0$。熵的产生是由于发生一个不可逆的过程而导致的，产生的熵被记为 $\Delta S'_{irr}$。

⑦ 在一般情况下，$S'_B - S'_A = q/T + \Delta S'_{irr}$，随着不可逆程度的增加，从储热器中提取的热能 q 减少，$\Delta S'_{irr}$ 的数值增加。

⑧ 对于不可逆过程，熵的增加来自系统能量的退化，其中一些有可能用于做有用功的内能被退化了。

⑨ 在恒容绝热系统（即恒定 U' 和 V' 的系统）中发生的过程将不可逆地进行，并随之产生熵，直到熵达到最大值。达到最大熵是平衡的判据。因此，处于绝热环境的系统熵永远不会减少。在不可逆过程中它会增加，在可逆过程中它的最大值保持不变。

⑩ 结合热力学第一和第二定律，对于一个封闭的系统，除了抵抗压力膨胀做功外，不做任何其它功，则 $dU' = TdS' - PdV'$。因此，U' 作为因变量，自然选择 S' 和 V' 作为自变量。

3.17 本章概念和术语

读者应写出以下术语的简要定义或描述。在适当的情况下，可以使用方程式。

气体的绝热膨胀

卡诺循环

恒温储热器

能量的耗散

驱动力

发动机的效率

熵

平衡状态

热机

不可逆过程

等熵过程

气体的等温膨胀

最大功

自然过程

非平衡状态

永动机

克劳修斯原则

开尔文和普朗克原则

准静态过程

可逆过程

热力学第二定律

自发过程

3.18 证明例题

（1）证明例题 1

一台热机在卡诺循环中运行：所有过程都是可逆的（图 3.4）。对于每个过程，求出热机熵变化的表达式，以及一个周期后环境熵变化的表达式。假设工质为 1 摩尔的理想单原子气体。

解答：

每个过程的 q 值都可以在第 3.11 节找到。

对于热机：

① 从 A 到 B 的可逆等温膨胀过程：

$$\Delta S_{\text{engine}} = \frac{q_2}{T_2} = R \ln \frac{V_B}{V_A}$$

② 从 B 到 C 的可逆绝热膨胀过程：

$$\Delta S_{\text{engine}} = 0, \text{因为} \, q = 0$$

③ 从 C 到 D 的可逆等温压缩过程：

$$\Delta S_{\text{engine}} = \frac{q_1}{T_1} = R \ln \frac{V_D}{V_C}$$

④ 从 D 到 A 的可逆绝热压缩过程：

$$\Delta S_{\text{engine}} = 0, \text{因为} \, q = 0$$

因此，热机的总熵值变化为：

$$\Delta S_{\text{engine}}^{\text{total}} = R \ln \frac{V_B}{V_A} + R \ln \frac{V_D}{V_C} = 0, \text{因为} \, \frac{V_B}{V_A} = \frac{V_C}{V_D} \, （见作业题 3.7）$$

对于每个过程，环境熵变化是热机的负值。因此，$\Delta S_{\text{surroundings}}^{\text{total}} = 0$。

因此，对于卡诺循环，$\Delta S_{\text{total}} = \Delta S_{\text{system}} + \Delta S_{\text{surroundings}} = 0$。

（2）证明例题 2

画出图 3.4 中描述的卡诺循环的熵与温度的关系图。

解答：

在温度-熵空间中为状态 A 选择一个位置。

① 第一个过程是从状态 A 到状态 B，熵等温（$\mathrm{d}T = 0$）增加。

② 第二个过程是从 B 状态到 C 状态，温度不断下降而熵值不变。

③ 第三个过程是从状态 C 到状态 D，熵等温减少。

④ 最后一个过程是从 D 状态到 A 状态，温度持续升高而熵值不变。

对于每一个变化，请你确保理解温度和熵的符号（图 3.9）。

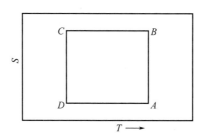

图 3.9　图 3.4 卡诺循环对应的熵-温度关系

3.19　计算例题

（1）计算例题 1

在 50atm 和 300K 的条件下，5 摩尔的单原子理想气体处于绝热系统中。压力突然被降低到10atm，气体经历了不可逆的膨胀，在此期间，它做了4000J的功。

a. 证明气体在不可逆膨胀后的最终温度，大于气体可逆地从50atm膨胀到10atm时将达到的温度。

b. 计算由于不可逆膨胀而产生的熵。

已知气体的定容摩尔热容 c_V 的值为 $1.5R$。

解答：

a. 在初始状态1，

$$V_1' = \frac{nRT_1}{P_1} = \frac{5 \times 0.08206 \times 300}{50} = 2.46(\mathrm{L})$$

如果从50atm到10atm的绝热膨胀是可逆进行的，则过程路径遵循 $PV'^{\gamma} =$ 常数，并处于最终状态2，

$$V_2' = \left(\frac{P_1 V_1'^{\gamma}}{P_2}\right)^{1/\gamma} = \left(\frac{50 \times 2.46^{5/3}}{10}\right)^{3/5} = 6.47(\mathrm{L})$$

所以：

$$T_2 = \frac{P_2 V_2'}{nR} = \frac{10 \times 6.47}{5 \times 0.08206} = 158(\mathrm{K})$$

对于不可逆过程，它将气体从状态1带到状态3，因为 $q=0$，所以有：

$$\Delta U' = -w = -4000 = nc_V(T_3 - T_1) = 5 \times 1.5 \times 8.314 \times (T_3 - 300)$$

求得 $T_3 = 236\mathrm{K}$，该值高于 T_2。

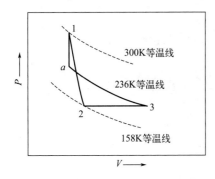

图 3.10　计算例题1中考虑的过程路径

b. 由于从状态1到状态3的不可逆膨胀是绝热进行的，因此没有热能传递到系统中，状态3的熵与状态1的熵之差就是所产生的熵，$\Delta S'_{\mathrm{irr}}$，它是不可逆过程的结果。这种熵的变化可以通过从状态1到状态3的任何可逆路径来计算。考虑可逆路径 $1 \to a \to 3$，如图 3.10 所示，即从300到236K的可逆恒容降温过程，然后是从 V_a' 到 V_3' 的可逆等温膨胀过程。

对于可逆的定容过程，

$$\delta q_V = nc_V \mathrm{d}T = T\mathrm{d}S'$$

或

$$\mathrm{d}S' = \frac{nc_V \mathrm{d}T}{T}$$

从状态1到状态 a 积分，得：

$$S_a' - S_1' = nc_V \ln\frac{T_a}{T_1} = 5 \times 1.5 \times 8.3144 \times \ln\frac{236}{300} = -15.0(\mathrm{J/K})$$

对于从状态 a 到状态3的可逆等温膨胀，$\Delta U' = 0$，所以有：

$$q = w = nRT\ln\frac{V_3'}{V_a'}$$

其中，

$$V_3' = \frac{nRT_3}{P_3} = \frac{5 \times 0.08206 \times 236}{10} = 9.68(\mathrm{L})$$

因此：
$$S'_3 - S'_a = \frac{q}{T} = nR\ln\frac{V'_3}{V'_a} = 5 \times 8.3144 \times \ln\frac{9.68}{2.46} = 57.0(J/K)$$

因此，在不可逆膨胀过程中产生的熵是：
$$S'_3 - S'_1 = -15.0 + 57.0 = 42.0(J/K)$$

另外，气体从状态 1 变为状态 3 也可以沿着路径 1→2→3 进行。由于从状态 1 到状态 2 的可逆绝热膨胀是等熵的过程，所以有：
$$S'_3 - S'_1 = S'_3 - S'_2$$

而对于从状态 2 到状态 3 的可逆等压膨胀过程，
$$\delta q_P = nc_P dT = T dS'$$

或
$$dS' = \frac{nc_P dT}{T}$$

从状态 2 到状态 3 积分，得到：
$$S'_3 - S'_2 = 5 \times 2.5 \times 8.3144 \times \ln\frac{236}{158} = 41.7(J/K)$$

这也是气体从状态 1 到状态 3 的不可逆绝热膨胀所产生的熵。

（2）计算例题 2

在 1atm 下，Pb 的平衡熔化温度为 600K，在此温度下，Pb 的熔化潜热为 4810J/mol。计算 1 摩尔过冷液态 Pb 在 590K 和 1atm 下自发凝固时产生的熵。

已知在 1atm 下，液态 Pb 的恒压摩尔热容是温度的函数，可以由下式表示：
$$c_{P(l)} = 32.4 - 3.1 \times 10^{-3}T$$

而固体 Pb 的相应表达式为：
$$c_{P(s)} = 23.6 + 9.75 \times 10^{-3}T$$

解答：

Pb 的不可逆凝固过程中产生的熵，等于 Pb 的熵变化与该过程引起的恒温储热器（590K）的熵变化之差。

首先，计算 1 摩尔固体 Pb 在 590K 时的熵和 1 摩尔液体 Pb 在 590K 时熵的差异。考虑图 3.11 所示的过程。

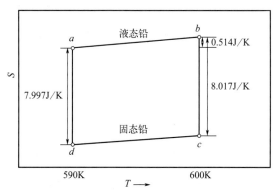

图 3.11 熵-温度关系
（以对比的方式描绘计算例题 2 中所研究的状态变化）

① 步骤 $a \rightarrow b$：在 1atm 下将 1 摩尔过冷的液态铅从 590K 加热到 600K。

② 步骤 $b \rightarrow c$：1 摩尔的液态 Pb 在 600K 时可逆地凝固（平衡熔化或凝固温度是进行熔化或凝固过程的唯一温度）。

③ 步骤 $c \rightarrow d$：在 1atm 下将 1 摩尔固体铅从 600K 冷却到 590K。

由于熵是一个状态函数，因此：

$$\Delta S_{(a \rightarrow d)} = \Delta S_{(a \rightarrow b)} + \Delta S_{(b \rightarrow c)} + \Delta S_{(c \rightarrow d)}$$

步骤 $a \rightarrow b$：

$$\Delta S_{(a \rightarrow b)} = \int_a^b \frac{\delta q_{\text{rev}}}{T} = \int_a^b \frac{\delta q_P}{T} = \int_{590}^{600} \frac{c_{P,\text{Pb(l)}} \mathrm{d}T}{T}$$

$$= \int_{590}^{600} \left(\frac{32.4}{T} - 3.1 \times 10^{-3} \right) \mathrm{d}T$$

$$= 32.4 \times \ln \frac{600}{590} - 3.1 \times 10^{-3} \times (600 - 590)$$

$$= 0.514 (\text{J/K})$$

步骤 $b \rightarrow c$：

$$\Delta S_{(b \rightarrow c)} = \frac{\delta q_{\text{rev}}}{T} = \frac{\delta q_P}{T} = \frac{\text{结晶潜热}}{\text{平衡凝固温度}} = -\frac{4810}{600} = -8.017 (\text{J/K})$$

步骤 $c \rightarrow d$：

$$\Delta S_{(c \rightarrow d)} = \int_c^d \frac{\delta q_{\text{rev}}}{T} = \int_c^d \frac{\delta q_P}{T} = \int_{600}^{590} \frac{c_{P,\text{Pb(s)}} \mathrm{d}T}{T}$$

$$= \int_{600}^{590} \left(\frac{23.6}{T} + 9.75 \times 10^{-3} \right) \mathrm{d}T$$

$$= 23.6 \times \ln \frac{590}{600} + 9.75 \times 10^{-3} \times (590 - 600)$$

$$= -0.494 (\text{J/K})$$

因此：

$$\Delta S_{(a \rightarrow d)} = 0.514 - 8.017 - 0.494 = -7.997 (\text{J/K})$$

考虑在 590K 时进入恒温储热器的热能。由于热能是在恒压下传递的，$q_P = \Delta H$，其中 ΔH 是状态 d 和状态 a 的焓值之差。由于 H 是一个状态函数，因此：

$$\Delta H_{(a \rightarrow d)} = \Delta H_{(a \rightarrow b)} + \Delta H_{(b \rightarrow c)} + \Delta H_{(c \rightarrow d)}$$

$$\Delta H_{(a \rightarrow b)} = \int_{590}^{600} c_{P,\text{Pb(l)}} \mathrm{d}T = \int_{590}^{600} (32.4 - 3.1 \times 10^{-3} T) \mathrm{d}T$$

$$= 32.4 \times (600 - 590) - \frac{3.1 \times 10^{-3}}{2} \times (600^2 - 590^2)$$

$$= 306 (\text{J})$$

$$\Delta H_{(b \rightarrow c)} = -4810 (\text{J})$$

$$\Delta H_{(c \rightarrow d)} = \int_c^d c_{P,\text{Pb(s)}} \mathrm{d}T = \int_{600}^{590} (23.6 + 9.75 \times 10^{-3} T) \mathrm{d}T$$

$$= 23.6 \times (590 - 600) + \frac{9.75 \times 10^{-3}}{2} \times (590^2 - 600^2)$$

$$= -294 (\text{J})$$

因此：
$$\Delta H_{(a \to d)} = 306 - 4810 - 294 = -4798(\text{J})$$

于是，储热器在 590K 时吸收了 4798J 的热能。因此：
$$\Delta S_{储热器} = \frac{4798}{590} = 8.132(\text{J/K})$$

因此，产生的熵是：
$$\Delta S_{irr} = -7.997 + 8.132 = 0.135(\text{J/K})$$

研究表明，过冷液体不可逆凝固的温度越低，过程越不可逆，ΔS_{irr} 的值越大。

 作业题

3.1 1摩尔单原子理想气体的初始状态为 $P = 10\text{atm}$ 和 $T = 300\text{K}$，计算下列过程气体熵的变化。

a. 等温压力下降至 5atm；

b. 可逆绝热膨胀到 5atm；

c. 恒定体积压力降低至 5atm。

3.2 1摩尔的单原子理想气体依次经过以下步骤：

a. 从 300K 和 10atm 开始，气体自由膨胀到真空中，体积增加 3 倍；

b. 接下来，气体在恒定体积下可逆地加热到 400K；

c. 气体在恒温下可逆地膨胀，直到其体积再次增加 3 倍；

d. 气体最终在恒压下可逆地冷却到 300K。

计算 q 和 w 的值以及 U、H 和 S 的变化。

3.3 1摩尔单原子理想气体在恒压下发生可逆膨胀，在此期间气体的熵增加 14.41J/K，气体吸收了 6236J 的热能。计算气体的初始温度和最终温度。1摩尔的第二种单原子理想气体经历可逆的等温膨胀，在此期间它的体积加倍，做 1729J 的功，熵增加 5.763J/K。计算进行膨胀的温度。

3.4 计算 1摩尔 SiC 从 25℃ 加热到 1000℃ 时的焓变和熵变。SiC 的恒压摩尔热容随温度变化的关系式为：
$$c_P = 50.79 + 1.97 \times 10^{-3}T - 4.92 \times 10^6 T^{-2} + 8.20 \times 10^8 T^{-3}$$

3.5 将 1 摩尔 Cu 在 0℃ 的均匀温度下与另 1 摩尔 Cu 热接触，该铜最初处于 100℃ 的均匀温度。当达到热平衡时，计算处于绝热环境中的 2 摩尔系统的温度。为什么常见的均匀温度不完全刚好是 50℃？传递了多少热能，产生了多少熵？固体 Cu 的恒压摩尔热容随温度变化的关系式为：
$$c_P = 22.64 + 6.28 \times 10^{-3}T$$

3.6 可逆热机循环运行，从高温储热器（温度随之降低）中提取热能，做功 w，并将热能转移给低温储热器（温度随之升高）。这两个储热器最初处于温度 T_1 和 T_2 并分别具有恒定的热容 C_1 和 C_2。计算系统的最终温度和可以从热机获得的最大功。

3.7❶   在第 3.11 节推导卡诺热机效率方程时，指出 $V_B/V_A = V_C/V_D$。证明这个等式是成立的。

3.8❶   这个问题来自作业题 2.11。使用来自该问题的数据来求解下列问题：

a. 计算 273K 下水凝固时的熵变化；

b. 计算 260K 下水凝固时的熵变化。

3.9❶   使用图 3.9 计算图 3.4 所示的卡诺循环所做的功。

---

❶ 第 6 版中的新作业题。

第4章

熵的统计解释

4.1　引言

经典热力学是唯象的，也就是说，它处理我们感知到的物质。在这方面，我们用感官来描述物质的性质，如压力、体积和温度。经典热力学没有在更基础的方面进行深入研究，即物质是由什么组成的？物质是由原子和分子组成的，在本章中，我们将使用这一观念，使用统计学并将其引入到处理热力学课题的方法中。这将我们从经典热力学领域带到了统计热力学领域。我们（在统计热力学方面）所涉及的内容虽然是简短的，但希望它们能帮助读者更好地理解熵的物理含义。

在第 3 章中，通过确定自发过程可能或不可能发生，以及研究发生在这些过程中的热能和功效应，我们很便捷地引入了"熵"的概念，熵是热力学状态函数。熵由经典热力学论证发展而来，根据热力学第二定律的表述，很难为熵指定一个物理意义或物理性质。在这方面，熵不同于内能，尽管在经典热力学的范围内，这两种性质都是系统的广延热力学状态函数。热力学第一定律在 19 世纪得到广泛的认可，是因为内能的物理意义很容易理解，而对熵则缺乏相应的理解，导致热力学第二定律被认可相对缓慢。对熵更多的物理解释只有等到统计热力学和量子力学发展之后了。

4.2　熵和原子尺度上的混乱度

吉布斯（Josiah Willard Gibbs，1839—1903）将系统的熵描述为系统的"混乱性"[1]。我们可以理解这个混乱性概念在原子或分子水平上也是适用的，也就是说，一个系统的组成粒子越"混乱"，它的熵值就越大。例如，在结晶固体中，大多数组成粒子被限制在其规则排列位置的周围振动，而在液体中，不存在将粒子限制在特定位置的情形，颗粒相对自由地在

---

❶ The Collected Works of J. W. Gibbs, Vol. 1. New Haven, CT: Yale University Press, 1928. (unpublished fragments)

液体占据的公共空间中游荡。因此，结晶固体的颗粒排列比液体的排列更有序，或者比液体的排列混乱程度小。因此，可以理解为液体的构型熵大于固体结晶态的构型熵。类似地，气体的原子或分子的无序性大于液体，因为在气态下，分子可以自由移动的体积更大。因此，气体的熵大于液体的熵。

这种对熵的定性理解与宏观层面上的现象相关。例如，固体在其平衡熔化温度 T_m 下转变为液体，需要其吸收一定量的所谓熔化焓的热能 q。因此，正在被熔化的物质的熵被认为是增加的。事实上，如果熔化过程是在恒压下进行的，

$$\Delta S'_{\text{melting}} = \frac{\Delta H'_{\text{melting}}}{T_m}$$

伴随着熔化物质熵的增加，组成它的粒子的构型状态的无序程度相应增加，二者是相关的。

然而，在使用混乱性的概念时必须小心谨慎。孤立的过冷液体在自发转变为晶体时其熵会增加，因为该过程是不可逆的。但是晶体肯定比液体混乱性小！物质的熵如何增加？之所以存在这种明显的异常，是因为我们只关注熵的一个方面——构型方面。如果我们在研究中考虑凝固焓（凝固过程中释放的热能）的影响，可以看出这种能量释放会增加孤立系统的温度，导致系统的热熵随之增加。这种热熵的增加大于"液-晶"转变过程中构型熵的减少。这表明在研究系统变化时必须考虑系统各个方面的熵，正如在应用热力学第一定律时必须考虑系统各个方面的能量一样。

如果从液体到固体的转变在物质的平衡熔化温度 T_m 下等温进行，那么储热器无序度的增加等于物质无序度的减少，"系统加储热器"组合体总的无序度不变。由于是平衡凝固过程，组合系统的熵不变，熵已被从物质转移到了储热器。因此，物质的平衡熔化温度或平衡凝固温度，可以定义为物质加储热器的熵不发生变化的温度，它是相变的结果。只有在这个温度下，固体和液体才能相互平衡。因此，只有在这个温度下，相变才能可逆地发生，熵不会净增加。

4.3　微观状态的概念

在经典热力学中，单组分孤立系统的状态（在本章中称为宏观状态）是由它的两个为人所熟知的热力学变量所确定的，通常被认为是压力和温度这两个具有强度性质的热力学参量。然而，当我们考虑系统的原子和分子组成时，有更多可能的组分构型会产生相同的系统宏观状态。每个组分都有其位置的三个坐标和动量的三个坐标。此外，在实际系统中存在着大量的组分，对 1 摩尔粒子而言，其数目在 10^{24} 量级。统计热力学考虑了我们在前三章中遇到的、组分总数为 N 的如下所列系统中的各种构型方式，即

① 孤立系统，其中 $S' = S'(U', V', N)$ 或 $U' = U'(S', V', N)$；
② 与热浴平衡的封闭系统，其中 $S' = S'(T, V', N)$；
③ 开放系统，其中 $S' = S'(T, V', \mu)$。
热力学的统计方法在考虑此类系统时，将其赋予了特殊的名称——微正则、正则和宏正

则体系。在本章的统计热力学简介中，我们只考虑微正则（孤立）情况。

确定熵和混乱程度之间的定量关系，需要对术语"混乱程度"进行量化，应用初级统计热力学可以解决这个问题。统计热力学假设，系统的平衡状态仅是它所有可能的（即易进入的）微观状态中有最大可能性的那一个。因此，统计热力学涉及：

- 最可能微观状态的确定；
- 控制最可能微观状态的准则；
- 最可能微观状态的性质。

玻尔兹曼（Ludwig Eduard Boltzmann，1844—1906）和吉布斯都发现，将粒子的能量放入离散的隔间中，以此来研究系统粒子之间的能量分布，这种研究方法是很方便的。它将粒子的能量分布从状态的连续函数改变为离散函数，因此可以更方便地对感兴趣的系统进行各种统计操作（取平均值、均方根偏差等）。事实证明，这种方法与几十年后发展起来的量子理论使用的方法相类似（但不相同）。量子理论假设，如果一个粒子被限制在一个给定的固定体积内移动，那么它的能量就是量子化的。也就是说，粒子可能只有某些离散的能量值，它们被能量禁带隔开。对于任何给定的粒子，能量的量子化值（允许的能级）之间的间隔随着粒子可运动体积的增加而减小。这确定了系统的另一种类型的熵——粒子在其可能的能级上分布的展宽。这种展宽可以认为是系统中粒子所占能级的混乱程度，与系统的热熵有关。

4.4 微正则方法

4.4.1 在不同指定能量可区分位置上的等同粒子

能量量子化的影响及其导致的分布，可以通过一个假想的系统来说明。该系统由一个完美晶体构成，其中所有可区分的位置都被相同的（不可区分的）粒子占据。粒子的特性和晶体结构决定了许可能级的量子化，其中最低能级或基态被指定为 ε_0，随后能量增加的能级被指定为 ε_1、ε_2、ε_3、……。晶体包含 n 个粒子，具有固定的能量 U' 和固定的体积 V'。因此，该系统被认为是一个孤立的系统：能量和粒子都不能进入或离开系统。统计热力学要解决以下问题：

- n 个粒子可以以多少种方式分布在可用的能级上，使晶体的总能量（即 U'）保持不变。
- 在这些可能的分布中，哪一个是最有可能的？

假定晶体包含 3 个相同的粒子，它们位于 3 个可区分的晶格点 A、B 和 C 上。为简单起见，假设量子化后的能级间距相等，基态能级取为 $\varepsilon_0 = 0$，第一能级 $\varepsilon_1 = u$，第二能级 $\varepsilon_2 = 2u$，依此类推，并让系统的总能量为 $U' = 3u$。这个系统有 3 种可能的分布，如图 4.1 所示。

（a）所有 3 个粒子都在第 1 能级；

（b）1 个粒子在第 3 能级，另外 2 个粒子在基态能级；

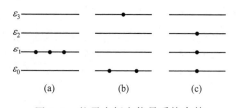

图 4.1　粒子在恒定能量系统中的
能级分布情况

（c）1 个粒子在第 2 能级，1 个粒子在第 1 能级，1 个粒子在基态能级。

现在对这些分布进行分析，以确定它们各自包含多少种可区分的排列方法（配容或微观状态）。

• 分布（a），这种分布只有 1 个微观状态，因为粒子在 3 个位点之间的互换并不产生不同的微观状态。

• 分布（b），3 个可区分的位点中的任何 1 个都可以被 1 个能量为 $3u$ 的粒子占据，剩下的 2 个位点分别被 1 个能量为 0 的粒子占据。由于 0 能量的粒子的互换不会产生不同的排列，所以在分布（b）中存在 3 个微观状态。

• 分布（c），3 个可区分的位点中的任何 1 个都可以被能量为 $2u$ 的粒子占据。剩下的 2 个位点中的任何 1 个都可以被能量为 $1u$ 的粒子占据，而剩下的 1 个位点则被能量为 0 的粒子占据。因此，分布（c）中可区分的微观状态的数量是 $3 \times 2 \times 1 = 3! = 6$。

这些排列方式如图 4.2 所示。这 10 种排列方式是系统的 10 个微观状态。由于每个微观状态具有相同的能量，它们对应于系统的一个宏观状态。

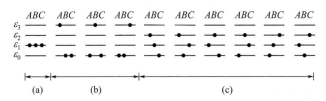

图 4.2　在一个能量恒定的系统中，粒子在能级间分布的微观状态

宏观状态的概念属于经典热力学的范畴。当自变量的值固定时，宏观状态是固定的。在前面的例子中，该系统被认为是孤立的。也就是说，U'、V' 和 N 的值是固定的（为了能够确定能级的量子化，需要体积保持恒定），因此，系统的宏观状态是固定的。关于微观状态在宏观状态中的占有率，鉴于没有任何相反的理由，假定每个微观状态的概率相同，因此，在前述系统 10 个可能的微观状态中的任何 1 个被观察到的概率为 1/10。然而，这 10 个微观状态在 3 个不同的分布中出现，因此，系统（以不同分布）出现的概率：

• 在分布（a）是 1/10；

• 在分布（b）是 3/10；

• 在分布（c）是 6/10。

因此，分布（c）是最有可能的。这些概率的物理意义可以从两个方面来理解。

① 如果有可能对系统进行瞬时观察，观察到分布（c）中排列方式的概率将是 6/10。

② 如果在一个有限的时间间隔内对系统进行观察，在此期间，系统迅速从一个微观状态变化到另一个微观状态，那么系统在分布（c）的所有排列中所花费的时间比例将是 6/10。

随着系统的总能量和它所包含的粒子数量的增加，可区分的微观状态的数量也在增加，而且对于 U'、V' 和 N 的给定值，这些微观状态仍然对应于 1 个单一的宏观状态。同样，可能的分布的数量也会增加，在实际系统中——例如，1 摩尔的系统包含 6.023×10^{23} 个粒子——最可能分布中的排列数量要比所有其它分布中的排列数量大得多（$\Omega \approx \Omega_{max}$）。因此，最可能的微观状态被认为是宏观系统中的平衡状态，可能排列方式的总数 Ω 被认定为等于具有最大概率的微观状态的数量 Ω_{max}。❶ 由于封闭系统的平衡状态是熵最大的状态，所以熵 S' 随 Ω 变化，即

$$S' \sim \Omega \tag{4.1}$$

因此，一个孤立系统的熵可由微观状态计算出来，这些微观状态使粒子在能级中的展宽最大化。从前面的简化例子来看，最大熵发生在粒子所占据的能级展宽最大的时候［见图4.2（c）］。

4.4.2　晶体中不同类原子的构型熵

在前面的讨论中，熵是以粒子能量分布方式的数量来考虑的，其中粒子是相同的，但粒子占据的位置是可区分的。我们看到，当能级的占有率广泛分布时，熵是最大的。混乱程度与分布的展宽相对应。熵也可以从粒子本身在空间中的分布方式的数量来考虑，这种考虑产生了第4.2节中简要提到的构型熵的概念。

考虑两个晶体，一个含有白色原子，另一个含有灰色原子。假设白色/白色、白色/灰色和灰色/灰色键的能量没有差别。当两个晶体相互接触时，会发生一个自发的过程，即白色原子扩散到灰色原子的晶体中，而灰色原子则扩散到白色原子的晶体中。❷ 由于这个过程是自发的，所以必须产生熵。如果系统是孤立的，可以预测，平衡将在系统的熵达到最大值时达到。此时，扩散过程也进行到了系统中所有浓度梯度都被消除的阶段。这是一个质量运输过程，类似于传热情况。在传热情况下，热量在两个物体之间不可逆转地流动，直到温度梯度被消除（见第3.2节）。

假定这两块晶体由 4 个白色原子和 4 个灰色原子组成，如图 4.3 所示，该图示意的是原子的初始排列情况。假设这两块晶体处于在相同的温度和体积下。如前所述，我们还假设键合在能量上不存在差别。

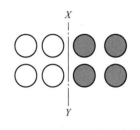

图 4.3　白色原子晶体与灰色原子晶体接触前的情况

如果去除隔板，原子就能通过扩散重新排列。下面，我们研究并确定系统最有可能的状态。也就是说，在达到平衡后，相对于障碍物（隔板）的位置而言，原子将位于何处（即有多少灰色原子将位于系统的左侧，有多少将位于系统的右侧）？

利用组合学，针对一种可实现的排列，我们可以计算出其可区分的排列方式的数量。回顾一下，N 个原子可以排列成两组，一组有 n 个原子，另一组有 $N-n$ 个原子，其排列方式的数量为：

---

❶ 译者注：相对于其它分布，最可几分布是可几率最大的一个分布。但是，体系的粒子数 N 越大，最可几分布的可几率反倒越小。当体系的粒子数 $N \sim 10^{24}$ 时，即使最可几分布，它的可几率也低得很（8×10^{-13}）。当体系的粒子数 $N = 10^{24}$ 时，状态分布数为 5×10^{23} 的各个分布所拥有的可几率已经非常接近于体系的全部分布所拥有的可几率，而这些分布的状态分布数却与最可几分布的状态分布数在实质上并无区别。也就是说，在一个粒子数 $N \sim 10^{24}$ 的体系中，最可几分布可以代表体系的一切分布。热力学体系的微观状态虽然瞬息万变，而体系在最可几分布代表得了的那些分布中几乎度过了全部时间，热力学体系只不过是在这些分布所拥有的微观状态之间的辗转经历而已。一个热力学体系在达到平衡后，它的能级分布数就会几乎不随时间改变，这样的分布就是所谓平衡分布。平衡分布正是最可几分布代表得了的那些分布。因此，最可几分布或玻耳兹曼分布就是平衡分布。（引自：唐有祺. 唐有祺文集 第 3 卷 [M]. 石家庄：河北教育出版社，2008：28-31）

❷ 我们在讨论中忽略扩散的机制。

$$\Omega = \frac{N!}{n!\ (N-n)!} \tag{4.2}$$

首先，考虑左侧白色原子可能分布中的数量。

① 左边有 4 个白色原子：$\Omega_{4,0} = 4!/(4!\ \times 0!) = 1$（其中下标符号表示 XY 左边有 4 个白色原子，右边没有白色原子）。

② 左边有 3 个白色原子：$\Omega_{3,1} = 4!/(3!\ \times 1!) = 4$（左边"失踪"的白色原子可能在右边 4 个位置中的任何 1 个上）。

③ 左边有 2 个白色原子：$\Omega_{2,2} = 4!/(2!\ \times 2!) = 6$。

④ 左边有 1 个白色原子：$\Omega_{1,3} = 4!/(1!\ \times 3!) = 4$（1 个白色原子可能在 4 个位置中的任何 1 个上）。

⑤ 左边没有白色原子：$\Omega_{0,4} = 4!/(0!\ \times 4!) = 1$。

对于每一组白色原子的分布，在右边都有一组相应的灰色原子的分布。

a. 对于情况①，所有灰色原子都在右侧：$\Omega_{0,4} = 4!/(0!\ \times 4!) = 1$（其中符号表示 XY 右侧有 4 个灰色原子，左侧没有灰色原子）。

b. 对于情况②，3 个灰色原子在右侧：$\Omega_{1,3} = 4!/(1!\ \times 3!) = 4$（右侧"失踪"的灰色原子可能在左侧 4 个位置中的任何 1 个上）。

c. 对于情况③，2 个灰色原子在右侧：$\Omega_{2,2} = 4!/(2!\ \times 2!) = 6$。

d. 对于情况④，1 个灰色原子在右侧：$\Omega_{3,1} = 4!/(3!\ \times 1!) = 4$。

e. 对于情况⑤，没有灰色原子在右边：$\Omega_{4,0} = 4!/(4!\ \times 0!) = 1$。

现在考虑一下前面的每一种构型可以有多少种方式。从所有白色原子在左边，所有灰色原子在右边开始，显然只有 1 种情况，可以发现 $\Omega_{4,0} \cdot \Omega_{0,4} = 1$。

接下来，考虑 3 个白色原子在左边、3 个灰色原子在右边的情况。这是情况②，所以有 4 种方法可以获得左边的配置，也有 4 种方法可以达到右边的对应构型（3 个灰色原子和 1 个白色原子）。因此，有 16 种方式可以将 1 个灰色原子分配到左边，1 个白色原子分配到右边。由此可得，$\Omega_{3,1} \cdot \Omega_{1,3} = 16$。

对于左边有 2 个白色原子，右边有 2 个灰色原子的情况，可得 $\Omega_{2,2} \cdot \Omega_{2,2} = 36$。其余排列方式的数目可以通过对称性找到。

• 左边 1 个白原子、右边 1 个灰原子，与左边 3 个白原子、右边 3 个灰原子是一样的。$\Omega_{1,3} \cdot \Omega_{3,1} = \Omega_{3,1} \cdot \Omega_{1,3} = 16$。

• 左边没有白色的原子，只能以 1 种排列方式。

下表总结了这些结果。

隔板左侧原子	隔板右侧原子	方式的数目（配容）
4 白	4 灰	1
3 白/1 灰	3 灰/1 白	16
2 白/2 灰	2 灰/2 白	36
1 白/3 灰	1 灰/3 白	16
4 灰	4 白	1

因此，系统可用的空间构型总数为 $1 + 16 + 36 + 16 + 1 = 70$，这是一种颜色的 4 个原子和另一种颜色的 4 个原子在 8 个位置上可区分方式排列的数量，即

$$\Omega = \frac{8!}{4! \times 4!} = 70$$

如果像以前一样，假设这些构型中的每一个都有同样的概率，那么 4∶0 或 0∶4 排列在系统中被找到的概率是 1/70，3∶1 或 1∶3 排列的概率是 16/70，而 2∶2 排列的概率是 36/70。因此，排列方式 2∶2 是最有可能的，对应于平衡状态，其中浓度梯度已被消除。同样，我们可以看到，Ω 的最大化使所考虑的构型熵最大化。

原子最可能的排列方式是在可透过的隔板两侧各有 2 个灰色原子和 2 个白色原子。但其它排列方式也是可能的，并且由于各种微观状态之间没有能量差异，所有这些状态都是有同样可能性的。然而，由于有 36 个微观状态，两边的灰色和白色原子数量相等，所以这种宏观状态是最有可能。需要重复指出的是，最可能的情况是给定能量下具有最大构型熵的情况。因此，统计热力学并不能绝对确定最终的排列方式是什么，而只能确定最可能的构型和最有可能被观察到的构型。再次强调，对于大型系统，系统远离其最大 Ω 的概率是可以忽略不计的。

在前文所述情况下，熵的增加是 A 和 B 晶体相互接触时系统可用的空间构型数量增加的结果。系统熵的增加源于其构型熵 S_{conf} 的增加。必须记住，这是针对系统粒子两两之间或多个之间的键合没有能量差异的情况。但是，如果白/灰键能远大于白/白键和灰/灰键能，则系统可能必须保持如图 4.3 所示的状态，以维持系统的总能量恒定。

在 U'、V' 和 N 为常数的条件下，混合过程可以表示为：

$$\boxed{A} + \boxed{B}\text{（未混合）} \longrightarrow \boxed{A+B}\text{（已混合）}$$

即

$$\text{状态 1} \longrightarrow \text{状态 2}$$

$$\Delta S'_{conf} = S'_{conf(2)} - S'_{conf(1)} = k_B \ln \Omega_{conf(2)} - k_B \ln \Omega_{conf(1)}$$

$$= k_B \ln \frac{\Omega_{conf(2)}}{\Omega_{conf(1)}}$$

并且，如果 A 的 n_a 原子与 B 的 n_b 原子混合，则

$$\Omega_{conf(2)} = \frac{(n_a + n_b)!}{n_a! \, n_b!}, \Omega_{conf(1)} = 1$$

因此：

$$\Delta S'_{conf} = k_B \ln \frac{(n_a + n_b)!}{n_a! \, n_b!} \tag{4.3}$$

如果我们令 X_A 和 X_B 分别是 A 原子的摩尔分数和 B 原子的摩尔分数，对于总量为 1 摩尔的原子，该表达式可以简化为：

$$\Delta S_{conf} = -R(X_A \ln X_A + X_B \ln X_B)$$

详见本章的证明例题 1a。上式给出了一个包含两种可区分原子的二元系统的构型熵，它被绘制成图 4.4。可以看出，当等量的两种原子混合在一起形成（固体）溶液时，混合的最大构型熵就会出现。

4.4.3　有关原子排列的磁自旋构型熵

作为最后一个例子，考虑一个顺磁体中的磁子自旋集合，即磁自旋随机地放在原子上。

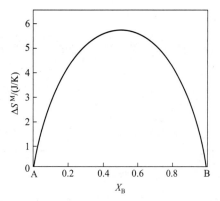

图 4.4　不偏向任何类型键的
二元溶液的摩尔混合构型熵
（其最大值为 $R\ln 2$）

自旋可以取值为 ±1/2。为方便起见，这些自旋将被称为自旋向上和自旋向下，尽管它们在空间中没有方向。

如果没有施加外部磁场，如果不存在自旋之间的相互作用能（也称为交换能），两个量子态（自旋向上或自旋向下）中的每一个都具有相同的能量。因此，这是微正则体系的另一种情况，因为系统的总能量是各个自旋的能量之和，并且保持不变。我们希望列举出系统所有可能的微观状态。

考虑一个由 8 个原子组成的系统，将在这些原子上放置磁自旋。一个微观状态是，所有原子的自旋都指向上方，只有 1 个这样的微观状态。考虑有 1 个自旋向下的微观状态，自旋向下可能出现在 8 个原子中的任何 1 个上。因此，1 个自旋向下的情况，有 8 个可能的微观状态。接下来，考虑有 2 个自旋向下的微观状态。第一个（自旋向下）可能是在 8 个原子中的任何 1 个，第二个（自旋向下）可能是在其余 7 个原子中的任何 1 个，这将有 56 个微观状态，但同一状态我们计算了 2 次，因为交换在原子上放置自旋的顺序并不产生新的微观状态。因此，有 28 个微观状态具有 2 个自旋向下。这可以通过下式计算出来：

$$6 \text{ 个自旋向上 } 2 \text{ 个自旋向下} = \frac{8!}{6! \times 2!} = 28$$

3 个自旋向下的情况可按如下表达式计算出来：

$$5 \text{ 个自旋向上 } 3 \text{ 个自旋向下} = \frac{8!}{5! \times 3!} = 56$$

4 个自旋向下的情况可按如下表达式确定：

$$4 \text{ 个自旋向上 } 4 \text{ 个自旋向下} = \frac{8!}{4! \times 4!} = 70$$

其余的情况可以很容易地通过对称性找到：

- 3 自旋向上 5 自旋向下 = 56；
- 2 自旋向上 6 自旋向下 = 28；
- 1 自旋向上 7 自旋向下 = 8；
- 0 自旋向上 8 自旋向下 = 1。

因此，总共有 $2^8 = 256$ 种可能的自旋微态❶，可以分为 9 个不同的组（图 4.5）。

材料的磁化强度被定义为：

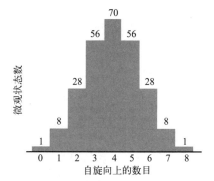

图 4.5　微观状态的数量与每个微观状态中的自旋向上数量的关系

$$\boldsymbol{M} = \sum_i m_i \tag{4.4}$$

---

❶ 在这里所述的情况下，原子上的自旋可能是自旋向上或自旋向下的。但在 4 个白色原子和 4 个灰色原子的情况下，原子无法改变"颜色"。这说明 8 原子自旋系统中的微态数量（256）与第 4.4.2 节的 8 个有色原子系统中的微态数量不同，后者被发现有 70 个微态。

式中，M 是磁化强度；$\sum_i m_i$ 是±自旋磁矩之和。可以看出，M 可以小于 0、等于 0 或大于 0，这取决于微观状态。然而，最可能的微观状态是总磁化强度为 0，而且被认为是平衡状态。还可以看出，所有微观状态下 M 的平均值也是 0。处于这种状态的材料被称为顺磁体。如果对系统施加一个外部磁场，M 将改变为非零值。

4.5 玻尔兹曼分布

处在不同能级之间的大量粒子，可用玻尔兹曼分布来描绘，本小节介绍玻尔兹曼分布的一般推导过程。

在一个特定的分布中，排列的数目 Ω 可按如下过程计算。如果 n 个粒子分布在各个能级上，使得 n_0 个粒子分布在 ε_0 级上，n_1 个粒子分布在 ε_1 级上，n_2 个粒子分布在 ε_2 级上，……，n_r 个粒子分布在 ε_r 级上，ε_r 即被占据的最高能级，那么排列的数量 Ω，就可以表示为：

$$\Omega = \frac{n!}{n_0!\ n_1!\ n_2!\ \cdots n_r!} = \frac{n!}{\prod_{i=0}^{i=r} n_i!} \tag{4.5}$$

例如，第 4.4.1 节中所讨论的系统，可以得到：

$$\Omega[\text{分布}(a)] = \frac{3!}{3!\ \times 0!\ \times 0!} = 1$$

$$\Omega[\text{分布}(b)] = \frac{3!}{2!\ \times 1!\ \times 0!} = 3$$

$$\Omega[\text{分布}(c)] = \frac{3!}{1!\ \times 1!\ \times 1!} = 6$$

最可能的分布是通过确定一组数字 n_0，n_1，…，n_r 来获得的，它使 Ω 取得最大值。当 n_i 的值很大时，可以使用斯特林近似（即 $\ln X! = X\ln X - X$）。因此，对式（4.5）中的项取对数，得：

$$\ln\Omega = n\ln n - n - \sum_{i=0}^{i=r}(n_i\ln n_i - n_i) \tag{4.6}$$

由于系统的宏观状态是由固定值 U'、V' 和 n 所决定的，因此粒子在能级间的任何分布必须符合以下条件：

$$U' = \text{常数} = n_0\varepsilon_0 + n_1\varepsilon_1 + n_2\varepsilon_2 + \cdots + n_r\varepsilon_r$$

$$= \sum_{i=0}^{i=r} n_i\varepsilon_i \tag{4.7}$$

以及

$$n = \text{常数} = n_0 + n_1 + n_2 + \cdots + n_r$$

$$= \sum_{i=0}^{i=r} n_i \tag{4.8}$$

根据式（4.7）和式（4.8），任何粒子在能级之间的互换必须符合以下条件：

$$\delta U' = \sum_{i=0}^{i=r} \varepsilon_i \delta n_i = 0 \tag{4.9}$$

以及

$$\delta n = \sum_{i=0}^{i=r} \delta n_i = 0 \tag{4.10}$$

另外，由式（4.6）可知，任何粒子在能级之间的互换，有：

$$\delta \ln \Omega = -\sum_{i=0}^{i=r} \left(\ln n_i \delta n_i + \frac{n_i}{n_i} \delta n_i - \delta n_i \right)$$

$$= -\sum_{i=0}^{i=r} \ln n_i \delta n_i \tag{4.11}$$

如果 Ω 具有最大的可能值，那么粒子在能级之间的小幅重新排列不会改变 Ω 的值或 $\ln \Omega$ 的值。因此，如果有一个 n_i 的集合使 Ω 取得最大值，那么则有：

$$\delta \ln \Omega = -\sum_{i=0}^{i=r} \ln n_i \delta n_i = 0 \tag{4.12}$$

因此，对于给定的宏观状态，Ω 具有最大值的条件是，式（4.9）、式（4.10）和式（4.12）同时成立。最有可能的分布中 n_i 的集合可以通过待定乘数法获得，如下所示。式（4.9）乘以常数 β，其单位为能量倒数，得：

$$\sum_{i=0}^{i=r} \beta \varepsilon_i \delta n_i = 0 \tag{4.13}$$

式（4.10）乘以无量纲数 α，得到：

$$\sum_{i=0}^{i=r} \alpha \delta n_i = 0 \tag{4.14}$$

式（4.12）、式（4.13）、式（4.14）相加，可得：

$$\sum_{i=0}^{i=r} (\alpha + \beta \varepsilon_i + \ln n_i) \delta n_i = 0 \tag{4.15}$$

即

$$(\alpha + \beta \varepsilon_0 + \ln n_0) \delta n_0 + (\alpha + \beta \varepsilon_1 + \ln n_1) \delta n_1 + (\alpha + \beta \varepsilon_2 + \ln n_2) \delta n_2 +$$
$$(\alpha + \beta \varepsilon_3 + \ln n_3) \delta n_3 + \cdots + (\alpha + \beta \varepsilon_r + \ln n_r) \delta n_r = 0$$

解方程（4.15）要求带括号的每项都单独等于零，就是说，

$$\alpha + \beta \varepsilon_i + \ln n_i = 0$$

或

$$n_i = e^{-\alpha} e^{-\beta \varepsilon_i} \tag{4.16}$$

对所有 r 个能级求和，得：

$$\sum_{i=0}^{i=r} n_i = n = e^{-\alpha} \sum_{i=0}^{i=r} e^{-\beta \varepsilon_i}$$

上式中右侧的求和项可展开为：

$$\sum_{i=0}^{i=r} e^{-\beta \varepsilon_i} = e^{-\beta \varepsilon_0} + e^{-\beta \varepsilon_1} + e^{-\beta \varepsilon_2} + \cdots + e^{-\beta \varepsilon_r}$$

它由 β 的大小和能量的量子化决定，被称为配分函数 Z。因此有：

$$e^{-\alpha} = \frac{n}{Z}$$

以及

$$n_i = \frac{n e^{-\beta \varepsilon_i}}{Z} \tag{4.17}$$

能级中 Ω 取得最大值的粒子分布，即为最可几分布。随着能级能量的增加，能级被占用率呈指数下降，这种分布的形状如图 4.6 所示。图 4.6 中指数曲线的实际形状（对于一个给定的系统）由 β 的值决定。β 与绝对温度成反比，可由下式确定：

$$\beta = \frac{1}{k_B T} \tag{4.18}$$

式中，k_B 为玻尔兹曼常数，是气体常数平均到每个原子或分子的表达式，即

$$k_B = \frac{R}{N_0} = \frac{8.3144(6)}{6.0232 \times 10^{23}} = 1.38054 \times 10^{-23} (\mathrm{J/K})$$

式中，N_0 为阿伏伽德罗常数。下面我们讨论温度在一个系统中的作用。

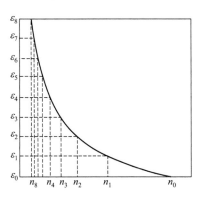

图 4.6　粒子在量子化能级中最可几的分布

4.6　温度的影响

图 4.6 中粒子呈指数分布的性质是由系统的温度决定的。然而，由于系统的宏观状态是通过固定值 U'、V' 和 n 确定下来的，那么 T 作为一个因变量，也被确定下来了。式（4.18）表明，T 随着 β 的减小而增大，指数分布的形状发生变化，如图 4.7 所示。温度升高导致上层能级布局的粒子数目相对增多，这对应于粒子平均能量的增加。也就是 U'/n 值增加，对于 V' 和 n 值固定的情形，对应于 U' 的增加。

如前文所述，当系统中的粒子数量非常大时，最可几分布中的排列数量，Ω_{max}，是对系统可能拥有的排列总数，Ω_{total}，做出最大贡献的唯一项。也就是说，Ω_{max} 明显大于其它所有的排列数量。因此，当粒子的数量很大时，Ω_{total} 可以等同于 Ω_{max}。

所以式（4.6）可写为：

$$\ln\Omega_{total} = \ln\Omega_{max} = n\ln n - \sum_{i=0}^{i=r} n_i \ln n_i$$

其中，n_i 的值由式（4.17）给出。将 $\beta = 1/k_B T$ 代入得：

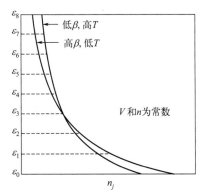

图 4.7　温度对恒定体积的封闭系统中的粒子在能级上最可几分布的影响

$$\ln\Omega_{\text{total}}=n\ln n-\sum_{i=0}^{i=r}\left(\frac{n\mathrm{e}^{-\varepsilon_i/k_\mathrm{B}T}}{Z}\right)\ln\left(\frac{n\mathrm{e}^{-\varepsilon_i/k_\mathrm{B}T}}{Z}\right)$$

$$=n\ln n-\frac{n}{Z}\sum_{i=0}^{i=r}\left[\mathrm{e}^{-\varepsilon_i/k_\mathrm{B}T}\left(\ln n-\ln Z-\frac{\varepsilon_i}{k_\mathrm{B}T}\right)\right]$$

$$=n\ln n-\frac{n}{Z}(\ln n-\ln Z)\sum_{i=0}^{i=r}\mathrm{e}^{-\varepsilon_i/k_\mathrm{B}T}+\frac{n}{Zk_\mathrm{B}T}\sum_{i=0}^{i=r}\varepsilon_i\mathrm{e}^{-\varepsilon_i/k_\mathrm{B}T}$$

但是,

$$U'=\sum_{i=0}^{i=r}n_i\varepsilon_i=\sum_{i=0}^{i=r}\frac{n}{Z}\varepsilon_i\mathrm{e}^{-\varepsilon_i/k_\mathrm{B}T}=\frac{n}{Z}\sum_{i=0}^{i=r}\varepsilon_i\mathrm{e}^{-\varepsilon_i/k_\mathrm{B}T}$$

因此:

$$\sum_{i=0}^{i=r}\varepsilon_i\mathrm{e}^{-\varepsilon_i/k_\mathrm{B}T}=\frac{U'Z}{n}$$

所以:

$$\ln\Omega=n\ln Z+\frac{U'}{k_\mathrm{B}T}(\Omega_{\text{total}}\text{ 简写为 }\Omega)$$

或

$$k_\mathrm{B}T\ln\Omega=nk_\mathrm{B}T\ln Z+U' \tag{4.19}$$

在第 5 章中,亥姆霍兹自由能被定义为:

$$A'\equiv U'-TS'$$

从式(4.19)可以看出,

$$A'=-nk_\mathrm{B}T\ln Z \tag{4.20}$$

$$S'=k_\mathrm{B}\ln\Omega \tag{4.21}$$

4.7 热平衡和玻尔兹曼方程

现在考虑一个与恒温热浴(槽)处于热平衡的粒子系统。让组合系统(粒子系统＋热浴)的状态通过固定 U'、V' 和 n 的值而固定下来。其中,

$$U'=U'_{\text{粒子系统}}+U'_{\text{热浴}}$$

$$V'=V'_{\text{粒子系统}}+V'_{\text{热浴}}$$

$$n=\text{系统粒子数}+\text{固定体积的热浴}$$

由于粒子系统和热浴处于热平衡状态,它们之间可能发生小的能量交换,对于这种在恒定的 U'、V' 和 n 下的小的交换,对于粒子系统,Z 只取决于 ε_i 和 T 的值,因此由式(4.19)可得:

$$\delta\ln\Omega=\frac{\delta U'}{k_\mathrm{B}T}$$

由于这种能量的交换是在总体积不变的情况下进行的,那么:

$$\delta U'=\delta q$$

也就是说,能量交换是以热交换的方式进行的。因此:

$$\delta \ln \Omega = \frac{\delta q}{k_\text{B} T} \tag{4.22}$$

由于热交换是在恒温下发生的（即可逆地发生），那么根据第3章的知识，有：

$$\frac{\delta q}{T} = \delta S'$$

因此：

$$\delta S' = k_\text{B} \delta \ln \Omega$$

由于 S' 和 Ω 都是状态函数，上式可以写成一个微分方程，通过积分可以得到：

$$S' = k_\text{B} \ln \Omega \tag{4.23}$$

式（4.23）被称为玻尔兹曼方程，是一个系统的熵和它的混乱程度之间所满足的定量关系，其中后者由 Ω 给出，是系统的能量可以在粒子之间分配的方式的数量。系统的最可能状态是在 U'、V' 和 n 为固定值时，Ω 取得最大值的状态。因此，系统的平衡状态是在 U'、V' 和 n 为固定值时，S' 取得最大值的状态。因此，玻尔兹曼方程有助于定性地理解熵。

4.8 热流和熵产

经典热力学表明，热能从某个温度较高的物体转移到温度较低的物体是一个不可逆的过程，伴随着熵的产生，而相反的过程——即热能沿着温度梯度的转移——是一个不可能自发的过程。对微观状态的研究表明，相比于系统温度均匀不变的微观状态，系统温度发生变化的微观状态出现的可能性较小。

考虑两个封闭系统，A 和 B。设 A 的能量为 U'_A，A 的微观状态数为 Ω_A。类似地，设 B 的能量为 U'_B，其微观状态数为 Ω_B。当 A 和 B 之间发生热接触时，乘积 $\Omega_A \Omega_B$ 通常不会有其最大可能值，并且热能将从 A 传递到 B 或从 B 传递到 A。如果热能从 A 流向 B，则由 U'_B 增加引起的 Ω_B 增加大于由 U'_A 减少引起的 Ω_A 减少。只要积 $\Omega_A \Omega_B$ 继续增加，热能就会继续从 A 流向 B。当 $\Omega_A \Omega_B$ 达到最大值时，热能停止流动。此时来自 A 的热能传递引起的 Ω_B 增加，恰好完全被 Ω_A 的减小所补偿。因此，A 与 B 处于热平衡的条件是，一定量的热能从一个物体转移到另一个物体不会导致 $\Omega_A \Omega_B$ 值的变化，即

$$\delta \ln \Omega_A \Omega_B = 0$$

考虑对 B 的量子化能级中的粒子进行重新排列，使 U'_B 增加一定数量，并考虑同时对 A 的能级中的粒子进行重新排列，使 U'_A 减少相同数量，即（$U'_A + U'_B$）保持不变。如果按照式（4.22）在 $T = T_A$ 下填充 A 的能级，在 $T = T_B$ 下填充 B 的能级，那么：

$$\delta \ln \Omega_A = \frac{\delta q_A}{k_\text{B} T_A}$$

以及

$$\delta \ln \Omega_B = \frac{\delta q_B}{k_\text{B} T_B}$$

当热能以总的恒定量从 A 转移到 B 时，那么：

$$\delta q_A = -\delta q_B$$

因此：

$$\delta\ln\Omega_A\Omega_B = \delta\ln\Omega_A + \delta\ln\Omega_B = \left(\frac{1}{T_A} - \frac{1}{T_B}\right)\frac{\delta q}{k_B}$$

因此，$\delta\ln\Omega_A\Omega_B$ 为 0 的条件是 $T_A = T_B$。热能从一个物体到另一个物体的可逆传递，只有在物体的温度相等时才会发生。因为，只有在这种情况下 $\Omega_A\Omega_B$——组合系统的总熵（$S'_A + S'_B$）——才会保持不变。热能的不可逆传递增加了乘积 $\Omega_A\Omega_B$ 的值，因此产生了熵。从微观状态的角度来看，不可逆过程是将系统从不太可能的状态变为最可能的状态。从宏观状态的角度来看，一个不可逆的过程使系统从非平衡状态变为平衡状态。因此，在经典热力学中被认为是不可能的过程，考虑微观状态则被视为非常不可能的过程，并由此来证明。随着系统规模的增大，热能"上坡"流动的概率接近于零。对于非常小的系统（原子团），则必须考虑这些不可能的过程。

一个简单系统的总熵由其热熵（S'_{th}）和构型熵（S'_{conf}）组成，前者产生于系统的能量可以在粒子之间共享方式的数量，后者产生于粒子可以填充其可用空间的可区分方式的数量。因此：

$$
\begin{aligned}
S'_{total} &= S'_{th} + S'_{conf} \\
&= k_B\ln\Omega_{th} + k_B\ln\Omega_{conf} \\
&= k_B\ln\Omega_{th}\Omega_{conf}
\end{aligned}
$$

如果两个系统被放在一起进行热接触，那么熵的变化为：

$$\Delta S'_{total} = k_B\ln\frac{\Omega_{th(2)}\Omega_{conf(2)}}{\Omega_{th(1)}\Omega_{conf(1)}}$$

然而，如果这两个系统是封闭的系统，就不可能有构型熵的变化，即 $\Omega_{conf(1)} = \Omega_{conf(2)}$。如果两个系统是化学性质相同的开放系统，上述结论也是适用的。因此，在两个这样的系统之间热能逆着温度梯度转移的情况下，由于只有 Ω_{th} 发生变化，热能转移使系统从状态 1 到状态 2 产生的熵的增加是：

$$\Delta S'_{total} = k_B\ln\frac{\Omega_{th(2)}\Omega_{conf(2)}}{\Omega_{th(1)}\Omega_{conf(1)}} = k_B\ln\frac{\Omega_{th(2)}}{\Omega_{th(1)}} = \Delta S'_{th}$$

类似地，在 A 粒子与 B 粒子的混合中，如果混合过程不会导致粒子在能级之间重新分布，即 $\Omega_{th(1)} = \Omega_{th(2)}$，则 $\Delta S'_{total}$ 仅等于 $\Delta S'_{conf}$。此条件对应于粒子的理想混合，并要求晶体 A 和 B 中的能量量子化相同。理想混合是特例而不是一般规则，通常，当两种或多种组分以恒定 U'、V' 和 n 混合时，$\Omega_{th(2)}$ 与 $\Omega_{th(1)}$ 具有不同的值，因此，不会发生颗粒的完全随机混合。在这种情况下，要么发生相似粒子的聚集（表明混合困难），要么发生有序（表明有形成化合物的趋势）。然而，在所有情况下，在恒定的 U'、V' 和 n 条件下乘积 $\Omega_{th}\Omega_{conf}$ 取得最大值时，系统达到平衡状态。如果除了粒子之外，系统还包括磁自旋、电偶极子等，在考虑系统的总熵时，必须将它们的熵包括在内。

4.9 小结

① 当系统的独立变量固定时，系统的单一宏观状态是确定的，它包含非常多的微观状

态，每个微观状态的特点是：

- 系统的热能在粒子之间分配。
- 粒子分布在它们可用的构型中。

② 尽管一个系统在其任何一个微观状态下出现的可能性是一样的（对于封闭系统的情况），但在不同的分布中出现的微观状态的数目大不相同。包含最大微观状态数的分布是最有可能的分布。

③ 在真实的系统中（有非常多的粒子），最可能分布中的微观状态数量明显大于所有其它分布中出现的微观状态数量。这个最可能的分布就是系统的热力学平衡状态。

④ 玻尔兹曼方程确定了系统可用的微观状态数量 Ω 和系统的熵之间的关系，

$$S' = k_B \ln \Omega$$

其中 k_B 是玻尔兹曼常数。

⑤ 如果出现一种情况，允许增加系统可用的微观状态的数量（在恒定的能量下），那么将在粒子（或可用构型上的粒子）之间发生能量的自发重新分配，直到出现新的可用的最可能的分布。玻尔兹曼方程表明，向系统提供的微观状态数量的增加导致系统的熵增加。

⑥ 一个系统的总熵是各种类型熵的总和。

- 热熵，S'_{th}；
- 构型熵，S'_{conf}；
- 任何其它类型的熵，如自旋熵、电偶极熵等。

⑦ 热熵产生于系统可用的热能在组成粒子之间共享方式的数量，Ω_{th}。

⑧ 构型熵产生于粒子在可用构型上分布方式的数量，Ω_{conf}。

⑨ 自旋熵产生于自旋可以分布在它们可用的位置上方式的数量，即 Ω_{spin}。

⑩ 由于任何一个热分布都可以与任何一个构型分布相结合，系统可用的微观状态总数等于乘积 $\Omega_{th}\Omega_{conf}$（如果存在自旋，则为 $\Omega_{th}\Omega_{conf}\Omega_{spin}$），因此，从玻尔兹曼方程的对数形式来看，系统的总熵是系统的各种类型熵之和。

4.10　本章概念和术语

读者应写出以下术语的简要定义或描述。在适当的情况下，可以使用方程式。

各种类型的熵

玻尔兹曼分布

熵的玻尔兹曼方程

键能

经典热力学

构型熵

熵表示"混乱程度"

交换场

外部场

宏观状态

微正则系综

微观状态

最可能的状态

顺磁体

配分函数

唯象学

自旋熵

自旋系统

统计热力学

热熵

4.11 证明例题

（1）证明例题1

1摩尔50%（原子百分数）X 的 FeX 合金，其 Fe 和 X 原子随机排列在体心立方（BCC）晶格上。Fe 原子上的自旋也是随机排列的，X 原子没有自旋。

a. 计算该合金的构型熵；

b. 计算该合金的自旋熵；

c. 构型和自旋熵之和是否就是该合金的总熵？解释一下。

解答：

a. 由式（4.3）我们可以得到：

$$
\begin{aligned}
\Delta S_{conf} &= k_B \ln \frac{(n_{Fe}+n_X)!}{n_{Fe}! \; n_X!} \\
&= k_B \left[(n_{Fe}+n_X)\ln(n_{Fe}+n_X) - (n_{Fe}+n_X) - (n_{Fe}\ln n_{Fe} - n_{Fe} + n_X \ln n_X - n_X) \right] \\
&= k_B (n_{Fe}+n_X) \left[\ln(n_{Fe}+n_X) - (X_{Fe}\ln n_{Fe} + X_X \ln n_X) \right] \\
&= k_B (n_{Fe}+n_X) \left[(X_{Fe}+X_X)\ln(n_{Fe}+n_X) - (X_{Fe}\ln n_{Fe} + X_X \ln n_X) \right] \\
&= k_B (n_{Fe}+n_X) \left(X_{Fe}\ln \frac{n_{Fe}+n_X}{n_{Fe}} + X_X \ln \frac{n_{Fe}+n_X}{n_X} \right) \\
&= -k_B (n_{Fe}+n_X)(X_{Fe}\ln X_{Fe} + X_X \ln X_X)
\end{aligned}
$$

如果 $n_{Fe}+n_X=1\,mol$，则

$$
\Delta S_{conf} = -R(X_{Fe}\ln X_{Fe} + X_X \ln X_X)
$$

对于 X 的原子百分比为50%的合金，有：

$$
\Delta S_{conf} = R\ln 2
$$

b. 自旋熵的计算方法是：

$$
\Delta S_{spin} = k_B \ln 2^{n_{Fe}} = n_{Fe} k_B \ln 2 = \frac{R}{2}\ln 2
$$

c. 不是，还有热熵，它必须包括在内。

（2）证明例题 2

我们在第 4.6 节中看到，

$$A' = -nk_B T \ln Z$$

在下一章中，我们将证明 $\partial A'/\partial T = -S'$。

取 A' 对于 T 的导数，写出 S' 和 U' 含配分函数 Z 的表达式。

解答：

$$\frac{\partial A'}{\partial T} = -nk_B \ln Z - nk_B T \frac{\partial \ln Z}{\partial T} = -S'$$

$$\therefore S' = nk_B \ln Z + nk_B T \frac{\partial \ln Z}{\partial T}$$

$$A' = U' - TS'$$

$$-nk_B T \ln Z = U' - T\left(nk_B \ln Z + nk_B T \frac{\partial \ln Z}{\partial T} \right)$$

$$\therefore U' = nk_B T^2 \frac{\partial \ln Z}{\partial T}$$

4.12 计算例题

（1）计算例题 1

对放电中的 N_2 分子光谱的观察表明，具有如下激发振动态能量的分子，

$$\varepsilon_i = \left(i + \frac{1}{2} \right) h\nu \tag{4.24}$$

其相对数量（n_i/n）可确定为：

i	0	1	2	3
n_i/n	1.0	0.25	0.062	0.016

证明该气体在振动能量分布方面处于热力学平衡状态，并计算该气体的温度。在式（4.24）中，i 是一个整数，其数值为 0 到无穷大，h 是普朗克常数（$h = 6.6252 \times 10^{-34} \text{J} \cdot \text{s}$），振动频率 ν 是 $7.00 \times 10^{13} \text{s}^{-1}$。

解答：

由式（4.17）、式（4.18）和式（4.24）可知，

$$\frac{n_i}{n} = \frac{\exp\left[-\left(i + \frac{1}{2} \right)\dfrac{h\nu}{k_B T} \right]}{Z}$$

由表格数据可知，

$$\frac{n_1}{n_0} = 0.25$$

因此，

$$\frac{n_1}{n_0} = \frac{\exp\left(-\frac{3}{2}\frac{h\nu}{k_B T}\right)}{\exp\left(-\frac{1}{2}\frac{h\nu}{k_B T}\right)} = \exp\left(-\frac{h\nu}{k_B T}\right) = 0.25$$

由此可得：

$$\frac{h\nu}{k_B T} = 1.386$$

那么，由式（4.17）可知，

$$Z\frac{n_0}{n} = \exp\left(-\frac{1}{2}\frac{h\nu}{k_B T}\right) = 0.5 \left(\frac{n_0}{n} = 1, Z = 0.5\right)$$

$$Z\frac{n_1}{n} = \exp\left(-\frac{3}{2}\frac{h\nu}{k_B T}\right) = 0.125$$

$$Z\frac{n_2}{n} = \exp\left(-\frac{5}{2}\frac{h\nu}{k_B T}\right) = 0.031$$

以及

$$Z\frac{n_3}{n} = \exp\left(-\frac{7}{2}\frac{h\nu}{k_B T}\right) = 0.008$$

归一化可得，

$$\frac{n_0}{n} = \frac{0.5}{0.5} = 1.0$$

$$\frac{n_1}{n} = \frac{0.125}{0.5} = 0.25$$

$$\frac{n_2}{n} = \frac{0.031}{0.5} = 0.062$$

$$\frac{n_3}{n} = \frac{0.008}{0.5} = 0.016$$

这表明气体在振动能量的分布方面处于平衡状态。气体的温度可由下式确定。

$$T = \frac{h\nu}{1.386 k_B} = \frac{(6.6252 \times 10^{-34}) \times (7.00 \times 10^{13})}{1.386 \times 1.38054 \times 10^{-23}} = 2424(K)$$

（2）计算例题 2

Pb 的同位素组成（原子百分比）如下：

原子量	原子百分比
204	1.5
206	23.6
207	22.6
208	52.3

计算 Pb 的摩尔构型熵。

解答：

由玻尔兹曼方程可得摩尔构型熵：

$$S_{\mathrm{conf}} = k_B \ln \Omega_{\mathrm{conf}} \qquad (4.25)$$

其中，

$$\Omega_{\mathrm{conf}} = \frac{(N_0)!}{(0.015N_0)!\,(0.236N_0)!\,(0.226N_0)!\,(0.523N_0)!}$$

由斯特林定理得（N_0 取 6.023×10^{23}）：

$$\ln\Omega_{\mathrm{conf}} = N_0\ln N_0 - 0.015N_0\ln 0.015N_0 - 0.236N_0\ln 0.236N_0 -$$
$$0.226N_0\ln 0.226N_0 - 0.523N_0\ln 0.523N_0$$
$$= 329.7896 \times 10^{23} - 4.5674 \times 10^{23} - 75.7779 \times 10^{23} - 72.5081 \times 10^{23} - 170.4382 \times 10^{23}$$
$$= (329.7896 - 4.5674 - 75.7779 - 72.5081 - 170.4382) \times 10^{23}$$
$$= 6.498 \times 10^{23}$$

因此，摩尔构型熵为：

$$S_{\mathrm{conf}} = k_B\ln\Omega_{\mathrm{conf}} = (1.38054 \times 10^{-23}) \times (6.498 \times 10^{23}) = 8.97(\mathrm{J/K})$$

 作业题

4.1　一个硬质容器被一个隔板分成两个体积相同的隔间。一个隔间含有 1 摩尔 1atm 的理想气体 A，另一个含有 1 摩尔 1atm 的理想气体 B。计算当两个空间之间的隔板被移除时发生的熵的增加。如果第一个隔间里有 2 摩尔理想气体 A，当隔板被移除时，熵的增加会是多少？计算在两种情况下，如果两个隔间都含有理想气体 A，相应增加的熵。

4.2　证明当 n 个 A 原子和 n 个 B 原子组成随机混合溶液时，出现在最有可能的分布中的可区分的微观状态数占总微观状态数的分数，随着 n 值的增加而减少。

4.3　假设 Ag-Au 合金是 Au 原子和 Ag 原子的随机混合物。当 10g 的 Au 与 20g 的 Ag 混合形成均质合金时，计算熵的增加量。Au 和 Ag 的原子量分别为 197 和 107.9。

4.4　假设 Cu-Ni 合金是 Cu 原子和 Ni 原子的随机混合物。计算当与 100g 的 Ni 混合时，导致熵增加 15J/K 的 Cu 的质量。Cu 和 Ni 的原子量分别为 63.55 和 58.69。

4.5❶　我们在第 4.6 节［式（4.20）］看到，$A' = -nk_B T\ln \mathbf{Z}$。我们将在下一章看到，$\partial A'/\partial T = -S'$。取 A' 对 T 的微分，得到一个孤立系统的熵与它的配分函数 $\mathbf{Z}$ 的关系。

4.6❶　一个弱的磁场施加到一个有上下自旋的系统上。上旋的能量状态比下旋略低，这是因为弱磁场有助于形成上旋状态。因此，

$$\varepsilon^{\uparrow} < \varepsilon^{\downarrow}$$

a. 确定该系统在弱磁场影响下的配分函数；

b. 确定极高温度和极低温度下的 $n^{\uparrow}/n^{\downarrow}$。

———————————

❶ 第 6 版中的新作业题。

第 5 章

基础方程及其关系

5.1 引言

　　热力学方法的主要优势源于它为材料系统的平衡提供了判据，并为确定作用在系统上的外部因素的变化对平衡状态的影响提供了判据。但是，这种优势的实际用途是由系统状态方程的实用性决定的。系统状态方程，就是可以在系统的热力学变量之间建立起来的关系。

　　对于 1 摩尔简单系统，热力学第一定律和第二定律结合起来，可以得出式（3.12），即

$$dU = T\,dS - P\,dV$$

　　这个基本方程给出了一个封闭系统的因变量 U（摩尔内能）与独立摩尔变量 S 和 V 之间的关系。当只考虑系统对外做功或被做功时，这个由 1 摩尔材料组成的系统正在经历一个涉及体积随外部压力而发生变化的过程。热力学第一定律和第二定律的联合表述还为平衡提供了如下判据：

- 在一个恒定内能和恒定体积的简单系统中，摩尔熵有其最大值。
- 在一个恒定熵和恒定体积的简单系统中，摩尔内能有其最小值。

　　式（3.12）之外的热力学进一步发展，从实际的角度来看，部分原因是选择 S 和 V 作为自变量是不方便的。尽管可以相对容易地测量系统的体积，并且原则上可加以控制，但不能简单地测量和控制熵。因此，需要开发一个简单的表达式，其形式类似于式（3.12），但包含更便于选择的自变量，并且可以适应系统组成的变化。从实际的角度来看，一对方便的独立变量是温度和压力，因为这两个变量很容易被测量和被控制。因此，需要推导式（3.12）的简单形式的状态方程，使用 P 和 T 作为自变量，并推导在恒定压力、恒定温度系统中的平衡判据。或者，从理论家的角度来看，所选择的方便的自变量是 V 和 T，因为等体积恒温系统很容易通过统计力学方法进行研究。这是因为固定封闭系统的体积就固定了其量子化的能级，因此，玻尔兹曼因子 $\exp[-\varepsilon_{i,j}/(k_\mathrm{B}T)]$ 和配分函数［均出现在式（4.17）中］在定容恒温系统中具有恒定值。因此，使用 V 和 T 作为自变量的状态方程的推导，以及在固定体积和固定温度的系统中建立平衡判据，也是有意义的。在第 5.3 和 5.4 节中，将推导使用这些自变量的基本方程。

式（3.12）不适用于由化学反应引起成分变化的系统，也不适用于除反抗外部压力做膨胀功（所谓的 P-V 功）之外的系统。由于经历成分变化的系统对材料科学家和工程师来说是非常重要的，所以成分变量必须包括在任何状态方程和任何平衡的判据中。此外，任何状态方程都必须能够容纳除 P-V 功以外的其它形式的功，如电化学电池所做的电功或外加外部磁场对系统所做的磁功。

因此，尽管式（3.12）奠定了热力学的基础，但仍有必要开发其它热力学势（有时称为辅助函数），这些势作为因变量，以简单的形式与更便于选择的自变量相关联。此外，随着热力学函数数量的增加，有必要建立存在于它们之间的关系。人们经常发现，一些本身无法进行实验测量的所需的热力学表达式，以一种简单的方式与一些可测量的参量相关。第 3 章中已经介绍了这方面的例子，例如：

$$\left(\frac{\partial U'}{\partial S'}\right)_V = T \,,\; -\left(\frac{\partial U'}{\partial V'}\right)_S = P \,,\; \left(\frac{\partial S'}{\partial V'}\right)_U = \frac{P}{T}$$

在本章中，将定义热力学势（状态函数）H（焓）、A（亥姆霍兹自由能）、G（吉布斯自由能）和 μ_i（物质 i 的化学势），并研究它们的特性和相互关系。

5.2　焓 H

我们已经在第 2.5 节中介绍了状态函数焓。它被定义为：

$$H' = U' + PV'$$

它的全微分被看作是：

$$dH' = dU' + P\,dV' + V'\,dP$$
$$dH' = T\,dS' + V'\,dP \tag{5.1}$$

我们看到，焓的固有热力学独立变量是 S' 和 P，即 $H' = H'(S', P)$。对于在恒压下发生状态变化的系统，只做 P-V 功，式（5.1）简化为：

$$dH' = \delta q_P = T\,dS'$$

这个方程式表明，在恒定压力下，简单封闭系统的状态变化，其间只做了 P-V 功，是系统的焓发生了变化，其值等于进入或离开系统的热能 q_P。由于这个原因，吉布斯将其称为恒压下的热函数，他在 1875 年引入了这一概念❶。更多关于状态变量焓的特性和应用将在第 6 章中进行研究。

5.3　亥姆霍兹自由能 A

内能 U 的变化可以通过涉及热和功的过程来测量。恒压 P 下焓的变化量化了系统热能

---

❶ J. W. Gibbs. On the Equilibrium of Heterogeneous Substances. Trans. Conn. Acad.，1875，3：108-248.

的变化。有人可能会问，是否有一个热力学势可测量系统内能变化所能做的最大功？有，它被称为亥姆霍兹自由能或功项 A。

考虑一个简单的系统，在恒定温度 T 下发生自发的状态变化。由于该过程是自发的，我们可以写出：

$$\Delta S'_{\text{total}} = \Delta S'_{\text{system}} + \Delta S'_{\text{surroundings}} > 0$$

如果这个过程是在恒定体积下进行的，系统内能的变化是 δq_V。这个 δq_V 改变周围环境的熵的数量为 $\delta q_V / T$。因此，我们可以写出：

$$\Delta S'_{\text{total}} = \Delta S'_{\text{system}} - \frac{\Delta U'_{\text{system}}}{T}$$

或

$$-T \Delta S'_{\text{total}} = \Delta U'_{\text{system}} - T \Delta S'_{\text{system}} \tag{5.2}$$

由于这个过程是自发的，$\Delta U'_{\text{system}} - T \Delta S'_{\text{system}} < 0$。这给了我们一个只适用于系统的自发变化的判据。如果 $\Delta U'_{\text{system}} - T \Delta S'_{\text{system}} > 0$，根据热力学第二定律，就不会发生自发变化。

将亥姆霍兹自由能定义为：

$$A' \equiv U' - TS'$$

对于一个经历了从状态 1 到状态 2 变化的系统，我们可以得到：

$$A'_2 - A'_1 = (U'_2 - U'_1) - (T_2 S'_2 - T_1 S'_1)$$

如果系统是封闭的，则

$$U'_2 - U'_1 = q - w$$

在这种情况下，

$$A'_2 - A'_1 = q - w - (T_2 S'_2 - T_1 S'_1)$$

如果过程也是等温的，即 $T_2 = T_1 = T$，它是过程中供应或提取热能的储热器的温度，那么，根据热力学第二定律的式（3.4a）有：

$$q \leqslant T(S'_2 - S'_1)$$

因此：

$$A'_2 - A'_1 \leqslant -w$$

与式（3.11）$\delta w \leqslant T \mathrm{d} S'_{\text{system}} - \mathrm{d} U'_{\text{system}}$ 比较可知，等式（取等号时）可写为：

$$(A'_2 - A'_1) + T \Delta S'_{\text{irr}} = -w \tag{5.3}$$

因此，在一个可逆的等温过程中，$\Delta S'_{\text{irr}}$ 为 0，系统所做的功是最大的，等于亥姆霍兹自由能值的减少。由于这个原因，亥姆霍兹自由能有时被称为功函数。此外，对于在恒定体积下进行的等温过程，它必然不做 P-V 功，故由式（5.3）可知：

$$(A'_2 - A'_1) + T \Delta S'_{\text{irr}} = 0 \tag{5.4}$$

或者，对于这样一个过程的增量，

$$\mathrm{d} A' + T \mathrm{d} S'_{\text{irr}} = 0$$

由于 $\mathrm{d} S'_{\text{irr}}$ 在自发过程中总是正的，因此可以看出 A' 在自发过程中是下降的，正如上式所示。

同时，由于 $dS'_{irr} = 0$ 是可逆过程的判据，平衡要求：

$$dA' = 0 \tag{5.5}$$

因此，在一个封闭的系统中，在恒定的 T 和 V' 下，亥姆霍兹自由能只能减少（对于自发过程）或保持不变。当 A' 达到其最小值时，这样的系统就达到了平衡。因此，亥姆霍兹自由能提供了一个在恒温和恒定体积下系统平衡的判据，即

$$dA_{T,V'} = 0 \text{ 和 } d^2A_{T,V'} > 0$$

亥姆霍兹自由能固有的独立热力学变量被认为是 T 和 V'，即 $A' = A'(T, V')$。

考虑一个与其蒸气平衡的晶态固体，该系统处于恒定体积且压力低于其三相点的压力。随着温度接近 0K，两相系统的内能接近最小值，熵接近零，因为气相消失，结晶相的熵接近零 [图 5.1（a）和图 5.2（b）]。另一方面，随着系统温度变得非常高，固相消失，所有原子进入气相，这使系统的熵最大化 [图 5.1（c）]。

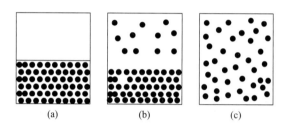

图 5.1　晶态固体及其蒸气在三个不同温度下的示意图，其中压力低于其三相点

（a）$T = 0K$；（b）$T > 0K$；（c）T 非常大

（系统的体积是固定的且压力低于其三相点压力）

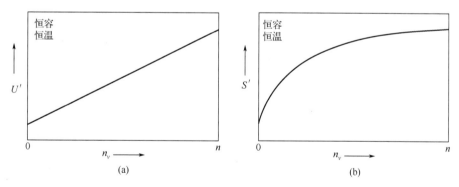

图 5.2　封闭的固体-蒸气系统在恒温和恒定体积下内能 U'（a）和熵 S'（b）随气相中原子数的变化

在中间温度下，气相和固相之间存在平衡。与固体平衡的气相原子数可以从亥姆霍兹自由能与 n_v 的关系图中确定，因为亥姆霍兹自由能在平衡时为最小值（图 5.3）。该图表明，平衡是系统最小化其内能 U' 和最大化其熵 S' 之间的权衡。随着温度从 T_1 上升到 T_2（图 5.4），亥姆霍兹自由能的最小值向气相原子数更多的状态移动，即 $n_v(T_2) > n_v(T_1)$。最终，在非常高的温度下，所有原子都处于气相。另外，应该注意的是，亥姆霍兹自由能的示意图表明它在 $n_v = 0$ 时的斜率很大且为负，这意味着在所有大于 0K 的温度下，在气相中将有有限数量的原子与固体共处于平衡状态。

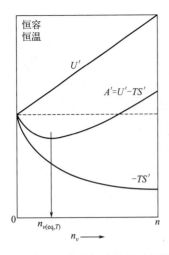
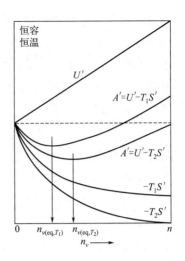

图 5.3　恒定温度和恒定体积下封闭的
固体-蒸气系统的平衡判据

图 5.4　温度对恒定体积的封闭固体-蒸气
系统的平衡状态的影响

5.4　吉布斯自由能 G

吉布斯自由能被定义为：

$$G' \equiv H' - TS'$$

对于一个 1 摩尔的系统，经历了从状态 1 到状态 2 的变化，可得：

$$
\begin{aligned}
G_2 - G_1 &= (H_2 - H_1) - (T_2 S_2 - T_1 S_1) \\
&= (U_2 - U_1) + (P_2 V_2 - P_1 V_1) - (T_2 S_2 - T_1 S_1)
\end{aligned}
$$

对于一个封闭的简单系统，由热力学第一定律得：

$$U_2 - U_1 = q - w$$

因此：

$$G_2 - G_1 = q - w + (P_2 V_2 - P_1 V_1) - (T_2 S_2 - T_1 S_1)$$

如果这个过程是这样进行的：$T_1 = T_2 = T$，为向系统提供（或从系统提取）热能的蓄热器的温度，同时，$P_1 = P_2 = P$，为系统发生体积变化时的恒定压力，则

$$G_2 - G_1 = q - w + P(V_2 - V_1) - T(S_2 - S_1) \tag{5.6}$$

在热力学第一定律的表达中，功 w 是指在这个过程中对系统所做的或由系统所做的总功。因此，如果系统除了抵抗外部压力膨胀做功之外，还做化学、磁或电功，那么这些功项就包括在 w 中。因此，w 可以表示为：

$$w = w' + P(V_2 - V_1)$$

式中，$P(V_2 - V_1)$ 为恒定压力 P 下体积变化所做的 P-V 功；w' 为所有非 P-V 形式功的总和。

上式代入式（5.6）可得：

$$G_2 - G_1 = q - w' - T(S_2 - S_1)$$

又因为：

$$q \leqslant T(S_2 - S_1)$$

所以：

$$w' \leqslant -(G_2 - G_1) \tag{5.7}$$

可知，等式（取等号时）可写为：

$$-w' = (G_2 - G_1) + T\Delta S_{\text{irr}}$$

因此，对于一个等温、等压的过程，在这个过程中，除了 P-V 功以外，不做任何形式的功（即 $w'=0$），有：

$$(G_2 - G_1) + T\Delta S_{\text{irr}} = 0 \tag{5.8}$$

只有在吉布斯自由能降低的情况下，这样的过程才能自发地进行（随之而来的是熵的增加）。由于 $\Delta S_{\text{irr}} = 0$ 是热力学平衡的判据，那么在平衡状态下发生的等温等压过程的微小变化，要求：

$$dG = 0 \tag{5.9}$$

因此，对于在恒定的 T 和恒定的 P 下经历一个过程的系统，吉布斯自由能只能减少或保持恒定。系统达到平衡，与系统在保持 P 和 T 不变的条件下 G 值最小相吻合，就是说：

$$dG_{T,P} = 0 \text{ 和 } d^2 G_{T,P} > 0$$

这一平衡判据具有相当大的实际用途，将在随后的章节中广泛使用。

5.5 封闭系统的基本方程

利用上述 H、A 和 G 的定义，我们有以下 4 个关于 1 摩尔封闭简单系统的基本方程：

$$dU = TdS - PdV \tag{5.10a}$$

$$dH = TdS + VdP \tag{5.10b}$$

$$dA = -SdT - PdV \tag{5.10c}$$

$$dG = -SdT + VdP \tag{5.10d}$$

如前所述，除了反抗压力所做的功之外，还可能存在其它形式的功。这些功需要加到基本方程中。例如，如果系统还受外加磁场的影响，（磁场）对系统所做的功是 $V\mu_0 \boldsymbol{H} d\boldsymbol{M}$（$V$ 是摩尔体积），必须加到热力学第一和第二定律的综合表达式［式（3.12）中，可以得到：

$$dU = TdS - PdV + V\mu_0 \boldsymbol{H} d\boldsymbol{M} \tag{5.11a}$$

其它 3 种基本方程的形式应为[1]：

$$dH = TdS + VdP - V\mu_0 \boldsymbol{M} d\boldsymbol{H} \tag{5.11b}$$

$$dA = -SdT - PdV + V\mu_0 \boldsymbol{H} d\boldsymbol{M} \tag{5.11c}$$

$$dG = -SdT + VdP - V\mu_0 \boldsymbol{M} d\boldsymbol{H} \tag{5.11d}$$

让我们看一下基本方程，它以 G' 为因变量，以温度、压力和磁场为独立强度变量。

---

[1] 这里所用的形式与热力学的现代文本一致，使用的是：$H = U + PV - V\mu_0 \boldsymbol{H} \boldsymbol{M}$，$A = U - TS$，$G = H - TS$。见 R. C. O'Handley. Modern Magnetic Materials: Principles and Applications. New York: John Wiley，2000. 和 J. M. D. Coey. Magnetism and Magnetic Materials. Cambridge: Cambridge University Press，2010.

$$dG' = -S'dT + V'dP - V'\mu_0 \boldsymbol{M} d\boldsymbol{H}$$

在恒定的压力和磁场下，吉布斯自由能 G' 与温度 T 的关系曲线的斜率，可以看成是

$$\left(\frac{\partial G'}{\partial T}\right)_{P,H} = -S'$$

在恒定压力下，G'-T 曲线的曲率正比于 $\left(\frac{\partial^2 G'}{\partial T^2}\right)_{P,H}$，所以有：

$$\left(\frac{\partial^2 G'}{\partial T^2}\right)_{P,H} = -\left(\frac{\partial S'}{\partial T}\right)_{P,H} = -\frac{C_{P,H}}{T} < 0$$

当没有外加磁场时，上式就简化为：

$$\left(\frac{\partial^2 G'}{\partial T^2}\right)_P = -\left(\frac{\partial S'}{\partial T}\right)_P = -\frac{C_P}{T} < 0 \tag{5.12}$$

5.6 封闭系统成分的变化

到目前为止，我们仅限于考虑封闭系统，其中各相的组成是固定的。在这种情况下，人们发现简单系统有两个独立的变量，当这两个变量固定时，系统的状态就唯一地确定下来了。

然而，一个由固定数量物质组成的封闭系统，其各阶段仍然可以有其组成相的成分变化。由于系统发生化学反应，结果使参加反应的各物质的摩尔数发生变化。另外，新相可以通过化学反应形成。因此，在恒定的 P 和 T 下，当系统具有特定的摩尔数或每一相的比例时，G' 就会取得最小值。例如，如果系统包含气态物质 CO、CO_2、H_2 和 H_2O，那么在恒定的 T 和 P 下，当反应平衡 $CO + H_2O \rightleftharpoons CO_2 + H_2$ 建立时，G' 将取得最小值（图 5.5）。

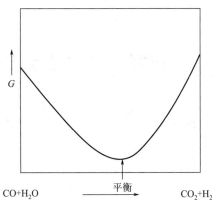

图 5.5 吉布斯自由能与 $CO + H_2O \rightleftharpoons CO_2 + H_2$ 反应程度的关系

5.7 化学势

一个没有化学反应的简单封闭系统的吉布斯自由能只取决于温度和压力。如果系统是一个开放的系统，由于吉布斯自由能是一个广延物性，其值取决于系统物质的量。因此，有必要对开放系统内的摩尔数进行说明。因此，吉布斯自由能是 T、P 和所有物质摩尔数的函数，即

$$G' = G'(T, P, n_i, n_j, n_k, \cdots) \tag{5.13}$$

式中，G' 为总的吉布斯自由能；$n_i, n_j, n_k, \cdots$ 为系统中存在的 $i, j, k, \cdots$ 物质的摩尔数。

系统的热力学状态只有在所有的自变量都固定时才是确定的。对式（5.13）进行微分，可得：

$$dG' = \left(\frac{\partial G'}{\partial T}\right)_{P,n_i,n_j,n_k,\cdots} dT + \left(\frac{\partial G'}{\partial P}\right)_{T,n_i,n_j,n_k,\cdots} dP + \left(\frac{\partial G'}{\partial n_i}\right)_{T,P,n_j,n_k,\cdots} dn_i +$$

$$\left(\frac{\partial G'}{\partial n_j}\right)_{T,P,n_i,n_k,\cdots} dn_j + \left(\frac{\partial G'}{\partial n_k}\right)_{T,P,n_i,n_j,\cdots} dn_k + \cdots \tag{5.14}$$

$$dG' = \left(\frac{\partial G'}{\partial T}\right)_{P,n_i,n_j,n_k,\cdots} dT + \left(\frac{\partial G'}{\partial P}\right)_{T,n_i,n_j,n_k,\cdots} dP + \sum_{i=1}^{i=k} \left(\frac{\partial G'}{\partial n_i}\right)_{T,P,n_j,\cdots} dn_i \tag{5.15}$$

其中，

$$\sum_{i=1}^{i=k} \left(\frac{\partial G'}{\partial n_i}\right)_{T,P,n_j,\cdots} dn_i \tag{5.16}$$

是 k 项（k 种中的每一种）的总和，每一项都是由 G' 在恒定的 T、P 和 n_j 条件下对第 i 种摩尔数的偏微分决定的，其中 n_j 代表除第 i 种以外的某一个物质的摩尔数。

$(\partial G'/\partial n_i)_{T,P,n_j,\cdots}$ 被称为物质 i 的化学势，通常表示为 μ_i。

因此，同质相中第 i 个物质的化学势是在温度、压力和所有其它物质的摩尔数不变的情况下，伴随着该物质在系统中的递增而产生的吉布斯自由能的递增。或者，如果系统足够大，在恒温和恒压下加入 1 摩尔的第 i 个物质不会明显改变系统的组成，那么 μ_i 是由加入（1 摩尔该物质）引起的系统的吉布斯自由能的增加量。

式（5.15）可写为：

$$dG' = -S'dT + V'dP + \sum_{i=1}^{i=k} \mu_i dn_i \tag{5.17}$$

其中 G' 表示为 T、P 和每种物质的摩尔数的函数。因此，式（5.15）可以适用于开放系统和封闭系统，前者与周围环境交换物质和热能，后者因化学反应而发生成分变化（第 5.6 节）。

同样，式（5.10a）、式（5.10b）和式（5.10c）也可以适用于开放系统，但此时 U'、H' 和 A' 要包括描述对成分依赖的项，即

$$dU' = TdS' - PdV' + \sum_{i=1}^{i=k} \left(\frac{\partial U'}{\partial n_i}\right)_{S',V',n_j,\cdots} dn_i \tag{5.18}$$

$$dH' = TdS' + V'dP + \sum_{i=1}^{i=k} \left(\frac{\partial H'}{\partial n_i}\right)_{S',P,n_j,\cdots} dn_i \tag{5.19}$$

$$dA' = -S'dT - PdV' + \sum_{i=1}^{i=k} \left(\frac{\partial A'}{\partial n_i}\right)_{T,V',n_j,\cdots} dn_i \tag{5.20}$$

检查式（5.16）至式（5.20）可以发现：

$$\mu_i = \left(\frac{\partial G'}{\partial n_i}\right)_{T,P,n_j,\cdots} = \left(\frac{\partial U'}{\partial n_i}\right)_{S',V',n_j,\cdots} = \left(\frac{\partial H'}{\partial n_i}\right)_{S',P,n_j,\cdots} = \left(\frac{\partial A'}{\partial n_i}\right)_{T,V',n_j,\cdots} \tag{5.21}$$

因此，只考虑 P-V 功的开放系统的完整方程组如下：

$$dU' = TdS' - PdV' + \sum_{i=1}^{i=k} \mu_i dn_i \tag{5.22}$$

$$dH' = TdS' + V'dP + \sum_{i=1}^{i=k} \mu_i dn_i \tag{5.23}$$

$$dA' = -S'dT - PdV' + \sum_{i=1}^{i=k} \mu_i \, dn_i \tag{5.24}$$

$$dG' = -S'dT + V'dP + \sum_{i=1}^{i=k} \mu_i \, dn_i \tag{5.25}$$

由式（5.22）到式（5.25），我们可以得到如下表述：

- U' 是独立广延变量 S'、V' 和成分的特征热力学势（状态函数），即 $U' = U'(S', V', n_i, n_j, n_k, \cdots)$。

- H' 是独立变量 S'、P 和成分的特征热力学势（状态函数），即 $H' = H'(S', P, n_i, n_j, n_k, \cdots)$。

- A' 是独立变量 T、V' 和成分的特征热力学势（状态函数），即 $A' = A'(T, V', n_i, n_j, n_k, \cdots)$。

- G' 是独立强度变量 T、P 和成分的特征热力学势（状态函数），即 $G' = G'(T, P, n_i, n_j, n_k, \cdots)$。

虽然前面的 4 个方程从属性上讲都是基本方程，但因其实际用途，有时只把式（5.25）称为基础方程。

式（5.22）与一个简单系统的热力学第一定律表达式 $dU' = \delta q - \delta w$ 相比较，对于一个封闭系统来说，经历一个涉及成分可逆变化的过程（例如可逆化学反应），再结合热力学第二定律，可知：

$$\delta q = T \, dS'$$

以及

$$\delta w = P \, dV' - \sum \mu_i \, dn_i$$

其中 $\sum \mu_i \, dn_i$ 项是系统所做的化学功，在式（5.7）中表示为 w'，总功 w 是 P-V 功和化学功之和。吉布斯在 1875 年将这个术语引入热力学[1]。

5.8 热力学关系

把化学势项引入式（5.11a）到式（5.11d）中，对于一个开放系统可以得到：

$$dU' = T \, dS' - P \, dV' + V'\mu_0 \boldsymbol{H} \, d\boldsymbol{M} + \sum \mu_i \, dn_i$$
$$dH' = T \, dS' + V' \, dP - V'\mu_0 \boldsymbol{M} \, d\boldsymbol{H} + \sum \mu_i \, dn_i$$
$$dA' = -S' \, dT - P \, dV' + V'\mu_0 \boldsymbol{H} \, d\boldsymbol{M} + \sum \mu_i \, dn_i$$
$$dG' = -S' \, dT + V' \, dP - V'\mu_0 \boldsymbol{M} \, d\boldsymbol{H} + \sum \mu_i \, dn_i$$

我们看到具有强度性质的热力学状态变量 T、P、$\boldsymbol{H}$ 和 μ_i 分别等于能量势关于它们共轭的广延变量 S、V、$\boldsymbol{M}$ 和 n_i 的导数，即

$$T = \left(\frac{\partial U'}{\partial S'}\right)_{V', \boldsymbol{M}, n_i} = \left(\frac{\partial H'}{\partial S'}\right)_{P, \boldsymbol{H}, n_i} \tag{5.26}$$

---

[1] J. W. Gibbs. On the Equilibrium of Heterogeneous Substances. Trans. Conn. Acad.，1875，3：108-248（Equation 12）.

$$P = -\left(\frac{\partial U'}{\partial V'}\right)_{S',\boldsymbol{M},n_i} = -\left(\frac{\partial A'}{\partial V'}\right)_{T,\boldsymbol{M},n_i} \tag{5.27}$$

$$\boldsymbol{H} = \frac{1}{\mu_0 V'}\left(\frac{\partial U'}{\partial \boldsymbol{M}}\right)_{V',S',n_i} = \frac{1}{\mu_0 V'}\left(\frac{\partial A'}{\partial \boldsymbol{M}}\right)_{V',T,n_i} \tag{5.28}$$

$$\mu_i = \left(\frac{\partial G'}{\partial n_i}\right)_{T,P,n_j,\cdots} = \left(\frac{\partial U'}{\partial n_i}\right)_{S',V',n_j,\cdots} = \left(\frac{\partial H'}{\partial n_i}\right)_{S',P,n_j,\cdots} = \left(\frac{\partial A'}{\partial n_i}\right)_{T,V',n_j,\cdots} \tag{5.21}$$

我们还可以看到，广延性质的热力学状态函数是热力学势（能量）函数相对于其共轭强度性质状态变量的导数，即

$$S' = -\left(\frac{\partial A'}{\partial T}\right)_{V',\boldsymbol{M},n_i} = -\left(\frac{\partial G'}{\partial T}\right)_{P,\boldsymbol{M},n_i} \tag{5.29}$$

$$V' = \left(\frac{\partial H'}{\partial P}\right)_{S',\boldsymbol{H},n_i} = \left(\frac{\partial G'}{\partial P}\right)_{T,\boldsymbol{H},n_i} \tag{5.30}$$

$$\boldsymbol{M} = \frac{1}{\mu_0 V'}\left(\frac{\partial H'}{\partial \boldsymbol{H}}\right)_{P,S',n_i} = -\frac{1}{\mu_0 V'}\left(\frac{\partial G'}{\partial \boldsymbol{H}}\right)_{P,T,n_i} \tag{5.31}$$

5.9 麦克斯韦尔关系

如果 Z 是一个状态函数，x 和 y 被选作一个具有固定组成的封闭系统的独立热力学变量，那么有：

$$Z = Z(x,y)$$

对其进行微分，可以得到：

$$\mathrm{d}Z = \left(\frac{\partial Z}{\partial x}\right)_y \mathrm{d}x + \left(\frac{\partial Z}{\partial y}\right)_x \mathrm{d}y$$

如果偏导数 $(\partial Z/\partial x)_y$ 本身是 x 和 y 的函数，由 $(\partial Z/\partial x)_y = L(x,y)$ 表示；同理可得，偏导数 $(\partial Z/\partial y)_x = M(x,y)$，则

$$\mathrm{d}Z = L\,\mathrm{d}x + M\,\mathrm{d}y$$

因此：

$$\left[\frac{\partial}{\partial y}\left(\frac{\partial Z}{\partial x}\right)_y\right]_x = \left(\frac{\partial L}{\partial y}\right)_x$$

以及

$$\left[\frac{\partial}{\partial x}\left(\frac{\partial Z}{\partial y}\right)_x\right]_y = \left(\frac{\partial M}{\partial x}\right)_y$$

由于 Z 是一个状态函数，Z 的变化与微分的顺序无关，即

$$\left[\frac{\partial}{\partial y}\left(\frac{\partial Z}{\partial x}\right)_y\right]_x = \left[\frac{\partial}{\partial x}\left(\frac{\partial Z}{\partial y}\right)_x\right]_y = \frac{\partial^2 Z}{\partial x \partial y}$$

我们之前得到了一个 1 摩尔封闭简单系统的状态方程，如下：

$$\mathrm{d}U = T\,\mathrm{d}S - P\,\mathrm{d}V \tag{5.10a}$$

$$\mathrm{d}H = T\,\mathrm{d}S + V\,\mathrm{d}P \tag{5.10b}$$

$$\mathrm{d}A = -S\,\mathrm{d}T - P\,\mathrm{d}V \tag{5.10c}$$

$$dG = -SdT + VdP \qquad (5.10d)$$

这些方程产生了以下麦克斯韦关系：

$$\left(\frac{\partial T}{\partial V}\right)_S = -\left(\frac{\partial P}{\partial S}\right)_V \qquad (5.32)$$

$$\left(\frac{\partial T}{\partial P}\right)_S = \left(\frac{\partial V}{\partial S}\right)_P \qquad (5.33)$$

$$\left(\frac{\partial S}{\partial V}\right)_T = \left(\frac{\partial P}{\partial T}\right)_V \qquad (5.34)$$

$$\left(\frac{\partial S}{\partial P}\right)_T = -\left(\frac{\partial V}{\partial T}\right)_P \qquad (5.35)$$

当考虑系统的组成变化或磁场的影响时，可以获得其它麦克斯韦关系（见作业题 5.14[1] 和 5.15[1]）。

前面的麦克斯韦关系的价值在于，它们包含了许多实验上可测量的参量，可以用来确定不容易直接测量的参量。例如，式（5.35）表明，在恒温条件下增加材料的压力会使材料的熵减少，其数值与 $\alpha V dP$ 成正比。

5.10 麦克斯韦关系应用实例

5.10.1 第一 TdS 方程

考虑 1 摩尔物质的熵对独立变量 T 和 V 的依赖性：

$$S = S(T,V)$$

对其进行微分，可以得到：

$$dS = \left(\frac{\partial S}{\partial T}\right)_V dT + \left(\frac{\partial S}{\partial V}\right)_T dV \qquad (i)$$

在恒定体积下，热力学第一定律可写为：

$$TdS = \delta q_V = dU = c_V dT$$

因此，式（i）的偏导数：

$$\left(\frac{\partial S}{\partial T}\right)_V = \frac{c_V}{T}$$

由式（5.34）的麦克斯韦关系可得：

$$\left(\frac{\partial S}{\partial V}\right)_T = \left(\frac{\partial P}{\partial T}\right)_V$$

所以此式（i）可被改写为：

$$dS = \frac{c_V}{T}dT + \left(\frac{\partial P}{\partial T}\right)_V dV \qquad (ii)$$

---

[1] M. W. Zemansky. Heat and Thermodynamics. New York：McGraw-Hill，1957.

两边同乘以 T，得：

$$T\,dS = c_V dT + T\left(\frac{\partial P}{\partial T}\right)_V dV$$

这个方程被 Zemansky 称为第一 $T\,dS$ 方程[1]。项 $(\partial P/\partial T)_V$ 可以被证明等于 α/β_T。因此，该方程可以写成：

$$T\,dS = c_V dT + T\frac{\alpha}{\beta_T}dV$$

我们会遇到以下情况：

• 对于等温膨胀：

$$\Delta S = \int \frac{\alpha}{\beta_T}dV > 0$$

• 对于恒容升温：

$$\Delta S = \int \frac{c_V}{T}dT > 0$$

• 对于等熵膨胀：

$$0 = c_V dT + T\frac{\alpha}{\beta_T}dV$$

$$\left(\frac{\partial T}{\partial V}\right)_S = -\frac{T\alpha}{c_V\beta_T} < 0$$

如果物质是 1 摩尔的理想气体，我们有：

$$\left(\frac{\partial P}{\partial T}\right)_V = \frac{R}{V} \tag{iii}$$

因此，式（ii）可以写成：

$$dS = \frac{c_V}{T}dT + \frac{R}{V}dV \tag{iv}$$

对于理想气体，由状态 1 和状态 2 之间的积分（假设 c_V 恒定）得：

$$S_2 - S_1 = c_V \ln\frac{T_2}{T_1} + R\ln\frac{V_2}{V_1} \tag{v}$$

对于 1 摩尔的理想气体，我们有以下三种特殊情况：

• 对于理想气体的等温膨胀：

$$\Delta S_{gas} = R\ln\frac{V_2}{V_1}$$

• 对于理想气体的恒容升温：

$$\Delta S_{gas} = c_V \ln\frac{T_2}{T_1}$$

• 对于理想气体的等熵膨胀：

$$S_2 - S_1 = 0$$

因此，

$$c_V \ln\frac{T_2}{T_1} = -R\ln\frac{V_2}{V_1}$$

---

[1] M. W. Zemansky. Heat and Thermodynamics. New York：McGraw-Hill，1957.

由于 $\gamma = c_P/c_V$ 和 $c_P - c_V = R$，对于理想气体，我们得到（参见第 2.7 节）：

$$\frac{T_2}{T_1} = \left(\frac{V_1}{V_2}\right)^{\gamma-1}$$

5.10.2　第二 TdS 方程

考虑 1 摩尔物质的熵对独立变量 T 和 P 的依赖性：

$$S = S(T, P)$$

对其进行微分，可以得到：

$$dS = \left(\frac{\partial S}{\partial T}\right)_P dT + \left(\frac{\partial S}{\partial P}\right)_T dP \qquad (\text{vi})$$

在恒定压力下，热力学第一定律可写为：

$$T dS = \delta q_P = dH = c_P dT$$

并且，有式（5.35）：

$$\left(\frac{\partial S}{\partial P}\right)_T = -\left(\frac{\partial V}{\partial T}\right)_P$$

利用这些关系，我们可以把式（vi）写成第二 TdS 方程的形式：

$$T dS = c_P dT - T\left(\frac{\partial V}{\partial T}\right)_P dP = c_P dT - \alpha V T dP$$

我们会遇到以下情况：
- 对于等温可逆的压力变化：

$$dS = -\alpha V dP$$

这表明，在恒定的 T 条件下，P 的增加会降低物质的熵［参见式（5.35）］。
- 对于等压可逆的温度变化：

$$dS = \frac{c_P}{T} dT$$

在一个范围内，c_P 是常数，积分得：

$$\Delta S = \int_{T_1}^{T_2} \frac{c_P}{T} dT = c_P \ln \frac{T_2}{T_1}$$

因此，在恒定压力下增加温度会增加物质的熵。
- 对于等熵过程：

$$dS = 0 = \frac{c_P}{T} dT - \alpha V dP$$

$$\left(\frac{\partial T}{\partial P}\right)_S = \frac{\alpha V T}{c_P}$$

这表明，如果熵保持不变，并且温度升高，如果 $\alpha > 0$，压力也会升高。

当我们考虑 1 摩尔理想气体时，上述情况可简化为以下情况：
- 对于理想气体的等温可逆过程，当压力变化时：

$$dS = -\alpha V dP = -\frac{V}{T} dP = -\frac{R}{P} dP$$

$$\Delta S_T = -R \ln \frac{P_2}{P_1} = R \ln \frac{P_1}{P_2} = R \ln \frac{V_2}{V_1}$$

- 对于理想气体的等压可逆过程，当温度变化时：

$$\Delta S = c_P \ln \frac{T_2}{T_1} = \frac{5}{2} R \ln \frac{T_2}{T_1} = \frac{5}{2} R \ln \frac{V_2}{V_1}$$

- 对于理想气体的等熵过程：

$$\frac{c_P}{T} \mathrm{d}T = \alpha V \mathrm{d}P$$

因此，如果理想气体在熵不变的情况下温度升高，压力也必须增加。这可以解释如下：增加温度会增加气体的熵，因此必须降低压力以保持熵不变。

5.10.3　S 和 V 为独立变量 T 和 P 的函数

我们可以把 1 摩尔单组分简单系统的熵和体积写成强度变量 T 和 P 的函数 $[S=S(T, P)$ 和 $V=V(T, P)]$，得到如下结果：

$$\mathrm{d}S = \left(\frac{\partial S}{\partial T}\right)_P \mathrm{d}T + \left(\frac{\partial S}{\partial P}\right)_T \mathrm{d}P$$

$$\mathrm{d}V = \left(\frac{\partial V}{\partial T}\right)_P \mathrm{d}T + \left(\frac{\partial V}{\partial P}\right)_T \mathrm{d}P$$

我们知道：

$$\left(\frac{\partial S}{\partial T}\right)_P = \frac{c_P}{T}, \left(\frac{\partial V}{\partial T}\right)_P = \alpha V \text{ 及} \left(\frac{\partial V}{\partial P}\right)_T = -V\beta_T$$

由麦克斯韦尔关系 [式（5.35）] 可得：

$$\left(\frac{\partial S}{\partial P}\right)_T = -\left(\frac{\partial V}{\partial T}\right)_P = -\alpha V$$

因此，可以得到：

$$\mathrm{d}S = \frac{c_P}{T} \mathrm{d}T - \alpha V \mathrm{d}P$$

$$\mathrm{d}V = \alpha V \mathrm{d}T - V\beta_T \mathrm{d}P$$

或者写成矩阵形式：

$$\begin{pmatrix} \mathrm{d}S \\ \mathrm{d}V \end{pmatrix} = \begin{pmatrix} \dfrac{c_P}{T} & -\alpha V \\ \alpha V & -V\beta_T \end{pmatrix} \begin{pmatrix} \mathrm{d}T \\ \mathrm{d}P \end{pmatrix}$$

这组方程表明，材料在恒定压力下温度升高的响应是双重的：熵的变化与材料的热容成正比，而体积的变化与材料的膨胀系数成正比。此外，系统在恒定温度下的压力变化会改变材料的体积，改变量与其等温压缩率的负值成正比，而熵的变化量与其膨胀系数的负值成正比。图 5.6 呈现了当前所讨论的这四个热力学变量之间的关系。

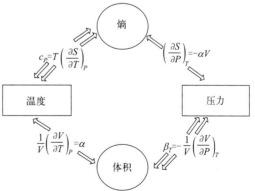

图 5.6　内在的独立热力学参数 T 和 P 与
其共轭的外在热力学参数的关系

（本图还显示了与各种热力学变量有关的属性）

5.10.4 能量方程（内能）

使用麦克斯韦关系的另一个例子如下。对于 1 摩尔固定成分的封闭系统，由式（5.10a）得：

$$dU = T\,dS - P\,dV$$

因此：

$$\left(\frac{\partial U}{\partial V}\right)_T = T\left(\frac{\partial S}{\partial V}\right)_T - P$$

使用麦克斯韦关系［式（5.34）］可以将其写为：

$$\left(\frac{\partial U}{\partial V}\right)_T = T\left(\frac{\partial P}{\partial T}\right)_V - P \tag{vii}$$

这是一个状态方程，将一个固定成分的封闭系统的内能 U 与可测量的参量 T、V 和 P 联系起来。如果系统是 1 摩尔理想气体，将式（iii）代入式（vii）中，得到 $(\partial U/\partial V)_T = 0$，这表明理想气体的内能与气体的体积无关。

5.10.5 另一个能量方程（焓）

同样，对于 1 摩尔固定成分的封闭系统，由式（5.10b）可知 $dH = T\,dS + V\,dP$，在这种情况下：

$$\left(\frac{\partial H}{\partial P}\right)_T = T\left(\frac{\partial S}{\partial P}\right)_T + V$$

代入麦克斯韦关系［式（5.35）］可以得到：

$$\left(\frac{\partial H}{\partial P}\right)_T = -T\left(\frac{\partial V}{\partial T}\right)_P + V$$

这是一个状态方程，给出了焓值与可测量的参量 T、P 和 V 的关系。同样，如果系统是 1 摩尔的理想气体，这个状态方程表明，理想气体的焓值与它的压力无关。

5.10.6 磁麦克斯韦关系

在下一个例子中，考虑单组分材料受外部磁场的影响，我们推导关于基础方程的一个麦克斯韦关系。

$$G' = G'(T, P, \boldsymbol{H})$$
$$dG' = -S'dT + V'dP - V'\mu_0 \boldsymbol{M}\,d\boldsymbol{H}$$
$$\left(\frac{\partial S'}{\partial \boldsymbol{H}}\right)_{T,P} = V'\mu_0\left(\frac{\partial \boldsymbol{M}}{\partial T}\right)_{\boldsymbol{H},P}$$

由于增加外加磁场 $\boldsymbol{H}$ 会降低磁性材料的自旋熵，因此磁化与温度的关系图必须具有负斜率。我们将在后面使用这个方程来讨论磁热效应。施加的磁场和温度对磁旋的有序化或无序化的影响是相互矛盾的。

在铁磁性材料中，磁化是系统的秩序参数。在居里温度（T_C）以上，材料是顺磁性的，$\boldsymbol{M} = 0$。在居里温度以下，材料是铁磁性的，随着温度的降低，磁化作用持续增加，直到 0K 时达到最大值 $\boldsymbol{M}(0)$。因此，提高铁磁体的温度会降低其磁化程度并增加其熵值。图 5.7 给

出了 $\boldsymbol{M}(T)/\boldsymbol{M}(0)$ 随 T/T_{C}（对比热力学变量）的变化关系。

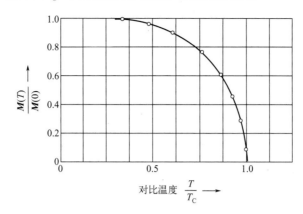

图 5.7　在 $T>0$ 的情况下，磁性材料在对比磁化强度与对比温度的关系图中显示出负的斜率

5.10.7　S、V 和 M 与独立变量 T、P 和 H

将 1 摩尔单组分系统的熵、体积和磁化强度（磁矩）写成强度变量 T、P 和 $\boldsymbol{H}$ 的函数，我们得到以下结果：

$$\mathrm{d}S=\left(\frac{\partial S}{\partial T}\right)_{P,\boldsymbol{H}}\mathrm{d}T+\left(\frac{\partial S}{\partial P}\right)_{T,\boldsymbol{H}}\mathrm{d}P+\left(\frac{\partial S}{\partial \boldsymbol{H}}\right)_{T,P}\mathrm{d}\boldsymbol{H}$$

$$\mathrm{d}V=\left(\frac{\partial V}{\partial T}\right)_{P,\boldsymbol{H}}\mathrm{d}T+\left(\frac{\partial V}{\partial P}\right)_{T,\boldsymbol{H}}\mathrm{d}P+\left(\frac{\partial V}{\partial \boldsymbol{H}}\right)_{T,P}\mathrm{d}\boldsymbol{H}$$

$$\mathrm{d}\boldsymbol{M}=\left(\frac{\partial \boldsymbol{M}}{\partial T}\right)_{P,\boldsymbol{H}}\mathrm{d}T+\left(\frac{\partial \boldsymbol{M}}{\partial P}\right)_{T,\boldsymbol{H}}\mathrm{d}P+\left(\frac{\partial \boldsymbol{M}}{\partial \boldsymbol{H}}\right)_{T,P}\mathrm{d}\boldsymbol{H}$$

这些方程也可以写成矩阵形式，就像之前对两个强度变量的情况所做的那样，即

$$\begin{pmatrix}\mathrm{d}S\\\mathrm{d}V\\\mathrm{d}M\end{pmatrix}=\begin{vmatrix}\left(\dfrac{\partial S}{\partial T}\right)_{P,\boldsymbol{H}}&\left(\dfrac{\partial S}{\partial P}\right)_{T,\boldsymbol{H}}&\left(\dfrac{\partial S}{\partial \boldsymbol{H}}\right)_{T,P}\\\left(\dfrac{\partial V}{\partial T}\right)_{P,\boldsymbol{H}}&\left(\dfrac{\partial V}{\partial P}\right)_{T,\boldsymbol{H}}&\left(\dfrac{\partial V}{\partial \boldsymbol{H}}\right)_{T,P}\\\left(\dfrac{\partial \boldsymbol{M}}{\partial T}\right)_{P,\boldsymbol{H}}&\left(\dfrac{\partial \boldsymbol{M}}{\partial P}\right)_{T,\boldsymbol{H}}&\left(\dfrac{\partial \boldsymbol{M}}{\partial \boldsymbol{H}}\right)_{T,P}\end{vmatrix}\begin{pmatrix}\mathrm{d}T\\\mathrm{d}P\\\mathrm{d}\boldsymbol{H}\end{pmatrix}$$

3×3 矩阵中的每一项都代表所研究物质的一个属性。另外，可以证明交叉对角线项彼此的绝对值是相等的。

5.11　另一个重要公式（循环关系式）

考虑三个状态函数 x、y、z 和一个固定组成的封闭系统，那么：

$$x=x(y,z)$$

或

$$\mathrm{d}x=\left(\frac{\partial x}{\partial y}\right)_{z}\mathrm{d}y+\left(\frac{\partial x}{\partial z}\right)_{y}\mathrm{d}z$$

对于在恒定 x 的状态下的增量变化，有：

$$\left(\frac{\partial x}{\partial y}\right)_z \mathrm{d}y = -\left(\frac{\partial x}{\partial z}\right)_y \mathrm{d}z$$

或

$$\left(\frac{\partial x}{\partial y}\right)_z \left(\frac{\partial y}{\partial z}\right)_x = -\left(\frac{\partial x}{\partial z}\right)_y$$

上式可写作：

$$\left(\frac{\partial x}{\partial y}\right)_z \left(\frac{\partial y}{\partial z}\right)_x \left(\frac{\partial z}{\partial x}\right)_y = -1 \tag{5.36}$$

式（5.36）可适用于任何三个状态函数。可以看出，每个状态函数在分子、分母和括号外各出现一次。

5.12 吉布斯-亥姆霍兹方程

从 1 摩尔物质的吉布斯自由能的定义开始，

$$G = H - TS$$

两边同时除以 T，并在恒压下对两边取关于 T 的导数，得到：

$$\left[\frac{\partial\left(\frac{G}{T}\right)}{\partial T}\right]_P = \frac{1}{T}\left(\frac{\partial H}{\partial T}\right)_P - \frac{H}{T^2} - \left(\frac{\partial S}{\partial T}\right)_P$$

因为：

$$\frac{1}{T}\left(\frac{\partial H}{\partial T}\right)_P = \frac{1}{T}c_P, \left(\frac{\partial S}{\partial T}\right)_P = \frac{c_P}{T}$$

因此，可以得到：

$$\left[\frac{\partial\left(\frac{G}{T}\right)}{\partial T}\right]_P = -\frac{H}{T^2} \tag{5.37}$$

上式被称为吉布斯-亥姆霍兹方程。它适用于经历恒压过程的具有固定成分的封闭系统。

对于一个固定成分的封闭系统的状态变化，式（5.37）确定了 G 变化与 H 变化的关系，为：

$$\left[\frac{\partial\left(\frac{\Delta G}{T}\right)}{\partial T}\right]_P = -\frac{\Delta H}{T^2} \tag{5.38}$$

这个方程在实验热力学中特别有用，因为它允许通过测量 ΔH 获得 ΔG，也允许通过测量 ΔG（反应的自由能变化）随温度的变化获得 ΔH（反应焓）。这个方程的用途将在下文中得到拓展，并应用于溶液的偏摩尔热计算，以及系统中反应平衡常数随温度变化的计算。

相应地，也可得到亥姆霍兹自由能和内能之间关系，结果如下。

$$A = U - TS$$

两边同时除以 T 并进行类似的运算，可以得到：

$$\left[\frac{\partial\left(\frac{A}{T}\right)}{\partial T}\right]_V = -\frac{U}{T^2} \tag{5.39}$$

这个方程适用于经历恒容过程的具有固定成分的封闭系统。和前面一样，对于这些条件下的状态变化，有：

$$\left[\frac{\partial\left(\frac{\Delta A}{T}\right)}{\partial T}\right]_V = -\frac{\Delta U}{T^2} \tag{5.40}$$

5.13　小结

① 亥姆霍兹自由能，A，由 $A' \equiv U' - TS'$ 定义。在一个封闭的系统中，在恒定的 T 和 V' 下，亥姆霍兹自由能只能：

- 减少（对于一个自发过程）；
- 保持不变（如果系统处于平衡状态）。

当亥姆霍兹自由能达到最小值时，系统就达到了恒定 T 和 V' 下的平衡状态。

② 吉布斯自由能，G，由 $G' \equiv H' - TS'$ 定义。在压力和温度恒定的封闭系统中，吉布斯自由能在平衡时有最小值。在一个等温、等压的过程中，除了 $P\text{-}V$ 功以外不做其它形式的功（即 $w' = 0$），G 只能：

- 减少（对于一个自发过程）；
- 保持不变（如果系统处于平衡状态）。

当吉布斯自由能达到最小值时，系统在恒定的 T 和 P 下达到平衡状态。

③ 对于恒压下的状态变化，$\Delta H' = q_P$。

④ 第 i 种组分的化学势，μ_i，可以表示为：

$$\mu_i = \left(\frac{\partial G'}{\partial n_i}\right)_{T,P,n_j,\cdots} = \left(\frac{\partial U'}{\partial n_i}\right)_{S',V',n_j,\cdots} = \left(\frac{\partial H'}{\partial n_i}\right)_{S',P,n_j,\cdots} = \left(\frac{\partial A'}{\partial n_i}\right)_{T,V',n_j,\cdots}$$

⑤ 内能，U'，随 S'、V' 和成分的变化而变化，则

$$\mathrm{d}U' = T\,\mathrm{d}S' - P\,\mathrm{d}V' + \sum_{i=1}^{i=k} \mu_i\,\mathrm{d}n_i$$

焓，H'，随着 S'、P 和成分的变化而变化，则

$$\mathrm{d}H' = T\,\mathrm{d}S' + V'\,\mathrm{d}P + \sum_{i=1}^{i=k} \mu_i\,\mathrm{d}n_i$$

亥姆霍兹自由能，A'，随 T、V' 和成分的变化而变化，则

$$\mathrm{d}A' = -S'\,\mathrm{d}T - P\,\mathrm{d}V' + \sum_{i=1}^{i=k} \mu_i\,\mathrm{d}n_i$$

吉布斯自由能，G'，随 T、P 和成分的变化而变化，则

$$dG' = -S'dT + V'dP + \sum_{i=1}^{i=k} \mu_i \, dn_i$$

⑥ 对于 1 摩尔的带磁项的封闭系统，以下情况成立。

$$dG = -SdT + VdP - V\mu_0 \boldsymbol{M} d\boldsymbol{H}$$

⑦ 一个封闭的 1 摩尔的简单系统的麦克斯韦关系是：

$$\left(\frac{\partial T}{\partial V}\right)_S = -\left(\frac{\partial P}{\partial S}\right)_V, \quad \left(\frac{\partial T}{\partial P}\right)_S = \left(\frac{\partial V}{\partial S}\right)_P$$

$$\left(\frac{\partial S}{\partial V}\right)_T = \left(\frac{\partial P}{\partial T}\right)_V, \quad \left(\frac{\partial S}{\partial P}\right)_T = -\left(\frac{\partial V}{\partial T}\right)_P$$

⑧ 当 x、y、z 均为状态函数时，下式所表达的关系是成立的。

$$\left(\frac{\partial x}{\partial y}\right)_z \left(\frac{\partial y}{\partial z}\right)_x \left(\frac{\partial z}{\partial x}\right)_y = -1$$

⑨ 吉布斯-亥姆霍兹方程为：

$$\left[\frac{\partial\left(\frac{G}{T}\right)}{\partial T}\right]_P = -\frac{H}{T^2}$$

和

$$\left[\frac{\partial\left(\frac{A}{T}\right)}{\partial T}\right]_V = -\frac{U}{T^2}$$

5.14 本章概念和术语

读者应写出以下术语的简要定义或描述。在适当的情况下，可以使用方程式。

辅助函数

化学势

化学反应

化学功

基础方程

吉布斯自由能

吉布斯-亥姆霍兹方程

亥姆霍兹自由能

磁功

磁化作为秩序参数

最大熵判据

麦克斯韦关系

最小内能判据

功函数

5.15 证明例题

（1）证明例题1

证明如下表达式成立。

$$c_P - c_V = \frac{VT\alpha^2}{\beta_T}$$

解答：

式（2.8）确定了 c_P 和 c_V 之间的关系为：

$$c_P - c_V = \left(\frac{\partial V}{\partial T}\right)_P \left[P + \left(\frac{\partial U}{\partial V}\right)_T\right] \tag{2.8}$$

因为 $\alpha = 1/V(\partial V/\partial T)_P$，所以 $\alpha V = (\partial V/\partial T)_P$。

同时 $P = -(\partial A/\partial V)_T$，所以结合 $\alpha V = (\partial V/\partial T)_P$，我们可以得到：

$$c_P - c_V = \left(\frac{\partial V}{\partial T}\right)_P \left[-\left(\frac{\partial A}{\partial V}\right)_T + \left(\frac{\partial U}{\partial V}\right)_T\right]$$

因为：

$$A = U - TS$$

所以：

$$\left(\frac{\partial A}{\partial V}\right)_T = \left(\frac{\partial U}{\partial V}\right)_T - T\left(\frac{\partial S}{\partial V}\right)_T$$

整理得：

$$-\left(\frac{\partial A}{\partial V}\right)_T = T\left(\frac{\partial S}{\partial V}\right)_T - \left(\frac{\partial U}{\partial V}\right)_T$$

$$c_P - c_V = \alpha V\left[T\left(\frac{\partial S}{\partial V}\right)_T\right] = T\alpha V\left(\frac{\partial P}{\partial T}\right)_V$$

由式（5.36）得：

$$\left(\frac{\partial P}{\partial T}\right)_V = -\left(\frac{\partial P}{\partial V}\right)_T\left(\frac{\partial V}{\partial T}\right)_P$$

所以：

$$c_P - c_V = (T\alpha V)\left[-\left(\frac{\partial P}{\partial V}\right)_T\left(\frac{\partial V}{\partial T}\right)_P\right] = (T\alpha V)\cdot\left(\frac{1}{V\beta_T}\right)\cdot V\alpha = \frac{VT\alpha^2}{\beta_T}$$

因此：

$$c_P - c_V = \frac{VT\alpha^2}{\beta_T}$$

上式右边只包含实验可测量的参量。我们可以看到，对于所有的 $T > 0$，$c_P - c_V > 0$；在 $T = 0$ 时，$c_P - c_V = 0$。

（2）证明例题2

推导出1摩尔物质的第三 TdS 方程，即

$$TdS = c_V \left(\frac{\partial T}{\partial P}\right)_V dP + c_P \left(\frac{\partial T}{\partial V}\right)_P dV$$

解答：

$$S = S(P, V)$$

$$dS = \left(\frac{\partial S}{\partial P}\right)_V dP + \left(\frac{\partial S}{\partial V}\right)_P dV$$

因为：

$$\left(\frac{\partial S}{\partial P}\right)_V = \left(\frac{\partial S}{\partial T}\right)_V \left(\frac{\partial T}{\partial P}\right)_V = \frac{c_V}{T} \left(\frac{\partial T}{\partial P}\right)_V$$

所以：

$$\left(\frac{\partial S}{\partial V}\right)_P = \left(\frac{\partial S}{\partial T}\right)_P \left(\frac{\partial T}{\partial V}\right)_P = \frac{c_P}{T} \left(\frac{\partial T}{\partial V}\right)_P$$

$$TdS = c_V \left(\frac{\partial T}{\partial P}\right)_V dP + c_P \left(\frac{\partial T}{\partial V}\right)_P dV$$

5.16　计算例题

（1）计算例题1

根据以下数据，确定 Al 的定容摩尔热容。

在 20℃时，Al 有以下特性：

$$c_P = 24.36 \text{J}/(\text{mol} \cdot \text{K}),$$
$$\alpha = 7.05 \times 10^{-5} \text{K}^{-1},$$
$$\beta_T = 1.20 \times 10^{-6} \text{atm}^{-1},$$
$$\rho = 2.70 \text{g/cm}^3$$

解答：

Al 的原子量为 26.98，因此，在 20℃时，Al 的摩尔体积 V 为：

$$V = \frac{26.98}{2.70 \times 1000} = 0.010 (\text{L/mol})$$

因此，c_P 和 c_V 之差是（见证明例题1）：

$$c_P - c_V = \frac{VT\alpha^2}{\beta} = \frac{0.010 \times 293 \times (7.05 \times 10^{-5})^2}{1.20 \times 10^{-6}} = 0.0121 [\text{L} \cdot \text{atm}/(\text{mol} \cdot \text{K})]$$

$$0.0121 \times \frac{8.3144}{0.08206} = 1.23 [\text{J}/(\text{mol} \cdot \text{K})]$$

因此，Al 在 20℃时的定容摩尔热容为：

$$24.36 - 1.23 = 23.13 [\text{J}/(\text{mol} \cdot \text{K})]$$

（2）计算例题2

下面的例子是由密苏里大学罗拉分校比尔-法伦霍兹博士提供的。

绝热热弹性效应描述了脆性固体在快速加载（即加载速率比热传递速率快得多）时温度

随压力的变化。通过使用循环负载和高速热成像仪，这种效应已被用于测量复合材料中缺陷周围的应力。利用麦克斯韦尔关系，推导出绝热热弹性效应的表达式。估算 1mol Al_2O_3 被加载到 500 MPa 时的温度变化。

已知数据：

初始温度$=298K$，$\alpha=2.2\times10^{-5}/K$，$c_P=80J/(mol \cdot K)$。

解答：

这个问题需要计算在熵不变的情况下温度随压力的变化，即 $(\partial T/\partial P)_S$。

从第二 TdS 方程开始，

$$dS=\frac{c_P}{T}dT-\left(\frac{\partial V}{\partial T}\right)_P dP=\frac{c_P}{T}dT-\alpha V dP$$

在恒熵条件下，

$$dS=0=\frac{c_P}{T}dT-\alpha V dP$$

$$\frac{c_P}{T}dT=\alpha V dP$$

$$\left(\frac{\partial T}{\partial P}\right)_S=\frac{T\alpha V}{c_P}$$

有理由认为，Al_2O_3 是一种不可压缩的固体，其热容在小范围的温度和压力下不会有明显的变化。因此，这些变量可以被分离出来进行整合，在恒 S 条件下（绝热过程），

$$\left(\frac{\partial T}{\partial P}\right)_S=\frac{T\alpha V}{c_P}$$

$$\frac{dT}{T}=\frac{\alpha V}{c_P}dP$$

$$\ln\frac{T_2}{T_1}=\frac{\alpha V}{c_P}\Delta P$$

$$\ln\frac{T_2}{298}=\frac{2.56\times10^{-5}\,m^3/mol}{80J/(mol \cdot K)}\times2.2\times10^{-5}\,K^{-1}\times(500\times10^6\,N/m^2)$$

$$=0.00352$$

所以，

$$T_2=299K$$

$$\Delta T=299K-298K=1.0K$$

 作业题

5.1 证明：

$$\left(\frac{\partial S}{\partial V}\right)_P=\frac{c_P}{TV\alpha}$$

5.2 证明：

$$\left(\frac{\partial S}{\partial P}\right)_V = \frac{c_P \beta_T}{T\alpha} - V\alpha$$

5.3 证明：

$$\left(\frac{\partial A}{\partial P}\right)_V = -\frac{S\beta_T}{\alpha}$$

5.4 证明：

$$\left(\frac{\partial A}{\partial V}\right)_P = -\left(\frac{S}{V\alpha} + P\right)$$

5.5 证明：

$$\left(\frac{\partial H}{\partial S}\right)_V = T\left(1 + \frac{V\alpha}{c_V \beta_T}\right)$$

5.6 证明：

$$\left(\frac{\partial H}{\partial V}\right)_S = -\frac{c_P}{c_V \beta_T}$$

5.7 证明：

$$\left(\frac{\partial c_P}{\partial P}\right)_T = -TV\left(\alpha^2 + \frac{\mathrm{d}\alpha}{\mathrm{d}T}\right)$$

5.8 证明：

$$\left(\frac{\partial T}{\partial P}\right)_S = \frac{T\alpha V}{c_P}$$

5.9 证明：

$$\left(\frac{\partial P}{\partial V}\right)_S = -\frac{c_P}{c_V V \beta_T}$$

5.10 证明：

$$\left(\frac{\partial^2 G}{\partial P^2}\right)_T = -\frac{1}{\left(\frac{\partial^2 A}{\partial V^2}\right)_T}$$

5.11 焦耳和汤姆森通过实验表明，当稳定的非理想气体流通过安装节流阀的热绝缘管时，气体的温度会发生变化，气体的状态会从（P_1，T_1）变为（P_2，T_2）。证明这个过程为等焓过程。T 的变化用焦耳-汤姆森系数 $\mu_{\text{J-T}}$ 来描述，如下所示：

$$\mu_{\text{J-T}} = \left(\frac{\partial T}{\partial P}\right)_H$$

证明：

$$\mu_{\text{J-T}} = -\frac{V}{c_P}(1 - \alpha T)$$

并证明理想气体的焦耳-汤姆森系数为 0。

5.12 确定下列过程的 $\Delta U'$、$\Delta H'$、$\Delta S'$、$\Delta A'$ 和 $\Delta G'$ 的值（在 c、d 和 e 中，求出所需要的熵的绝对值）。

a. 作业题 4.1 中的四个过程；

b. 在压力 P 和温度 T 下，1 摩尔理想气体在真空中膨胀到其体积的 2 倍；

c. 1 摩尔理想气体从（P_1，T_1）到（P_2，T_2）的绝热膨胀；

d. 1 摩尔理想气体在恒压下从 $(V_1，T_1)$ 膨胀到 $(V_2，T_2)$ 的过程；

e. 1 摩尔理想气体在恒定体积下从 $(P_1，T_1)$ 到 $(P_2，T_2)$ 的过程。

5. 13❶ 证明三个 $T\mathrm{d}S$ 方程可以写成：

(1) $T\mathrm{d}S = c_V \mathrm{d}T + T\dfrac{\alpha}{\beta_T}\mathrm{d}V$

(2) $T\mathrm{d}S = c_P \mathrm{d}T - \alpha V T \mathrm{d}P$

(3) $T\mathrm{d}S = c_V \dfrac{\beta_T}{\alpha}\mathrm{d}P + \dfrac{c_P}{\alpha V}\mathrm{d}V$

5. 14❶ 从以下对一个 1 摩尔封闭系统适用的方程式开始，求出麦克斯韦关系：
$$\mathrm{d}H = T\mathrm{d}S + V\mathrm{d}P - \mu_0 V\boldsymbol{M}\mathrm{d}\boldsymbol{H}$$

5. 15❶ 从以下对一个 1 摩尔封闭系统适用的方程式开始，求出麦克斯韦关系：
$$\mathrm{d}A = -S\mathrm{d}T - P\mathrm{d}V + V\mu_0 \boldsymbol{H}\mathrm{d}\boldsymbol{M}$$

5. 16❶ 图 5.8 所示的循环由两个等温线（AB 和 CD）和两个等压线（BC 和 DA）组成。用 $T\mathrm{d}S$ 方程式画出这个循环的 T-S 图。

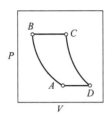

图 5.8　压力-体积图

[两个等温线（AB 和 CD）和两个等压线（BC 和 DA）构成一个循环]

5. 17❶ 证明 $\beta_T/\beta_S = c_P/c_V = \gamma$，其中 $\beta_T = 1/V(\partial V/\partial P)_T$，$\beta_S = 1/V(\partial V/\partial P)_S$。提示：使用 $T\mathrm{d}S$ 方程。

---

❶ 第 6 版中的新作业题。

第6章

热容、焓、熵和热力学第三定律

6.1 引言

我们已经定义了两个热容，即恒容热容，

$$C_V = \left(\frac{\partial U'}{\partial T}\right)_V$$

和恒压热容，

$$C_P = \left(\frac{\partial H'}{\partial T}\right)_P$$

回顾一下，在第 5 章中我们得出了另一个恒压热容的方程式，即

$$\left(\frac{\partial^2 G'}{\partial T^2}\right)_P = -\left(\frac{\partial S'}{\partial T}\right)_P = -\frac{C_P}{T} \tag{5.12}$$

还可以证明，对于恒容热容来说，下述关系式成立。

$$\left(\frac{\partial^2 A'}{\partial T^2}\right)_V = -\left(\frac{\partial S'}{\partial T}\right)_V = -\frac{C_V}{T}$$

在第 2 章中，我们还介绍了每摩尔物质的热容和全部物质的热容之间的区别，具体如下：

$$C_V dT = nc_V dT \quad \text{或} \quad dU = c_V dT$$
$$C_P dT = nc_P dT \quad \text{或} \quad dH = c_P dT$$

式中，c_P 和 c_V 分别为恒压和恒容摩尔热容，并给出了 1 摩尔物质的内能和焓（的变化）。在状态（T_2，P）和（T_1，P）之间对式（2.6b）进行积分，得到两个状态的摩尔焓之差为：

$$\Delta H = H(T_2, P) - H(T_1, P) = \int_{T_1}^{T_2} c_P dT \tag{6.1}$$

从中可以看出，为了确定焓对温度的依赖关系，需要了解 c_P 随温度变化的情况。

同样地，在恒容情况下，在 T_2 和 T_1 之间对式（2.6a）进行的积分，确定了内能对温度的依赖关系，它需要知道 c_V 随温度变化的情况。在本章的后面，我们将说明这也适用于确定熵对温度的依赖关系。因此，通过了解热容在恒压（恒体积）下与温度的关系，我们将知道吉布斯（亥姆霍兹）自由能随温度的变化，这将使我们能够确定所研究系统的平衡状态。

6.2 热容的理论计算

1819 年，作为实验测量的结果，杜隆（Pierre Louis Dulong，1785—1838）和珀替（Alexis Thérèse Petit，1791—1820）引入了一个经验法则，该法则指出所有固体元素的摩尔热容（c_V）都具有值 $3R$ [$= 24.9$ J/(mol·K)]。1864 年，柯普（Emile Kopp，1817—1875）引入了一条规则，该规则指出，在常温下，固体化合物的摩尔热容大约等于其组成化学元素的摩尔热容之和。例如，A_2B 化合物的摩尔热容在常温下约为 $9R$（即 $3 \times 3R$）。尽管大多数元素在室温下的摩尔热容值接近 $3R$，但随后的实验测量表明，热容通常随着温度的升高而略有增加，并且在低温下可以具有明显低于 $3R$ 的值。图 6.1 表明，在室温下，虽然 Pb 和 Cu 非常遵守杜隆和珀替定律，但 Si 和金刚石的定容热容明显小于 $3R$。图 6.1 还显示了低温下热容的显著下降。

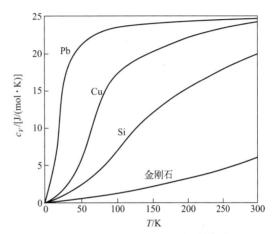

图 6.1　Pb、Cu、Si 和金刚石的恒容摩尔热容与温度的关系

计算作为温度的函数的固体元素的热容，是量子理论早期处理固体的成功应用之一。爱因斯坦（Albert Einstein，1879—1955）于 1907 年发表了第一个此类计算，他考虑了包含 n 个原子的固体的性质，每个原子都表现为一个量子谐振子，围绕其位置在三个正交方向上独立振动。此外，他假设 $3n$ 个振子中每一个的行为都不受其邻位振子行为的影响，并为每个振子分配了一个单一的频率 ν。这种量子振子系统现在被称为爱因斯坦固体（有时也称为爱因斯坦晶体）。

对于一个固定的振动频率，量子谐振子的第 i 个能级取值为：

$$\varepsilon_i = \left(i + \frac{1}{2}\right)h\nu \qquad (6.2)$$

在式（6.2）中，i 是一个整数，其值为 0 到无穷大，h 是普朗克（Max Karl Ernst Ludwig Planck，1858—1947）常数。由于每个振子有三个自由度（即，它可以在 x、y 和 z 方向上振动），因此爱因斯坦固体（可以被认为是一个由 $3n$ 个线性独立"可区分"的量子谐振子组成的系统）的能量，U'，可写为：

$$U' = 3\sum n_i \varepsilon_i \qquad (6.3)$$

式中，如前所述，n_i 是第 i 个能级中的原子数。在第 4 章中，我们将配分函数 Z 定义为：

$$Z \equiv \sum \exp\left(-\frac{\varepsilon_i}{k_B T}\right)$$

而具有给定能量 ε_i 的粒子数（n_i）为：

$$n_i = \frac{n \exp\left(-\dfrac{\varepsilon_i}{k_B T}\right)}{Z} \tag{6.4}$$

因为量子振子是可以区分的，将式（6.2）代入式（6.3）并进行简化，我们得到：

$$U' = \sum 3 n_i \varepsilon_i = \sum 3 n_i \left(i + \frac{1}{2}\right) h\nu$$

现在，将式（6.4）代入上式，我们得到：

$$U' = \sum 3 \frac{n \exp\left(-\dfrac{\varepsilon_i}{k_B T}\right)}{Z}\left(i + \frac{1}{2}\right)h\nu = 3nh\nu \sum \left(i + \frac{1}{2}\right)\frac{\exp\left(-\dfrac{\varepsilon_i}{k_B T}\right)}{\sum \exp\left(-\dfrac{\varepsilon_i}{k_B T}\right)}$$

这代表了爱因斯坦固体的总内能。这个方程被证明（见附录 6A）可以简化为：

$$U' = \frac{3nh\nu}{2} + \frac{3nh\nu}{\exp\left(-\dfrac{h\nu}{k_B T}\right) - 1} \tag{6.5}$$

U' 是由 $3n$ 个量子谐振子组成的系统的总内能，爱因斯坦用它来模拟一个有 n 个独立振动的原子的固体的热性质。式（6.5）描述了系统的能量随温度变化的情况，在恒容条件下取内能对温度的微分，根据定义，可以得到恒容热容 C_V。体积保持恒定会导致恒定的量子化能级。因此，

$$C_V = \left(\frac{\partial U'}{\partial T}\right)_\nu = 3nh\nu \left[\exp\left(\frac{h\nu}{k_B T}\right) - 1\right]^{-2}\frac{h\nu}{k_B T^2}\exp\left(\frac{h\nu}{k_B T}\right)$$

$$= 3nk_B \left(\frac{h\nu}{k_B T}\right)^2 \frac{\exp\left(\dfrac{h\nu}{k_B T}\right)}{\left[\exp\left(\dfrac{h\nu}{k_B T}\right) - 1\right]^2}$$

定义 $h\nu/k_B = \theta_E$，其中 θ_E 为爱因斯坦特征温度，并将 n 等同于阿伏伽德罗常数，可以得到晶体的恒容摩尔热容为：

$$c_V = 3R\left(\frac{\theta_E}{T}\right)^2 \frac{e^{\theta_E/T}}{(e^{\theta_E/T} - 1)^2} \tag{6.6}$$

c_V 随 T/θ_E 的变化如图 6.2（a）所示，它表明随着 T/θ_E（亦即 T）的增加，$c_V \to 3R$，与杜隆和珀替定律一致。我们还看到 $T \to 0$，$c_V \to 0$，这与实验观察结果一致。用式（6.6）曲线拟合实验测量的热容数据，可获得任何元素的 θ_E 实际值及其振动频率 ν。这种曲线拟合［如图 6.2（a）所示］表明，尽管爱因斯坦方程充分代表了较高温度下的实际热容量，但爱因斯坦模型的理论值比实际值更快地接近 0。例如，随着 T/θ_E 从 0.02 降低到 0.01 时，理论摩尔热容从 1.2×10^{-17} J/(mol·K) 降低到 9.3×10^{-39} J/(mol·K)。这种差异是由于量子振子不像爱因斯坦所假设的那样以单一频率振动，并且振动彼此相关（即它们不会像我们假设的那样彼此独立振动）。

该理论的发展是由德拜（Peter Joseph William Debye，1884—1966）在 1912 年完成的，他假设振子可用的振动频率（声子）范围与连续固体中的弹性振动可用的频率范围相同。这些振动波长的下限由固体中的原子间距离决定。考虑到最小波长 λ_{min} 为 5×10^{-10} m，固体中的波速 v 约为 5×10^3 m/s，则振子的最大振动频率约为：

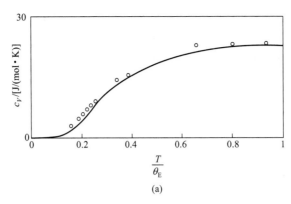

图 6.2 （a） 金刚石的实验恒容摩尔热容以及固体的爱因斯坦模型的最佳拟合曲线

（θ_E=1320K，取自 Dehoff. Thermodynamics in Materials Science. Boca Raton：CRC Press，2006.）

$$\nu_{max}=\frac{v}{\lambda_{min}}=\frac{5\times10^3\,\mathrm{m/s}}{5\times10^{-10}\,\mathrm{m}}=10^{13}\,\mathrm{s}^{-1}$$

德拜假设频率分布是这样的：在 $0\leqslant\nu\leqslant\nu_{max}$ 的允许范围内，每单位体积每单位频率范围内的振动次数随着频率的增加而抛物线式地增加，在这个频率范围内通过对爱因斯坦方程积分，他得到固体的热容为：

$$c_V=\frac{9nh^3}{k_B^2\theta_D^3}\int_0^{\nu_D}\nu^2\left(\frac{h\nu}{k_BT}\right)^2\frac{\exp\left(\dfrac{h\nu}{k_BT}\right)}{\left[1-\exp\left(\dfrac{h\nu}{k_BT}\right)\right]^2}\mathrm{d}\nu$$

再令 $x=h\nu/k_BT$，得到：

$$c_V=9R\left(\frac{T}{\theta_D}\right)^3\int_0^{\theta_D/T}x^4\frac{\mathrm{e}^{-x}}{(1-\mathrm{e}^{-x})^2}\mathrm{d}x \tag{6.7}$$

式中，ν_D（德拜频率）$=\nu_{max}$；$\theta_D=h\nu_D/k_B$ 为固体的特征德拜温度。

比较式（6.7）与爱因斯坦方程，如图 6.2（b）所示。德拜方程在高温下接近杜隆和珀替规则的极限，在较低温度下表现出与实验数据非常好的拟合度。

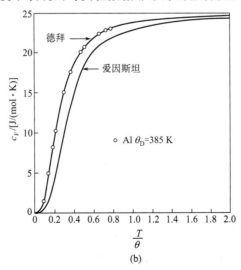

图 6.2 （b） 德拜热容、爱因斯坦热容和铝实际热容对比

图 6.3 是德拜方程与 Pb、Ag、Al 和金刚石实测热容的拟合曲线。曲线形状几乎相同，只是有一个水平位移。相对水平位移反映了 θ_D 的差异。当绘制 c_V 与 $\lg(T/\theta_D)$ 的关系时，图 6.3 中的数据落在一条曲线上。这是对应状态法则的一个例子。在第 8 章中研究范德瓦耳斯气体时，我们将看到另一个这样的例子。

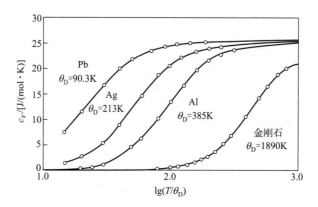

图 6.3　几种固体元素的恒容摩尔热容
（曲线是按德拜方程在不同 θ_D 值下绘制的）

式（6.7）从 0 到无穷大的积分值为 25.98，因此，对于非常低的温度，式（6.7）变为：

$$c_V = 9R \times 25.98 \left(\frac{T}{\theta_D}\right)^3 = 1944 \left(\frac{T}{\theta_D}\right)^3$$

上式被称为低温热容的德拜 T^3 定律。

在低温下，金属中费米能级的自由电子会吸收能量，德拜理论没有考虑该能量吸收对热容的贡献。

对于低温下的金属，热容随温度的变化可描述为：

$$c_V = \gamma T + 1943 \left(\frac{T}{\theta_D}\right)^3$$

因此，在温度接近 0K 时，金属的 c_V 与 T 呈线性变化。

由于热容的理论计算存在各种不确定性，通常的做法是测量恒压摩尔热容随温度的变化，并以解析式表达这种关系。

6.3　热容的经验表述

实验测量的材料的恒压摩尔热容随温度的变化，通常被拟合为以下形式的表达式：

$$c_P = a + bT + \frac{c}{T^2}$$

应该注意的是，该解析表达式只适用于所给的温度范围。热容值是在该范围内测量并拟合为解析式的。例如，在室温至 1478K 时，ZrO_2 以单斜 $\alpha\text{-}ZrO_2$ 形式存在，在 1478～2670K 时，以四方 $\beta\text{-}ZrO_2$ 的形式存在，每种晶型都有各自的解析表达式，都反映着各自热容随温度变化的情况。在 298～1478K 的温度范围内，

$$\alpha\text{-}ZrO_2 \quad c_P = 69.62 + 7.53 \times 10^{-3} T - 14.06 \times 10^{-5} T^{-2} \, \text{J/(mol} \cdot \text{K)}$$

在 1478～2670K 的温度范围内，

$$\beta\text{-}ZrO_2 \quad c_P = 74.48 \, \text{J/(mol} \cdot \text{K)}$$

在转变温度下，热容下降约 5.6J/(mol·K)。用解析表达式拟合测量的热容，在 α-ZrO_2 的表达式中，a、b 和 c 每个都有非零值；而 β-ZrO_2 的摩尔热容与温度无关，在这种情况下解析表达式中的 b 和 c 都为 0。几种在固态下不发生相变的元素和化合物的 c_P 随温度的变化，如图 6.4 所示；一些具有同素异构的元素和具有多晶型的化合物的 c_P 随温度的变化，如图 6.5 所示。α-ZrO_2 和 β-ZrO_2 的数据可由图 6.5 中读取。部分元素和化合物热容解析表达式系数的数值，参见附录 A 的表 A.2。

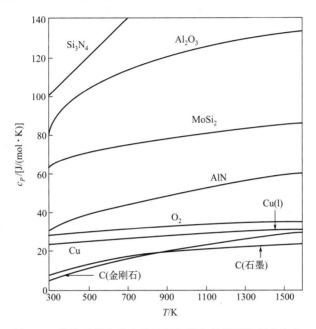

图 6.4　几种元素和化合物的恒压摩尔热容随温度的变化

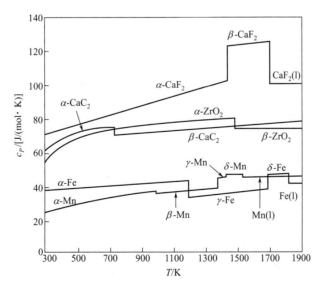

图 6.5　一些具有同素异构的元素和具有多晶型的化合物的恒压摩尔热容随温度的变化

6.4 焓作为温度和成分的函数

对于 1 摩尔固定成分的封闭系统，在恒定压力 P 下，温度从 T_1 变化到 T_2，对式（2.6b）进行积分，可得到式（6.1）。

$$\Delta H = H(T_2, P) - H(T_1, P) = \int_{T_1}^{T_2} c_P \, dT \qquad (6.1)$$

因此，ΔH 是 c_P 与 T 关系曲线下方在积分限 T_1 和 T_2 之间的面积。因此，焓的变化 $\Delta H = q_P$，这只是进入系统并在恒压 P 下使 1 摩尔系统的温度从 T_1 升高到 T_2 所需的热量。

当 1 摩尔体系在恒温、恒压下发生化学反应或相变时（如反应 A+B=AB），ΔH 是反应产物（状态 2）的焓与反应物（状态 1）的焓之差，即

$$\Delta H(T, P) = H_{AB}(T, P) - [H_A(T, P) + H_B(T, P)] \qquad (6.8)$$

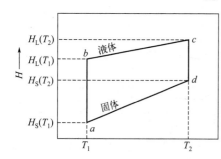

图 6.6 某物质的固相和液相的
摩尔焓随温度的变化

如果 ΔH 是一个正数，该反应导致系统从其恒温热浴中吸收热能，该反应被称为吸热反应。相反，如果 ΔH 是一个负数，则反应发生时有热量散发，该反应被称为放热反应。这一惯例与热力学第一定律中 q（进入或离开系统的热能）的符号所使用的惯例相同。由温度和/或成分变化引起的焓值变化可以用焓-温图来表示（图 6.6）。考虑如下状态变化：

$$A(l) \longrightarrow A(s)$$

即，液体 A 的凝固，其平衡凝固温度（也是平衡熔化温度）为 T_2。cd 段是平衡液态向固态转化时的焓值变化，即它是结晶潜热，可以看出 $H_S(T_2) - H_L(T_2) < 0$（放热）。过冷的液体可以在 T_1 处转变为固体。在这个温度下的摩尔转变焓可以被确定，因为焓是一个状态函数，因此：

$$\Delta H(b \rightarrow a) = \Delta H(b \rightarrow c) + \Delta H(c \rightarrow d) + \Delta H(d \rightarrow a) \qquad (i)$$

- $\Delta H(b \rightarrow a) = \Delta H(l \rightarrow s, T_1)$ 是温度 T_1 下过冷液体转变为固体的摩尔焓，

$$\Delta H(l \rightarrow s, T_1) = \Delta H(s, T_1) - \Delta H(l, T_1)$$

该焓的变化在图 6.6 中用 $\overline{ba}$ 表示，是负的（放热）。

- $\Delta H(b \rightarrow c)$ 是需要提供给 1 摩尔液体的热能，使其温度从 T_1 上升到 T_2，

$$\Delta H(b \rightarrow c) = \int_{T_1}^{T_2} c_P(l) \, dT$$

式中，$c_P(l)$ 为液体的恒压摩尔热容。

- $\Delta H(c \rightarrow d) = \Delta H(l \rightarrow s, T_2) = H(s, T_2) - H(l, T_2)$ 是液体在平衡转变温度 T_2 下的摩尔转变焓，在图 6.6 中用 $\overline{cd}$ 表示。

- $\Delta H(d \rightarrow a)$ 是在恒定压力下 1 摩尔固体所散发的热能，将其温度从 T_2 降低到 T_1，

$$\Delta H(d \rightarrow a) = \int_{T_2}^{T_1} c_P(\text{s})\text{d}T$$

式中，$c_P(\text{s})$ 为固体的恒压摩尔热容。将各个表达式代入方程（i），可以得到：

$$\Delta H(\text{l} \rightarrow \text{s}, T_1) = \int_{T_1}^{T_2} c_P(\text{l})\text{d}T + \Delta H(\text{l} \rightarrow \text{s}, T_2) + \int_{T_2}^{T_1} c_P(\text{s})\text{d}T$$

$$\Delta H(\text{l} \rightarrow \text{s}, T_1) = \int_{T_1}^{T_2} \Delta c_P\text{d}T + \Delta H(\text{l} \rightarrow \text{s}, T_2) \tag{6.9}$$

式中，$\Delta c_P = c_P(\text{l}) - c_P(\text{s})$。对于图 6.6 中的物质，$T_1$ 下的摩尔凝固（熔化）焓比 T_2 下的更负。式（6.9）右边的每项都是负数。

因此，如果某温度下的摩尔熔化焓是已知的，并且已知产物和反应物的恒压摩尔热容（以及它们对温度的依赖关系），那么就可以计算出任何其它温度下的摩尔熔化焓。需要注意的是，如果 $\Delta c_P = 0$，那么 $\Delta H_{T_2} = \Delta H_{T_1}$。也就是说，反应的热能 ΔH 与温度无关。在图 6.6 中，直线 ad 的斜率，即 $(\partial H/\partial T)_P$，是固体的恒压摩尔热容，$c_P$。只有当热容与温度无关时，它才是一条直线。

由于 H 没有一个绝对的值（只有 H 的变化可以测量），所以需要引入一个惯例，以便于允许用它来比较不同的焓-温度图。这一惯例将单质在 298K（25℃）和 1atm 下的稳定状态的焓值规定为 0。因此，在 298K 和 1atm 下化合物的焓，就是在 298K 和 1atm 下由其单质生成 1 摩尔化合物的生成焓。例如，对于氧化反应（在 298K 和 1atm 下）：

$$\text{M(solid)} + \frac{1}{2}\text{O}_2(\text{gas}) = \text{MO(solid)}$$

$$\Delta H_{298\text{K}} = H_{\text{MO(s)},298\text{K}} - H_{\text{M(s)},298\text{K}} - \frac{1}{2}H_{\text{O}_2(\text{g}),298\text{K}}$$

由于 $H_{\text{M(s)},298\text{K}}$ 和 $H_{\text{O}_2(\text{g}),298\text{K}}$ 按惯例应为 0，那么：

$$\Delta H_{298\text{K}} = H_{\text{MO(s)},298\text{K}}$$

在恒定压力下，化学反应热（或生成热）随温度的变化可以用焓-温图来表示，图 6.7（a）和图 6.7（b）是为如下氧化反应绘制的。

$$\text{Pb} + \frac{1}{2}\text{O}_2 = \text{PbO}$$

该系统的相关热化学数据列于表 6.1。

表 6.1　Pb、PbO 和 O$_2$ 的热化学数据

$H_{\text{PbO},298\text{K}} = -219000\text{J}$
$c_{P,\text{Pb(s)}} = 23.6 + 9.75 \times 10^{-3}T, 298\text{K} \sim T_{\text{m(Pb)}}$
$c_{P,\text{Pb(l)}} = 32.4 - 3.1 \times 10^{-3}T, T_{\text{m(Pb)}} \sim 1200\text{K}$
$c_{P,\text{PbO(s)}} = 37.9 + 26.8 \times 10^{-3}T, 298\text{A} \sim T_{\text{m(PbO)}}$
$c_{P,\text{O}_2(\text{g})} = 29.96 + 4.18 \times 10^{-3}T - 1.67 \times 10^5 T^{-2}, 298 \sim 3000\text{K}$
$\Delta H_{\text{m(Pb)}} = 4810\text{J}, T_{\text{m(Pb)}} = 600\text{K}$
$T_{\text{m(PbO)}} = 1159\text{K}$

在图 6.7（a）中：

• a 表示 298K 时 1/2 摩尔 O$_2$(g) 和 1 摩尔 Pb(s) 的焓（按惯例设置＝0）。

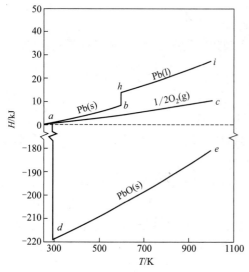

(a) Pb(s)、1/2O₂(g)和PbO(s)的焓值随温度的变化　　(b) (Pb+1/2O₂(g))和PbO(s)的焓值随温度的变化

图 6.7　物质焓值随温度的变化

- ab 表示 $H_{\text{Pb(s)}}$ 在 298K≤T≤600K 范围内随温度的变化，其中 $H_{\text{Pb(s)},T}$ 由 $\int_{298}^{T} c_{P,\text{Pb(s)}} \mathrm{d}T$ 确定。

- ac 表示 $H_{1/2\text{O}_2(\text{g})}$ 在 298K≤T≤3000K 范围内随温度的变化，其中 $H_{1/2\text{O}_2(\text{g}),T}$ 由 $\frac{1}{2}\int_{298}^{T} c_{P,\text{O}_2(\text{g})} \mathrm{d}T$ 确定。

- ad 是 $\Delta H_{\text{PbO(s)},298\text{K}} = -219000\text{J}$。

- de 表示 $H_{\text{PbO(s)}}$ 在 298K≤T≤1159K 范围内随温度的变化，其中：

$$H_{\text{PbO(s)},T} = -219000 + \int_{298}^{T} c_{P,\text{PbO(s)}} \mathrm{d}T$$

在图 6.7（b）中：

- a 表示 298K 时 1/2 摩尔 $\text{O}_2(\text{g})$ 和 1 摩尔 Pb(s) 的焓。

- f 表示在温度 T 下 1/2 摩尔 $\text{O}_2(\text{g})$ 和 1 摩尔 Pb(s) 的焓。

- g 代表 1 摩尔 PbO(s) 在温度 T 下的焓。

因此，

$$\Delta H_{\text{PbO},298\text{K}} = \Delta H(a \to f) + \Delta H(f \to g) + \Delta H(g \to d)$$
$$= \int_{298}^{T} \left(\frac{1}{2}c_{P,\text{O}_2(\text{g})} + c_{P,\text{Pb(s)}}\right) \mathrm{d}T + \Delta H_{\text{PbO},T} + \int_{T}^{298} c_{P,\text{PbO(s)}} \mathrm{d}T$$

因此，

$$\Delta H_{\text{PbO},T} = \Delta H_{\text{PbO},298\text{K}} + \int_{298}^{T} \Delta c_P \mathrm{d}T$$

其中：

$$\Delta c_P = c_{P,\text{PbO(s)}} - c_{P,\text{Pb(s)}} - \frac{1}{2}c_{P,\text{O}_2(\text{g})}$$

使用表 6.1 的数据，得：

$$\Delta c_P = -0.68 + 14.96 \times 10^{-3}T + 0.835 \times 10^{5}T^{-2}$$

因此，在 298K 至 600K（$T_{\mathrm{m(Pb)}}$）的温度范围内，

$$\Delta H_{\mathrm{PbO},T} = -219000 + \int_{298}^{T}(-0.68 + 14.96 \times 10^{-3}T + 0.835 \times 10^5 T^{-2})\mathrm{d}T$$

$$= -219000 - 0.68 \times (T - 298) + 7.48 \times 10^{-3} \times (T^2 - 298^2) - 0.835 \times 10^5 \times \left(\frac{1}{T} - \frac{1}{298}\right)$$

在 $T = 500\mathrm{K}$ 的情况下，得到 $\Delta H_{\mathrm{PbO},500\mathrm{K}} = -217.8\mathrm{kJ}$，如图 6.7（b）和图 6.8 所示。如果考虑在反应的两个温度之间，一种或多种反应物或产物发生了相变，那么必须考虑相变的焓值。在图 6.7（a）中，h 代表 1 摩尔 Pb(l) 在熔化温度为 600K 时的热焓，可以由下式表示：

$$H_{\mathrm{Pb(l)},600\mathrm{K}} = \int_{298}^{600} c_{P,\mathrm{Pb(s)}}\mathrm{d}T + \Delta H_{\mathrm{m(Pb)}}$$

hb 是 Pb 在 600K 熔化温度下的熔化焓（$=4810\mathrm{J}$），hi 代表 1 摩尔 Pb(l) 在 600～1200K 范围内焓随温度的变化。

$$H_{\mathrm{Pb(l)},T} = \int_{298}^{600} c_{P,\mathrm{Pb(s)}}\mathrm{d}T + \Delta H_{\mathrm{m(Pb)}} + \int_{600}^{T} c_{P,\mathrm{Pb(l)}}\mathrm{d}T$$

在图 6.7（b）中，$ajkl$ 代表 1 摩尔 Pb 和 1/2 摩尔 $O_2(\mathrm{g})$ 焓值的变化，因此，$\Delta H_{\mathrm{PbO},T'}$ 由以下循环来计算。

$$\Delta H_{\mathrm{PbO},298\mathrm{K}} = \Delta H(a \to d) = \Delta H(a \to j) + \Delta H(j \to k) + \Delta H(k \to l) +$$
$$\Delta H(l \to e) + \Delta H(e \to g) + \Delta H(g \to d)$$

其中：

$$\Delta H(a \to j) = \int_{298}^{T_{\mathrm{m(Pb)}}} \left(c_{P,\mathrm{Pb(s)}} + \frac{1}{2}c_{P,\mathrm{O_2(g)}}\right)\mathrm{d}T$$

$$\Delta H(j \to k) = \text{在 Pb 熔点 } T_{\mathrm{m(Pb)}} \text{ 下的熔化潜热}$$

$$\Delta H(k \to l) = \int_{T_{\mathrm{m(Pb)}}}^{T'} \left(c_{P,\mathrm{Pb(l)}} + \frac{1}{2}c_{P,\mathrm{O_2(g)}}\right)\mathrm{d}T$$

$$\Delta H(l \to e) = \Delta H_{\mathrm{PbO},T'}$$

$$\Delta H(e \to g) = \int_{T'}^{T_{\mathrm{m(Pb)}}} c_{P,\mathrm{PbO(s)}}\mathrm{d}T$$

$$\Delta H(g \to d) = \int_{T_{\mathrm{m(Pb)}}}^{298} c_{P,\mathrm{PbO(s)}}\mathrm{d}T$$

因此，

$$\Delta H_{\mathrm{PbO},T'} = \Delta H_{\mathrm{PbO},298\mathrm{K}} + \int_{298}^{T_{\mathrm{m(Pb)}}} \left(c_{P,\mathrm{PbO(s)}} - c_{P,\mathrm{Pb(s)}} - \frac{1}{2}c_{P,\mathrm{O_2(g)}}\right)\mathrm{d}T -$$

$$\Delta H_{\mathrm{m(Pb)}} + \int_{T_{\mathrm{m(Pb)}}}^{T'} \left(c_{P,\mathrm{PbO(s)}} - c_{P,\mathrm{Pb(l)}} - \frac{1}{2}c_{P,\mathrm{O_2(g)}}\right)\mathrm{d}T$$

$$= -219000 + \int_{298}^{600}(-0.68 + 14.96 \times 10^{-3}T + 0.835 \times 10^5 T^{-2})\mathrm{d}T -$$

$$4810 + \int_{600}^{T'}(-9.48 + 27.8 \times 10^{-3}T + 0.835 \times 10^5 T^{-2})\mathrm{d}T$$

如图 6.7（b）和图 6.8 所示，在 $T' = 1000\mathrm{K}$ 时，得出 $\Delta H_{\mathrm{PbO},1000\mathrm{K}} = -216.7\mathrm{kJ}$。图 6.8 显示了在 298～1100K 范围内 ΔH_{PbO} 随温度变化的情况。如果感兴趣的温度高于金属和其氧化物的熔化温度，那么必须考虑这两种熔化焓。例如，如图 6.9 所示，对于一般的氧化反应，有：

$$\text{M} + \frac{1}{2}\text{O}_2 =\!=\!= \text{MO}$$

$$\Delta H_{\text{MO},T} = \Delta H_{\text{MO,298K}} + \int_{298}^{T_{\text{m(M)}}} \left(c_{P,\text{MO(s)}} - c_{P,\text{M(s)}} - \frac{1}{2}c_{P,\text{O}_2\text{(g)}} \right) \mathrm{d}T -$$

$$\Delta H_{\text{m(M)}} + \int_{T_{\text{m(M)}}}^{T_{\text{m(MO)}}} \left(c_{P,\text{MO(s)}} - c_{P,\text{M(l)}} - \frac{1}{2}c_{P,\text{O}_2\text{(g)}} \right) \mathrm{d}T +$$

$$\Delta H_{\text{m(MO)}} + \int_{T_{\text{m(MO)}}}^{T} \left(c_{P,\text{MO(l)}} - c_{P,\text{M(l)}} - \frac{1}{2}c_{P,\text{O}_2\text{(g)}} \right) \mathrm{d}T$$

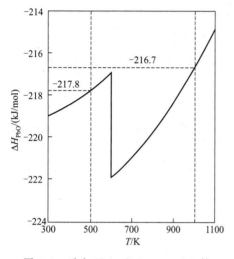

图 6.8　反应 Pb+1/2O₂ ===PbO 的
　　　熔变随温度的变化

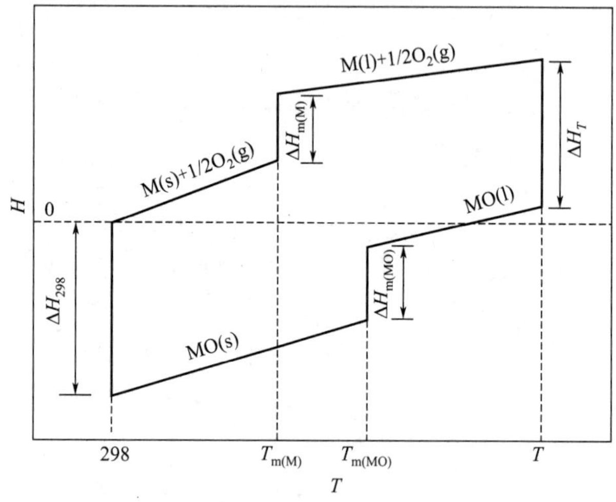

图 6.9　相变对化学反应 ΔH 的影响

当不得不考虑反应物或产物的相变时，必须注意焓变的符号。利用勒夏特列（Henri Louis Le Chatelier，1850—1936）原理（平衡移动原理）可以确定这些符号。该原理可以表述为："当处于平衡状态的系统受到外部影响时，系统向可以抵消外部影响的那个方向移动。"因此，在平衡相变温度下，如果系统包含与高温相平衡的低温相，例如在平衡熔化温度下与液体共存的固体，则将热量引入系统（外部影响）预计会增加系统的温度（效果）。然而，系统会发生吸热变化，在恒温下吸收所引入的热量，从而抵消外部影响的（升温）效果。吸热过程是一些固体的熔化过程。从低温相到高温相的相变始终是吸热的，因此，变化的 ΔH 始终为正值。因此，摩尔熔化焓 ΔH_{m}，即 1 摩尔液体的焓与 1 摩尔固体的焓之差，始终为正值。

考虑两个同位素 α 和 β 之间的相变，其中 β 是高温同位素。

对于 α 相，有：

$$\left(\frac{\partial H_\alpha}{\partial T} \right)_P = c_P^\alpha$$

对于 β 相，有：

$$\left(\frac{\partial H_\beta}{\partial T} \right)_P = c_P^\beta$$

二者相减，得：

$$\left(\frac{\partial H_\beta}{\partial T}\right)_P - \left(\frac{\partial H_\alpha}{\partial T}\right)_P = c_P^\beta - c_P^\alpha$$

$$\left[\frac{\partial(H_\beta - H_\alpha)}{\partial T}\right]_P = \Delta c_P$$

或

$$\left(\frac{\partial \Delta H}{\partial T}\right)_P = \Delta c_P \tag{6.10}$$

从状态 1 到状态 2 积分，得到：

$$\Delta H_{T_2} - \Delta H_{T_1} = \int_{T_1}^{T_2} \Delta c_P dT \tag{6.11}$$

式（6.10）和式（6.11）是基尔霍夫（Gustav Robert Kirchhoff，1824—1887）定律的表达式。

6.5 熵对温度的依赖和热力学第三定律

6.5.1 热力学第三定律的发展

对于一个反应，其摩尔吉布斯自由能变化为：
$$\Delta G = \Delta H - T\Delta S$$
如果这个表达式是温度的函数，那么它就是反应的驱动力。

我们已经知道，一个反应的 ΔH 为：

$$\Delta H(T_2) - \Delta H(T_1) = \int_{T_1}^{T_2} \Delta c_P dT$$

如果反应物的热容是温度的函数，就可以计算出在任何温度下的 ΔH。

在任一温度下，反应的 ΔS 是多少？对于一个正在经历可逆过程的封闭系统，由热力学第二定律可知：

$$dS = \frac{\delta q_{rev}}{T} \tag{3.8}$$

如果该过程是在恒压下进行的，那么：

$$dS = \left(\frac{\delta q_{rev}}{T}\right)_P = \left(\frac{dH}{T}\right)_P = \frac{c_P dT}{T}$$

因此，如果一个固定成分的封闭系统在恒定压力下温度从 T_1 升高到 T_2，系统摩尔熵的增加，ΔS，由下式确定：

$$\Delta S = S(T_2, P) - S(T_1, P) = \int_{T_1}^{T_2} \frac{c_P dT}{T} \tag{6.12}$$

这种熵的变化，等于 c_P/T 与 T 的关系曲线下方在积分限 T_2 和 T_1 之间的面积，或者说，等于 c_P 与 $\ln T$ 关系曲线下方在积分限 $\ln T_2$ 和 $\ln T_1$ 之间的面积。一般来说，系统在任一温度 T 下的摩尔熵，S_T，可由下式确定：

$$S_T = S_0 + \int_0^T \frac{c_P \, dT}{T} \qquad\qquad (6.13)$$

式中，S_0 为系统在 0K 时的摩尔熵。因此，吉布斯自由能可以写为：

$$\Delta G = \int_0^T c_P \, dT - T \int_0^T \frac{c_P \, dT}{T} - TS_0$$

显然，如果知道了 0K 时的熵（积分常数），那么也就完全知晓了反应的热力学。1888 年勒夏特列提出：积分常数极有可能是由所研究物质的某些物理性质所决定的函数，确定这一函数的性质将引出对平衡法则的完整认知，它将使我们能够不依赖于任何新的实验数据，预先确定与化学反应相对应的全部平衡条件❶。换句话说，如果可以确定一个反应的 S_0 值，那么也就知道了作为温度的函数的 ΔG 值，因此，也就知道了反应的热力学。在 19 世纪末和 20 世纪初，对 S_0 值的研究产生了热力学第三定律。

1902 年，理查兹（Theodore William Richards，1868—1928）收集的数据表明，对于许多反应，ΔG 和 ΔH 的值在低温下逐渐接近，斜率接近 0。即，当 $T \rightarrow 0$K 时，有：

$$\left(\frac{\partial \Delta G}{\partial T}\right)_P = 0, \left(\frac{\partial \Delta H}{\partial T}\right)_P = 0$$

1906 年，能斯特（Walther Hermann Nernst，1864—1941）假设，上述结果适用于所有涉及液体和固体的反应，它被称为能斯特热定理。

对于系统状态的任何变化（例如，在恒温 T 下的化学反应），有：

$$\Delta G_T = \Delta H_T - T \Delta S_T$$

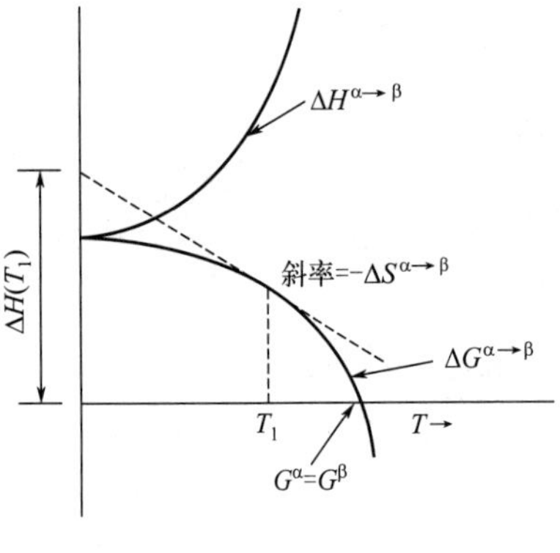

图 6.10　反应的吉布斯自由能变化和焓变化随温度的变化

（当温度接近绝对 0 度时，它们的数值相互接近，其斜率接近 0）

因此，反应的 ΔG 随温度的变化而变化，如图 6.10 所示。请注意，ΔG、ΔH 和 ΔS 的值是针对低温状态向高温状态（$\alpha \rightarrow \beta$）转变而言的。

图 6.10 中的曲线在任何温度下其斜率都等于 $-\Delta S_T$，任何温度下的切线在 ΔG 轴上的截距都等于 ΔH_T，即温度 T 下的焓值变化。当温度接近 0 时，ΔG 和 ΔH 曲线的斜率都接近 0。因此结果是，当 $T \rightarrow 0$ 时，$\Delta S \rightarrow 0$，$\Delta c_P \rightarrow 0$。在恒定的 P 下，

$$\left(\frac{\partial \Delta G}{\partial T}\right)_P = \left(\frac{\partial \Delta H}{\partial T}\right)_P - T \left(\frac{\partial \Delta S}{\partial T}\right)_P - \Delta S$$

又因为：

$$\left(\frac{\partial \Delta G}{\partial T}\right)_P = -\Delta S$$

所以：

$$\left(\frac{\partial \Delta H}{\partial T}\right)_P = T \left(\frac{\partial \Delta S}{\partial T}\right)_P = \Delta c_P$$

由于 $(\partial \Delta G / \partial T)_P$ 和 $(\partial \Delta H / \partial T)_P$ 在 $T \rightarrow 0$ 时趋于 0，所以 ΔS 和 Δc_P 的值在 $T \rightarrow 0$ 时趋于 0 ［只要 $(\partial \Delta S / \partial T)_P$ 在 $T = 0$ 时不是无穷大］。

因此，对于一般的反应：

❶ H. Le Chatelier，Ann. Mines. Thermodynamics and the Free Energy of Chemical Substances. Translated by Lewis and Randall. New York：McGraw-Hill，1923：436ff.

$$A + B = AB$$

在 $T = 0$ 时，$\Delta S = S_{AB} - S_A - S_B = 0$，这表明如果纯物质 A 和 B 的熵在 0K 时等于 0，那么化合物 AB 的熵值也为 0。

普朗克推广了能斯特热定理，他认为任何处于完全内部平衡的均匀物质的熵在 0K 时为 0。这已被称为第三定律的能斯特-普朗克-西蒙（Francis Simon，1893—1956）表述。因此，在普朗克表述下，在上述反应中（AB 的熵），A 的熵和 B 的熵在 0K 时都将是 0。这种表述总结了热力学第三定律，并对绝对 0 度下稳定相的类型产生了影响。在后面讨论平衡相图时将利用这个总结。

6.5.2 热力学第三定律的明显反例

要求物质处于完全的内部平衡状态是热力学第三定律表述的一个重要条件。然而确实有些反例，其系统在某种程度上未能达到完全平衡状态，经常被拿来反驳热力学第三定律。下面就举几个反驳热力学第三定律的例子。

① 玻璃是由过冷液体形成的非晶态固体，液态中出现的无序原子排列已被"冻结"在固态之中。形成玻璃的物质在液态时通常具有复杂的原子、离子或分子结构，并且这些结构需要大量的原子重排才能呈现其平衡结晶态的周期性结构特征。如果形成玻璃的物质在其冻结温度下无法进行必要的原子重排，过冷液体就会变得越来越黏稠，最终失去旋转自由度并形成固体玻璃。如果固体玻璃发生结晶，其焓和熵会减小，而焓和熵的减小量分别为在失透温度下的结晶焓和熵。在低于其平衡结晶温度的温度下，玻璃态相对于结晶态是不稳定的，并且在 0K 时未达到内部平衡的玻璃具有大于 0 值的熵，其数值取决于冷却速率和玻璃中原子的无序程度。

② 溶液是原子、离子或分子的混合物，它们是混合物的事实对其熵做出了贡献〔见式(4.3)〕。这种贡献称为混合熵，由粒子在溶液中混合的随机性决定。混合物的原子随机性决定了它的有序程度，例如，在含有 50%（原子分数）的 A 和 50%（原子分数）的 B 的混合物中，当 A 的每个原子仅由 B 原子配位时，就会发生完全排序，反之亦然，当每个原子的邻居平均 50% 是 A 原子、50% 是 B 原子，就会发生完全无序排列。

这两种极端构型的有序度分别为 1 和 0。平衡有序度取决于温度，并且随着温度的降低而增加。然而，平衡有序度的维持取决于粒子在溶液中改变其位置的能力。因为随着温度的降低，原子迁移率呈指数下降，所以随着温度的不断降低，内部平衡的维持变得越来越难。因此，非平衡有序度可以被冻结到固溶体中，在这种情况下，熵在 0K 时不会减小到 0。

③ 即使化学上纯的元素也是同位素的混合物，而且由于同位素之间的化学相似性，可以预期会发生同位素的完全随机混合。因此，存在混合熵，结果是熵在 0K 时不会减小到 0。例如，0K 时的固体氯是 $Cl^{35} - Cl^{35}$、$Cl^{35} - Cl^{37}$ 和 $Cl^{37} - Cl^{37}$ 分子的固溶体。然而，由于这种混合熵存在于包含该元素的任何其它物质中，因此通常忽略这种类型的熵。

④ 在任何有限温度下，纯结晶固体包含平衡数量的空晶格位置，由于它们在晶体中随机定位，产生了混合熵，它类似于化学溶液中的混合熵。晶体中的平衡空位数和原子的扩散率都随着温度的降低呈指数下降，并且空位会通过扩散到晶体的自由表面而"消失"，因此如果扩散受限制，非平衡浓度的空位可以在低温下冻结在晶体中，那么在 0K 时可表现为非零熵。

⑤ 结晶状态下的分子随机结晶学取向，也可以在 0K 时产生非零熵。固体 CO 的情况就是如此，其中可能出现如下结构：

CO CO OC CO OC CO CO
OC CO CO OC CO OC OC
OC CO CO OC OC CO CO

如果同等数量的分子朝向相反的方向，并且在两个方向上发生随机混合，那么熵将有其最大值。根据式 (4.3)，摩尔混合构型熵应该为：

$$\Delta S_{conf} = k_B \ln \frac{(N_0)!}{\left(\frac{1}{2}N_0\right)! \left(\frac{1}{2}N_0\right)!}$$

式中，N_0 为阿伏伽德罗数，$N_0 = 6.0232 \times 10^{23}$。因此，使用 Sterling 近似的表达式为：

$$\Delta S_{conf} = k_B \left[N_0 \ln N_0 - \frac{1}{2}N_0 \ln \left(\frac{1}{2}N_0\right) - \frac{1}{2}N_0 \ln \left(\frac{1}{2}N_0\right) \right]$$
$$= k_B \times 4.175 \times 10^{23}$$
$$= 1.38054 \times 10^{-23} \times 4.175 \times 10^{23}$$
$$= 5.76[J/(mol \cdot K)]$$

将这一数值与测量值 $4.2J/(mol \cdot K)$ 进行比较，表明固体 CO 中的实际分子方向并不是完全随机的。

鉴于这些反例，热力学第三定律的表述，需要限定所研究的系统处于完全的内部平衡状态。

在下一节中，我们讨论热力学第三定律的实验验证。

6.6　热力学第三定律的实验验证

热力学第三定律可以通过考虑 1 摩尔元素的相变而得到验证，例如：

$$\alpha \longrightarrow \beta$$

其中 α 和 β 是该元素的同素异构体。在图 6.11 中，T_{trans} 是在大气压力下 α 相和 β 相相互平衡的温度。

对于图 6.11 所示的循环，有：

$$\Delta S_{IV} = \Delta S_I + \Delta S_{II} + \Delta S_{III}$$

如果遵守热力学第三定律，$\Delta S_{IV} = 0$，这要求：

$$\Delta S_{II} = -(\Delta S_I + \Delta S_{III})$$

其中，

$$\Delta S_I = \int_0^{T_{trans}} \frac{c_P(\alpha)}{T} dT$$

$$\Delta S_{II} = \frac{\Delta H_{trans}}{T_{trans}}$$

$$\Delta S_{III} = \int_{T_{trans}}^0 \frac{c_P(\beta)}{T} dT$$

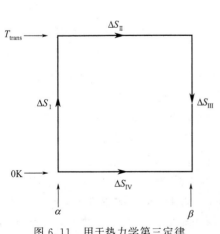

图 6.11　用于热力学第三定律
实验验证的循环

ΔS_{II} 被称为实验熵变，$-(\Delta S_{\text{I}}+\Delta S_{\text{III}})$ 被称为热力学第三定律熵变。如果热力学第三定律成立，$\Delta S_{\text{II}}=-(\Delta S_{\text{I}}+\Delta S_{\text{III}})$。

利用图 6.11 所示的循环已对硫的情况进行了研究。硫有两种同素异构体，一个是在 368.5K 以上稳定的单斜晶型，另一个是在 368.5K 以下稳定的正交晶型，在 368.5K 的平衡转化温度下，摩尔转变熵为 400J/mol。由于单斜硫可以相对容易地过冷，所以在低于 368.5K 的温度下，两种同素异构体的热容随温度的变化已经被实验测量出来了。由测量的热容可以得到：

$$\Delta S_{\text{I}} = \int_0^{368.5} \frac{c_{P(\text{orthorhombic})}}{T} \mathrm{d}T = 36.86 (\mathrm{J/K})$$

$$\Delta S_{\text{II}} = \frac{\Delta H_{\text{trans}}}{T_{\text{trans}}} = \frac{400}{368.5} = 1.09 (\mathrm{J/K})$$

$$\Delta S_{\text{III}} = \int_{368.5}^0 \frac{c_{P(\text{monoclinic})}}{T} \mathrm{d}T = -37.8 (\mathrm{J/K})$$

因此：

$$-(\Delta S_{\text{I}} + \Delta S_{\text{III}}) = -(36.86 - 37.8) = 0.94 (\mathrm{J/K})$$

这就是热力学第三定律熵值的变化。实验测得的熵值变化 ΔS_{II} 为 1.09J/K。由于实验和热力学第三定律的熵值变化之差（0.15J/K）小于实验误差，因此，该等值被认为是热力学第三定律的实验验证。这一点已被证明对许多其它同素异构体也是适用的。

给 S_0 赋值为 0，可以确定任何材料熵的绝对值为：

$$S_T = \int_0^T \frac{c_P}{T} \mathrm{d}T$$

在 298K 时的摩尔熵通常以表格形式列出，其中，

$$S_{298\text{K}} = \int_0^{298} \frac{c_P}{T} \mathrm{d}T$$

图 6.12 是几种元素和化合物的摩尔熵随温度变化的关系图。固体的恒压摩尔热容以如下形式表示：

$$c_P(\text{s}) = a + bT + cT^{-2}$$

在温度 T 下固体的摩尔熵为：

$$S_T = S_{298\text{K}} + a\ln\frac{T}{298} + b(T-298) - \frac{1}{2}c\left(\frac{1}{T^2} - \frac{1}{298^2}\right)$$

在高于熔化温度 T_{m} 的温度下，液体的摩尔熵为：

$$S_T = S_{298\text{K}} + \int_{298}^{T_{\text{m}}} \frac{c_P(\text{s})}{T} \mathrm{d}T + \Delta S_{\text{m}} + \int_{T_{\text{m}}}^T \frac{c_P(\text{l})}{T} \mathrm{d}T$$

其中，摩尔熔化熵 ΔS_{m} 等于 $\Delta H_{\text{m}}/T_{\text{m}}$。

1897 年，理查兹提出，金属的熔化熵应该有相同的值，这就要求 ΔH_{m} 与 T_{m} 的关系图是一条直线。图 6.13 是熔化温度低于 3000K 的 11 种面心立方（FCC）金属（空心圆）和 27 种体心立方（BCC）金属（实心圆）的摩尔熔化焓与熔化温度的关系图。对面心立方金属的数据进行最小二乘法分析，得出其摩尔熔化熵为：

$$\Delta S_{\text{m}}^{\text{FCC}} = \frac{\Delta H_{\text{m}}^{\text{FCC}}}{T_{\text{m}}} = 9.6 (\mathrm{J/K})$$

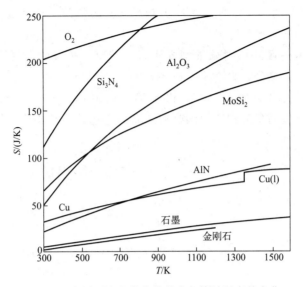

图 6.12　几种元素和化合物的摩尔熵随温度的变化

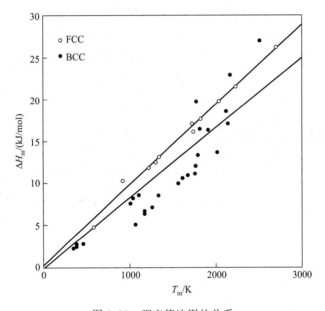

图 6.13　理查德法则的关系

对体心立方金属为：

$$\Delta S_{\mathrm{m}}^{\mathrm{BCC}} = \frac{\Delta H_{\mathrm{m}}^{\mathrm{BCC}}}{T_{\mathrm{m}}} = 8.25(\mathrm{J/K})$$

这个观察结果被称为理查兹规则，它表明液体结构中的无序程度（由于构型熵和热熵）与 FCC 和 BCC 晶体结构中的无序程度之间的差异，对于 FCC 和 BCC 金属来说大致是相同的。

特鲁顿（Frederick Thomas Trouton，1863—1922）规则指出，液态金属沸腾的摩尔熵为 88J/K。图 6.14 给出了 29 种沸腾温度低于 4000K 的液态金属的 ΔH_{b} 与沸腾温度 T_{b} 的关系图。数据的最小二乘拟合（如实线所示）给出：

$$\Delta H_b = 121T_b - 43$$

然而，对沸腾温度低于 2100K 的 13 种金属的数据进行最小二乘法拟合，如虚线所示，可以得到：

$$\Delta H_b = 87T_b - 0.4$$

这表明这些金属的共同摩尔沸腾熵约为 87J/K。

图 6.15 是如下反应的熵-温度图，

$$Pb + \frac{1}{2}O_2 \Longrightarrow PbO$$

对应于图 6.7 所示的焓-温度图。由于凝聚相 Pb 和 PbO 的摩尔熵大小相近，可以看出，反应的熵变是：

$$\Delta S_T = S_{T,PbO} - S_{T,Pb} - \frac{1}{2}S_{T,O_2}$$

非常接近于 $-(1/2)S_{T,O_2}$。例如，在 298K 时，

$$\Delta S_{298K} = S_{298K,PbO} - S_{298K,Pb} - \frac{1}{2}S_{298K,O_2}$$
$$= 67.4 - 64.9 - 205/2$$
$$= -100(J/K)$$

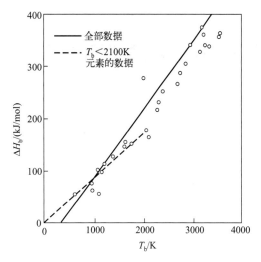

图 6.14　特鲁顿规则的关系

这与 1/2 摩尔 O_2 消失所引起的熵的减少程度相近。这个近似值通常是有效的。也就是说，在气体与凝聚相反应产生另一凝聚相的反应中，反应熵变与气体消失所引起的熵变大小相近。

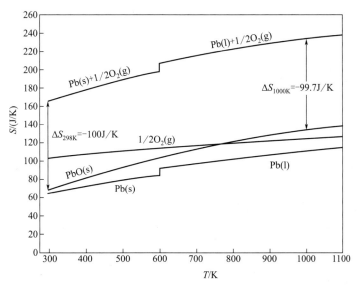

图 6.15　Pb(s)、Pb(l)、PbO(s) 和 $1/2O_2$(g) 的熵随温度的变化以及
$Pb + 1/2O_2 \Longrightarrow PbO$ 反应的熵变

6.7 压力对焓和熵的影响

对于 1 摩尔固定成分的封闭系统在恒温下经历压力变化，有：

$$dH = \left(\frac{\partial H}{\partial P}\right)_T dP$$

式 (5.10b) 给出 $dH = T dS + V dP$，因此：

$$\left(\frac{\partial H}{\partial P}\right)_T = T\left(\frac{\partial S}{\partial P}\right)_T + V$$

由麦克斯韦尔关系 [式 (5.35)]，可知：

$$\left(\frac{\partial S}{\partial P}\right)_T = -\left(\frac{\partial V}{\partial T}\right)_P$$

因此：

$$\left(\frac{\partial H}{\partial P}\right)_T = -T\left(\frac{\partial V}{\partial T}\right)_P + V$$

等压热膨胀系数，α，被定义为：

$$\alpha = \frac{1}{V}\left(\frac{\partial V}{\partial T}\right)_P$$

因此：

$$\left(\frac{\partial H}{\partial P}\right)_T = -TV\alpha + V = V(1-\alpha T)$$

因此，从 (P_1, T) 到 (P_2, T) 的状态变化引起的摩尔焓的变化为：

$$\Delta H = H(P_2, T) - H(P_1, T) = \int_{P_1}^{P_2} V(1-\alpha T) dP \tag{6.14}$$

对于理想气体，$\alpha = 1/T$，因此，式 (6.14) 再次表明，理想气体的焓与压力无关。

Fe 的摩尔体积和热膨胀系数分别为 $7.1 cm^3/mol$ 和 $0.3 \times 10^{-4} K^{-1}$。因此，在 298K 时对 Fe 施加的压力从 1atm 增加到 100atm，会使摩尔焓增加：

$$7.1 \times 10^{-3} \times (1 - 0.3 \times 10^{-4} \times 298) \times (100-1) = 0.696 (L \cdot atm)$$
$$= 0.696 \times 101.3$$
$$= 71(J)$$

在 1atm 下将 Fe 从 298K 加热到 301K，会得到同样的摩尔焓的增加量，这表明固体焓受压力的影响相对不敏感。

对于一个 1 摩尔固定成分的封闭系统，在恒温下经历压力变化，有：

$$dS = \left(\frac{\partial S}{\partial P}\right)_T dP$$

由麦克斯韦尔的关系 [式 (5.35)]，可知：

$$\left(\frac{\partial S}{\partial P}\right)_T = -\left(\frac{\partial V}{\partial T}\right)_P$$

结合 α 的定义，可以得出：

$$\left(\frac{\partial S}{\partial P}\right)_T = -\alpha V$$

因此，对于状态（P_1，T）到（P_2，T）的变化，有：

$$\Delta S = S(P_2, T) - S(P_1, T) = -\int_{P_1}^{P_2} \alpha V dP \tag{6.15}$$

对于理想气体，由于 $\alpha = 1/T$，式（6.15）可简化为：

$$\Delta S = -\int_{P_1}^{P_2} \frac{R}{P} dP = -R\ln\frac{P_2}{P_1} = R\ln\frac{V_2}{V_1}$$

正如第 3.7 节中得到的那样。

对 Fe 施加的压力从 1atm 增加到 100atm，摩尔熵减少 0.0022J/K，这与在 1atm 下将温度从 298K 降低 0.02K 得到的结果相同。由此可见，凝聚相的摩尔熵对压力的变化相对不敏感。在大多数材料的应用中，压力范围为 0 至 1atm，压力对凝聚相的焓和熵的影响可以忽略不计。

对于一个 1 摩尔固定成分的封闭系统，经历压力和温度变化时，结合式（6.1）和式（6.14）可以得到：

$$\Delta H = H(P_2, T_2) - H(P_1, T_1) = \int_{T_1}^{T_2} c_P dT + \int_{P_1}^{P_2} V(1-\alpha T)dP \tag{6.16}$$

同时，式（6.12）和式（6.15）的结合可得：

$$\Delta S = S(P_2, T_2) - S(P_1, T_1) = \int_{T_1}^{T_2} \frac{c_P dT}{T} - \int_{P_1}^{P_2} \alpha V dP \tag{6.17}$$

对式（6.14）和式（6.15）积分，必须知道 V 和 α 对压力的依赖关系。然而，在较小压力范围内处理凝聚相问题时，它们对压力的依赖关系可以被忽略不计。

6.8 小结

① 知道了物质的热容和熵以及化合物的生成热，就可以计算任何过程（如相变和化学反应）的焓变和熵变。

② 固体的热容可以用爱因斯坦和德拜统计热力学模型来模拟。德拜模型在低温下模拟得最好，因为它揭示了实验观察到的非导体在低温下的 T^3 依赖关系。

③ 热容也可以通过以下形式的方程与实验数据进行拟合而获得。

$$c_P(s) = a + bT + \frac{c}{T^2}$$

④ 由于焓没有绝对值，所以惯例是将所有单质在 298K 时稳定存在状态下的焓值规定为 0，并以这个参考状态为基准来考虑焓的变化。

⑤ 所有达到完全内部平衡的物质，其熵在 0K 时均为 0。这就是热力学第三定律的能斯特-普朗克-西蒙表述。

⑥ 焓和熵都取决于压力和温度。然而，凝聚相的焓和熵对压力的依赖通常小到可以忽略不计的程度，特别是当所研究的压力处在 0~1atm 时。

⑦ 转变焓随温度和压力的变化，以及热容和膨胀系数对温度的依赖关系，都可以通过

将热力学第一定律应用到焓随温度和压力的变化关系中而计算出来。

⑧ 金属在熔点和沸点下的转变焓和熵可以通过理查德和特鲁顿规则来估算。

⑨ 在任何温度和压力下，确定了任何状态变化的 ΔH_T 和 ΔS_T，就可以计算出状态变化中最重要的吉布斯自由能变化，即

$$\Delta G_T = \Delta H_T - T\Delta S_T$$

⑩ 因为任何等温、等压过程中的吉布斯自由能（变化）是（系统）平衡的判据，所以通过对系统热化学性质的了解，就可以确定系统是否处于平衡状态。

6.9　本章概念和术语

读者应写出以下术语的简要定义或描述。在适当的情况下，可以使用方程式。

同素异构体

对应状态

晶体热容的德拜模型

固体热容的爱因斯坦模型

吸热过程

放热过程

基尔霍夫定律

化合物热容的柯普规则

杜隆和珀替定律

勒夏特列原理

能斯特热定理

声子

多晶型

热力学第三定律

6.10　证明例题

（1）证明例题 1

估计在非常高的温度下（>1400K）铁硅尖晶石（Fe_2SiO_4）的摩尔热容 c_P。

解答：

假设题中情况是在遵循杜隆和珀替规则的范围内。（铁硅）尖晶石的化学式中有 7 个原子。因此，根据柯普规则，我们估计 c_V 为 $7\times3R = 21R = 174.6J/(mol\cdot K)$。$c_P$ 会比这个数值大。

1400K 时实际的 $c_P = 206J/(mol\cdot K)$。

（2）证明例题 2

证明下述关于亥姆霍兹自由能和材料恒容热容关系的方程成立。

$$\left(\frac{\partial^2 A}{\partial T^2}\right)_V = -\left(\frac{\partial S}{\partial T}\right)_V = -\frac{c_V}{T}$$

解答：

$$A = U - TS$$

$$-S = \left(\frac{\partial A}{\partial T}\right)_V = \left(\frac{\partial U}{\partial T}\right)_V - T\left(\frac{\partial S}{\partial T}\right)_V - S$$

因此：

$$\left(\frac{\partial U}{\partial T}\right)_V = T\left(\frac{\partial S}{\partial T}\right)_V = c_V$$

又因为：

$$\left(\frac{\partial A}{\partial T}\right)_V = -S$$

所以：

$$\left(\frac{\partial^2 A}{\partial T^2}\right)_V = -\left(\frac{\partial S}{\partial T}\right)_V = -\frac{c_V}{T}$$

6.11　计算例题

（1）计算例题 1

将摩尔比为 1：2 的 Fe_2O_3 和 Al 混合物置于 298K 的绝热容器中，并彻底进行铝热反应：

$$2Al + Fe_2O_3 \longrightarrow 2Fe + Al_2O_3$$

计算反应产物的状态和温度。

解答：

根据热化学数据：

$$H_{Al_2O_3,298K} = -1675700J/mol$$

和

$$H_{Fe_2O_3,298K} = -823400J/mol$$

可知，在 298K 下铝热反应放出的热量为：

$$\Delta H_{298K} = -1675700 + 823400 = -852300(J)$$

放出的这个热量（显热）将使反应产物的温度升高。首先，假设这个显热将产物的温度提高到 Fe 的熔化温度，即 1809K，在这种状态下，反应物已转化为 2 摩尔液体 Fe 和 1 摩尔固体 Al_2O_3。摩尔热容和摩尔转变热如下：

$$c_{P,Al_2O_3(s)} = 117.49 + 10.38 \times 10^{-3}T - 37.11 \times 10^5 T^{-2} \qquad 298\sim2325K$$

$$c_{P,Fe(\alpha)} = 37.12 + 6.17 \times 10^{-3}T + 56.92T^{-0.5} \qquad 298\sim1187K$$

$$c_{P,Fe(\gamma)} = 24.48 + 8.45 \times 10^{-3}T \qquad 1187\sim1664K$$

$$c_{P,\text{Fe}(\delta)} = 37.12 + 6.17 \times 10^{-3}T + 56.92T^{-0.5} \qquad\qquad 1664 \sim 1809\text{K}$$

对于 $\text{Fe}(\alpha) \longrightarrow \text{Fe}(\gamma)$，$\Delta H_{\text{trans}} = 670\text{J/mol}$ \qquad\qquad 1187K

对于 $\text{Fe}(\gamma) \longrightarrow \text{Fe}(\delta)$，$\Delta H_{\text{trans}} = 840\text{J/mol}$ \qquad\qquad 1664K

对于 $\text{Fe}(\delta) \longrightarrow \text{Fe}(\text{l})$，$\Delta H_{\text{m}} = 13770\text{J/mol}$ \qquad\qquad 1809K

将 1 摩尔 Al_2O_3 的温度从 298K 提高到 1809K 所需的热量是：

$$\Delta H_1 = 117.49 \times (1809 - 298) + \frac{10.38}{2} \times 10^{-3} \times (1809^2 - 298^2) +$$

$$37.11 \times 10^5 \times \left(\frac{1}{1809} - \frac{1}{298}\right)$$

$$= 183649(\text{J})$$

而将 2 摩尔 Fe 的温度从 298K 提高到 1809K，并在 1809K 熔化这 2 摩尔 Fe，所需的热量是：

$$\Delta H_2 = 2 \times 37.12 \times (1187 - 298) + \frac{2 \times 6.17}{2} \times 10^{-3} \times (1187^2 - 298^2) +$$

$$\frac{2 \times 56.92}{0.5} \times (1187^{0.5} - 298^{0.5}) + 2 \times 670 +$$

$$2 \times 24.48 \times (1664 - 1187) + \frac{2 \times 8.45}{2} \times 10^{-3} \times (1664^2 - 1187^2) +$$

$$2 \times 840 + 2 \times 37.12 \times (1809 - 1664) +$$

$$\frac{2 \times 6.17}{2} \times 10^{-3} \times (1809^2 - 1664^2) + \frac{2 \times 56.92}{0.5} \times (1809^{0.5} - 1664^{0.5}) +$$

$$2 \times 13770$$

$$= 157541(\text{J})$$

因此，所需要的总热量为：

$$\Delta H_1 + \Delta H_2 = 183649 + 157541 = 341190(\text{J})$$

剩余的可用显热为 $852300 - 341190 = 511110$（J）。

考虑到剩余的显热将系统的温度提高到 Al_2O_3 的熔化温度，即 2325K，并熔化 Al_2O_3。提高 1 摩尔 Al_2O_3 的温度所需的热量是：

$$\Delta H_3 = 117.49 \times (2325 - 1809) + \frac{10.38}{2} \times 10^{-3} \times (2325^2 - 1809^2) +$$

$$37.11 \times 10^5 \times \left(\frac{1}{2325} - \frac{1}{1809}\right)$$

$$= 71240(\text{J})$$

并且，由于 $c_{P,\text{Fe}(\text{l})} = 41.84\text{J/(mol·K)}$，提高 2 摩尔液体 Fe 的温度所需的热量为：

$$\Delta H_4 = 2 \times 41.84 \times (2325 - 1809) = 43178(\text{J})$$

在 2325K 的熔化温度下，Al_2O_3 的摩尔熔化热为 107000J，因此，消耗的显热为：

$$71240 + 43178 + 107000 = 221418(\text{J})$$

仍有 $511110 - 221418 = 289692$（J）的显热剩余。考虑到这足以使系统的温度上升到 Fe 的沸点，即 3343K。液态 Al_2O_3 的恒压摩尔热容为 184.1J/(mol·K)，因此，将 1 摩尔液态 Al_2O_3 和 2 摩尔液态 Fe 的温度从 2325K 提高到 3343K 所需的热量为：

$$(2 \times 41.84 + 184.1) \times (3343 - 2325) = 272600(\text{J})$$

这样就剩下 289692－272600＝17092(J) 的显热。在 3343K 的沸腾温度下，Fe 的摩尔沸腾热是 340159J/mol，因此，剩余的 17092J 显热被用于 Fe 的液-气转变，有 17092/340159＝0.05(mol) 的液态 Fe 转变为气态 Fe。因此，系统的最终状态是 1 摩尔液态 Al_2O_3、1.95 摩尔液态 Fe 和 0.05 摩尔 Fe 蒸气，温度为 3343K。

现在假设将铝热反应产物的温度升高限制在 1809K，以在其熔化温度下产生液态 Fe。这可以通过在反应物中加入用以吸收过量显热的足量的 Fe 来实现。计算出 1 摩尔 Al_2O_3 和 2 摩尔 Fe 的温度升至 1809K 后剩余的显热为 511110J，将 2 摩尔 Fe 的温度从 298K 升至 1809K 并将其熔化，所需的热量已计算为 $\Delta H_2＝157541J$。因此，必须添加到 1 摩尔 Fe_2O_3 和 2 摩尔 Al 反应物中的 Fe 的摩尔数为：

$$\frac{511110}{0.5 \times 157541} = 6.49 \text{(mol)}$$

因此，所需的最终状态是通过在 298K 下从 Fe、Al 和 Fe_2O_3 开始，以 6.49∶2∶1 的摩尔比来实现的。铝热反应可用于焊接传统焊接设备无法焊接的钢材。

（2）计算例题 2

一定量的过冷液态 Sn 被装在 495K 的绝热容器中，计算自发凝固 Sn 的分数，已知：

$$T_m = 505K$$
$$\Delta H_{m(Sn)} = 7070J/mol$$
$$c_{P,Sn(l)} = 34.7 - 9.2 \times 10^{-3}T$$
$$c_{P,Sn(s)} = 18.5 + 26 \times 10^{-3}T$$

解答：

处在绝热系统的平衡状态时，自发形成的固体和剩余的液体在 505K 共存。因此，一部分液体凝结过程释放出足够的热量，使系统的温度从 495K 上升到 505K。

考虑 1 摩尔的 Sn，设凝结的摩尔分数为 x。在图 6.16 中，该过程表现为状态从 a 到 c 的变化，由于该过程是绝热的，系统的焓保持不变，即

$$\Delta H = H_c - H_a = 0$$

可以考虑两条路径中的任何一条。

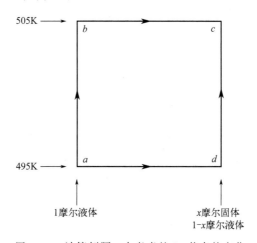

图 6.16　计算例题 2 中考虑的 Sn 状态的变化

路径 1：$a \to b \to c$，沿此路径，1 摩尔液体的温度从 495K 上升到 505K，然后 x 摩尔凝固。在这种情况下：

$$\Delta H_{(a \to b)} = -\Delta H_{(b \to c)}$$

$$\Delta H_{(a \to b)} = \int_{495}^{505} c_{P,\text{Sn(l)}} \, dT = 34.7 \times (505 - 495) - \frac{9.2}{2} \times 10^{-3} \times (505^2 - 495^2)$$
$$= 301(\text{J})$$

$$\Delta H_{(b \to c)} = -7070x(\text{J})$$

因此：

$$x = \frac{301}{7070} = 0.0426(\text{mol})$$

也就是说，4.26%（摩尔分数）的 Sn 凝固了。

路径 2：$a \to d \to c$，即 x 摩尔在 495K 凝结，然后，固体和剩余液体的温度从 495K 升高到 505K。在这种情况下：

$$\Delta H_{(a \to d)} = -\Delta H_{(d \to c)}$$
$$\Delta H_{(a \to d)} = \text{在 495K 下凝结 Sn 放出的热量}$$
$$= -x \Delta H_{\text{m}}(495\text{K})$$

因为：

$$\Delta H_{\text{m}}(495\text{K}) = \Delta H_{\text{m}}(505\text{K}) + \int_{505}^{495} \Delta c_{P(\text{s} \to \text{l})} \, dT$$
$$= 7070 + 16.2 \times (495 - 505) - \frac{35.2}{2} \times 10^{-3} \times (495^2 - 505^2)$$
$$= 7084(\text{J})$$

所以：

$$\Delta H_{(a \to d)} = -7084x(\text{J})$$
$$\Delta H_{(d \to c)} = x \int_{495}^{505} c_{P,\text{Sn(s)}} \, dT + (1-x) \int_{495}^{505} c_{P,\text{Sn(l)}} \, dT$$
$$= x \left[18.5 \times (505 - 495) + \frac{26}{2} \times 10^{-3} \times (505^2 - 495^2) \right] +$$
$$(1-x) \left[34.7 \times (505 - 495) - \frac{9.2}{2} \times 10^{-3} \times (495^2 - 505^2) \right]$$
$$= 14x + 301(\text{J})$$

因此：

$$-7084x = -14x - 301$$

解得：

$$x = \frac{301}{7070} = 0.0426(\text{mol})$$

该过程所遵循的实际路径处于路径 1 和 2 之间，即凝固和升温的过程是同时发生的。

自发凝结产生的熵为：

$$\Delta S_{(a \to b)} + \Delta S_{(b \to c)} = 34.7 \ln \frac{505}{495} - 9.2 \times 10^{-3} \times (505 - 495) - 0.0426 \times \frac{7070}{505}$$
$$= 0.602 - 0.596$$
$$= 0.006(\text{J/K})$$

（3）计算例题 3

当燃料燃烧释放的所有显热，都被用来提高气态产物的温度时，气态产物所达到的温度就是绝热火焰温度。求在 298K 下乙炔（C_2H_2）在如下条件下燃烧时达到的绝热火焰温度。

① 符合化学计量的 O_2；

② 含有符合化学计量的 O_2 摩尔数的空气。按摩尔或体积百分比，空气含 21% 的 O_2 和 79% 的 N_2。

按化学计量比的 O_2 参与的燃烧反应方程式如下：

$$C_2H_2 + 2.5O_2 \Longrightarrow 2CO_2 + H_2O \qquad\qquad (ii)$$

对于 C_2H_2，$\Delta H_{298K} = 226700 J/mol$

对于 CO_2，$\Delta H_{298K} = -393500 J/mol$

对于 H_2O，$\Delta H_{298K} = -241800 J/mol$

解答：

对于已知的反应方程（ii），

$$\Delta H(ii)_{298K} = -2 \times 393500 - 241800 - 226700 = -1255500 (J)$$

反应产物的恒压摩尔热容为：

对于 H_2O，$c_{P,H_2O} = 30.00 + 10.71 \times 10^{-3} T + 0.33 \times 10^5 T^{-2}$

对于 CO_2，$c_{P,CO_2} = 44.14 + 9.04 \times 10^{-3} T - 8.54 \times 10^5 T^{-2}$

绝热火焰温度 T，可根据以下条件求得，

$$\Delta H(ii)_{298K} + \int_{298}^{T} (2c_{P,CO_2} + c_{P,H_2O}) dT = 0$$

即

$$-1255500 + 118.28 \times (T-298) + 14.40 \times 10^{-3} \times (T^2 - 298^2) +$$
$$16.75 \times 10^5 \times (1/T - 1/298) = 0$$

解得 $T = 6235K$。

对于使用符合化学计量的空气进行燃烧，反应方程式可写为：

$$C_2H_2 + 2.5O_2 + 2.5 \times (79/21)N_2 \Longrightarrow 2CO_2 + H_2O + 9.41N_2$$

对于 N_2，$c_{P,N_2} = 27.87 + 4.27 \times 10^{-3} T$

绝热火焰温度 T，可从以下关系中求得：

$$\Delta H(ii)_{298K} + \int_{298}^{T} (2c_{P,CO_2} + c_{P,H_2O} + 9.41c_{P,N_2}) dT = 0$$

即

$$-1255500 + 380.1 \times (T-298) + 40.16 \times 10^{-3} \times (T^2 - 298^2)$$
$$+ 16.75 \times 10^5 \times (1/T - 1/298) = 0$$

解得 $T = 2797K$。

这种高绝热火焰温度有利于使用乙炔焊接高熔点的金属。

6.1 计算反应 $Zr(\beta) + O_2 \Longrightarrow ZrO_2(\beta)$ 的 ΔH_{1600K} 和 ΔS_{1600K}。

6.2 以下两个反应中哪一个的放热性更强?

a. 1000K 时，$C(石墨) + 1/2O_2(g) \longrightarrow CO(g)$

b. 1000K 时，$C(金刚石) + 1/2O_2(g) \longrightarrow CO(g)$

6.3 计算反应 $CaO(s) + TiO_2(s) \longrightarrow CaTiO_3(s)$ 在 1000K 时的焓值变化和熵值变化。

6.4 Cu 处于 $T = 298K$、$P = 1atm$ 的状态下。计算在 1atm 下 Cu 必须上升到的温度，以使摩尔焓的增加与在 298K 时将其压力增加到 1000atm 所引起的摩尔焓的增加相同。Cu 在 298K 时的摩尔体积为 $7.09cm^3/mol$，体积热膨胀系数为 $0.501 \times 10^{-4} K^{-1}$。在 $1 \sim 1000atm$ 下，这些值可以被认为与压力无关。

6.5 计算下列反应的 ΔH_{298K} 和 ΔS_{298K}。

a. $2TiO + 1/2O_2 \Longrightarrow Ti_2O_3$

b. $3Ti_2O_3 + 1/2O_2 \Longrightarrow 2Ti_3O_5$

c. $Ti_3O_5 + 1/2O_2 \Longrightarrow 3TiO_2$

6.6 一个绝热容器中装有 1000g 的 700℃ 的 Al 液。计算室温下 Cr_2O_3 的质量，当它加入液态 Al（与之反应形成 Cr 和 Al_2O_3）时，使所生成的 Al_2O_3、Cr_2O_3 和 Cr 的混合物的温度升高到 1600K。

6.7 计算 CH_4 在 298K 时与（a）摩尔比 $O_2/CH_4 = 2.0$ 的 O_2 和（b）摩尔比空气/ $CH_4 = 9.524$ 的空气燃烧时达到的绝热火焰温度。假设 CO_2 和 H_2O 是燃烧的产物。绝热火焰温度是指如果氧化反应的所有热量都用于提高反应产物的温度而达到的温度。空气是由摩尔分数为 21% 的 O_2 和 79% 的 N_2 组成的。

6.8 计算 800K 时如下反应的 ΔG 值。如果假设反应的 Δc_P 为 0，会出现多大的误差（百分比）?

$$Si_3N_4 + 3O_2 \Longrightarrow 3SiO_2(\alpha\text{-quartz}) + 2N_2$$

6.9 确定反应的化学计量系数。

$$(3CaO \cdot Al_2O_3 \cdot 3SiO_2) + a(CaO \cdot Al_2O_3 \cdot SiO_2) \Longrightarrow$$
$$b(CaO \cdot Al_2O_3 \cdot 2SiO_2) + c(2CaO \cdot Al_2O_3 \cdot SiO_2)$$

计算该反应的 ΔH_{298K}、ΔS_{298K} 和 ΔG_{298K}。

6.10 将 1kg 堇青石（$2MgO \cdot Al_2O_3 \cdot 5SiO_2$）的温度从 298K 提高到 1738K 的不一致熔化温度，需要多少热量?

6.11❷ 一个函数被定义为 $\Omega \equiv -A + \mu N$，其中 A 是亥姆霍兹自由能，μ 是化学势，N 是系统中粒子的数量。

求 $d\Omega$ 的表达式，并确定该函数的自变量。

---

❶ 解本章末的作业题所需的热力学数据请参见本书附录的附表。

❷ 第 6 版中的新作业题。

6.12[1] 已知亥姆霍兹自由能可写为：

$$A = -N_{\text{system}} k_B T \ln Z$$

（a）写出爱因斯坦固体的 A 和 S 的简化表达式。

（b）证明在这样的固体中，当温度接近 0K 时，熵接近 0。

6.13[1] 当温度变得非常大时，写出爱因斯坦固体的内能表达式，并取其对 T 的微分，证明热容可取得杜隆和珀替值。

附录 6A

在第 6.2 节中，我们发现，将式（6.2）和式（6.4）代入式（6.3），可以得到：

$$U' = \sum 3 \frac{n \exp\left(-\dfrac{\varepsilon_i}{k_B T}\right)}{Z}\left(i+\frac{1}{2}\right)h\nu = 3nh\nu \sum \left(i+\frac{1}{2}\right)\frac{\exp\left(-\dfrac{\varepsilon_i}{k_B T}\right)}{\sum \exp\left(-\dfrac{\varepsilon_i}{k_B T}\right)}$$

这是爱因斯坦固体的总内能。可以将这个方程展开，得到：

$$U' = 3nh\nu\left[\frac{\sum i \exp\left(-\dfrac{\varepsilon_i}{k_B T}\right)}{\sum \exp\left(-\dfrac{\varepsilon_i}{k_B T}\right)}+\frac{1}{2}\frac{\sum \exp\left(-\dfrac{\varepsilon_i}{k_B T}\right)}{\sum \exp\left(-\dfrac{\varepsilon_i}{k_B T}\right)}\right]$$

$$U' = 3nh\nu\left\{\frac{\sum i \exp\left[-\dfrac{1}{k_B T}\left(i+\dfrac{1}{2}\right)h\nu\right]}{\sum \exp\left[-\dfrac{1}{k_B T}\left(i+\dfrac{1}{2}\right)h\nu\right]}+\frac{1}{2}\right\}$$

$$U' = 3nh\nu\left[\frac{\sum i \exp\left(-\dfrac{ih\nu}{k_B T}\right)}{\sum \exp\left(-\dfrac{ih\nu}{k_B T}\right)}+\frac{1}{2}\right]$$

令 $x = \exp[-h\nu/(k_B T)]$，则

$$\sum i \exp\left(-\frac{ih\nu}{k_B T}\right) = \sum i x^i = x(1+2x+3x^2+\cdots) = \frac{x}{(1-x)^2}$$

且，

$$\sum \exp\left(-\frac{ih\nu}{k_B T}\right) = \sum x^i = 1+x+x^2+\cdots = \frac{1}{1-x}$$

那么，U' 可表示为：

$$U' = \frac{3nh\nu}{2}\left[\frac{2\dfrac{x}{(1-x)^2}}{\dfrac{1}{1-x}}+1\right] = \frac{3nh\nu}{2}\frac{1+x}{1-x}$$

---

[1] 第 6 版中的新作业题。

$$U' = \frac{3nh\nu}{2} \frac{1 + \exp\left(-\dfrac{h\nu}{k_B T}\right)}{1 - \exp\left(-\dfrac{h\nu}{k_B T}\right)}$$

$$U' = \frac{3nh\nu}{2} \frac{1 + \exp\left(-\dfrac{h\nu}{k_B T}\right)}{1 - \exp\left(-\dfrac{h\nu}{k_B T}\right)} = \frac{3}{2}nh\nu + \frac{3nh\nu}{\exp\left(\dfrac{h\nu}{k_B T}\right) - 1}$$

$$U' = \frac{3}{2}nh\nu + \frac{3nh\nu}{\exp\left(\dfrac{h\nu}{k_B T}\right) - 1}$$

这就是一个由 $3n$ 个量子谐振子组成的系统的总内能，爱因斯坦用它来模拟一个由 n 个相互独立振动的原子组成的固体的热性质。

第二部分
相平衡

第7章

单组分系统的相平衡

7.1 引言

　　控制一个系统平衡的强度热力学变量有温度、压力和构成系统的各物质的化学势。如果在一个系统中，这些变量中的任何一个存在着梯度，那么系统中就有一种变化的驱动力。

　　系统温度是系统中热能（热量）强度的量度。如果系统能够与其环境交换能量，并且如果环境温度与系统温度不同，则温度梯度是热能（热量）离开或进入系统趋势的量度。如果在一个孤立系统中存在温度梯度，它就会产生一种驱动力，使热能逆着该梯度从系统高温部分传输到系统低温部分。热能（热量）自发转移一直发生，直到温度梯度被消除，在这种状态下，热能以均匀的强度（温度）分布在整个系统中。因此，在一个孤立的系统中，当整个系统温度均匀时，就会建立热平衡。我们知道，这意味着（此时）系统的熵取得了最大值。

　　系统压力（压强）是衡量其通过膨胀或收缩进行大规模运动的潜力的量度。如果在一个恒容系统中，一个相产生的压力大于另一个相产生的压力，那么第一相的膨胀趋势超过第二相。压力梯度是第一相膨胀的驱动力，膨胀降低了它的压力，因此有进一步膨胀的趋势。另一个相收缩，这增加了它的压力，因此它倾向于抵抗进一步收缩。当两相发生大规模运动至压力梯度被消除时，力的平衡就建立起来了，在这种状态下，整个系统的压力是均匀的。

　　相中物质 i 的化学势是物质 i 离开相的趋势的量度。因此，它是相中组分 i 产生的化学压力的量度。在恒温恒压下，如果 i 的化学势在系统的不同相中具有不同的值，它在一个相中的化学势较高，在另一个相中的化学势较低，那么，因为逃逸趋势的不同，物质 i 将倾向于从化学势较高的相迁移到化学势较低的相。化学势梯度是化学扩散的驱动力，当分布在系统的各个相中的物质 i 的化学势在所有相中具有相同值时，系统就达到了平衡。

　　在一个固定成分的封闭系统中（例如，一个单组分的简单系统），在温度 T 和压力 P 下，当系统的总吉布斯自由能 G' 最小时，系统就处于平衡状态了。因此，平衡状态可以通过研究 G'（或摩尔吉布斯自由能 G）对压力和温度的依赖关系来确定。在本章中，我们处理的是摩尔特性，除非另有说明。

7.2 恒压吉布斯自由能随温度的变化

我们已经知道，单组分封闭系统的摩尔吉布斯自由能可以写为：

$$dG = -SdT + VdP \qquad (5.10d)$$

在恒压条件下，上式可简化为：

$$dG = -SdT$$

利用这个方程式，我们可以勾勒出固相 α 的 G 与 T 的关系，如图 7.1 所示。我们现在研究一下这个图形的特点。

① $T > 0$ 时曲线的斜率为负数，因为斜率等于系统熵的负值，而熵必须为正值。

② 当 T 接近 0K 时，$S = -(\partial G / \partial T)_P$ 接近 0，如热力学第三定律所述（见第 6 章）。

③ 曲线的曲率正比于：

$$\left(\frac{\partial^2 G}{\partial T^2} \right)_P = -\left(\frac{\partial S}{\partial T} \right)_P = -\frac{c_P}{T} \qquad (7.1)$$

由于 c_P 和 T 都是正的（$T > 0$K），曲率在 $T > 0$K 时为负值。

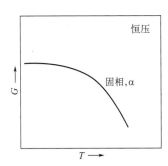

图 7.1　恒压条件下固相的摩尔吉布斯自由能随温度的变化

④ 随着温度的升高，系统的熵增加，曲线的曲率减小：$(\partial S / \partial T)_P = -(\partial^2 G / \partial T^2)_P$。

现在，考虑在这个单组分系统图上加一条液相的摩尔吉布斯自由能曲线（图 7.2）。我们再次研究图形的特点。

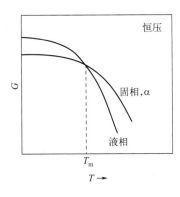

图 7.2　在图 7.1 所示的固相摩尔吉布斯自由能随温度变化的示意图上添加了液相的曲线
（T_m 是固体的熔点）

① 我们注意到，当 $T = 0$K 时，液体的吉布斯自由能大于固体的吉布斯自由能。由此可见，（温度）低于系统熔点（T_m）时固相是稳定相。

② 当 $T > 0$K 时，液体吉布斯自由能曲线的斜率，$(\partial G^L / \partial T)_P$，小于固体曲线的斜率，因为在所有大于 0K 的温度下，液体的熵都大于固体的熵。

③ 在标记为 T_m 的温度下，固体的吉布斯自由能等于液体的吉布斯自由能，即 $G^S = G^L$。这个温度就是固体的平衡熔化温度，它也是液体的平衡凝固温度。

④ 当 $T > T_m$ 时，由于液体的吉布斯自由能曲线的斜率比固体曲线的更负（因为 $S^L > S^S$），液体的吉布斯自由能开始下降到低于固体的吉布斯自由能的水平，因此，液体成为稳定相。

⑤ 液体的吉布斯自由能（曲线）的曲率比固体的更负，因此，其热容比固体的更大。

$$-\frac{c_P^{\mathrm{L}}}{T}=\left(\frac{\partial^2 G^{\mathrm{L}}}{\partial T^2}\right)_P<\left(\frac{\partial^2 G^{\mathrm{S}}}{\partial T^2}\right)_P=-\frac{c_P^{\mathrm{S}}}{T}<0$$

$$\frac{c_P^{\mathrm{L}}}{T}>\frac{c_P^{\mathrm{S}}}{T}$$

这是简单系统中竞争相的一般特征：具有最高热容的相是高温下的稳定相。这是由范特霍夫（Jacobus Henricus van't Hoff，1852—1911）首次提出的，有时也被称为范特霍夫规则。

固相和液相的摩尔吉布斯自由能曲线的这些定性特征，使人们能够深入了解导致系统平衡变化的基本热力学原因。

现在让我们从 $T=0\mathrm{K}$ 开始研究，当热能（热量）以恒压可逆方式输入到固相时，固相会发生什么（变化）？在恒定压力下，（固相）摩尔热容 c_P^{S} 等于 $(\partial H^{\mathrm{S}}/\partial T)_P$，它随着固体温度的升高而增加。在达到其平衡熔化温度 T_{m} 之前，该固体一直保持固态。在平衡熔化温度（和压力）下，固体能够与其液相平衡存在。如果在 T_{m} 时两相都存在，并且更多的热能被输入到固液混合物中，则两相系统的温度不会升高。这是因为输入的热能被用来熔化剩余的固体，直到最终只剩下处于熔化温度 T_{m} 的液体。在熔化过程中，输入到系统中的热能记为 ΔH_{m}，称为摩尔熔化焓（有时也称为熔化潜热）。在熔化过程中，热能被输入到系统中，但温度没有变化。固体和液体的两相混合物在熔点处实际上具有无限大的热容。在所有固体都熔化后，继续输入热能会提高液体的温度。由于从固体到液体的转变发生在恒温下，我们可以计算熔化过程的熵变，如下所示：

$$\Delta S_{\mathrm{melting}}=\frac{\Delta H_{\mathrm{melting}}}{T_{\mathrm{m}}} \tag{7.2}$$

这种熵的变化是正的（热能已经输入系统），因此，正如预期的那样，液体的熵大于形成液体之前的固体的熵。

热容作为温度的函数，绘制系统的热容曲线是很意义的，如图 7.3 所示。该图显示了上文中所描述的在加热固体过程中的情况。如竖直箭头所示，热容在该处具有等效的无穷大值（不连续、突变）。刚超过熔化温度的液体，其热容大于刚开始熔化时固体的热容，因为液体的摩尔吉布斯自由能曲线的曲率比固体的更负（图 7.2）。

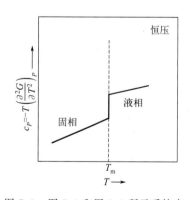

图 7.3　图 7.1 和图 7.2 所示系统在恒压下的摩尔热容与温度的关系
（在平衡熔化温度，热容表现出等效的无穷大值，表明存在着熔化潜热）

诸如单组分固体熔化的相变被埃伦费斯特（Paul Ehrenfest，1880—933）称为一级相变。这是基于吉布斯自由能（或系统的任何其它能量函数，如 U、H 或 A）的导数在相变附近的性质。在这种分类中，相变的级数被定义为吉布斯自由能对温度（或压力）的导数的最低阶数，且该导数在转变温度处是不连续的。

我们已经看到，熵，$S=-(\partial G/\partial T)_P$，在熔化温度处是不连续的。另外，$(\partial G/\partial P)_T=V$ 和 $\partial(G/T)/\partial(1/T)_P=H$ 在熔化温度也是不连续的。每一个不连续的导数都表明，导出变量（摩尔熵 S，摩尔体积 V 和摩尔焓 H）在低温相和高温相中有不同的数值。这些热力学状态变量的不连续性是一级相变的一个特征。如果它们（在高温相和低温相中）有相同的值，那么这些转变将被称为高级或连续转变。

我们还可以绘制固相和液相之间转变的焓变化和吉布斯自由能变化与温度的关系曲线（图 7.4）。可以看出，当温度接近 0K 时，ΔG 和 ΔH 接近同一数值。这可由吉布斯自由能的定义加以说明，即

$$\Delta G = \Delta H - T\Delta S$$

此外，它们的斜率，$(\partial \Delta G / \partial T)_P = -\Delta S$ 和 $(\partial \Delta H / \partial T)_P = \Delta c_P$ 都在温度接近 0K 时接近 0。这在第 6 章研究热力学第三定律时已经讨论过了。

随着温度的升高，ΔG 和 ΔH 之间的差异变得更大，差异是 $T\Delta S_{S \to L}$ 的值。温度低于 T_m 时，$\Delta G_{S \to L} = G_L - G_S > 0$，表明固相不会转变为液相，因为固相是稳定相。温度为 T_m 时，$\Delta G_{S \to L}$ 的值为 0，因为固相和液相在该温度下处于平衡状态。温度高于 T_m 时，$\Delta G_{S \to L} < 0$，表明固相将转化为液相。

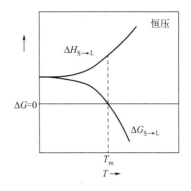

图 7.4　图 7.1 和图 7.2 所示系统中固体向液体转变时 ΔH 和 ΔG 与温度的关系
（在 $T=0$K 时，$\Delta H = \Delta G$。在平衡熔化温度下，$\Delta G = 0$。当温度高于 T_m 时，$\Delta G_{S \to L} < 0$）

7.3　恒温吉布斯自由能随压力的变化

由式（5.10d）我们知道，摩尔吉布斯自由能是压力和温度的函数。在恒温下，我们有：

$$dG = VdP$$

图 7.5 是恒温条件下固相和液相的摩尔吉布斯自由能与压力的关系。由于 $(\partial G / \partial P)_T = V$，即相的摩尔体积，所以斜率必须为正。具有较大摩尔体积的相具有较大的斜率。通常，它是液相，如图 7.5 所示。然而，也有相反的例子。G-P 曲线的曲率与 $(\partial^2 G / \partial P^2)_T = (\partial V / \partial P)_T = -V\beta_T$ 成正比，其中 β_T 为等温压缩率，与固相的弹性模量成反比。压缩率定义为正，因此图 7.5 中曲线的曲率是负的，如图所示。

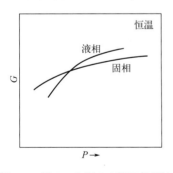

图 7.5　图 7.1 和图 7.2 所示各相的摩尔吉布斯自由能随压力的变化

如果图 7.5 所示的相的恒定温度是固体的熔化温度，那么固体和液体的吉布斯自由能相等的压力是 1atm。在此温度和压力下，固相和液相处于平衡状态，如果增加压力（保持温度恒定），很容易看出：相对于固相，液相变得不稳定。压力对固相和液相平衡的作用，可以从勒夏特列原理的角度来考虑。该原理指出，当受到外部影响时，处于平衡状态的系统会倾向于朝抵消外部影响的方向移动。因此，当施加在系统上的压力增加时，系统的状态会向导致其体积减小的方向移动。图 7.5 所示的系统具有较大的液相摩尔体积 $[(\partial G_L / \partial P)_T > (\partial G_S / \partial P)_T]$。如果该系统中的液相和固相处于平衡状态，并且如果外部压力增加，则系统会被迫放弃较高摩尔体积的液相而彻底变成固体。固相是等温压缩性较低的相。0℃水的摩尔体积比 0℃冰的摩尔体积小，因此，冰的融化是在其融化温度下由于压力增加而引起的状态变化。

7.4 吉布斯自由能作为温度和压力的函数

为了使液相和它的固相处于平衡状态，我们知道它们的摩尔吉布斯自由能必须相等：$G^L = G^S$。因此，对于单组分系统，我们可知 $dG^L = dG^S$。考虑适用于固相和液相的方程（5.10d）：

$$dG^S = -S^S dT + V^S dP$$
$$dG^L = -S^L dT + V^L dP$$

为了使液相和固相之间保持平衡，则

$$-S^S dT + V^S dP = -S^L dT + V^L dP$$

或

$$\left(\frac{dP}{dT}\right)_{eq} = \frac{S^S - S^L}{V^S - V^L} = \frac{S^L - S^S}{V^L - V^S} = \frac{\Delta S}{\Delta V}$$

在平衡状态下，$\Delta G = 0$，因此，$\Delta H = T\Delta S$。当把这个结果代入上式中时，我们可以得到：

$$\left(\frac{dP}{dT}\right)_{eq} = \frac{\Delta H}{T\Delta V} \tag{7.3}$$

上式被称为克拉佩龙（Benoît Paul Émile Clapeyron，1799—1864）方程，它给出了温度和压力变化之间的关系，这是维持固相和液相之间平衡的必要条件。

再考虑一下固体和其液相之间的平衡问题。当热能被输入到这个两相平衡系统中时，会导致固体熔化，并且 $\Delta H_{(S \to L)} > 0$（吸热）。因此，$(dP/dT)_{eq}$ 的符号由 $\Delta V_{(S \to L)}$ 的符号决定。H_2O 的 $\Delta V_{(S \to L)}$ 为负值，因此，H_2O 的 $(dP/dT)_{eq}$ 表达式为负数，即，正如在第 7.3 节中所讨论的那样，压力的增加会降低平衡熔化温度。回顾一下，对于大多数材料来说，$\Delta V_{(S \to L)}$ 是正的，这意味着对于大多数材料来说，在熔化温度下压力的增加会使得固体处于稳定状态，从而使熔化温度升高。

固相和液相的热力学状态可以用以 G、T 和 P 为坐标的三维图形来表示。图 7.6 是 H_2O 的热力学状态三维示意图。在该图中，固体和液体的存在状态被表示为 G-T-P 空间中的曲面。曲面相交形成的曲线，表示为维持固液两相平衡所需的 P 随 T 变化的关系。在通过固定 T 值和 P 值所确定的任何状态下，平衡相是具有较低 G 值的相。

如果图 7.6 包含气相存在状态的 G-T-P 曲面，则该曲面将沿另一条曲线与固态曲面相交，并再沿第三条曲线与液态曲面相交。这两条曲线的投影，连同固态和液态曲面相交曲线的投影，将在图 7.6 的二维 P-T 底面上产生一个（投影）图，如图 7.7 所示。代表三个相的三个曲面相交于一点，该点在 P-T 底面上的投影是不变点 O，称为三相点。图 7.7 中的虚线 OA'、OB' 和 OC' 分别代表亚稳态固-液平衡、亚稳态气-液平衡和亚稳态气-固平衡。这些平衡是亚稳态的，因为在线 OB' 的情况下，液态和气态曲面交点处的 G 值高于相同 P 值和 T 值的固态曲面。类似地，固-液平衡 OA' 相对于气相是亚稳态的，固-气平衡 OC' 相对于液相是亚稳态的。

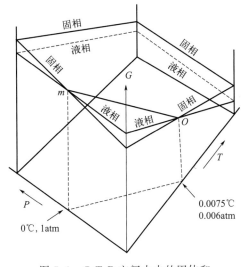

图 7.6　$G\text{-}T\text{-}P$ 空间中水的固体和
液体的平衡曲面

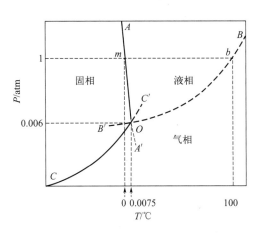

图 7.7　H_2O 的压力-温度相图的局部
（给出了两相平衡曲线的亚稳延伸线）

图 7.8（a）是 H_2O 的三个相在三相点附近 $P_1 > P_{三相点}$、$P_2 = P_{三相点}$ 和 $P_3 < P_{三相点}$ 时的等压截面图。图 7.8（b）是 $T_1 < T_{三相点}$，$T_2 = T_{三相点}$ 和 $T_3 > T_{三相点}$ 时的三个等温截面图。如图 7.8（a）所示，在任何等压截面中，G 与 T 曲线的斜率按固体、液体、蒸气的顺序负增长，这与以下事实相符。

$$S^S < S^L < S^V$$

同样，对于 H_2O 而言，如图 7.8（b）所示，在任何等温截面中，G 随变化 P 曲线的斜率都按液体、固体、蒸气的顺序增加，这与以下事实相符。

$$V^L < V^S < V^V$$

请注意，从这些图中可以确定稳定曲线的亚稳延伸线的相对位置。

曲线 OA、OB 和 OC 将图 7.7 划分为三个区域，每个区域内只有一个相稳定。在这些区域内，施加在相上的压力和相的温度可以独立改变，而不改变处于平衡状态的相。在这种情况下，称该平衡具有两个热力学自由度。处于平衡状态的系统所具有的自由度数是热力学变量的最大数目，这些变量可以独立变化但不改变处于平衡状态的相。单相区域在 OA、OB 和 OC 线上相交，两相沿此交线平衡共存，为了继续维持这些两相平衡中的任何一个，只有一个变量（P 或 T）可以独立变化。因此，单组分系统中两相平衡只有一个热力学自由度。三个两相平衡曲线在三相点相交，三相点是固体、液体和蒸气平衡共存的不变状态。因此，单组分系统中三相平衡的热力学自由度为 0。因此，在单组分系统中平衡共存的最大相数为 3。可以看出，当 Φ 相处于平衡状态时，由一个组分组成的系统可以具有的自由度数 $\mathbf{F}$ 由下式确定：

$$\mathbf{F} = 3 - \Phi \tag{7.4}$$

这个表达式是单组分系统平衡的吉布斯相律。在第 13.4 节中，它将被扩展到一个有 C 个组分存在的系统中，从而得到：

$$\mathbf{F} = C + 2 - \Phi$$

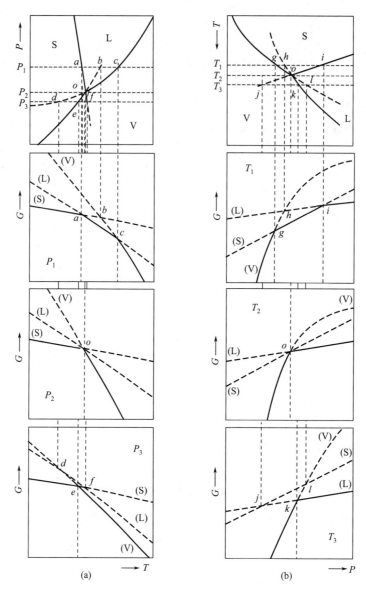

图 7.8 　（a）H_2O 固体、液体和蒸气的摩尔吉布斯自由能恒压截面示意（其中压力分别高于、
等于和低于三相点压力）；（b）H_2O 固体、液体和蒸气的摩尔吉布斯自由能
恒温截面示意（其中温度分别高于、等于和低于三相点温度）

7.5　气相与凝聚相的平衡

如果将克拉佩龙方程应用于气相和凝聚相之间的平衡，那么 ΔV 是伴随着蒸发（液体变成蒸气）或升华（固体变成蒸气）的摩尔体积变化，而 ΔH 是相应的摩尔焓变化，即摩尔蒸发或升华焓。

现在，$\Delta V = V^{\text{气相}} - V^{\text{凝聚相}}$，由于蒸气的摩尔体积 $V^{\text{气相}}$ 比凝聚相的摩尔体积 $V^{\text{凝聚相}}$ 大得多，那么，只要允许一个微小的误差，则

$$\Delta V = V^{\text{气相}}$$

因此，对于凝聚相-气相平衡，克拉佩龙方程可以写成：

$$\left(\frac{\mathrm{d}P}{\mathrm{d}T}\right)_{\mathrm{eq}} = \frac{\Delta H}{TV^{\text{气相}}} \tag{7.5}$$

式中，$V^{\text{气相}}$ 为蒸气的摩尔体积。如果进一步假设与凝聚相平衡的蒸气表现出理想气体的性质（即 $PV = RT$），那么：

$$\left(\frac{\mathrm{d}P}{\mathrm{d}T}\right)_{\mathrm{eq}} = \frac{P\Delta H}{RT^2}$$

上式经整理得：

$$\frac{\mathrm{d}P}{P} = \frac{\Delta H}{RT^2}\mathrm{d}T$$

或

$$\mathrm{d}\ln P = \frac{\Delta H}{RT^2}\mathrm{d}T \tag{7.6}$$

式（7.6）被称为克劳修斯-克拉佩龙方程。

如果 ΔH 与温度无关——即，如果 c_P（气相）$= c_P$（凝聚相）——对式（7.6）进行积分，可以得到：

$$\ln P = -\frac{\Delta H}{RT} + \text{常数} \tag{7.6a}$$

其中初始压力被假定为 1atm。如果我们使用沸点时的压力和温度值（P_0 和 T_b），我们可以写出：

$$\ln\frac{P}{P_0} = -\frac{\Delta H}{R}\left(\frac{1}{T} - \frac{1}{T_b}\right) \tag{7.7}$$

由于气相和凝聚相之间保持平衡，所以式（7.7）中任何温度 T 下的 P 值，都是温度为 T 时凝聚相所产生的饱和蒸气压。因此，式（7.7）表明，凝聚相产生的饱和蒸气压随着温度的升高而呈指数级增长。

在这种近似情况下，$\ln P$ 与 $1/T$ 的关系图是线性的，斜率为 $-\Delta H/R$（图7.9）。图7.9中在固体的熔点处，斜率发生变化。图7.10是几种较常见元素的饱和蒸气压与温度的关系。

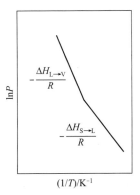

图7.9 $\ln P$ 随 $1/T$ 的变化

（曲线的斜率为 $-\Delta H/R$，并且斜率在固体的熔点处发生变化）

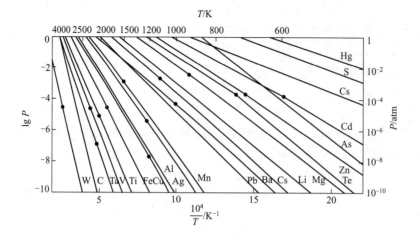

图 7.10　几种元素的饱和蒸气压随 $1/T$ 的变化

(饱和蒸气压是温度的函数。图中圆点代表元素的熔点。源自 R. Hultgren，et al. Selected Values of the Thermodynamic Properties of the Elements. ASM，Metals Park，OH，1973.）

7.6　气相与凝聚相平衡的图形表述

当液体和其蒸气处于平衡状态时，液体的正常沸点被定义为液体产生的饱和蒸气压为 1atm 时的温度。只要知道液相和气相的摩尔热容、任何一个温度下的摩尔蒸发焓 $\Delta H_{evap,T}$ 和正常沸点，就可以确定任何材料的饱和蒸气压随温度变化的关系。

图 7.7 所描述的是单组分系统的相图，它以独立的热力学变量 T 和 P 为坐标。由式 (7.3) 的积分结果，可绘制出图中的曲线 AOA'，它反映的是固相和液相达到相平衡所需的压力随温度的变化。如果 ΔH_m 与温度无关，对式 (7.3) 进行积分，可以得到以下形式的表达式：

$$P = \frac{\Delta H}{\Delta V}\ln T + 常数 \tag{7.8}$$

根据定义，材料的正常熔化温度是在 1atm 下的熔化温度，在图 7.7 中，正常熔点被指定为点 m。曲线 BOB' 是由式 (7.7) 确定的蒸气和液体平衡的曲线，其中 ΔH_T 是 $\Delta H_{evap,T}$。对于水而言，线 BOB' 表示液体的饱和蒸气压随温度的变化，或者水蒸气的露点随压力的变化。曲线 BOB' 穿过正常沸点（由图中的点 b 表示）并在三相点 O 处与 AOA' 线相交。三相点是由 P 和 T 的不变值表示的状态，此时固相、液相和气相相互平衡。只要知道了三相点以及 $\Delta H_{sublim,T}$ 的值，就可以确定固体的饱和蒸气压随温度的变化，该平衡曲线在图 7.7 中被绘制为 COC'。

7.7　固-固平衡

元素可以以一种以上晶体结构存在时，就表现出所谓的同素异构性；而化合物或固体溶液可以以一种以上固体结构存在时，就表现出所谓的多晶型性。维持两种（晶型）固体平衡所需的压力随温度的变化，可由式（7.3）给出。

$$\left(\frac{\mathrm{d}P}{\mathrm{d}T}\right)_{eq} = \frac{\Delta H}{T \Delta V}$$

式中，ΔH 和 ΔV 为固体Ⅰ→固体Ⅱ变化时摩尔焓和摩尔体积的变化。

图 7.11（a）是具有两个同素异构体的元素的 $P\text{-}T$ 示意图。图 7.11（b）是每个相的焓随温度变化的示意图。从低温和 1atm 开始，稳定相是固相Ⅰ。在 $T_{Ⅰ→Ⅱ}$ 时，该相转变为固相Ⅱ。这种转变具有转变焓，因此是一级相变。相Ⅱ在 T_m 熔化，液体在 T_b 沸腾。这些转变也显示出转变焓，因此在热力学上是一级相变。

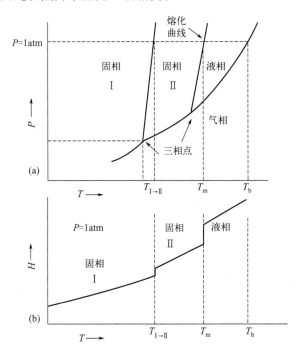

图 7.11　（a）某系统的压力随温度的变化［该系统具有两个固态相（Ⅰ和Ⅱ）和一个液态相］；
（b）图 7.11（a）所示系统的焓随温度的变化（该图给出了相Ⅰ到相Ⅱ的转化温度、
熔化温度和沸腾温度）

图 7.12 是铁在相对较低压力下的压力-温度相图。铁在低温和高温下分别是具有顺磁 α 相和 δ 相的体心立方晶体结构，在中间温度下表现为面心立方（FCC）晶体结构（γ 相）。图 7.12 中有 2 个凝聚相和气相的 3 个三相点。

让我们来考虑 $\alpha\text{-}\gamma$ 平衡曲线的斜率。与固体水-液体水平衡曲线的情况一样，斜率为负。对于水来说，这是因为液态水具有反常的密度，它在平衡区域大于固态水的密度，即 $V_m(L) < V_m(S)$，再加上液态水更大的熵，$S_m(L) > S_m(S)$，因此产生了一个负斜率。

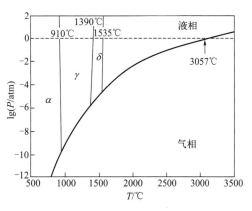

图 7.12　Fe 的压力-温度相图

α 相和 γ 相的 P-T 共存边界的负斜率也是反常的。斜率 $dP/dT = \Delta S/\Delta V$ 在固体中通常是正的（只考虑振动熵），因为具有较小摩尔体积的相通常具有较小的熵。对于 Fe 从 α 相到 γ 相的转变，体积变化是负的。由于 $\Delta V^{\alpha \to \gamma}$ 是负的，所以 $\Delta S^{\alpha \to \gamma}$ 必须是正的，这样才能使曲线有一个负的斜率。这意味着 γ 相（FCC）的熵比 α 相（体心立方，BCC）的熵大，这是不正常的。

为了解释这一点，回想一下各种类型的熵，在磁性固体中，必须考虑自旋熵。因此，这里重要类型的熵有：

- 振动熵（热）；
- 每个 Fe 原子上（磁）矩的自旋熵。

由克拉佩龙方程可知：

$$S^{\gamma} > S^{\alpha}$$

因此：

$$S^{\gamma}_{vibrational} + S^{\gamma}_{spin} > S^{\alpha}_{vibrational} + S^{\alpha}_{spin}$$

BCC 金属的振动熵比 FCC 金属的振动熵大（见第 6 章），因此，可以进一步得出以下结论：

$$S^{\gamma}_{spin} > (S^{\alpha}_{vibrational} - S^{\gamma}_{vibrational}) + S^{\alpha}_{spin}$$

由于右边的两项都是正数，我们得出的结论是：

$$S^{\gamma}_{spin} > S^{\alpha}_{spin}$$

FCC 结构 γ 铁的自旋熵一定比 BCC 顺磁 α 铁的自旋熵大。大的 c_P 以及 γ 相的熵源于 γ 铁反铁磁（AF）状态的无序，它发生在非常低的温度下。正是这种转变使顺磁的 γ 相具有如此大的自旋熵，并使 γ 相在高温下稳定。如果 γ 铁在低温下不具有反铁磁性，它就不会有足够的熵来取代高温下的 α 铁。这就意味着马氏体不可能在铁基合金中形成！

γ 相和 δ 相之间的平衡曲线有一个正的斜率。在这种情况下，高温 δ 相是 BCC 结构，所以它的振动熵比 FCC 结构（γ 相）的振动熵大，它的摩尔体积也大。

随着压力的增加，γ-δ 线的斜率变得大于 δ-液体线的斜率，在 $P = 14420$atm、$T = 1590$℃ 时，两线在 γ-δ-液体三相平衡的三相点相遇（图 7.12 中未标出）。液态铁的蒸气压，可以由下式确定：

$$\lg(P/atm) = -\frac{19710}{T} - 1.27\lg T + 10.39$$

在 3330K（3057℃）时达到 1atm，因此这是铁的正常沸腾温度。

图 7.13 是铁的 BCC、FCC、液相和气相的摩尔吉布斯自由能随温度（在恒定压力下）变化的示意图。在铁中，较不紧密堆积的相 BCC(α) 在 0K 时是稳定的，因为它的内能由于其铁磁性而降低。BCC(α) 铁 G-T 曲线的曲率比 FCC(γ) 铁曲线的曲率更负，因此，它与 FCC 铁曲线相交两次，结果是：在 1atm 及低于 910℃ 和高于 1390℃ 的温度下，BCC 铁相对于 FCC 铁是稳定的。由于 BCC 铁的吉布斯自由能曲线的曲率总是比 FCC 铁的更负，因此 FCC(γ) 铁的热容在转变温度附近小于 BCC(α) 铁（图 6.5）。

氧化锆（ZrO_2）的压力-温度示意相图如图 7.14 所示。ZrO_2 具有单斜、四方和立方晶型。请注意，稳定多晶型的点群对称性随着温度的升高而增加（单斜到四方到立方）。包括液相和气相，ZrO_2 有五个稳定相，因此，相图包含多达 5!/3! = 20 个三相点，其中 5 个如图 7.14 所示。状态 a、b 和 c 分别是单斜-四方-蒸气、四方-立方-蒸气和立方-液体-蒸气三相平衡的三相点，状态 d 和 e 是亚稳态三相点。状态 d 是单斜晶系和立方晶系的外推蒸气压线在稳定的四方 ZrO_2 相区内相交的状态。因此，状态 d 是蒸气、单斜和立方 ZrO_2 之间平衡的亚稳态三相点，在相同的 P 和 T 值下，其摩尔吉布斯自由能值高于四方 ZrO_2 的值。类似地，状态 e 是四方和液态 ZrO_2 的外推蒸气压线在稳定的立方 ZrO_2 相区内相交的状态，是液态、蒸气和四方 ZrO_2 之间平衡的亚稳态三相点。

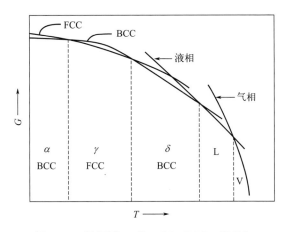

图 7.13　恒压下 Fe 的 BCC、FCC、液相和气相的摩尔吉布斯自由能随温度的变化

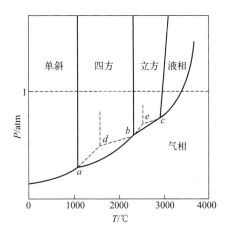

图 7.14　二氧化锆（ZrO_2）的压力-温度示意相图

7.8　磁场对 P-T 相图的影响

当磁场施加到一个处于平衡状态的系统时，平衡状态将发生变化。考虑图 7.15 的 P-T 图，实线代表当 $H=0$ 时 β 相和 γ 相之间的平衡。如果此时施加一个磁场，平衡状态就会发生变化，用虚线表示。

当外加磁场时，平衡曲线发生位移，磁化率较高的相的稳定区域扩大。

在第 2 章中，我们看到，当一个磁场施加到材料上时，磁场会对材料做功，

$$\delta w' = -V\mu_0 \boldsymbol{H} \mathrm{d}\boldsymbol{M}$$

在第 2 章的证明例题 2 中，我们看到 $\boldsymbol{H}$-$\boldsymbol{M}$ 图的线性区域 $\boldsymbol{H}=\boldsymbol{M}/\chi$，其中 χ 是材料的磁化率。对于单组分系统的平衡，我们将吉布斯自由能写为：

$$\mathrm{d}G' = -S'\mathrm{d}T + V'\mathrm{d}P - V'\mu_0 \boldsymbol{M}\mathrm{d}\boldsymbol{H}$$

将 $\boldsymbol{M}$ 替换为 $\chi \boldsymbol{H}$，得：

$$\mathrm{d}G' = -S'\mathrm{d}T + V'\mathrm{d}P - V'\mu_0 \chi \boldsymbol{H}\mathrm{d}\boldsymbol{H}$$

从上式可以看出，当施加外部磁场 $\boldsymbol{H}$ 时，具有较大磁化率相的吉布斯自由能降低得更多。因此，施加的磁场稳定了具有较大磁化率的相。对于图 7.15 的例子，β 相的磁化率比 γ 相大。因此，β-γ 平衡的曲线被转移了到更高的温

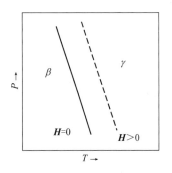

图 7.15　两个固相（β 相和 γ 相）的压力与温度关系（β 相具有较高的磁化率）

度，即施加的磁场扩大了具有较高磁化率材料的稳定区。

7.9 小结

① 只要知道了系统中相变引起的摩尔焓和摩尔熵的变化对温度和压力的依赖关系，就可以确定系统摩尔吉布斯自由能的相应变化。

② 由于一个封闭的单组分系统只有两个自变量，因此最简单的研究 G 的依赖关系，是选择状态变量 T 和 P 作为自变量（当 G 是因变量时，这些是自然的自变量）。因此，材料可以存在的相可以用一个三维图来表示，用状态函数 G、独立状态变量 P 和 T 作为坐标。

③ 如果在恒定的 P 下获取这些三维图的截面，就可以得到各相的 G 随 T 变化的关系图。在某一温度下处于平衡状态的相是 G 值最低的相。曲线的交叉点代表两相（或三相）处于平衡状态的温度。G 与 T 关系曲线的斜率是熵的负值，曲率与曲线所描绘各相的热容有关。

④ 如果在恒温下获取三维图的截面，G 是压力的函数，这种 G 与 P 的关系曲线反映了哪一相处于平衡状态。曲线斜率等于各相的摩尔体积，而它们的曲率与所描绘相的等温压缩性有关。

⑤ 在三维图中，材料可能存在的各种状态以表面形式呈现。任何状态都是由 P 值和 T 值决定的，其中具有最低吉布斯自由能的相是稳定相。图中表面沿曲线相交，这些曲线代表了两相平衡所需的 P 随 T 的变化。

⑥ 代表固相和液相表面的交线，确定了平衡熔化温度随压力的变化关系。代表液相和气相表面的交线，确定了沸腾温度随压力的变化关系。材料的正常熔点和正常沸点位于这些交线的 $P=1\mathrm{atm}$ 点上。三个表面在图中的某一点相交，交点处的 P 值和 T 值就是三相之间平衡的不变三相点的 P 值和 T 值。在一个单组分系统中，不超过三个相可以相互平衡共存。

⑦ 三维 G-T-P 图说明了稳定、亚稳定和不稳定状态之间的差异，因此显示了可逆和不可逆过程路径之间的差异。在任何 P 值和 T 值下，稳定相是吉布斯自由能最低的相，在相同 P 值和 T 值下，相对于 G 值最低的相，G 值较高的相处于亚稳态。在 P 和 T 的任意组合中，如果 G 值不在图中的表面上，则该相是不稳定的。涉及 P 和/或 T 变化的可逆过程路径位于相表面上，并且仅当在变化期间系统状态不离开相表面时，相的状态才可逆地改变。如果过程路径离开相表面，那么必然经过非平衡态的状态变化，是不可逆的。

⑧ 由于很难在二维中透视地表示立体图，通常的做法是将单组分系统的（立体）相图表示到 G-T-P 图的基面（即 P-T 图）上，即将两个表面相交的线（两相之间的平衡）和三个表面相交的点（三相之间的平衡）投影到该基面上。这样的图包含单相稳定的区域，隔开这些区域的是投影线和投影点，即两相平衡存在的曲线和三条曲线相交处的三相平衡共存的点。凝聚相和蒸气相之间的平衡曲线称为蒸气压曲线，它们呈指数形式变化。鉴于饱和蒸气压可以在几个数量级上变化，压力-温度相图通常以更有用的 $\ln P$-$1/T$ 图来表示，而不是用 P-T 图来表示。

⑨ 单组分系统相图的发展表明，当 T 和 P 被选为独立状态变量时，可使用吉布斯自由能作为平衡的判据。

⑩ 单组分简单系统的平衡吉布斯相律是 $F=3-\Phi$，其中 F 是自由度数，Φ 是平衡状态下允许存在的相数。

⑪ 热力学平衡会受到外部场的影响，如磁场或电场。

7.10 本章概念和术语

读者应写出以下术语的简要定义或描述。在适当的情况下，可以使用方程。
同素异构体
连续转变
吉布斯自由能与温度曲线的曲率
熔化焓
熔化熵
一级相变（转变）
吉布斯平衡相律
高级相变
熔点温度
多（晶）型性
势
勒夏特列原理
吉布斯自由能与温度曲线的斜率
自旋熵
热力学自由度
范特霍夫规则
振动（热）熵

7.11 证明例题

（1）证明例题 1

某种元素的三个同素异构体 α、β 和 γ 在其三相点处于平衡状态 ［图 7.16（a）］。已知
$$V_m^\gamma < V_m^\alpha, \ S_m^\gamma < S_m^\beta$$
确定图中的哪些区域是 α、β 和 γ。给出你的理由。

解答：

如果增加压力，系统平衡有利于（形成）摩尔体积最小的相，因此，γ 位于图 7.16（a）

的区域 Ⅰ 或 Ⅱ 中，因为 $V_m^\gamma < V_m^\alpha$。但是，在三相点，增加压力会使平衡向摩尔体积最小的相移动，因此，区域 Ⅰ 是 γ 相区。如果温度升高，系统平衡有利于（形成）熵最大的相，因此，β 相在区域 Ⅱ 或 Ⅲ 中，因为 $S_m^\gamma < S_m^\beta$。但是在三相点处，升高温度会使平衡向熵最大的相移动，因此，区域 Ⅲ 是 β 相的相区。

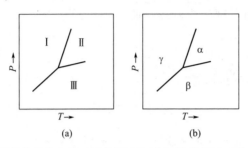

图 7.16　（a）单组分系统在其三相点附近的压力-温度相图（所有相都是固体）；

（b）使用性质 $V_m^\gamma < V_m^\alpha$ 和 $S_m^\gamma < S_m^\beta$ 标记出各相区的相图

（2）证明例题 2

在第 7.2 节中，相变的级数被定义为在转变温度下吉布斯自由能对温度（或压力）的不连续导数的最低阶数。绘制一级和二级转变的熵-温度和热容-温度关系图。

解答：

在一级转变中［图 7.17（a）］，吉布斯自由能的一阶导数是不连续的。因此，熵-温度的关系图出现了一个不连续的情况。

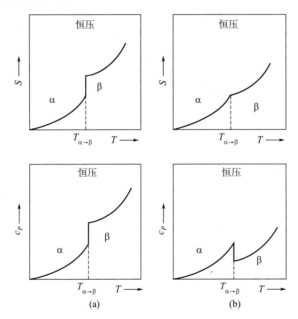

图 7.17　熵-温度和热容-温度曲线

（a）一级转变；（b）高级转变

二阶导数与热容的关系为：

$$c_P = -T \left(\frac{\partial^2 G}{\partial T^2} \right)_P$$

在转变温度下，图中出现了一个等效的无穷大，这表明有转变焓。

对于二级转变（通常称为连续转变），其吉布斯自由能的一阶导数（熵）连续，但二阶导数是不连续的。热容与温度的关系如图 7.17（b）所示。

要确定高级转变的级数是非常困难的，通常把所有大于一级的转变称为连续转变。

7.12 计算例题

（1）计算例题 1

固体 NaF 的蒸气压随温度变化关系为：

$$\ln(P/\text{atm}) = -\frac{34450}{T} - 2.01\ln T + 33.74$$

液体 NaF 的蒸气压随温度变化关系为：

$$\ln(P/\text{atm}) = -\frac{31090}{T} - 2.52\ln T + 34.66$$

计算：

① NaF 的正常沸腾温度；

② 三相点的温度和压力；

③ NaF 在其正常沸点下的摩尔蒸发焓；

④ 三相点时 NaF 的摩尔熔化焓；

⑤ 液态和固态 NaF 的恒压摩尔热容量之差。

相图的示意图见图 7.18。

解答：

① 正常的沸腾温度 T_b，是指液体的饱和蒸气压为 1atm 时的温度。因此，T_b 可由液体蒸气压的方程式来求得。

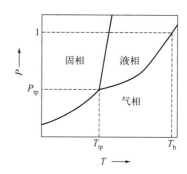

图 7.18 单组分系统压力-温度相图

$$\ln(1) = 0 = -\frac{31090}{T_b} - 2.52\ln T_b + 34.66$$

$$T_b = 2006\text{K}$$

② 固相、液相的饱和蒸气压在三相点相交。因此，在三相点的温度 T_{tp} 下，有下述关系式成立：

$$-\frac{34450}{T_{tp}} - 2.01\ln T_{tp} + 33.74 = -\frac{31090}{T_{tp}} - 2.52\ln T_{tp} + 34.66$$

$$T_{tp} = 1239\text{K}$$

然后根据固体蒸气压的表达式计算出三相点压力为：

$$P = \exp\left(-\frac{34450}{1239} - 2.01 \times \ln 1239 + 33.74\right) = 2.29 \times 10^{-4}\ (\text{atm})$$

或从液体的蒸气压方程中得出结果：

$$P = \exp\left(-\frac{31090}{1239} - 2.52 \times \ln 1239 + 34.66\right) = 2.29 \times 10^{-4} \text{(atm)}$$

③ 对于与液体保持平衡的蒸气，有：

$$\ln(P/\text{atm}) = -\frac{31090}{T} - 2.52 \ln T + 34.66$$

$$\frac{\mathrm{d}\ln P}{\mathrm{d}T} = \frac{\Delta H}{RT^2} = \frac{31090}{T^2} - \frac{2.52}{T}$$

因此：

$$\Delta H_{(l \to v)} = (31090 \times 8.3144) - (2.52 \times 8.3144)T = 258500 - 20.95T$$

在正常沸腾温度 2006K 时，

$$\Delta H_{(l \to v)} = 31090 \times 8.3144 - 2.52 \times 8.3144 \times 2006 = 216500 \text{(J)}$$

④ 对于与固体保持平衡的蒸气，有：

$$\ln(P/\text{atm}) = -\frac{34450}{T} - 2.01 \ln T + 33.74$$

因此：

$$\Delta H_{(s \to v)} = (34450 \times 8.3144) - (2.01 \times 8.3144)T$$
$$= 286400 - 16.71T$$

在三相点附近，

$$\Delta H_{(s \to l)} + \Delta H_{(l \to v)} = \Delta H_{(s \to v)}$$

因此：

$$\Delta H_{(s \to l)} = 286400 - 16.71T - 258500 + 20.95T$$
$$= 27900 + 4.24T$$

在三相点，

$$\Delta H_{(s \to l)} = 27900 + 4.24 \times 1239 = 33150 \text{(J)}$$

⑤ 由 $\Delta H_{(s \to l)} = 27900 + 4.24T$ 微分得：

$$c_P^L - c_P^S = \Delta c_P = \frac{\mathrm{d}\Delta H}{\mathrm{d}T} = 4.24 \text{J/(mol · K)} > 0$$

（2）计算例题 2

碳有以下三种同素异形体：石墨、金刚石和一种称为金属形态的固体Ⅲ。石墨是 298K、1atm 下的稳定形态，在温度低于 1440K 时增加石墨的压力，会使石墨转变为金刚石，然后再由金刚石转变为固体Ⅲ。

计算在 298K 时使 1 摩尔石墨转变为金刚石所需施加的压力。已知：

- $H_{298K, 石墨} - H_{298K, 金刚石} = -1900\text{J}$
- $S_{298K, 石墨} = 5.74\text{J/K}$
- $S_{298K, 金刚石} = 2.37\text{J/K}$
- 298K 时石墨的密度为 2.22g/cm^3
- 298K 时金刚石的密度为 3.515g/cm^3

解答：

对于 298K 时石墨→金刚石的转变，

$$\Delta G = \Delta H - T\Delta S = 1900 - 298 \times (2.37 - 5.74) = 2904(\text{J})$$

对于石墨在任何温度 T 下向金刚石的转变，

$$\left(\frac{\partial \Delta G_{\text{石墨}\to\text{金刚石}}}{\partial P}\right)_T = \Delta V_{\text{石墨}\to\text{金刚石}}$$

$$V_{\text{石墨}} = \frac{12}{2.22} = 5.405(\text{cm}^3/\text{mol})$$

$$V_{\text{金刚石}} = \frac{12}{3.515} = 3.415(\text{cm}^3/\text{mol})$$

所以：

$$\Delta V_{\text{石墨}\to\text{金刚石}} = -1.99\text{cm}^3/\text{mol}$$

298K 时，石墨和金刚石之间的平衡要求 $\Delta G_{\text{石墨}\to\text{金刚石}}$ 为 0。因为：

$$\left(\frac{\partial \Delta G}{\partial P}\right)_T = \Delta V$$

因此：

$$\Delta G(P, 298\text{K}) = \Delta G(1\text{atm}, 298\text{K}) + \int_1^P \Delta V \text{d}P$$

如果两相的等温压缩率之差小得可以忽略不计（即，如果压力对 ΔV 的影响可以忽略），那么：

$$1\text{cm}^3 \cdot \text{atm} = \frac{8.3144}{82.057} = 0.1013\text{J}$$

$$\Delta G(P, 298\text{K}) = 2904 + (-1.99 \times 0.1013)(P-1)$$

所以：

$$P - 1 \approx P = \frac{2904}{1.99 \times 0.1013} = 14400(\text{atm})$$

在 298K 时将石墨转变为金刚石需要施加大于 14400atm 的压力。

 作业题

7.1 使用 $\text{CaF}_2(\alpha)$、$\text{CaF}_2(\beta)$ 和液态 CaF_2 的蒸气压-温度关系，计算：

a. $\text{CaF}_2(\alpha)$-$\text{CaF}_2(\beta)$-$\text{CaF}_2(\text{v})$ 和 $\text{CaF}_2(\beta)$-$\text{CaF}_2(\text{l})$-$\text{CaF}_2(\text{v})$ 平衡三相点的温度和压力。

b. CaF_2 的正常沸点。

c. $\text{CaF}_2(\alpha) \longrightarrow \text{CaF}_2(\beta)$ 转变的摩尔焓（潜热）。

d. $\text{CaF}_2(\beta)$ 的摩尔熔化焓。

7.2 计算在 100℃ 下蒸馏 Hg 所需的大致压力。

7.3 1 摩尔 SiCl_4 蒸气在 1atm、350K 条件下被装在一个固定容积的刚性容器中。容器及其所容纳物的温度被冷却到 280K。SiCl_4 蒸气在什么温度下开始凝结？当温度为 280K 时，有多少百分比的蒸气已经凝结？

7.4 Zn 的蒸气压力可写为：

$$\ln(P/\text{atm}) = -\frac{15780}{T} - 0.755\ln T + 19.25 \tag{i}$$

以及

$$\ln(P/\text{atm}) = -\frac{15250}{T} - 1.255\ln T + 21.79 \tag{ii}$$

这两个方程式中哪一个是针对固体 Zn 的？

7.5 在 Fe 的正常沸腾温度 $T_b = 3330\text{K}$ 时，液态 Fe 的蒸气压随温度变化的速率为 $3.72 \times 10^{-3}\text{atm/K}$。计算 3330K 时 Fe 的摩尔沸腾潜热。

7.6 在三相点（$-56.2℃$）以下，固体 CO_2 的蒸气压为：

$$\ln(P/\text{atm}) = -\frac{3116}{T} + 116.01$$

CO_2 的摩尔熔化潜热为 8330J。计算液态 CO_2 在 25℃时的蒸气压，并解释为什么固态 CO_2 被称为"干冰"。

7.7 在 Pb 的正常熔化温度下，固体和液体 Pb 的摩尔体积分别为 $18.92\text{cm}^3/\text{mol}$ 和 $19.47\text{cm}^3/\text{mol}$。计算为使 Pb 的熔化温度提高 20℃而必须对其施加的压力。

7.8 N_2 的三相点在 $P = 4650\text{atm}$、$T = 44.5\text{K}$ 处，在这个状态下，同素异构体 α、β 和 γ 彼此平衡共存。在三相点，$V_\beta - V_\alpha = 0.043\text{cm}^3/\text{mol}$，$V_\alpha - V_\gamma = 0.165\text{cm}^3/\text{mol}$。同样在三点，$S_\beta - S_\alpha = 4.59\text{J/K}$，$S_\alpha - S_\gamma = 1.25\text{J/K}$。$P = 1\text{atm}$、$T = 36\text{K}$ 的状态位于 α 相和 β 相的稳定区域的边界上。在这个状态下，对于 α→β 的转变，$\Delta S = 6.52\text{J/K}$，$\Delta V = 0.22\text{cm}^3/\text{mol}$。画出低温下 N_2 的相图。

7.9 测得液体 $NdCl_5$ 的饱和蒸气压：在 478K 时为 0.3045atm，在 520K 时为 0.9310atm。计算 $NdCl_5$ 的正常沸腾温度。

7.10[1] 某种元素的三种同素异构体 α、β 和 γ 在其三相点处处于平衡状态（图 7.19）。已知，

$$V_m^\gamma > V_m^\alpha, S_m^\gamma < S_m^\beta$$

确定图中的哪些区域是 α、β 和 γ。解释你的推理。

7.11[1] 图 7.11 是一个具有两个固相系统的压力-温度相图。画出两个固相和液相的吉布斯自由能与温度的关系曲线。对曲线的斜率进行说明。

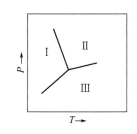

图 7.19 单组分系统在其三相点附近的压力-温度相图（所有相都是固体）

7.12[1] 图 7.20 是系统三相点附近固体（S）、液体（L）和气体（Gas）三相的吉布斯自由能与压力的关系图。已知固体的摩尔体积大于液体的摩尔体积。

a. 在 G-P 关系图中分别为三条曲线标出 S、L 或 Gas。

b. 画出材料的 T-P 图，如图 7.19 所示。标出 S、L 和 Gas 稳定区域以及任何其它感兴趣的点。请注意，温度增加的方向指向下方。

7.13[1] 某种材料的压力-温度相图如图 7.21 所示。按图中各相标注的顺序绘出该物质的体积-温度图，并标出所有相区。

---

[1] 第 6 版中的新作业题。

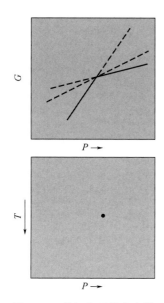

图 7.20　单组分系统吉布斯
自由能与压力的关系

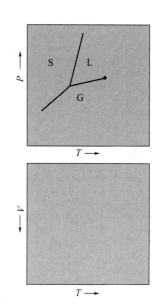

图 7.21　作业题 7.13 中所讨论系统的压力-温度相图
（答案要使用本图中的体积-温度图模板）

7.14❶　从图 7.7 可以看出，两相平衡的亚稳线延伸进入了单相区。在三相点上，可以看到稳定和亚稳平衡曲线在绕过三相点时交替出现。证明延伸出去的亚稳线必须与两相稳定曲线交替出现。

---

❶ 第 6 版中的新作业题。

第 8 章

气体的性质

8.1 引言

到目前为止，我们经常使用理想气体来说明气态系统热力学状态变化的本质。而在本章中，我们将比较真实气体与理想气体的性质。两者之间的差异主要与真实气体的原子或分子间相互作用有关。虽然在气体的热力学研究中不需要了解真实气体的物理性质，但对物理特性起源的了解可以更好地理解热力学性质。

8.2 气体的 P-V-T 关系

实验观察表明，对于 1 摩尔的所有真实气体。

$$\text{limit} P \to 0; \quad \frac{PV}{RT} \to 1 \tag{8.1}$$

式中，P 为气体的压力（压强）；V 为气体的摩尔体积；R 为通用气体常数；T 为气体的绝对温度。

因此，当气体的压力接近 0 时，在 $P\text{-}V$ 图上绘制的等温线接近矩形双曲线的形式 [图 1.3（a）]，由下式确定。

$$PV = RT \tag{8.2}$$

式（8.2）是 1 摩尔理想气体的状态方程，被称为理想气体定律。在某一状态范围内服从这一定律的气体，人们称其在这一状态范围内表现出理想性质，而在所有状态下都服从这一定律的气体被称为完美气体。完美气体是一个便捷的模型，真实气体的性质可以与之进行比较。

8.3 理想气体与混合理想气体的热力学性质

从基础方程 [式（5.25）] 中可知，固定成分的封闭系统在恒定温度下摩尔吉布斯自由能随压力变化，可表示为：

$$dG = V dP \tag{8.3}$$

对于 1 摩尔的理想气体，可以写为：

$$dG = \frac{RT}{P} dP = RT \ln P \tag{8.4}$$

因此，对于压力从 P_1 到 P_2 的等温变化，有：

$$G(P_2, T) - G(P_1, T) = RT \ln \frac{P_2}{P_1} \tag{8.5}$$

由于吉布斯自由能没有绝对的值（只有 G 的变化可以测量），所以选择一个任意的状态作为参考，由这个参考状态可以很方便地测量出吉布斯自由能的变化。这个参考状态被称为标准状态，被指定为 1 摩尔纯气体在 1atm 和相关温度下的状态。1 摩尔气体在标准状态下的吉布斯自由能 G（$P=1$，T）被指定为 $G°$（T），因此，根据式（8.5），1 摩尔气体在任何其它压力 P 下的吉布斯自由能可写为：

$$G(P, T) = G°(T) + RT \ln \frac{P}{P°} \tag{8.6}$$

或简写为：

$$G = G° + RT \ln P \tag{8.7}$$

因为 $P°$ 为 1atm，请注意，式（8.7）右侧对数项中的 P 是一个无量纲的比值"P / (1atm)"（P 以 atm 为单位）。

8.3.1 理想气体的混合

在讨论理想气体混合物的热力学性质之前，有必要介绍一下摩尔分数、分压和偏摩尔量的概念。

8.3.1.1 摩尔分数

当一个系统包含一个以上的组分时（即系统的组成是可变的），有必要设计一种表达组成的方法。在本书中，我们使用组分 i 的摩尔分数，X_i。摩尔分数被定义为系统中组分 i 的摩尔数与系统中所有组分的总摩尔数之比。例如，如果系统中含有 n_A 摩尔的 A，n_B 摩尔的 B，以及 n_C 摩尔的 C，那么：

$$X_A = \frac{n_A}{n_A + n_B + n_C} \tag{8.8}$$

$$X_B = \frac{n_B}{n_A + n_B + n_C} \tag{8.9}$$

$$X_C = \frac{n_C}{n_A + n_B + n_C} \tag{8.10}$$

一个系统中所有组分的摩尔分数之和是 1（$X_A + X_B + X_C = 1$）。因此，在一个三组分的系统中，只有两个独立的组分变量。

8.3.1.2 道尔顿分压定律

理想气体的混合物所产生的压力（压强）P 等于每个单独组分气体所产生的压力（压

强）之和。每种气体对总压 P 的贡献被称为该气体的分压。因此，一个组分气体所产生的分压 p_i，是指如果它单独存在时所产生的压力（压强）。在理想气体 A、B 和 C 的混合物中，

$$P = p_A + p_B + p_C$$

考虑在温度 T 下有一个具有固定体积 V' 的系统，其中含有 n_A 摩尔的理想气体 A。因此，所产生的压力（压强）为：

$$p_A = \frac{n_A RT}{V'} \tag{8.11}$$

如果在这个含有 n_A 摩尔气体的恒定体积 A 的系统中加入 n_B 摩尔的理想气体 B，则压力增加到：

$$P = p_A + p_B = (n_A + n_B)\frac{RT}{V'} \tag{8.12}$$

式（8.11）除以式（8.12），得到：

$$\frac{p_A}{p_A + p_B} = \frac{n_A}{n_A + n_B}$$

对于混合物中的气体 A，可以写成：

$$\frac{p_A}{P} = X_A$$

或

$$p_A = X_A P \tag{8.13}$$

因此，在理想气体的混合物中，某组分气体的分压等于其摩尔分数与混合气体总压的乘积。式（8.13）被称为道尔顿分压定律。

8.3.1.3　偏摩尔量

广延热力学变量 Q' 在体积摩尔浓度下的偏摩尔值❶，是指在温度、压力和成分不变的情况下，Q' 相对于加入 n_i 摩尔组分 i 的变化率。它可以写成：

$$\bar{Q}_i = \left(\frac{\partial Q'}{\partial n_i}\right)_{T, P, n_j, n_k, \cdots} \tag{8.14}$$

式中，Q' 为任意数量的混合物的广延热力学变量的值。

$\bar{Q}_i$ 也可以按如下说明定义。如果在恒定的温度和压力下，将 1 摩尔的 i 添加到一定量的足够多的溶液中，该添加量使溶液的成分几乎不变，那么随之而来的 Q' 值的增加量等于溶液中 $\bar{Q}_i$ 的值。如果这个广延量是吉布斯自由能，则

$$\bar{G}_i = \left(\frac{\partial G'}{\partial n_i}\right)_{T, P, n_j, n_k, \cdots}$$

而且，从式（5.16）定义的化学势可以看出，

$$\bar{G}_i = \mu_i$$

也就是说，溶液中某一组分的偏摩尔吉布斯自由能等于溶液中该组分的化学势。在前几章中导出的各种状态变量之间的关系，也适用于系统中各组分的偏摩尔特性（即偏摩尔量）。

---

❶ 有些文献称其为质量摩尔浓度下的偏摩尔属性。它强调对于所有性质的偏导量，强度量 T 和 P 都保持不变。

例如，在恒定的 T 和组成下，由基本方程可知：

$$\left(\frac{\partial G'}{\partial P}\right)_{T,n_i,n_j,n_k,\cdots}=V'$$

式中，G' 为系统的吉布斯自由能；V' 为系统的体积。对于 n_i 的变化，即系统中组分 i 的摩尔数的变化，在恒定的 T、P 和 n_j 下，有：

$$\left[\frac{\partial}{\partial n_i}\left(\frac{\partial G'}{\partial P}\right)_{T,n_i,n_j,n_k,\cdots}\right]_{T,P,n_j,n_k,\cdots}=\left(\frac{\partial V'}{\partial n_i}\right)_{T,P,n_j,n_k,\cdots}$$

但是，根据定义，

$$\left(\frac{\partial V'}{\partial n_i}\right)_{T,P,n_j,n_k,\cdots}=\bar{V}_i$$

并且由于吉布斯自由能是一个热力学状态变量，在这种情况下，偏微分的顺序对结果没有影响，即

$$\left[\frac{\partial}{\partial n_i}\left(\frac{\partial G'}{\partial P}\right)_{T,n_i,n_j,n_k,\cdots}\right]_{T,P,n_j,n_k,\cdots}=\left[\frac{\partial}{\partial P}\left(\frac{\partial G'}{\partial n_i}\right)_{T,P,n_j,n_k,\cdots}\right]_{T,n_i,n_j,n_k,\cdots}$$

$$=\left(\frac{\partial \bar{G}_i}{\partial P}\right)_{T,n_i,n_j,n_k,\cdots}$$

所以，

$$\left(\frac{\partial \bar{G}_i}{\partial P}\right)_{T,n_i,n_j,n_k,\cdots}=\bar{V}_i$$

这只是将式（5.25）应用于系统中的组分 i。因此，对于理想气体混合物中的理想气体 A，

$$\mathrm{d}\bar{G}_{\mathrm{A}}=\bar{V}_{\mathrm{A}}\mathrm{d}P$$

混合气体中的偏摩尔体积 $\bar{V}_{\mathrm{A}}$ 为：

$$\bar{V}_{\mathrm{A}}=\frac{1}{\sum n_i}V'=\left(\frac{n_{\mathrm{A}}}{\sum n_i}\right)\left(\frac{RT}{p_{\mathrm{A}}}\right)=X_{\mathrm{A}}\frac{RT}{p_{\mathrm{A}}}$$

在恒定的 T 和组成下，对方程（8.13）进行微分，得到 $\mathrm{d}p_{\mathrm{A}}=X_{\mathrm{A}}\mathrm{d}P$，因此，

$$\mathrm{d}\bar{G}_{\mathrm{A}}=\bar{V}_{\mathrm{A}}\mathrm{d}P=X_{\mathrm{A}}\frac{RT}{p_{\mathrm{A}}}\mathrm{d}P=\frac{RT}{p_{\mathrm{A}}}\mathrm{d}p_{\mathrm{A}}$$

从 $p_{\mathrm{A}}=1$ 到 $p_{\mathrm{A}}=P$ 积分，得：

$$\begin{aligned}\bar{G}_{\mathrm{A}}&=G_{\mathrm{A}}^{\circ}+RT\ln p_{\mathrm{A}}\\&=G_{\mathrm{A}}^{\circ}+RT\ln X_{\mathrm{A}}+RT\ln P\end{aligned}\tag{8.15}$$

式（8.15）也可以通过将式（8.4）从标准状态 $p_{\mathrm{A}}=P=1$、$X_{\mathrm{A}}=1$、T 积分到状态 p_{A}、X_{A}、T 得到。

8.3.2　理想气体混合焓

对于理想气体混合物中的每种组分气体，

$$\bar{G}_i=G_i^{\circ}+RT\ln X_i+RT\ln P$$

式中，P 为混合气体在温度 T 下的总压。在恒定的压力和成分下，两边同时除以 T 并对 T 进行微分，可以得到：

$$\left[\frac{\partial\left(\frac{\overline{G}_i}{T}\right)}{\partial T}\right]_{P,n_i,n_j,n_k,\cdots}=\left[\frac{\partial\left(\frac{G_i^\circ}{T}\right)}{\partial T}\right]_{P,n_i,n_j,n_k,\cdots} \tag{8.16}$$

但是，根据式（5.37），有：

$$\left[\frac{\partial\left(\frac{G_i^\circ}{T}\right)}{\partial T}\right]_{P,n_i,n_j,n_k,\cdots}=-\frac{H_i^\circ}{T^2};\left[\frac{\partial\left(\frac{\overline{G}_i}{T}\right)}{\partial T}\right]_{P,n_i,n_j,n_k,\cdots}=-\frac{\overline{H}_i}{T^2} \tag{8.17}$$

因此，

$$\overline{H}_i=H_i^\circ \tag{8.18}$$

也就是说，理想气体混合物中组分气体 i 的偏摩尔焓等于纯气体 i 的摩尔焓，因此，混合气体的焓等于混合前各组分气体的焓之和。就是说，

$$\Delta H'^{\mathrm{mix}}=\sum_i n_i\overline{H}_i-\sum_i n_iH_i^\circ=0 \tag{8.19}$$

式中，$\Delta H'^{\mathrm{mix}}$ 为混合过程引起的焓值变化。也就是说，理想气体的混合焓变（混合热）为 0。理想气体的混合热为 0，这是因为理想气体的粒子不会相互影响。

根据定义，由于 G_i° 只是温度的函数，那么，从式（8.16）和式（8.17）可以看出，$\overline{H}_i$ 只是温度的函数。因此，除了与成分无关外，理想气体的偏摩尔焓 $\overline{H}_i$ 也与压力无关。

8.3.3 理想气体混合吉布斯自由能

对于理想气体混合物中的每个组分气体 i，

$$\overline{G}_i=G_i^\circ+RT\ln p_i$$

混合前对每个组分，有：

$$G_i=G_i^\circ+RT\ln P_i$$

式中，p_i 为混合气体中组分气体 i 的分压；P_i 为混合前纯气体 i 的压力。混合作为一种状态变化过程，可以写为：

$$\text{混合前组分（状态 1）}\longrightarrow\text{混合后组分（状态 2）}$$

且

$$\begin{aligned}\Delta G(1\to 2)&=G'(\text{混合后})-G'(\text{混合前})\\&=\Delta G'^{\mathrm{mix}}\\&=\sum_i n_i\overline{G}_i-\sum_i n_iG_i\\&=\sum_i n_iRT\ln\frac{p_i}{P_i}\end{aligned} \tag{8.20}$$

因此，$\Delta G'^{\mathrm{mix}}$ 的值取决于每种气体的 p_i 和 P_i 的值。如果在混合前，气体都处于相同的压力下（即，如果 $P_i=P_j=P_k=\cdots$），并且在恒定的总体积下进行混合，使混合物的总压 P_{mix} 等于混合前气体的初始压力，那么，由于 $p_i/P_i=X_i$，则

$$\Delta G'^{\mathrm{mix}}=\sum_i n_iRT\ln X_i \tag{8.21}$$

由于 X_i 的值小于 1，$\Delta G'^{\mathrm{mix}}$ 是一个负数，这与理想气体的混合是一个自发过程的事实相一致。

8.3.4 理想气体混合熵

由于 $\Delta H'^{\text{mix}}=0$，且，

$$\Delta G'^{\text{mix}}=\Delta H'^{\text{mix}}-T\Delta S'^{\text{mix}}$$

所以：

$$\Delta S'^{\text{mix}}=-\sum_i n_i R\ln\frac{p_i}{P_i} \tag{8.22}$$

或如果 $P_i=P_j=P_k=\cdots=P$，则

$$\Delta S'^{\text{mix}}=-R\sum_i n_i \ln X_i \tag{8.23}$$

可见其为正数，这与理想气体的混合是一个自发过程（即熵增加）的事实相符。气体粒子之间的任何相互作用都会使混合熵减少。

8.4 偏离理想气体与真实气体的状态方程

图 8.1 是一种典型的真实气体在几个温度下的 $P\text{-}V$ 关系。如图所示，随着气体温度从高温 T_1 下降，$P\text{-}V$ 等温线的形状发生变化，最终达到一个临界值 $T=T_{\text{cr}}$，在这个临界值上，在某个固定的临界压力 P_{cr} 和固定的摩尔体积 V_{cr} 下，等温线上出现一个水平拐点。就是说：

$$\left(\frac{\partial P}{\partial V}\right)_{T_{\text{cr}}}=0;\ \left(\frac{\partial^2 P}{\partial V^2}\right)_{T_{\text{cr}}}=0$$

在温度低于 T_{cr} 时，两相平衡存在：一个气相和一个液相。例如，1 摩尔的蒸气，最初处于 A 状态（图 8.1），在 T_8 下进行等温压缩，蒸气的状态就会沿着等温线向 B 状态移动。在 B 处，蒸气的压力是 T_8 下液体的饱和蒸气压，系统的进一步压缩会导致蒸气凝结，随之而来形成液相。当蒸气达到 T_8 等温线上的 B 点时，开始形成与蒸气平衡的液相。V_C 是 P_C 和 T_8 下液体的摩尔体积。进一步的压缩会导致进一步的冷凝，在此期间，液相和气相的状态分别固定在 C 和 B，而系统的总体积，由液相和气相的相对比例决定，沿水平线从 B 移动到 C。最终凝结完成，系统在 C 点以 100% 的液体状态存在。压力的进一步增加使系统的状态沿着等温线向状态 D 方向移动。在液态范围内，$-(\partial P/\partial V)_T$ 的数值较大；在气态范围内，$-(\partial P/\partial V)_T$ 的数值较小，表明液相的可压缩性较低，气相的可压缩性较高。回顾一下，等温可压缩性为：

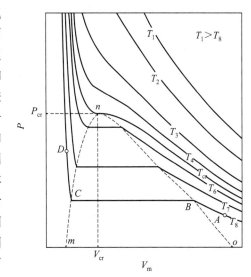

图 8.1 典型真实气体的等温 $P\text{-}V$ 关系

（V_{m} 为摩尔体积）

$$\beta_T = -\frac{1}{V}\left(\frac{\partial V}{\partial P}\right)_T$$

图 8.1 还显示，随着温度从 T_8 升高到 T_{cr}，与蒸气平衡的液体的摩尔体积（对应于 T_8 的 C 点）逐渐增加，与液体平衡的蒸气的摩尔体积（对应于 T_8 的 B 点）逐渐减少。因此，随着温度向 T_{cr} 升高，与液体平衡的蒸气密度增大，而与蒸气平衡的液体密度减小。最终，当达到 T_{cr} 时，共存相的摩尔体积在 $(P_{cr}，T_{cr})$ 状态下重合。因此，临界点与液体摩尔体积等于蒸气摩尔体积的平衡状态相吻合。

在大于 T_{cr} 的温度下，不会出现明显的两相平衡（涉及被边界分开的两相，跨越边界后系统的特性会突然改变），因此，气体不能在大于 T_{cr} 的温度下通过等温压缩液化。由于蒸气可以在低于 T_{cr} 的温度下通过等温压缩冷凝，临界等温线将气态和蒸气态区分开来，并定义了气态相区。各相区如图 8.2 所示。然而，请注意，沿着临界等温线，蒸气和气态之间在物性上没有区别。

气体的液化需要对气体进行冷却。考虑图 8.2 中的等压过程路径 1→2。根据这条代表气体在恒压下冷却的路径，气体→液体的相变发生在温度低于 T_{cr} 的 a 点。事实上，在压力大于 P_{cr} 的情况下，临界温度等温线没有物理意义。从状态 1 到状态 2，系统的摩尔体积逐渐减少，因此，系统的密度逐渐增加。在状态 1 和状态 2 之间没有发生相分离，处于状态 2 的系统可以等同于被视为正常密度的液体或高密度的气体，处于状态 1 的系统可以被视为正常密度的气体或低密度的液体。在物理学上，在压力大于 P_{cr} 的情况下，无法区分液态和气态，因此，以这些状态存在的系统被称为超临界流体。在图 8.3 所示系统的 P-T 相图中，临界点存在于液-气共存平衡曲线的终点，其中 $P = P_{cr}$，$T = T_{cr}$。

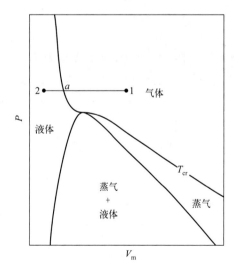

图 8.2　在 P-V 示意相图上典型
真实气体的相稳定区

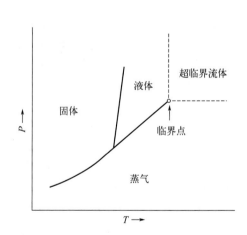

图 8.3　P-T 相图
（临界点位于液体-蒸气平衡曲线末端）

实际气体对理想性质的偏离可以用压缩系数对 1 的偏离来衡量。压缩系数 Z 定义为：

$$Z = \frac{PV}{RT} \tag{8.24}$$

对于所有存在状态下的完美气体，其值为 1。Z 本身是系统状态的一个函数，因此，取决于任何两个选定的因变量。例如，$Z = Z(P, T)$。图 8.4 是几种气体在恒定温度下 Z 随 P 变化的关系图。

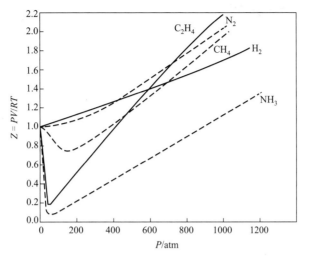

图 8.4 0℃时几种气体的压缩系数随压力的变化

如果将图 8.4 重新绘制成 Z 与对比压力 P_R（其中 $P_R = P/P_{cr}$）的关系，在固定的对比温度 $T_R (= T/T_{cr})$ 下，可以发现所有气体都位于一条曲线上。图 8.5 就是一系列这样的曲线图。图 8.4 所示的性质引出了对应状态原理。该原理指出，当用对比变量 P_R、T_R 和 V_R 而不是 P、T 和 V 表示时，所有气体都服从相同的状态方程。如果两种气体的两个对比变量的值是相同的，那么这两种气体的第三个对比变量的值就大致相同，那么就可以说是处于对应的状态。对于所有气体，有着同一个表示压缩系数随对比变量变化的函数（见作业题 8.1）。

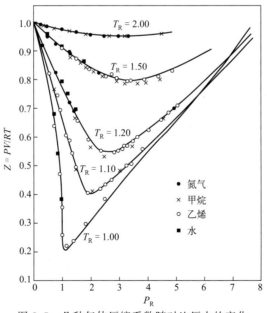

图 8.5 几种气体压缩系数随对比压力的变化
（不同对比温度下的曲线反映了对应状态原理）

8.5 范德瓦耳斯流体

回顾一下，理想气体服从理想气体定律，它有一个内能 U，且 U 只是温度的函数。理想气体被认为是由不相互作用的无体积的粒子组成的，其能量完全是组成粒子运动的平移能。推导真实气体状态方程的尝试工作，考虑了以下两个因素，对理想气体方程进行了修改。

- 真实气体的粒子（原子、分子）具有一定的体积。
- 真实气体的粒子相互作用。

气体的状态取决于这两个主要影响因素。例如，如果气体的摩尔体积很大，那么颗粒本身所占据的体积分数就很小，对气体性质的影响程度也会相应地小。同样，随着摩尔体积的增加，颗粒之间的平均距离也会增加，因此，颗粒之间的相互作用对气体性质的影响也会减小。对于固定数量的气体，摩尔体积的增加对应于密度（n/V'）的降低。这些存在状态在低压和高温下会出现，就像理想气体方程所描述的那样，即

$$\frac{n}{V'} = \frac{P}{RT}$$

因此，随着压力的降低和温度的升高，可以预期真实气体的性质与理想气体的相接近。

最著名的非理想气体的状态方程是范德瓦耳斯（Johannes Diderik van der Waals, 1837—1923）方程，它是在考虑上述两个因素的影响而得出的，对于 1 摩尔气体，可写为：

$$\left(P + \frac{a}{V^2}\right)(V - b) = RT \tag{8.25}$$

式中，P 为测量的气体压力（压强）；a/V^2 为修正项，表示气体颗粒间发生的相互作用；V 为测量的气体体积；b 为修正项，表示颗粒占据的体积❶。

修正项 b 是通过考虑两个球形粒子之间的碰撞来确定的。两个半径为 r 的粒子，当它们的中心之间的距离减小到小于 $2r$ 时，就会发生碰撞，如图 8.6（a）所示，在碰撞点，相对于其它所有粒子，这两个粒子占据的体积为：

$$\frac{4}{3}\pi(2r)^3$$

因此，每个粒子占据的体积为：

$$\frac{1}{2} \times \frac{4}{3}\pi(2r)^3 = 4 \times \frac{4}{3}\pi r^3$$

$$= 1 \text{ 个粒子体积的 } 4 \text{ 倍}$$

因此，总的占据体积是所有存在的粒子体积的 4 倍，其数值为 b。因此，在 1 摩尔气体中，体积 $(V-b)$ 是可供气体粒子运动的体积，也是气体在理想状态下的摩尔体积，即如果粒子没有体积，那么气体就会有摩尔体积。

---

❶ 对于 n 摩尔的范德瓦耳斯流体，其状态方程为 $\left(P + \frac{n^2 a}{V'^2}\right)(V' - nb) = nRT$，其中 $V' = nV$。

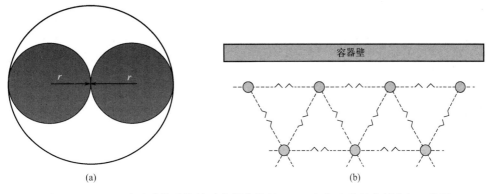

图 8.6 （a）两个球形粒子接触时占据的体积；（b）气相中粒子之间的相互作用
（相互作用会导致对容器壁施加的压力降低）

气体粒子之间的长程吸引力使作用在容器壁上的压力降低，其值低于没有这种吸引力时的压力值。范德瓦耳斯考虑了以下几点：邻近容器壁"层"中的粒子，由于与下一个相邻层中的粒子相互作用，受到了一个向内的净拉力。这些吸引力产生了内压力现象，净内拉（即气体对容器壁所施加压力的减少）的大小与"表面层"的粒子数量和"次表面层"的粒子数量成正比。这两个量都与气体的密度 n/V' 成正比，因此，净内拉与气体密度的平方成正比，或者，对于 1 摩尔气体，等于 a/V^2，其中 a 是一个常数。因此，如果 P 是气体的测量压力，且气体是理想的，即在粒子之间没有相互作用的情况下，$P+a/V^2$ 就是气体应作用到容器壁上的压力。其效果如图 8.6（b）所示。

范德瓦耳斯方程［式（8.25）］可写为：

$$PV^3-(Pb+RT)V^2+aV-ab=0$$

由于这个方程是 V 的 3 次方，所以有 3 个解。在不同的 T 值下，将 V 绘制成 P 的函数，可以得到图 8.7 所示的系列等温线。随着温度从 T_1 开始升高，极小值和极大值相互接近，直到在指定的温度 T_{cr}，它们重合，并在 P-V 曲线上产生一个水平拐点。这个拐点是临界点，$T=T_{cr}$、$P=P_{cr}$、$V=V_{cr}$，而由范德瓦耳斯方程可得：

$$P_{cr}=\frac{RT_{cr}}{(V_{cr}-b)}-\frac{a}{V_{cr}^2}$$

$$\left(\frac{\partial P}{\partial V}\right)_{T_{cr}}=-\frac{RT_{cr}}{(V_{cr}-b)^2}+\frac{2a}{V_{cr}^3}=0$$

$$\left(\frac{\partial^2 P}{\partial V^2}\right)_{T_{cr}}=\frac{2RT_{cr}}{(V_{cr}-b)^3}-\frac{6a}{V_{cr}^4}=0$$

解方程，得：

$$T_{cr}=\frac{8a}{27bR},V_{cr}=3b,P_{cr}=\frac{a}{27b^2}$$

$$(8.26)$$

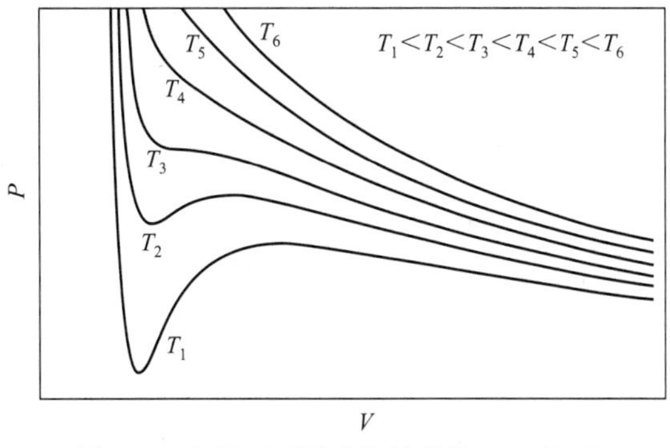

图 8.7 范德瓦耳斯流体的等温 P-V 关系

因此，对于任何气体，知道了 T_{cr} 和 P_{cr} 的值，常数 a 和 b 就可以确定了。另外，a 和 b 的值也可以通过拟合范德瓦耳斯方程与实验测得的真实气体的 V 随 T 和 P 的变化而获得。表 8.1 列出了几种气体的临界状态、范德瓦耳斯常数和临界点的 Z 值。

表 8.1　几种气体的临界状态、范德瓦耳斯常数和临界点的 Z 值

气体	T_{cr}/K	P_{cr}/atm	$V_{cr}/(cm^3/mol)$	$a/(L^2 \cdot atm/mol^2)$	$b/(L/mol)$	Z_{cr}
He	5.3	2.26	57.6	0.0341	0.0237	0.299
H_2	33.3	12.8	65	0.2461	0.0267	0.304
N_2	126.1	33.5	90	1.39	0.0391	0.292
CO	134	35	90	1.49	0.0399	0.295
O_2	153.4	49.7	74.4	1.36	0.0318	0.293
CO_2	304.2	73	95.7	3.59	0.0427	0.28
NH_3	405.6	111.5	72.4	4.17	0.0371	0.243
H_2O	647.2	217.7	45.0	5.46	0.0305	0.184

考虑由范德瓦耳斯方程确定的 V 随 P 的等温变化关系，如图 8.8 所示。增加任何作用在系统上的压力都必然引起系统体积的减少，$(\partial P/\partial V)_T < 0$。这是一个内在的（内禀、固有）稳定性的条件。在图 8.8 中，曲线 $JIHGF$ 部分违反这个条件，这意味着曲线的这一部分是一个不稳定区域。

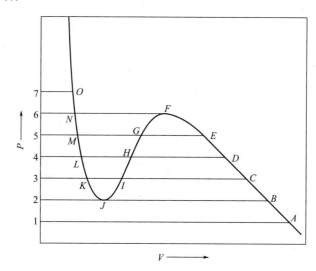

图 8.8　低于临界温度时范德瓦耳斯流体的体积随压力的等温变化

在这个温度下，系统的平衡状态可以通过吉布斯自由能沿等温线随 P 的变化而得到。由式（5.10d）可知在恒定的 T 下 G 随 P 的变化为 $dG = VdP$，在状态（P，T）和（P_A，T）之间对该式进行积分，可以得到：

$$G(P,T) - G(P_A,T) = \int_{P_A}^{P} VdP$$

或

$$G = G_A + \int_{P_A}^{P} VdP \tag{8.27}$$

如果给 G_A 指定一个任意的值，那么以图形表示的图 8.8 中所允许的 G 随 P 变化的积分，就对应于图 8.8 中 V 随 P 的变化。表 8.2 列出了积分值，图 8.9 给出了 G 随 P 的变化。

表 8.2　图 8.7 中的图示积分

$G_B = G_A + \int_{P_A}^{P_B} V\mathrm{d}P$	$=G_A +$ 面积 $1AB2$
G_C	$=G_A +$ 面积 $1AC3$
G_D	$=G_A +$ 面积 $1AD4$
G_E	$=G_A +$ 面积 $1AE5$
G_F	$=G_A +$ 面积 $1AF6$
G_G	$=G_A +$ 面积 $1AE5 +$ 面积 EFG
G_H	$=G_A +$ 面积 $1AD4 +$ 面积 DFH
G_I	$=G_A +$ 面积 $1AC3 +$ 面积 CFI
G_J	$=G_A +$ 面积 $1AB2 +$ 面积 BFJ
G_K	$=G_A +$ 面积 $1AC3 +$ 面积 $CFI -$ 面积 IJK
G_L	$=G_A +$ 面积 $1AD4 +$ 面积 $DFH -$ 面积 HJL
G_M	$=G_A +$ 面积 $1AE6 +$ 面积 $EFG -$ 面积 GJM
G_N	$=G_A +$ 面积 $1AF6 \qquad\qquad -$ 面积 FJN
G_O	$=G_A +$ 面积 $1AF6 \qquad\qquad -$ 面积 $FJN +$ 面积 $6NO7$

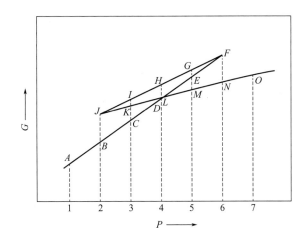

图 8.9　低于临界温度的恒定温度下，范德瓦耳斯流体的摩尔吉布斯自由能随压力的变化
（区域 $FGHIJ$ 是一个不稳定区域。F 和 J 标志着相稳定性的极限，有时被称为拐点）

如图 8.9 所示，随着压力从 P_1 开始增加，G 的值也增加。在压力大于 P_2 的情况下，系统有三种存在状态可供选择。例如，在 P_3，三个状态是由 I、K 和 C 点确定的。稳定或平衡状态是具有最低吉布斯自由能的状态，因此，在 P_2 到 P_4 的压力范围内，稳定状态位于 BCD 线上。当压力增加到 P_4 以上时，具有最低吉布斯自由能的状态不再位于原线（曲线 BCD 的延长线）上，而是位于曲线 LMN 上。P_4 的稳定性变化对应于这一点上的相变。也就是说，在压力小于 P_4 时，有一个相（蒸气）是稳定的，而在压力大于 P_4 时，另一个相（液体）是稳定的。在低压下（$P<P_4$），系统以蒸气形式存在，而在高压下（$P>P_4$），它以液体形式存在。在 P_4 点，气相的摩尔吉布斯自由能 G_D，等于液相的摩尔吉布斯自由

能 G_L，因此，在（P_4，T）状态下，蒸气和液体彼此平衡共存。从气相到液相的转变是一个一级相变（见第 7 章）。在图 8.8 中，一条连接点 D 和点 L 的连线横跨一个两相区域。在图 8.9 中，线 DF 代表亚稳的气相，线 LJ 代表亚稳的液体状态。因此，在没有从 D 状态的气相形成液相的情况下，过饱和的蒸气将沿曲线 DEF 存在，并且，在没有从 L 状态的液相形成气相的情况下，过饱和的液体将沿线 LKJ 存在。对路径 JHF 上的状态，由于违背"内在稳定性"判据，所以图 8.8 和图 8.9 中这条线所代表的状态是不稳定的，将自发地发生转变（即没有能量障碍），达到两相平衡。

F 点和 J 点分别代表气相和液相的介稳性（亚稳性）极限，这两个点被范德瓦耳斯在他的《热力学教程》（1908）中称为拐点。拐点❶出现在 $(\partial P/\partial V)_T = 0$ 的位置，对于范德瓦耳斯流体的等温线，产生两个点。在 $JIHGF$ 之间，不存在单相绝对平衡。这个区域是

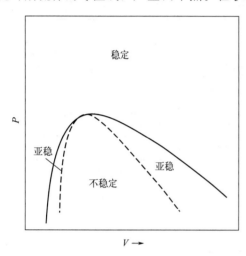

图 8.10 *P-V* 图显示了拐点的位置以及亚稳性和不稳定性的区域

P-V 图中的一个"间隙"。像所有的不稳定区域一样，它们是由能量状态函数对强度变量［在这种情况下为 $(\partial^2 G/\partial V^2)_T$］的二阶导数等于 0 的点来划分的。图 8.10 为一个典型的范德瓦耳斯流体的 *P-V* 图，其中的区域已经被划定：稳定性区域、亚稳性区域和绝对不稳定性区域。我们在研究二元平衡相图的时候会遇到这样的"间隙"，在第 9 章中，我们称它们为混溶间隙。在间隙内，平衡状态是两相共存状态。

由此可见，范德瓦耳斯方程预测了系统在温度低于 T_{cr} 时发生的相变。在低于 T_{cr} 的任何温度下，气相和液相处于平衡的 P 值时（例如，图 8.8 和图 8.9 中的 P_4），图 8.8 中的面积 HFD 等于面积 LJH。这处理方式被称为麦克斯韦尔解释。

对于 CO_2 而言，T_{cr} 和 P_{cr} 的测量值分别为 31℃ 和 72.9atm。因此，由式（8.26）可得：

$$b = \frac{RT_{cr}}{3P_{cr}} = 0.0427(L/mol)$$

以及

$$a = 27b^2 P_{cr} = 3.59(L^2 \cdot atm/mol^2)$$

在这种情况下，CO_2 的范德瓦耳斯方程可写为：

$$\left(P + \frac{3.59}{V^2}\right)(V - 0.0427) = RT$$

图 8.11 是在几个温度下 P 随 V 变化的关系图，可以看出 304K 的等温线在临界点上有一个水平拐点。在低于 304K 的温度下，等温线具有预期的极大值和极小值。随着温度的变化，范德瓦耳斯液体 CO_2 的饱和蒸气压，可以通过找到每个等温线上的连线来确定，该连

---

❶ "这个奇异点位于曲线上，曲线拥有一个折返点（节点）。这种（折返）交叉形式类似于拉丁语中'荆棘刺（spina）'的形状，曲线因此而得名。"由 A. H. Cahn 译自 J. W. Cahn. Spinodal Decomposition，Appendix B：Trans. Met. Soc. AIME，1967，242：166-180。

线应使 DFH 面积与 LJH 面积相等，理由参照对图 8.8 的解释。另外，摩尔吉布斯自由能随压力的变化可以通过等温条件下 V 随 P 变化的图形积分来确定。图 8.12 是几个温度下的 G-P 关系图，该图显示了液态 CO_2 的饱和蒸气压（点 P）随温度的变化。图 8.12 还表明，随着温度向临界温度升高，不稳定状态的范围（图 8.9 中的 J 到 F）逐渐缩小，最后在 T_{cr} 下消失。在温度大于 T_{cr} 时，全线表示在整个压力范围内只有一个相是稳定的。由于式（8.27）中的 G_A 是温度的函数，所以图 8.12 中的等温线彼此相对的位置是任意的，只有在 P 轴上的数据是有意义的。

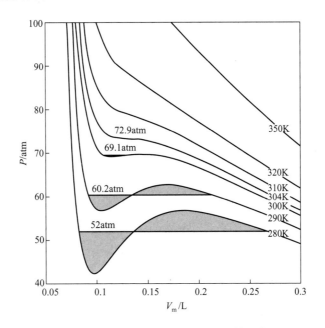

图 8.11　范德瓦耳斯 CO_2 的 P-V 等温线

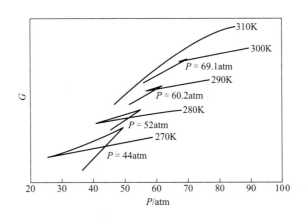

图 8.12　范德瓦耳斯 CO_2 的 G-P 等温线

　　图 8.13 是液态 CO_2 的饱和蒸气压随温度的变化曲线，是根据范德瓦耳斯方程得到的，并绘制成 P 的对数与绝对温度的倒数的关系曲线。图 8.13 还绘制了测量的饱和蒸气压随温度变化曲线。比较表明，范德瓦耳斯方程预测的蒸气压力值高于测量值，但是两个值之间的差值随着温度的升高而减小。因此，范德瓦耳斯方程预测的液态 CO_2 摩尔蒸发热小于测

量值，在图 8.13 中，ΔH_{evap} 可表示为 $-2.303R \times$（直线的斜率）（参照图 7.9 和图 7.10）。液化的范德瓦耳斯流体的摩尔蒸发潜热可按以下方式计算：

$$\Delta H_{evap} = H_v - H_l = U_v - U_l + P(V_v - V_l)$$

式中，V_v 和 V_l 分别为共存的气相和液相的摩尔体积；P 是温度 T 下的饱和蒸气压。

由式（3.12）和式（5.34）可得：

$$\left(\frac{\partial U}{\partial V}\right)_T = T\left(\frac{\partial P}{\partial T}\right)_V - P$$

上式应用于范德瓦耳斯流体，可以得到：

$$\left(\frac{\partial U}{\partial V}\right)_T = T\left(\frac{R}{V-b}\right) - P = \frac{a}{V^2}$$

积分，得：

$$U = -\frac{a}{V} + 常数$$

其中，积分常数是温度的一个函数。因此：

$$\Delta H_{evap} = -\frac{a}{V_v} + \frac{a}{V_l} + P(V_v - V_l) \tag{8.28}$$

$$= -a\left(\frac{1}{V_v} - \frac{1}{V_l}\right) + P(V_v - V_l) \tag{8.29}$$

在温度接近 T_{cr} 时，$V_v = V_l$，因此，式（8.29）正确地预测了范德瓦耳斯流体的 ΔH_{evap} 迅速下降到 0。

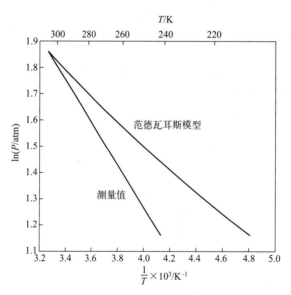

图 8.13　范德瓦耳斯液态 CO_2 的饱和蒸气压随温度变化的预测值与测量值

在考虑了导致非理想性质的物理因素后，尽管范德瓦耳斯提出了它的方程式，但是在计算 a 和 b 时，要求知道临界点的压力、体积和温度，这意味着该方程式是经验性的。然而，在描述偏离理想状态相对较小的气体所表现出的性质方面，这种经验性并不影响该方程所发挥的作用。更为重要的是，该状态方程预测的相变是一阶的（当蒸气在液体中转化时）。它还预测，当高于 P 和 T 的临界值时，状态会连续变化。

8.6　非理想气体的其它状态方程

其它非理想气体的状态方程包括狄特里奇（Conrad Dieterici，1858—1929）方程：

$$P(V-b')\mathrm{e}^{a'/RTV}=RT$$

和贝特洛（Pierre Eugène Marcellin Berthelot，1827—1907）方程：

$$\left(P+\frac{A}{TV^2}\right)(V-B)=RT$$

这些方程都没有一个基本的依据。

其它一般经验方程还有贝蒂-布里奇曼（James A. Beattie，1895—1981；Oscar C. Bridgeman）方程以及卡末林·昂内斯或维里（Heike Kamerlingh Onnes，1853—1926）状态方程。前一个方程除了 R 之外还包含 5 个常数，并且在宽的温度和压力范围内拟合 P-V-T 关系；在后一个方程中，假定 PV/RT 是 P 或 $1/V$ 的幂级数，即

$$\frac{PV}{RT}=1+BP+CP^2+\cdots$$

或

$$\frac{PV}{RT}=1+\frac{B'}{V}+\frac{C'}{V^2}+\cdots$$

乘积 PV 被称为维里项，B 或 B' 被称为第一维里系数，C 或 C' 被称为第二维里系数，依此类推，维里系数是温度的函数。在这两个方程中，当压力接近零，体积接近无穷大时，$PV/RT \to 1$。维里方程在气相中迅速收敛，因此，在整个密度和压力范围内，状态方程可以用维里展开式来表示。然而，在实践中，只有在需要保留前几项的时候才会使用维里方程。在低压力或低密度的情况下，

$$\frac{PV}{RT}=1+BP$$

或

$$\frac{PV}{RT}=1+\frac{B'}{V}$$

8.7　非理想气体的进一步热力学处理

式（8.7）表明，在任何温度下，理想气体的摩尔吉布斯自由能是气体压力的对数的线性函数。这一特性源于理想气体定律，由该定律推导出了这一方程式，因此，如果气体不是理想的，那么气体压力的对数与它的摩尔吉布斯自由能之间的关系就不是线性的。然而，鉴于式（8.7）的简单形式，所以定义了一个函数，在式（8.7）中使用该函数代替压力，使非理想气体的摩尔吉布斯自由能和该函数的对数之间满足线性关系。这个函数被称为逸度，

f，总体上可由下式定义：

$$dG = RT\,\mathrm{d}\ln f$$

这样确定积分常数：当压力接近零时，逸度接近该压力，即

$$P \to 0,\ \frac{f}{P} \to 1$$

此时，

$$G = G° + RT\ln f \tag{8.30}$$

式中，$G°$ 为气体在标准状态下的摩尔吉布斯自由能，现在定义为在温度 T 下 $f=1$ 的状态，即 $G° = G(f=1, T)$。理想气体的标准状态被定义为 $P=1$，T。

考虑一种气体服从如下状态方程：

$$V = \frac{RT}{P} - \alpha$$

其中 α 仅是温度的函数，是衡量气体偏离理想状态的指标。由式（5.12）可知恒定温度 T 下 $\mathrm{d}G = V\mathrm{d}P$，由式（8.30）可知恒定温度 T 下 $\mathrm{d}G = RT\mathrm{d}\ln f$。因此，在恒定的 T 下，有：

$$V\mathrm{d}P = RT\mathrm{d}\ln f$$

因此，

$$\mathrm{d}\ln\frac{f}{P} = -\frac{\alpha}{RT}\mathrm{d}P \tag{8.31}$$

在恒定的 T 下，在 $P=P$ 和 $P=0$ 的状态之间进行积分，得到：

$$\ln\left(\frac{f}{P}\right)_{P=P} - \ln\left(\frac{f}{P}\right)_{P=0} = -\frac{\alpha P}{RT} \tag{8.32}$$

因为当 $P=0$ 时，$(f/P)=1$，那么当 $P=0$ 时，$\ln(f/P)=0$，因此：

$$\ln\frac{f}{P} = -\frac{\alpha P}{RT} \quad \text{或} \quad \frac{f}{P} = \mathrm{e}^{-\frac{\alpha P}{RT}}$$

若可认为 α 与压力无关，则气体与理想性的偏差必须很小，在这种情况下，α 必为一个数值小的数，因此：

$$\mathrm{e}^{-\frac{\alpha P}{RT}} = 1 - \frac{\alpha P}{RT}$$

所以：

$$\frac{f}{P} = 1 - \frac{\alpha P}{RT} = 1 - \left(\frac{RT}{P} - V\right)\frac{P}{RT} = \frac{PV}{RT}$$

如果气体的性质是理想的，那么理想压力 P_{id} 将等于 RT/V。因此：

$$\frac{f}{P} = \frac{P}{P_{\mathrm{id}}} \tag{8.33}$$

这表明，气体的实际压力是其逸度和它在理想情况下压力的几何平均值。还可以看出，若把逸度看作是压力（等式左端），把压力看作是理想气体的压力（等式右端），则二者分别引起的百分比误差是相同的。

或者，可以根据压缩系数 Z 来考虑逸度。由式（8.31）可得：

$$\mathrm{d}\ln\frac{f}{P} = -\frac{\alpha}{RT}\mathrm{d}P = \left(\frac{V}{RT} - \frac{1}{P}\right)\mathrm{d}P$$

由 $Z=PV/RT$ 可得：

$$\mathrm{d}\ln\frac{f}{P}=\frac{Z-1}{P}\mathrm{d}P$$

积分得：

$$\ln\left(\frac{f}{P}\right)_{P=P}=\int_{P=0}^{P=P}\frac{Z-1}{P}\mathrm{d}P \tag{8.34}$$

这可以通过 $(Z-1)$ P 与 P 在常数 T 下的图形积分来求解，或者如果 Z 已知为 P 的函数，则可以通过直接积分来计算，即已知气体的维里状态方程。

例如，对于 $0℃$ 的氮气，$PV(\mathrm{cm}^3 \cdot \mathrm{atm})$ 随 P 在 $0\sim200\mathrm{atm}$ 范围内的变化可由下式表示，

$$PV=22414.6-10.281P+0.065189P^2+5.1955\times10^{-7}P^4-$$
$$1.3156\times10^{-11}P^6+1.009\times10^{-16}P^8$$

因此，在 $0℃$ 除以 $RT=22414.6$ 得到：

$$\frac{PV}{RT}=Z=1-4.5867\times10^{-4}P+2.9083\times10^{-6}P^2+2.3179\times10^{-11}P^4-$$
$$5.8694\times10^{-16}P^6+4.5015\times10^{-21}P^8$$

Z 随 P 的这种变化如图 8.4 所示。根据式（8.34）的积分，得到 $\ln(f/P)$ 为：

$$\ln\frac{f}{P}=-4.5867\times10^{-4}P+1.4542\times10^{-6}P^2+5.794\times10^{-12}P^4-$$
$$9.782\times10^{-17}P^6+5.627\times10^{-22}P^8$$

这种 f/P 随 P 的变化关系如图 8.14 所示。请注意，当压力接近 $1\mathrm{atm}$ 时，逸度接近 1。

由等温条件下的压力变化引起的非理想气体的摩尔吉布斯自由能变化可以通过下式计算：

$$\mathrm{d}G=V\mathrm{d}P$$

或

$$\mathrm{d}G=RT\mathrm{d}\ln f$$

这两种方法之间的对应关系如下。气体的维里状态方程为：

$$\frac{PV}{RT}=1+BP+CP^2+DP^3+\cdots$$

所以：

$$V=RT\left(\frac{1}{P}+B+CP+DP^2+\cdots\right)$$

因此，对于 1 摩尔气体从 (P_1, T) 到 (P_2, T) 的状态变化，

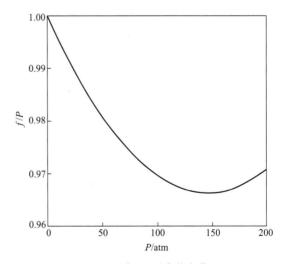

图 8.14　f/P 随 N_2 压力的变化（$0℃$）

$$\Delta G=\int_{P_1}^{P_2}V\mathrm{d}P=\int_{P_1}^{P_2}RT\left(\frac{1}{P}+B+CP+DP^2+\cdots\right)\mathrm{d}P$$
$$=RT\left[\ln\frac{P_2}{P_1}+B(P_2-P_1)+\frac{C}{2}(P_2^2-P_1^2)+\frac{D}{3}(P_2^3-P_1^3)+\cdots\right]$$

如果气体是理想的，则

$$\Delta G = RT \ln \frac{P_2}{P_1}$$

因此，由气体的非理想性引起的摩尔吉布斯自由能的变化是：

$$RT \left[B(P_2 - P_1) + \frac{C}{2}(P_2^2 - P_1^2) + \frac{D}{3}(P_2^3 - P_1^3) + \cdots \right]$$

或者，$dG = RT d\ln f$，由式（8.34）可知，

$$\ln \frac{f}{P} = \int_0^P \frac{Z-1}{P} dP$$

$$= \int_0^P (B + CP + DP^2 + \cdots) dP$$

$$= BP + \frac{CP^2}{2} + \frac{DP^3}{3} + \cdots$$

所以：

$$dG = RT d\ln f = RT d\ln \frac{f}{P} + RT d\ln P$$

因此：

$$\Delta G = RT \left[B(P_2 - P_1) + \frac{C}{2}(P_2^2 - P_1^2) + \frac{D}{3}(P_2^3 - P_1^3) + \cdots \right] + RT \ln \frac{P_2}{P_1}$$

这和前面得到的方程一致。

因此，对于 0℃下的 1 摩尔氮气，在 $P=150\text{atm}$ 和 $P=1\text{atm}$ 时的吉布斯自由能之差为：

$$\Delta G = RT \left[\ln\left(\frac{f}{P}\right)_{150} - \ln\left(\frac{f}{P}\right)_1 \right] + RT \ln 150$$

$$= 8.3144 \times 273 \times (-0.034117 + 0.000457) + 8.3144 \times 273 \times 5.011$$

$$= -76 + 11373$$

$$= 11297(\text{J})$$

因此，在大约 11300J 中，氮气非理想性对吉布斯自由能变化的贡献只有 −76J。

维里方程中必须保留的项数取决于该方程适用压力范围的大小。例如，在 0℃氮气的维里方程中，压力小于 6atm 只需保留第一项，压力小于 20atm 只需保留前两项。当只需保留第一项时，表达式为：

$$\frac{PV}{RT} = 1 + BP$$

或者

$$V = \frac{RT}{P} + BRT$$

因此，式（8.31）中的 $\alpha = -BRT$，α 仅是温度的函数。

考虑一种服从状态方程 $PV = RT(1 + BP)$ 的非理想气体。这种非理想气体在从 P_1 到 P_2 的可逆等温膨胀中所做的功与理想气体在相同温度下从 P_1 到 P_2 的可逆等温膨胀时所做的功相同。但是，非理想气体在从 V_1 到 V_2 的可逆等温膨胀中所做的功大于理想气体在相同温度下从 V_1 到 V_2 的可逆等温膨胀时所做的功。考虑一下为什么会这样？

对于理想气体 $V = RT/P$，对于非理想气体 $V = RT/P + BRT$。因此，在 $P\text{-}V$ 图上，非理想气体的任何等温线都以恒定的体积增量 BRT 从理想气体等温线的位置平移出去，如

图 8.15 所示。由于恒定位移，P_1 和 P_2 之间的理想气体等温线下面积（面积 $abcd$）与相同压力之间的非理想气体等温线下面积（面积 $efgh$）相同。因此，两种气体从 P_1 等温膨胀到 P_2 所做的功相同。对于理想气体，

$$w_{\text{ideal gas}} = \int_{V_1}^{V_2} P\,dV = RT\ln\frac{V_2}{V_1} = RT\ln\frac{p_1}{p_2}$$

对于非理想气体，

$$w_{\text{nonideal gas}} = \int_{V_1}^{V_2} P\,dV$$

因为 $V = RT/P + BRT$，所以，在恒温 T 条件下，$dV = -RT(dP/P^2)$，因此，

$$w_{\text{nonideal gas}} = -\int_{P_1}^{P_2} RT\left(\frac{dP}{P}\right) = RT\ln\frac{P_1}{P_2} = w_{\text{ideal gas}}$$

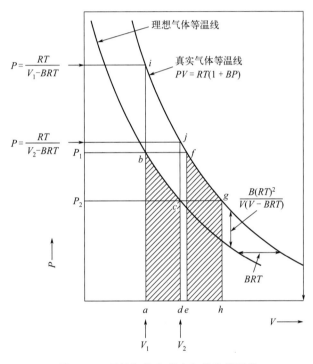

图 8.15　理想气体和真实气体的等温线

然而，由于非理想气体的任何等温线都高于理想气体的等温线（对 B 为正值的情况），因此非理想气体在从 V_1 到 V_2 的等温可逆膨胀（面积 $aijd$）过程中所做的功，比理想气体在 V_1 和 V_2 之间的等温可逆膨胀（面积 $abcd$）所做的功更大。两条等温线之间的垂直间隔为：

$$P_{\text{nonideal gas}} - P_{\text{ideal gas}} = \frac{RT}{V-BRT} - \frac{RT}{V} = \frac{B(RT)^2}{V(V-BRT)}$$

对于理想气体，$w_{\text{ideal gas}} = RT\ln(V_2/V_1)$，而对于非理想气体，

$$w_{\text{nonideal gas}} = \int_{V_1}^{V_2} P\,dV$$

其中，

$$P = \frac{RT}{V-BRT}$$

因此：

$$w_{\text{nonideal gas}} = RT \ln \frac{V_2 - BRT}{V_1 - BRT} > w_{\text{ideal gas}}$$

考虑对比 1 摩尔 H_2 作为真实气体和理想气体在 298K 下可逆等温膨胀的性质，其中真实气体 H_2 服从状态方程 $PV = RT(1 + 0.00064P)$；理想气体的初始压力和终态压力分别为 $P_1 = 100\text{atm}$ 和 $P_2 = 50\text{atm}$。

$$V_{1(\text{ideal gas}, P_1=100\text{atm}, T=298\text{K})} = \frac{RT}{P_1} = \frac{0.08206 \times 298}{100} = 0.2445(\text{L})$$

$$\begin{aligned} V_{1(H_2, P_1=100\text{atm}, T=298\text{K})} &= \frac{RT}{P_1} + RTB = 0.2445 + 0.08206 \times 298 \times 6.4 \times 10^{-4} \\ &= 0.2445 + 0.0157 \\ &= 0.2602(\text{L}) \end{aligned}$$

$$V_{2(\text{ideal gas}, P_2=50\text{atm}, T=298\text{K})} = \frac{RT}{P_2} = \frac{0.08206 \times 298}{50} = 0.4890(\text{L})$$

$$\begin{aligned} V_{2(H_2, P_2=50\text{atm}, T=298\text{K})} &= \frac{RT}{P_2} + RTB = 0.4890 + 0.08206 \times 298 \times 6.4 \times 10^{-4} \\ &= 0.4890 + 0.0157 \\ &= 0.5047(\text{L}) \end{aligned}$$

因此，当状态发生如下变化时，

$$(V_1 = 0.2445\text{L}, \ T = 298\text{K}) \longrightarrow (V_2 = 0.4890\text{L}, \ T = 298\text{K})$$

$$w_{\text{ideal gas}} = RT \ln \frac{V_2}{V_1} = 8.314 \times 298 \times \ln \frac{0.4890}{0.2445} = 1717(\text{J})$$

以及

$$w_{\text{nonideal gas}} = RT \ln \frac{V_2 - BRT}{V_1 - BRT} = 8.314 \times 298 \times \ln \frac{0.4890 - 0.0157}{0.2445 - 0.0157} = 1801(\text{J})$$

当 $V_1 = 0.2445\text{L}$、$T = 298\text{K}$ 时，理想气体的压力 $P_{\text{ideal gas}} = 100\text{atm}$，而真实气体 H_2 的压力为：

$$P_{H_2} = \frac{RT}{V - BRT} = \frac{0.08206 \times 298}{0.2445 - 0.0157} = 106.9(\text{atm})$$

当 $V_2 = 0.4890\text{L}$、$T = 298\text{K}$ 时，理想气体的压力 $P_{\text{ideal gas}} = 50\text{atm}$，而真实气体 H_2 的压力为：

$$P_{H_2} = \frac{RT}{V - BRT} = \frac{0.08206 \times 298}{0.4890 - 0.0157} = 51.7(\text{atm})$$

8.8 小结

① 理想气体是服从理想气体定律 $PV = RT$ 的无体积、无相互作用粒子的集合体。理想气体的内能仅来自气体粒子的平移运动，因此仅是温度的函数。理想气体的焓也只是温度的函数。

② 理想气体定律的一个推论是，在恒定温度下，理想气体的吉布斯自由能是气体压力的对数的线性函数。

③ 由于吉布斯自由能没有绝对大小，因此可以方便地测量自任意状态起吉布斯自由能的变化。某一状态，若其温度为感兴趣的温度，压力为 1atm，称其为标准状态。因此，状态（P，T）和标准状态（$P=1atm$，T）下的摩尔吉布斯自由能之差为 $\Delta G = RT\ln P$。

④ 实际气体与理想气体性质上有偏差，是因为实际气体的原子或分子具有一定的体积，且原子或分子之间发生相互作用。

⑤ 人们进行了各种尝试来修正理想气体定律，使之适用于这些偏离效应，其中推导出的最著名的方程是范德瓦耳斯状态方程，它可以应用于与理想状态有微小偏差的气体。该方程预测了温度低于临界温度时由压缩引起的蒸气凝结，但没有给出液相饱和蒸气压对温度的准确依赖关系。一般来说，测量到的随 P 和 T 变化的气体摩尔体积，可被拟合为 PV/RT 是 P 或 $1/V$ 幂级数的函数方程。这样的方程被称为维里方程。

⑥ 范德瓦耳斯方程预测，在临界点以下会发生相变。

⑦ 在恒定对比温度 $T_R = T/T_{cr}$ 下，所有实际气体的压缩系数 $Z = PV/RT$，都是对比压力 $P_R = P/P_{cr}$ 的同一个函数。这就引出了对应状态定律，即当两种气体的两个对比变量的值相同时，它们的第三个对比变量的值几乎相同。

⑧ 引入逸度 f 有助于研究非理想气体的热力学性质，逸度 f 由方程 $dG = RT\,d\ln f$ 和条件 $P \to 0$ 时 $f/P \to 1$ 定义。因此，对于非理想气体，标准状态是在感兴趣的温度下逸度为 1 的状态。在与理想状态微小偏差的情况下，气体的压力是其逸度和理想状态下气体所产生的压力 P_{id} 的几何平均值。

⑨ 混合气体的组成最方便的是用其组分气体的摩尔分数来表示，如果混合气体是理想的，组分气体产生的分压与总压 P 和摩尔分数 X_i 的关系是 $p_i = X_i P$。这个关系式被称为道尔顿分压定律。在理想气体的混合物中，某成分气体的偏摩尔吉布斯自由能是其分压对数的线性函数，而在非理想气体的混合物中，它是其逸度对数的线性函数。

⑩ 由于理想气体中原子或分子间不相互作用，当不同的理想气体混合时，焓值不会发生变化。也就是说，理想气体混合的焓变 $\Delta H'^{mix}$ 为 0。理想气体混合时发生的熵变完全来自不同类型原子或分子在所占体积空间中的完全随机化分布，因此，由于 $\Delta H'^{mix} = 0$，$\Delta G'^{mix} = -T\Delta S'^{mix}$。

8.9　本章概念和术语

读者应写出以下术语的简要定义或描述。在适当的情况下，可以使用方程式。

压缩系数，Z

临界点

道尔顿分压定律

混合焓

混合熵

逸度

混合吉布斯自由能

理想/完美气体

对应状态定律

液体/蒸气平衡

麦克斯韦尔解释

混合物

摩尔分数

偏摩尔量

稳定/不稳定/亚稳定

标准状态

超临界流体

范德瓦耳斯流体

维里方程

8.10 证明例题

（1）证明例题 1

推导 1 摩尔理想气体压力的全微分的简化表达式。

解答：

$$dP = \left(\frac{\partial P}{\partial T}\right)_V dT + \left(\frac{\partial P}{\partial V}\right)_T dV$$

对于 1 摩尔理想气体，有：

$$\left(\frac{\partial P}{\partial T}\right)_V = \frac{R}{V}$$

和

$$\left(\frac{\partial P}{\partial V}\right)_T = -\frac{RT}{V^2} = -\frac{P}{V}$$

因此：

$$dP = \frac{R}{V}dT - \frac{P}{V}dV$$

（2）证明例题 2

1 摩尔理想气体在恒温下体积增加 1 倍。计算该过程中气体吉布斯自由能的变化，以及气体熵的变化。

解答：

$$dG = -SdT + VdP$$

恒温 T 下，有：

$$dG = VdP = \frac{RT}{P}dP$$

且

$$dP = -\frac{RT}{V^2}dV$$

$$\frac{dP}{P} = -\frac{RT}{PV^2}dV = -\frac{dV}{V}$$

因此：

$$\Delta G = -RT\ln\frac{V_2}{V_1} = -RT\ln 2$$

因为是理想气体，所以 $\Delta H = 0$，$\Delta S = R\ln 2 > 0$。

8.11 计算例题

（1）计算例题 1

假设 N_2 表现为范德瓦耳斯气体，$a = 1.39\text{L}^2 \cdot \text{atm/mol}^2$，$b = 39.1\text{ cm}^3/\text{mol}$，计算在 400K 下 1 摩尔 N_2 体积从 1L 增加到 2L 时，吉布斯自由能的变化和熵的变化。

解答：

对于范德瓦耳斯流体，有：

$$P = \frac{RT}{V-b} - \frac{a}{V^2}$$

因此，

$$
\begin{aligned}
dP &= -\frac{RT\,dV}{(V-b)^2} + \frac{R\,dT}{V-b} + \frac{2a\,dV}{V^3} \\
&= \frac{R\,dT}{V-b} + \left[\frac{2a}{V^3} - \frac{RT}{(V-b)^2}\right]dV \qquad\qquad\text{(i)} \\
&= \frac{R\,dT}{V-b} + \left[\frac{2a(V-b)^2 - RTV^3}{V^3(V-b)^2}\right]dV \qquad\text{(ii)}
\end{aligned}
$$

在恒温条件下，

$$dG = V\,dP$$

将式（i）代入上式，得：

$$dG = \left[\frac{2a}{V^2} - \frac{RTV}{(V-b)^2}\right]dV$$

在 V_1 和 V_2 之间积分，得：

$$
\begin{aligned}
\Delta G &= \int_{V_1}^{V_2}\left[\frac{2a}{V^2} - \frac{RTV}{(V-b)^2}\right]dV \\
&= \left[-\frac{2a}{V} + \frac{RTb}{V-b} - RT\ln(V-b)\right]_{V_1}^{V_2} \\
&= RTb\left(\frac{1}{V_2-b} - \frac{1}{V_1-b}\right) - RT\ln\frac{V_2-b}{V_1-b} - 2a\left(\frac{1}{V_2} - \frac{1}{V_1}\right)
\end{aligned}
$$

$$= 0.082057 \times 400 \times 0.0391 \times \left(\frac{1}{2-0.0391} - \frac{1}{1-0.0391} \right) -$$

$$0.082057 \times 400 \times \ln \frac{2-0.0391}{1-0.0391} - 2 \times 1.39 \times \left(\frac{1}{2} - \frac{1}{1} \right)$$

$$= -0.68 - 23.41 + 1.39$$

$$= -22.7 (L \cdot atm)$$

$$= -\frac{22.7 \times 8.3144}{0.082057}$$

$$= -2300 (J)$$

根据式 (6.17)，在恒定温度下，

$$dS = -\alpha V dP$$

其中：

$$\alpha = \frac{1}{V} \left(\frac{\partial V}{\partial T} \right)_P$$

由式 (ii)，在恒压条件下：

$$\frac{dV}{dT} = -\frac{R}{V-b} \frac{V^3 (V-b)^2}{[2a(V-b)^2 - RTV^3]}$$

因此对于范德瓦耳斯流体，有：

$$\alpha = -\frac{RV^2 (V-b)}{2a(V-b)^2 - RTV^3}$$

所以：

$$dS = -\left[-\frac{RV^2(V-b)}{2a(V-b)^2 - RTV^3} \right] V \left[\frac{2a(V-b)^2 - RTV^3}{V^3(V-b)^2} \right] dV$$

$$= \frac{R dV}{V-b}$$

所以：

$$\Delta S = R \ln \frac{V_2 - b}{V_1 - b}$$

$$= 8.3144 \times \ln \frac{2-0.0391}{1-0.0391}$$

$$= 5.93 (J/K)$$

如果 N_2 表现出理想气体的性质，吉布斯自由能和熵的变化将是：

$$\Delta G = RT \ln \frac{V_1}{V_2}$$

$$= 8.3144 \times 400 \times \ln \frac{1}{2}$$

$$= -2305 (J)$$

以及

$$\Delta S = R \ln \frac{V_2}{V_1}$$

$$= 8.3144 \times \ln 2$$

$$= 5.76 (J/K)$$

（2）计算例题 2

正丁烷在 460K 的维里状态方程为 $Z=1+A/V+B/V^2$，其中 $A=-265\ \mathrm{cm^3/(g\cdot mol)}$，$B=30250\mathrm{cm^6/(g^2\cdot mol^2)}$。计算在 460K 时 1 摩尔正丁烷体积从 $400\ \mathrm{cm^3}$ 减小到 $200\mathrm{cm^3}$ 时吉布斯自由能的变化。

解答：

由已知条件可知状态方程可写为：

$$PV=RT\left(1-\frac{265}{V}+\frac{30250}{V^2}\right)$$

所以：

$$P=RT\left(\frac{1}{V}-\frac{265}{V^2}+\frac{30250}{V^3}\right)$$

恒温下取微分，有：

$$\mathrm{d}P=RT\left(-\frac{1}{V^2}+\frac{2\times265}{V^3}-\frac{3\times30250}{V^4}\right)\mathrm{d}V$$

因此：

$$\mathrm{d}G=V\mathrm{d}P=RT\left(-\frac{1}{V}+\frac{530}{V^2}-\frac{90750}{V^3}\right)\mathrm{d}V$$

积分得：

$$\begin{aligned}\Delta G&=RT\left[-\ln\frac{V_2}{V_1}-530\times\left(\frac{1}{V_2}-\frac{1}{V_1}\right)+\frac{90750}{2}\times\left(\frac{1}{V_2^2}-\frac{1}{V_1^2}\right)\right]\\&=8.3144\times460\times\left[-\ln\frac{1}{2}-530\times\left(\frac{1}{200}-\frac{1}{400}\right)+45375\times\left(\frac{1}{200^2}-\frac{1}{400^2}\right)\right]\\&=8.3144\times460\times(0.693-1.325+0.851)\\&=838(\mathrm{J})\end{aligned}$$

 作业题

8.1 通过用对比变量写出范德瓦耳斯方程来证明对应状态原理。计算范德瓦耳斯流体在其临界点的压缩系数，并将结果与表 8.1 中所列的实际气体在其临界点的数值进行比较。计算范德瓦耳斯流体的 $(\partial U/\partial V)_T$ 值。

8.2 n 摩尔理想气体 A 和（$1-n$）摩尔理想气体 B，各自在 1atm 下，在总恒压下混合。混合物中 A 和 B 的比例是多少时，能使系统的吉布斯自由能的减少量最大？如果吉布斯自由能的减少量为 ΔG^M，为了使混合气体的吉布斯自由能增加 $1/2\Delta G^M$，压力必须增加到什么值？

8.3 你负责购买 O_2，在使用前将其储存在一个直径为 0.2m、高为 2m 的圆柱形容器中，压力为 200atm，温度为 300K。你希望气体的性质是理想的还是像范德瓦耳斯流体一样？O_2 的范德瓦耳斯常数是 $a=1.36\mathrm{L^2\cdot atm/mol^2}$，$b=0.0318\mathrm{L/mol}$。

8.4 正丁烷在 460K 的维里状态方程为 $Z=1+A/V+B/V^2$，其中 $A=-265\mathrm{cm^3/(g\cdot}$

mol)，$B = 30250 \text{cm}^6/(\text{g}^2 \cdot \text{mol}^2)$。计算在 460K 时将 1 摩尔正丁烷从 50atm 可逆地压缩到 100atm 所需的功。

8.5 对于 SO_2，$T_{cr} = 430.7\text{K}$，$P_{cr} = 77.8\text{atm}$。计算：

a. 气体的临界范德瓦耳斯常数；

b. 范德瓦耳斯 SO_2 的临界体积；

c. 在 500K 时，1 摩尔 SO_2 占据 500 cm^3 的体积所产生的压力。将其与在相同温度下占据相同体积的理想气体所产生的压力进行比较。

8.6 100 摩尔 H_2 在 298K 时被可逆等温地从 30L 压缩到 10L。H_2 的范德瓦耳斯常数是 $a = 0.2461\text{L}^2 \cdot \text{atm}/\text{mol}^2$，$b = 0.02668\text{L}/\text{mol}$，在压力 0～1500atm 的范围内，$H_2$ 的维里方程式是 $PV = RT(1 + 6.4 \times 10^{-4} P)$。计算为实现所需的体积变化而必须对系统做的功，并将其与如下假设条件下计算的数值进行比较。（a）H_2 表现为范德瓦耳斯流体；（b）H_2 表现为理想气体。

8.7 使用作业题 8.6 中给出的 298K 时 H_2 的维拉尔状态方程，计算：

a. H_2 在 500atm 和 298K 时的逸度；

b. 逸度是压力 2 倍时的压力；

c. 将 1 摩尔 H_2 在 298K 下从 1atm 压缩到 500atm 所引起的吉布斯自由能的变化，其中由于 H_2 的非理想性产生的贡献大小是多少？

8.8❶ 证明截断的卡末林·昂内斯或维里方程 $PV/RT = 1 + B'(T)/V$ 可简化为 $P(V - b') = RT$，并写出 b' 的表达式。

8.9❶ 图 8.8 是温度低于临界温度的范德瓦耳斯流体的体积随压力的等温变化关系图。重新绘制此图，并在下面勾画出亥姆霍兹自由能 A 与体积 V 的关系图。一定要在 A 与 V 的关系图上标出重要的点。

8.10❶ 求出范德瓦耳斯气体压力全微分的简化表达式。

8.11❶ 推导出范德瓦耳斯流体的 Z_{cr} 表达式：

$$Z_{cr} = \frac{P_{cr}V_{cr}}{RT_{cr}}$$

8.12❶ 二元溶液的理想混合熵为：

$$\Delta S^{mix} = -R(X_A \ln X_A + X_B \ln X_B)$$

a. 画出混合的熵与 X_B 的关系；

b. 计算（使用理想混合熵的表达式）$X_B = 0.25$ 时的理想混合熵；

c. 计算该曲线在 $X_B = 0.25$ 时的斜率；

d. 计算 $X_B = 0.25$ 时 B 组分的偏摩尔熵；

e. 计算 $X_B = 0.25$ 时 A 组分的偏摩尔熵；

f. 证明 d 和 e 的答案与 c 的答案相等。

---

❶ 第 6 版中的新作业题。

第 9 章

溶液的性质

9.1 引言

我们在前几章中已经看到，气体当其组成原子或分子之间没有相互作用时，可以认为是理想的。这种无相互作用的情况允许气体以其构型熵可能达到最高值的状态存在。被认为是理想的气体都具有相同的混合热力学性质。任何相互作用，例如在范德瓦耳斯气体中存在的相互作用，都会降低气体的熵，并且随着温度的降低，相互作用最终导致气体冷凝成液体或固体，这取决于其压力。

凝聚相确实在组成它的原子、分子或离子之间存在相互作用，这些相互作用的性质和大小对溶液的热力学性质有很大影响。相互作用是由原子大小、电负性以及电子与原子的比率等因素决定的，这些因素决定了一种成分在溶液中的溶解度，以及两种或多种组分是否会发生化学反应形成新的物质。溶液热力学关注的是溶液组分蒸气压力-温度-组成的关系。本章研究溶液的热力学。

9.2 拉乌尔定律和亨利定律

如果将一定量的纯液体 A 放在温度为 T 的封闭的、最初排空的容器中，部分液体将自发蒸发，直到容器中的压力达到温度为 T 的液体 A 的饱和蒸气压 p_A°。在这种状态下，建立了一个动态平衡，其中液体 A 的蒸发速率等于蒸气 A 的凝结速率。蒸发速率，$r_{e(A)}$，由液体表面的 A 原子间的键能大小决定。原子之间的作用力是这样的：每个表面原子都位于一个势阱的底部附近，一个原子要离开液体表面并进入气相，它必须获得一个活化能，E^*。本征蒸发率，$r_{e(A)}$，由势阱的深度决定，也就是由 E^* 的大小和温度 T 决定。另一方面，凝结速率 $r_{c(A)}$ 与气相中单位时间内撞击液体表面的 A 原子数量成正比。对于一个给定的温度，它与蒸气的压力成正比，因此，$r_{c(A)} = kp_A^\circ$。在平衡状态下，$r_{e(A)} = r_{c(A)}$，因此，

$$r_{e(A)} = kp_A^\circ \tag{9.1}$$

表面原子的能量是量子化的，表面原子在可用的量子化的能级中的分布可由式（4.17）确定，即

$$\frac{n_i}{n} = \frac{\exp\left(-\dfrac{E_i}{k_B T}\right)}{Z}$$

式中，n_i/n 为处于第 i 个能级 E_i 上的原子的比例；Z 为配分函数，可以由下式确定。

$$Z = \sum_0^\infty \exp\left(-\frac{E_i}{k_B T}\right)$$

如果量子化能级的间隔足够近，以至于可以用积分来代替求和，那么：

$$Z = \int_0^\infty \exp\left(-\frac{E_i}{k_B T}\right) dE = k_B T$$

这是每个原子的平均能量。因此，能量大于蒸发活化能 E^* 的表面原子的比例是：

$$\frac{n_i^*}{n} = \frac{1}{k_B T} \int_{E^*}^\infty \exp\left(-\frac{E_i}{k_B T}\right) dE = \exp\left(-\frac{E^*}{k_B T}\right)$$

蒸发速率，$r_{e(A)}$，与 n_i^*/n 成正比，因此，它随着温度的升高呈指数增长，并随着 E^* 值的增加呈指数下降。式（9.1）说明了为什么液体的饱和蒸气压是温度的指数函数。同样，当纯液体 B 被放置在温度为 T 的初始排空容器中时，当下式成立时，液态和气态之间发生平衡。

$$r_{e(B)} = k' p_B^\circ \tag{9.2}$$

考虑在液体 A 中加入少量液体 B 的效果。如果溶液中 A 的摩尔分数为 X_A，且 A 和 B 的原子直径相近，那么，假设液体表面的成分与主体液体的成分相同，A 原子占据的表面位点的比例为 X_A。由于 A 只能从被 A 原子占据的表面位点蒸发，A 的蒸发速率下降至纯液体 A 时的 X_A 倍，由于蒸发速率和冷凝速率在平衡状态下彼此相等，A-B 溶液产生的 A 的平衡蒸气压从 p_A° 下降到 p_A，其中：

$$r_{e(A)} X_A = k p_A \tag{9.3}$$

同样地，对于含有少量 A 的液体 B，也是如此，

$$r_{e(B)} X_B = k' p_B \tag{9.4}$$

合并式（9.1）和式（9.3），可以得到：

$$p_A = X_A p_A^\circ \tag{9.5}$$

合并式（9.2）和式（9.4），可以得到：

$$p_B = X_B p_B^\circ \tag{9.6}$$

式（9.5）和式（9.6）是拉乌尔定律的表达式。该定律指出，溶液中某一组分 i 所产生的蒸气压等于溶液中 i 的摩尔分数与在溶液温度下纯液体 i 的饱和蒸气压的乘积。图 9.1 是拉乌尔定律的曲线图。服从拉乌尔定律的溶液组分被称为表现出拉乌尔性质。

式（9.3）和式（9.4）的推导需要假设 A 和 B 的本征蒸发速率与溶液的组成无关。这就要求溶液

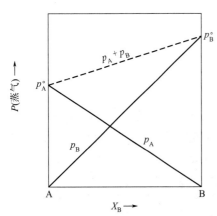

图 9.1　二元溶液中各组分的蒸气
压力与成分的关系
（该溶液的两种组分在所有成分中
都服从拉乌尔定律）

中的 A-A、B-B 和 A-B 键能的大小是相同的，在这种情况下，表面原子的势阱深度与它近邻的原子类型无关。当这种情况发生时，原子的排列并不取决于键能，因此，它们将采取一种构型，使溶液的构型熵达到最大。

考虑 A-B 键能比 A-A 和 B-B 键能负得多的情况，并考虑 B 在 A 中的溶液，该溶液足够稀，液体表面的每个 B 原子只被 A 原子包围。在这种情况下，表面的 B 原子各自位于比纯 B 表面的 B 原子更深的势阱中。因此，为了离开表面并进入气相，B 原子必须克服更大的能量障碍，因此，B 的本征蒸发速率从 $r_{e(B)}$ 下降到 $r'_{e(B)}$。凝结溶液和气相之间建立平衡时，有：

$$r'_{e(B)} X_B = k' p_B \tag{9.7}$$

合并式（9.2）和式（9.7），可以得到：

$$p_B = \frac{r'_{e(B)}}{r_{e(B)}} X_B p_B^{\circ} \tag{9.8}$$

因为 $r'_{e(B)} < r_{e(B)}$，所以式（9.8）中的 p_B 小于式（9.6）中的 p_B。式（9.8）可写为：

$$p_B = k^B X_B \tag{9.9}$$

其中 $k^B < 1$。

随着 A-B 溶液中 B 的摩尔分数的增加，液体表面所有 B 原子只被 A 原子包围的概率会降低。表面上出现一对相邻的 B 原子，会减少它们所在的势阱深度，因此会增加 $r'_{e(B)}$ 的值。在 B 的摩尔分数超过某个临界值之后，$r'_{e(B)}$ 随成分的变化而变化，因此，溶液中的 B 不再服从式（9.9）。因此，式（9.9）只在 A 中 B 的初始浓度范围内适用，其范围取决于溶液的温度和 A-A、B-B 和 A-B 键能的相对大小。考虑 A 在 B 中的稀溶液，类似地可以得到：

$$p_A = k^A X_A \tag{9.10}$$

该式也是在最初的浓度范围内适用。式（9.9）和式（9.10）被称为亨利定律，在服从亨利定律的成分范围内，溶质被称为表现出亨利性质。如果 A-B 键能的负值比 A-A 和 B-B 键能的负值小，那么，由于 $r'_{e(B)} > r_{e(B)}$，亨利定律线位于拉乌尔定律线的上方［图 9.2（a）］。在这样的溶液中，溶质被认为表现出了与拉乌尔性质的正偏离。反之，如果 A-B 键能比 A-A 和 B-B 键能更负，那么溶质原子只被溶剂原子包围，位于比纯溶质更深的势阱中。在这种情况下，$r'_{e(B)} < r_{e(B)}$，溶质的亨利定律线位于拉乌尔定律线的下方［图 9.2（b）］。这样的溶液中的溶质被称为表现出与拉乌尔性质的负偏离，并且 $k^B < 1$。这就是之前描述的情况，总结为式（9.9）。

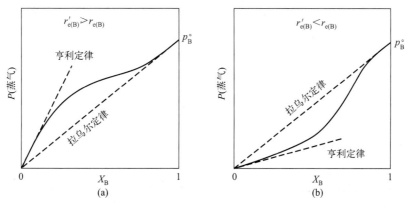

图 9.2　二元溶液溶质的蒸气压力与成分的关系

（a）正偏离拉乌尔定律；（b）负偏离拉乌尔定律

9.3　溶液组分的热力学活度

在温度 T 下，任何状态下组分的热力学活度，被正式定义为该状态下的物质的逸度（见第 8.7 节）与它在标准状态下逸度的比值。对于物种或物质 i，

$$i\ 物质的活度 \equiv a_i \equiv \frac{f_i}{f_i^\circ} \tag{9.11}$$

在凝聚态溶液中，f_i 是温度为 T 时溶液中组分 i 的逸度，f_i° 是温度为 T 时纯 i（标准状态）的逸度。如果与凝聚态溶液平衡的蒸气是理想的，那么 $f_i = p_i$，在这种情况下，有：

$$a_i = \frac{p_i}{p_i^\circ} \tag{9.12}$$

也就是说，相对于纯 i 而言，i 在溶液中的活度是溶液产生的 i 的分压与相同温度下纯 i 的饱和蒸气压之比。如果组分 i 表现出拉乌尔性质，那么由式（9.5）和式（9.12）得：

$$a_i = X_i \tag{9.13}$$

这是拉乌尔定律的另一种表达方式 [参见式（9.5）和式（9.6）]。在图 9.3 中，液态 Fe 和 Cr 二元溶液在所有成分范围内都表现出拉乌尔性质，图中纵坐标分别为两组分的活度。活度的定义，参照标准状态下产生的饱和蒸气压力，归一化了蒸气压力-组成关系。在平衡状态下，活度永远不可能超过 1。

在溶质 i 服从亨利定律的成分范围内，由式（9.9）和式（9.12）可得：

$$a_i = \frac{k^i X_i}{p_i^\circ} = k_{(i)} X_i \tag{9.14}$$

这是亨利定律的另一种表达方式 [参见式（9.9）和式（9.10）]。图 9.4 以二元溶液中某一组分的活度（代替分压）为纵坐标，反映了该组分的亨利性质。

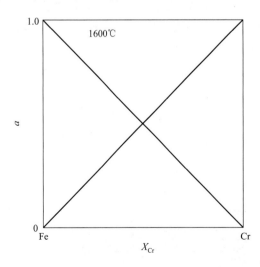

图 9.3　液态 Fe-Cr 二元系统中的活度

（1600℃）

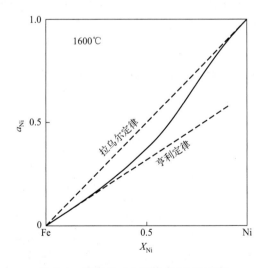

图 9.4　液态 Fe-Ni 系统中 Ni 的活度

（1600℃，负偏离拉乌尔性质）

如图 9.4 所示，在 $X_{Ni}=0.5$ 时，液态 Fe-Ni 溶液中 Ni 原子的"活性"比拉乌尔溶液的要低。这意味着 Ni 原子与 Fe 原子的结合比与其它 Ni 原子的结合更紧密，也就是说，$E_{Ni-Fe}<E_{Ni-Ni}$。液态 Fe-Ni 系统表现出对理想溶液的负偏离。值得注意的是，在固体状态下，Fe-Ni 系统有一个原子有序相，它有相反的近邻原子（即 Fe-Ni，如 $FeNi_3$，$L1_2$，$Pm\bar{3}m$，$cP4$）。

9.4 吉布斯-杜亥姆方程

人们经常发现，二元（或多元）溶液中只有一种组分的广延热力学变量是可以进行实验测量的。在这种情况下，通过两个组分性质之间的一般关系，可以获得另一个组分相应的广延变量值。本节介绍这种被称为吉布斯-杜亥姆（Gibbs-Duhem）的关系，在第 9.8 节中将讨论它的一些应用。

溶液的广延热力学变量（状态函数）的值是温度、压力和溶液中各组分摩尔数的函数。也就是说，如果 Q 是一个广延的摩尔性质，那么：

$$Q'=Q'(T,P,n_i,n_j,n_k,\cdots)$$

在恒定的 T 和 P 下，Q' 随溶液成分的变化而变化，此时有：

$$dQ'=\left(\frac{\partial Q'}{\partial n_i}\right)_{T,P,n_j,n_k,\cdots}dn_i+\left(\frac{\partial Q'}{\partial n_j}\right)_{T,P,n_i,n_k,\cdots}dn_j+\left(\frac{\partial Q'}{\partial n_k}\right)_{T,P,n_i,n_j,\cdots}dn_k+\cdots \quad (9.15)$$

在第 8 章中，一个组分的广延性质的偏摩尔值被定义为：

$$\bar{Q}_i=\left(\frac{\partial Q'}{\partial n_i}\right)_{T,P,n_j,n_k,\cdots}$$

在这种情况下，式（9.15）可写为：

$$dQ'=\bar{Q}_i\,dn_i+\bar{Q}_j\,dn_j+\bar{Q}_k\,dn_k+\cdots \quad (9.16)$$

在第 8 章中还看到，$\bar{Q}_i$ 是指在恒定的 T 和 P 条件下，将 1 摩尔的 i 加入大量的溶液中时，混合物或溶液 Q' 值的增加量。（规定溶液的数量要大，是因为要求在溶液中加入 1 摩尔的 i 不应导致其成分发生可测量的变化。）因此，如果 $\bar{Q}_i$ 是溶液中每摩尔 i 的 Q 值，那么溶液本身的 Q' 值为：

$$Q'=n_i\bar{Q}_i+n_j\bar{Q}_j+n_k\bar{Q}_k+\cdots \quad (9.17)$$

对上式微分，得：

$$dQ'=n_i\,d\bar{Q}_i+n_j\,d\bar{Q}_j+n_k\,d\bar{Q}_k+\cdots+\bar{Q}_i\,dn_i+\bar{Q}_j\,dn_j+\bar{Q}_k\,dn_k+\cdots \quad (9.18)$$

在恒定的 T 和 P 下，对比式（9.16）和式（9.18），得：

$$n_i\,d\bar{Q}_i+n_j\,d\bar{Q}_j+n_k\,d\bar{Q}_k+\cdots=0$$

或，一般地，

$$\sum_i n_i\,d\bar{Q}_i=0 \quad (9.19a)$$

用式（9.19a）除以 n，即溶液中所有组分的总摩尔数，可得：

$$\sum_i X_i\,d\bar{Q}_i=0 \quad (9.19b)$$

式（9.19a）和式（9.19b）是广义的吉布斯-杜亥姆方程等效表达式。

例如，在恒定的温度和压力下，二元系统中偏摩尔吉布斯自由能（化学势）的关系为：

$$X_A d\bar{Q}_A + X_B d\bar{Q}_B = 0 \tag{9.20}$$

9.5 溶液的生成吉布斯自由能

9.5.1 溶液的摩尔吉布斯自由能和溶液组分的偏摩尔吉布斯自由能

将式（9.17）应用于二元溶液，在固定温度和压力下的吉布斯自由能（一种广延的热力学状态函数）为：

$$G' = n_A \bar{G}_A + n_B \bar{G}_B \tag{9.21}$$

式中，$\bar{G}_A$ 和 $\bar{G}_B$ 分别是溶液中 A 和 B 的偏摩尔吉布斯自由能；G' 是溶液的总吉布斯自由能。

将式（9.21）的两边同时除以 $(n_A + n_B)$，得到溶液的摩尔吉布斯自由能为：

$$G = X_A \bar{G}_A + X_B \bar{G}_B \tag{9.22}$$

这种关系也可以从图 9.5（a）中通过图解的方式得来，说明如下。

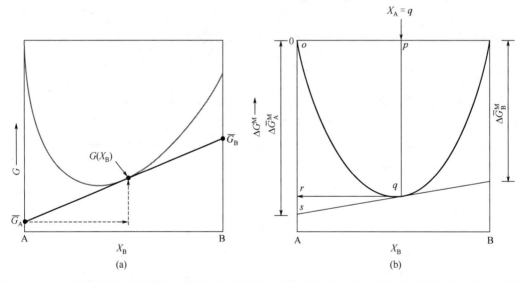

图 9.5 （a）溶液的摩尔吉布斯自由能随成分的变化（图中还包括 A 和 B 组分的偏摩尔吉布斯自由能）；（b）温度 T 下二元溶液的形成（混合）摩尔吉布斯自由能随成分的变化（q 点处成分 X_B 合金的偏摩尔值由切线与纵轴的交点确定。在此温度下，A 在 B 中完全溶解，B 在 A 中完全溶解）

$$G(X_B) = \bar{G}_A + X_B \frac{dG(X_B)}{dX_B} \tag{9.23}$$

由于，

$$\frac{dG(X_B)}{dX_B} = \bar{G}_B - \bar{G}_A \tag{9.24}$$

因此，

$$G(X_B) = \bar{G}_A + X_B(\bar{G}_B - \bar{G}_A) \tag{9.25}$$

$$G(X_B) = X_A\bar{G}_A + X_B\bar{G}_B \tag{9.26}$$

将式（9.24）代入式（9.25），整理得［式（9.26）与式（9.22）形式相同，比较得：$G = G(X_B)$］：

$$\bar{G}_A = G - X_B \frac{dG}{dX_B} \tag{9.27a}$$

在式（9.26）中用（$1-X_A$）替换 X_B，整理得：

$$\bar{G}_B = G + X_A \frac{dG}{dX_B} \tag{9.27b}$$

这些表达式与二元组分的偏摩尔吉布斯自由能和溶液的摩尔吉布斯自由能对成分的依赖性有关。

9.5.2　形成溶液时吉布斯自由能的变化

让我们回顾一下在第9.2节中的讨论。纯组分 i 在温度为 T 的凝聚状态下，会产生一个平衡蒸气压力 p_i°，而当在温度为 T 的凝聚态溶液中，会产生一个较低的平衡压力 p_i。考虑以下等温三步骤：

a. 1摩尔纯凝聚态 i 在压力 p_i° 下蒸发为蒸气 i；

b. 1摩尔蒸气 i 压力从 p_i° 下降到 p_i；

c. 1摩尔蒸气 i 在压力 p_i 下冷凝为凝聚态溶液。

溶液中 i 的摩尔吉布斯自由能与纯 i 的摩尔吉布斯自由能之差，由 $\Delta G_{(a)} + \Delta G_{(b)} + \Delta G_{(c)}$ 之和确定。然而，由于步骤 a 和步骤 c 是在平衡状态下进行的，所以 $\Delta G_{(a)}$ 和 $\Delta G_{(c)}$ 都等于0。因此，伴随着等温三步骤过程的吉布斯自由能的总体变化是 $\Delta G_{(b)}$，根据式（8.5），它可写为：

$$\Delta G_{(b)} = RT \ln \frac{p_i}{p_i^\circ}$$

根据式（9.12），可写为：

$$\Delta G_{(b)} = G_i(溶液) - G_i(纯液体) = RT \ln a_i$$

G_i（溶液）只是 i 在溶液中的偏摩尔吉布斯自由能，而 G_i（纯液体）是纯 i 的摩尔吉布斯自由能。两者之间的差异是伴随着1摩尔的 i 加入溶液中的吉布斯自由能的变化。这个量被指定为 $\Delta \bar{G}_i^M$，是 i 的溶液的混合偏摩尔吉布斯自由能。因此，

$$\Delta \bar{G}_i^M = \bar{G}_i - G_i^\circ = RT \ln a_i \tag{9.28}$$

如果 n_A 摩尔的 A 和 n_B 摩尔的 B 在恒温和恒压下混合形成一个溶液，混合前后的吉布斯自由能分别为：

$$混合前的吉布斯自由能 = n_A G_A^\circ + n_B G_B^\circ$$

$$混合后的吉布斯自由能 = n_A \bar{G}_A + n_B \bar{G}_B$$

混合过程引起的总吉布斯自由能的变化，$\Delta G'^M$，有时被称为混合过程整体的吉布斯自由能（混合过程总的吉布斯自由能），是这些量之间的差异，也就是：

$$\Delta G'^M = (n_A\bar{G}_A + n_B\bar{G}_B) - (n_A G_A^\circ + n_B G_B^\circ)$$

$$= n_A(\bar{G}_A - G_A^\circ) + n_B(\bar{G}_B - G_B^\circ)$$

代入式（9.28）可以得到：

$$\Delta G'^{M} = n_A \Delta \bar{G}_A^{M} + n_B \Delta \bar{G}_B^{M} \tag{9.29}$$

或者

$$\Delta G'^{M} = RT(n_A \ln a_A + n_B \ln a_B) \tag{9.30}$$

对于 1 摩尔溶液，式（9.29）和式（9.30）分别可写为：

$$\Delta G^{M} = X_A \Delta \bar{G}_A^{M} + X_B \Delta \bar{G}_B^{M} \tag{9.31}$$

或者

$$\Delta G^{M} = RT(X_A \ln a_A + X_B \ln a_B) \tag{9.32}$$

图 9.5（b）是按式（9.32）绘制的 ΔG^{M} 随成分变化的曲线。$\Delta G^{M}(X_B = q)$ 是由线段 $\overline{pq}$ 或线段 $\overline{or}$ 确定的。

9.5.3　切线截距法 (图解法)

从图 9.5（b）和式（9.27a）、式（9.27b）可以看出：

$$\Delta \bar{G}_A^{M} = \Delta G^{M} - X_B \frac{\mathrm{d}\Delta G^{M}}{\mathrm{d}X_B} \tag{9.33a}$$

和

$$\Delta \bar{G}_B^{M} = \Delta G^{M} + X_A \frac{\mathrm{d}\Delta G^{M}}{\mathrm{d}X_B} \tag{9.33b}$$

在这里，组分 A 和 B 的混合偏摩尔吉布斯自由能可以分别从 $X_B = 0$ 和 $X_B = 1$ 的切线截距直接读出，正如 A 和 B 的偏摩尔吉布斯自由能（它们的化学势）可以从图 9.5（a）直接读出一样。

9.6　理想溶液的性质

拉乌尔溶液的组分服从关系 $a_i = X_i$。理想溶液是指在所有温度、压力和成分下都服从拉乌尔定律的溶液。因此，对于理想的二元 A-B 溶液，从式（9.32）得出的混合吉布斯自由能为：

$$\Delta G^{M,\mathrm{id}} = RT(X_A \ln a_A + X_B \ln a_B) \tag{9.34}$$

组分 A 和 B 混合的偏吉布斯自由能给定为：

$$\Delta \bar{G}_A^{M,\mathrm{id}} = RT \ln X_A ; \quad \Delta \bar{G}_B^{M,\mathrm{id}} = RT \ln X_B$$

正如第 8 章所讨论的，一个系统的状态属性之间的一般热力学关系适用于该系统组分的偏摩尔属性。因此，对存在于溶液中的物质 i，

$$\left(\frac{\partial \bar{G}_i}{\partial P}\right)_{T, n_i, n_j, n_k, \cdots} = \bar{V}_i \tag{9.35}$$

对于纯物质 i，

$$\left(\frac{\partial G_i^{\circ}}{\partial P}\right)_{T, n_i, n_j, n_k, \cdots} = V_i^{\circ} \tag{9.36}$$

9.6.1 形成理想溶液伴随的体积变化

式（9.35）减去式（9.36），得：

$$\left[\frac{\partial(\bar{G}_i - G_i^\circ)}{\partial P}\right]_{T,n_i,n_j,n_k,\cdots} = \bar{V}_i - V_i^\circ$$

或

$$\left(\frac{\partial \Delta \bar{G}_i^M}{\partial P}\right)_{T,n_i,n_j,n_k,\cdots} = \Delta \bar{V}_i^M \tag{9.37}$$

由于混合引起的体积变化，$\Delta V'^M$，是溶液中各组分的体积与纯组分的体积之差。即对于含有 n_A 摩尔的 A 和 n_B 摩尔的 B 的二元 A-B 溶液，有：

$$\begin{aligned}
\Delta V'^M &= (n_A \bar{V}_A + n_B \bar{V}_B) - (n_A V_A^\circ + n_B V_B^\circ) \\
&= n_A(\bar{V}_A - V_A^\circ) + n_B(\bar{V}_B - V_B^\circ) \\
&= n_A \Delta \bar{V}_A^M + n_B \Delta \bar{V}_B^M
\end{aligned}$$

在一个理想溶液中，$\Delta \bar{G}_i^{M,\mathrm{id}} = RT\ln X_i$，由于该项不是压力的函数，$\Delta \bar{V}_i^{M,\mathrm{id}} = 0$。因此，可以看出，形成理想溶液时伴随的体积变化是 0，就是说：

$$\Delta V'^{M,\mathrm{id}} = 0 \tag{9.38}$$

因此，理想溶液的体积等于各纯组分的体积之和。图 9.6 是理想二元溶液的摩尔体积随成分变化的关系图。在任何成分下，偏摩尔体积 $\bar{V}_A^M$ 和 $\bar{V}_B^M$ 的值都是从体积-成分线的切线与各自坐标轴的交点得到的。由于理想溶液的摩尔体积是成分的线性函数（即服从混合物规则），任何一点的切线都与直线重合，因此：

$$\bar{V}_A = V_A^\circ; \ \bar{V}_B = V_B^\circ$$

对于晶体固体来说，这个图类似于晶格参数与成分成线性关系的情况［称为维加德（Lars Vegard，1880—1963）定律］。

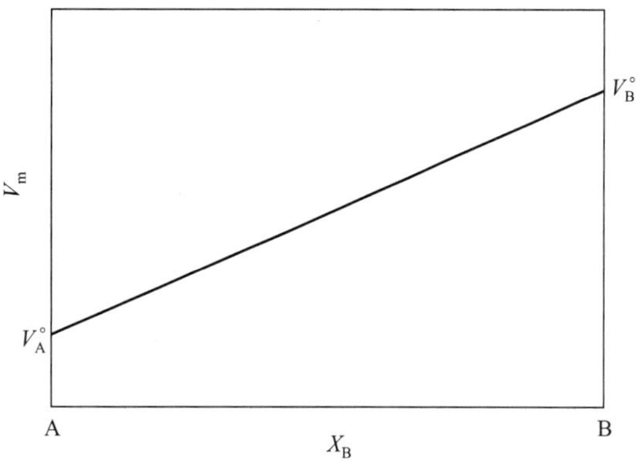

图 9.6　理想二元溶液的摩尔体积随成分的变化

9.6.2 理想溶液的形成焓

对于溶液中的一个组分，由吉布斯-亥姆霍兹方程［式（5.37）］可得：

$$\left[\frac{\partial\left(\dfrac{\bar{G}_i}{T}\right)}{\partial T}\right]_{P,n_i,n_j,n_k,\cdots} = -\frac{\bar{H}_i}{T^2} \tag{9.39}$$

对于纯组元，

$$\left[\frac{\partial\left(\dfrac{G_i^\circ}{T}\right)}{\partial T}\right]_{P,n_i,n_j,n_k,\cdots} = -\frac{H_i^\circ}{T^2} \tag{9.40}$$

式中，$\overline{H}_i$ 和 H_i° 分别为溶液中 i 的偏摩尔焓和纯组元 i 的标准摩尔焓。用式（9.39）减去式（9.40），得到：

$$\left[\frac{\partial\left(\dfrac{\overline{G}_i-G_i^{\circ}}{T}\right)}{\partial T}\right]_{P,n_i,n_j,n_k,\cdots} = -\frac{(\overline{H}_i-H_i^{\circ})}{T^2}$$

或

$$\left[\frac{\partial\left(\dfrac{\Delta\overline{G}_i^{\mathrm{M}}}{T}\right)}{\partial T}\right]_{P,n_i,n_j,n_k,\cdots} = -\frac{\Delta\overline{H}_i^{\mathrm{M}}}{T^2} \tag{9.41}$$

式中，$\Delta\overline{H}_i^{\mathrm{M}}$ 为溶液中组分 i 的偏摩尔混合焓。

在一个理想溶液中，$\Delta\overline{G}_i^{\mathrm{M,id}}=RT\ln X_i$，将其代入式（9.41），得到：

$$\frac{\mathrm{d}(R\ln X_i)}{\mathrm{d}T} = -\frac{\Delta\overline{H}_i^{\mathrm{M}}}{T^2}$$

由于上式左端项不是温度的函数，所以，对于理想溶液的一个组分，有：

$$\Delta\overline{H}_i^{\mathrm{M,id}}=\overline{H}_i-H_i^{\circ}=0$$

或

$$\overline{H}_i=H_i^{\circ} \tag{9.42}$$

溶液的形成焓（或各组分的混合焓）是溶液中各组分的焓和混合前各纯组分的焓之间的差。因此，对于 n_{A} 摩尔的 A 和 n_{B} 摩尔的 B 的混合物，有：

$$\begin{aligned}
\Delta H'^{\mathrm{M}} &= (n_{\mathrm{A}}\overline{H}_{\mathrm{A}}+n_{\mathrm{B}}\overline{H}_{\mathrm{B}})-(n_{\mathrm{A}}H_{\mathrm{A}}^{\circ}+n_{\mathrm{B}}H_{\mathrm{B}}^{\circ})\\
&= n_{\mathrm{A}}(\overline{H}_{\mathrm{A}}-H_{\mathrm{A}}^{\circ})+n_{\mathrm{B}}(\overline{H}_{\mathrm{B}}-H_{\mathrm{B}}^{\circ})\\
&= n_{\mathrm{A}}\Delta\overline{H}_{\mathrm{A}}^{\mathrm{M}}+n_{\mathrm{B}}\Delta\overline{H}_{\mathrm{B}}^{\mathrm{M}}
\end{aligned}$$

以及

$$\Delta H^{\mathrm{M}}=X_{\mathrm{A}}\Delta\overline{H}_{\mathrm{A}}^{\mathrm{M}}+X_{\mathrm{B}}\Delta\overline{H}_{\mathrm{B}}^{\mathrm{M}}$$

对于理想溶液，$\Delta\overline{H}_i^{\mathrm{M}}=0$，因此可以看出，理想溶液的形成焓（或混合焓）为 0，即

$$\Delta H^{\mathrm{M,id}}=0 \tag{9.43}$$

9.6.3 理想溶液的形成熵

由基础方程 [式（5.25）] 可知，

$$\left(\frac{\partial G'}{\partial T}\right)_{P,n_i,n_j,n_k,\cdots}=-S'$$

因此，形成 1 摩尔溶液时，有：

$$\left(\frac{\partial\Delta G^{\mathrm{M}}}{\partial T}\right)_{P,n_i,n_j,n_k,\cdots}=-\Delta S^{\mathrm{M}}$$

对于一个理想的溶液，由式（9.34）可知，

$$\Delta G^{\mathrm{M,id}}=RT(X_{\mathrm{A}}\ln X_{\mathrm{A}}+X_{\mathrm{B}}\ln X_{\mathrm{B}})$$

因此，

$$\begin{aligned}
\Delta S^{\mathrm{M,id}} &= -\left(\frac{\partial\Delta G^{\mathrm{M,id}}}{\partial T}\right)_{P,n_i,n_j,n_k,\cdots}\\
&= -R(X_{\mathrm{A}}\ln X_{\mathrm{A}}+X_{\mathrm{B}}\ln X_{\mathrm{B}})
\end{aligned} \tag{9.44}$$

式（9.44）表明，理想二元溶液的形成熵与温度无关，而且是正值。

对于 A 的 N_A 个粒子与 B 的 N_B 个粒子的混合，由构型熵总变化表达式［式（4.3）］可知，

$$\Delta S'^{M} = k_B \ln \frac{(N_A + N_B)!}{N_A! \; N_B!}$$
$$= k_B [\ln(N_A + N_B)! - \ln N_A! - \ln N_B!]$$

应用斯特林（James Sterling，1692—1770）定理❶，可以得到：

$$\Delta S'^{M} = k_B [(N_A + N_B)\ln(N_A + N_B) -$$
$$(N_A + N_B) - N_A \ln N_A + N_A - N_B \ln N_B + N_B]$$
$$= -k_B \left(N_A \ln \frac{N_A}{N_A + N_B} + N_B \ln \frac{N_B}{N_A + N_B} \right)$$

因为，

$$\frac{N_A}{N_A + N_B} = \frac{n_A}{n_A + n_B} = X_A$$

同理，

$$\frac{N_B}{N_A + N_B} = \frac{n_B}{n_A + n_B} = X_B$$

并且，

$$N_A \text{ 个 A 粒子} = \frac{N_A}{N_0} \text{摩尔 A 粒子} = n_A \text{ 摩尔 A 粒子}$$

$$N_B \text{ 个 B 粒子} = \frac{N_B}{N_0} \text{摩尔 B 粒子} = n_B \text{ 摩尔 B 粒子}$$

式中，N_0 为阿伏伽德罗常数。因此，

$$\Delta S'^{M} = -k_B N_0 (n_A \ln X_A + n_B \ln X_B)$$

由于玻尔兹曼常数 k_B 乘以阿伏伽德罗常数 N_0 等于气体常数 R，所以，

$$\Delta S'^{M} = -R(n_A \ln X_A + n_B \ln X_B)$$

两边同时除以总摩尔数，$n_A + n_B$，得：

$$\Delta S^{M} = -R(X_A \ln X_A + X_B \ln X_B) \tag{9.45}$$

这与式（9.44）相同。伴随着 1 摩尔理想溶液的形成，熵增加，它是混合过程的结果，反映了系统可用空间构型数量的增加程度。混合熵只取决于溶液中各组分的摩尔数，与温度无关。图 9.7 是二元 A-B 溶液的 $\Delta S^{M,id}$ 随成分变化的关系图。请注意，曲线关于 $X_B = 0.5$ 是对称的，并且有一个最大值 $R\ln2$。该曲线在 $X_B = 0$ 和 $X_B = 1$ 处的斜率趋于无穷大。

由于，

$$\Delta S^{M} = X_A \Delta \bar{S}_A^{M} + X_B \Delta \bar{S}_B^{M}$$

因此，对于理想溶液，

$$\Delta \bar{S}_A^{M,id} = -R\ln X_A ; \quad \Delta \bar{S}_B^{M,id} = -R\ln X_B$$

---

❶ 斯特林定理是 $m! = (2\pi m)^{1/2} m^m e^{-m}$，因此，$\ln m! = (1/2)\ln(2\pi m) + m\ln m - m$，当 m 值很大时，可以写成 $\ln m! = m\ln m - m$。

对于任何溶液，

$$\Delta G^{\mathrm{M}} = \Delta H^{\mathrm{M}} - T \Delta S^{\mathrm{M}}$$

且对于理想溶液，$\Delta H^{\mathrm{M,id}} = 0$，所以，

$$\Delta G^{\mathrm{M,id}} = -T \Delta S^{\mathrm{M,id}} < 0$$

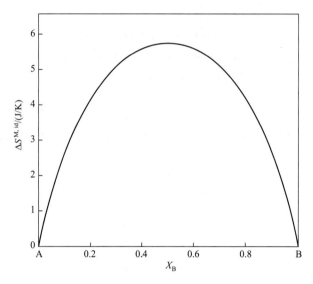

图 9.7　二元理想溶液的摩尔形成熵随成分的变化

（最大值为 $R \ln 2$）

9.7　非理想溶液

非理想溶液是指在所有成分或温度下，各成分的活度都不等于其摩尔分数的溶液。然而，考虑到活度概念的便利性和拉乌尔定律的简单性，同样也是为便于处理问题，需要再定义一个的热力学函数，即活度系数 γ。溶液中某一组分的活度系数被定义为该组分的活度与它的摩尔分数之比。即，对于组分 i，

$$\gamma_i = \frac{a_i}{X_i} \tag{9.46}$$

γ_i 的值可以大于或小于 1（$\gamma_i = 1$ 溶液表现出拉乌尔性质）。

如果 $\gamma_i > 1$，则称该组分 i 表现出对拉乌尔性质的正偏离；如果 $\gamma_i < 1$，则称该组分 i 表现出对拉乌尔定律的负偏离。图 9.8 是一个表现出负偏离的组分 i 的 a_i 随 X_i 变化的关系图。图 9.9 是一个表现出正偏离的系统的关系图。

如果 γ_i 随温度变化，那么 ΔH_i^{M} 有一个非零值。也就是说，由式（9.41）：

$$\frac{\partial \left(\dfrac{\Delta \overline{G}_i^{\mathrm{M}}}{T} \right)}{\partial T} = -\frac{\Delta \overline{H}_i^{\mathrm{M}}}{T^2}$$

以及

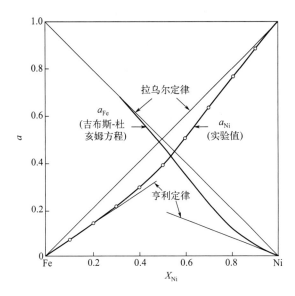

图 9.8　液态 Fe-Ni 系统的活度-成分关系

（1600℃，与理想溶液呈负偏离。来自 G. R. Zellars，S. L. Payne，J. P. Morris，et al. The Activities
of Iron and Nickel in Liquid Fe-Ni Alloys. Trans. AIME，1959，215：181.）

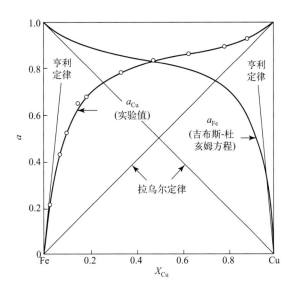

图 9.9　液态 Fe-Cu 系统的活度-成分关系

（1550℃，对理想溶液呈正偏离。来自 J. P. Morris and G. R. Zellars. Vapor Pressure of Liquid Copper and
Activities in Liquid Fe-Cu Alloys. Trans. AIME，1956，206：1086.）

$$\Delta \bar{G}_i^M = RT\ln a_i = RT\ln \gamma_i + RT\ln X_i$$

可得：

$$\frac{\partial \left(\dfrac{\Delta \bar{G}_i^M}{T} \right)}{\partial T} = \frac{\partial (R\ln \gamma_i)}{\partial T} = -\frac{\Delta \bar{H}_i^M}{T^2}$$

又因为：

$$d\left(\frac{1}{T}\right) = -\frac{dT}{T^2}$$

所以：

$$\frac{\partial(R\ln\gamma_i)}{\partial\left(\dfrac{1}{T}\right)} = \Delta\overline{H}_i^{\,M} \qquad\qquad (9.47)$$

一般来说，提高非理想溶液的温度会使其组分偏离理想性质的程度下降。也就是说，如果 $\gamma_i > 1$，那么温度的升高会导致 γ_i 向 1 方向减小，而如果 $\gamma_i < 1$，温度的升高会导致 γ_i 向 1 方向增大。因此，在一个溶液中，其组分表现出对理想性质的正偏离，活度系数的值随着温度的升高而减小，并且由于：

$$\frac{\partial(R\ln\gamma_i)}{\partial\left(\dfrac{1}{T}\right)} = \Delta\overline{H}_i^{\,M}$$

各组分的偏摩尔形成焓是正值。这意味着溶液的摩尔形成（混合）焓 ΔH^M 是一个正值，表明混合过程是吸热的。ΔH^M 是指在温度 T 下形成每摩尔溶液从溶液周围的储热器中吸收的热能。相反，在溶液中，其组分表现出对理想性质的负偏离，活度系数随着温度的升高而增大，因此，偏摩尔混合焓和摩尔混合焓是负值。形成这样的溶液会放热，ΔH^M 是恒温热源在温度 T 下从每摩尔溶液所吸收的热能。这些趋势可以通过假设粒子之间的相互作用随着温度的升高而减少来理解，因为随着温度的升高粒子运动加剧，因此相互作用的机会减少。

当 A-B 键能比 A-A 和 B-B 键能都要负时，A-B 二元凝聚体系中就会发生放热混合，这就导致了溶液中的原子排序趋势为 A 原子（B 原子）试图在溶液的整体组成范围内在最近邻的位置上尽可能多地拥有 B 原子（A 原子）。因此，放热混合表明在两种组分之间有形成原子有序相或化合物的趋势（例如 Fe-Ni 系统）。相反，当 A-B 键能的负值小于 A-A 和 B-B 键能的负值时，就会发生吸热混合，这将导致溶液中出现相分离或团簇的趋势（例如 Fe-Cu 系统），即 A 原子试图只与 A 原子配位，而 B 原子试图只与 B 原子配位。

在这两种情况下（放热和吸热），溶液达成平衡构型是焓和熵因子折中作用的结果。焓是由键能的相对大小决定的，它试图使溶液完全有序（与理想性质的负偏离）或完全不混合（与理想性质的正偏离）。熵因子试图最大限度地提高溶液中原子混合的随机性。对于形成团簇的情况，随着温度接近 0K，平衡状态接近纯 A 和纯 B 的状态，因此，随着温度接近 0K，固体溶液的构型熵接近 0。对于形成有序结构，情况更为复杂，将在第 10 章讨论。然而，它也预测，当温度接近 0K 时，结晶合金的构型熵为 0。这些是热力学第三定律对合金基态（0K）平衡熵的约束条件。

9.8 应用吉布斯-杜亥姆关系确定活度

对于二元 A-B 溶液，以混合偏摩尔吉布斯自由能 [式 (9.28)] 作为广延变量，式 (9.19b) 可写为：

$$X_A d\bar{G}_A^M + X_B d\bar{G}_B^M = 0 \tag{9.48}$$

又因为 $\Delta\bar{G}_i^M = RT\ln a_i$，所以：

$$X_A d\ln a_A + X_B d\ln a_B = 0 \tag{9.49a}$$

$$X_A d\lg a_A + X_B d\lg a_B = 0 \tag{9.49b}$$

或

$$d\ln a_A = -\frac{X_B}{X_A} d\ln a_B \tag{9.50a}$$

$$d\lg a_A = -\frac{X_B}{X_A} d\lg a_B \tag{9.50b}$$

如果 a_B 随成分的变化是已知的，那么式（9.50b）从 $X_A=1$ 到 $X_A=X_A$ 的积分可以得到 X_A 处的 $\lg a_A$ 值为：

$$\lg a_A (X_A = X_A) = -\int_{\lg a_B \, at X_A = 1}^{\lg a_B \, at X_A = X_A} \frac{X_B}{X_A} d\lg a_B \tag{9.51}$$

由于通常不计算 B 的活度变化的分析表达式，式（9.51）是通过图形积分来求解的。

图 9.10 是 $\lg a_B$ 随成分变化的典型曲线，在 $X_A = X_A$ 时，$\lg a_A$ 的值等于曲线下的阴影区域面积。在图 9.10 中，有两点需要注意：

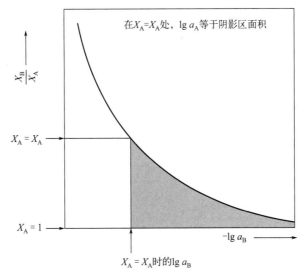

图 9.10　二元溶液中 $\lg a_B$ 随 X_B/X_A 的变化

（说明了吉布斯-杜亥姆方程在计算组分 A 活度方面的应用）

① $X_B \to 1$，$a_B \to 1$，$\lg a_B \to 0$，且 $X_B/X_A \to \infty$。因此，当 $X_B \to 1$ 时，曲线呈现出一个拖尾，达到无穷大。

② $X_B \to 0$，$a_B \to 0$，且 $\lg a_B \to -\infty$。因此，当 $X_B \to 0$ 时，曲线也呈现出一个尾部，即达到负无穷大。

Darken 和 Gurry 已经解决了这些问题，他们在论文中提出了更精确的积分方法[1]。

---

[1] L. S. Darken and R. W. Gurry. Physical Chemistry of Metals. New York：McGraw-Hill，1953：258-266.

9.8.1 亨利定律与拉乌尔定律的关系

二元 A-B 溶液中溶质 B 的亨利定律 [式 (9.14)] 可写为:

$$a_B = \gamma_B X_B$$

或者写为对数形式:

$$\ln a_B = \ln \gamma_B + \ln X_B$$

微分,得:

$$\mathrm{d}\ln a_B = \mathrm{d}\ln X_B$$

将上式代入吉布斯-杜亥姆方程中,可以得到:

$$\mathrm{d}\ln a_A = -\frac{X_B}{X_A}\mathrm{d}\ln X_B = -\frac{X_B}{X_A}\frac{\mathrm{d}X_B}{X_B} = -\frac{\mathrm{d}X_B}{X_A}$$

$$= \frac{\mathrm{d}X_A}{X_A} = \mathrm{d}\ln X_A$$

上式积分得:

$$\ln a_A = \ln X_A + \ln(常数)$$

或者

$$a_A = 常数 \times X_A$$

根据定义,当 $X_i = 1$ 时,$a_i = 1$,因此,积分常数等于 1。因此,在溶质 B 服从亨利定律的成分范围内,溶剂 A 服从拉乌尔定律。作为这种情况的一个例子,如图 9.8 所示,其中亨利定律对溶质 Ni 在 $X_{Ni} = 0.3$ 左右时成立,而拉乌尔定律对溶剂 Fe 在 $X_{Ni} < 0.3$ 时成立。

9.8.2 直接计算总的摩尔混合吉布斯自由能

式 (9.33a) 已经给出 (且要利用 $X_A + X_B = 1$ 关系):

$$\Delta \bar{G}_A^M = \Delta G^M + X_B \frac{\mathrm{d}\Delta G^M}{\mathrm{d}X_A}$$

整理后两边同除以 X_B^2 得:

$$\frac{\Delta \bar{G}_A^M \mathrm{d}X_A}{X_B^2} = \frac{X_B \mathrm{d}\Delta G^M - \Delta G^M \mathrm{d}X_B}{X_B^2} = \mathrm{d}\left(\frac{\Delta G^M}{X_B}\right)$$

或

$$\mathrm{d}\left(\frac{\Delta G^M}{X_B}\right) = \frac{\Delta \bar{G}_A^M \mathrm{d}X_A}{X_B^2}$$

对上式在 $X_A = 0$ 和 $X_A = X_A$ 之间积分,得:

$$\Delta G^M = X_B \int_0^{X_A} \frac{\Delta \bar{G}_A^M}{X_B^2} \mathrm{d}X_A \tag{9.52}$$

由于 $\Delta \bar{G}_A^M = RT \ln a_A$,A 和 B 溶液整体的摩尔混合吉布斯自由能可以直接从 a_A 随成分的变化得到,即

$$\Delta G^M = RTX_B \int_0^{X_A} \frac{\ln a_A}{X_B^2} \mathrm{d}X_A \tag{9.53}$$

如图 9.8 和图 9.9 所示,Fe 液体中所测得的 Ni 和 Cu 的活度可用于计算 ΔG^M,

$$\Delta G^{M}(\text{Fe-Ni 系统}) = RTX_{\text{Fe}} \int_{0}^{X_{\text{Ni}}} \frac{\ln a_{\text{Ni}}}{X_{\text{Fe}}^{2}} \mathrm{d}X_{\text{Ni}}$$

以及

$$\Delta G^{M}(\text{Fe-Cu 系统}) = RTX_{\text{Fe}} \int_{0}^{X_{\text{Cu}}} \frac{\ln a_{\text{Cu}}}{X_{\text{Fe}}^{2}} \mathrm{d}X_{\text{Cu}}$$

这些方程的图形积分如图 9.11 所示，其中曲线（a）是 $\lg a_{\text{Cu}}/X_{\text{Fe}}^{2}$ 与 X_{Cu} 的关系，曲线（c）是 $\lg a_{\text{Ni}}/X_{\text{Fe}}^{2}$ 与 X_{Ni} 的关系。曲线（b）显示了 $\lg X_{i}/(1-X_{i})^{2}$ 随 X_{i} 的变化，这是表现出拉乌尔性质的组分 i 的函数变化。可以看出，由于函数 $\lg a_{i}/(1-X_{i})^{2} \rightarrow -\infty$，当 $X_{i} \rightarrow 0$ 时，一些不确定性被引入到积分中。在图 9.11 中，阴影区域面积（这是 $X_{\text{Cu}}=0.5$ 和 $X_{\text{Cu}}=0$ 之间的积分值）乘以系数（$2.303 \times 8.3144 \times 1823 \times 0.5$），得出 $X_{\text{Fe}}=0.5$ 时的 ΔG^{M} 值。

图 9.12 是从图形积分中得到的 ΔG^{M} 随成分变化的曲线。这里，针对表现出理想性质（$\gamma_{i}=1$）的溶液（虚线），Darken 和 Gurry[1] 引入了 α 函数 $\alpha_{i} = \ln \gamma_{i}/(1-X_{i})^{2}$。积分可得：

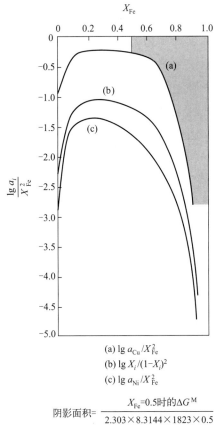

(a) $\lg a_{\text{Cu}}/X_{\text{Fe}}^{2}$
(b) $\lg X_{i}/(1-X_{i})^{2}$
(c) $\lg a_{\text{Ni}}/X_{\text{Fe}}^{2}$

阴影面积 $= \dfrac{X_{\text{Fe}}=0.5\text{时的}\Delta G^{M}}{2.303 \times 8.3144 \times 1823 \times 0.5}$

图 9.11　Fe-Cu 液体系统（1550℃）和 Fe-Ni 液体系统（1600℃）直接计算的摩尔混合吉布斯自由能

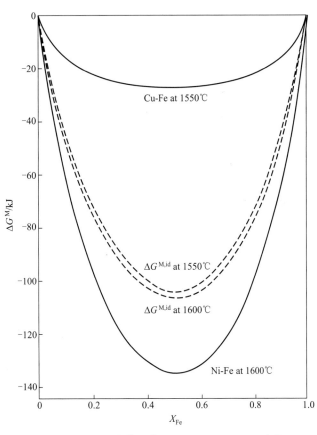

图 9.12　Fe-Cu 液体系统（1550℃）和 Fe-Ni 液体系统（1600℃）的摩尔混合吉布斯自由能
（Fe-Ni 系统表现出对理想性质的负偏离，Fe-Cu 系统表现出对理想性质的正偏离）

[1] L. S. Darken and R. W. Gurry. Physical Chemistry of Metals. New York：McGraw-Hill，1953：258-266.

$$\Delta G^{M} = RT(1-X_{B})\int_{0}^{X_{B}} \frac{\ln X_{B}}{(1-X_{B})^{2}}dX_{B}$$

$$= RT(1-X_{B})\left[\frac{X_{B}\ln X_{B}}{1-X_{B}}+\ln(1-X_{B})\right]$$

$$= RT\left[X_{B}\ln X_{B}+(1-X_{B})\ln(1-X_{B})\right] = RT(X_{B}\ln X_{B}+X_{A}\ln X_{A})$$

上述结果和式（9.34）相一致。

9.9　正规溶液

到此为止，已经确定了两类溶液。第一类是理想溶液，其对于所有成分、温度和压力，都有：

$$a_{i} = X_{i}$$

$$\Delta\overline{H}_{i}^{M} = 0$$

$$\Delta\overline{V}_{i}^{M} = 0$$

$$\Delta\overline{S}_{i}^{M} = -R\ln X_{i}$$

所有其它溶液都可以归类为非理想溶液，其 $a_{i}=X_{i}$ 和 $\Delta H_{i}^{M}=0$ 关系是不成立的。

随着描述假想溶液性质的数学方程的发展，人们尝试对非理想溶液进行分类，其中最简单的那个方程引出了所谓的正规溶液性质。

正规溶液是指满足下述关系的溶液，

$$\Delta H^{M} = \alpha X_{A}X_{B} \tag{9.54}$$

以及

$$\Delta S^{M} = \Delta S^{M,id} \tag{9.55}$$

其中 α 为常数。

因此，对于正规溶液，有：

$$\Delta G^{M} = \alpha X_{A}X_{B} - T\Delta S^{M,id} \tag{9.56}$$

通常将状态函数的值与状态函数的理想值的差定义为"超额函数"，即

$$G^{XS} = G - G^{id} \tag{9.57}$$

因此，对于正规溶液，混合过程的超额摩尔吉布斯自由能为：

$$G^{XS} = \Delta G^{M} - \Delta G^{M,id} = \Delta H^{M} = \alpha X_{A}X_{B} \tag{9.58}$$

另外，对于一个正规溶液，有：

$$\frac{\partial G^{XS}}{\partial T} = -S^{XS} = 0$$

我们知道，任一成分下，

$$\overline{G}_{A}^{XS} = RT\ln\gamma_{A}$$

与温度无关。因此，

$$\overline{G}_{A}^{XS} = RT_{1}\ln\gamma_{A}(T_{1}) = RT_{2}\ln\gamma_{A}(T_{2})$$

由此可得：

$$\frac{\ln\gamma_A(T_2)}{\ln\gamma_A(T_1)}=\frac{T_1}{T_2} \tag{9.59}$$

式（9.59）有相当大的实际用途，可将正规溶液某一温度下的活度数据转换为另一温度下的活度数据。我们还看到，当 T_2 变得非常大时，$\gamma_A(T_2)$ 接近于 1［另见第 9.7 节中关于式（9.47）的讨论］。

我们可以写出：

$$\Delta\bar{H}_B^M=\Delta H^M+(1-X_B)\frac{d\Delta H^M}{dX_B} \tag{9.60}$$

并且 $\Delta H^M=\alpha X_A X_B$，所以，

$$\Delta\bar{H}_B^M=\alpha X_A^2 \tag{9.61}$$

由于正规溶液所有状态函数在 X_A 和 X_B 的互换方面是对称的，我们还可以写出：

$$\Delta\bar{H}_A^M=\alpha X_B^2 \tag{9.62}$$

现在，

$$\Delta\bar{G}_A^M=RT\ln a_A=\Delta\bar{H}_A^M-T\Delta\bar{S}_A^M$$

$$RT\ln a_A+T\Delta\bar{S}_A^M=\Delta\bar{H}_A^M$$

$$RT\ln\gamma_A+RT\ln X_A-RT\ln X_A=\Delta\bar{H}_A^M$$

$$RT\ln\gamma_A=\Delta\bar{H}_A^M=\alpha X_B^2 \tag{9.63}$$

因此，最终得：

$$\gamma_A=\exp\left(\frac{\alpha X_B^2}{RT}\right) \tag{9.64}$$

$$\gamma_B=\exp\left(\frac{\alpha X_A^2}{RT}\right) \tag{9.65}$$

以下关系对正规溶液是有效的。

当 $X_A\rightarrow1$ 时，若 $\gamma_A=\exp\left(\frac{\alpha\times0}{RT}\right)\rightarrow1$，则 A 是拉乌尔溶液。

当 $X_A\rightarrow0$ 时，若 $\gamma_A=\exp\left(\frac{\alpha\times1}{RT}\right)\rightarrow$ 常数，则 A 是亨利溶液。

当 $X_B\rightarrow1$ 时，若 $\gamma_B=\exp\left(\frac{\alpha\times0}{RT}\right)\rightarrow1$，则 B 是拉乌尔溶液。

当 $X_B\rightarrow0$ 时，若 $\gamma_B=\exp\left(\frac{\alpha\times1}{RT}\right)\rightarrow$ 常数，则 B 是亨利溶液。

图 9.13 和图 9.14 分别是 Hildebrand 和 Sharma[1] 在三个温度下测量的 Sn-Tl 液体系统活度和活度系数随成分的对称变化关系图。图 9.15 是 $\lg\gamma_{Tl}$ 随 X_{Sn}^2 的线性变化，其斜率在给定温度下等于 α。

---

[1] J. H. Hildebrand and J. N. Sharma. The Activities of Molten Alloys of Thallium with Tin and Lead. J. Am. Chem. Soc.，1929，51：462.

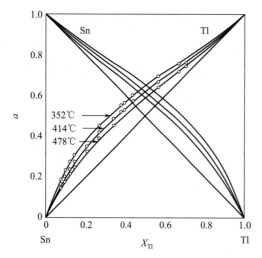

图 9.13 液态 Sn-Tl 系统的活度随成分的变化
（来自：J. H. Hildebrand and J. N. Sharma. The
Activities of Molten Alloys of Thallium with
Tin and Lead. J. Am. Chem. Soc.，1929，51：462.）

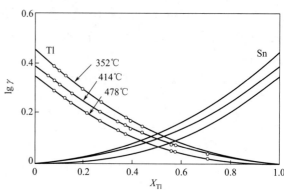

图 9.14 液态 Sn-Tl 系统的活度系数随成分的变化
（来自：J. H. Hildebrand and J. N. Sharma. The
Activities of Molten Alloys of Thallium with
Tin and Lead. J. Am. Chem. Soc.，1929，51：462.）

γ_i 随 X_i 的变化符合正规溶液性质，然而，如图 9.16 所示，对于严格服从正规溶液性质的 αT 应该与 T 无关，但它却随着温度的升高而缓慢下降。图 9.17 是在 414℃ 时，液体系统 Sn-Tl 的 ΔG^M、ΔH^M 和 $-T \Delta S^M$ 随成分的变化关系图。需要注意的是，ΔH^M 或 G^{XS} 的抛物线形式不足以证明该溶液就是正规溶液，因为经常发现如下关系可以充分表示 ΔH^M 或 G^{XS}。

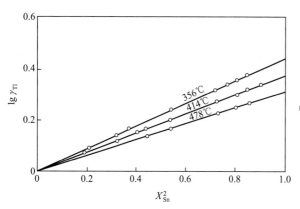

图 9.15 液态 Sn-Tl 系统的 $\lg \gamma_{Tl}$ 与 X_{Sn}^2 关系
（来自：J. H. Hildebrand and J. N. Sharma. The
Activities of Molten Alloys of Thallium with
Tin and Lead. J. Am. Chem. Soc.，1929，51：462.）

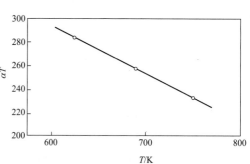

图 9.16 液态 Sn-Tl 系统 αT 随 T 的变化
（表明该系统不是正规溶液，因为 αT 依赖于 T）

$$\Delta H^M = b X_A X_B, \quad G^{XS} = b' X_A X_B$$

其中 b 和 b' 是不相等的，在这种情况下，

$$\Delta S^M \neq \Delta S^{M,id}$$

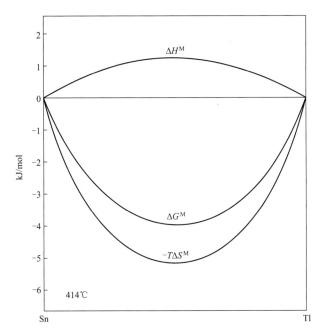

图 9.17　液态 Sn-Tl 系统的摩尔混合焓、熵和吉布斯自由能随成分的变化

（414℃，系统表现出对理想溶液的正偏离）

如果只考虑构型熵，那么 $\Delta S^{M} < \Delta S^{M,id}$。然而，如果合金中存在其它方面的熵（例如磁旋、缺陷、体积效应），ΔS^{M} 可能大于 $\Delta S^{M,id}$。

9.10　溶液的统计模型

第 4 章介绍的混合的统计模型，有助于理解正规溶液的性质。这个模型中两种组分的摩尔体积相等，混合时不会出现摩尔体积的变化，即 $\Delta V_{i}^{M}=0$。在纯态和溶液中，原子间的作用力被认为只存在于相邻的原子之间（近邻模型），在这种情况下，溶液的能量是原子间近邻键能量的总和。

考虑 1 摩尔混合晶体含有 N_{A} 个 A 原子和 N_{B} 个 B 原子，因此：

$$X_{A} = \frac{N_{A}}{N_{A}+N_{B}} = \frac{N_{A}}{N_{0}}, \ X_{B} = \frac{N_{B}}{N_{A}+N_{B}} = \frac{N_{B}}{N_{0}}$$

式中，N_{0} 为阿伏伽德罗常数。混合晶体或固体溶液，包含三种类型的原子键：

① A-A 键，能量为 E_{AA}；

② B-B 键，能量为 E_{BB}；

③ A-B 键，能量为 E_{AB}。

假设以两原子之间相距无限远时相互作用的能量为相对零点，那么键能 E_{AA}、E_{BB} 和 E_{AB} 均为负值。设晶体中一个原子的配位数为 z，即每个原子都有 z 个最近邻的原子。如果在溶液中有 P_{AA} 个 A-A 键、P_{BB} 个 B-B 键和 P_{AB} 个 A-B 键，则通过线性组合可以得到溶液的能量 E，即

$$E = P_{AA}E_{AA} + P_{BB}E_{BB} + P_{AB}E_{AB} \tag{9.66}$$

那么计算能量 E 的问题就转化为计算 P_{AA}、P_{BB} 和 P_{AB} 的问题，由于：

A 的原子数×每个原子成键的数目＝A-B 键的数目＋2×A-A 键的数目

因数 2 源于 1 个 A-A 涉及 2 个 A 原子，因此：

$$zN_A = P_{AB} + 2P_{AA}$$

或

$$P_{AA} = \frac{zN_A}{2} - \frac{P_{AB}}{2} \tag{9.67}$$

类似地，对于 B 原子，$zN_B = P_{AB} + 2P_{BB}$，或，

$$P_{BB} = \frac{zN_B}{2} - \frac{P_{AB}}{2} \tag{9.68}$$

将式（9.67）和式（9.68）代入式（9.66）中，得：

$$E = \left(\frac{zN_A}{2} - \frac{P_{AB}}{2} \right) E_{AA} + \left(\frac{zN_B}{2} - \frac{P_{AB}}{2} \right) E_{BB} + P_{AB}E_{AB}$$

$$= \frac{1}{2}zN_A E_{AA} + \frac{1}{2}zN_B E_{BB} + P_{AB}\left[E_{AB} - \frac{1}{2}(E_{AA} + E_{BB}) \right] \tag{9.69}$$

现在考虑混合前纯组分的能量。在纯 A 组元中有 N_A 个原子，则

2×A-A 键的数目＝原子数×每个原子成键的数目

即

$$P_{AA} = \frac{zN_A}{2}$$

类似地，对于纯组元 B 的 N_B 个原子，有：

$$P_{BB} = \frac{zN_B}{2}$$

因此：

$$\Delta E^M = 溶液的能量 - 未混合组分的能量 = P_{AB}\left[E_{AB} - \frac{1}{2}(E_{AA} + E_{BB}) \right]$$

对于混合过程，由式（5.10b）可知：

$$\Delta H^M = \Delta E^M - P\Delta V^M$$

且已经假设 $\Delta V^M = 0$，所以：

$$\Delta H^M = \Delta E^M = P_{AB}\left[E_{AB} - \frac{1}{2}(E_{AA} + E_{BB}) \right] \tag{9.70}$$

式（9.70）表明，对于给定的 E_{AA}、E_{BB} 和 E_{AB} 的值，ΔH^M 取决于 P_{AB}，并且进一步表明，对于理想溶液（即 $\Delta H^M = 0$），有：

$$E_{AB} = \frac{E_{AA} + E_{BB}}{2} \tag{9.71}$$

这与第 9.2 节中关于理想混合需要 $E_{AA} = E_{BB} = E_{AB}$ 的初步讨论不符，我们看到，只要求 E_{AB} 是 E_{AA} 和 E_{BB} 的平均值这一个条件就足够了。

如果 $|E_{AB}| > |(E_{AA} + E_{BB})/2|$，那么，根据式（9.70），$\Delta H^M$ 是一个负数，对应于对拉乌尔理想溶液的负偏离；如果 $|E_{AB}| < |(E_{AA} + E_{BB})/2|$，那么 ΔH^M 是一个正数，对应

于对拉乌尔理想溶液的正偏离。

如果 $\Delta H^M = 0$，那么 A 的 N_A 个原子和 B 的 N_B 个原子混合是随机的，在这种情况下，式（9.45）给出了：

$$\Delta S^M = \Delta S^{M,\mathrm{id}} = -R(X_A \ln X_A + X_B \ln X_B)$$

在表现出对理想溶液较小偏离的溶液中（即 $|\Delta H^M| \leqslant RT$），可以假定原子的混合也是近似随机的，在这种情况下，P_{AB} 可以按以下方式计算。考虑晶体中两个相邻的晶格点，分别标记为 1 和 2。位点 1 被一个 A 原子占据的概率是：

$$\frac{\text{晶体中 A 原子的数目}}{\text{晶体中晶格位点的总数目}} = \frac{N_A}{N_0} = X_A$$

同样地，位点 2 被一个 B 原子占据的概率为 X_B。因此，位点 1 被 A 原子占据而位点 2 同时被 B 原子占据的概率为 $X_A X_B$。但是位点 1 被 B 原子占据，位点 2 同时被 A 原子占据的概率也是 $X_A X_B$。因此，相邻的一对位点包含 A-B 对的概率是 $2X_A X_B$。通过类似的论证，相邻位点包含 A-A 对的概率为 X_A^2，相邻位点包含 B-B 对的概率为 X_B^2。相邻位点包含 A-B 对或 A-A 对或 B-B 对的概率为：

$$X_A^2 + 2X_A X_B + X_B^2$$
$$= (X_A + X_B)^2$$
$$= 1$$

由于 1 摩尔晶体包含 $zN_0/2$ 对晶格点，那么：

$$\text{A-B 对的数目} = \text{A-B 对格点的数目} \times \text{A-B 对的概率}$$

即

$$P_{AB} = \frac{1}{2}zN_0 \times 2X_A X_B = zN_0 X_A X_B \tag{9.72}$$

类似地，有：

$$P_{AA} = \frac{1}{2}zN_0 \times X_A^2 = \frac{1}{2}zN_0 X_A^2$$

以及

$$P_{BB} = \frac{1}{2}zN_0 X_B^2$$

将式（9.72）代入式（9.70），可得：

$$\Delta H^M = zN_0 X_A X_B \left[E_{AB} - \frac{1}{2}(E_{AA} + E_{BB})\right]$$

如果我们令 W_1 为：

$$W_1 = \left[E_{AB} - \frac{1}{2}(E_{AA} + E_{BB})\right]$$

则

$$\Delta H^M = zN_0 W_1 X_A X_B \tag{9.73}$$

这表明，ΔH^M 是组元成分的一个抛物线函数。由于假定是随机混合，统计模型对应于正规溶液模型，就是说，

$$\Delta H^M = G^{XS} = zN_0 W_1 X_A X_B \tag{9.74}$$

因此，$zN_0 W_1$ 等于式（9.54）中的 α。

统计模型对真实溶液的适用性随着 W_1 的增加而降低。也就是说，如果 E_{AB} 的量级明显大于或小于 E_{AA} 和 E_{BB} 的平均值，那么就不能假定 A 和 B 原子的随机混合。在恒定的 T 和 P 下，溶液的平衡构型是使吉布斯自由能 G 最小的构型，其中 $G = H - TS$ 是相对于未混合的组分而言的。正如我们所看到的，G 取得最小值是 H 取得最小值和 S 取得最大值共同作用的结果。如果 $|E_{AB}| > |(E_{AA} + E_{BB})/2|$，那么 H 的最小化对应于 A-B 对数量的最大化（溶液完全有序）。另一方面，S 的最大化对应的是完全随机的混合。因此，G 的最小化是由 P_{AB} 的最大化（其趋势随着 W_1 值越来越负而增加）和随机混合（其趋势随着温度的增加而增加）之间的折中而达成的。因此，关键参数是 W_1 和 T，如果 W_1 是绝对值较大的负值，而且温度又不太高，那么 P_{AB} 的值将大于随机混合的值，在这种情况下，随机混合的假设是无效的。

同样地，如果 $|E_{AB}| < |(E_{AA} + E_{BB})/2|$，那么 H 的最小化对应于 A-B 对数量的最小化（溶液完全偏聚），而 G 的最小化是由 P_{AB} 的最小化（随着 W_1 值越来越正，P_{AB} 趋于减小）和随机混合之间的折中而达成的。因此，如果 W_1 是明显的较大的正数，而且温度也不是太高，那么 P_{AB} 的值将小于随机混合的值，在这种情况下，随机混合的假设也是无效的。

因此，为了应用统计模型，即正规溶液模型，有必要使上述的折中方案中平衡溶液构型偏离随机混合不太远。由于熵对吉布斯自由能的贡献与温度有关，因此：

① 对于 W_1 的任何数值，随着温度的升高，会出现更多的近乎随机的混合。

② 对于任何给定的温度，W_1 的绝对值越小，发生的随机混合就越多。

9.10.1 正规溶液模型的扩展：原子序参数

如前所述，正规溶液模型的一个主要缺陷是，在计算近邻原子以获得混合焓以及混合熵时，假定原子是随机放置在晶格上的。但是，如果如下表达式不为 0，原子就不会是随机混合的！

$$E_{AB} - \frac{1}{2}(E_{AA} + E_{BB})$$

对于原子向有序排列的转变，可以通过引入一个反映非随机构型的热力学变量来改进正规溶液模型。这个热力学变量就是长程序（LRO）参量，η。

考虑具有 BCC（A2）结构的随机 A-B 溶液相（完全无序）向具有 CsCl（B2）结构的完全有序相的有序化转变（图 9.18）。

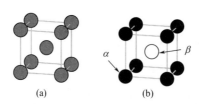

图 9.18　(a) BCC（A2）结构；(b) CsCl（B2）结构

[在 BCC 结构中，白色和黑色原子是随机排列的，但是在 CsCl 结构中，黑色原子（A 原子）位于 α 位点，白色原子（B 原子）位于 β 位点]

LRO 参量 η 被定义为：

$$\eta = \frac{r_\alpha - X_A}{Y_\beta} = \frac{r_\beta - X_B}{Y_\alpha}$$

式中，$r_\alpha(r_\beta)$ 是"正确"占据的 α（β）位点的比例；X_A（X_B）是组分 A（B）的比例；Y_α（Y_β）是晶格中 α（β）位点的比例。对于 BCC→B2 的转变，Y_α 和 Y_β 是 1/2。因此，对于一个等原子合金（$X_A = X_B = 1/2$），我们有：

$$\eta = 2r_\alpha - 1 = 2r_\beta - 1$$

如果所有的 α 位点都被 A 原子占据，$r_\alpha = 1$，$\eta = 1$。

如果所有的 α 位点都被 B 原子占据，$r_\alpha = 0$，$\eta = -1$。

如果 α 位点被随机占据，$r_\alpha = 1/2$，$\eta = 0$。

（$\eta = -1$ 的情况对应于 B2 有序系统的平移畴。）

前文给出了由纯 A 和纯 B 组分组成的系统的形成焓的表达式，即

$$\Delta H^M = z N_0 X_A X_B W_1$$

其中 $W_1 = E_{AB} - (E_{AA} + E_{BB})/2$。对于 $W_1 < 0$，原子有序化是有利的；对于 $W_1 = 0$，合金是随机的；而对于 $W_1 > 0$，则倾向于团簇化。

如果我们考虑原子有序化对位点占用的影响，可以得到：

$$\Delta H^M = z N_0 W_1 \left(X_A X_B + \frac{\eta^2}{4} \right)$$

对于等原子合金完全有序的情况，这就得到了 $\Delta H^M = z N_0 W_1 / 2$。可以看出，这是同为负值的不包括长程序参量表达式的 2 倍。

有序化的影响还反映在混合熵中，如下所述。

$$\Delta S^M(\eta) = -\frac{N_0 k_B}{2} \left[\left(X_A + \frac{\eta}{2} \right) \ln \left(X_A + \frac{\eta}{2} \right) + \left(X_B - \frac{\eta}{2} \right) \ln \left(X_B - \frac{\eta}{2} \right) + \right.$$
$$\left. \left(X_A - \frac{\eta}{2} \right) \ln \left(X_A - \frac{\eta}{2} \right) + \left(X_B + \frac{\eta}{2} \right) \ln \left(X_B + \frac{\eta}{2} \right) \right]$$

对于完全有序的等原子合金，这就产生了 $\Delta S_{conf} = 0$，因为纯元素的构型熵为零，完全有序的 B2 结构的构型熵为 0。

结合混合焓和混合熵的表达式，我们得到：

$$\Delta G^M(\eta, T) = z N_0 W_1 \left(X_A X_B + \frac{\eta^2}{4} \right) + \frac{N_0 k_B T}{2} \left[\left(X_A + \frac{\eta}{2} \right) \ln \left(X_A + \frac{\eta}{2} \right) + \right.$$
$$\left. \left(X_B - \frac{\eta}{2} \right) \ln \left(X_B - \frac{\eta}{2} \right) + \left(X_A - \frac{\eta}{2} \right) \ln \left(X_A - \frac{\eta}{2} \right) + \left(X_B + \frac{\eta}{2} \right) \ln \left(X_B + \frac{\eta}{2} \right) \right]$$

由于 ΔG^M 是有序化参量的函数，我们取上式对有序化参量的导数，并令其等于 0，则有：

$$\frac{\partial \Delta G^M}{\partial \eta} = \frac{z N_0 W_1 \eta}{2} + \frac{N_0 k_B T}{2} \ln \frac{1+\eta}{1-\eta} = 0$$

当 η 接近 0 时，温度接近转变温度。对于小的 η，有：

$$\ln \frac{1+\eta}{1-\eta} = 2 \left(\eta + \frac{\eta^3}{3} + \cdots \right) \approx 2\eta$$

所以：

$$\frac{z N_0 W_1 \eta}{2} + \frac{2 N_0 k_B T \eta}{2} = 0$$

对于 A2 和 B2 结构，$z = 8$，因此：

$$T_C = -\frac{4W_1}{k_B}$$

图 9.19 为 η 随对比温度变化的关系图。这个模型在 T_C 下产生了原子有序相变。在这个温度以上，平衡相是无序的 BCC 结构相。在这个温度以下，平衡相是有序的 CsCl 结构相，其 LRO 参量 η 随着温度的降低而持续增加，当温度接近 0K 时，该参量接近于 1。

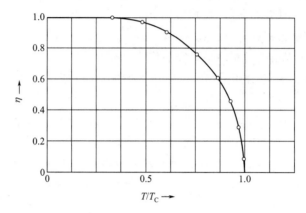

图 9.19　原子 LRO 参量 η 与对比温度 T/T_C 的关系

（Bragg-Williams 模型。请注意当 T 接近 T_C 时斜率为无限大，当 T 接近 0K 时斜率为 0）

图 9.20 是几个温度下的混合吉布斯自由能 ΔG^M 与有序化参量 η 的关系图。在温度高于 T_C 时，ΔG^M 的最小值出现在 $\eta=0$ 处。也就是说，无序相是稳定相。温度在 T_C 以下时，ΔG^M 在 $\pm\eta_{eq}$ 处出现两个最小值。一个极大值出现在 $\eta=0$ 处，表明无序相在 T_C 以下是不稳定的。随着温度的降低，η_{eq} 增加，直到在 $T=0$K 时，$\eta_{eq}=1$。诸如此类的图形将在第 15 章关于朗道相变理论的讨论中再叙述。现在，我们注意到，ΔG^M 与 η 的关系可以写成泰勒级数形式，如下所示，

$$\Delta G^M = a + b\eta^2 + c\eta^4$$

其中 a 是一个积分常数，b 是 T 的函数，c 可视为一个正常数（见作业题 9.13）。

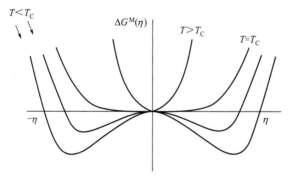

图 9.20　混合吉布斯自由能 ΔG^M 随长程序参量 η 的变化

9.10.2　考虑次近邻的相互作用

正规溶液模型的另一个扩展可以通过增加次近邻原子间的相互作用来实现。我们将此前定义的最近邻的相互作用能量写为：

$$W_1 = E_{AB}^{(1)} - \frac{1}{2}(E_{AA}^{(1)} + E_{BB}^{(1)})$$

次近邻原子间的相互作用能量可写为：

$$W_2 = E_{AB}^{(2)} - \frac{1}{2}(E_{AA}^{(2)} + E_{BB}^{(2)})$$

这个表达式可以加到之前使用的形成焓的表达式中，从而得到：

$$\Delta H^M = N_0 X_A X_B(z_1 W_1 + z_2 W_2) + \frac{N_0 \eta^2}{4}(z_1 W_1 + z_2 W_2)$$

从图 9.18 中可以看出，对于 B2 型有序结构，虽然 $W_1 < 0$（有利于异类原子的最近邻分布），但 $W_2 > 0$（有利于同类原子的次近邻分布）。关于这些表达式的细节和进一步研究可参阅 Soffa 和 Laughlin 以及 Soffa、Laughlin 和 Singh[❶] 的论文，他们分析了 FCC→L1$_2$ 和 FCC→L1$_0$ 转变。

9.11　亚正规溶液

在正规溶液模型中 α 值是恒定的，由式（9.73）可知，ΔH^M 呈抛物线变化；理想的混合熵导致 G^{XS} 和 ΔG^M 围绕成分 $X_A = 0.5$ 呈对称性变化。如果允许 α 任意地随成分变化，该模型可以变得更加灵活，比如说：

$$\alpha = a + bX_B + cX_B^2 + \cdots \tag{9.75}$$

所谓的亚正规模型是指方程（9.75）中除 a 和 b 以外的所有常数的值都是 0。因此，亚正规溶液模型给出的二元 A-B 溶液的超额摩尔形成吉布斯自由能为：

$$G^{XS} = (a + bX_B)X_A X_B \tag{9.76}$$

式（9.76）是一个经验方程。也就是说，常数 a 和 b 没有物理意义，只是参数，其值可以调整，以试图使方程与实验测量的数据相适应。将式（9.27a）式（9.27b）应用于式（9.76），可以得到成分 A 和 B 的超额偏摩尔吉布斯自由能为：

$$\bar{G}_A^{XS} = aX_B^2 + bX_B^2(X_B - X_A) \tag{9.77}$$

以及

$$\bar{G}_B^{XS} = aX_A^2 + 2bX_A^2 X_B \tag{9.78}$$

在曲线中的最大值和/或最小值处，有：

$$\frac{dG^{XS}}{dX_B} = 0$$

而根据式（9.76）[将 $X_A = 1 - X_B$ 代入式（9.76）]，写为：

---

❶ W. Soffa，D. E. Laughlin，and N. Singh. Interplay of Ordering and Spinodal Decomposition in the Formation of Ordered Precipitates in Binary FCC Alloys：Role of Second Nearest-Neighbor Interactions. Philos. Mag，2010，90（1-4）：287-304.

W. A. Soffa，D. E. Laughlin，N. Singh. "Re-examination of A1 → L1$_0$ Ordering：Generalized Bragg-Williams Model with Elastic Relaxation," in Solid-Solid Phase Transformations in Inorganic Materials. Trans Tech，Enfield，NH，2011.

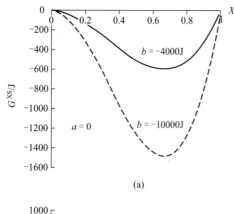

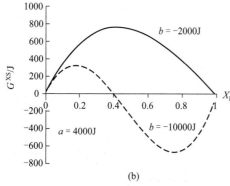

图 9.21 不同 a 和 b 值下亚正规溶液模型的
超额摩尔吉布斯自由能曲线

$$G^{XS} = aX_B + (b-a)X_B^2 - bX_B^3$$

因此，有：

$$\frac{dG^{XS}}{dX_B} = a + 2(b-a)X_B - 3bX_B^2 = 0$$

或

$$X_B = \frac{(b-a) \pm \sqrt{b^2 + ab + a^2}}{3b}$$

对于 $a=0$，$b \neq 0$ 的情况，如图 9.21（a）所示，曲线的最小值出现在 $X_B = 2/3$ 处。在图 9.21（b）中，$a = 4000J$、$b = -10000J$ 时，曲线的最大值出现在 $X_B = 0.17$ 处，最小值出现在 $X_B = 0.76$ 处；然而，如果 $b = -2000J$，则不会出现最小值，只会出现最大值。通过引入第三个常数 τ，来适应温度对亚正规溶液性质的影响，从而得到超额摩尔混合吉布斯自由能为：

$$G^{XS} = (a_0 + b_0X_B)X_AX_B\left(1 - \frac{T}{\tau}\right)$$

$$(9.79)$$

因此，超额摩尔混合熵为：

$$S^{XS} = -\frac{\partial G^{XS}}{\partial T} = \frac{(a_0 + b_0X_B)X_AX_B}{\tau}$$

$$(9.80)$$

而摩尔混合焓（也是超额摩尔混合焓）可以由下式确定。

$$\Delta H^M = G^{XS} + TS^{XS}$$
$$= (a_0 + b_0X_B)X_AX_B \qquad (9.81)$$

9.12　应用于聚合物的改进的正规溶液模型

1942 年，Flory 和 Huggins 各自修改了正规溶液模型，以考虑聚合物对聚合物混合的热力学模型所带来的差异[1]。

主要的区别在于混合熵，在修改了的模型中，它被写为：

$$\Delta S^{mix} = -R\left(\frac{\phi_A}{N_A}\ln\phi_A + \frac{\phi_B}{N_B}\ln\phi_B\right)$$

式中，ϕ_i 为构成聚合物的第 i 种单体的体积分数；N_i 为在分子长度上单体的平均个数（聚合度）。对于聚合物来说，随机位于溶液中的实体（独立存在体）不是单个原子或分子，

[1] M. L. Huggins. Solutions of Long Chain Compounds. J. Chem. Phys，1942，9（5）：440.

P. J. Flory, "Thermodynamics of High Polymer Solutions," J. Chem. Phys，1942，9（8）：660.

而是由聚合物的多个聚体组成的长链。这降低了聚合物在给定体积内的排列数目，它由混合熵表达式中的 N_i 项来解释。这大大降低了大分子聚合物中混合熵的作用。

混合焓项可写为：

$$\Delta H^{\mathrm{mix}} = \phi_A \phi_A \chi$$

式中，χ 表示由于聚合物之间的相互作用导致的溶液焓的增加（减少）量。

该项与混合熵项相结合，确定了混合吉布斯自由能项[1]：

$$\Delta G^{\mathrm{mix}} = RT \left(\frac{\phi_A}{N_A} \ln \phi_A + \frac{\phi_B}{N_B} \ln \phi_B \right) + \phi_A \phi_A \chi$$

可以看出，对于长度较长的聚合物（N_i 大），混合熵不像单原子或小分子的溶液那样大。由于大多数聚合物具有正的混合焓，这解释了许多聚合物的有限可混溶性。

该表达式表明，如果其中一种聚合物不是很长，它可以作为溶剂，而长链聚合物作为溶质（聚合物共混物）。这使得聚合物溶液的混溶性大大增加，此时熵项对聚合物的热力学性质变得更加重要。

9.13 小结

① 拉乌尔定律可表示为 $p_i = X_i p_i^\circ$，组分服从这一定律的溶液我们称其表现出拉乌尔性质。在所有的溶液中，当 $X_i \to 1$ 时，组分 i 的性质接近拉乌尔定律。

② 亨利定律可表示为 $p_i = k^i X_i$，组分服从该方程的溶液我们称其表现出亨利性质。在所有的溶液中，当 $X_i \to 0$ 时，组分 i 的性质接近亨利定律。在二元溶液中，溶质在某成分范围内服从亨利定律，而在此范围内溶剂则服从拉乌尔定律。

③ 相对于给定的标准状态，溶液组分 i 的活度是组分 i 产生的蒸气压（严格地说是逸度）与给定标准状态下 i 的蒸气压（逸度）之比。如果标准状态被选为纯组元 i，那么 $a_i = p_i/p_i^\circ$。因此，活度是一个比率，它的引入对溶液组分 i 所产生的蒸气压力起着归一化作用。就活度而言，拉乌尔定律可表示为 $a_i = X_i$，而亨利定律可表示为 $a_i = k_{(i)} X_i$。

④ 溶液中每摩尔 i 的广延热力学参量值与标准状态下每摩尔 i 的参量值之差，称为形成溶液过程中 i 的偏摩尔参量变化。也就是说，如果 Q 是任何广延的热力学参量，由于形成 1 摩尔 i 的溶液而导致的参量变化是 $\Delta \bar{Q}_i^M = \bar{Q}_i - Q_i^\circ$。对于吉布斯自由能而言，$\Delta \bar{G}_i^M = \bar{G}_i - G_i^\circ$。这种摩尔吉布斯自由能的差异与 i 在溶液中的活度有关，相对于标准状态而言，$\Delta \bar{G}_i^M = RT \ln a_i$，$\Delta \bar{G}_i^M$ 被称为 i 溶液的偏摩尔吉布斯自由能。

纯组分 i 形成 1 摩尔溶液伴随着的吉布斯自由能变化（称为整体吉布斯自由能变化）为 $\Delta G^M = \sum_i X_i \Delta \bar{G}_i^M$，因此，对于二元 A-B 溶液，$\Delta G^M = X_A \Delta \bar{G}_A^M + X_B \Delta \bar{G}_B^M$。由于 $\Delta \bar{G}_A^M = RT \ln a_A$，$\Delta \bar{G}_B^M = RT \ln a_B$，因此，

$$\Delta G^M = RT (X_A \ln a_A + X_B \ln a_B)$$

---

[1] 因此，弗洛里-哈金斯模型中的正规溶液"常数"等于 R、T、χ。

在拉乌尔溶液中，由于 $a_i = X_i$，因此，

$$\Delta G^M = RT(X_A \ln X_A + X_B \ln X_B)$$

对于任何一般广延的热力学参量 Q，

$$\Delta Q^M = \sum_i X_i \Delta \bar{Q}_i^M$$

⑤ 理想溶液具有以下性质：

- $a_i = X_i$
- $\bar{V}_i = V_i^\circ$（即组分混合时体积没有变化）
- $\Delta \bar{H}_i^{M,id} = \bar{H}_i - H_i^\circ = 0$（即混合热为零）
- $\Delta G^{M,id} = RT(X_A \ln X_A + X_B \ln X_B)$

由于 $\Delta S^{M,id} = -(\partial \Delta G^{M,id}/\partial T)$，$\Delta S^{M,id} = -R \sum_i X_i \ln X_i$，在一个理想溶液中，$\Delta \bar{S}_i^M = -R \ln X_i$。因此，$\Delta S^{M,id}$ 与温度无关，只是表示系统可用空间最大构型的数量。

⑥ 非拉乌尔溶液的热力学性质是通过引入活度系数 γ 来处理的，对于组分 i，其定义为 $\gamma_i = a_i / X_i$。活度系数 γ_i 的值可以大于或小于 1，因此量化了 i 对拉乌尔性质的偏离程度。因为 $\ln a_i = \ln X_i + \ln \gamma_i$，所以有：

$$\frac{\partial \ln a_i}{\partial \left(\dfrac{1}{T} \right)} = \frac{\Delta \bar{H}_i^M}{R} = \frac{\partial \ln \gamma_i}{\partial \left(\dfrac{1}{T} \right)}$$

因此，如果 $d\gamma_i/dT$ 为正，$\Delta \bar{H}_i^M$ 为负值；如果 $d\gamma_i/dT$ 为负，$\Delta \bar{H}_i^M$ 为正值。非理想溶液的形成热的大小是由溶液中各组分偏离理想溶液性质的大小决定的。非理想溶液组分随着温度的升高而接近拉乌尔溶液性质。因此，如果 $\gamma_i < 1$，则 $d\gamma_i/dT$ 为正；如果 $\gamma_i > 1$，则 $d\gamma_i/dT$ 为负。溶液组分表现出与拉乌尔定律的负偏离时，形成溶液是放热过程，即 $\Delta H^M < 0$；而表现出正偏离时，则形成溶液是吸热过程。

⑦ 吉布斯-杜亥姆关系可表示为 $\sum_i X_i d\bar{Q}_i = 0$，在恒定的温度和压力下，$\bar{Q}_i$ 是溶液组分 i 的广延热力学函数 Q 的偏摩尔值。溶液的广延热力学性质的超额值是实际值与该性质在各组分遵守拉乌尔定律的情况下所具有的值之间的差。因此，对于一般函数 Q，$Q^{XS} = Q - Q^{id}$，或者对于吉布斯自由能，$G^{XS} = G - G^{id}$，或者 $G^{XS} = \Delta G^M - \Delta G^{M,id}$。由于 $\gamma_i = a_i / X_i$，那么：

$$G^{XS} = RT \sum_i X_i \ln \gamma_i$$

⑧ 正规溶液是指具有理想的形成熵，并且由纯组分形成溶液的热不为 0 的一种溶液。正规二元溶液中各组分的活度系数由下式确定：

$$RT \ln \gamma_i = \alpha (1 - X_i)^2$$

其中 α 是一个与温度无关的常数，其值是特定溶液的特征。因此，$\ln \gamma_i$ 与温度成反比，而且，由于 $\bar{G}_i^{XS} = RT \ln \gamma_i$，那么 $\bar{G}_i^{XS} = \Delta \bar{H}_i^M$ 与温度无关。此外，正规溶液的形成热，等于 G^{XS}，是一个关于成分的抛物线函数，由下式表示：

$$\Delta H^M = G^{XS} = \alpha X_A X_B$$

⑨ 统计溶液模型可预测正规溶液的性质，其假定原子随机混合，溶液的能量是溶液中各个原子间键能的总和。在 A-B 系统中，只有当 A-B 键能与纯组分中的 A-A 和 B-B 键能的

平均值没有明显差异时，才可以假定是随机混合。对于任何偏差，随机混合假设的有效性随着温度的升高而增加。当 $X_i \rightarrow 1$ 和 $X_i \rightarrow 0$ 时，统计模型分别预测了溶液对拉乌尔性质和亨利性质的倾向性。

⑩ 通过增加次近邻原子的影响，可以改进统计溶液模型。对于有排序倾向的溶液（负偏离拉乌尔性质），可以通过在摩尔焓和摩尔熵项中增加一个长程序参量来改进这个包含摩尔焓和摩尔熵的模型。

⑪ 亚正规溶液模型假设 α 的值是成分的线性函数，由 $\alpha = a + bX_B$ 表示。因此，超额摩尔混合吉布斯自由能的变化由 $G^{XS} = (a + bX_B)X_A X_B$ 确定。这会引起形成溶液的摩尔参量的不对称依赖关系。常数 a 和 b 是曲线拟合参数，没有物理意义。

9.14 本章概念和术语

读者应写出以下术语的简要定义或描述。在适当的情况下，可以使用方程式。
活化能
活度
键能
凝结/升华
凝聚相
偏离理想状态
动态平衡
吸热
蒸发
放热
弗洛里-哈金斯模型
混合（溶液）的吉布斯自由能
亨利定律
粒子间的相互作用
有序化参量
拉乌尔定律
正规溶液
亚正规溶液

9.15 证明例题

（1）证明例题1

图 9.8 是 1600℃时液态 Fe-Ni 溶液的活度与成分的关系图。请画出该温度下活度系数与

成分的关系曲线。

解答：

图 9.22 是活度系数 γ_{Fe} 和 γ_{Ni} 作为成分函数的实际图。

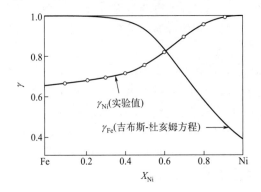

图 9.22　1600℃时 Fe-Ni 液体系统的活度系数-成分关系

(亦见图 9.8)

你的图应该包括如下信息：

① γ_{Fe} 从 $\gamma_{Fe}=1$ 开始，直到 $X_{Fe}=0.7$ 不再服从亨利定律，此后 γ_{Fe} 下降。

② γ_{Ni} 开始小于 1，在 $X_{Ni}=0.3$ 后开始上升并接近于 1。

③ 纯 Fe 时 $\gamma_{Fe}=1$，纯 Ni 时 $\gamma_{Ni}=1$。

（2）证明例题 2

图 9.19 是一个有序相的长程序参量 η 与对比温度的关系图。

① 解释一下为什么长程序参量在 $T=0K$ 时等于 1。

② 当 T 接近 0 时，长程序参量与 T/T_C 的关系曲线的斜率等于 0。说明这个关系为什么成立。

提示：首先写出 $G=G(\eta，T)$，并取全微分 dG。当你完成时，你将需使用如下形式的罗必塔法则：

$$\lim_{x\to 0}\frac{f(x)}{g(x)}=\frac{f'(x)}{g'(x)}$$

解答：

① 由热力学第三定律，我们预计平衡状态下系统的构型熵会随着温度的下降等于 0。

② 首先我们写出 $G=G(T，\eta)$，全微分得：

$$dG=\left(\frac{\partial G}{\partial T}\right)_\eta dT+\left(\frac{\partial G}{\partial \eta}\right)_T d\eta=0$$

$$\frac{d\eta}{dT}=-\frac{\left(\frac{\partial G}{\partial T}\right)_\eta}{\left(\frac{\partial G}{\partial \eta}\right)_T}=\frac{S}{\left(\frac{\partial G}{\partial \eta}\right)_T}$$

由于这两项在商中都等于 0（在平衡状态下），所以我们需要应用罗必塔规则，

$$\lim_{T\to 0}\frac{d\eta}{dT}=\frac{\left(\frac{\partial S}{\partial \eta}\right)_T}{\left(\frac{\partial^2 G}{\partial \eta^2}\right)_T}=\frac{0}{+}=0$$

9.16 计算例题

（1）计算例题 1

Cu 和 Au 在 410℃ 和 889℃ 之间的温度范围内形成完全的固溶体，在 600℃ 时，固溶体形成的超额摩尔吉布斯自由能为：

$$G^{XS} = -28280 X_{Au} X_{Cu}$$

计算 $X_{Cu} = 0.6$ 的固体溶液在 600℃ 时产生的 Au 和 Cu 的分压。

固体 Cu 的饱和蒸气压为：

$$\ln(p_{Cu}^{\circ}/atm) = -\frac{40920}{T} - 0.86\ln T + 21.67$$

固体 Au 的饱和蒸气压为：

$$\ln(p_{Au}^{\circ}/atm) = -\frac{45650}{T} - 0.306\ln T + 10.81$$

解答：

固体溶液是正规溶液，$\alpha = -28280J$。因此，根据式（9.64），

$$\ln \gamma_{Cu} = \frac{\alpha}{RT} X_{Au}^2 = -\frac{28280 \times 0.4^2}{8.3144 \times 873} = -0.624$$

因此，

$$\gamma_{Cu} = 0.536, \quad a_{Cu} = \gamma_{Cu} X_{Cu} = 0.536 \times 0.6 = 0.322$$

类似地，

$$\ln \gamma_{Au} = \frac{\alpha}{RT} X_{Cu}^2 = -\frac{28280 \times 0.6^2}{8.3144 \times 873} = -1.403$$

因此，

$$\gamma_{Au} = 0.246, \quad a_{Au} = \gamma_{Au} X_{Au} = 0.246 \times 0.4 = 0.098$$

在 873K 时，

$$p_{Cu}^{\circ} = 3.35 \times 10^{-14} atm$$

及

$$p_{Au}^{\circ} = 1.52 \times 10^{-16} atm$$

根据式（9.12），$a_i = p_i/p_i^{\circ}$，可得合金产生的分压为：

$$p_{Cu} = 0.322 \times 3.35 \times 10^{-14} = 1.08 \times 10^{-14} (atm)$$

及

$$p_{Au} = 0.098 \times 1.52 \times 10^{-17} = 1.50 \times 10^{-18} (atm)$$

（2）计算例题 2

700K 时，在成分为 $X_{Ga} = 0.5$ 的液体 Ga-Cd 溶液中，Ga 的活度值为 0.79。假设 Ga 和 Cd 的液体溶液表现出正规溶液性质，请估计溶液中 Ga-Cd 键的能量。液态 Ga 和液态 Cd 在其熔化温度下的摩尔蒸发焓分别为 270000J 和 100000J。

在它们的熔化温度下，液态 Cd 和液态 Ga 的配位数分别为 8 和 11。因此，我们假设 50∶50 溶液中的配位数是 8 和 11 的平均值，即 9.5。

解答：

由已知条件，$X_{Ga}=0.5$ 时，$a_{Ga}=0.79$，得：

$$\gamma_{Ga}=\frac{a_{Ga}}{X_{Ga}}=\frac{0.79}{0.5}=1.58$$

由式（9.64）有：

$$\ln 1.58=\frac{\alpha\times 0.5^2}{8.3144\times 700}$$

所以，

$$\alpha=\frac{0.457\times 8.3144\times 700}{0.5^2}=10639(J)$$

摩尔蒸发焓 ΔH_{evap} 和键能 $E_{Ga\text{-}Ga}$ 的关系为：

$$\Delta H_{evap,Ga\text{-}Ga}=-\frac{1}{2}zN_0 E_{Ga\text{-}Ga}$$

其负号是必需的，以符合键能是负数的惯例。因此，

$$E_{Ga\text{-}Ga}=-\frac{270000\times 2}{11\times 6.023\times 10^{23}}=-8.15\times 10^{-20}(J)$$

同理，

$$E_{Cd\text{-}Cd}=-\frac{100000\times 2}{8\times 6.023\times 10^{23}}=-4.15\times 10^{-20}(J)$$

键能 $E_{Cd\text{-}Ga}$ 可通过如下关系求得，

$$\alpha=zN_0\left[E_{Cd\text{-}Ga}-\frac{1}{2}(E_{Cd\text{-}Cd}+E_{Ga\text{-}Ga})\right]$$

因此，

$$10639=9.5\times 6.023\times 10^{23}\left[E_{Cd\text{-}Ga}-\frac{1}{2}(-4.15\times 10^{-20}-8.15\times 10^{-20})\right]$$

所以，$E_{Cd\text{-}Ga}=-5.96\times 10^{-20}J$。

 作业题

其中某些作业题可能需要附录中表格所列数据。

9.1 在 2500K 时 1 摩尔固体 Cr_2O_3 溶解在大量的液态的 Al_2O_3 和 Cr_2O_3 的拉乌尔性质溶液中，其中 $X_{Cr_2O_3}=0.2$，溶液温度也是 2500K。计算由添加引起的焓和熵的变化。Cr_2O_3 的正常熔点是 2538K，可以假设 $\Delta S_{m(Al_2O_3)}=\Delta S_{m(Cr_2O_3)}$。

9.2 当 1 摩尔 Ar 气体在 1863K 下通过大量 $X_{Mn}=0.5$ 的 Fe-Mn 熔体时，Mn 蒸发到 Ar 中导致熔体的质量减少 1.5g，气体在 1atm 的情况下离开熔体。计算液体合金中 Mn 的活度系数。

9.3 1863K 时，液态 Fe-Mn 合金的 G^{XS} 随成分变化的情况如下。

X_{Mn}	0.1	0.2	0.3	0.4	0.5	0.6	0.7	0.8	0.9
G^{XS}/J	395	703	925	1054	1100	1054	925	703	395

a. 系统是否表现出正规溶液性质？

b. 计算 $X_{Mn}=0.6$ 时的 $\bar{G}_{Fe}^{XS}$ 和 $\bar{G}_{Mn}^{XS}$。

c. 计算 $X_{Mn}=0.4$ 时的 ΔG^M。

d. 计算 $X_{Mn}=0.2$ 的合金所产生的 Mn 和 Fe 的分压。

9.4　从 298K 的 1 摩尔 Cu 和 1 摩尔 Ag 开始，计算在 1356K 时形成液体溶液所需的热量。在 1356K，液态 Cu 和液态 Ag 的摩尔混合热由 $\Delta H^M=-20590X_{Cu}X_{Ag}$ 确定。

9.5　Pb-Sn 系统的熔体表现出正规溶液性质。473℃时，在 $X_{Pb}=0.1$ 的液体溶液中，$a_{Pb}=0.055$。计算该系统的 α 值，并计算 500℃ 时 $X_{Sn}=0.5$ 的液体溶液中 Sn 的活度。

9.6❶　a. 假设溶液是理想的，计算 1000K 时 $X_B=0.5$ 的合金的 $\Delta\bar{G}_B$ 和 a_B 的值。

b. 计算在 1000K 时 $X_B=0.5$ 的合金的 $\Delta\bar{G}_B$ 和 a_B 的值，该合金是一种正规溶液，$\Delta H^{mix}=16628X_AX_B$。

9.7❶　正规溶液呈现出一个混溶间隙。在混溶间隙的温度下，画出 B 的活度随 X_A 的变化关系。（如果适用，）请指出服从亨利定律的区域和服从拉乌尔定律的区域。

9.8　Sn 在 Sn 和 Cd 的稀液体溶液中服从亨利定律，Sn 的亨利活度系数 γ_{Sn}° 随温度的变化为：

$$\ln\gamma_{Sn}^{\circ}=-\frac{840}{T}+1.58$$

计算当 1 摩尔液体 Sn 和 99 摩尔液体 Cd 在绝热箱中混合时的温度变化。形成的合金的摩尔恒压热容为 29.5J/(mol·K)。

9.9　使用吉布斯-杜亥姆方程证明，如果二元溶液中各组分的活度系数可以表示为：

$$\ln\gamma_A=\alpha_1X_B+\frac{1}{2}\alpha_2X_B^2+\frac{1}{3}\alpha_3X_B^3+\cdots$$

以及

$$\ln\gamma_B=\beta_1X_A+\frac{1}{2}\beta_2X_A^2+\frac{1}{3}\beta_3X_A^3+\cdots$$

那么在整个组成范围内，$\alpha_1=\beta_1=0$；如果变化可仅由二次项表示，那么 $\alpha_2=\beta_2$。

9.10　液体 Zn-Cd 合金中 Zn 的活度系数在 435℃时可表示为：

$$\ln\gamma_{Zn}=0.875X_{Cd}^2-0.30X_{Cd}^3$$

推导出 $\ln\gamma_{Cd}$ 对成分依赖性的表达式，并计算出 435℃ 时 $X_{Cd}=0.5$ 的合金中 Cd 的活度。

9.11　在 Au-Ni 系统中，形成固体溶液的超额摩尔吉布斯自由能可表示为：

$$G^{XS}=X_{Ni}X_{Au}(24140X_{Au}+38280X_{Ni}-14230X_{Ni}X_{Au})\left(1-\frac{T}{2660}\right)$$

计算 1100K 时 $X_{Au}=0.5$ 的合金中 Au 和 Ni 的活度。

---

❶ 第 6 版中的新作业题。

9.12❶ 液态 Fe-Cu 溶液 1550℃时的活度与成分的关系如图 9.9 所示。请画出该温度下活度系数与成分的关系曲线。

9.13❶ 使用方程式 $\Delta G^{XS} = -b(T-T_C)\,\eta^2 + c\eta^4$（其中 $b>0$）来推导以下方程式：
若 $\eta = \eta(T)$，则

$$\eta_{eq} = \left(1 - \frac{T}{T_C}\right)^{1/2}$$

提示：使用热力学第三定律，在 $T=0$ 时设定 $\eta=1$。

9.14❶ 人们发现，在某种溶液中，在一定的成分范围内，活度 $a_A = X_A$。请确定在同一成分范围内 a_B 和 X_B 之间的关系。

9.15❶ 所有具有正混合热的正规溶液，在混溶间隙的临界点，其组分（A 或 B）的活度值相同。

a. 算出这个活度。

b. 绘制温度与 a_B 的关系图，说明正规溶液的混溶间隙。

9.16❶ 在一定的温度 T 下，A-B 系统表现出正规溶液性质。A 的活度系数可以由下式表示：

$$\ln\gamma_A = -b(1-X_A)^2$$

其中 b 是在给定 T 下的一个常数。计算相同温度下 γ_B 随成分变化的方程式，一定要说明你求解的理由。

---

❶ 第 6 版中的新作业题。

第 10 章
二元体系的吉布斯自由能-组成图与相图

10.1 引言

我们在第 7 章中看到，当温度和压力是一个单组分系统的独立变量时，具有最低吉布斯自由能的相是稳定相。同样，在恒温恒压的双组分（二元）系统中，每种组分稳定存在的状态是系统具有最低的吉布斯自由能时的状态。因此，对于一个可以用等压条件下的温度-成分相图来描述的二元系统，通过了解各种可能相的吉布斯自由能随成分和温度的变化，相的稳定性就可以确定下来。

当液态溶液被冷却时，会降温至一个液相线上的温度，此时，固相开始与液态溶液分离。该固相可以是一种近乎纯的组元，也可以是与液体成分相同或不同的固溶体，或者是由两种或多种组分反应形成的化合物。在每一种情况下，与液态溶液平衡的固相的成分都是使系统吉布斯自由能最小的那个成分。如果液态溶液在整个成分范围内是稳定的，那么液相的吉布斯自由能就会低于任何可能的固相的吉布斯自由能。相反，如果系统温度低于最低固相温度，那么固相的吉布斯自由能在任何成分下都比液相的低。在中间温度下，吉布斯自由能随成分变化，且成分可处于液相稳定的范围、固相稳定的范围以及固相和液相相互平衡共存的中间范围。因此，根据以下事实，吉布斯自由能-成分图和平衡相图之间一定存在着定量的对应关系。

① 吉布斯自由能最低的状态是稳定状态。

② 当各相平衡共存时，组分 i 的偏摩尔吉布斯自由能 $\bar{G}_i$ 在所有共存相中具有相同的值。

本章将研究这种对应关系，我们将看到温度-成分相图是由吉布斯自由能-成分-温度图产生的，同时它也表现了吉布斯自由能-成分-温度图。

10.2 吉布斯自由能和热力学活度

组分 A 和 B 形成 1 摩尔溶液的混合吉布斯自由能可以由下式表示，

$$\Delta G^{\mathrm{M}} = RT(X_{\mathrm{A}}\ln a_{\mathrm{A}} + X_{\mathrm{B}}\ln a_{\mathrm{B}})$$

式中，ΔG^{M} 为 1 摩尔均质溶液的吉布斯自由能与相应数量的未混合组分的吉布斯自由能之差。由于只能测量吉布斯自由能的变化，纯的未混合成分的吉布斯自由能被指定为 0。如果溶液是理想的（即如果 $a_i = X_i$），那么理想的摩尔混合吉布斯自由能为：

$$\Delta G^{\mathrm{M,id}} = RT(X_{\mathrm{A}}\ln X_{\mathrm{A}} + X_{\mathrm{B}}\ln X_{\mathrm{B}})$$

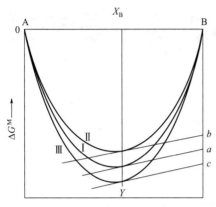

图 10.1　二元系统中的摩尔混合吉布斯自由能
Ⅰ—理想性质；Ⅱ—正偏离；Ⅲ—负偏离

并且在温度 T 下具有图 10.1 中曲线Ⅰ所示的特征形状。由于 $\Delta H^{\mathrm{M,id}} = 0$，那么 $\Delta G^{\mathrm{M,id}} = -T\Delta S^{\mathrm{M,id}}$。图 10.1 中的曲线Ⅰ是通过倒置理想的混合熵曲线（图 9.7）并乘以相应的温度得到的。因此可以看出，$\Delta G^{\mathrm{M,id}}$ 随成分变化的形状只取决于溶液的温度。

如果溶液表现出与理想混合的微小正偏离（即如果 $\gamma_i > 1$，$a_i > X_i$），那么，在温度 T 下，混合吉布斯自由能曲线通常如图 10.1 中的曲线Ⅱ所示。如果溶液表现出与理想混合的微小负偏离（即如果 $\gamma_i < 1$，$a_i < X_i$），混合吉布斯自由能曲线通常如图 10.1 中的曲线Ⅲ所示。

我们从式（9.33a）和式（9.33b）的讨论中知道，在任何成分处作 ΔG^{M} 曲线的切线分别与 $X_{\mathrm{A}} = 1$ 轴和 $X_{\mathrm{B}} = 1$ 轴相交于 $\Delta \bar{G}_{\mathrm{A}}^{\mathrm{M}}$ 和 $\Delta \bar{G}_{\mathrm{B}}^{\mathrm{M}}$。另外，由于 $\Delta \bar{G}_i^{\mathrm{M}} = RT\ln a_i$，所以在 ΔG^{M}-成分图和活度-成分图之间存在着一种关系。

在图 10.1 中成分 Y 处，作曲线Ⅰ、Ⅱ和Ⅲ的切线，三条切线分别与 $X_{\mathrm{B}} = 1$ 轴相交于 a、b 和 c 处。如图所示，

$$|Bb = \Delta \bar{G}_{\mathrm{B}}^{\mathrm{M}} = RT\ln a_{\mathrm{B}}(溶液Ⅱ中)| < |Ba = \Delta \bar{G}_{\mathrm{B}}^{\mathrm{M}} = RT\ln X_{\mathrm{B}}| <$$
$$|Bc = \Delta \bar{G}_{\mathrm{B}}^{\mathrm{M}} = RT\ln a_{\mathrm{B}}(溶液Ⅲ中)|$$

由此可知，

$$\gamma_{\mathrm{B}}(溶液Ⅱ中) > 1 > \gamma_{\mathrm{B}}(溶液Ⅲ中)$$

切线截距随成分的变化产生了如图 10.2 所示的活度随成分的变化。从图 10.2 可以看出，在 $X_{\mathrm{B}} \to 0$ 时，溶液Ⅱ和Ⅲ服从亨利定律，在 $X_{\mathrm{B}} \to 1$ 时，服从拉乌尔定律。

当 $X_i \to 0$，$a_i \to 0$ 时，切线截距 $\Delta \bar{G}_i^{\mathrm{M}} = RT\ln a_i \to -\infty$（见图 10.1），这表明所有的混合吉布斯自由能曲线在其末端都有垂直切线。这些垂直切线表明，纯 A 中加入的第一个 B 原子降低了吉布斯自由能！这也可以从图 9.7 理想溶液的混合熵曲线中看出，由于是对数，它的两端都有垂直切线。因此，这一热力学原理意味着极不可能存在纯的元素组元。

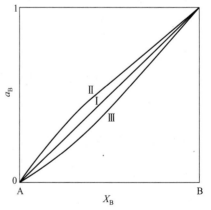

图 10.2　由图 10.1 中曲线Ⅰ、Ⅱ和Ⅲ得到的组分 B 的活度
（溶液Ⅱ表现出对理想性质的正偏离，
溶液Ⅲ表现出对理想性质的负偏离）

10.3 常见二元平衡相图的定性概述

本节我们将研究常见的二元平衡相图的定性特征，研究并讨论它们的一些重要特点。我们还将研究几条等压摩尔吉布斯自由能与成分的关系曲线，它们在热力学上与相图是一致的。本章后续章节将给出更多的定量方法。

10.3.1 透镜图：正规溶液模型

图 10.3 所示为确定二元等压系统中液体和固体处于平衡状态的简单方法。图中位于 A 轴和 B 轴上的点 $T_{m(A)}$ 和 $T_{m(B)}$ 分别代表 A 和 B 的熔点。在两熔点之间的温度内，整个成分范围内有三种平衡状态。

① B 在 A 中的液态溶液，A(B)；

② 液体 A(B) 和固体 B(A) 的两相混合物；

③ A 在 B 中的固溶体，B(A)。

杠杆规则决定了两相区中各相的量，参见第 1.7 节。

如果我们将固态溶液和液态溶液视为正规溶液，为吉布斯自由能建模，并且如果固态溶液和液态溶液混合焓值大致相同，则吉布斯自由能的形式如图 10.3（b）所示。可以看出，对于成分 B＜成分 e，液相具有最低的吉布斯能；对于成分 B＞成分 f，固相具有最低的吉布斯能；在成分 $e\sim f$ 之间，最低的吉布斯能是由成分为 e 的液体和成分为 f 的固体之间的两相平衡得到的。共同切线表明，在两相区，每个组分在两相中偏摩尔吉布斯自由能是相等的。就是说，

$$\Delta \bar{G}_A^L = \Delta \bar{G}_A^S$$
$$\Delta \bar{G}_B^L = \Delta \bar{G}_B^S$$

式中，S 代表固态溶液；L 代表液态溶液。这些值是公切线分别与摩尔混合吉布斯自由能坐标轴 $X_B=0$ 和 $X_B=1$ 相交处的值。

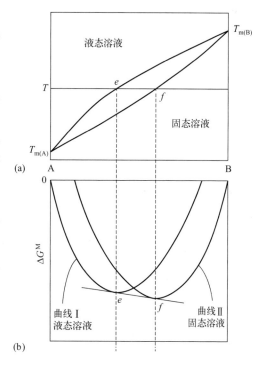

图 10.3 （a）系统 A-B 的平衡相图
（具有液-固透镜区域）；
（b）A-B 系统在温度 T 下各相达到平衡时的混合吉布斯自由能

随着温度的变化，吉布斯能量曲线会相对移动，因为其对温度的导数与各相的熵成正比。随着温度的降低，交点 e 和 f 将转移到较低的 X_B 值处，直至 $T_{m(A)}$，固体的吉布斯自由能曲线完全低于液体的吉布斯自由能曲线。从 $T_{m(A)}$ 开始，低于该温度时只有单一的固态溶液相存在。

10.3.2 不相等的混合焓

如果我们将固态溶液和液态溶液视为正规溶液，为吉布斯自由能建模，并且如果液态溶液的混合焓为负值，而固态溶液的混合焓为正值，则相图如图 10.4（a）所示，各相的吉布斯能曲线将如图 10.4（b）所示。较低的混合焓使液态溶液稳定，并导致其稳定区域扩大。温度高于一致熔融温度（液相线和固相线彼此相切）时，有两个固液平衡相区，中间有一个液相区。如果混合焓之间的相反关系成立（固体的混合焓为负，液体的混合焓为零或正），扩大的单一固相区将在最大值处产生一个一致熔融点，扩大了固态溶液的稳定区。

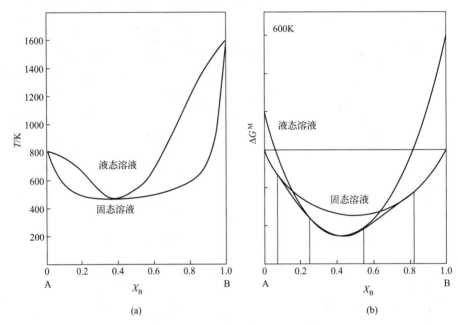

图 10.4 （a）二元系统的平衡相图（液态溶液的混合焓为负，固态溶液的混合焓为正）；
（b）溶液在温度 T 下的混合吉布斯自由能

从液态向固态转化的角度来看，一致熔融点很有意思，因为新相的成分（冷却时为固态，加热时为液态）与形成它的相（的成分）相同。根据吉布斯-科诺瓦洛夫（Dmitry Petrovich Konovalov，1856—1929）规则[1]，固相线和液相线的斜率在一致熔融点必须为零，并且必须彼此相切。

10.3.3 相图中的低温区

在图 10.3（a）和图 10.4（a）中，一旦温度低于液态溶液的稳定区域，就会看到有单一的固溶体存在。这种固溶体可以保持到室温甚至更低的温度，但由于原子间的相互作用，固溶体区域不能以单相持续到非常低的温度（见 6.5 节热力学第三定律）。在图 10.4 所示的系统中，由于固体的混合焓被认为是正的，因此溶液将出现低温固态混溶间隙，如图 10.5 所示。这与第三定律是一致的，因为在 0K 时，处于平衡状态的两相将是纯粹的 A 和 B，这

---

[1] D. Goodman，J. Cahn，and L. Bennett. The Centennial of the Gibbs Konovalov Rule for Congruent Points. Bulletin of Alloy Phase Diagrams，1981，2（1）：29-34.

样构型熵才能为 0。第 10.5 节将讨论固溶体形成这种混溶间隙的吉布斯自由能曲线。

10.3.4 共晶和共晶相图

另一类经常遇到的二元相图如图 10.6（a）所示，称为共晶相图（来自希腊语的"易熔"）。在这个等压相图中，有三个平衡相：两个固相（α 和 β）和一个液相。在不变温度（水平线，称为共晶温度）以上，图被分为类似于图 10.4（a）中显示的区域，即两个单相固体区（一个为 α，另一个为 β）、两个两相区（$\alpha+L$ 和 $\beta+L$）以及一个单相液体区。

在唯一的共晶成分下，该相图上有一个凝固反应，如下所示：

$$L \longrightarrow \alpha + \beta$$

这个反应通常被称为共晶反应。两种固溶体同时从液态溶液中形成，往往产生引人注目的微观结构。由吉布斯平衡相律可知，在一个二元等压体系中，α、L 和 β 三相只有在固定温度下才能相互平衡（即平衡时自由度为零）。因此，三相平衡必须存在于等压二元相图的水平线上（固定温度）。

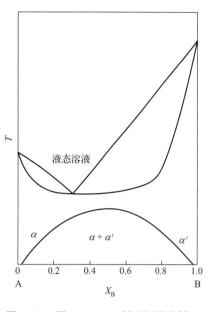

图 10.5　图 10.4（a）所示相图在低温区域具有固态混溶间隙

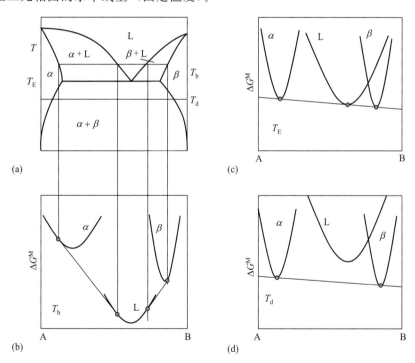

图 10.6　（a）等压共晶二元相图［显示两个固相（α 和 β）和一个液相］；（b）温度高于共晶温度时三相的混合吉布斯自由能曲线；（c）三相在共晶温度 T_E 下的吉布斯自由能曲线；（d）三相在温度 T_d 下的吉布斯自由能曲线

在这个图中，还有两个可能发生的涉及三个相的温度不变的反应，即亚共晶反应：

$$\alpha + L \longrightarrow \alpha + \beta$$

和过共晶反应：

$$\beta + L \longrightarrow \alpha + \beta$$

该相图在三个温度下的混合吉布斯自由能曲线见图 10.6（b）、图 10.6（c）和图 10.6（d）。图 10.6（b）给出了温度高于共晶温度 T_E 时三条混合自由能曲线的相对位置。请注意，液体的自由能曲线位于两种固体的自由能曲线之间。另外，可以看出，在共晶温度 T_E 以上，液体的混合自由能低于两种固体的自由能。随着温度的降低，液体的混合自由能曲线上升的速率比固体的快。这是因为自由能的温度依赖性，$(\partial G / \partial T)_P = -S$，是相的熵的负值，由于液体具有较大的熵，它将以比两条固体曲线更大的速率移向较高的混合自由能值。在共晶温度 T_E 时，三相的三条混合自由能曲线位于一个共同的切线上 [图 10.6（c）]。因此，三相都有相等的偏摩尔吉布斯自由能。就是说：

$$\Delta \bar{G}_A^L = \Delta \bar{G}_A^\alpha = \Delta \bar{G}_A^\beta$$

$$\Delta \bar{G}_B^L = \Delta \bar{G}_B^\alpha = \Delta \bar{G}_B^\beta$$

温度在 T_E 以下时，只有两个固相处于平衡状态，它们的成分不断移向纯组分 A 和 B。

如果这些图中高温相被一个固相取代，则被称为共析（类共晶）相图。Fe-C 合金系统具有重要的恒温共析转变 $\gamma \rightarrow \alpha + Fe_3C$，生成众所周知的珠光体（$\alpha + Fe_3C$ 的两相片状混合物）。

10.3.5 包晶和包晶相图

在共晶相图中，高温液相成分介于不变温度下两个低温相成分之间。然而，液相有可能在不变温度下在溶质（或溶剂）中最大富集，如图 10.7（a）所示。该图通常被称为包晶相图，在冷却时，包晶成分的合金通过不变温度时，会发生以下形式的转变。

$$\alpha + L \longrightarrow \beta$$

随后的反应是：

$$\beta \longrightarrow \alpha + \beta$$

还有两个可能发生的不变反应，涉及包晶系统中的三个相。即亚包晶反应：

$$\alpha + L \longrightarrow \alpha + \beta$$

和过包晶反应：

$$\alpha + L \longrightarrow \beta + L$$

图 10.7（b）和图 10.7（c）给出了获得这种相图所需的混合吉布斯自由能曲线的位置关系。可以看出，液体的混合自由能曲线位于图中两个固相的自由能曲线的富溶质侧。

如果液相被第三种固相 γ 取代，相图将看起来类似，但没有液相。这样的相图被称为包析相图。在这种情况下，对于从 $\alpha + \gamma$ 区域冷却的包析成分的合金来说，不变反应是：

$$\alpha + \gamma \longrightarrow \beta$$

还有其它具有不变反应的二元平衡相图的类型。例如，图 10.23 和图 10.26（f）所示的偏晶相图，其中不变的反应是：

$$L_1 \longrightarrow A + L_2 \text{（图 10.23）}$$

$$L_2 \longrightarrow L_1 + \alpha' [\text{图 10.26(f)}]$$

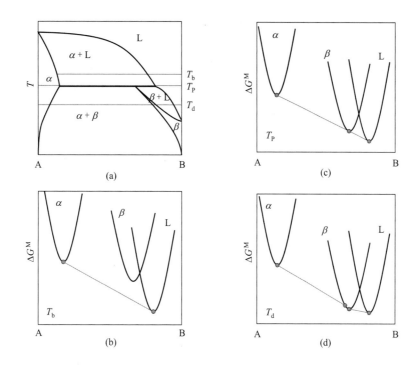

图 10.7 （a）显示两个固相（α 和 β）和一个液相的包晶二元相图；（b）温度高于包晶温度时三相的混合吉布斯自由能曲线（液相的自由能曲线位于两个固相的自由能曲线的富 B 侧）；（c）三相在包晶温度 T_P 下的混合吉布斯自由能曲线；（d）在温度 T_d 下三相的混合吉布斯自由能曲线

另外，熔晶（或下晶）相图给出了冷却时的不变反应（见作业题 10.8）：

$$\beta \longrightarrow \alpha + L$$

10.4 液体和固体标准状态

在凝聚系统中，通常选择纯组分在所关心的特定温度和压力下的稳定状态，作为该组分的标准状态。在 1atm（通常考虑的压力）下，稳定状态由所感兴趣的温度是否高于或低于该成分的正常熔化温度决定。通常假设所感兴趣的温度要么高于要么低于两种组分的熔化温度。针对液体的不相容性，我们可以绘制出活度与成分的关系曲线，在这种情况下，标准状态是两种纯液体；也可以针对固体的不相容性绘制，在这种情况下，标准状态是两种纯固体。由于组分的标准状态只是一个参考状态，组分在任何其它状态下都要与之进行比较，因此，可以选择任何状态作为标准状态，这种选择通常纯粹是基于方便而作出的。

假设处于温度 T 的二元系统 A-B，其中 T 低于 B 的熔点 $T_{m(B)}$，高于 A 的熔点 $T_{m(A)}$。进一步假设，这个系统会形成拉乌尔理想的液体溶液和拉乌尔理想的固体溶液。该系统的相图如图 10.8（a）所示。图 10.8（b）是温度 T 下的两条混合吉布斯自由能曲线，曲线 I 对应于液态溶液，曲线 II 对应于固态溶液。在温度 T 下，纯 A 和纯 B 的稳定状态位于 $\Delta G^M =$

0 处，纯液体 A 位于 $X_A=1$ 上的 a 点，纯固体 B 位于 $X_B=1$ 上的 b 点。点 c 代表固体 A 相对于液体 A 在温度 T 下的摩尔吉布斯自由能，且 $T > T_{m(A)}$。因此，$G^\circ_{A(s)} - G^\circ_{A(l)}$ 是一个正值，等于 A 在温度 T 下的摩尔熔化吉布斯自由能的负数，即

$$G^\circ_{A(s)} - G^\circ_{A(l)} = -\Delta G^\circ_{m(A)} = -(\Delta H^\circ_{m(A)} - T\Delta S^\circ_{m(A)})$$

且如果 $c_{P,A(s)} = c_{P,A(l)}$（即 $\Delta H^\circ_{m(A)}$ 和 $\Delta S^\circ_{m(A)}$ 均与温度无关），则

$$\Delta G^\circ_{m(A)} = \Delta H^\circ_{m(A)} \left(\frac{T_{m(A)} - T}{T_{m(A)}} \right) \tag{10.1}$$

随着温度的降低并接近 A 的熔点，$\Delta G^\circ_{m(A)}(T)$ 趋近于 0。

同样，点 d 代表液体 B 相对于固体 B 在温度 T 下的摩尔吉布斯自由能，而且，由于 $T < T_{m(B)}$，所以 $G^\circ_{B(l)} - G^\circ_{B(s)}$ 是一个正值，等于 $\Delta G^\circ_{m(B)}$。

图 10.8（b）中连接 a 和 d 的线表示未混合的液体 A 和液体 B 相对于未混合的液体 A 和固体 B 的标准状态的吉布斯自由能，而连接 c 和 b 的线表示未混合的固体 A 和固体 B 相对于上述标准状态的吉布斯自由能。线段 cb 可以用下式表示：

$$\Delta G = -X_A \Delta G^\circ_{m(A)}$$

线段 ad 可以用下式表示：

$$\Delta G = X_B \Delta G^\circ_{m(B)}$$

在任何成分下，由纯液体 A 和纯固体 B 形成均匀的液态溶液可以被视为是一个涉及两个步骤的过程：

① X_B 摩尔 B 的熔化，涉及的吉布斯自由能的变化为：

$$\Delta G = X_B \Delta G^\circ_{m(B)}$$

② X_B 摩尔的液体 B 和 X_A 摩尔的液体 A 混合形成一个理想的液态溶液，涉及的吉布斯自由能的变化为：

$$\Delta G = \Delta G^{M,id} = RT(X_A \ln X_A + X_B \ln X_B)$$

因此，由液体 A 和固体 B 形成理想液态溶液的摩尔吉布斯自由能（也可称为摩尔生成吉布斯自由能），$\Delta G^M_{(l)}$，可以由下式确定：

$$\Delta G^M_{(l)} = RT(X_A \ln X_A + X_B \ln X_B) + X_B \Delta G^\circ_{m(B)} \tag{10.2}$$

这就是图 10.8（b）中曲线 I 的方程。

同样地，在任何成分下，由液体 A 和固体 B 形成理想固态溶液的摩尔吉布斯自由能的变化为：

$$\Delta G^M_{(s)} = RT(X_A \ln X_A + X_B \ln X_B) - X_A \Delta G^\circ_{m(A)} \tag{10.3}$$

这就是图 10.8（b）中曲线 II 的方程。

在成分 e 时液态溶液的混合自由能曲线的切线，也是在成分 f 时固态溶液的混合自由能曲线的切线。因此，在温度 T 下，成分 e 的液体与成分 f 的固体处于平衡状态。也就是说，e 是液态成分，f 是固态成分，如图 10.8（a）中所示。随着温度的降低，ca 的长度减小，直到 A 的熔点，ca 的长度等于 0。随着温度的降低，db 的长度增加。曲线 I 和曲线 II 的位置因此而相互移动，使曲线的公切线的位置 e 和 f 向左移动。相应地，如果温度升高，吉布斯自由能曲线的相对运动是这样的：e 和 f 向右移动。追踪随着温度变化的 e 和 f 的位置，就可分别得到液相线和固相线。

本章附录 10A 中推导了该系统的固相线和液相线方程。附录中所建立的方程分别为：

$$X_{A(s)} = \frac{1 - \exp\left(-\dfrac{\Delta G_{m(B)}^{\circ}}{RT}\right)}{\exp\left(-\dfrac{\Delta G_{m(A)}^{\circ}}{RT}\right) - \exp\left(-\dfrac{\Delta G_{m(B)}^{\circ}}{RT}\right)}$$

$$(10.4)$$

和

$$X_{A(l)} = \frac{\left[1 - \exp\left(-\dfrac{\Delta G_{m(B)}^{\circ}}{RT}\right)\right] \exp\left(-\dfrac{\Delta G_{m(A)}^{\circ}}{RT}\right)}{\exp\left(-\dfrac{\Delta G_{m(A)}^{\circ}}{RT}\right) - \exp\left(-\dfrac{\Delta G_{m(B)}^{\circ}}{RT}\right)}$$

$$(10.5)$$

如果 $c_{P,i(s)} = c_{P,i(l)}$，对于 $i = A$ 和 B，我们从式（10.1）得到，

$$\Delta G_{m(i)}^{\circ} = \Delta H_{m(i)}^{\circ} \left(\frac{T_{m(i)} - T}{T_{m(i)}}\right)$$

因此，对于一个形成理想的固态溶液和液态溶液的系统，其相图只取决于各组分的熔化温度和摩尔熔化热。

图 10.9 是 500K 时 A-B 二元系统的混合自由能曲线，其中固体和液体均为理想溶液，此温度低于 $T_{m(B)}$、高于 $T_{m(A)}$。在 500K 时，$\Delta G_{m(A)}^{\circ} = -1500J$，$\Delta G_{m(B)}^{\circ} = 1000J$。曲线如图 10.9（a）所示，其中液体 A 和固体 B 被选作标准状态，位于 $\Delta G^{M} = 0$ 处。图 10.9（b）是液体 A 和液体 B 被选作标准状态时的曲线，图 10.9（c）是固体 A 和固体 B 被选作标准状态时的曲线。三者之间的比较表明，由于吉布斯自由能曲线的对数性质，切点的位置不受标准状态选择的影响。它们只是由温度 T 和两个组分在温度 T 下 $G_{(l)}^{\circ}$ 和 $G_{(s)}^{\circ}$ 之差的大小决定的。

图 10.8（c）是组分 B 的活度-成分关系图。有两种可能的标准状态 [图 10.8（b）]，固体 B 的 b 点和液体 B 的 d 点都可以被选作标准状态。切线在 $X_B = 1$ 轴上的截距长度可以从 b 点开始测量，在这种情况下，可以得到相对于固体 B 被选作标准状态的活度，或者从 d 点开始测量，这样可以得到相对于液体 B 被选作标准状态的活度。

如果选择纯固体 B 作为标准状态，并位于图 10.8（c）中的点 g 处，那么根据定义，gn 的长度为 1，这就定义了固体标准状态的活度标尺。那么，相对于在 g 处具有单位活度的固

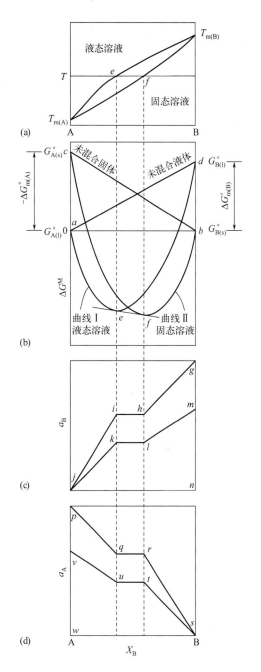

图 10.8 （a）A-B 系统的相图；（b）温度为 T 时 A-B 系统中的混合吉布斯自由能曲线；（c）B 在温度 T 下的活度以及固体和液体标准状态的比较；（d）A 在温度 T 下的活度以及固体和液体标准状态的比较

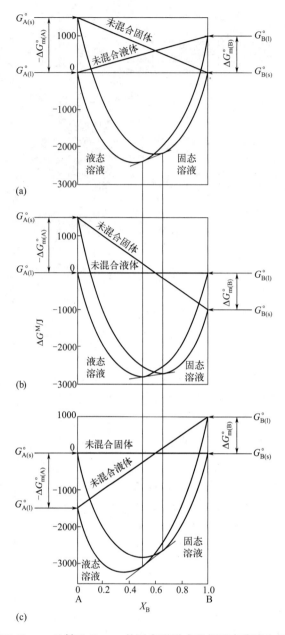

图 10.9　在高于 $T_{m(A)}$ 且低于 $T_{m(B)}$ 的温度下形成理想固态溶液和理想液态溶液的

二元体系 A-B 的混合吉布斯自由能曲线

（a）液体 A 和固体 B 被选作标准状态，位于 $\Delta G^M = 0$ 处；（b）液体 A 和液体 B 被选作标准状态，

位于 $\Delta G^M = 0$ 处；（c）固体 A 和固体 B 作为位于 $\Delta G^M = 0$ 处的标准状态

（切点的位置不受标准状态选择的影响）

体 B 而言，线 $ghij$ 表示溶液中的 a_B。根据曲线 $aefb$ 的切线在 $X_B = 1$ 轴上截距的变化，从 b 点开始测量可确定这条活度曲线。在这个活度标尺上，拉乌尔定律由 jg 确定，i 点和 h 点分别代表 B 在共存的液态溶液 e 和固态溶液 f 中的活度。

点 m 代表在以固体 B 作为标准状态的活度标尺上测得的纯液体 B 的活度。这个活度值小于 1，可由 mn/gn 的值确定。

对于处于 $aefb$ 混合自由能曲线上任何状态下的 B，若 B 的偏摩尔吉布斯自由能为 $\bar{G}_\mathrm{B}$，则有下述关系式成立：

$$\bar{G}_\mathrm{B} = G_\mathrm{B(l)}^\circ + RT\ln(a_\mathrm{B}, 相对于液体 B 标准态)$$

以及

$$\bar{G}_\mathrm{B} = G_\mathrm{B(s)}^\circ + RT\ln(a_\mathrm{B}, 相对于固体 B 标准态)$$

因此，

$$G_\mathrm{B(l)}^\circ - G_\mathrm{B(s)}^\circ = \Delta G_\mathrm{m(B)}^\circ = RT\ln\left(\frac{a_\mathrm{B}, 相对于固体 B 标准态}{a_\mathrm{B}, 相对于液体 B 标准态}\right) \tag{10.6}$$

由于 $T < T_\mathrm{m(B)}$，$\Delta G_\mathrm{m(B)}^\circ$ 大于零，所以任何溶液中的 B 相对于液体 B 被选作标准状态的活度都小于相对于固体 B 被选作为标准状态的活度，在同一个活度标尺（固体或液体）上可测量这两种活度。对于纯 B，$a_\mathrm{B(s)} > a_\mathrm{B(l)}$ ［即图 10.8（c）中的 $gn > mn$］，如果 $gn = 1$，则 $mn = \exp[-\Delta G_\mathrm{m(B)}^\circ/(RT)]$。式（10.6）简单地说明，$aefb$ 曲线上任何一点的切线的截距的长度加上 bd 的长度，等于从点 d 开始测量的同一截距点的截距长度，这就是式（10.6）的图解表述。

如果纯液体 B 被选作标准状态，并位于 m 点，那么根据定义，mn 的长度为 1，这就定义了液体标准状态的活度标尺。在这个活度标尺上，拉乌尔定律由 jm 确定，相对于具有单位活度的纯液体 B，溶液中 B 的活度由 $mlkj$ 来表示。在以液体 B 为标准状态的活度标尺上，位于 g 点处的纯固体 B 的活度大于 1，为 $\exp[\Delta G_\mathrm{m(B)}^\circ/(RT)]$。当基于两个活度标尺中的一个或另一个测量时，线 $jihg$ 和线 $jklm$ 以恒定的比率 $\exp[\Delta G_\mathrm{m(B)}^\circ/(RT)]$ 变化，但是在以固体为标准状态的活度标尺上测量的 $jihg$ 活度值与在以液体为标准状态的活度标尺上测量的 $jklm$ 活度值是相同的。

图 10.8（d）为 a_A 随成分的变化情况。在这种情况下，由于 $T > T_\mathrm{m(A)}$，$\Delta G_\mathrm{m(A)}^\circ$ 小于零，因此，当用同一个活度标尺测量时，有：

$$a_\mathrm{A}(相对于液体 A 标准态) > a_\mathrm{A}(相对于固体 A 标准态)$$

如果纯液体 A 被选作标准状态，并位于 p 点，那么根据定义，pw 的长度为 1，线 $pqrs$ 代表溶液中 A 相对于以标准状态 A 为标准状态的活度。在以液态 A 为标准状态的活度标尺上，位于 v 点的纯固体 A 的活度值为 $\exp[\Delta G_\mathrm{m(A)}^\circ/(RT)]$。另一方面，如果纯固体 A 被选作标准状态，则根据定义，vw 的长度为 1，拉乌尔定律也相对地由 vs 确定。线 $vuts$ 代表溶液中的 A 相对于以纯固体 A 为标准状态的活度。在以固体 A 为标准状态的活度标尺上，位于 p 点处的纯液体 A 的活度值为 $\exp[-\Delta G_\mathrm{m(A)}^\circ/(RT)]$。同样，在基于两个活度标尺中的一个或另一个测量时，两条线以恒定的比率 $\exp[-\Delta G_\mathrm{m(A)}^\circ/(RT)]$ 变化，而当在各自的标尺上测量时，它们（的活度）是相同的。

如果系统的温度降低到图 10.8（a）所示的小于 T 的数值，那么在该研究温度下，ac 的长度（大小等于 $|\Delta G_\mathrm{m(A)}^\circ|$）会减小，而相应地，$bd$ 的长度（大小等于 $|\Delta G_\mathrm{m(B)}^\circ|$）却会增大。图 10.8（b）中混合吉布斯自由能曲线 I 和 II 的位置随之改变，导致切点 e 和 f 向左移向 A。（降温）对活度的影响如下：在两种组分的情况下，

$$\frac{a_i, 相对于固体 i 标准态}{a_i, 相对于液体 i 标准态} = \exp\left(\frac{\Delta G_\mathrm{m(i)}^\circ}{RT}\right)$$

再由式（10.1），得：

$$上式 = \exp\left(\Delta H^{\circ}_{m(i)} \frac{T_{m(i)} - T}{RTT_{m(i)}}\right) \qquad (10.7)$$

对于组分 B，温度低于 $T_{m(B)}$，如果降温则 $a_{B(s)}/a_{B(l)}$ 的值大于 1，且会增加。因此，在图 10.8（c）中，gn/mn 的值增加。就组分 A 而言，温度高于 $T_{m(A)}$，如果降温则 $a_{A(s)}/a_{A(l)}$ 的值小于 1，也会增加。因此，图 10.8（d）中 vw/pw 的值增加。在温度 $T_{m(A)}$ 时，固体 A 和液体 A 在平衡状态下共存，$\Delta G^{\circ}_{m(A)} = 0$，点 p 和点 v 重合。同样地，在温度 $T_{m(B)}$ 时，点 m 和点 g 重合。

10.5　正规溶液形成吉布斯自由能

由于图 10.1 中 II 和 III 是为正规溶液绘制的曲线，那么 ΔG^{M} 偏离于 $\Delta G^{M,id}$ 仅是由非零的摩尔混合焓引起的，正规溶液的曲线和理想溶液的曲线之差为：

$$\Delta G^{M} - \Delta G^{M,id} \equiv G^{XS} = \Delta H^{M} = \alpha X_{A} X_{B}$$

对于曲线 II，$|\Delta G^{M}| < |\Delta G^{M,id}|$，因此 ΔH^{M} 和 α 为正值（参见 9.9 节）。对正规溶液，考虑越来越正的 α 值对混合吉布斯自由能曲线形状的影响，是件有趣的事情。在图 10.10 中，曲线 I 是 $-\Delta S^{M,id}/R = X_{A}\ln X_{A} + X_{B}\ln X_{B}$ 随 X_{B} 的变化图像。这条曲线代表 $\Delta G^{M,id}/RT$。反映 $\Delta H^{M}/RT = \alpha X_{A} X_{B}/RT$ 的曲线是在 $\alpha/RT = 0$、$+1.0$、$+2.0$ 和 $+3.0$ 情况下绘制的，相应的 $\Delta G^{M}/RT$ 曲线是根据对应的 $\Delta H^{M}/RT$ 和 $-(\Delta S^{M,id}/R)$ 曲线之和绘制的。随着 α/RT 的增大，可以看到，$\Delta G^{M}/RT$ 曲线的形状连续地从 $\alpha = 0$ 所示的形状变为 $\alpha/RT = 3$ 所示的形状。

在讨论形状变化对溶液性质的影响之前，有必要研究一下曲线形状的意义。图 10.1 中的曲线 I 重绘于图 10.11（a）。这条曲线在所有成分范围内都有正的曲率。因此，在所讨论的温度下，由 A 和 B 任意混合形成的均匀溶液都处于稳定状态，因为这种状态具有最低可能的吉布斯自由能。进一步考虑两个独立的溶液，比如说图 10.11（a）中的溶液 a 和溶液 b。在这两种溶液混合之前，相对于纯 A 和纯 B 而言，两种溶液系统的吉布斯自由能位于连接点 a 和点 b 的直线上，其确切位置通过杠杆法则由不同溶液的相对比例决定。如果溶液 a 和溶液 b 的数量相等，那么系统的吉布斯自由能由 c 点确定。当混合时，两种溶液形成一个新的均匀溶液，系统的吉布斯自由能因此从 c 减少到 d，即它可能具有的最小混合吉布斯自由能。现在考虑图 10.11（b），它是 $\alpha/RT > 2$ 的 $\Delta G^{M}/(RT)$ 曲线图。该曲线在 A 和 n 之间以及 p 和 B 之间具有正曲率，在 n 和 p 之间具有负曲率。当一个成分在 m 和 q 之间的系统以两种溶液形式出现时，一种是成分为 m，另一种是成分为 q，其混合吉布斯自由能最小。例如，如果成分为 r 的均匀溶液分离成两个共存的溶液 m 和 q，系统的混合吉布斯自由能就会从 r 减少到 s。在温度 T 和压力 P 下，两个分开的溶液平衡共存要求：

$$\bar{G}_{A}（在溶液 \ m \ 中）= \bar{G}_{A}（在溶液 \ q \ 中） \qquad (i)$$

以及

$$\bar{G}_{B}（在溶液 \ m \ 中）= \bar{G}_{B}（在溶液 \ q \ 中） \qquad (ii)$$

式（i）两边同时减去 G°_{A} 得：

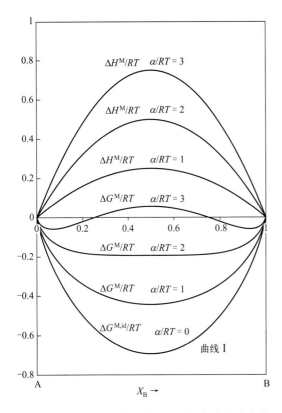

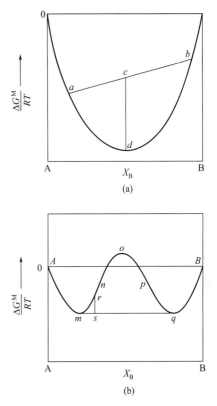

图 10.10 α/RT 的大小对二元正规溶液对比生成焓和总摩尔生成吉布斯自由能的影响

图 10.11 （a）在全部成分都能形成溶液的温度下二元组分的摩尔混合吉布斯自由能；（b）在出现混溶间隙（两相区）的系统中二元组分在某一温度下的摩尔混合吉布斯自由能

$$RT\ln a_A(\text{在溶液 } m \text{ 中}) = RT\ln a_A(\text{在溶液 } q \text{ 中})$$

或

$$a_A(\text{在溶液 } m \text{ 中}) = a_A(\text{在溶液 } q \text{ 中}) \tag{iii}$$

类似地：

$$a_B(\text{在溶液 } m \text{ 中}) = a_B(\text{在溶液 } q \text{ 中}) \tag{iv}$$

式（iii）和式（iv）是两个溶液（或相）在恒定的 T 和 P 下平衡共存的判据。因为：

$$\Delta\bar{G}_A^M(\text{在溶液 } m \text{ 中}) = \Delta\bar{G}_A^M(\text{在溶液 } q \text{ 中})$$

且

$$\Delta\bar{G}_B^M(\text{在溶液 } m \text{ 中}) = \Delta\bar{G}_B^M(\text{在溶液 } q \text{ 中})$$

可以看出，曲线在点 m 处的切线也是曲线在点 q 处的切线。这个公切线的位置确定了混合吉布斯自由能曲线上的点 m 和 q 的位置。

如图 10.11（b）所示的 A-B 系统，处于温度 T 下，其 α/RT 的值足够正，结果同类原子聚集的趋势足够大以至于造成相分离。当 B 最初被添加到 A 中时，形成了一个均匀的溶液（相 I），B 饱和的相 I 成分处于 m 点。进一步加入 B 会导致成分为 q 的第二种溶液（相 II）出现（它是被 A 饱和的相 II），继续加入 B 会导致出现相 II 与相 I 比例增加的现象，直到两相系统的整体成分达到 q，此时相 I 消失。在成分 q 和 B 之间出现了均匀的溶液（相

Ⅱ）。曲线 mn 代表被 B 过饱和的相Ⅰ的混合吉布斯自由能，曲线 qp 代表与被 A 过饱和的相Ⅱ的混合吉布斯自由能。由于 $AmqB$ 线代表了系统的平衡状态，那么只有这条线具有物理意义，这条线出现在系统 G-T-P-成分空间的等压、等温截面上。

10.6　正规溶液相稳定判据

如果我们考虑图 10.10，对于一个给定的温度，显然会出现一个 α/RT 的临界值，在这个临界值以下，均质溶液在整个成分范围内是稳定的，而在这个临界值以上就会发生相分离。图 10.12 中说明了用于确定这一临界值的判据。图 10.12（a）、图 10.12（b）和图 10.12（c）是在 $\alpha/(RT)<\alpha_{\text{critical}}/(RT)$、$\alpha/(RT)=\alpha_{\text{critical}}/(RT)$ 和 $\alpha/(RT)>\alpha_{\text{critical}}/(RT)$ 的情况下，ΔG^{M}、$\partial \Delta G^{\text{M}}/\partial X_{\text{B}}$、$\partial^2 \Delta G^{\text{M}}/\partial X_{\text{B}}^2$ 和 $\partial^3 \Delta G^{\text{M}}/\partial X_{\text{B}}^3$ 分别随成分变化的曲线。在 $\partial^2 \Delta G^{\text{M}}/\partial X_{\text{B}}^2$ 和 $\partial^3 \Delta G^{\text{M}}/\partial X_{\text{B}}^3$ 同时等于 0 的成分处，α/RT 取临界值，在这种情况下，不混溶性一触即发。

对于一个正规溶液，

$$\Delta G^{\text{M}} = RT(X_{\text{A}} \ln X_{\text{A}} + X_{\text{B}} \ln X_{\text{B}}) + \alpha X_{\text{A}} X_{\text{B}}$$

$$\frac{\partial \Delta G^{\text{M}}}{\partial X_{\text{B}}} = RT \ln \frac{X_{\text{B}}}{X_{\text{A}}} + \alpha(1 - 2X_{\text{B}})$$

$$\frac{\partial^2 \Delta G^{\text{M}}}{\partial X_{\text{B}}^2} = RT \left(\frac{1}{X_{\text{A}}} + \frac{1}{X_{\text{B}}} \right) - 2\alpha$$

以及

$$\frac{\partial^3 \Delta G^{\text{M}}}{\partial X_{\text{B}}^3} = RT \left(\frac{1}{X_{\text{A}}^2} - \frac{1}{X_{\text{B}}^2} \right)$$

在 $X_{\text{A}} = X_{\text{B}} = 0.5$ 时，三阶导数 $\partial^3 \Delta G^{\text{M}}/\partial X_{\text{B}}^3 = 0$，因此在 $X_{\text{A}} = X_{\text{B}} = 0.5$ 时，二阶导数 $\partial^2 \Delta G^{\text{M}}/\partial X_{\text{B}}^2 = 0$，此时 $\alpha/RT = 2$，它就是 α/RT 的临界值，高于此临界值会发生相分离（见图 10.10）。

因此，如果 $\alpha/RT > 0$，混溶间隙的临界温度为：

$$T_{\text{cr}} = \frac{\alpha}{2R} \tag{10.8}$$

图 10.13（a）是具有正摩尔混合热（$\alpha = 16630\text{J}$）和临界温度 $T_{\text{cr}} = 16630/2R = 1000\text{K}$ 的正规溶液的混合吉布斯自由能随温度变化的曲线。混合吉布斯自由能的表达式包含一个负对数项，其大小与温度成正比，还包含一个与温度无关的正抛物线项。在足够高的温度下，对数贡献占主导地位，并且混合吉布斯自由能（曲线）在所有成分范围内都具有正曲率。然而，随着温度的降低，对数项的贡献减少，最终，正抛物线项占主导地位，并产生以 $X_{\text{B}} = 0.5$ 为中心的成分范围，在此范围内吉布斯自由能曲线具有负曲率。对数项仍然要求曲线在 $X_{\text{A}} = 1$ 和 $X_{\text{B}} = 1$ 处的切线是垂直的。图 10.13（b）是系统的相图，其中作为两相区域边界的混溶线只是图 10.13（a）中的公切线成分的轨迹。温度对组分 B 的活度随成分变化的影响如图 10.13（c）所示。活度从自由能曲线 $\Delta \overline{G}_{\text{B}}^{\text{M}} = RT \ln a_{\text{B}}$ 的切线在 $X_{\text{B}} = 1$ 轴上的截距求得。

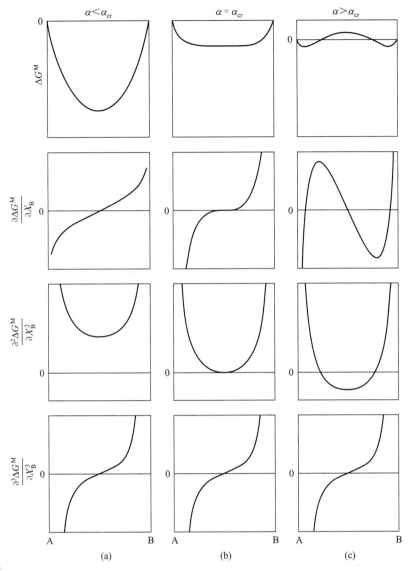

图 10.12 α 的大小对总的混合吉布斯自由能对成分的一阶、二阶和三阶导数的影响

在 T_{cr} 时，活度在 $X_B = 0.5$ 处表现出水平拐点，如下所示。由式（9.33b）得：

$$\Delta \bar{G}_B^M = \Delta G^M + X_A \frac{\partial \Delta G^M}{\partial X_B} = RT \ln a_B$$

因此：

$$\frac{\partial \Delta \bar{G}_B^M}{\partial X_B} = X_A \frac{\partial^2 \Delta G^M}{\partial X_B^2} = \frac{RT}{a_B} \frac{\partial a_B}{\partial X_B} \tag{10.9}$$

以及

$$\frac{\partial^2 \Delta \bar{G}_B^M}{\partial X_B^2} = X_A \frac{\partial^3 \Delta G^M}{\partial X_B^3} - \frac{\partial^2 \Delta G^M}{\partial X_B^2} = \frac{RT}{a_B} \frac{\partial^2 a_B}{\partial X_B^2} - \frac{RT}{a_B^2} \left(\frac{\partial a_B}{\partial X_B} \right)^2 \tag{10.10}$$

在 T_{cr} 和 $X_B = 0.5$ 时，ΔG^M 对 X_B 的二阶和三阶导数均为 0，因此，根据式（10.9）和式（10.10），a_B 对 X_B 的一阶和二阶导数为 0，从而活度曲线在 $X_B = 0.5$ 和 T_{cr} 时出现

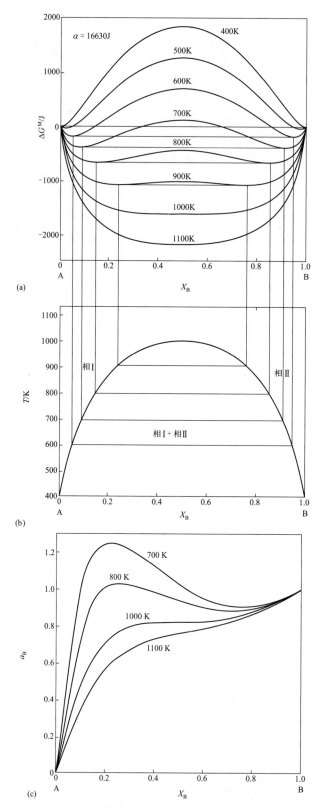

图 10.13 （a）温度对二元正规溶液摩尔混合吉布斯自由能的影响（对于该溶液，$\alpha = 16630$J）；
（b）由（a）中公切线切点轨迹形成的系统的相图；（c）从（a）中导出的 B 组分的活度

水平拐点。对于 $T < T_{cr}$，活度曲线有一个极大值和一个极小值，它们出现在拐点成分处（其中 $\partial a_B / \partial X_B$ 因 $\partial^2 \Delta G^M / \partial X_B^2$ 为 0 而也为 0）。例如，图 10.11（b）中的点 n 和 p，以及图 10.14 所示 800K 活度曲线上的点 b 和 c。图 10.14 中曲线的 ab 部分表示 B 在被 B 过饱和的相 I 中的活度，曲线的 cd 部分表示在被 A 过饱和的相 II 中 B 的活度。$\partial a_B / \partial X_B$ 的值在 b 和 c 之间为负，这违反了稳定性的固有标准，即要求 $\partial a_i / \partial X_i$ 始终为正［参见图 8.8 除 JHF 之外的部分，$(\partial P / \partial V)_T > 0$］。因此，推导出的 b 和 c 之间的活度曲线，以及由此得出的拐点成分之间的混合吉布斯自由能曲线，处在绝对不稳定的区域。图 10.14 中绘在 a 和 d 之间的水平线代表两相平衡区中 B 的实际恒定活度，a 和 d 成分点对应混合吉布斯自由能曲线公切线的两个切点。

因此，讨论中的正规溶液在 800K 时有以下不同的稳定性区域（见图 10.14）。

• $X_B = 0$ 到 $X_B = a$，单相溶液 I 是稳定的。

• $X_B = a$ 到 $X_B = d$，稳定状态是溶液 I 和溶液 II 的两相混合物。

• $X_B = a$ 到 $X_B = b$，单相溶液 I 是亚稳的（它将分解成成分为 a 的溶液 I 和成分为 d 的溶液 II）。

• 从 $X_B = b$ 到 $X_B = c$，均匀溶液是绝对不稳定的。

• $X_B = c$ 到 $X_B = d$，单相溶液 II 是亚稳的。

• $X_B = d$ 到 $X_B = 1$，单相溶液 II 是稳定的。

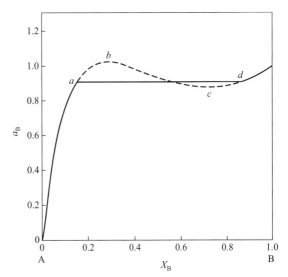

图 10.14　从图 10.13（a）导出的 B 在 800K 时的活度

10.7　相图、吉布斯自由能和热力学活度

组分 A 和 B 完全互溶要求 A 和 B 具有相同的晶体结构，具有相当的原子大小，并且具有相似的电负性和化合价。如果这些条件中的任何一个不满足，那么固体将出现一个或多个两相区。考虑 A-B 二元共晶系统，其相图如图 10.15（a）所示，其中 A 和 B 具有不同的晶体结构。出现两个端部固溶体，α 和 β。温度 T_1 下的摩尔混合吉布斯自由能曲线如图 10.15（b）所示。在该图中，位于 $\Delta G^M = 0$ 处的 a 和 c 分别代表纯固体 A 和纯液体 B 的摩尔吉布斯自由能。点 b 和 d 分别代表纯液体 A 和纯固体 B 的摩尔吉布斯自由能。曲线 aeg（曲线 I）是固体 A 和固体 B 混合形成均相 α 固溶体的吉布斯自由能，它们具有与 A 相同的晶体结构。如果固体 B 具有与 A 相同的晶体结构，这条曲线将与 $X_B = 1$ 轴相交于固体 B 的摩尔吉布斯自由能处。类似地，曲线 dh（曲线 II）表示固体 B 和固体 A 混合形成均相 β 固溶体的吉布斯自由能，其具有与 B 相同的晶体结构。如果 A 具有与 B 相同的晶体结构，该曲线

与 $X_A = 1$ 轴相交于固体 A 应具有的摩尔吉布斯自由能处。曲线 bfc（曲线Ⅲ）表示液体 A 和液体 B 形成均匀液体的摩尔混合吉布斯自由能。由于曲线Ⅱ处处高于曲线Ⅲ，β 固溶体在温度 T_1 下是不稳定的。曲线Ⅰ和曲线Ⅲ的公切线确定了温度为 T_1 时 α 固相成分 e，以及液相成分 f。图 10.15（c）为温度 T_1 下各组分的活度-组成关系，其中 A 的标准状态为固体，B 的标准状态为液体。这些关系是根据假设得出的，即液体溶液表现出拉乌尔性质，固体溶液表现出对拉乌尔定律的正偏离。

当温度降低到 T_1 以下时，ab 的长度增加，cd 的长度减少，直到 $T = T_{m(B)}$ 时，c 和 d 两点在 $\Delta G^M = 0$ 处重合。在 $T_2 < T_{m(B)}$ 时，图 10.16（b）中的点 c（液体 B）位于点 d 的上方，由于曲线Ⅱ部分位于曲线Ⅲ的下方，可以画出两条公切线。一条是曲线Ⅰ和曲线Ⅲ的，它定义了固体 α 和其共轭液体的组成，另一条是曲线Ⅱ和曲线Ⅲ的，它定义了固体 β 和其共轭液体的组成。图 10.16（c）为 T_2 下的活度-组成曲线，其中固态是两组分的标准状态。

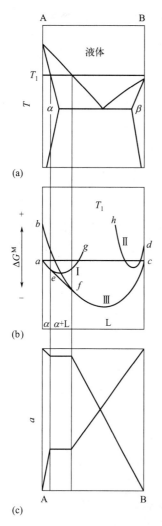

图 10.15　温度对 A-B 系统摩尔混合吉布斯
自由能和组分活度的影响 1

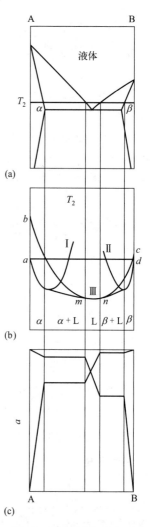

图 10.16　温度对 A-B 系统摩尔混合吉布斯
自由能和组分活度的影响 2

随着温度的进一步降低，图 10.16（b）中两个液相线成分 m 和 n 相互接近，并且在唯一温度 T_E（共晶温度）下重合，这意味着两条公切线合并形成一条与三条曲线均相切的"三重"公切线，如图 10.17（b）所示。成分处于图 10.17（b）中 o 和 p 之间时，双饱和共晶液体与 α 和 β 固溶体平衡共存。从 7.4 节讨论的吉布斯相律可知，这个三相平衡有 1 个自由度，指定为系统的压力。因此，在指定压力的情况下，三相平衡是不变的（三相的成分固定、温度固定）。图 10.17（c）为 A 和 B 在 T_E 时的活度。在 $T_3 < T_E$ 时，曲线Ⅲ位于曲线Ⅰ和曲线Ⅱ的公切线之上，因此液相是不稳定的。这种性质和相应的活度-成分关系分别如图 10.18（b）和图 10.18（c）所示。

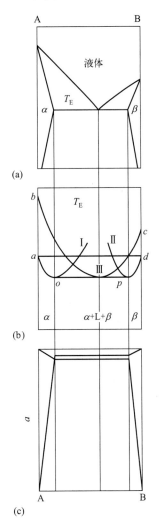

图 10.17　温度对 A-B 系统摩尔混合吉布斯
自由能和组分活度的影响 3

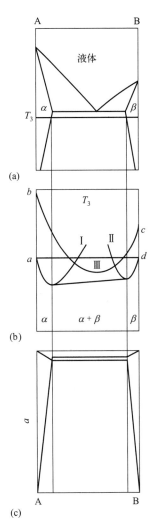

图 10.18　温度对 A-B 系统摩尔混合布斯
自由能和组分活度的影响 4

如果 α 相和 β 相中的固溶度范围非常小，那么，作为一种合理的近似，可以说 A 和 B 在固态下是互不相溶的。这种系统的相图如图 10.19（a）所示。由于图 10.19（a）中的固溶度范围很小，以至于在图中横轴上可以忽略不计，因此形成 α 相和 β 相的摩尔混合吉布斯自由能曲线（图 10.15～图 10.18 中的曲线Ⅰ和曲线Ⅱ）也分别向 $X_A = 1$ 轴和 $X_B = 1$ 轴压

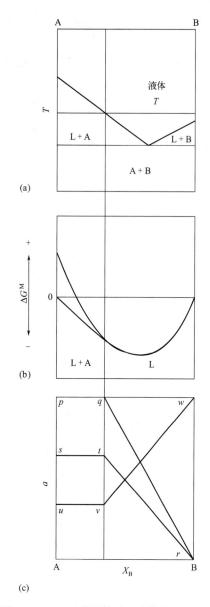

(a)

(b)

(c)

图 10.19 二元共晶体系（液体完全互溶，固体几乎完全不溶）的相图摩尔混合吉布斯自由能和活度

缩。在图 10.15～图 10.18 的横轴上，它们与纵坐标轴重合。图 10.20 显示了这个过程，即随着 B 在 α 相中溶解度的降低，α 相的吉布斯自由能曲线是如何向 $X_A = 1$ 轴压缩的。图 10.19（b）为温度 T 下 A-B 系统中液态溶液的生成吉布斯自由能。α 固溶体曲线和液态溶液曲线的公切线，简化为从代表纯固体 A 的 $X_A = 1$ 轴上的点到液态溶液曲线的切线。相应的活度-成分关系如图 10.19（c）所示。同样地，这些是根据液体为理想溶液的假设绘制的。在图 10.19（c）中，pqr 是 A 相对于纯固体 A 在 p 处具有单位活度时的活度，s 是纯液体 A 相对于固体 A 在 p 处具有单位活度时的活度，str 是 A 相对于液体 A 在 s 处具有单位活度时的活度，$Auvw$ 是 B 相对于液体 B 在 w 处具有单位活度时的活度。

一个二元体系中，在液态完全混溶而在固态下几乎完全不混溶时［例如图 10.19（a）］，液态溶液中各组分的活度变化可以通过分析液相线获得。在任何温度下［图 10.19（a）］，成分介于纯 A 和液相线成分之间的体系，以几乎纯 A 固体与液相线成分的液态溶液平衡的方式存在。因此，在温度 T 下，

$$G^{\circ}_{A(s)} = \bar{G}_{A(l)}$$
$$= G^{\circ}_{A(l)} + RT\ln a_A$$

其中 a_A 是相对于液体 A 作为标准状态而言的。因此，

$$\Delta G^{\circ}_{m(A)} = -RT\ln a_A \qquad (10.11)$$

或者，如果溶液是拉乌尔溶液，

$$\Delta G^{\circ}_{m(A)} = -RT\ln X_A \qquad (10.12)$$

图 10.21 是 Bi-Cd 系统的二元相图。该系统中，Bi 在 Cd 中有有限的溶解度，而 Cd 在 Bi 中的溶解度几乎为 0。在本章的附录 10B 中，使用式（10.12）和辅助信息计算了液相线。

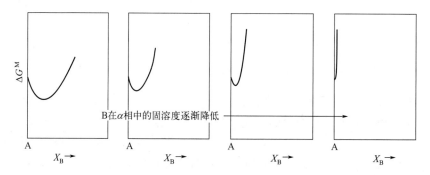

图 10.20   固体溶解度的降低对摩尔混合吉布斯自由能曲线的影响

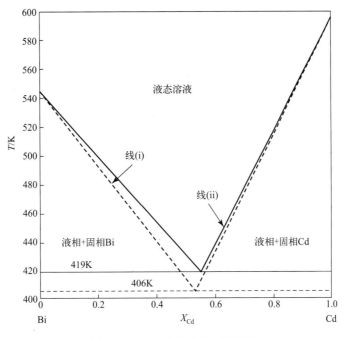

图 10.21　Bi-Cd 系统的二元相图

(实线是测量得到的液相线，虚线是假设没有固溶体且液体为理想溶液而计算出来的)

有意思的是，随着液体正偏离拉乌尔性质幅度的增加，即随着 G^{XS} 变得越来越正，探究液相线会发生什么变化。假设溶液表现出正规溶液性质，由式（10.11）的如下表达形式，

$$-\Delta G^{\circ}_{\mathrm{m(A)}}=RT\ln X_{\mathrm{A}}+RT\ln\gamma_{\mathrm{A}}$$

得：

$$-\Delta G^{\circ}_{\mathrm{m(A)}}=RT\ln X_{\mathrm{A}}+\alpha(1-X_{\mathrm{A}})^{2} \tag{10.13}$$

考虑一个假设的系统 A-B，其中 $\Delta H^{\circ}_{\mathrm{m(A)}}=10\mathrm{kJ}$，$T_{\mathrm{m(A)}}=2000\mathrm{K}$。因此，对于这个系统来说，

$$-10000+5T=RT\ln X_{\mathrm{A}}+\alpha(1-X_{\mathrm{A}})^{2}$$

式中，X_{A} 为温度 T 下 A 液相线的成分。A 液相线在 $\alpha=0$、10kJ、20kJ、25.3kJ、30kJ、40kJ 和 50kJ 时绘制，如图 10.22 所示。当 α 超过某个临界值（此处为 25.3kJ）时，液相线的形状从液相线温度随着 X_{A} 的降低而单调下降，变为包含极大值和极小值的形状（例如 $\alpha=30\mathrm{kJ}$ 的液相线）。在 α 的临界值处，极大值和极小值在 $X_{\mathrm{A}}=0.5$ 处重合，从而在液相线上出现水平拐点。很明显，当 α 超过临界值时，纯固体 A 与液相线上的所有点之间无法绘制等温连接线，这必然意味着计算的液相线是不真实的。

由式（10.6），

$$\ln a_{\mathrm{A}}=\frac{-\Delta H^{\circ}_{\mathrm{m(A)}}}{RT}+\frac{\Delta H^{\circ}_{\mathrm{m(A)}}}{RT_{\mathrm{m(A)}}}$$

因此，

$$\mathrm{d}\ln a_{\mathrm{A}}=\frac{\mathrm{d}a_{\mathrm{A}}}{a_{\mathrm{A}}}=\frac{\Delta H^{\circ}_{\mathrm{m(A)}}}{RT^{2}}\mathrm{d}T$$

或者

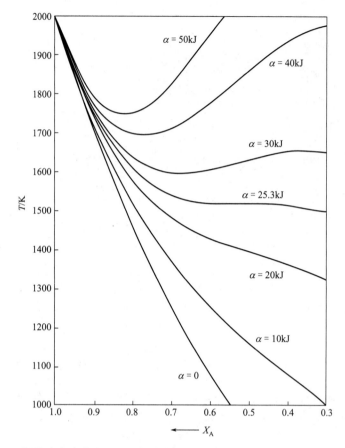

图 10.22 假设液态溶液表现为正规溶液性质且不形成固溶体时计算得到的液相线

$$\frac{dT}{dX_A} = \frac{RT^2}{\Delta H^\circ_{m(A)} a_A} \frac{da_A}{dX_A} \tag{10.14}$$

并且

$$\frac{d^2T}{dX_A^2} = \frac{2RT}{\Delta H^\circ_{m(A)} a_A} \frac{da_A}{dX_A} \frac{dT}{dX_A} - \frac{RT^2}{\Delta H^\circ_{m(A)} a_A^2} \left(\frac{da_A}{dX_A}\right)^2 + \frac{RT^2}{\Delta H^\circ_{m(A)} a_A} \frac{d^2a_A}{dX_A^2} \tag{10.15}$$

在式（10.9）和式（10.10）中，可以看出，在即将不混溶的状态下，$da_A/dX_A = d^2a_A/dX_A^2 = 0$。因此，在式（10.14）和式（10.15）中，在即将不混溶的状态下，$dT/dX_A = d^2T/dX_A^2 = 0$。在图 10.22 中，$\alpha_{cr} = 25.3\text{kJ}$，临界液相线的水平拐点出现在 $X_A = 0.5$、$T = 1531\text{K}$ 处。因此，

$$\frac{\alpha_{cr}}{RT_{cr}} = \frac{25300}{8.3144 \times 1531} = 2$$

这与式（10.8）相一致。当 $\alpha > \alpha_{cr}$ 时产生的相平衡如图 10.23 所示，该图显示了 $\alpha = 30000\text{J}$ 的正规溶液中的不混溶现象，以及图 10.22 所示的 $\alpha = 30000\text{J}$ 的 A 液相线。液态不混溶曲线和 A 液相线在 1620K 时相交，在 A、液态 L_1 和液态 L_2 之间产生三相偏晶平衡。在低于 1620K 的温度下，液态不混溶曲线是亚稳的。在 1620K 时计算出的在 L_1 和 L_2 的成分之间的 A 液相线，是没有实际物理意义的。

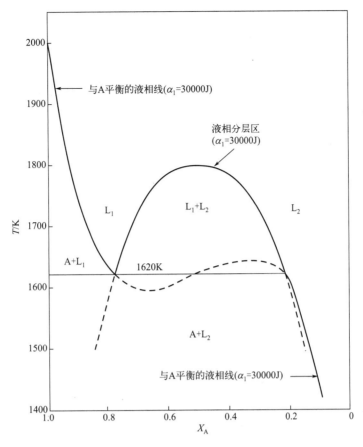

图 10.23　二元系统中的偏晶平衡

（其中液体溶液呈正规溶液性质，$\alpha_1 = 30000$J）

10.8　液相和固相均呈正规溶液性质的二元相图

考虑形成正规液态溶液和正规固态溶液的二元系统 A-B。A 和 B 的熔点分别为 800K 和 1200K，标准摩尔熔化吉布斯自由能如下，单位为 J。

$$\Delta G^{\circ}_{m(A)} = 8000 - 10T$$
$$\Delta G^{\circ}_{m(B)} = 12000 - 10T$$

考虑某一系统，在其液态溶液中 $\alpha_L = -20000$J，在其固态溶液中 $\alpha_S = 0$。图 10.24（a）是 1000K 时的混合吉布斯自由能曲线。由于 $T_{m(A)} < 1000K < T_{m(B)}$，所以选择液体作为 A 的标准状态，选择固体作为 B 的标准状态。参照这些标准状态，对于液态溶液，其混合吉布斯自由能为：

$$\Delta G^{M}_{L} = X_B \Delta G^{\circ}_{m(B)} + RT(X_A \ln X_A + X_B \ln X_B) + \alpha_L X_A X_B$$

对于固态溶液，其混合吉布斯自由能为：

$$\Delta G^{M}_{S} = -X_A \Delta G^{\circ}_{m(A)} + RT(X_A \ln X_A + X_B \ln X_B) + \alpha_S X_A X_B$$

代入数值数据可以得到：

$$\Delta G_L^M = (12000-10T)X_B + 8.3144T(X_A\ln X_A + X_B\ln X_B) - 20000X_A X_B$$

以及

$$\Delta G_S^M = -(8000-10T)X_A + 8.3144T(X_A\ln X_A + X_B\ln X_B)$$

图 10.24（a）中曲线的公切线确定了液态的成分 $X_B=0.82$，固态的成分 $X_B=0.97$。降低温度会使液体的吉布斯自由能相对于固体的吉布斯自由能增加。如图 10.24（b）所示，在 A 的熔点，纯固体 A 和纯液体 A 的吉布斯自由能相等，公切线给出的液态和固态成分分别为 $X_B=0.69$ 和 $X_B=0.94$。在温度低于 $T_{m(A)}$ 和 $T_{m(B)}$ 时，固体被选为两种组分的标准状态，混合吉布斯自由能可写成：

$$\Delta G_L^M = (12000-10T)X_B + (8000-10T)X_A +$$
$$8.3144T(X_A\ln X_A + X_B\ln X_B) - 20000X_A X_B$$

以及

$$\Delta G_S^M = RT(X_A\ln X_A + X_B\ln X_B)$$

图 10.24（c）所示 600K 的曲线有两条公切线，随着温度的进一步降低，液体的曲线相对于固体的曲线升高，直到 480K 时，两条公切线退化，在 $X_B=0.41$ 处曲线形成点接触。在温度低于 480K 时，液体的曲线位于固体的曲线之上，因此，固态溶液在整个成分范围内是稳定的。随着温度的变化，由公切线的成分点确定的相图如图 10.24（f）所示。

图 10.25 是 $\alpha_L=-2000J$、$\alpha_S=10000J$ 系统的性质图。如图 10.25（a）～图 10.25（c）所示，其性质类似于图 10.24 中所示的性质。然而，当 α_S 为正值时，存在一个临界温度，低于该温度时固态会发生不混溶，如第 10.2 节所述。当 $\alpha_S=10000J$ 时，临界温度为 $10000/2R=601K$，该温度下的混合（吉布斯自由能）曲线如图 10.25（d）所示。相图如图 10.25（f）所示。随着 α_L 的负值越来越大，α_S 的正值越来越大，液相线与固相线接触点的温度降低，固态临界温度升高，最终形成共晶体系。

图 10.26 是 $\alpha_L=20000J$、$\alpha_S=30000J$ 系统的性质图。液态和固态溶液的临界温度分别为 1203K 和 1804K，在 1203K 时的混合吉布斯自由能曲线如图 10.26（a）所示。$T\geqslant 1203K$ 时，均质液体为稳定状态，温度低于 1203K 时，液态发生不混溶。图 10.26（b）所示 1150K 时的曲线包含两条公切线，一条连接共轭液态溶液 L_1 和 L_2，一条连接液相线 L_2 和固相线 α'。随着温度的降低，共轭液体 L_2 和液相线 L_2 的成分相互接近，直到 1090K 时，两条公切线合并形成一条在 $X_B=0.23$ 和 $X_B=0.77$ 处的液体成分以及在 $X_B=0.98$ 处的 α' 间的"三重"公切线。这是一个偏晶平衡（亦见图 10.23）。进一步降低温度会在 L_1 和 α' 之间产生一条公切线，如图 10.26（c）所示，在 789K 时，另一条"三重"公切线出现在 $X_B=0.01$ 时的 α、$X_B=0.03$ 时的 L_1 和 $X_B=0.99$ 时的 α' 之间。在低于共晶温度 789K 的温度下，液相不稳定，并且根据其组成，系统以 α、$\alpha+\alpha'$ 或 α' 的形式存在。偏晶平衡和共晶平衡的相图如图 10.26（f）所示。

图 10.27 为 α_L 和 α_S 值按步骤变化对 A-B 二元系统相关系的影响，系统中的固体和液体均为正规溶液[❶]。

• 在从任何一列的底部向顶部移动时，在恒定的 α_L 下 α_S 值变得更正，而在沿任何一行从左到右移动时，在恒定的 α_S 下 α_L 值变得更正。

---

❶ A. D. Pelton and W. T. Thompson. Prog. Solid State Chem，1975，10（3）：119.

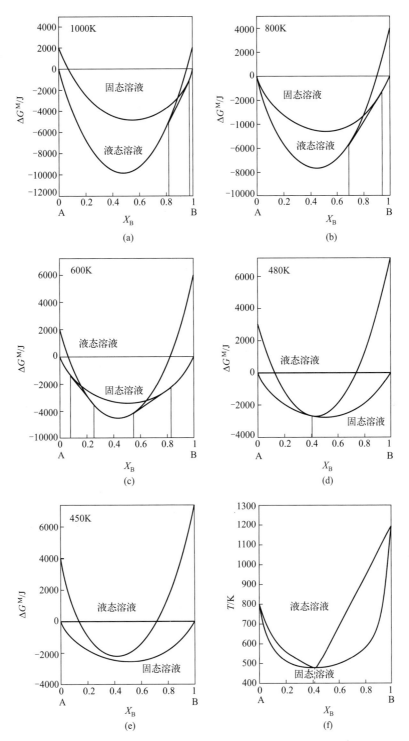

图 10.24 不同温度下的摩尔混合吉布斯自由能曲线及二元体系的相图

（其形成 $\alpha_S = 0$ 的正规固态溶液和 $\alpha_L = -20000J$ 的正规液态溶液）

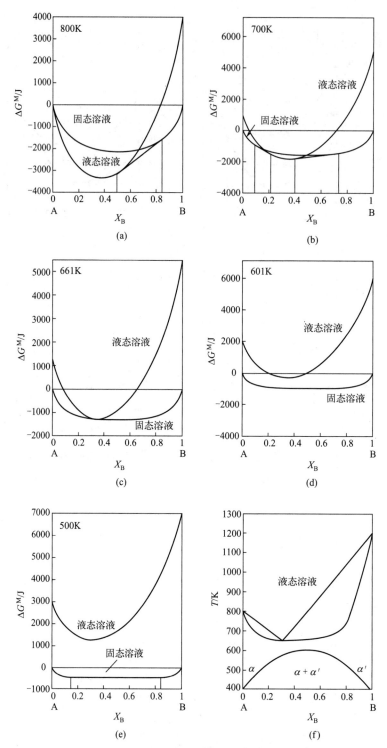

图 10.25　不同温度下的摩尔混合吉布斯自由能曲线及二元系统的相图
（其形成 $\alpha_S = 10000J$ 的正规固态溶液和 $\alpha_L = -2000J$ 的正规液态溶液）

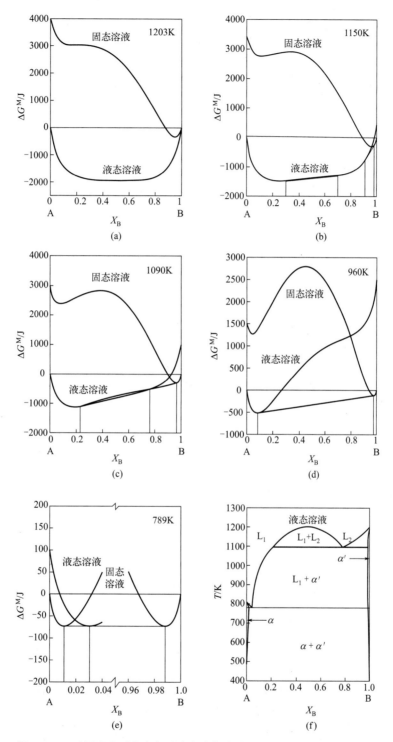

图 10.26　不同温度下的摩尔混合吉布斯自由能曲线及二元系统的相图

（其形成 $\alpha_S = 30000J$ 的正规固态溶液和 $\alpha_L = 20000J$ 的正规液态溶液）

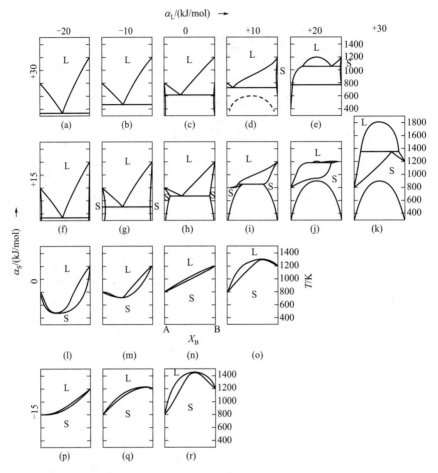

图 10.27　固体和液体均为正规溶液的 A-B 系统，由 α_S 和 α_L 值按步骤变化所带来的相图的拓扑变化

（A 和 B 的熔点分别为 800K 和 1200K，两种组分的摩尔熔化熵为 10J/K。源于：A. D. Pelton and W. T. Thompson.

Prog. Solid State Chem，1975，10（3）：119.）

- 按图 10.27（a）～图 10.27（e）的顺序，相对于固相而言，液态溶液变得越来越不稳定，其结果是共晶温度升高。
- 在图 10.27（d）、图 10.27（e）的过渡中，A 液相变得不稳定，出现了偏晶平衡。
- 按图 10.27（h）、图 10.27（i）的顺序，发生三相平衡的温度从 633K 增加到 799K，结果是图 10.27（h）中的共晶平衡变成了图 10.27（i）中的包晶平衡。
- 在图 10.27（j）中，固体状态下的不混溶性在低于可能发生包晶平衡的温度下消失了。
- 在图 10.27（j）中，$\alpha_L=20$kJ，在温度低于 $20000/(2\times8.3144)=1202$（K）时发生液态不溶，因此在 1190K 时发生偏晶平衡。
- 在图 10.27（k）中，三相 $L_1-L_2-\alpha$ 平衡发生在 1360K，由于高于 $T_{m(B)}$，产生了一个合晶（综晶）平衡，其中 α 相成分位于两液体成分之间。
- 按图 10.27 中（p）→（l）→（f）的顺序，固相变得比液相越来越不稳定，这加剧了液相和固相曲线的退化，最终形成共晶。
- 图 10.24 和图 10.26 分别是图 10.27（l）和图 10.27（e）中的吉布斯自由能关系图。
- 图 10.25 是发生在图 10.27（l）和图 10.27（f）中的相平衡图。

因此，尽管计算是使用一个简单的溶液模型进行的，但改变正规溶液常数 α_L 和 α_S 的趋势确实揭示了各种实验确定的图谱相互之间的变化方式。

10.9　小结

① 二元溶液 A-B 的摩尔形成吉布斯自由能可以由下式给出。
$$\Delta G^M = RT(X_A \ln a_A + X_B \ln a_B)$$
② 对于正规溶液，
$$\Delta G^M - \Delta G^{M,id} = G^{XS} = \alpha X_A X_B = \Delta H^M$$
③ 在 A-B 二元系统中，α 和 β 两相的平衡标准是：
$$a_A(在 \ \alpha \ 相中) = a_A(在 \ \beta \ 相中)$$
以及
$$a_B(在 \ \alpha \ 相中) = a_B(在 \ \beta \ 相中)$$
④ 显示无变反应的常见二元相图包括共晶、共析、包晶、包析、偏晶、偏析和熔晶相图。

⑤ 在 $\alpha/RT = 2$ 的临界值时，正规溶液的不混溶一触即发。临界温度，即在正规系统中发生不混溶的温度，由 $T_{cr} = \alpha/2R$ 给出。

⑥ 在形成理想液态溶液和理想固态溶液的二元系统 A-B 中，固相线和液相线可以分别由下式确定。

$$X_{A(s)} = \frac{1 - \exp[-\Delta G^{\circ}_{m(B)}/(RT)]}{\exp[-\Delta G^{\circ}_{m(A)}/(RT)] - \exp[-\Delta G^{\circ}_{m(B)}/(RT)]}$$

和

$$X_{A(l)} = \frac{\{1 - \exp[-\Delta G^{\circ}_{m(B)}/(RT)]\}\exp[-\Delta G^{\circ}_{m(A)}/(RT)]}{\exp[-\Delta G^{\circ}_{m(A)}/(RT)] - \exp[-\Delta G^{\circ}_{m(B)}/(RT)]}$$

⑦ 在一个包含共晶平衡的二元系统中，如果固溶程度小得可以忽略不计，那么液相线分别由以下条件决定。
$$\Delta G^{\circ}_{m(A)} = -RT \ln a_A (在与 A 共轭的液相中)$$
和
$$\Delta G^{\circ}_{m(B)} = -RT \ln a_B (在与 B 共轭的液相中)$$
⑧ 如果液态溶液是理想的，那么 A 液相线成分可以由下式确定，
$$-\Delta G^{\circ}_{m(A)} = RT \ln X_A$$
如果液态溶液是正规的，那么 A 液相线成分可以由下式确定。
$$-\Delta G^{\circ}_{m(A)} = RT \ln X_A + \alpha(1 - X_A)^2$$

10.10　本章概念和术语

读者应写出以下术语的简要定义或描述。在适当的情况下，可以使用方程式。

10.11 证明例题

（1）证明例题 1

局部二元相图如图 10.28（a）所示。当施加磁场时，β 相的溶解度降低，如虚线所示。使用 α 和 β 相的吉布斯自由能图，确定哪个相具有较大的磁化率。

解答：

α 相和 β 相的吉布斯自由能图如图 10.28（b）所示。由于 β 相的溶解度降低了，它的自由能曲线必须比 α 相的自由能曲线下降得更多，才能使公切线向左移动。因此，β 相必须具有较大的磁化率。如第 7.8 节中讨论的情况，施加磁场扩大了具有较高磁化率的相的稳定区域。

（2）证明例题 2

所有具有正混合焓的正规溶液在混溶间隙的临界点

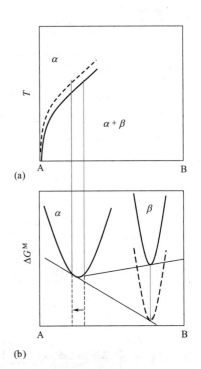

图 10.28 二元相图的富 A 部分反映了施加外部磁场时 β 脱溶线的移动情况 在这种情况下，$\chi_\beta > \chi_\alpha$

上，其成分（A 或 B）的活性值都是一样的。对于具有正规溶液常数 α 的正规溶液，计算在 T_C 的活度 a_A 或 a_B。

解答：

在临界温度下，

$$RT_C\ln a_B=\bar{G}_B(0.5)=\Delta G^M(0.5)=\Delta H^M(0.5)-T_C\Delta S^M(0.5)$$

$$RT_C\ln a_B(0.5)=\Delta H^M(0.5)-T_C\Delta S^M(0.5)$$

$$R\left(\frac{\alpha}{2R}\right)\ln a_B(0.5)=\frac{\alpha}{4}-\left(\frac{\alpha}{2R}\right)R\ln 2$$

$$a_B(0.5)=0.824$$

10.12　计算例题

（1）计算例题 1

图 10.29 是 Cs-Rb 系统的相图。假设液体是理想溶液，固体是正规溶液，考察相图的再现程度。

对于 Cs，有：

$$\Delta G^{\circ}_{m(Cs)}=2100-6.95T$$

对于 Rb，有：

$$\Delta G^{\circ}_{m(Rb)}=2200-7.05T$$

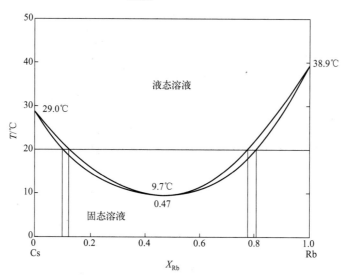

图 10.29　Cs-Rb 系统的相图

解答：

首先，画出固态溶液和液态溶液在 9.7℃（282.7K）时的混合吉布斯自由能曲线，并确定某个 α 值是否能得到与图 10.25（c）所示类似的混合吉布斯自由能曲线。也就是说，液态溶液的曲线位于固态溶液的曲线之上，除了在单一成分处，这两条曲线有相互接触。

取温度 T 下纯固体作为标准状态，相对而言，有：

$$\Delta G^{M}(\text{液态溶液}) = X_{Rb}\Delta G^{\circ}_{m(Rb)} + X_{Cs}\Delta G^{\circ}_{m(Cs)} +$$
$$RT(X_{Rb}\ln X_{Rb} + X_{Cs}\ln X_{Cs}) \tag{i}$$

在 282.7K 时，有：

$$\Delta G^{M}(\text{液态溶液}) = 207.0X_{Rb} + 135.2(1-X_{Rb}) + 8.3144 \times 282.7 \times$$
$$[X_{Rb}\ln X_{Rb} + (1-X_{Rb})\ln(1-X_{Rb})]$$

同理，

$$\Delta G^{M}(\text{固态溶液}) = RT(X_{Rb}\ln X_{Rb} + X_{Cs}\ln X_{Cs}) + \alpha_{S}X_{Rb}X_{Cs} \tag{ii}$$

在 282.7K 时，有：

$$\Delta G^{M}(\text{固态溶液}) = 8.3144 \times 282.7 \times (X_{Rb}\ln X_{Rb} + X_{Cs}\ln X_{Cs}) + \alpha_{S}X_{Rb}X_{Cs}$$

图 10.30 为用 $\alpha_{S} = 678.2J$ 绘制的混合吉布斯自由能曲线。如图所示，曲线在 $X_{Rb} = 0.47$ 时相互接触，与图 10.29 完全一致。

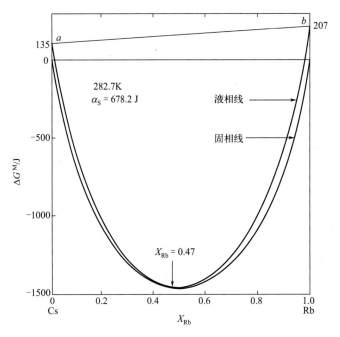

图 10.30　282.7K 时用 Cs 和 Rb 的熔化吉布斯自由能绘制的摩尔混合吉布斯自由能曲线
（其中液体为理想溶液，固体为 $\alpha_{S} = 678.2J$ 的正规溶液）

图 10.31 是由式（i）和式（ii）给出的混合吉布斯自由能曲线，其中 $\alpha_{S} = 678.2J$、$T = 293K$。图中富 Cs 侧的公切线给出固相成分为 $X_{Rb} = 0.10$，液相成分为 $X_{Rb} = 0.13$，这与相图非常一致。在图中富含 Rb 的一侧，公切线给出的固相和液相成分分别为 $X_{Rb} = 0.81$ 和 $X_{Rb} = 0.75$，这与相图中的 0.80 和 0.77 的值很一致。

由此可见，通过假设液态是理想溶液、固态是正规溶液的、$\alpha_{S} = 678.2J$，就可以重现相图。

（2）计算例题 2

Ge-Si 系统在全部成分范围内均形成液态和固态溶液。

a. 假设固态和液态溶液均表现出拉乌尔性质，计算该系统的相图。

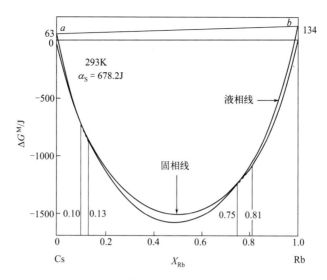

图 10.31　293K 时用 Cs 和 Rb 的熔化吉布斯自由能绘制的摩尔混合吉布斯自由能曲线
（其中液体为理想溶液，固体为 $\alpha_S = 678.2J$ 的正规溶液）

b. 计算液态（也是固态）成分挥发产生最大蒸气压的温度。

已知：

Si 在 1685K 熔化，其熔化时的标准吉布斯自由能变化为：

$$\Delta G^{\circ}_{m(Si)} = 50200 - 29.8T$$

固体 Si 的饱和蒸气压为：

$$\lg(p^{\circ}_{Si(s)}/atm) = -\frac{23550}{T} - 0.565 \lg T + 9.47$$

Ge 在 1213K 熔化，其熔化时的标准吉布斯自由能变化为：

$$\Delta G^{\circ}_{m(Ge)} = 36800 - 30.3T$$

液体 Ge 的饱和蒸气压为：

$$\lg(p^{\circ}_{Ge(l)}/atm) = -\frac{18700}{T} - 0.565 \lg T + 9.99$$

解答：

问题 a：

从式（10.5）可以得到液相线的方程为：

$$X_{Ge(l),T} = \frac{\left[1 - \exp\left(-\dfrac{\Delta G^{\circ}_{m(Si)}}{RT}\right)\right] \exp\left(-\dfrac{\Delta G^{\circ}_{m(Ge)}}{RT}\right)}{\exp\left(-\dfrac{\Delta G^{\circ}_{m(Ge)}}{RT}\right) - \exp\left(-\dfrac{\Delta G^{\circ}_{m(Si)}}{RT}\right)}$$

同时，从式（10.4）可以得到固相线的方程为：

$$X_{Ge(s),T} = \frac{1 - \exp\left(-\dfrac{\Delta G^{\circ}_{m(Si)}}{RT}\right)}{\exp\left(-\dfrac{\Delta G^{\circ}_{m(Ge)}}{RT}\right) - \exp\left(-\dfrac{\Delta G^{\circ}_{m(Si)}}{RT}\right)}$$

图 10.32（a）为计算出的液相线和固相线与测量值的对比。

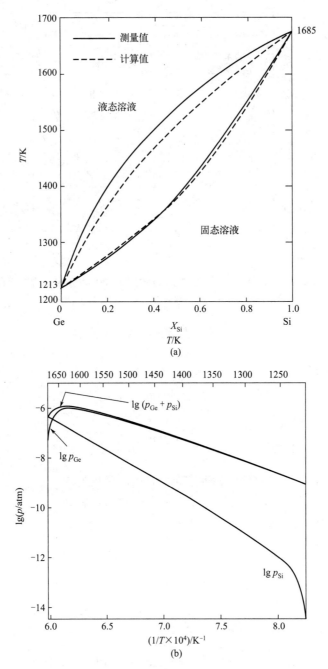

图 10.32　（a）Ge-Si 系统的计算相图（假设固态和液态溶液均呈拉乌尔性质）；

（b）Ge 和 Si 分压（及其总和）沿着液相线随温度的变化

问题 b：

在温度 T 下，固体成分（以及相应的液态熔体）所产生的 Si 分压为：

$$p_{Si,T} = X_{Si,(solidus),T} \, p^{\circ}_{Si,(s),T} \tag{i}$$

液态熔体成分（也是相应的固态成分）所产生的 Ge 分压为：

$$p_{Ge,T} = X_{Ge,(liqiudus),T} \, p^{\circ}_{Ge,(l),T} \tag{ii}$$

式（i）和式（ii）以及二者分压之和如图 10.32（b）所示。在式（i）中，$X_{Si,(solidus),T}$

和 $p^{\circ}_{Si,(s),T}$ 的值都随着液相线温度的升高而增加，因此，液相成分产生的 Si 分压从 1213K 时的 0 增加至 1685K 时纯固体 Si 的饱和蒸气压（$\lg p^{\circ}_{Si,(s),1685K}=-6.33$）。相反，在式（ii）中，提高液相线温度会导致 $p^{\circ}_{Ge,(l),T}$ 增加，而 $X_{Ge,(liqiudus),T}$ 减少。图 10.32（b）表明，在较低的液相线温度下，$p^{\circ}_{Ge,(l),T}$ 对 Ge 分压的影响占主导地位，并且分压最初随着液相线温度的升高而增加。然而，随着沿液相线温度的持续升高，Ge 稀释的相对影响增加，Ge 的分压在 $T=1621K$、液相成分 $X_{Ge}=0.193$ 时出现最大值，然后迅速下降至 1685K 时的 0。Ge 分压的最大值导致总蒸气压在 $T=1630K$、液相成分 $X_{Ge}=0.165$ 时出现最大值。

 作业题 ▬▬▬▬

10.1 CaF_2 和 MgF_2 在固态下互不相溶，形成一个简单的二元共晶体系。假设液态溶液为拉乌尔溶液，计算共晶熔体的成分和温度。实际共晶发生在 $X_{CaF_2}=0.45$、$T=1243K$ 下。

10.2 Au 和 Si 固态下互不相溶，形成共晶体系，共晶温度为 636K，共晶成分为 $X_{Si}=0.186$。计算共晶熔体相对于（a）未混合的液态 Au 和液态 Si，以及（b）未混合的固态 Au 和固态 Si 的吉布斯自由能。

在 636K 时，

$$\Delta G^{\circ}_{m(Au)}=12600\times\frac{1338-636}{1338}=6611(J)$$

和

$$\Delta G^{\circ}_{m(Si)}=50200\times\frac{1658-636}{1658}=30943(J)$$

a. $\Delta G^M=ab=-(0.186\times30943+0.814\times6611)=-11140$（J）

b. $\Delta G^M=0$

10.3 Al_2O_3 在 2324K 熔化，Cr_2O_3 在 2538K 熔化，在全部成分范围都可形成固态和液态溶液。假设 $\Delta S^{\circ}_{m(Cr_2O_3)}=\Delta S^{\circ}_{m(Al_2O_3)}$，体系中 Al_2O_3-Cr_2O_3 的固态和液态溶液表现为理想溶液，请计算：

a. 加热的 $X_{Al_2O_3}=0.5$ 的合金开始平衡熔化的温度；

b. 首先熔化的熔体成分；

c. 平衡熔化完成时的温度；

d. 最后熔化的固体成分。

10.4 $Na_2O \cdot B_2O_3$ 和 $K_2O \cdot B_2O_3$ 在全部成分范围都可形成固态和液态溶液，在等摩尔成分和 $T=1123K$ 时，固相线和液相线具有一个共同的最小值。假设液体是理想溶液，计算在 1123K 时由固体 $Na_2O \cdot B_2O_3$ 形成等摩尔固体溶液的摩尔吉布斯自由能。

10.5 SiO_2（在 1723℃ 熔化）和 TiO_2（在 1842℃ 熔化）在固体状态下是不相溶的，SiO_2-TiO_2 二元系统在 1794℃ 包含一个偏晶平衡，在该温度下，几乎纯的 TiO_2 与 SiO_2 摩尔分数为 0.04 和 0.76 的两种液体处于平衡。为了简单计算，如果假设两种液体的成分为 $X_{SiO_2}=0.24$ 和 $X_{SiO_2}=0.76$，并且液体为正规溶液，那么 α_L 的值是多少？在什么温度下液体不混溶间隙会消失?

10.6 二元系统 Ge-Si 在全部成分范围都可形成固态和液态溶液。熔化温度分别为 $T_{m(Si)} = 1685K$ 和 $T_{m(Ge)} = 1210K$, $\Delta H^\circ_{m(Si)} = 50200J$。在 1200℃ 时，液相线和固相线上的成分分别为：$X_{Si} = 0.32$ 和 $X_{Si} = 0.665$。计算 $\Delta H^\circ_{m(Ge)}$ 的值，假设：

a. 液体为理想溶液；

b. 固体为理想溶液。

哪一个假设能提供更好的估计? 在 $T_{m(Ge)}$ 时，$\Delta H^\circ_{m(Ge)}$ 的实际值是 36900J。

10.7 CaO 和 MgO 形成一个简单的具有有限固溶体的共晶系统。共晶温度为 2370℃。假设两种固溶体中的溶质服从亨利定律，2300℃ 时在 MgO 中 $\gamma^\circ_{CaO} = 12.88$，在 CaO 中 $\gamma^\circ_{MgO} = 6.23$，请计算 2300℃ 时 CaO 在 MgO 中的溶解度以及 MgO 在 CaO 中的溶解度。

10.8[❶] 一个熔晶二元相图在冷却时显示以下无变转变:

$$\beta \longrightarrow \alpha + L$$

画出其相图，然后画出刚低于、处于和刚高于不变温度时的混合自由能曲线。

10.9[❶] 正规溶液的混合自由能可以由下式确定，

$$\Delta G^M = \alpha X_A X_B + RT(X_A \ln X_A + X_B \ln X_B)$$

且 $\alpha = 24943J/mol$。

a. 绘制在 1400K、1500K 和 1600K 时 ΔG^M 与 X_B 的关系图；

b. 在与 a 相同的温度下，画出 $\partial \Delta G^M / \partial X_B$ 的关系图；

c. 确定该合金的临界温度，展示你的工作。

10.10[❶] 某一 A 和 B 的固态溶液的 ΔG^{XS} 如下:

$$\Delta G^{XS} = \Delta G^M - \Delta G^{M,id} = X_A X_B(\alpha_1 X_A + \alpha_2 X_B) + RT(X_A \ln X_A + X_B \ln X_B)$$

其中 $\alpha_1 = 12500J/mol$, $\alpha_2 = 5500J/mol$。

a. 绘制 $T = 500$ 和 700K 时的 ΔG^{XS}；

b. 画出该合金的 T-X_B 相图；

c. 确定这种合金的临界温度和成分。

10.11[❶] 具有共析转变的合金相图如图 10.33 所示。

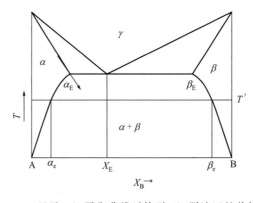

图 10.33 显示 α/γ 平衡曲线延伸到 α/β 脱溶区的共析相图

---

❶ 第 6 版中的新作业题。

a. 画出该合金在 $T=T'$ 时的吉布斯自由能曲线；

b. 证明 α/γ 固溶线必须进入 $\alpha+\beta$ 两相区（如箭头所示）。

10.12❶ 某共析相图如图 10.33 所示。如果由于某种原因不可能形成 α 相，请画出这样的相图。

附录 10A

这里我们推导系统的相图方程，该系统是由理想固态溶液和理想液态溶液组成的。

为了实现固相和液相之间的平衡，有：

$$\Delta \bar{G}_A^M(\text{在固溶体中}) = \Delta \bar{G}_A^M(\text{在液态溶液中}) \qquad (10A.1)$$

以及

$$\Delta \bar{G}_B^M(\text{在固溶体中}) = \Delta \bar{G}_B^M(\text{在液态溶液中}) \qquad (10A.2)$$

在任何温度下，这两个条件确定了固相和液相的成分，即公切点的位置。从式（10.2）来看，

$$\frac{\partial \Delta G_{(l)}^M}{\partial X_{A(l)}} = RT(\ln X_{A(l)} - \ln X_{B(l)}) - \Delta G_{m(B)}^\circ$$

因此，

$$X_{B(l)}\frac{\partial \Delta G_{(l)}^M}{\partial X_{A(l)}} = RT(X_{B(l)}\ln X_{A(l)} - X_{B(l)}\ln X_{B(l)}) - X_{B(l)}\Delta G_{m(B)}^\circ \qquad (10A.3)$$

由式（9.33a）得，

$$\Delta \bar{G}_A^M(\text{在液态溶液中}) = \Delta \bar{G}_{(l)}^M + X_{B(l)}\frac{\partial \Delta G_{(l)}^M}{\partial X_{A(l)}}$$

因此，式（10.2）与式（10A.3）相加得，

$$\Delta \bar{G}_A^M(\text{在液态溶液中}) = RT\ln X_{A(l)} \qquad (10A.4)$$

从式（10.3）来看，

$$\frac{\partial \Delta G_{(s)}^M}{\partial X_{A(s)}} = RT(\ln X_{A(s)} - \ln X_{B(s)}) - \Delta G_{m(A)}^\circ$$

因此，

$$X_{B(s)}\frac{\partial \Delta G_{(s)}^M}{\partial X_{A(s)}} = RT(X_{B(s)}\ln X_{A(s)} - X_{B(s)}\ln X_{B(s)}) - X_{B(s)}\Delta G_{m(A)}^\circ \qquad (10A.5)$$

式（10.3）与式（10A.5）相加得，

$$\Delta \bar{G}_A^M(\text{在固溶体中}) = \Delta G_{(s)}^M + X_{B(s)}\frac{\partial \Delta G_{(s)}^M}{\partial X_{A(s)}} = RT\ln X_{A(s)} - \Delta G_{m(A)}^\circ \qquad (10A.6)$$

因此，由式（10A.1）、式（10A.4）和式（10A.6）可得，

$$RT\ln X_{A(l)} = RT\ln X_{A(s)} - \Delta G_{m(A)}^\circ \qquad (10A.7)$$

类似地，由式（10.2）和式（9.33b）得，

$$\Delta \bar{G}_B^M(\text{在液态溶液中}) = \Delta G_{(l)}^M + X_{A(l)}\frac{\partial \Delta G_{(l)}^M}{\partial X_{B(l)}} = RT\ln X_{B(l)} + \Delta G_{m(B)}^\circ \qquad (10A.8)$$

---

❶ 第 6 版中的新作业题。

$$\Delta \bar{G}_{\mathrm{B}}^{\mathrm{M}}(\text{在固溶体中}) = \Delta G_{(\mathrm{s})}^{\mathrm{M}} + X_{\mathrm{A(s)}} \frac{\partial \Delta G_{(\mathrm{s})}^{\mathrm{M}}}{\partial X_{\mathrm{B(s)}}} = RT \ln X_{\mathrm{B(s)}} \tag{10A.9}$$

因此，由式（10A.2）、式（10A.8）和式（10A.9）可得，

$$RT \ln X_{\mathrm{B(l)}} + \Delta G_{\mathrm{m(B)}}^{\circ} = RT \ln X_{\mathrm{B(s)}} \tag{10A.10}$$

因此，固相和液相成分可通过式（10A.7）和式（10A.10）来确定，如下所示。式（10A.7）可写为：

$$X_{\mathrm{A(l)}} = X_{\mathrm{A(s)}} \exp\left(\frac{-\Delta G_{\mathrm{m(A)}}^{\circ}}{RT}\right) \tag{10A.11}$$

并注意到 $X_{\mathrm{B}} = 1 - X_{\mathrm{A}}$，式（10A.10）可写为：

$$(1 - X_{\mathrm{A(l)}}) = (1 - X_{\mathrm{A(s)}}) \exp\left(\frac{-\Delta G_{\mathrm{m(B)}}^{\circ}}{RT}\right) \tag{10A.12}$$

将式（10A.11）和式（10A.12）合并起来，可以得到：

$$X_{\mathrm{A(s)}} = \frac{1 - \exp\left(-\dfrac{\Delta G_{\mathrm{m(B)}}^{\circ}}{RT}\right)}{\exp\left(-\dfrac{\Delta G_{\mathrm{m(A)}}^{\circ}}{RT}\right) - \exp\left(-\dfrac{\Delta G_{\mathrm{m(B)}}^{\circ}}{RT}\right)} \tag{10A.13}$$

和

$$X_{\mathrm{A(l)}} = \frac{\left[1 - \exp\left(-\dfrac{\Delta G_{\mathrm{m(B)}}^{\circ}}{RT}\right)\right] \exp\left(-\dfrac{\Delta G_{\mathrm{m(A)}}^{\circ}}{RT}\right)}{\exp\left(-\dfrac{\Delta G_{\mathrm{m(A)}}^{\circ}}{RT}\right) - \exp\left(-\dfrac{\Delta G_{\mathrm{m(B)}}^{\circ}}{RT}\right)} \tag{10A.14}$$

如果 $c_{P,i(\mathrm{s})} = c_{P,i(\mathrm{l})}$，对于 $i = A$ 和 B，我们从式（10.1）得到，

$$\Delta G_{\mathrm{m}(i)}^{\circ} = \Delta H_{\mathrm{m}(i)}^{\circ} \left(\frac{T_{\mathrm{m}(i)} - T}{T_{\mathrm{m}(i)}}\right)$$

因此，对于一个形成理想的固溶体和液体溶液的系统，其相图只取决于各组分的熔化温度和摩尔熔化热。

附录 10B

考虑将式（10.12）应用于计算二元共晶体系的液相线。在 Cd-Bi 系统中，其相图如图 10.21 所示，Cd 几乎不溶于固体 Bi，而共晶温度 419K 时 Bi 在固体 Cd 中的最大溶解度为 2.75%（摩尔分数）。如果液态溶液是理想的，那么从式（10.12）可以得到 Bi 液相线为：

$$\Delta G_{\mathrm{m(Bi)}}^{\circ} = -RT \ln X_{\mathrm{Bi(l)}}$$

在 $T_{\mathrm{m(Bi)}}^{\circ} = 544\mathrm{K}$ 时，$\Delta H_{\mathrm{m(Bi)}}^{\circ} = 10900\mathrm{J}$，因此，

$$\Delta S_{\mathrm{m(Bi)}}^{\circ} = \frac{10900}{544} = 20.0 (\mathrm{J/K})(544\mathrm{K})$$

固体 Bi 和液体 Bi 随温度变化的恒压摩尔热容为：

$$c_{P,\mathrm{Bi(s)}} = (18.8 + 22.6 \times 10^{-3} T) \mathrm{J/(mol \cdot K)}$$

$$c_{P,\mathrm{Bi(l)}} = (20 + 6.15 \times 10^{-3} T + 21.1 \times 10^{5} T^{-2}) \mathrm{J/(mol \cdot K)}$$

因此，

$$c_{P,\mathrm{Bi(l)}} - c_{P,\mathrm{Bi(s)}} = \Delta c_{P,\mathrm{Bi}} = (1.2 - 16.45 \times 10^{-3} T + 21.1 \times 10^{5} T^{-2}) \mathrm{J/(mol \cdot K)}$$

且

$$\Delta G^{\circ}_{m(Bi)} = \Delta H^{\circ}_{m(Bi),544K} + \int_{544}^{T} \Delta c_{P,Bi} dT - T\left(\Delta S^{\circ}_{m(Bi),544K} + \int_{544}^{T} \frac{\Delta c_{P,Bi}}{T} dT\right)$$

$$= 16560 - 23.79T - 1.2T\ln T + 8.225 \times 10^{-3}T^2 - 10.55 \times 10^5 T^{-1}$$

$$= -RT\ln X_{Bi(l)} \tag{10B.1}$$

或

$$\ln X_{Bi(l)} = -\frac{1992}{T} + 2.861 + 0.144\ln T - 9.892 \times 10^{-4}T + 1.269 \times \frac{10^5}{T^2}$$

根据这个方程可以画出图 10.21 中的虚线（i）。

同样地，如果忽略 Bi 在 Cd 中微小的固体溶解度，

$$\Delta G^{\circ}_{m(Cd)} = -RT\ln X_{Cd(l)}$$

在 $T^{\circ}_{m(Cd)} = 594K$ 时，$\Delta H^{\circ}_{m(Cd)} = 6400J$，因此，$\Delta S^{\circ}_{m(Cd)} = 6400/594 = 10.77J/K$。固体 Cd 和液体 Cd 随温度变化的恒压摩尔热容分别为：

$$c_{P,Cd(s)} = (22.2 + 12.3 \times 10^{-3}T)J/(mol \cdot K)$$

和

$$c_{P,Cd(l)} = 29.7J/(mol \cdot K)$$

因此，

$$c_{P,Cd(l)} - c_{P,Cd(s)} = \Delta c_{P,Cd} = (7.5 - 12.3 \times 10^{-3}T)J/(mol \cdot K)$$

$$\Delta G^{\circ}_{m(Cd)} = \Delta H^{\circ}_{m(Cd),594K} + \int_{594}^{T} \Delta c_{P,Cd} dT - T\left(\Delta S^{\circ}_{m(Cd),594K} + \int_{594}^{T} \frac{\Delta c_{P,Cd}}{T} dT\right)$$

$$= 4115 + 37.32T - 7.5T\ln T + 6.15 \times 10^{-3}T^2$$

$$= -RT\ln X_{Cd(l)} \tag{10B.2}$$

或

$$\ln X_{Cd(l)} = -\frac{495}{T} - 4.498 + 0.9\ln T - 7.397 \times 10^{-4}T$$

根据这个方程可以画出图 10.21 中的虚线（ii）。线（i）和线（ii）交点给出了同时饱和了 Cd 和 Bi 的拉乌尔液体成分，以及温度 406K。如果液体是理想溶液的，此温度就是共晶温度。实际的液相线位于计算值之上，实际共晶温度为 419K。由式（10B.1）可知，$\Delta G^{\circ}_{m(Bi),419K} = 2482J$，由式（10B.2）可知，$\Delta G^{\circ}_{m(Cd),419K} = 1858J$。因此，根据式（10.11），在实际共晶熔体中，

$$a_{Bi} = \exp\left(-\frac{2482}{8.3144 \times 419}\right) = 0.49$$

以及

$$a_{Cd} = \exp\left(-\frac{1858}{8.3144 \times 419}\right) = 0.59$$

实际的共晶成分是 $X_{Cd} = 0.55$，$X_{Bi} = 0.45$，因此，活度系数为：

$$\gamma_{Bi} = \frac{0.49}{0.45} = 1.09$$

和

$$\gamma_{Cd} = \frac{0.59}{0.55} = 1.07$$

因此，正偏离拉乌尔理想溶液会导致液相线温度的增大。

第三部分
反应和相变

第 11 章

气体的反应

11.1 引言

由第 8 章可知，忽略理想气体原子之间的相互作用力会导致理想气体的混合焓为 0。这是所有可能情况的一个极端。这些可能情况中的另外一个极端就是混合的气体彼此之间存在着强的化学亲和力。比如，H_2 和 O_2 在催化剂存在的情况下能够放出大量的热。这种热力学系统可以通过下面的两种方式来处理。

① 该混合物可以被视为 H_2 和 O_2 的高度非理想混合物，在给定的温度和压力下，其热力学平衡状态可以由 H_2 和 O_2 的逸度来决定。

② 认为 H_2 和 O_2 之间发生一定程度的反应生成了产物 H_2O。

在第二种情况下，如果系统的压力足够低，在给定温度时，系统的平衡状态可以通过其中 H_2、O_2 和 H_2O 三种气体的分压来定义。尽管两种处理方式在热力学上是等效的，但是后者更加方便实用。与任何恒压、恒温系统一样，平衡状态是系统的吉布斯自由能具有其最小可能值的状态。如果最初存在于系统中的气体发生反应，形成不同种类的产物，那么系统吉布斯自由能的总变化包括以下贡献。

• 化学反应导致的吉布斯自由能的改变。

• 生成的产物气体与剩余的反应物气体的混合。

了解了吉布斯自由能随气体混合的总变化（范围从纯未混合的反应物气体到纯未混合的产物气体），我们就能够判定任何气体反应系统的平衡状态。引入反应平衡常数有助于这种判定，我们将看到：这个常数与反应的标准吉布斯自由能变化之间的关系，是反应平衡热力学中最为重要的关系之一。

11.2 混合气体反应平衡和平衡常数

在恒温恒压下，考虑发生如下反应：

$$A(g) + B(g) \Longrightarrow 2C(g)$$

在反应的任何时刻，系统总的吉布斯自由能为：

$$G' = n_A \bar{G}_A + n_B \bar{G}_B + n_C \bar{G}_C \tag{11.1}$$

式中，n_A、n_B 和 n_C 分别为反应体系该时刻存在的 A、B 和 C 的摩尔数；$\bar{G}_A$、$\bar{G}_B$ 和 $\bar{G}_C$ 分别为该时刻 A、B 和 C 在气体混合物中的偏摩尔吉布斯自由能。有必要确定方程式中的 n_A、n_B 和 n_C 的值，使 G' 的值在式（11.1）中取得最小，因为吉布斯自由能的最小值就代表着在给定的温度和压力下系统将处于热力学的平衡状态。也就是说，一旦 A 和 B 之间的化学反应进行到了吉布斯自由能达到最小的成程度时，宏观水平上的反应似乎就停止了。但是，在微观层面上，反应达到平衡时，只是从左到右的反应速率等于从右到左的反应速率。这是一个动态平衡：意味着在系统处于平衡状态时，反应仍然在进行。

反应的化学计量比允许在反应的任一时刻，所有物质的摩尔数都可以用其中任何一个物质的摩尔数来表示。我们从 1 摩尔 A 和 1 摩尔 B（即 2 摩尔的气体）开始，因为 1 个 A 原子和 1 个 B 原子反应生成 2 个 C 分子，那么，在反应的任何时候都有：

$$n_A = n_B$$

以及

$$n_C = 2 - n_A - n_B = 2(1 - n_A)$$

因此式（11.1）可写为：

$$G' = n_A \bar{G}_A + n_A \bar{G}_B + 2(1 - n_A)\bar{G}_C$$

由式（8.15）可得：

$$\bar{G}_i = G_i^\circ + RT\ln P + RT\ln X_i$$

且有：

$$X_A = \frac{n_A}{2}, \ X_B = \frac{n_B}{2}, \ X_C = \frac{2(1 - n_A)}{2} = 1 - n_A$$

代入可得：

$$G' = n_A(G_A^\circ + G_B^\circ - 2G_C^\circ) + 2G_C^\circ + 2RT\ln P + \\ 2RT\left[n_A\ln\frac{n_A}{2} + (1 - n_A)\ln(1 - n_A)\right]$$

或者

$$G' - 2G_C^\circ = n_A(-\Delta G^\circ) + 2RT\ln P + \\ 2RT\left[n_A\ln\frac{n_A}{2} + (1 - n_A)\ln(1 - n_A)\right] \tag{11.2}$$

式中，$\Delta G^\circ = 2G_C^\circ - G_A^\circ - G_B^\circ$ 项代表的是在温度 T 时化学反应的标准吉布斯自由能变化。

任何反应的标准吉布斯自由能变化等于产物标准吉布斯自由能总和与反应物标准吉布斯自由能总和之差。此处 ΔG° 是在 1atm、温度 T 下，2 摩尔 C 的吉布斯自由能与 1atm、温度 T 下 1 摩尔 A 和 1 摩尔 B 的吉布斯自由能之差。如果系统的总压是 1atm，式（11.2）可以化简为：

$$G' - 2G_C^\circ = n_A(-\Delta G^\circ) + 2RT\left[n_A\ln\frac{n_A}{2} + (1 - n_A)\ln(1 - n_A)\right] \tag{11.3}$$

式（11.3）的左边是当 $n_A = n_B$ 时 2 摩尔系统的吉布斯自由能与 2 摩尔 C 组成的系统的

吉布斯自由能之差。这个差值受到两个方面因素的影响。

① 吉布斯自由能的改变与化学反应有关，也就是说反应物的消失和产物的生成引起吉布斯自由能的改变，由式（11.3）右侧的第 1 项给出；

② 由于气体混合引起的吉布斯自由能的降低，由式（11.3）右侧的第 2 项给出。

对于反应：

$$A(g) + B(g) \Longrightarrow 2C(g)$$

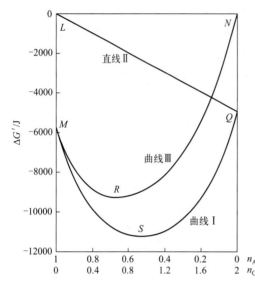

图 11.1　反应系统的吉布斯自由能-组成图

图 11.1 给出了 500K、1atm 下的关系图。随着反应的进行，化学反应导致的对吉布斯自由能下降的贡献的变化，如直线 Ⅱ 所示；气体混合导致的对吉布斯自由能下降的贡献的变化，如曲线 Ⅲ 所示；曲线 Ⅰ 是直线 Ⅱ 和曲线 Ⅲ 的总和。该反应的 ΔG°_{500K} 取 $-5000J$。如果吉布斯自由能的参考值被任选为 $G^\circ_A + G^\circ_B = 0$，则 $2G^\circ_C = -5000J$。在图 11.1 中，纵坐标 $\Delta G'$ 代表的是含有 n_A 摩尔 A 的系统的吉布斯自由能与含有 1 摩尔 A 和 1 摩尔 B 的系统在二者混合之前的吉布斯自由能之差。因此，点 L（$n_A = 1$，$n_B = 1$，混合前）位于 $\Delta G' = 0$ 处；点 Q（$n_C = 2$）位于 $\Delta G' = -5000J$ 处。

点 M 代表在发生任何化学反应之前，由于 1 摩尔的 A 和 1 摩尔的 B 混合导致的吉布斯自由能的降低。即，根据式（8.20）可得：

$$\Delta G'(L \rightarrow M) = \sum_i n_i RT \ln \frac{p_i}{P_i}$$
$$= RT \left(n_A \ln \frac{p_A}{P_A} + n_B \ln \frac{p_B}{P_B} \right)$$

因为 $n_A = n_B = 1$，以及

$$p_A + p_B = P_{mixture} = 1, \quad P_A = P_B = 1$$

其中：

$$p_A = p_B = \frac{1}{2}$$

所以：

$$\Delta G'(L \rightarrow M) = 8.3144 \times 500 \times 2 \times \ln 0.5$$
$$= -5763(J)$$

将其代入式（11.3）中我们可以得到：

$$G' + 5000 = (1 \times 5000) - 5763J$$

所以：

$$G' = -5763J$$

因此，在 M 点，有：

$$\Delta G' = G' - (G_A^\circ + G_B^\circ) = -5763\text{J}$$

曲线 I 代表了 $\Delta G'$ 随 n_A 的变化，它是直线 II［由式（11.3）右侧的第一项给出，表示由于化学反应导致的吉布斯自由能的降低］和曲线 III［由式（11.3）右侧的第二项给出，表示由于气体混合导致的吉布斯自由能的降低］的和。可以看出来，化学反应对系统吉布斯自由能降低的贡献随着 n_C 的增大而增大。但是，对气体混合引起的总的吉布斯自由能降低的贡献在成分 R 处最大。R 出现在使系统混乱度最大的气体混合物成分处。系统成分超过 R 点之后，进一步的化学反应，降低了气体混合的贡献，因为 n_C 的进一步增加，消耗了 n_A 和 n_B，降低了系统的混乱度。最终，到达成分点 S 时，两种因素导致的吉布斯自由能降低达到了最大值。如果超过了 S 点，化学反应继续进行，由于直线 II 的降低要小于曲线 III 的升高，系统的总吉布斯自由能将会升高。因此，成分点 S 就是系统吉布斯自由能的最低点，也是平衡状态点。

曲线 I 中最小值的位置由以下标准来确定：

$$\left(\frac{\partial G'}{\partial n_A}\right)_{T,P} = 0$$

由于：

$$G' = n_A \bar{G}_A + n_A \bar{G}_B + 2(1-n_A)\bar{G}_C$$

使用吉布斯-杜亥姆方程❶，有：

$$\left(\frac{\partial G'}{\partial n_A}\right)_{T,P} = \bar{G}_A + \bar{G}_B - 2\bar{G}_C = 0$$

也就是说，反应平衡的标准是：

$$\bar{G}_A + \bar{G}_B = 2\bar{G}_C \tag{11.4}$$

式（11.4）可写为：

$$G_A^\circ + RT\ln p_A + G_B^\circ + RT\ln p_B = 2G_C^\circ + 2RT\ln p_C \tag{11.5}$$

式中，p_A，p_B 和 p_C 分别代表了 A、B 和 C 在反应平衡时的分压。整理式（11.5），可得：

$$2G_C^\circ - G_A^\circ - G_B^\circ = -RT\ln\frac{p_C^2}{p_A p_B}$$

或

$$\Delta G^\circ = -RT\ln\frac{p_C^2}{p_A p_B} \tag{11.6}$$

以对数项出现在式（11.6）中的产物和反应物平衡分压的商，在这里我们定义为反应的平衡常数，K_P，即

$$\left(\frac{p_C^2}{p_A p_B}\right)_{\text{eq.}} = K_P \tag{11.7}$$

因此：

$$\Delta G^\circ = -RT\ln K_P \tag{11.8}$$

由于 ΔG° 是一个只与温度有关的函数，所以从式（11.8）可以知道 K_P 也是一个只与温度有关的函数。

---

❶ 式（9.19a）：$n_A\mathrm{d}\bar{G}_A + n_B\mathrm{d}\bar{G}_B + n_C\mathrm{d}\bar{G}_C = 0$

以图 11.1 中所用的（反应）为例，

$$\ln K_P = -\frac{\Delta G^\circ}{RT} = \frac{5000}{8.3144 \times 500} = 1.203$$

因此：

$$K_P = 3.329$$

因为：

$$K_P = \frac{p_C^2}{p_A p_B} = \frac{X_C^2 P^2}{X_A P X_B P} = \frac{X_C^2}{X_A X_B}$$

其中 $X_A = X_B = n_A/2$，且 $X_C = 1 - n_A$，所以有：

$$\frac{(1-n_A)^2}{\frac{n_A^2}{4}} = 3.329$$

因此：

$$n_A = 0.523 \quad (\text{另一个解为 } n_A = 11.4, \text{无实际意义})$$

曲线 I 的最小值出现在 $n_A = n_B = 0.523$ 处，

$$n_C = 2 - 2 \times 0.523 = 0.954$$

化学反应 $A + B \Longrightarrow 2C$ 进行了 47.7%。

如果温度 T 时化学反应的 ΔG° 是 0，也就是说化学反应对 $\Delta G'$ 没有贡献，$\Delta G'$ 随 n_A 的变化由图 11.1 中的曲线 III 给出，也就是说，反应平衡的标准是系统的构型熵达到最大，此时反应进行到 R 成分点。从式（11.8）可知，如果 $\Delta G^\circ = 0$，则 $K_P = 1$，因此，

$$1 = \frac{4(1-n_A)^2}{n_A^2}, n_A = \frac{2}{3}$$

曲线 III 的最小值出现在 $n_A = n_B = n_C = 2/3$ 处，所以当 3 种物质数量相等的时候系统的熵出现最大值。

需要注意的是，图 11.1 中曲线 I 的最小值表示系统在 1atm、500K 时的平衡状态，是曲线 I 上唯一在经典热力学范围内具有重要意义的点。在 $P = 1\text{atm}$、$T = 500\text{K}$ 的固定值下，点 S 是曲线 I 上的唯一位于 $P\text{-}T\text{-}$组成空间中平衡面上的状态。任何 P 和 T 的改变都会导致直线 II 和曲线 III 的改变，进而产生出一条"新"的曲线 I。这条曲线 I 有一个与之前不同的最小值，因此也就代表了一个新的平衡状态。该内容将在下一节中进行更深入的讨论。

11.3 温度对平衡常数的影响

图 11.1 中曲线 I 最小值点的位置由 LM 和 NQ 的长度差决定。LM 的长度代表反应发生前，由于气体混合导致的吉布斯自由能的降低；而 NQ 的长度则代表反应的标准吉布斯自由能 ΔG° 的变化。这些线的长度全都由温度来决定。

$$LM = 2RT\ln 0.5$$
$$NQ = \Delta G^\circ = f(T)$$

温度对曲线 I 中最小值点成分的影响（也就是对 K_P 的影响），因此也就取决于温度对 LM 和 NQ 长度的影响。对于给定的反应物，LM 的长度随着温度线性增加；而 NQ 的长度随温度的变化，则根据下式由反应标准熵的符号和大小的改变而决定。

$$\left(\frac{\partial \Delta G^\circ}{\partial T}\right)_P = -\Delta S^\circ$$

温度升高会增加 LM 的长度。如果 ΔS° 是负的，则 T 的增加会导致 ΔG° 的增大，从而 NQ 的长度减小。因此曲线 I 的最小值点的位置会左移，也就表明 K_P 会随温度的升高而降低。

通过吉布斯-亥姆霍兹方程［式（5.38）］，我们能够得到 K_P 随温度的精确变化，即

$$\left[\frac{\partial (\Delta G^\circ/T)}{\partial T}\right]_P = -\frac{\Delta H^\circ}{T^2}$$

根据式（11.8），$\Delta G^\circ = -RT\ln K_P$，同时由于 ΔG° 只是 T 的函数，

$$\frac{\partial \ln K_P}{\partial T} = \frac{\Delta H^\circ}{RT^2} \qquad (11.9)$$

或

$$\frac{\partial \ln K_P}{\partial (1/T)} = -\frac{\Delta H^\circ}{R} \qquad (11.10)$$

式（11.10）也被称为范特霍夫方程。该方程表明温度对 K_P 的影响取决于反应 ΔH° 的符号和大小。

- 如果 ΔH° 是正值，则反应是吸热反应，且 K_P 随温度的升高而增大。
- 如果 ΔH° 是负值，则反应是放热反应，且 K_P 随温度的升高而减小。

对式（11.10）积分，要求知道 ΔH° 对温度的依赖关系，就像我们在第 6 章中提到的，取决于反应的 Δc_P 值。

范特霍夫方程通过 $\ln K_P$ 和绝对温度的倒数之间的关系曲线来确定 ΔH° 的值。图 11.2 中曲线的斜率为 $-\Delta H^\circ/R$。

K_P 随温度变化的方向，可以利用勒夏特列原理判断。如果向一个平衡系统中输入热能，那么平衡就会向吸热反应的方向移动。考虑简单的气态反应：

$$Cl_2 == 2Cl$$

该反应为吸热反应，因此其 ΔH° 为正值。所以，反应的平衡常数，$K_P = p_{Cl}^2/p_{Cl_2}$，随着温度的升高而增大，也就是说平衡会向吸热反应方向移动。相反，如果反应写成：

$$2Cl == Cl_2$$

那么，由于反应的 ΔH° 为负值，$K_P = p_{Cl_2}/p_{Cl}^2$ 会随温度的升高而减小，也就是说平衡会向吸热反应方向移动。在两个例子中，温度的升高都提高了 p_{Cl} 同时降低了 p_{Cl_2}。

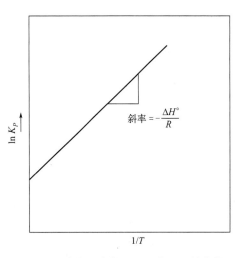

图 11.2 放热反应的 $\ln K_P$ 随 $1/T$ 的变化

（范特霍夫图）

11.4　压力对平衡常数的影响

式（11.7）中定义的平衡常数 K_P 与压力无关。这是因为 $\Delta G°$ 是纯产物（各自在单位压力下）的吉布斯自由能和纯反应物（各自在单位压力下）的吉布斯自由能之间的差值，从定义上来说就与压力无关。但是，如果平衡常数用参与反应的物质的摩尔数来表示而不是用这些物质的分压来表示，那么，如果反应涉及物质总摩尔数的变化，则平衡常数就会与总压有关联。

再以反应 $Cl_2 \Longrightarrow 2Cl$ 为例。这个反应进行完会使物质的摩尔数翻倍。压力变化（对反应）的影响可以通过勒夏特列原理来判断。一个系统处于反应平衡状态，如果作用在该系统上的压力增加，那么平衡就会向着系统产生的压力减小的方向移动。也就是说，平衡会向物质的摩尔数减少的方向移动。所以，如果作用在 Cl-Cl_2 系统上的压力增大，平衡就会向 Cl_2 一边移动。这样一来，总的物质摩尔数就会减少来适应增大的压力。具体来说，压力对以物质摩尔数（或以摩尔分数）表示的反应平衡的影响可表示如下：

$$K_P = \frac{p_{Cl}^2}{p_{Cl_2}}（与压力无关）$$

$$= \frac{X_{Cl}^2 P^2}{X_{Cl_2} P} = \frac{X_{Cl}^2 P}{X_{Cl_2}} = K_X P$$

式中，K_X 是使用摩尔分数表示的平衡常数。因此，如果压力增大，K_X 就会减小来保证 K_P 不变。而 K_X 的减小，是通过平衡反应向 Cl_2 方向移动来实现的。所以 X_{Cl} 会减小而 X_{Cl_2} 会增大。在反应 $A+B \Longrightarrow 2C$ 的例子中，系统中一直都是含有 2 摩尔的气体，所以用摩尔分数表示的反应平衡（常数）与压力无关，即

$$K_P = \frac{p_C^2}{p_A p_B} = \frac{X_C^2 P^2}{(X_A P)(X_B P)} = \frac{X_C^2}{X_A X_B} = K_X$$

这一点也能从式（11.2）中看出来，因为，如果 $P \neq 1$，那么不为 0 的项 $2RT\ln P$ 会使图 11.1 中的曲线 Ⅰ 升高或降低，同时不影响最小值相对于成分轴的位置。压力变化对 K_X 值影响的大小，取决于化学反应导致的系统中物质摩尔数变化的多少。对于一般的反应：

$$aA + bB \Longrightarrow cC + dD$$

$$K_P = \frac{p_C^c p_D^d}{p_A^a p_B^b} = \frac{X_C^c X_D^d}{X_A^a X_B^b} \frac{P^c P^d}{P^a P^b} = K_X P^{(c+d-a-b)}$$

这表明如果 $c+d = a+b$，则 K_X 与总压无关。

11.5　焓和熵共同影响的反应平衡

系统的吉布斯自由能定义为：

$$G' = H' - TS'$$

因此，小的 G 值可以通过小的 H 值和大的 S 值来得到，从第 7 章关于单组分系统的讨论中已经可以看出，平衡是熵和焓折中的结果。现在我们对化学反应平衡进行类似的讨论。

再以反应 $Cl_2 \Longrightarrow 2Cl$ 为例。这个反应有一个正的 $\Delta H°$ 值（$\Delta H°$ 是断开 1 阿伏伽德罗常数个 Cl—Cl 键所需的热能），同时也有一个正的 $\Delta S°$ 值（2 摩尔的 Cl 原子是由 1 摩尔的 Cl_2 分子产生的）。因此，

- 系统以 Cl 原子出现有较高的 H 和 S 的值。
- 系统以 Cl_2 分子出现有较低的 H 和 S 的值。

所以 G 的最小值出现在两种极端状态之间的某个位置。焓和熵之间的折中类似于图 11.1 中所示的化学反应和气体混合在降低吉布斯自由能贡献上的折中。对于反应 $A+B \Longrightarrow 2C$，式（11.3）可以写作：

$$G' - 2G_C° = n_A(-\Delta H°) + n_A(T\Delta S°) + 2RT\left[n_A\ln\frac{n_A}{2} + (1-n_A)\ln(1-n_A)\right]$$

$$= n_A(-\Delta H°) + T\left\{n_A\Delta S° + 2R\left[n_A\ln\frac{n_A}{2} + (1-n_A)\ln(1-n_A)\right]\right\} \quad (11.11)$$

上式右边的第一个项是焓对吉布斯自由能变化的贡献，第二项是熵的贡献，$n_A\Delta S°$ 是化学反应引起的熵的变化，$2R[n_A\ln(n_A/2) + (1-n_A)\ln(1-n_A)]$ 是由气体混合引起的熵变。在 11.2 节的例子中，$\Delta G°$ 在 500K 时等于 $-5000J$。假设 $\Delta H°=-2500J$ 且 $\Delta S°=5J/K$，在这种情况下，可以从图 11.1 中得出图 11.3。在图 11.3 中，$\Delta H'$ 线是式（11.11）右边的第一项，而 $T\Delta S'$ 曲线是第二项。这两者之和得出 $G'-2G_C°$，其标度在图 11.3 的左侧纵坐标上给出。图中右侧纵坐标的标度为 $\Delta G'$，与前文一样，吉布斯自由能的参考零点选择为 $G_A°+G_B°=0$，使得 $\Delta G'=G'$（即标度位移了 $2G_C°=-5000J$）。在这个标度上，图 11.3 中的 $\Delta G'$ 曲线与图 11.1 中的曲线 I 相同。可以看出，$\Delta G'$ 曲线上的最小值是由 $n_A=0$ 时的 $\Delta H'$ 最小值与 $n_A=0.597$ 时的 $T\Delta S'$ 最大值（图 11.3 中的点 M）之间的折中确定的。如果温度升高，则 $T\Delta S'$ 项变得相对更重要，因此 n_A 的平衡值增大（$\Delta G'$ 曲线上的最小值向左移动）。因此，对于负的 $\Delta H°$，根据式（11.9），K_P 随着温度的升高而减小。

图 11.4 为温度对 $\Delta G'$ 曲线的影响，图中有反应 $A+B \Longrightarrow 2C$ 在 500K、1000K 和 1500K 时的 $\Delta G'$ 曲线。假设反应的 Δc_P 为 0，在这种情况下，$\Delta H°$ 和 $\Delta S°$ 与温度无关。因为 $\Delta G° = \Delta H° - T\Delta S°$，

$$\Delta G°_{500K} = -2500 - (500\times5) = -5000(J) \qquad K_{P,500K} = 3.329$$

$$\Delta G°_{1000K} = -2500 - (1000\times5) = -7500(J) \qquad K_{P,1000K} = 2.465$$

$$\Delta G°_{1500K} = -2500 - (1500\times5) = -10000(J) \qquad K_{P,1500K} = 2.229$$

在 500K、1000K 和 1500K 时，n_A 的平衡值分别为 0.523、0.560 和 0.572。因此，提高温度会使吉布斯自由能曲线的最小值向左移动，从而增加平衡中的 A 和 B 的数量。

尽管 K_P 在恒温下是常数，但请注意，有无限多个反应物和产物的分压对应于 K_P 的固定值。如果反应涉及三种物质，那么任意选择其中两个物质的分压，就能唯一地确定第三个物质的平衡分压。这也可以通过吉布斯平衡相律来证明（见第 11.10 节的证明例题 2）。

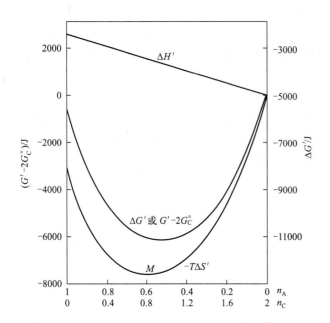
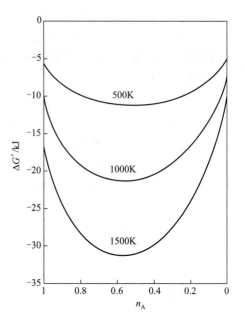

图 11.3　$\Delta H'$、$-T\Delta S'$ 和 $\Delta G'$ 在 500K 下的变化
与 A（g）＋B（g）══2C（g）反应程度的关系
[其中 $\Delta G° = (-2500-5T)$J]

图 11.4　温度对反应 A(g)＋B(g)══2C(g)的
平衡状态的影响
[其中 $\Delta G° = (-2500-5T)$J]

11.6　SO₂(g)-SO₃(g)-O₂(g)系统的反应平衡

考虑 SO_2 氧化为 SO_3 的平衡反应：

$$SO_2(g) + \frac{1}{2}O_2(g) ══ SO_3(g) \tag{11.12}$$

对于该反应，其标准吉布斯自由能变化为：

$$\Delta G° = -94600 + 89.37T$$

因此，在 1000K 时，

$$\Delta G°_{1000K} = -5230J$$

$$\ln K_P = \frac{5230}{8.3144 \times 1000} = 0.629$$

所以：

$$K_P = 1.876 = \frac{p_{SO_3}}{p_{SO_2} p_{O_2}^{1/2}}$$

考虑 1atm 下 1 摩尔 SO_2 气体与 1atm 下 1/2 摩尔 O_2 气体之间的反应，其在 1atm、1000K 下形成 SO_2、SO_3 和 O_2 的平衡混合物。根据式（11.12）确定的化学反应的化学计量，x 摩尔的 SO_3 是由 x 摩尔的 SO_2 和 $x/2$ 摩尔的 O_2 反应生成的。因此，任何反应混合物都含有 x 摩尔的 SO_3、$(1-x)$ 摩尔的 SO_2 和 $(1-x)/2$ 摩尔的 O_2，即

$$SO_2 \quad + \quad \frac{1}{2}O_2 \quad \longrightarrow \quad SO_3$$

反应前　　　 1 　　　　　 $\frac{1}{2}$ 　　　　　　 0

反应后　 $1-x$ 　 $\frac{1}{2}-\frac{1}{2}x$ 　　　　 x

系统中的总摩尔数 n_T 为：

$$n_T = 1-x+\frac{1}{2}-\frac{1}{2}x+x = \frac{1}{2}(3-x)$$

因为：

$$p_i = \frac{n_i}{n_T}P$$

所以：

$$p_{SO_2} = \frac{2(1-x)P}{3-x}, \quad p_{O_2} = \frac{(1-x)P}{3-x}, \quad p_{SO_3} = \frac{2xP}{3-x}$$

因此：

$$K_P^2 = \frac{p_{SO_3}^2}{p_{SO_2}^2 p_{O_2}} = \frac{(3-x)x^2}{(1-x)^3 P}$$

或

$$(1-PK_P^2)x^3 + (3PK_P^2-3)x^2 - 3PK_P^2 x + PK_P^2 = 0 \tag{11.13}$$

其中，$P=1$、$K_P=1.876$，得到 $x=0.463$。因此，在平衡状态下，有 0.537 摩尔的 SO_2、0.269 摩尔的 O_2 和 0.463 摩尔的 SO_3，因此：

$$p_{SO_2} = \frac{2\times(1-0.463)}{3-0.463} = 0.423(\text{atm})$$

$$p_{O_2} = \frac{1-0.463}{3-0.463} = 0.212(\text{atm})$$

$$p_{SO_3} = \frac{2\times 0.463}{3-0.463} = 0.365(\text{atm})$$

检验：

$$K_P = \frac{0.365}{0.423\times 0.212^{1/2}} = 1.874$$

因此，平衡气体的组成是 42.3％的 SO_2、21.2％的 O_2 和 36.5％的 SO_3。

11.6.1　温度的影响

由于式（11.12）给出的反应的 $\Delta H°$ 是负的（$-94600J$），而勒夏特列原理预测，在恒压下温度的降低会使平衡向放热的方向移动，所以在恒压下降低温度会使平衡向 SO_3 一侧移动。在 900K 时，

$$\Delta G_{900K}° = -14167J$$

$$\ln K_P = \frac{14167}{8.3144\times 900} = 1.893$$

因此：

$$K_P = 6.64$$

将 $K_P = 6.64$ 和 $P = 1\text{atm}$ 代入式（11.13），得到 $x = 0.704$，因此，

$$p_{SO_2} = 0.258\text{atm}, \quad p_{O_2} = 0.129\text{atm}, \quad p_{SO_3} = 0.613\text{atm}$$

验证：

$$K_P = \frac{0.613}{0.258 \times 0.129^{1/2}} = 6.62$$

因此，在物质的总摩尔数中，

- SO_2 占 25.8%，这比 1000K 时的 42.3% 有所下降；
- O_2 占 12.9%，比 1000K 时的 21.2% 有所下降；
- SO_3 占 61.3%，比 1000K 时的 36.5% 有所增加。

可以看出，温度的降低使平衡向 SO_3 一侧移动。

11.6.2 压力的影响

尽管 K_P 与压力无关，但勒夏特列原理预测，在恒定温度下，总压的增加会使平衡向系统中摩尔数减少的方向移动，即向 SO_3 一侧移动。考虑在 $P = 10\text{atm}$、$T = 1000\text{K}$ 时的平衡混合物。将 $P = 10$ 和 $K_P = 1.876$ 代入式（11.13），得到 $x = 0.686$，此时，$n_{SO_2} = 0.314$，$n_{O_2} = 0.157$，$n_{SO_3} = 0.686$。因此，

$$p_{SO_2} = \frac{2 \times (1 - 0.686) \times 10}{3 - 0.686} = 2.714(\text{atm})$$

$$p_{O_2} = \frac{(1 - 0.686) \times 10}{3 - 0.686} = 1.357(\text{atm})$$

$$p_{SO_3} = \frac{2 \times 0.686 \times 10}{3 - 0.686} = 5.929(\text{atm})$$

验证：

$$K_P = \frac{5.929}{2.714 \times 1.357^{1/2}} = 1.875$$

物质的总摩尔数中，

- SO_2 占 27.14%，比 $P = 1\text{atm}$ 时的 42.3% 有所下降；
- O_2 占 13.75%，比 $P = 1\text{atm}$ 时的 21.2% 有所下降；
- SO_3 占 59.29%，比 $P = 1\text{atm}$ 时的 36.5% 有所增加。

因此，可以看出，压力的增加使平衡状态向 SO_3 一侧移动。

11.6.3 温度和压力变化的影响

为使参与反应的三种气体的摩尔数保持不变，式（11.13）表明，同时改变温度和压力时，必须使 PK_P^2 项保持不变，其中：

$$K_P = \exp\left(-\frac{\Delta G^\circ}{RT}\right) = \exp\left(\frac{94600}{8.3144T}\right) \exp\left(\frac{-89.37}{8.3144}\right)$$

显然，通过混合 SO_2 气体和 SO_3 气体，可以产生一个具有已知 O_2 分压的平衡混合物。例如，需要一个总压为 1atm 的 SO_3-SO_2-O_2 混合气体，其中 $p_{O_2} = 0.1\text{atm}$。为了获得该混

合气体，在 1atm 下，将 SO_3 和 SO_2 以 $SO_2/SO_3 = a$ 的摩尔比混合，使其达到平衡。如果 a 摩尔的 SO_2 和 1 摩尔的 SO_3 混合，那么根据式（11.12）的化学计量，x 摩尔的 SO_3 将分解成 x 摩尔的 SO_2 和 $x/2$ 摩尔的 O_2，这样，在平衡状态下，物质的摩尔数将为：

$$SO_2 \quad + \quad \frac{1}{2}O_2 \quad \longrightarrow \quad SO_3$$

反应前 $\quad a \qquad\qquad 0 \qquad\qquad 1$

反应后 $\quad a+x \qquad \frac{1}{2}x \qquad\quad 1-x$

因此：

$$n_T = a + x + \frac{1}{2}x + 1 - x = \frac{1}{2}(2a + 2 + x)$$

在该混合物中，

$$p_{O_2} = \frac{n_{O_2}}{n_T}P = \frac{x}{2a+2+x}P$$

其中，$P=1$、$p_{O_2}=0.1$，得出 $a = 4.5x - 1$。此外，

$$K_P^2 = \frac{p_{SO_3}^2}{p_{SO_2}^2 p_{O_2}} = \frac{(1-x)^2(2a+2+x)}{(a+x)^2 xP}$$

在 1000K 时，$K_P = 1.876$。因此，用 x 表示 a 代入上式，并取 $K_P^2 = 3.519$，可得：

$$96.45x^3 - 18.709x^2 - 6.481x = 0$$

或者，因为 $x \neq 0$，则

$$96.45x^2 - 18.709x - 6.481 = 0$$

解得 $x = 0.374$。因此，

$$a = (4.5 \times 0.374) - 1 = 0.683$$

$$p_{O_2} = \frac{xP}{2a+2+x} = \frac{0.374}{2 \times 0.683 + 2 + 0.374} = 0.1(atm)$$

$$p_{SO_3} = \frac{2(1-x)}{2a+2+x} = \frac{2 \times (1-0.374)}{2 \times 0.683 + 2 + 0.374} = 0.335(atm)$$

以及

$$p_{SO_2} = \frac{2(a+x)}{2a+2+x} = \frac{2 \times (0.683+0.374)}{2 \times 0.683 + 2 + 0.374} = 0.565(atm)$$

在平衡混合物中，$p_{SO_2}/p_{SO_3} = 1.7$，而作为对比，初始混合物中的 $p_{SO_2}/p_{SO_3} = a = 0.683$。验证：

$$K_P = \frac{0.355}{0.565 \times 0.1^{1/2}} = 1.875$$

如果要求 $p_{O_2} = 0.212atm$（初始成分为 1 摩尔 SO_2 + 1/2 摩尔 O_2 的气体在 1atm 下达到平衡时，气相中的 p_{O_2} 数值），那么化学计量条件下的解将为 $a=0$，这表明纯 SO_3 在 1000K、1atm 压力下分解形成气体混合物，该混合物与 1atm 下 1 摩尔 SO_2 + 1/2 摩尔 O_2 的初始混合物形成的平衡气体混合物相同。因此，0.212atm 是 p_{O_2} 在 1000K、1atm 的 SO_2-SO_3 混合物中能达到的最大值。

11.7 H_2O-H_2 和 CO_2-CO 混合物的平衡

当需要将气相中的 O_2 分压固定在一个非常低的数值时，就会使用 H_2O-H_2 和 CO_2-CO 混合气体。例如，如果需要一个 O_2 分压为 10^{-10} atm 的气态环境，那么这样的氧势可以通过建立如下平衡而相对容易地实现。

$$H_2(g) + \frac{1}{2}O_2(g) = H_2O(g)$$

对于该反应，

$$\Delta G° = -247500 + 55.85T$$

由式 (11.8)，可得：

$$\ln K_P = \frac{247500}{8.3144T} - \frac{55.85}{8.3144}$$

如果要求在 $T = 2000K$ 时，大气中的 $p_{O_2} = 10^{-10}$ atm，那么，在这个温度下，

$$\ln K_P = \frac{247500}{8.3144 \times 2000} - \frac{55.85}{8.3144} = 8.167$$

因此，

$$K_P = 3.521 \times 10^3 = \frac{p_{H_2O}}{p_{H_2} p_{O_2}^{1/2}}$$

当 $p_{O_2} = 10^{-10}$ atm 时，有：

$$\frac{p_{H_2O}}{p_{H_2}} = 3.521 \times 10^3 \times 10^{-5} = 3.521 \times 10^{-2}$$

因此，在 H_2-H_2O 混合气体中，如果 $p_{H_2} = 1$ atm，那么 p_{H_2O} 一定是 0.0352atm。

液态 H_2O 在 27.0℃时的饱和蒸气压可以由下式确定：

$$\lg(p/atm) = -\frac{2900}{T} - 4.66\lg T + 19.732$$

该值为 0.0332atm。因此，所需的混合气体可以通过如下方式获得：1atm 的 H_2 鼓泡通过 27.0℃的纯液态 H_2O，使 H_2 被水蒸气饱和。在 2000K 时建立反应平衡后，气体中的 p_{O_2} 为 10^{-10} atm。

同样地，气态气氛中 O_2 的分压可以通过建立如下反应来确定。

$$CO(g) + \frac{1}{2}O_2(g) = CO_2(g)$$

对于反应：

$$CO(g) = \frac{1}{2}O_2(g) + C(s)$$

其标准吉布斯自由能变化，

$$\Delta G° = 111700 + 87.65T$$

对于反应：

$$C(s) + O_2(g) = CO_2(g)$$

其标准吉布斯自由能变化，

$$\Delta G^\circ = -394100 - 0.84T$$

对于反应：

$$CO(g) + \frac{1}{2}O_2(g) \Longrightarrow CO_2(g)$$

其标准吉布斯自由能变化为上述两个反应的标准吉布斯自由能变化的和，即

$$\Delta G^\circ = -282400 + 86.81T$$

因此：

$$\ln K_P = \frac{282400}{8.3144T} - \frac{86.81}{8.3144}$$

如果要求在 1000K 时 $p_{O_2} = 10^{-20} \text{atm}$，那么：

$$\ln K_P = \frac{282400}{8.3144 \times 1000} - \frac{86.81}{8.3144} = 23.52$$

因此：

$$K_P = 1.646 \times 10^{10} = \frac{p_{CO_2}}{p_{CO} p_{O_2}^{1/2}} = \frac{p_{CO_2}}{p_{CO} \times 10^{-10}}$$

所以：

$$\frac{p_{CO_2}}{p_{CO}} = 1.646$$

如果总压 $P = 1 \text{atm}$，那么，由于 $p_{CO_2} + p_{CO} = 1$，则分压 $p_{CO_2} = 1.646(1 - p_{CO_2}) = 0.622 \text{atm}$，$p_{CO} = 0.378 \text{atm}$。所需的混合物是由 CO_2 和 CO 按体积比 1.646：1，即 62.2%（体积百分比）的 CO_2 和 37.8%（体积百分比）的 CO 混合而成。

在上述两种平衡中，平衡气体中的 O_2 压力非常小，以至于平衡气体中的 p_{H_2}/p_{H_2O} 和 p_{CO_2}/p_{CO} 值与初始混合物中的相应值的差异可忽略不计。气体混合物中的体积百分比与分压比的相等性可以证明如下。考虑 1atm 的 a cm^3 气体 A 和 1atm 的 b cm^3 气体 B 在恒压下混合（因此总体积恒定，$a+b$）。A 的摩尔数 $n_A = (1 \times a)/(RT) = a/(RT)$，B 的摩尔数 $n_B = (1 \times b)/(RT) = b/(RT)$。因此，在混合物中，

$$p_A = \frac{n_A RT}{V'} = \frac{n_A RT}{a+b}$$

以及

$$p_B = \frac{n_B RT}{a+b}$$

因此：

$$\frac{p_A}{p_B} = \frac{n_A}{n_B} = \frac{a}{b} = \frac{A \text{ 的体积百分比}}{B \text{ 的体积百分比}}$$

11.8　小结

① 反应 $a\text{A} + b\text{B} \Longrightarrow c\text{C} + d\text{D}$ 的平衡状态，就是 $a\overline{G}_A + b\overline{G}_B = c\overline{G}_C + d\overline{G}_D$ 时的状态。因

此反应的平衡状态是由其 $\Delta G°$ 值决定的，同时也是由反应的平衡常数 K_P 决定的，其中 $K_P = [(p_C^c p_D^d)/(p_A^a p_B^b)]_{eq}$，反应物和产物的标准状态都是 1atm 下的纯气体。

② $\Delta G°$ 和 K_P 通过 $\Delta G° = -RT\ln K_P$ 关联到一起。这个关系式是化学热力学中最重要的公式之一，而且会在后面章节中广泛使用。对于越来越负的 $\Delta G°$ 值，K_P 变得越来越大于 1，相反，对于越来越正的 $\Delta G°$ 值，K_P 越来越小于 1。

③ 由于 $\Delta G°$ 是一个只与温度有关的函数，所以 K_P 也是一个只与温度有关的函数。而且 K_P 与温度的关系取决于反应的 $\Delta H°$ 值，即

$$\Delta G° = \Delta H° - T\Delta S° = -RT\ln K_P$$

因此：

$$\ln K_P = -\frac{\Delta H°}{RT} + \frac{\Delta S°}{R}$$

或者

$$\frac{\partial \ln K_P}{\partial T} = \frac{\Delta H°}{RT^2}$$

或者

$$\frac{\partial \ln K_P}{\partial (1/T)} = -\frac{\Delta H°}{R}$$

因此，对于一个放热反应，K_P 随着温度升高而减小；对于一个吸热反应，K_P 随着温度的升高而增大。

④ 由于理想气体混合物中 $p_i = X_i P$，平衡常数可以用摩尔分数表示，即

$$K_P = \frac{p_C^c p_D^d}{p_A^a p_B^b} = \frac{X_C^c X_D^d}{X_A^a X_B^b} P^{(c+d-a-b)} = K_X P^{(c+d-a-b)}$$

尽管根据定义 K_P 与压力无关，但只有在 $c+d-a-b=0$ 的情况下，K_X 才与压力无关，即能够通过反应的化学计量数证明，气体混合物在任何状态都有一个确定不变的摩尔数。如果反应的正向进行使物质的摩尔数减少（即如果 $c+d-a-b<0$），那么压力的增加会增大 K_X 的值。反之，如果 $c+d-a-b>0$，压力的增加会减小 K_X 的值。K_X 对压力的依赖性和 K_P 对温度的依赖性，是勒夏特列原理的范例。

⑤ 如果反应的 $\Delta H°$ 和 $\Delta S°$ 已知，那么可以得出如下推断：

• 如果 $\Delta H° > 0$，$\Delta S° > 0$，那么反应在高温下可以自发进行。
• 如果 $\Delta H° < 0$，$\Delta S° < 0$，那么反应在低温下可以自发进行。
• 如果 $\Delta H° > 0$，$\Delta S° < 0$，那么反应不可能自发进行。
• 如果 $\Delta H° < 0$，$\Delta S° > 0$，那么反应在任何温度下都能自发进行。

11.9 本章概念和术语

读者应写出以下术语的简要定义或描述。在适当的情况下，可以使用方程。
催化剂

化学亲和力

动态平衡

平衡常数 K_P

平衡常数 K_X

气态反应

化学反应引起的吉布斯自由能变化

勒夏特列原理

反应物和产物

标准吉布斯自由能变化

化学计量

11.10 证明例题

（1）证明例题 1

在图 11.2 中，K_P 的自然对数随 $1/T$ 的变化被绘制成曲线。可以发现，曲线的斜率是 $-\Delta H°/R$。曲线与纵坐标轴的截距是多少？

解答：

由前文可知：

$$\Delta G° = \Delta H° - T\Delta S° = -RT\ln K_P$$

因此，

$$\ln K_P = -\frac{\Delta H°}{RT} + \frac{\Delta S°}{R}$$

在 $\ln K_P$ 与 $1/T$ 的关系图中，截距为 $\Delta S°/R$。

这个值可能是正数也可能是负数，取决于 $\ln K_P$ 曲线截距的大小。如果 $\ln K_P$ 曲线截距大于 0，标准熵变为正；如果 $\ln K_P$ 曲线截距小于 0，标准熵变为负。

（2）证明例题 2

使用吉布斯平衡相律证明气体反应：

$$A + B \Longrightarrow 2C$$

在固定温度下只有 2 个自由度。

解答：

吉布斯平衡相律可写为：

$$\Phi + F = C + 2$$

对于 $\Phi = 1$ 和固定温度，我们得到：

$$F = C$$

在这种情况下，独立成分的数量减少了 1 个，因为有 1 个反应存在于各组分之间。因此，$F = 2$，只有 2 个分压可以任意选择。

11. 11　计算例题

（1）计算例题 1

考虑如下气态 P_4 的部分分解反应，

$$P_4(g) \Longrightarrow 2P_2(g)$$

已知，该反应的标准吉布斯自由能变化为：

$$\Delta G° = 225400 + 7.90T\ln T - 209.4T$$

计算：

a. 在总压为 1atm 的条件下，当 $X_{P_4} = X_{P_2} = 0.5$ 时的温度。

b. 在 2000K 的条件下，当 $X_{P_4} = X_{P_2} = 0.5$ 时的总压。

解答：

a. 因为：

$$\Delta G° = 225400 + 7.90T\ln T - 209.4T$$

所以：

$$\ln K_P = \frac{-27109}{T} - 0.95\ln T + 25.18 \tag{i}$$

1 摩尔 P_4 的部分分解产生（$1-x$）摩尔 P_4 和 $2x$ 摩尔 P_2。因此，对于 $X_{P_4} = (1-x)/(1+x) = 0.5$，有 $x = 1/3$，我们可以写出：

$$p_{P_4} = \frac{1 - \dfrac{1}{3}}{1 + \dfrac{1}{3}} P = 0.5P$$

以及

$$p_{P_2} = \frac{2 \times \dfrac{1}{3}}{1 + \dfrac{1}{3}} P = 0.5P$$

因此，由 $X_{P_4} = X_{P_2} = 0.5$ 时和压力 P，可得：

$$K_P = \frac{p_{P_2}^2}{p_{P_4}} = 0.5P \tag{ii}$$

当 $P = 1atm$ 时，由式（i）和式（ii）可得：

$$\ln K_P = \ln 0.5 = \frac{-27109}{T} - 0.95\ln T + 25.18$$

解得 $T = 1429K$。因此，当 $P = 1atm$、$T = 1429K$ 时，在 P_4-P_2 混合物中 $X_{P_4} = X_{P_2} = 0.5$。

b. 由式（i）和式（ii）得，

$$K_{P,2000K} = 81.83 = 0.5P$$

解得 $P=163.6\text{atm}$。因此，当 $P=163.6\text{atm}$、$T=2000\text{K}$ 时，在混合物中 $X_{P_4}=X_{P_2}=0.5$。

图 11.5 为 $P=1\text{atm}$ 和 $P=163.6\text{atm}$ 下，平衡的 P_4-P_2 混合物中 X_{P_4} 和 X_{P_2} 随温度变化的情况。由于 P_4 的解离是吸热的，在恒定压力下提高温度会使平衡向 P_2 移动；由于解离会增加物质的摩尔数，在恒定温度下提高压力会使平衡向 P_4 移动。

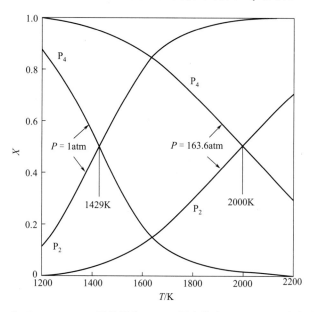

图 11.5　$P=1\text{atm}$ 和 $P=163.6\text{atm}$ 下的平衡 P_2-P_4 混合物中 P_2 和 P_4 的摩尔分数随温度的变化

（2）计算例题 2

根据反应：

$$2NH_3(g) \Longrightarrow N_2(g) + 3H_2(g) \tag{i}$$

考虑 400℃ 时 1 摩尔气态 NH_3 在如下条件下的裂解程度。

a. 总压恒为 1atm；

b. 体积恒为 1atm 时的初始体积。

解答：

a. 对于式（i）给出的反应，标准吉布斯自由能变化为：

$$\Delta G° = 87030 - 25.8T\ln T - 31.7T$$

因此，

$$\Delta G°_{673K} = -47370\text{J}, \quad K_{P,673K} = 4748$$

根据反应的化学计量，1 摩尔 NH_3 的部分分解产生 $3x$ 摩尔的 H_2、x 摩尔的 N_2 和 $(1-2x)$ 摩尔的 NH_3。因此，对于如下反应，有：

$$2NH_3 \longrightarrow N_2 + 3H_2$$

	$2NH_3$	N_2	$3H_2$
反应前	1	0	0
反应后	$1-2x$	x	$3x$

且 $n_T = 1 - 2x + x + 3x = (1+2x)$ 摩尔。因此，

$$p_{H_2} = \frac{3x}{1+2x}P, \quad p_{N_2} = \frac{x}{1+2x}P, \quad p_{NH_3} = \frac{1-2x}{1+2x}P$$

所以：

$$K_{P,673K} = \frac{p_{H_2}^3 p_{N_2}}{p_{NH_3}^2} = \frac{27x^4 P^2}{(1+2x)^2(1-2x)^2} \qquad \text{(ii)}$$

利用恒等式 $(1-y)(1+y)=1-y^2$，式 (ii) 可以写为：

$$K_P = \frac{27x^4 P^2}{[1-(2x)^2]^2}$$

或

$$K_P^{1/2} = \frac{5.19x^2 P}{1-4x^2}$$

因此，对于 1atm 的恒压条件，

$$4748^{1/2} \times (1-4x^2) = 5.19x^2$$

解得 $x = 0.4954$。因此，在平衡时，有：

$$p_{H_2} = \frac{3x}{1+2x} = 0.7465(\text{atm})$$

$$p_{N_2} = \frac{x}{1+2x} = 0.2488(\text{atm})$$

以及

$$p_{NH_3} = \frac{1-2x}{1+2x} = 0.0047(\text{atm})$$

由此说明 99.08% 的 NH_3 已经分解。

解决该问题的另一种方法如下。从反应的化学计量来看，在任何时候都有：

$$p_{H_2} = 3p_{N_2} \qquad \text{(iii)}$$

且

$$P = p_{NH_3} + p_{N_2} + p_{H_2} \qquad \text{(iv)}$$

从式 (iii) 和式 (iv) 中消去 p_{NH_3} 和 p_{H_2}，并将其代入式 (ii)，得到：

$$K_P = \frac{27p_{N_2}^4}{(P-4p_{N_2})^2}$$

或

$$K_P^{1/2} = \frac{27^{1/2} p_{N_2}^2}{P-4p_{N_2}}$$

当 $P = 1\text{atm}$ 时，

$$4748^{1/2} \times (1-4p_{N_2}) = 27^{1/2} \times p_{N_2}^2$$

解得：

$$p_{N_2} = 0.2488\text{atm}$$

$$p_{H_2} = 3p_{N_2} = 0.7464\text{atm}$$

以及

$$p_{NH_3} = 1 - p_{N_2} - p_{H_2} = 0.0048\text{atm}$$

b. 现在考虑恒容分解。随着分解反应将气体的摩尔数从 1 增加到 $(1+2x)$，在恒压下的反应使气体的体积以 $(1+2x)$ 的倍数增加。根据勒夏特列原理，压力的增加使平衡向减少气体摩尔数的方向移动，即向 $3H_2 + N_2 \longrightarrow 2NH_3$ 的方向移动。因此，NH_3 在恒定体积下的平衡分解程度将小于在恒定压力下的平衡分解程度，并会导致压力增加。

如前所述，

$$p_{H_2} = \frac{3x}{1+2x}P', \quad p_{N_2} = \frac{x}{1+2x}P', \quad p_{NH_3} = \frac{1-2x}{1+2x}P' \qquad (v)$$

式中，P' 是反应混合物的压力。在分解开始之前，1 摩尔的 NH_3 服从于 $PV = RT$ 的关系。在 V 和 T 不变的情况下，分解反应使气体的摩尔数增加到 $(1+2x)$，因此气体的总压增加到 P'，满足：

$$P'V = (1+2x)RT$$

因此：

$$V = 常数 = \frac{RT}{P} = \frac{(1+2x)RT}{P'}$$

这样，在式（v）中，分解开始前体积为 V 的 NH_3 的原始压力等于 $P'/(1+2x)$。因此，对于原始压力 $P = 1\text{atm}$，在平衡状态下，

$$p_{H_2} = 3x$$
$$p_{N_2} = x$$

以及

$$p_{NH_3} = 1 - 2x$$

因此：

$$K_P = \frac{27x^4}{(1-2x)^2}$$

或者

$$K_P^{1/2} = 4748^{1/2} = \frac{27^{1/2}x^2}{1-2x}$$

解得 $x = 0.4909\text{atm}$。因此，

$$p_{H_2} = 3x = 1.4727(\text{atm})$$
$$p_{N_2} = x = 0.4909(\text{atm})$$
$$p_{NH_3} = 1 - 2x = 0.0182(\text{atm})$$
$$P = \sum_i p_i = 1 + 2x = 1.9819(\text{atm})$$

在该状态下，98.18% 的 NH_3 已经分解。

可以看出，当反应物 H_2 和 N_2 以 3：1 的摩尔比混合时，H_2 和 N_2 反应生成的 NH_3 的产率最大。在混合物中，$P = p_{H_2} + p_{N_2} + p_{NH_3}$，并且在反应平衡时，假设：

$$p_{H_2} = a p_{N_2}$$

因此，

$$p_{NH_3} = P - (a+1)p_{N_2}$$

或者

$$p_{N_2} = \frac{P - p_{NH_3}}{a+1}, \quad p_{H_2} = \frac{a(P - p_{NH_3})}{a+1}$$

因此：

$$\frac{1}{K_P}=\frac{p_{NH_3}^2}{p_{H_2}^3 p_{N_2}}=\frac{p_{NH_3}^2}{[a(P-p_{NH_3})/(a+1)]^3\times[(P-p_{NH_3})/(a+1)]}$$

$$=\frac{p_{NH_3}^2(a+1)^4}{a^3(P-p_{NH_3})^4}\qquad\qquad(vi)$$

现在需要证明，当 $a=3$ 时，p_{NH_3} 有其最大值，即

$$当\ a=3\ 时，\frac{dp_{NH_3}}{da}=0$$

通过对式（vi）取对数，最容易获得导数。

$$-\ln K_P+3\ln a-4\ln(a+1)=2\ln p_{NH_3}-4\ln(P-p_{NH_3})$$

取微分可得：

$$\left(\frac{3}{a}-\frac{4}{a+1}\right)da=\left(\frac{2}{p_{NH_3}}+\frac{4}{P-p_{NH_3}}\right)dp_{NH_3}$$

因此，$dp_{NH_3}/da=0$ 要求 $3/a=4/(a+1)$，即 $a=3$。

反应的化学计量表明，为了使平衡混合物中的 p_{H_2}/p_{N_2} 的数值为 3，反应物 H_2 和 N_2 必须以 3∶1 的比例混合。

 作业题

11.1 将 50% CO、25% CO_2 和 25% H_2（按体积计）的气体混合物送入 900℃的熔炉。如果炉内气体的总压为 1atm，请确定平衡 CO-CO_2-H_2-H_2O 气体的组成。

11.2 当 1 摩尔的 SO_2 和 1/2 摩尔的 O_2（各自在 1atm 下）反应形成 1000K、1atm 的平衡 SO_3-SO_2-O_2 混合物时，放出多少热量？

11.3 总压为 1atm 的 CO_2-CO-H_2O-H_2 气体混合物在 1600℃时产生的 O_2 分压为 10^{-7}atm。CO_2 和 H_2 以什么比例混合才能产生具有这种 O_2 分压的气体？

11.4 LiBr 气体按反应 LiBr（g）$\longrightarrow$ Li（g）$+1/2Br_2$（g）分解。当气体在恒定的总压 1atm 下加热时，Li 分压在什么温度下达到 10^{-5}atm？

11.5 当 SO_3 在恒压 P 和 $T=1000K$ 下分解时，O_2 在平衡气体中的分压为 0.05atm。恒压 P 是多少？如果这种平衡气体的压力增加到 1atm，则必须将温度降低到什么值才能产生 $p_{O_2}=0.05$atm 的气体混合物？

11.6 对于 N_2 的解离反应：

$$N_2 =\!=\!= 2N$$

其标准吉布斯自由能变化为：

$$\Delta G^\circ=945000-114.9T$$

计算：

a. N_2 中 N 在 3000K、总压为 1atm 时的平衡分压；

b. 气体在 3000K 下的总压，此时 N_2 分压为总压的 90%。

11.7 将 NH_3 加热到 300℃，在什么总压下，平衡气体混合物中 N_2 的摩尔分数等于

0.2？计算 300℃时反应的标准焓变和标准熵变。

$$\frac{3}{2}H_2(g)+\frac{1}{2}N_2(g)\!=\!\!=\!\!=\!NH_3(g)$$

11.8 500K 时，PCl_5 和 PCl_3 气体混合物建立如下反应平衡：

$$PCl_5(g)\!=\!\!=\!\!=\!PCl_3(g)+Cl_2(g)$$

获得的气体总压为 1atm，其中 Cl_2 分压为 0.1atm。请问：PCl_5 和 PCl_3 以什么比例混合才能获得该平衡气体？

11.9 空气和 H_2 以 1∶4 的比例混合并加热到 1200K。计算在 1atm 和 10atm 下平衡气体中 H_2 和 O_2 的分压。空气中含有 21%（体积百分比）的 O_2。

11.10 在 1500K 和 $P=1atm$ 条件下，各有 1 摩尔的 H_2、I_2 和 HI 气体发生反应。计算平衡混合物中 H_2、I_2 和 HI 的摩尔分数。然后改变温度，使平衡气体中 p_{HI} 的值为 p_{H_2} 的值的 5 倍，问这个温度是多少？

11.11[1] 考虑用 CO 还原磁铁矿以形成纯 Fe，反应式为：

$$Fe_3O_4(s)+4CO(g)\!=\!\!=\!\!=\!3Fe(s)+4CO_2(g)$$

计算以反应平衡常数 K_P 表示的 CO 和 CO_2 分压。

11.12[1] 已知在 300K 时，某个反应的 K_P 值为 10^{12}。对于该反应，$\Delta H°$ 为 100kJ/mol。

a. 确定该反应在 800K 时是否有利（进行），为什么？并估计 K_P（800K）。

b. K_P（800K）的实际值为 35。解释与您的估计的所有差异。

11.13[1] 画出以下情况下 $\ln K_P$ 随 $1/T$ 变化的曲线。

a. $\Delta H°<0$，$\Delta S°<0$；

b. $\Delta H°<0$，$\Delta S°>0$；

c. $\Delta H°>0$，$\Delta S°>0$；

d. $\Delta H°>0$，$\Delta S°<0$。

---

[1] 第 6 版中的新作业题。

第 12 章

纯凝聚相和气相的反应

12.1 引言

第 11 章讨论了气态反应系统中的平衡标准。现在的问题是，如果反应的一个或多个反应物或产物以凝聚相的形式出现，情况会有什么变化？在本章中，我们考虑凝聚相，它们是纯物质，即有固定成分的凝聚相。许多实用的系统都属于这一类情况。例如，纯金属与气态元素的反应，形成纯金属氧化物、硫化物、卤化物等。值得关注的问题包括：

① 在一定温度下，特定金属不发生氧化的情况下，气态环境中可以允许的最大氧压是多少？

② 在已知 CO_2 分压的气体环境中，给定的碳酸盐必须加热到什么温度才能引起其分解？

第一个问题在实验室或工厂进行的许多退火过程中都是有意义的。第二个问题，对例如用石灰石生产石灰，是有意义的。

在这样的系统中，需要建立的完全的平衡包括：

- 各个凝聚相和气相之间的相平衡；
- 存在于气相中的各种物质之间的反应平衡。

由于相平衡是在纯凝聚相产生饱和蒸气压时建立的，而当系统的温度固定时，其饱和蒸气压是唯一固定的，那么在恒温下唯一可以变化的压力是那些只存在于气相中的物质的压力。纯凝聚相物质的饱和蒸气压只随温度变化，并且凝聚相的吉布斯自由能对压力的变化相对不敏感，这大大简化了包含气相和纯凝聚相的系统中反应平衡的热力学处理。

12.2 纯凝聚相和气相系统的反应平衡

在温度 T 和压力 P 下，考虑纯固体金属 M、其纯氧化物 MO❶ 和 O_2 之间的反应平衡：

---

❶ 所谓纯氧化物，是指没有第三种元素溶于其中。它可作为一个单一的组元。

$$M(s) + \frac{1}{2}O_2(g) \Longrightarrow MO(s)$$

这里我们假设 O_2 不溶于固体金属,并且 MO 是符合化学计量比的。

如相平衡标准所要求的,金属 M 和氧化物 MO 都与它们在气相中的蒸气物质处于平衡状态,就是说,

$$\overline{G}_M(在气相中) = G_M(在固态金属相中)$$

以及

$$\overline{G}_{MO}(在气相中) = G_{MO}(在固态金属氧化物相中)$$

因此,在气相中建立如下反应平衡:

$$M(g) + \frac{1}{2}O_2(g) \Longrightarrow MO(g)$$

根据式(11.6),在温度 T 下发生该反应平衡的标准是:

$$G^{\circ}_{MO(g)} - \frac{1}{2}G^{\circ}_{O_2(g)} - G^{\circ}_{M(g)} = -RT\ln\frac{p_{MO}}{p_M p_{O_2}^{1/2}} \tag{12.1}$$

或

$$\Delta G^{\circ} = -RT\ln\frac{p_{MO}}{p_M p_{O_2}^{1/2}}$$

其中 ΔG° 是 1 摩尔气态 MO 在 1atm 下的吉布斯自由能,与 $1/2$ 摩尔 O_2 在 1atm 下的吉布斯自由能和 1 摩尔气态 M 在 1atm 下的吉布斯自由能之和之间的差,所有温度均为 T。由于 M 和 MO 以纯固体形式存在于系统中,相平衡要求式(12.1)中的 p_{MO} 是固体 MO 在温度 T 下的饱和蒸气压,p_M 是固体 M 在温度 T 下的饱和蒸气压。因此,气相中 p_{MO} 和 p_M 的值由温度 T 唯一确定,所以式(12.1)中反应平衡时的 p_{O_2} 值也由温度 T 确定。如前所述,系统的相平衡要求:

$$\overline{G}_M(在气相中) = G_M(在固态金属相中) \tag{12.2}$$

和

$$\overline{G}_{MO}(在气相中) = G_{MO}(在固态金属氧化物相中) \tag{12.3}$$

式(12.2)可写为:

$$G^{\circ}_{M(g)} + RT\ln p_{M(g)} = G^{\circ}_{M(s)} + \int_{P=1}^{P=p_{M(g)}} V_{M(s)}\,dP \tag{12.4}$$

式(12.3)可写为:

$$G^{\circ}_{MO(g)} + RT\ln p_{MO(g)} = G^{\circ}_{MO(s)} + \int_{P=1}^{P=p_{MO(g)}} V_{MO(s)}\,dP \tag{12.5}$$

考虑式(12.4),

- $G^{\circ}_{M(s)}$ 是固体 M 在温度 T、1atm 下的摩尔吉布斯自由能。

- 积分 $\int_{P=1}^{P=p_{M(g)}} V_{M(s)}\,dP$ 是在温度 T 下压力从 $P=1$atm 到 $P=p_{M(g)}$ 的变化对固体 M 的摩尔吉布斯自由能值的影响(其中 $V_{M(s)}$ 是压力 P 和温度 T 下固体金属 M 的摩尔体积)。

下文可以看到,与式(12.4)中的其它数值相比,积分的数值可以忽略不计,因此式(12.4)可以写为:

$$G^{\circ}_{M(g)} + RT\ln p_{M(g)} = G^{\circ}_{M(s)} \tag{12.4a}$$

举个例子来说明这种情况,考虑温度为 1000℃ 的典型金属 Fe。固体 Fe 在 1000℃ 的饱

和蒸气压为 6×10^{-10} atm，因此 $RT \ln p_{Fe(g)}$ 的值为 $8.3144 \times 1273 \times \ln(6 \times 10^{-10}) = -224750$ （J）。1000℃时固体 Fe 的摩尔体积为 7.34 cm³，在 0～1atm 范围内与压力无关。从 $P = 1$atm 到 $P = 6 \times 10^{-10}$ atm 的积分值为 -7.34×1 cm³·atm $= -0.74$J。由此可见，1000℃时的 $G^{\circ}_{Fe(g)}$ 值远大于 1000℃时的 $G^{\circ}_{Fe(s)}$，这是可以预期的，因为 Fe 蒸气在 1atm、1000℃下相对于固体 Fe 具有很大的亚稳性。由于积分值（-0.74J）与 -224750J 相比，前者绝对值较小，因此式（12.4）可以写为式（12.4a）。

由于压力对凝聚相的吉布斯自由能的影响可以忽略不计（当压力在 0～1atm 范围内时），作为凝聚相出现的物质的标准状态可以被定义为温度 T 下的纯物质，不再要求压力为 1atm 的限制条件。$G^{\circ}_{M(s)}$ 现在只是纯固体 M 在温度 T 下的摩尔吉布斯自由能。

类似地，式（12.5）可以写为：

$$G^{\circ}_{MO(g)} + RT \ln p_{MO(g)} = G^{\circ}_{MO(s)} \tag{12.5a}$$

因此，式（12.1）可写为：

$$G^{\circ}_{MO(s)} - \frac{1}{2} G^{\circ}_{O_2(g)} - G^{\circ}_{M(s)} = -RT \ln \frac{1}{p_{O_2}^{1/2}}$$

或者

$$\Delta G^{\circ} = -RT \ln K \tag{12.6}$$

式中，$K = 1/p_{O_2}^{1/2}$；ΔG° 为如下反应的标准吉布斯自由能变化。

$$M(s) + \frac{1}{2} O_2(g) = MO(s)$$

因此，在只涉及纯凝聚相和气相反应平衡的情况下，平衡常数 K 可以只用那些只在气相中出现的物质来表示。同样，由于 ΔG° 只是温度的函数，那么 K 也只是温度的函数。因此，在任何固定的温度下，只有当 $p_{O_2} = p_{O_2(eq,T)}$ 时反应才能达到平衡。该平衡有一个热力学自由度。

$$\Phi = 3 \text{（2 个固相，1 个气相）}$$
$$C = 2 \text{（金属 M 和氧 O）}$$

因此，由吉布斯平衡相律可得，

$$F = C + 2 - \Phi = 2 + 2 - 3 = 1$$

如果在任一温度 T 下，M-MO-O_2 封闭系统中实际的 O_2 分压大于 $p_{O_2(eq,T)}$，则 M 会发生自发氧化，消耗 O_2 并降低 O_2 压力。因此，当实际的 O_2 压力降低到 $p_{O_2(eq,T)}$ 时，如果两个固相仍然存在，则氧化停止并重新建立反应平衡。类似地，如果密闭容器中的 O_2 压力最初小于 $p_{O_2(eq,T)}$，则氧化物会自发还原，直到（实际的 O_2 压力）达到 $p_{O_2(eq,T)}$。

涉及还原氧化物矿石的提取冶金过程，需要在反应容器中实现和维持一个小于 $p_{O_2(eq,T)}$ 的 O_2 压力。例如，对于反应：

$$4Cu(s) + O_2(g) = 2Cu_2O(s)$$

在 298～1200K 温度范围内，其标准吉布斯自由能变化为：

$$\Delta G^{\circ} = -324400 + 138.5T$$

因此，

$$-\ln K = \ln p_{O_2(eq,T)} = \frac{\Delta G^{\circ}}{RT}$$

或者

$$\lg p_{O_2(eq,T)} = -\frac{324400}{2.303 \times 8.3144T} + \frac{138.5}{2.303 \times 8.3144}$$

$$= -\frac{16940}{T} + 7.23$$

在图 12.1（a）中，$\lg p_{O_2(eq,T)}$ 随 $1/T$ 的变化可绘制为直线 ab，线上任意一个点代表唯一的 O_2 压力，$p_{O_2(eq,T)}$，即为指定温度 T 下固体 Cu、固体 Cu_2O 和 O_2 之间平衡所需的 O_2 压力。直线 ab 将图分为两个区域。在直线 ab 的上方（其中 $p_{O_2} > p_{O_2(eq,T)}$），金属相不稳定，因此系统以 $Cu_2O(s) + O_2(g)$ 形式存在;在直线 ab 的下方（其中 $p_{O_2} < p_{O_2(eq,T)}$），氧化物不稳定，因此系统以 $Cu(s) + O_2(g)$ 的形式存在。

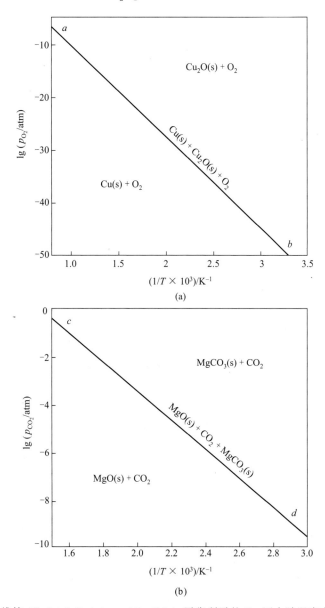

图 12.1 （a）维持 $4Cu(s) + O_2(g) = 2Cu_2O(s)$ 平衡所需的 O_2 压力随温度变化；（b）维持 $MgO(s) + CO_2(g) = MgCO_3(s)$ 平衡所需的 CO_2 压力随温度变化

两个凝聚态纯相和气体之间的其它平衡，还包括生成氢氧化物和碳酸盐。

例如，在温度 T 下，反应：

$$MO(s) + H_2O(g) = M(OH)_2(s)$$

在如下条件下达到平衡，

$$G^{\circ}_{MO(s)} + G^{\circ}_{H_2O(g)} + RT\ln p_{H_2O} = G^{\circ}_{M(OH)_2(s)}$$

此时，

$$\Delta G^{\circ} = -RT\ln K = RT\ln p_{H_2O(eq,T)}$$

类似地，反应：

$$MO(s) + CO_2(g) = MCO_3(s)$$

在如下条件下达到平衡，

$$G^{\circ}_{MO(s)} + G^{\circ}_{CO_2(g)} + RT\ln p_{CO_2} = G^{\circ}_{MCO_3(s)}$$

此时，

$$\Delta G^{\circ} = -RT\ln K = RT\ln p_{CO_2(eq,T)}$$

对于反应：

$$MgO(s) + CO_2(g) = MgCO_3(s)$$

在 298～1000K 温度范围内，

$$\Delta G^{\circ} = -117600 + 170T$$

因此，

$$\lg p_{CO_2(eq,T)} = -\frac{117600}{2.303 \times 8.3144T} + \frac{170}{2.303 \times 8.3144}$$

$$= -\frac{6141}{T} + 8.88$$

这种变化可绘为直线 cd，如图 12.1（b）所示，该直线也将图分为两个区域。其中一个区域 $MgO(s) + CO_2(g)$ 是稳定的，而另一个区域 $MgCO_3(s) + CO_2(g)$ 是稳定的。

12.3 标准吉布斯自由能变化随温度的变化

对于任何化学反应，由式（6.11）和式（6.12）的组合可得作为温度的函数的反应的 ΔG° 表达式：

$$\Delta G^{\circ}_T = \Delta H^{\circ}_T - T\Delta S^{\circ}_T$$

$$= \Delta H^{\circ}_{298K} + \int_{298}^{T} \Delta c_P \, \mathrm{d}T - T\Delta S^{\circ}_{298K} - T\int_{298}^{T} \frac{\Delta c_P}{T}\mathrm{d}T \tag{12.7}$$

从上式可以看出，ΔG° 和 T 之间的线性偏差取决于反应的 Δc_P 的符号和大小。然而，一般认为 ΔG° 随 T 的变化如下所述。对于反应的每一个反应物和产物，在规定的温度范围内，其摩尔热容 c_P 可以由下述形式表示：

$$c_P = a + bT + cT^{-2}$$

因此，在规定的温度范围内，对于上述反应，有：

$$\Delta c_P = \Delta a + \Delta bT + \Delta cT^{-2}$$

由基尔霍夫定律可知，

$$\left(\frac{\partial \Delta H^\circ}{\partial T}\right)_P = \Delta c_P = \Delta a + \Delta b T + \Delta c T^{-2}$$

式中，ΔH° 为反应的标准焓变。积分可得，

$$\Delta H_T^\circ = \Delta H_0 + \Delta a T + \frac{\Delta b}{2} T^2 - \frac{\Delta c}{T} \tag{12.8}$$

式中，ΔH_0 为积分常数。Δc_P 的表达式是 T 的函数。当温度降至 0K 时，若 Δc_P 表达式仍然有效，则该积分常数才等于 0K 时的标准反应焓。通常是将已知的 ΔH_T° 值代入式（12.8）来求解 ΔH_0 数值的。

该反应的吉布斯-亥姆霍兹方程为：

$$\frac{\partial(\Delta G^\circ / T)}{\partial T} = -\frac{\Delta H^\circ}{T^2} = -\frac{\Delta H_0}{T^2} - \frac{\Delta a}{T} - \frac{\Delta b}{2} + \frac{\Delta c}{T^3}$$

积分可得：

$$\frac{\Delta G^\circ}{T} = I + \frac{\Delta H_0}{T} - \Delta a \ln T - \frac{\Delta b}{2} T - \frac{\Delta c}{2T^2}$$

或者

$$\Delta G^\circ = I T + \Delta H_0 - \Delta a T \ln T - \frac{\Delta b}{2} T^2 - \frac{\Delta c}{2T} \tag{12.9}$$

式中，I 为积分常数。

因为 $\Delta G^\circ = -RT \ln K$，所以由式（12.9）可得：

$$\ln K = -\frac{\Delta H_0}{RT} - \frac{I}{R} + \frac{\Delta a \ln T}{R} + \frac{\Delta b T}{2R} + \frac{\Delta c}{2RT^2} \tag{12.10}$$

由附录 12A 可发现，常数 I 的值为 171.7J/K。

根据实验测得的 $p_{O_2(eq,T)}$ 可计算出 ΔG_T°，其随温度的变化可以用以下形式的方程来拟合。

$$\Delta G^\circ = A + BT \ln T + CT \tag{i}$$

对于 $4Cu(s)$ 氧化为 $2Cu_2O(s)$ 反应，上式可写为：

$$\Delta G^\circ = -338900 - 14.2 T \ln T + 247 T \tag{ii}$$

亦可近似为线性关系：

$$\Delta G^\circ = -333000 + 141.3 T \tag{iii}$$

由附录 12A 式（i）、式（ii）和式（iii）可知，在 298K 时 ΔG° 分别为 -283.1、-289.4 和 -290.9kJ；在 1200K 时 ΔG° 分别为 -169.7、-163.3 和 -163.4kJ。

注意到，式（12.10）与蒸气压方程式 [式（7.8）] 相似。两者之间的关系如下所述。考虑 A 的蒸发：

$$A(l) \Longrightarrow A(v)$$

温度为 T 时，在如下条件下反应达到平衡。

$$G_{A(l)}^\circ = G_{A(v)}^\circ + RT \ln p_A$$

即

$$\Delta G^\circ = -RT \ln p_A = -RT \ln K$$

如果液体和蒸气的摩尔热容相同，那么：

$$\ln p_A = -\frac{\Delta G^\circ}{RT} = -\frac{\Delta H^\circ}{RT} + \frac{\Delta S^\circ}{R}$$

上式可与式（7.6a）（第 7 章）进行比较。由式（7.6a）（第 7 章）可知，

$$\ln p_A = -\frac{\Delta H_{evap}}{RT} + 常数$$

如果蒸气是理想气体，那么，在恒温下，$H_{(v)}$ 与压力无关，因此，

$$\Delta H^\circ = H^\circ_{(v)} - H^\circ_{(l)} = H_{(v)} - H_{(l)} = H_{evap}$$

然而，从式（6.15）可知，对于蒸气，

$$S(T, p_A) = S^\circ_T - R\ln p_A$$

因此：

$$\begin{aligned}\Delta S^\circ_{l\to v} &= S^\circ_{(v)} - S^\circ_{(l)} \\ &= S_{(v)} - S^\circ_{(l)} + R\ln p_A \\ &= \Delta S_{evap} + R\ln p_A\end{aligned}$$

因此，式（7.6a）中的常数数值为 $\Delta S_{evap}/R + \ln p_A$，式（7.6a）可写为：

$$\ln p_A = -\frac{\Delta H_{evap}}{RT} + \frac{\Delta S_{evap}}{R} + \ln p_A$$

上式表明，当蒸气与液体在温度 T 下处于平衡状态，有：

$$\Delta S_{evap} = \frac{\Delta H_{evap}}{T}$$

或者，正如所需的那样，

$$\Delta G_{evap} = 0$$

12.4 氧势图（埃林汉姆图、Ellingham 图）

对于一系列金属的氧化和硫化（反应），埃林汉姆[1]（Harold Johann Thomas Ellingham，1897—1975）绘制了由实验确定的反应的 ΔG° 随 T 的变化关系，发现尽管式（12.9）中包括 $\ln T$、T^2 和 T^{-1} 项，但是在没有发生状态变化的温度范围内，这种关系接近于直线。因此，这些关系可以通过简单的方程式表示为：

$$\Delta G^\circ = A + BT \tag{12.11}$$

式中，常数 A 与反应中与温度无关的标准焓变 ΔH° 相对应，常数 B 与反应中与温度无关的标准熵变的负值 $-\Delta S^\circ$ 相对应。

对于氧化反应：

$$4Ag(s) + O_2(g) \Longrightarrow 2Ag_2O(s)$$

其 ΔG° 随 T 的变化关系如图 12.2 所示，该图即为所谓的埃林汉姆图。根据式（12.11），直线在 $T=0$ 轴上的截距长度是 ΔH° 值，而直线斜率的负值是 ΔS° 值。由于 ΔS° 是一个负数（反应涉及 1 摩尔气体的消失），这条直线的斜率为正。在 $T=462K$ 时 $\Delta G^\circ = 0$，

---

[1] H. J. T. Ellingham，Reducibility of Oxides and Sulfides in Metallurgical Processes. J. Soc. Chem. Ind，1944，63，125

因此，在此温度下，纯固体 Ag 和 1atm 下的 O_2 与纯固体 Ag_2O 处于平衡状态。根据式（12.6），在 462K 时，$\Delta G^\circ = -RT\ln K = RT\ln p_{O_2(eq,T)} = 0$，因此 $p_{O_2(eq,462K)} = 1atm$。如果系统［纯 $Ag_2O(s)$、纯 $Ag(s)$ 和 1atm 下的 O_2］的温度降低到 T_1，则由于氧化反应的 ΔG° 变为负值，因此相对于 Ag_2O 和 1atm 下的 O_2，金属相是不稳定的，会自发氧化。$p_{O_2(eq,T_1)}$ 的值由 $\Delta G^\circ = RT_1\ln p_{O_2(eq,T_1)}$ 计算得出，并且由于 $\Delta G^\circ_{T_1}$ 是负数，因此 $p_{O_2(eq,T_1)} < 1atm$。

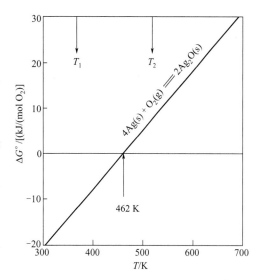

图 12.2 Ag 氧化的埃林汉姆线

类似地，如果系统的温度从 462K 升高到 T_2，那么，由于氧化的 ΔG° 变成了正值，相对于金属 Ag 和 O_2，氧化相在 1atm 下变得不稳定，并自发地解离。由于 $\Delta G^\circ_{T_2}$ 是一个正值，所以 $p_{O_2(eq,T_2)}$ 大于 1atm。因此，氧化的 ΔG° 值是衡量金属对 O_2 的化学亲和力，在任何温度下，ΔG° 值越负，氧化物就越稳定。

对于氧化反应：

$$A(s) + O_2(g) \Longrightarrow AO_2(s)$$

有

$$\Delta S^\circ = S^\circ_{AO_2(s)} - S^\circ_{O_2(g)} - S^\circ_{A(s)}$$

一般来说，在 A 和 AO_2 为固体的温度范围内，S_{O_2} 比 S_A 和 S_{AO_2} 大得多（例如图 6.15），那么：

$$\Delta S^\circ \sim -S^\circ_{O_2(g)}$$

因此，涉及固相的氧化反应的标准熵值几乎相同，相当于最初在 1atm 下 1 摩尔 O_2 消失的熵变。由于埃林汉姆图中直线的斜率等于 $-\Delta S^\circ$，所以线条或多或少地相互平行，正如将在第 12.6 节介绍的埃林汉姆图中所见到的那样。

任何温度下的 ΔG°，都是焓的贡献 ΔH°（如果 $\Delta c_P = 0$，则该项与 T 无关）和熵的贡献 $-T\Delta S$（如果 $\Delta c_P = 0$，则该项是温度的线性函数）之和。图 12.3 说明了 Co 的氧化反应中的这两个贡献。

$$2Co(s) + O_2(g) \Longrightarrow 2CoO(s)$$

对于该反应，在 298～1763K 范围内，有：

$$\Delta G^\circ = -467800 + 143.7T$$

对于 Mn 的氧化反应：

$$2Mn(s) + O_2(g) \Longrightarrow 2MnO(s)$$

在 298～1500K 范围内，有：

$$\Delta G^\circ = -769400 + 145.6T$$

这两个反应的 ΔS° 值几乎相等，如图 12.3 所示，氧化物 CoO 和 MnO 的相对稳定性是由它们的 ΔH° 值决定的，即 ΔH° 值越负，ΔG° 值越负，氧化物就越稳定。因为：

$$\ln K = -\frac{\Delta H^\circ}{RT} + \frac{\Delta S^\circ}{R} = \ln\frac{1}{p_{O_2(eq,T)}}$$

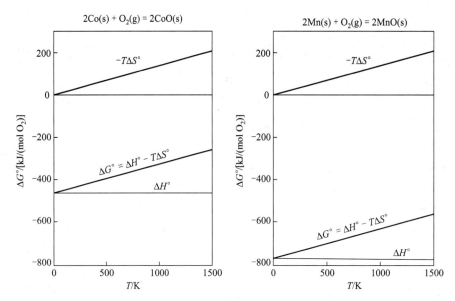

图 12.3　$2M(s)+O_2(g)\!=\!=\!2MO(s)$ 类型的反应中 ΔH° 大小对 $\Delta G^\circ\text{-}T$ 关系的影响

所以：

$$p_{O_2(eq,T)}=\exp\left(\frac{\Delta H^\circ}{RT}\right)\exp\left(\frac{-\Delta S^\circ}{R}\right)=常数\times\exp\left(\frac{\Delta H^\circ}{RT}\right)$$

由于 ΔH° 是一个负数，所以 $p_{O_2(eq,T)}$ 随着温度的升高呈指数增长；在任何温度下，随着 ΔH° 变得更负，$p_{O_2(eq,T)}$ 减小。

考虑两个氧化反应，它们的埃林汉姆线相交。例如：

$$2A+O_2\!=\!=\!2AO \tag{i}$$

以及

$$B+O_2\!=\!=\!BO_2 \tag{ii}$$

如图 12.4 所示，$\Delta H^\circ_{(ii)}$ 比 $\Delta H^\circ_{(i)}$ 更负，$\Delta S^\circ_{(ii)}$ 比 $\Delta S^\circ_{(i)}$ 更负。反应（ii）减反应（i）可得如下反应，

$$B+2AO\!=\!=\!2A+BO_2 \tag{iii}$$

对于该反应，其 ΔG° 随 T 的变化如图 12.5 所示。在温度低于 T_E 时，A 和 BO_2 相对于 B 和 AO 是稳定的，而在温度高于 T_E 时，情况正好相反。在温度等于 T_E 时，若 A、B、AO 和 BO_2 以其标准状态出现，则它们彼此处于平衡状态。在 T_E 时的平衡（与任何平衡一样）是考虑焓和熵之间折中的结果。由于 $\Delta H^\circ_{(iii)}=\Delta H^\circ_{(ii)}-\Delta H^\circ_{(i)}<0$，$\Delta S^\circ_{(iii)}=\Delta S^\circ_{(ii)}-\Delta S^\circ_{(i)}<0$，对于系统 $A+B+O_2$，

- 当以 $A+BO_2$ 出现时系统有最小焓；
- 当以 $B+AO$ 出现时系统有最大熵。

在温度等于 T_E 时，$\Delta H^\circ_{(iii)}$ 等于 $-T_E\Delta S^\circ_{(iii)}$，因此，$\Delta G^\circ_{(iii)}=0$。温度低于 T_E 时，焓对 $\Delta G^\circ_{(iii)}$ 的贡献超过了熵对 $\Delta G^\circ_{(iii)}$ 的贡献，因此，$\Delta G^\circ_{(iii)}$ 是负的，$A+BO_2$ 处于稳定状态。温度高于 T_E 时，情况正好相反，$\Delta G^\circ_{(iii)}$ 是正的，$B+AO$ 处于稳定状态。

因此，如图 12.5 所示，如果用纯 A 作为还原剂来还原纯 BO_2，以形成纯 B 和纯 AO，那么该还原必须在高于 T_E 的温度下进行。上述讨论还说明，为了比较不同氧化物的稳定

性，必须用涉及消耗相同数量 O_2 的氧化反应来绘制埃林汉姆图。因此，氧化反应的 $\Delta G°$ 的单位必须是每摩尔 O_2 的能量（例如，焦耳）。

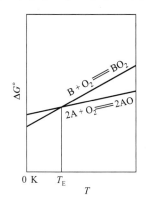

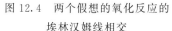

图 12.4 两个假想的氧化反应的
埃林汉姆线相交

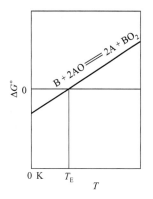

图 12.5 由图 12.4 得到的反应 $B+2AO \Longrightarrow$
$2A+BO_2$ 的 $\Delta G°$ 随 T 的变化

为了避免必须计算 $p_{O_2(eq,T)}$ 的值，对于任何氧化反应，Richardson[1] 在埃林汉姆图上增加了一个标尺。这个标尺的绘制过程如下。在任何温度下，氧化反应的标准吉布斯自由能变化，$\Delta G_T°$，由式（12.6）确定，即 $RT\ln p_{O_2(eq,T)}$。然而，由式（8.7）可知，

$$G=G°+RT\ln P$$

温度为 T 时，当压力从 1atm 降低到 $p_{O_2(eq,T)}$ atm，$\Delta G_T°$ 在数值上等于 1 摩尔 O_2 的吉布斯自由能的减少。考虑到式（8.7）中 ΔG 随 T 变化，对于 1 摩尔理想气体的压力从 1atm 降低到 Patm，ΔG 与 T 的关系是一条斜率为 $R\ln P$ 的直线，并且由于 $P<1$，该直线具有负的斜率。类似地，对于 1 摩尔理想气体的压力从 1 增加到 Patm，ΔG 随 T 的变化呈正斜率为 $R\ln P$ 的线性关系。因此，对于给定的压力变化，可以绘制一系列作为温度的函数的直线（从 1 到 Patm）。这些直线从点 $\Delta G=0$、$T=0$ 辐射出去，如图 12.6 所示。图 12.6 与典型的埃林汉姆图叠加，如图 12.7 所示。在图 12.7 中，

- 当温度为 T_1 时，$\Delta G_{T_1}°=ab=$ 在 T_1 时 p_{O_2} 从 1atm 降低到 10^{-20}atm 时吉布斯自由能的减少。
- 当温度为 T_2 时，$\Delta G_{T_2}°=cd=$ 在 T_2 时 p_{O_2} 从 1atm 降低到 10^{-8}atm 时吉布斯自由能的减少。
- 当温度为 T_3 时，$\Delta G_{T_3}°=ef=$ 在 T_3 时 p_{O_2} 从 1atm 降低到 10^{-4}atm 时吉布斯自由能的减少。
- 当温度为 T_4 时，$\Delta G_{T_4}°=0$，这对应于 p_{O_2} 从 1atm 没有变化。因此，$p_{O_2(eq,T_4)}=$ 1atm。

因此，可把 $p_{O_2(eq,T)}$ 专用标尺添加到埃林汉姆图的右侧边缘和底部边缘。任何金属-金属氧化物平衡的 $p_{O_2(eq,T)}$ 值都可从图中读取出来，其为点（$\Delta G°=0$，$T=0$）和点（$\Delta G_T°$，$T=T$）所确定的直线对应的刻度值。

---

❶ F. D. Richardson，J. H. E. Jeffes. The Thermodynamics of Substances of Interest in Iron and Steel Making from 0℃ to 2400℃：I—Oxides. J. Iron and Steel Inst，1948，160，261.

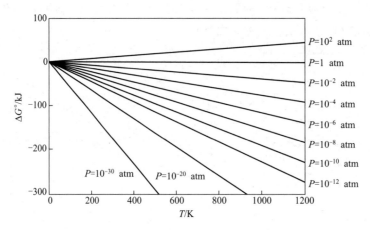

图 12.6　1 摩尔理想气体在状态（$P = P$ atm，T）与状态（$P = 1$ atm，T）下的
吉布斯自由能之差随温度的变化

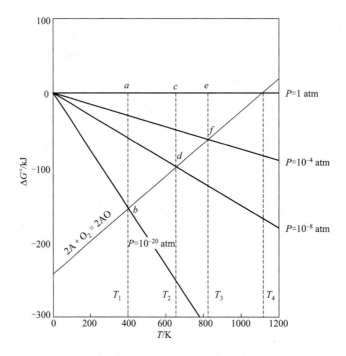

图 12.7　在图 12.6 上叠加一条埃林汉姆线

　　图 12.4 所示的反应（ⅰ）和反应（ⅱ）可以用 $p_{O_2(eq, T)}$ 专用标尺来重新分析。图 12.4 与专用氧压标尺一起出现在图 12.8 中。在任何低于 T_E 的温度下（例如 T_1），可以看到：

$$p_{O_2[T_1反应(ⅱ)平衡]} < p_{O_2[T_1反应(ⅰ)平衡]}$$

　　因此，如果将金属 A 和金属 B 放在一个封闭的系统中，在 $P = 1$ atm 的 O_2 环境中，两种金属都会自发氧化。因为形成氧化物消耗了 O_2，所以 O_2 的压力降低了。两种金属的氧化一直持续进行，直到 O_2 压力降低到 $p_{O_2[T_1反应(ⅰ)平衡]}$，此时 A 的氧化停止。然而，在 $p_{O_2[T_1反应(ⅰ)平衡]}$ 下，由于 B + O_2 相对于 BO_2 来说仍然是不稳定的，B 的氧化继续进行，直到 O_2 压力下降到 $p_{O_2[T_1反应(ⅱ)平衡]}$。由于 O_2 压力降低到 $p_{O_2[T_1反应(ⅰ)平衡]}$ 以下，那么在此压力下 AO 相对于 A 和 O_2 是不稳定的，所以 AO 会分解。当达到完全平衡时，系统的状态是在 $p_{O_2[T_1反应(ii)平衡]}$ 下的 $A+BO_2+O_2$。

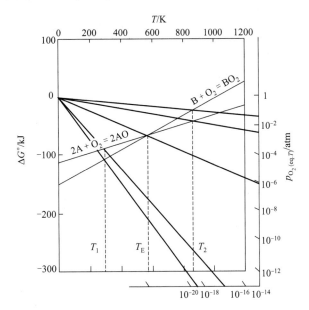

图 12.8　在埃林汉姆图中加入理查德森氧压专用标尺后的反应图解

在任何高于 T_E 的温度下（例如 T_2），

$$p_{O_2[T_2反应(i)平衡]} < p_{O_2[T_2反应(ii)平衡]}$$

与此类似的论证表明，最初在 1atm 下含有 $A+B+O_2$ 的封闭系统的平衡状态是在 $p_{O_2[T_2反应(i)平衡]}$ 下的 $B+AO+O_2$。因此，很明显，A、B、AO、BO_2 和 O_2 系统只有在温度 T 下才处于平衡状态，在这个温度下，

$$p_{O_2[eq(i),T]} = p_{O_2[eq(ii),T]}$$

图 12.8 显示，这个特殊的温度就是 T_E，即埃林汉姆线彼此相交的温度。该系统自由度为 0。

12.5　相变的影响

在上一节中已经指出，只有在反应物或生成物没有发生相变的温度范围内，$\Delta G°$ 随温度的变化才可以近似为一条直线。然而，由于相变潜热，高温相（如液相）的焓值会超过低温相（如固相）的焓值。同样地，高温相的熵会超过低温相的熵。因此，在反应的反应物相或产物相发生相变的温度下，埃林汉姆线上的 $\Delta G°$ 线的斜率会发生变化（弯折）。

考虑反应：

$$A(s)+O_2(g) \Longrightarrow AO_2(s)$$

其标准焓变为 $\Delta H°$，标准熵变为 $\Delta S°$。在 $T_{m(A)}$，即 A 的熔化温度下，发生相变：

$$A(s) \longrightarrow A(l)$$

其标准焓变（熔化焓）为 $\Delta H°_{m(A)}$，相应的熵变为 $\Delta S°_{m(A)}$。因此，对于反应：

$$A(l) + O_2(g) \Longrightarrow AO_2(s)$$

其标准焓变为 $\Delta H^\circ - \Delta H^\circ_{m(A)}$，标准熵变为 $\Delta S^\circ - \Delta S^\circ_{m(A)}$。

由于 $\Delta H^\circ_{m(A)}$ 和 $\Delta S^\circ_{m(A)}$ 是正值（熔化是一个吸热过程），因此 $\Delta H^\circ - \Delta H^\circ_{m(A)}$ 是一个比 ΔH° 更负的值，$\Delta S^\circ - \Delta S^\circ_{m(A)}$ 是一个比 ΔS° 更负的值。因此，液体 A 氧化形成固体 AO_2 的埃林汉姆线比相应的固体 A 氧化的线有更大的斜率，并且该线在 $T_{m(A)}$ 处出现一个向上的弯折。如图 12.9 (a) 所示，这条线是连续的，因为在 $T_{m(A)}$ 处 $G^\circ_{A(s)} = G^\circ_{A(l)}$。

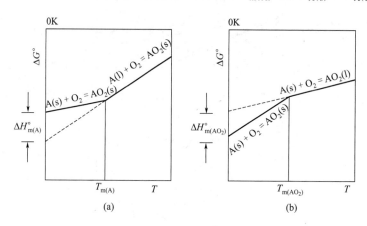

图 12.9 （a）金属的熔化对金属氧化埃林汉姆线的影响；（b）金属氧化物的熔化对金属氧化的埃林汉姆线的影响

如果氧化物的熔化温度 $T_{m(AO_2)}$ 低于金属的熔化温度，那么，在 $T_{m(AO_2)}$ 时，发生相变，

$$AO_2(s) \longrightarrow AO_2(l)$$

其标准焓变和熵变分别为 $\Delta H^\circ_{m(AO_2)}$ 和 $\Delta S^\circ_{m(AO_2)}$。因此，对于反应：

$$A(s) + O_2(g) \Longrightarrow AO_2(l)$$

其标准焓变为 $\Delta H^\circ + \Delta H^\circ_{m(AO_2)}$，标准熵变是 $\Delta S^\circ + \Delta S^\circ_{m(AO_2)}$，这两个量都小于相应的 ΔH° 和 ΔS°。在这种情况下，固体金属氧化产生液体氧化物的埃林汉姆线的斜率低于固体金属氧化为固体氧化物的线，因此，如图 12.9 (b) 所示，埃林汉姆线在 $T_{m(AO_2)}$ 处有一个向下的弯折。简而言之，如果 $T_{m(A)} < T_{m(AO_2)}$，埃林汉姆线如图 12.10 (a) 所示，如果 $T_{m(A)} > T_{m(AO_2)}$，则如图 12.10 (b) 所示。

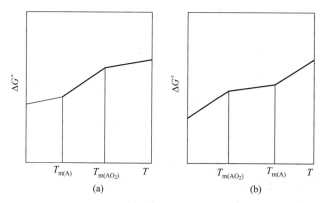

图 12.10 反应物和生成物的相变对反应埃林汉姆线的影响

12.5.1 铜氧化实例

Cu 是一种金属，其熔化温度比其最低价氧化物 Cu_2O 的低。在温度为 298K 到 $T_{m(Cu)}$ 的范围内，固体 Cu 氧化形成固体 Cu_2O 的标准吉布斯自由能变化是：

$$\Delta G_{(i)}^{\circ} = -338900 - 14.2T\ln T + 247T \tag{i}$$

在温度为 $T_{m(Cu)}$ 到 1503K 的范围内，液态 Cu 氧化形成固态 Cu_2O 的标准吉布斯自由能变化是：

$$\Delta G_{(ii)}^{\circ} = -390800 - 14.2T\ln T + 285.3T \tag{ii}$$

在图 12.11 中，式（i）和式（ii）可绘制为两条直线，这两条直线相交于 1356K，即 Cu 的熔化温度处。

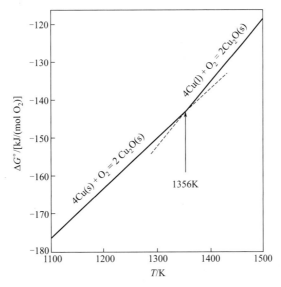

图 12.11　Cu 氧化的埃林汉姆线

对于相变：

$$4Cu(s) \longrightarrow 4Cu(l)$$

由 $\Delta G_{(i)}^{\circ} - \Delta G_{(ii)}^{\circ}$ 可得，

$$\Delta G^{\circ} = 51900 - 38.3T$$

或者，对于 1 摩尔 Cu，有：

$$\Delta G_{m(Cu)}^{\circ} = 12970 - 9.58T$$

其中：

$$\Delta H_{m(Cu)}^{\circ} = 12970J$$

以及

$$\Delta S_{m(Cu)}^{\circ} = 9.58J/K$$

因此，在 $T_{m(Cu)}$ 时，Cu 氧化的埃林汉姆线斜率增加了 9.58J/K。

12.5.2　铁氯化实例

由于 $FeCl_2$ 在低于 Fe 的熔点的温度下沸腾，因此，在 $FeCl_2$ 的熔点和沸点之间，Fe 氯化的埃林汉姆线向下弯折。对于反应：

$$Fe(s)+Cl_2(g)\!=\!\!=\!\!=\!FeCl_2(s)$$

在298K到 $T_{m(FeCl_2)}$ 温度范围内，有：

$$\Delta G^{\circ}_{(iii)}=-346300-12.68T\ln T+212.9T \tag{iii}$$

对于反应：

$$Fe(s)+Cl_2(g)\!=\!\!=\!\!=\!FeCl_2(l)$$

在 $T_{m(FeCl_2)}$ 到 $T_{b(FeCl_2)}$ 温度范围内，有：

$$\Delta G^{\circ}_{(iv)}=-286400+63.68T \tag{iv}$$

对于反应：

$$Fe(s)+Cl_2(g)\!=\!\!=\!\!=\!FeCl_2(g)$$

在 $T_{b(FeCl_2)}$ 到 $T_{m(Fe)}$ 温度范围内，有：

$$\Delta G^{\circ}_{(v)}=-105600+41.87T\ln T-375.1T \tag{v}$$

图12.12中绘出了式（iii）、式（iv）和式（v）对应的直线，由此可知：

$$T_{m(FeCl_2)}=969K,\ T_{b(FeCl_2)}=1298K$$

对于反应：

$$FeCl_2(s)\longrightarrow FeCl_2(l)$$

由 $\Delta G^{\circ}_{(iv)}-\Delta G^{\circ}_{(iii)}$ 可得，

$$\Delta G^{\circ}_{m(FeCl_2)}=59900+12.68T\ln T-149.0T$$

因此，

$$\Delta H^{\circ}_{m(FeCl_2)}=-T^2\left[\frac{\partial\left(\dfrac{\Delta G^{\circ}_{m(FeCl_2)}}{T}\right)}{\partial T}\right]=59900-12.68T$$

由此可得，在969K时，$\Delta H^{\circ}_{m(FeCl_2)}=47610J$。

$$\begin{aligned}
\Delta S^{\circ}_{m(FeCl_2)}&=-\frac{\partial\Delta G^{\circ}_{m(FeCl_2)}}{\partial T}\\
&=-12.68\ln T-12.68+149.0\\
&=49.13(J/K)(969K)
\end{aligned}$$

或者

$$\Delta S^{\circ}_{m(FeCl_2)}=\frac{\Delta H^{\circ}_{m(FeCl_2)}}{T_{m(FeCl_2)}}=\frac{47610}{969}=49.13(J/K)$$

因此，在969K时，直线（iii）和（iv）的斜率之差为49.13J/K，两条直线在 $T=0$ 轴上的切线截距之差为47610J。

类似地，由 $\Delta G^{\circ}_{(v)}-\Delta G^{\circ}_{(iv)}$ 可得，

$$\Delta G^{\circ}_{b(FeCl_2)}=180800+41.8T\ln T-438.8T$$

因此：

$$\Delta H^{\circ}_{b(FeCl_2)}=-T^2\left\{\frac{\partial\left[\dfrac{\Delta G^{\circ}_{b(FeCl_2)}}{T}\right]}{\partial T}\right\}$$

$$=180800-41.8T$$

$$= 126500 (\text{J})(1298 \text{K})$$

以及

$$\Delta S_{b(\text{FeCl}_2)}^\circ = \frac{126500}{1298} = 97.46 (\text{J/K})$$

因此，在 1298K 时，直线（iv）和直线（v）之间的斜率变化为 97.46J/K，而切线截距之间的差值为 126500J。

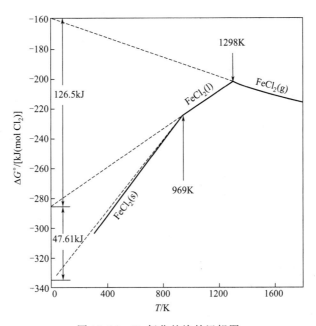

图 12.12　Fe 氯化的埃林汉姆图

12.6　碳的氧化物

碳形成两种气态氧化物，即 CO 和 CO_2，反应：

$$C(\text{gr}) + O_2(\text{g}) \Longrightarrow CO_2(\text{g}) \tag{i}$$

其 $\Delta G_{(\text{i})}^\circ = -394100 - 0.84T$，反应：

$$2C(\text{gr}) + O_2(\text{g}) \Longrightarrow 2CO(\text{g}) \tag{ii}$$

其 $\Delta G_{(\text{ii})}^\circ = -223400 - 175.3T$。

由反应（i）和（ii）的组合可得，

$$2CO(\text{g}) + O_2(\text{g}) \Longrightarrow 2CO_2(\text{g}) \tag{iii}$$

其 $\Delta G_{(\text{iii})}^\circ = 2\Delta G_{(\text{i})}^\circ - \Delta G_{(\text{ii})}^\circ = -564800 + 173.62T$。

图 12.13 中包含了反应（i）、反应（ii）和反应（iii）的埃林汉姆线，从中可以看出：

- 反应（iii）线的斜率为正（3 摩尔气体产生 2 摩尔气体，$\Delta S_{(\text{iii})}^\circ = -173.62 \text{J/K}$）。
- 反应（i）线的斜率几乎为零（1 摩尔气体产生 1 摩尔气体，$\Delta S_{(\text{i})}^\circ = 0.84 \text{J/K}$）。
- 反应（ii）线具有负斜率（1 摩尔气体产生 2 摩尔气体，$\Delta S_{(\text{ii})}^\circ = 175.3 \text{J/K}$）。

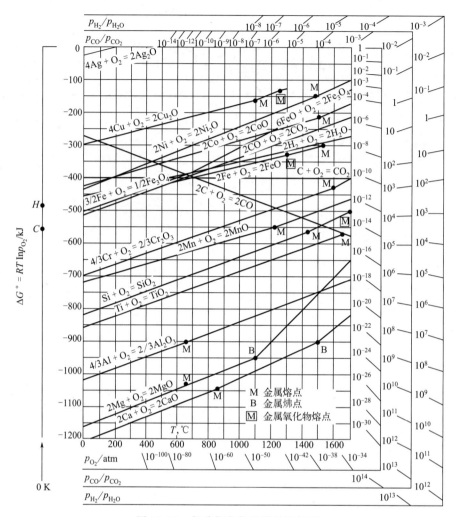

图 12.13　部分氧化物的埃林汉姆图

考虑反应平衡：

$$C(gr)+CO_2(g)=2CO(g) \tag{iv}$$

其 $\Delta G^\circ_{(iv)}=\Delta G^\circ_{(ii)}-\Delta G^\circ_{(i)}=170700-174.5T$。反应（iv）被称为布多尔（Octave Leopold Boudouard，1872—1923）反应，在高炉中还原铁的氧化物方面非常重要。

在 $T=978K$（705℃）时，即反应（i）和反应（ii）的埃林汉姆线相互交叉的温度，$\Delta G^\circ_{(iv)}=0$。在这个温度下，CO 和 CO_2 在其标准状态下（即都在 1atm 下）与固体石墨处于平衡状态，系统的总压为 2atm。由于反应平衡通常是针对总压为 1atm 的系统考虑的，因此计算 CO 和 CO_2 在 0.5atm 下与固体 C 平衡时的温度是有意义的。根据勒夏特列原理，可以判断该温度是高于 978K 还是低于 978K。对于反应（iv），$\Delta G^\circ_{978K}=0=-RT\ln K_p=-RT\ln(p^2_{CO}/p_{CO_2})$，也就是说，在 978K 时，$K_p=1$，因此 $p_{CO_2}=p_{CO}=1atm$，$P_{total}=2atm$。如果系统压力降低到 1atm，那么，由于 K_p 与压力无关（保持等于 1），因此 p_{CO} 变得大于 p_{CO_2}，也就是说，平衡向 CO 侧移动，正如勒夏特列原理所预测的那样。由于 $\Delta H^\circ_{(iv)}=+170700J$，反应（iv）是吸热的，因此，根据勒夏特列原理，随着温度的降低，平衡会向放热的方向移动，即温度的降低平衡会向 $C+CO_2$ 侧移动。因此，如果需要将系统压力从 2atm 降低到

1atm，同时保持 $p_{CO} = p_{CO_2}$，则必须降低系统温度。

计算 $p_{CO} = p_{CO_2}$ 所需的温度如下。对于反应（i）：

$$C + O_2 \xrightarrow{\hspace{1cm}} CO_2，\Delta G_{(i)}^{\circ} = -394100 - 0.84T$$

如果产生的 CO_2 的压力由 1atm 下降到 0.5atm，那么，对于状态的变化：

$$CO_2(g, T, P = 1atm) \longrightarrow CO_2(g, T, P = 0.5atm) \qquad (v)$$

吉布斯自由能的减少为 $\Delta G_{(v)} = RT\ln 0.5$，因此，对于反应：

$$C(gr) + O_2(g, P = 1atm) \xrightarrow{\hspace{1cm}} CO_2(g, P = 0.5atm) \qquad (vi)$$

$$\Delta G_{(vi)} = \Delta G_{(i)}^{\circ} + \Delta G_{(v)}$$

$$= -394100 - 0.84T + RT\ln 0.5$$

在埃林汉姆图上，这条直线（vi）可以通过旋转反应线（i）获得：反应线（i）围绕其与 $T = 0$ 轴的交点顺时针旋转，直到在温度 T 下，线（i）和线（vi）之间的垂直间隔为 $RT\ln 0.5$。这在图 12.14 中进行了说明。

类似地，对于反应：

$$2C(gr) + O_2(g, P = 1atm) \xrightarrow{\hspace{1cm}} 2CO(g, P = 0.5atm) \qquad (vii)$$

其埃林汉姆线可由 $\Delta G_{(ii)}^{\circ}$ 与如下状态变化的 ΔG 的组合确定。

$$2CO(g, T, P = 1atm) \longrightarrow 2CO(g, T, P = 0.5atm)$$

即

$$\Delta G_{(vii)} = -223400 - 175.3T + 2RT\ln 0.5$$

这条直线（vii）是通过将反应（ii）线围绕其与 $T = 0$ 轴的交点顺时针旋转得到的，直到在温度 T 下，（ii）线和（vii）线之间的垂直距离为 $2RT\ln 0.5$。

将反应（vi）和（vii）组合起来，可以得到：

$$C(gr) + CO_2(g, 0.5atm) \xrightarrow{\hspace{1cm}} 2CO(g, 0.5atm) \qquad (viii)$$

对于该反应，有：

$$\Delta G_{(viii)} = \Delta G_{(iv)} + RT\ln 0.5$$

因此，CO_2 和 CO 均为 0.5atm，在 $\Delta G_{(viii)} = 0$ 的温度，即图 12.14 中直线（vi）和直线（vii）的交点（c 点）温度下，与固体 C 处于平衡状态。

采取类似的方式，可以确定 CO（分压为 0.25atm）和 CO_2（分压为 0.75atm）与固体 C 达到平衡时的温度。直线（i）顺时针旋转，直到在温度 T 下垂直移动的距离为 $RT\ln 0.75$；直线（ii）顺时针旋转，直到在温度 T 下垂直移动的距离为 $2RT\ln 0.25$；旋转后的两条直线交点的温度，就是平衡温度，即图 12.14 中的 b 点。类似地，图 12.14 中的 d 点是 0.75atm 压力下的 CO 和 0.25atm 压力下的 CO_2 与固体 C 平衡时的温度。对于 1atm 下的 CO 和 CO_2 与固体 C 平衡的混合物，气体中 CO 的体积百分比随温度的变化如图 12.15 所示。图 12.15 包括图 12.14 中绘制的 a、b、c、d 和 e 点。

如图 12.15 所示，在低于 600K 的温度下，平衡气体实际上是在 1atm 下的 CO_2，在高于 1400K 的温度下，平衡气体实际上是在 1atm 下的 CO。这两个点分别是图 12.14 中的点 a 和点 e。因此，在图 12.14 中，固体 C 在 1atm 下氧化生成与固体 C 平衡的 CO-CO_2 混合物，反应的吉布斯自由能变化随温度的升高，开始时沿着直线（i）变化直到点 a，然后沿着 $abcde$ 线变化，过点 e 之后沿着直线（ii）变化。

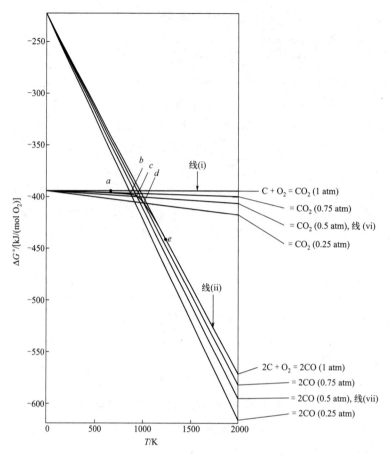

图 12.14 改变反应 $C(gr) + O_2(g, P = 1atm) \rightleftharpoons CO_2(g)$ 和 $2C(gr) + O_2(g, P = 1atm) \rightleftharpoons 2CO(g)$ 产物气体的压力对这两个反应的 ΔG 随 T 变化的影响

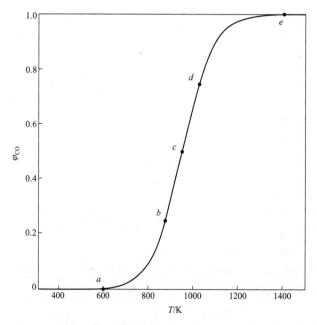

图 12.15 $P_{total} = 1atm$ 时与固体石墨平衡的 CO-CO_2 气体混合物的组成随温度的变化

在任一温度 T 下，与 C 平衡的 CO-CO_2 混合物，通过如下反应平衡产生 O_2 压力。

$$2CO+O_2 \Longrightarrow 2CO_2$$

对于该反应，

$$\Delta G^{\circ}_{(iii)} = -564800+173.62T = -RT\ln\left(\frac{p^2_{CO_2}}{p^2_{CO}p_{O_2}}\right)$$

$$= 2RT\ln\left(\frac{p_{CO}}{p_{CO_2}}\right)_{eq.\ with\ C} + RT\ln p_{O_2(eq)}$$

因此：

$$\ln p_{O_2(eq)} = -\frac{564800}{8.3144T} + \frac{173.62}{8.3144} + 2\ln\left(\frac{p_{CO_2}}{p_{CO}}\right)_{eq.\ with\ C} \tag{12.12}$$

如果要求用固体 C 作为还原剂，在温度 T 下还原金属氧化物 MO_2，那么式（12.12）中的 $p_{O_2(eq,T)}$ 必须低于反应 $M+O_2 \Longrightarrow MO_2$ 平衡时的 $p_{O_2(eq,T)}$（见 12.7 节）。

12.6.1 $2CO+O_2 \Longrightarrow 2CO_2$ 的平衡

反应 $2CO+O_2 \Longrightarrow 2CO_2$ 的埃林汉姆线，如图 12.16 中的直线 cs 所示。由于它是标准生成吉布斯自由能 ΔG° 随温度的变化，因此这条线适用于由 1atm 的 CO 和 1atm 的 O_2 产生 1atm 的 CO_2 的反应。（由压力均为 1atm 的 CO 和 O_2）产生任一压力 p 为非 1atm 下的 CO_2 的效果，等同于埃林汉姆线 cs 围绕点 c 旋转：如果 $p<$1atm 则顺时针旋转，如果 $p>$ 1atm 则逆时针旋转。对于给定的 p 值，旋转是这样的：如前所述，在温度 T 下，cs 的垂直位移为 $2RT\ln p$。因此，针对各自为 1atm 的 CO 和 O_2 产生不同压力的 CO_2，可以绘出从点 c 辐射出去的一系列直线。图 12.16 绘出了其中的四条直线：

- 直线 cq 对应于产生 CO_2 的压力为 10^2atm；
- 直线 cr 对应于产生 CO_2 的压力为 10atm；
- 直线 cu 对应于产生 CO_2 的压力为 10^{-1}atm；
- 直线 cv 对应于产生 CO_2 的压力为 10^{-2}atm。

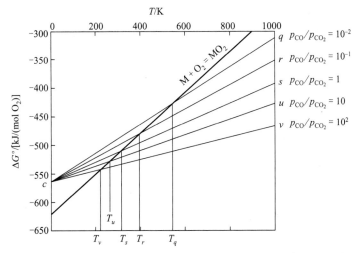

图 12.16　CO-CO_2 混合气体中 p_{CO}/p_{CO_2} 对 $MO_2+2CO \Longrightarrow M+2CO_2$ 平衡温度的影响

这一系列直线的意义在于采用 CO-CO$_2$ 气体混合物作为金属氧化物 MO$_2$ 的还原剂的可能性，说明如下。图 12.16 中画出了反应 M+O$_2$=MO$_2$ 的埃林汉姆线，它与直线 cs 相交于温度 T_s 处，在此温度下，如下反应的标准吉布斯自由能变化为 0。

$$MO_2 + 2CO = M + 2CO_2 \qquad (ix)$$

即，在温度为 T_s 时，

$$\Delta G^{\circ}_{(ix)} = 0 = -RT\ln\left(\frac{p_{CO_2}}{p_{CO}}\right)^2$$

因此，

$$\frac{p_{CO_2}}{p_{CO}} = 1$$

在高于 T_s 的温度下，$p_{CO}/p_{CO_2} = 1$ 的 CO-CO$_2$ 混合物相对于 MO$_2$ 呈现出还原性，而在低于 T_s 的温度下，它相对于金属 M 呈现出氧化性。可将此与图 12.2 的讨论相比较。

如果要求在低于 T_s 的温度下使 CO-CO$_2$ 混合物相对于 MO$_2$ 呈现出还原性，则 p_{CO}/p_{CO_2} 的值必须增加到大于 1 的值。反应 M+O$_2$=MO$_2$ 的埃林汉姆线在温度 T_u 处与直线 cu 相交，因此 T_u 是如下反应的平衡温度。

$$MO_2 + 2CO(1atm) = M + 2CO_2(0.1atm) \qquad (x)$$

即，在温度为 T_u 处，

$$\Delta G_{(x)} = \Delta G^{\circ}_{(ix)} + 2RT\ln 0.1$$

但是，根据定义，

$$\Delta G^{\circ}_{(ix)} = -RT\ln\left(\frac{p_{CO_2}}{p_{CO}}\right)^2_{eq}$$

因此，

$$\Delta G_{(x)} = 0 = -2RT\ln\left(\frac{p_{CO_2}}{p_{CO}}\right)_{eq} + 2RT\ln 0.1$$

因此，在 T_u 处（p_{CO}/p_{CO_2}）$_{eq} = 10$，所以，通过将温度从 T_s 降低到 T_u，p_{CO}/p_{CO_2} 必须从 1 增加到 10 才能保持反应平衡。

同样，在 T_v 时平衡 p_{CO}/p_{CO_2} 为 100，在 T_r 时平衡 p_{CO}/p_{CO_2} 为 0.1，在 T_q 时平衡比为 0.01。因此，可以在埃林汉姆图中添加 p_{CO}/p_{CO_2} 专用标尺，并且对于任何反应：

$$MO_2 + 2CO = M + 2CO_2$$

任一温度 T 时的平衡 p_{CO}/p_{CO_2} 的值可从专用标尺中读取。图 12.13 包含了该标尺。点 C 和 $T=T$ 时反应 M+O$_2$=MO$_2$ 的 ΔG°_T 点共同确定一条直线。专用标尺上与该直线共线的点，其值就是平衡 p_{CO}/p_{CO_2} 的值。

图 12.15 是通过读取图 12.14 中平衡 p_{CO}/p_{CO_2} 的值绘制而成的：a 点之前读取的是反应 C+O$_2$=CO$_2$ 的值，超过 e 点之后读取的是反应 2C+O$_2$=2CO 的值，中间读取的是线 $abcde$ 的值。

12.6.2 2H$_2$+O$_2$=2H$_2$O 的平衡

通过考虑 H$_2$O 的压力变化对如下反应平衡的影响，以完全相同的方式，可将 H$_2$/H$_2$O

专用标尺添加到图 12.13 中。

$$2H_2 + O_2 \Longrightarrow 2H_2O$$

对于反应：

$$MO_2 + 2H_2 \Longrightarrow M + 2H_2O$$

在温度为 T 时，平衡 p_{H_2}/p_{H_2O} 的值可从专用标尺中读取。点 H 和 $T=T$ 时反应 $M + O_2 \Longrightarrow MO_2$ 的 ΔG_T° 点共同确定一条直线。专用标尺上与该直线共线的点，其值就是平衡 p_{H_2}/p_{H_2O} 的值。

12.7 金属-碳-氧系统平衡的图形表述

表示系统平衡的图形，其主要标准是：

- 提供的信息量；
- 清晰度。

这两方面都取决于在图形表示中所选用的坐标。图 12.13 中 p_{CO}/p_{CO_2} 的专用标尺显示，所关注的 p_{CO}/p_{CO_2} 范围是 10^{-14} 到 10^{14}，所以用对数标尺来表示这个比率是更方便的。图 12.17 使用坐标 $\lg(p_{CO_2}/p_{CO})$ 和 T，呈现了一种方便的方法，可以清楚地描述 C-O 和 C-O-金属系统的反应平衡。

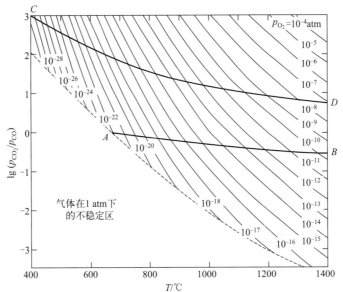

图 12.17 CO-CO$_2$ 混合气体中的 O$_2$ 分压与温度之间的关系

（虚线是在 1atm 下与石墨平衡的气体成分随温度变化的情况；

曲线 AB 和 CD 分别对应于反应 FeO+CO $\Longrightarrow$ Fe+CO$_2$

和 CoO+CO $\Longrightarrow$ Co+CO$_2$ 的平衡）

由式（iii），对于反应：

$$2CO(g) + O_2(g) \Longrightarrow 2CO_2(g)$$

有：

$$\Delta G^{\circ}_{(iii)} = -546800 + 173.62T = -RT\ln\frac{p^2_{CO_2}}{p^2_{CO}p_{O_2}}$$

因此，

$$\lg\frac{p_{CO_2}}{p_{CO}} = \frac{1}{2}\lg p_{O_2} + \frac{546800}{2\times2.303\times8.3144T} - \frac{173.62}{2\times2.303\times8.3144} \qquad (\text{xi})$$

对于任何给定的 p_{O_2} 值，上式确定了 O_2 等压线随 $\lg(p_{CO_2}/p_{CO})$ 和温度的变化关系。在图 12.17 中，10^{-29} atm 至 10^{-4} atm 范围内的 O_2 等压线被绘制成 $\lg(p_{CO_2}/p_{CO})$ 与 T 的关系曲线。

对于反应：

$$C(gr) + CO_2(g) \Longrightarrow 2CO(g)$$

反应平衡对 p_{CO_2}/p_{CO} 设定了一个下限，该值在任何温度下都可由下式确定。

$$170700 - 174.5T = -RT\ln\frac{p^2_{CO}}{p_{CO_2}}$$

因此，在总压为 1atm 时，即当 $p_{CO_2} = 1 - p_{CO}$ 时，

$$\frac{p^2_{CO}}{1 - p_{CO}} = \exp\left(\frac{-170700}{8.3144T}\right)\exp\left(\frac{174.5}{8.3144}\right) = x$$

或者

$$p^2_{CO} + xp_{CO} - x = 0$$

解得：

$$p_{CO} = \frac{-x + \sqrt{x^2 + 4x}}{2}$$

$$p_{CO_2} = \frac{2 + x - \sqrt{x^2 + 4x}}{2}$$

以及

$$\frac{p_{CO_2}}{p_{CO}} = \frac{2 + x - \sqrt{x^2 + 4x}}{-x + \sqrt{x^2 + 4x}} \qquad (\text{xii})$$

由式（xii）给出的 p_{CO_2}/p_{CO} 值是在温度 T 下可获得的最小值。如果试图将 CO 和 CO_2（在 $P_{total} = 1$atm 下）以低于式（xii）给出的 p_{CO_2}/p_{CO} 比例混合，C 将沉淀，直到由此将比例提高到温度 T 下与 C 平衡所需的唯一值。$\lg(p_{CO_2}/p_{CO})_{eq.\,C/CO/CO_2}$ 随温度的变化如图 12.17 中虚线所示。图 12.17 中相应的 p_{O_2} 最小值随温度的变化由 O_2 等压线与 C 沉积线的交点确定。

反应平衡，例如：

$$MO + CO \Longrightarrow M + CO_2$$

可以很容易地在类似于图 12.17 那样的图上表示出来。例如，对于反应：

$$FeO(s) + CO(g) \Longrightarrow Fe(s) + CO_2(g)$$

$$\Delta G^{\circ} = -22800 + 24.26T$$

因此，p_{CO_2}/p_{CO} 的平衡值随温度的变化可表示为：

$$\lg\left(\frac{p_{CO_2}}{p_{CO}}\right)_{eq.\ Fe/FeO} = \frac{22800}{2.303\times8.3144T} - \frac{24.26}{2.303\times8.3144}$$

这种变化在图 12.17 中可画成曲线 AB。因此，任何气体，位于曲线 AB 上方的状态，对于 Fe 来说是氧化性的，而位于曲线 AB 下方的状态对于 FeO 来说是还原性的。$\lg p_{O_2(eq.\ T,Fe/FeO)}$ 随温度的变化由 O_2 等压线与曲线 AB 的交点确定。曲线 AB 与 C 沉积线相交的温度是固体 FeO 能被石墨还原成固体 Fe 的最低温度，这也是 Fe(s)、FeO(s)、C(s) 和 1atm 下的 CO-CO$_2$ 气体平衡共存的温度。也就是说，它是一个温度，在这个温度下，

$$p_{O_2(eq.\ C/CO/CO_2)} = p_{O_2(eq.\ Fe/FeO)}$$

图 12.17 中的曲线 CD，是如下反应平衡状态下 $\lg(p_{CO_2}/p_{CO})$ 随 T 的变化曲线。

$$CoO(s)+CO(g) \Longrightarrow Co(s)+CO_2(g)$$

对于该反应，有：

$$\Delta G^\circ = -48500+14.9T$$

以及

$$\lg\left(\frac{p_{CO_2}}{p_{CO}}\right)_{eq.\ Co/CoO} = \frac{48500}{2.303\times8.3144T} - \frac{14.9}{2.303\times8.3144}$$

对于反应：

$$MO+CO \Longrightarrow M+CO_2$$

因为平衡常数 K 等于 $(p_{CO_2}/p_{CO})_{eq.\ T,M/MO}$，所以 $\lg\ (p_{CO_2}/p_{CO})_{eq.\ T,M/MO}$ 随 $1/T$ 变化的图形就是 $\lg K$ 随 $1/T$ 变化的图形。图 12.18 与图 12.17 相类似，给出了同样的信息。就可以从一个系统的平衡图中获得的信息量而言，图 12.18 是比图 12.17 更好的图形表示。

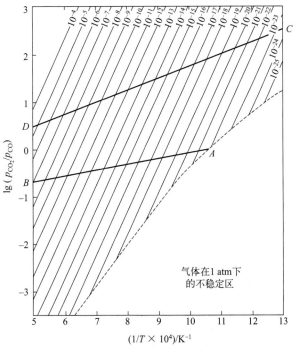

图 12.18　以 $\lg(p_{CO_2}/p_{CO})$ 与 $1/T$ 关系重绘的图 12.17

因为：

$$\frac{\mathrm{d}\ln K}{\mathrm{d}\left(\frac{1}{T}\right)} = -\frac{\Delta H^{\circ}}{R}$$

在温度 T 下，平衡线的切线的斜率为 $-\Delta H^{\circ}/R$ 的值。如果 $\Delta c_P = 0$，$\lg K$ 是 $1/T$ 的线性函数。因此，图 12.18 中直线 AB 的斜率等于反应 $FeO + CO \Longrightarrow Fe + CO_2$ 的 $-\Delta H^{\circ}/R$，而直线 CD 的斜率等于反应 $CoO + CO \Longrightarrow Co + CO_2$ 的 $-\Delta H^{\circ}/R$。此外，如果它们是线性的，那么这些线本身在 $1/T = 0$ 轴上的截距就给出了相应反应的 $\Delta S^{\circ}/R$ 的值。根据式（xi），对于 $2CO + O_2 \Longrightarrow 2CO_2$ 的反应，任何 O_2 等压线的斜率都等于 $-\Delta H^{\circ}/2R$，因此，图 12.18 中的 O_2 等压线是平行线。

12.8 小结

① 下述两个事实有助于方便定义以凝聚相出现的物质的标准状态。
- 以凝聚相出现的纯物质在温度 T 下产生唯一的饱和蒸气压。
- 凝聚相的吉布斯自由能对压力的依赖性（在低压下）小得可以忽略不计。

这个标准状态只是在温度 T 下处于稳定凝聚状态的纯物质。

② 利用标准状态，涉及纯凝聚相和气相的反应，其平衡常数可以用只在气相中出现的那些物质的分压来表示。例如，一种纯金属被氧化为其符合化学计量的纯氧化物，反应平衡常数由 $1/p_{O_2(eq,T)}$ 确定，其中 $p_{O_2(eq,T)}$ 是在温度 T 下金属、金属氧化物和气相之间平衡所需的唯一 O_2 分压。该压力满足如下关系。

$$G_M^{\circ} + G_{O_2}^{\circ} + RT\ln p_{O_2(eq,T)} = G_{MO_2}^{\circ}$$

或者

$$\Delta G_T^{\circ} = -RT\ln K = -RT\ln \frac{1}{p_{O_2(eq,T)}}$$

③ 确定一个化学反应系统的平衡状态，需要了解该反应的标准吉布斯自由能变化随温度变化的情况。这种关系可以从热化学数据中获得，即从单一温度下的标准焓和标准熵的变化（通常是 ΔH_{298}° 和 ΔS_{298}°）以及反应物和生成物的恒压摩尔热容随温度变化的知识中获得，或者可以从反应的平衡常数随温度变化的知识中获得。

④ 对于纯金属氧化成其纯氧化物，通过实验测量 $p_{O_2(eq,T)}$ 随温度的变化，可以得出 ΔG° 随温度的变化。

$$\ln \frac{1}{p_{O_2(eq,T)}} = -\frac{\Delta H_T^{\circ}}{RT} + \frac{\Delta S_T^{\circ}}{R} = -\frac{\Delta G_T^{\circ}}{RT}$$

如果 ΔH° 和 ΔS° 与温度无关（即如果 $\Delta c_P = 0$），$\ln K$ 是 $1/T$ 的线性函数。

⑤ 将 ΔG° 随 T 的变化拟合到一条线上，就产生了该反应的所谓埃林汉姆线，而 ΔG° 与 T 的关系图则被称为埃林汉姆图。对于一系列类似的反应（如生成氧化物、硫化物等），在一张图上绘制的埃林汉姆线为化合物的相对稳定性提供了一个方便的（图形）方法。

⑥ 在这些图中加入 p_{O_2}、p_{CO}/p_{CO_2} 和 p_{H_2}/p_{H_2O} 的专用标尺，对于反应 $2M + O_2 \Longrightarrow$

$2MO$，$M+CO_2 \Longrightarrow MO+CO$ 以及 $M+H_2O \Longrightarrow MO+H_2$ 的平衡，有利于图解分别确定 $p_{O_2(eq,T)}$、$(p_{CO}/p_{CO_2})_{eq,T}$ 和 $(p_{H_2}/p_{H_2O})_{eq,T}$ 的值。

12.9　本章概念和术语

读者应写出以下术语的简要定义或描述。在适当的情况下，可以使用方程式。

高炉

布多尔反应

碳氧反应

化学亲和力

金属的氯化

凝聚相与气体的反应

固相的分解

埃林汉姆图

吉布斯平衡相律

$\lg P$-$1/T$ 相图

金属-碳-氧平衡

纯固相的氧化

相变和埃林汉姆图

纯物质

氧化物的还原

理查德森专用标尺

标准自由能变化的温度依赖关系

12.10　证明例题

（1）证明例题 1

将吉布斯平衡相律应用于 Cu 形成 Cu_2O 的氧化反应（见图 12.1）。

解答：

$$4Cu(s)+O_2(g) \Longrightarrow 2Cu_2O(s)$$

我们利用等式：

$$\Phi+F=(C-R)+2$$

式中，Φ 为处于平衡状态的相的数量；F 为热力学自由度；C 为组元的数量；R 为说明平衡所需的化学反应的数量；2 代表强度变量压力和温度。

对于本题的情况：

$R=1$

$\Phi=3$（2个固相，1个气相）

$3+F=(3-1)+2$ 或者 $F=1$

我们可以从图 12.1 中看到，当温度被指定时，给定反应达到平衡时只有一个可能的 O_2 分压。或者，如果需要一个特定的分压，只能在一个温度下找到它。

（2）证明例题 2

将吉布斯平衡相律应用于 NH_3 对 CuO 的还原反应，并确定反应存在的自由度数。

解答：

$$3CuO(s)+2NH_3(g)\!=\!\!=\!\!3Cu(s)+3H_2O(g)+N_2(g)$$

我们利用等式：

$$\Phi+F=(C-R)+2$$

对于这种情况：

$R=1$

$\Phi=3$（2个固相，1个气相）

$3+F=(5-1)+2$ 或者 $F=3$

12.11　计算例题

（1）计算例题 1

比较 H_2 和 CO 作为金属氧化物的还原剂的相对效率。

对于反应：

$$CO(g)+\frac{1}{2}O_2(g)\!=\!\!=\!\!CO_2(g) \tag{i}$$

$$\Delta G_{(i)}^{\circ}=-282400+86.81T$$

对于反应：

$$H_2(g)+\frac{1}{2}O_2(g)\!=\!\!=\!\!H_2O(g) \tag{ii}$$

$$\Delta G_{(ii)}^{\circ}=-247500+55.85T$$

解答：

这两个反应的 ΔH° 值和 ΔS° 值使它们的埃林汉姆线在 1127K 处相交，如图 12.13 所示，在温度高于 1127K 时，$\Delta G_{(ii)}^{\circ}$ 比 $\Delta G_{(i)}^{\circ}$ 更负，在温度低于 1127K 时，$\Delta G_{(i)}^{\circ}$ 比 $\Delta G_{(ii)}^{\circ}$ 更负。这表明，H_2 在高温下是更有效的还原剂，而 CO 在低温下是更有效的还原剂。

考虑在 1673K 和 873K 时，H_2 和 CO 分别对 CoO 进行还原。

对于反应：

$$CoO(s)\!=\!\!=\!\!Co(s)+\frac{1}{2}O_2(g) \tag{iii}$$

$$\Delta G_{(iii)}^{\circ}=233900-71.85T$$

对于反应：

$$CoO(s) + CO(g) = Co(s) + CO_2(g) \tag{iv}$$

由 $\Delta G_{(i)}^{\circ}$ 和 $\Delta G_{(iii)}^{\circ}$ 组合可得，

$$\Delta G_{(iv)}^{\circ} = -48500 + 14.96T$$

对于反应：

$$CoO(s) + H_2(g) = Co(s) + H_2O(g) \tag{v}$$

由 $\Delta G_{(ii)}^{\circ}$ 和 $\Delta G_{(iii)}^{\circ}$ 组合可得，

$$\Delta G_{(v)}^{\circ} = -13600 - 16.00T$$

$\Delta S_{(v)}^{\circ}$ 的正值导致 $\Delta G_{(v)}^{\circ}$ 随着温度的升高变得越来越小，$\Delta S_{(iv)}^{\circ}$ 的负值导致 $\Delta G_{(iv)}^{\circ}$ 随着温度的升高变得越来越大。在1673K时 $\Delta G_{(v)}^{\circ} = -40368J$，因此，

$$K_{(v),1673K} = \exp\left(\frac{40368}{8.3144 \times 1673}\right) = 18.2 = \left(\frac{p_{H_2O}}{p_{H_2}}\right)_{eq}$$

因此，如果1673K的 H_2 通过CoO柱，其长度足以使气体在离开柱子之前达到反应平衡，那么在达到平衡之前消耗的 H_2 的比例是 $18.2/19.2 = 0.95$，因此，需要1摩尔的 H_2 来还原0.95摩尔的CoO。

在1673K时 $\Delta G_{(iv)}^{\circ} = -23470J$，因此，

$$K_{(iv),1673K} = 5.40 = \left(\frac{p_{CO_2}}{p_{CO}}\right)_{eq}$$

因此，在1673K时，在达到平衡之前被还原反应消耗掉的CO的比例为 $5.40/6.40 = 0.844$。因此，需要1摩尔的CO来还原0.844摩尔的CoO。

在873K时 $\Delta G_{(v)}^{\circ} = -27568J$，因此，

$$K_{(v),873K} = 44.6 = \left(\frac{p_{H_2O}}{p_{H_2}}\right)_{eq}$$

因此，消耗的 H_2 比例为 $44.6/45.6 = 0.978$，1摩尔的 H_2 可以还原0.978摩尔的CoO。

在873K时 $\Delta G_{(iv)}^{\circ} = -35440J$，因此，

$$K_{(iv),873K} = 132 = \left(\frac{p_{CO_2}}{p_{CO}}\right)_{eq}$$

因此，消耗的CO的比例为 $132/133 = 0.992$，1摩尔的CO可以还原0.992摩尔的CoO。因此，H_2 在较高温度下是更有效的还原剂，而CO在较低温度下是更有效的，降低进行还原反应的温度会增加两种还原剂的效率。

（2）计算例题2

根据如下反应：

$$ZnO(s) + CO(g) = Zn(v) + CO_2(g) \tag{i}$$

考虑固体ZnO被CO还原形成Zn蒸气和 CO_2。对于反应：

$$ZnO(s) = Zn(v) + \frac{1}{2}O_2(g) \tag{ii}$$

$$\Delta G_{(ii)}^{\circ} = 460200 - 198T$$

对于反应：

$$CO(g) + \frac{1}{2}O_2(g) \Longrightarrow CO_2(g) \qquad \text{(iii)}$$

$$\Delta G^{\circ}_{\text{(iii)}} = -282400 + 86.81T$$

由 $\Delta G^{\circ}_{\text{(ii)}}$ 和 $\Delta G^{\circ}_{\text{(iii)}}$ 的和可得：

$$\Delta G^{\circ}_{\text{(i)}} = 177800 - 111.2T$$

该平衡涉及三种组元（Zn、O 和 C）和两相（固体和气体），因此，根据相律，自由度为：

$$F = C + 2 - \Phi = 3 + 2 - 2 = 3$$

然而，$p_{Zn} = p_{CO_2}$ 的化学计量要求使用了 1 个自由度，因此，当温度和总压固定时，平衡是固定的。

a. 计算 950℃ 且 $P = 1$atm 时的气相组成。

b. 为了使 Zn 蒸气在 1223K 时凝结，混合气体的总压必须增加到什么数值？

c. 如果在 1223K 时将总压提高到 150atm，请计算气相的组成。

解答：

a. 在 1223K 时，

$$\Delta G^{\circ}_{\text{(i)}} = 177800 - 111.2 \times 1223 = 41800(\text{J})$$

因此，

$$K_{\text{(i)},1223K} = \exp\left(\frac{-41800}{8.3144 \times 1223}\right) = 0.0164 = \frac{p_{Zn} p_{CO_2}}{p_{CO}}$$

根据化学计量关系，$p_{Zn} = p_{CO_2}$，总压 P 为：

$$P = p_{CO} + p_{Zn} + p_{CO_2} \qquad \text{(iv)}$$

因此，在 $P = 1$atm 的情况下，$p_{CO} = 1 - 2p_{Zn}$，且有：

$$0.0164 = \frac{p_{Zn}^2}{1 - 2p_{Zn}} \qquad \text{(v)}$$

解得 $p_{Zn} = 0.113$atm。因此，$p_{CO_2} = 0.113$atm，$p_{CO} = 1 - (2 \times 0.113) = 0.774$atm。在 $P = 1$atm 时，气相中各物质的摩尔分数等于其分压。

b. 当 Zn 的分压达到 1223K 时液态 Zn 的饱和蒸气压值时，就会发生凝结。液态 Zn 的饱和蒸气压为：

$$\ln(p^{\circ}_{Zn,(l)}/\text{atm}) = \frac{-15250}{T} - 1.255\ln T + 21.79$$

在 1223K 时，解得 $p^{\circ}_{Zn,(l)} = 1.49$atm。因此，

$$K_{\text{(i)},1223K} = 0.0164 = \frac{1.49^2}{P - 2 \times 1.49}$$

解得 $P = 138$atm。因此，$p_{Zn} = p_{CO_2} = 1.49$atm，$p_{CO} = 138 - 2 \times 1.49 = 135$atm。在 Zn 的凝结点，气相中物质的摩尔分数为 $X_{Zn} = X_{CO_2} = 1.49/138 = 0.011$ 和 $X_{CO} = 135/138 = 0.978$。

c. 该系统现在包含 3 个相，因此平衡有 2 个自由度。Zn 的凝结消除了 $p_{Zn} = p_{CO_2}$ 的化学计量要求，但在 1223K 时，液态 Zn 和 Zn 蒸气之间的相平衡要求 Zn 的分压为饱和值 1.49atm。因此，

$$K_{(i),1223K} = 0.0164 = \frac{1.49 p_{CO_2}}{p_{CO}} \qquad (vi)$$

且

$$P = 150 = 1.49 + p_{CO} + p_{CO_2} \qquad (vii)$$

同时解式（vi）和式（vii）可得，$p_{CO} = 146.9$atm 和 $p_{CO_2} = 1.61$atm。因此，气相中物种的摩尔分数为 $X_{Zn} = 1.49/150 = 0.01$，$X_{CO_2} = 1.61/150 = 0.011$，而 $X_{CO} = 146.9/150 = 0.98$。

进一步考虑如下。

i. 考虑一下，根据以下反应，ZnO 被石墨还原，形成 Zn 蒸气、CO 和 CO_2。

$$ZnO(s) + C(gr) == Zn(v) + CO(g) \qquad (viii)$$

以及

$$2ZnO(s) + C(gr) == 2Zn(v) + CO_2(g) \qquad (ix)$$

对于反应：

$$2C(s) + O_2(g) == 2CO(g) \qquad (x)$$
$$\Delta G^\circ_{(x)} = -223400 - 175.3T$$

对于反应：

$$C(s) + O_2(g) == CO_2(g) \qquad (xi)$$
$$\Delta G^\circ_{(xi)} = -394100 - 0.84T$$

对于反应：

$$ZnO(s) + C(s) == Zn(v) + CO(g)$$

由 $\Delta G^\circ_{(ii)}$ 和 $\Delta G^\circ_{(x)}/2$ 的组合可得，

$$\Delta G^\circ_{(viii)} = 348500 - 285.65T$$

对于反应：

$$2ZnO(s) + C(s) == 2Zn(v) + CO_2(g)$$

由 $2\Delta G^\circ_{(ii)}$ 和 $\Delta G^\circ_{(xi)}$ 的组合可得，

$$\Delta G^\circ_{(ix)} = 526300 - 396.84T$$

ii. 平衡涉及 3 个组元和 3 个相（ZnO、石墨和气相），因此，根据相律，具有 2 个自由度。然而，由于化学计量的 ZnO 是气相中 O_2 和 Zn 的唯一来源，因此，要求气相中的 Zn 和 O 摩尔数相等，这使用了 1 个自由度。或者，由于 ZnO 具有固定的组成，可以认为该系统是一个伪二元的 ZnO-C 系统。在这种情况下，根据相律，系统平衡只有 1 个自由度。因此，确定（1）温度、（2）总压、（3）p_{Zn}、（4）p_{CO} 或（5）p_{CO_2} 之中的任何一个参数，就能确定系统的平衡。（例如，）确定 1223K 时的平衡状态。

在 1223K 时 $\Delta G^\circ_{(viii),1223K} = -850$J，因此，

$$K_{(viii),1223K} = \exp\left(\frac{850}{8.3144 \times 1223}\right) = 1.087 = p_{Zn} p_{CO} \qquad (xii)$$

以及 $\Delta G^\circ_{(ix),1223K} = 40960$J，在这种情况下，

$$K_{(ix),1223K} = \exp\left(\frac{-40960}{8.3144 \times 1223}\right) = 0.018 = p^2_{Zn} p_{CO_2} \qquad (xiii)$$

根据气相中 $n_{Zn}/n_O = 1$ 的要求，有：

$$\frac{n_{Zn}}{n_O}=1=\frac{n_{Zn}}{n_{CO}+2n_{CO_2}}=\frac{p_{Zn}}{p_{CO}+2p_{CO_2}}$$

因此，

$$p_{Zn}=p_{CO}+2p_{CO_2} \tag{xiv}$$

将式（xiv）代入式（xii）得到：

$$(p_{CO}+2p_{CO_2})p_{CO}=1.08 \tag{xv}$$

将式（xiv）代入式（xiii）得到：

$$(p_{CO}+2p_{CO_2})^2 p_{CO_2}=0.018 \tag{xvi}$$

同时解式（xv）和式（xvi）可得，$p_{CO}=1.023\text{atm}$、$p_{CO_2}=0.016\text{atm}$，由式（xiv）可得 $p_{Zn}=1.023+2\times0.016=1.055$（atm）。因此，在1223K时达到平衡时总压为 $1.055+1.023+0.016=2.094$（atm）。

iii. 考虑总压为1atm时的温度。整理式（xii）和式（xiii），将温度作为变量，可以得到：

$$K_{(viii),T}=\exp\left(\frac{-\Delta G^\circ_{(viii)}}{RT}\right)=p_{Zn}p_{CO}$$

代入 $\Delta G^\circ_{(viii)}$ 和 p_{Zn}，有：

$$\exp\left(\frac{-348500}{8.3144T}\right)\exp\left(\frac{285.7}{8.3144}\right)=(p_{CO}+2p_{CO_2})p_{CO} \tag{xvii}$$

以及

$$K_{(ix),T}=\exp\left(\frac{-\Delta G^\circ_{(ix)}}{RT}\right)=p_{Zn}^2 p_{CO_2}$$

代入 $\Delta G^\circ_{(ix)}$ 和 p_{Zn}，有：

$$\exp\left(\frac{-526300}{8.3144T}\right)\exp\left(\frac{396.8}{8.3144}\right)=(p_{CO}+2p_{CO_2})^2 p_{CO_2} \tag{xviii}$$

第三个方程为：

$$P=1=p_{CO}+p_{Zn}+p_{CO_2}$$

或者

$$1=(p_{CO}+2p_{CO_2})+p_{CO}+p_{CO_2} \tag{xix}$$

同时解式（xvii）、式（xviii）和式（xix），可得：

$$T=1172\text{K}$$

$$p_{CO}=0.489\text{atm}$$

以及

$$p_{CO_2}=0.007\text{atm}$$

因此，$p_{Zn}=0.489+2\times0.007=0.503$（atm），总压为 $0.489+0.503+0.007=1$（atm）。

（3）计算例题3

NiO在900K的反应器中氯化期间，要求在单次通过反应器期间实现90%的 Cl_2 转化率。计算所需的气体总压。

解答：

对于反应：

$$NiO(s) + Cl_2(g) = NiCl_2(s) + \frac{1}{2}O_2(g)$$

其 $\Delta G^{\circ}_{900K} = -15490J$。因此，

$$K_{900K} = \exp\left(\frac{15490}{8.3144 \times 900}\right) = 7.925$$

根据反应的化学计量关系，对于90%的 Cl_2 转化率，$x = 0.9$，因此，$n_{Cl_2} = 0.1$，$n_{O_2} = 0.45$，并且 $n_T = 0.55$。在压力为 P 的 Cl_2-O_2 混合物中，Cl_2 和 O_2 的分压为：

$$p_{Cl_2} = \frac{0.1}{0.55}P = 0.182P$$

和

$$p_{O_2} = \frac{0.45}{0.55}P = 0.818P$$

因此，

$$K_{900K} = 7.925 = \frac{p_{O_2}^{1/2}}{p_{Cl_2}} = \frac{(0.818P)^{1/2}}{0.182P} = \frac{4.969}{P^{1/2}}$$

解得，$P = 0.393atm$。

另一个计算问题，见附录12B。

 作业题

12.1 为了使碳酸盐 $MgCO_3$ 在 CO_2 分压为 $10^{-2}atm$ 的气氛中分解，必须将其加热到什么温度？

12.2 使用固体 Ni 和液体 Ni 形成 NiO 的标准吉布斯自由能，计算 Ni 的熔化温度、摩尔熔化热和摩尔熔化熵。

12.3 计算纯 Ag_2O 在 1atm 的纯 O_2 中和在空气中加热时分解成金属 Ag 和 O_2 气体的温度。

12.4 确定 1atm 下湿氢气中水蒸气的最大压力，使该气氛中在 1500K 下加热的 Cr 不发生氧化。水蒸气对 Cr 的氧化是放热的还是吸热的？

12.5 氩气和氢气的混合物在 1atm 的总压下通过一个反应容器，该容器包含液体 Sn 和液体 $SnCl_2$ 的混合物，温度为 900K。离开容器的气体成分为 50% H_2、7% HCl 和 43% Ar。容器中气相和液相之间是否达到平衡？

12.6 在 1273K，Fe 和 FeO 与成分为 71.8%CO-28.2%CO_2 的混合气体处于平衡状态。如果气体的成分保持不变，系统的温度降低，两个固相中的哪一个会消失？

12.7 计算系统在 1400℃时产生的 Mg 蒸气压，此时在该系统中建立了以下反应平衡。

$$4MgO(s) + Si(s) = 2Mg(g) + Mg_2SiO_4(s)$$

12.8 在室温下，将 1g 的 $CaCO_3$ 置于体积为 1L 的抽真空硬质容器中，并对系统进行加热。计算：(a) $CaCO_3$ 相存在的最高温度；(b) 1000K 时容器中的压力；(c) 1500K 时容

器中的压力。$CaCO_3$ 的分子量为 100。

12.9 计算平衡的 CoO 和 $CoSO_4$ 在 1223K 时产生的总压（$p_{SO_3}+p_{SO_2}+p_{O_2}$）。

12.10 将最初含有 90%CO、0.4%COS 和 9.6%惰性成分（按体积计算）的混合气体在 1000K 下通过海绵 Fe，通过以下反应去除 S。

$$COS(g)+Fe(s)\!=\!=\!CO(g)+FeS(s)$$

a. 假设排出的气体与 Fe 和 FeS 处于平衡状态，计算通过与海绵 Fe 反应从气体中去除的 S 的百分比。

b. 计算流出的气体中 S_2 的分压。

12.11 使 $p_{H_2O}=0.9atm$（$P_{total}=1atm$）的 $Ar-H_2O$ 混合气体通过固体 CaF_2，根据如下反应生成 CaO。

$$CaF_2(s)+H_2O(g)\!=\!=\!CaO(s)+2HF(g)$$

反应进行到平衡状态，固体 CaO 和固体 CaF_2 是互不相溶的。当样品上方的气体流速（在 298K 和 1atm 下测量）为每分钟 1L 时，在 900K 和 1100K 下，测量的样品重量损失率分别为每小时 $2.69\times10^{-4}g$ 和 $8.30\times10^{-3}g$。使用这些数据来计算上述反应的 $\Delta G°$ 随温度变化的情况。各物质的原子量分别为 O=16，F=19，Ca=40.08。

12.12 磁铁矿（Fe_3O_4）在 800K 的连续反应器中以甲烷气体（CH_4）作为还原剂被还原成海绵铁（Fe）。在总压为 1atm 时，离开反应器的气态反应产物是 CO、CO_2、H_2 和 H_2O 的混合物，CH_4 含量可以忽略不计。该气体与反应器中的 $Fe-Fe_3O_4$ 混合物处于平衡状态。计算 CH_4 的消耗量，即每生产 1 摩尔海绵铁所使用的 CH_4 的摩尔数。

12.13 根据反应 Mg+1/2O_2（g）$=\!=\!$MgO（s），对于 Mg 氧化有三个方程式，

$$\Delta G°=-604000-5.36T\ln T+142.0T \tag{i}$$
$$\Delta G°=-759800-13.4T\ln T+317T \tag{ii}$$
$$\Delta G°=-608100-0.44T\ln T+112.8T \tag{iii}$$

其中一个表达式是关于固体 Mg 的氧化，一个是关于液体 Mg 的氧化，还有一个是关于气态 Mg 的氧化。确定哪个方程式用于哪种氧化，并计算 Mg 的熔点和正常沸点。

12.14 将 200g 液态 Zn 放在 1030K 的坩埚中。2 摩尔空气鼓泡通过液态 Zn，气体在离开系统前与液体达到平衡。如果气体的总压在整个过程中保持在 0.8atm 不变，那么坩埚中还剩下多少克金属 Zn？Zn 和 O 的原子量分别为 65.38 和 16。

12.15 甲烷气体与两倍的化学计量空气（即混合物中 CH_4 和 O_2 的初始比例为 0.25）一起燃烧，产生的燃烧气体中甲烷的浓度可以忽略不计，用于在等温炉中煅烧 $CaCO_3$。气体和固体的温度为 1080K，气体的压力保持在 1atm 不变。每燃烧 1 摩尔的 CH_4 会分解多少摩尔的 $CaCO_3$？

12.16 将氧化汞（HgO）放入一个容器中，然后抽真空，注入 N_2，并加热到 600K，在这个温度下，观察到容器中的总压为 2atm。计算气相中 O_2 和 Hg 蒸气的摩尔分数。

12.17 在图 12.17 中，曲线 AB 代表如下反应的平衡状态，

$$FeO(s)+CO(g)\!=\!=\!Fe(s)+CO_2(g)$$

其与 C 沉积线相交于 A 点（$T=972K$，$p_{CO}=0.595atm$，$p_{CO_2}=0.405atm$，$P=1.000atm$）。在 1000K 时，曲线的交点出现在什么总压下？在这种状态下，CO 和 CO_2 的分压值分别是多少？

附录 12A

如果在任何温度 T 下 K 都是已知的，就可以确定 I 的值 [见式（12.10）]。对于反应：

$$4Cu(s) + O_2(g) \Longrightarrow 2Cu_2O(s)$$

可知 $I = 171.7J/K$。由此，

$$\Delta H^\circ_{298K} = -324400J$$

$$\Delta S^\circ_{298K} = -138.5J/K$$

所以，

$$\Delta G^\circ_{298K} = -324400 + 298 \times 138.5 = -283100(J)$$

即 $K = K(T)$，没有未知常数。

在 298~1356K 范围内，

$$c_{P,Cu(s)} = 22.6 + 6.3 \times 10^{-3}T$$

在 298~1200K 范围内，

$$c_{P,Cu_2O(s)} = 62.34 + 24 \times 10^{-3}T$$

在 298~3000K 范围内，

$$c_{P,O_2(g)} = 30 + 4.2 \times 10^{-3}T - 1.7 \times 10^5 T^{-2}$$

这样，在 298~1200K 的温度范围内，

$$\Delta c_P = 2c_{P,Cu_2O(s)} - 4c_{P,Cu(s)} - c_{P,O_2(g)}$$
$$= 4.28 + 18.6 \times 10^{-3}T + 1.7 \times 10^5 T^{-2}$$

因此，

$$\Delta H^\circ_T = \Delta H_0 + 4.28T + 9.3 \times 10^{-3}T^2 - 1.7 \times 10^5 T^{-1}$$

将 $\Delta H^\circ_{298K} = -324400J$ 代入，可得 $\Delta H_0 = -325900J$。除以 $-T^2$，对 T 进行积分，然后乘以 T，得到：

$$\Delta G^\circ_T = -325900 - 4.28T\ln T - 9.3 \times 10^{-3}T^2 - 0.85 \times 10^5 T^{-1} + IT$$

将 $\Delta G^\circ_{298K} = -283100J$ 代入，可得 $I = 171.7$，因此，

$$\Delta G^\circ_T = -325900 - 4.28T\ln T - 9.3 \times 10^{-3}T^2 - 0.85 \times 10^5 T^{-1} + 171.7T \tag{i}$$

且

$$-\ln K = \frac{\Delta G^\circ_T}{RT} = \ln p_{O_2(eq. T)}$$
$$= -\frac{39200}{T} - 0.515\ln T - 1.1 \times 10^{-3}T - \frac{1.0 \times 10^4}{T^2} + 20.65$$

附录 12B

计算例题 4

在 1000K、1atm 下，由摩尔比为 1∶1 的 CO_2 和 H_2 混合产生的 CO-CO_2-H_2-H_2O 气体混合物的平衡状态是什么？

解答：

依题意，系统中发生的反应是：

$$CO_2(g) + H_2(g) \Longrightarrow CO(g) + H_2O(g) \tag{i}$$

由于初始混合物中 CO_2 和 H_2 的摩尔比为 $1:1$，$P = 1atm$，那么，在反应开始前，$p_{CO_2} = p_{H_2} = 0.5atm$。从反应的化学计量上来看，在反应的任何时候，$p_{CO_2} = p_{H_2}$，$p_{CO} = p_{H_2O}$。在平衡状态下，

$$K_{P,(i)} = \frac{p_{CO} p_{H_2O}}{p_{CO_2} p_{H_2}} \tag{ii}$$

总压为：

$$P = p_{CO_2} + p_{H_2} + p_{CO} + p_{H_2O} = 1$$

因为：

$$p_{CO_2} = p_{H_2}, \quad p_{CO} = p_{H_2O}$$

那么：

$$P = 1 = 2p_{H_2} + 2p_{H_2O}$$

因此：

$$p_{H_2O} = 0.5 - p_{H_2}, \quad p_{CO_2} = p_{H_2}$$

将上述两式代入式（ii），可得：

$$K_{P,(i)} = \frac{(0.5 - p_{H_2})^2}{p_{H_2}^2}$$

由式（i）给出的反应的标准吉布斯自由能变化是 $\Delta G_{(i)}^\circ = 36000 - 32T$，因此，$\Delta G_{(i)1000K}^\circ = 4000J$，以及

$$K_{P,(i),1000K} = \exp\left(\frac{-4000}{8.3144 \times 1000}\right) = 0.618 = \frac{(0.5 - p_{H_2})^2}{p_{H_2}^2}$$

解得 $p_{H_2} = 0.28atm$。因此，在反应平衡时，

$$p_{H_2} = p_{CO_2} = 0.28atm$$
$$p_{H_2O} = p_{CO} = 0.22atm$$

考虑到此平衡气体在 1atm、1000K 的条件下被装在一个恒定体积的刚性容器中。如果在容器中放置一些 CaO，会发生什么？

如下几个反应都是可能的。

$$CaO(s) + 5CO(g) \Longrightarrow CaC_2(s) + 3CO_2(g) \tag{iii}$$
$$CaO(s) + H_2O(g) \Longrightarrow Ca(OH)_2(s) \tag{iv}$$
$$CaO(s) + CO_2(g) \Longrightarrow CaCO_3(s) \tag{v}$$

根据反应方程式（iii）考虑可能形成 CaC_2 的情况。

对于反应：

$$Ca(s) + 2C(s) \Longrightarrow CaC_2(s)$$
$$\Delta G^\circ = -48620 - 36.1T$$

对于反应：

$$3C(s) + 3O_2(g) \Longrightarrow 3CO_2(g)$$
$$\Delta G^\circ = -1182000 - 2.4T$$

对于反应：

$$CaO(s) \xrightarrow{\hspace{1cm}} Ca(s) + \frac{1}{2}O_2(g)$$

$$\Delta G^\circ = 633140 - 99T$$

对于反应：

$$5CO(g) \xrightarrow{\hspace{1cm}} 5C(s) + \frac{5}{2}O_2(g)$$

$$\Delta G^\circ = 560000 + 438.3T$$

合并上述反应，可得：

$$\Delta G^\circ_{(iii)} = -37480 + 300.7T$$

因此，$\Delta G^\circ_{(iii),1000K} = 263200J$，以及，

$$K_{P,(iii),1000K} = 1.78 \times 10^{-14} = \left(\frac{p^3_{CO_2}}{p^5_{CO}} \right)_{eq}$$

因此，如果 CaO 与混合气体中的 CO（$p_{CO} = 0.22atm$）反应形成 CaC_2 和 CO_2，混合气体中 CO_2 的压力必须低于：

$$(1.78 \times 10^{-14} \times 0.22^5)^{1/3}$$

即小于 $2.09 \times 10^{-6}atm$。由于气体中 CO_2 的分压为 0.28atm，因此不会发生反应（iii）。

考虑根据反应方程式（iv）可能形成 $Ca(OH)_2$，$\Delta G^\circ_{(iv)} = -117600 + 145T$，因此，$\Delta G^\circ_{(iv),1000K} = 27400J$，以及，

$$K_{P,(iv),1000K} = 0.037 = \frac{1}{p_{H_2O(eq)}}$$

因此，在 1000K 时，CaO、$Ca(OH)_2$ 和 H_2O 蒸气之间达到平衡所需的 H_2O 蒸气压力为 $1/0.037 = 27$（atm）。由于容器中 H_2O 蒸气的实际压力为 0.22atm，因此不会发生反应（iv）。

考虑根据反应（v）可能形成 $CaCO_3$。

$$\Delta G^\circ_{(v)} = -168400 + 144T$$

因此，$\Delta G^\circ_{(v),1000K} = -24400J$，并且，

$$K_{P,(v),1000K} = 18.82 = \frac{1}{p_{CO_2(eq)}}$$

因此，在 1000K 时，CaO、$CaCO_3$ 和 CO_2 之间达到平衡，p_{CO_2} 必须是 $1/18.82 = 0.053$（atm）。容器中 CO_2 的实际分压大于 0.053atm，因此，CO_2 与 CaO 发生反应可形成 $CaCO_3$。考虑将过量的 CaO 加入容器中，以便在 $CaCO_3$ 的形成使容器中的 CO_2 分压降低到 0.053atm 后，仍有一些 CaO。现在计算气体的新平衡状态。

从气体中去除 CO_2 有两种效果。①恒定体积中的气体所产生的压力降低，②反应（i）的平衡向左移动。然而，由于容器中的所有 H_2，无论是以 H_2 还是以 H_2O 的形式出现，都保持在恒定体积的气相中，所以 $p_{H_2} + p_{H_2O}$ 的总和不会因为平衡的改变而改变。另外，从反应（i）的化学计量来看，在平衡移动过程中 $p_{CO} = p_{H_2O}$。因此，在新的平衡状态下，

$$p_{H_2} + p_{H_2O} = 0.5$$

$$p_{CO} = p_{H_2O}$$

$$p_{CO_2} = 0.053atm$$

以及，

$$K_{P,\text{(i)},1000\text{K}} = \exp\left(\frac{-4000}{8.3144 \times 1000}\right) = 0.618 = \frac{p_{H_2O}^2}{0.053 \times (0.5 - p_{H_2O})}$$

这样，解得 $p_{H_2O} = 0.113\text{atm}$，因此，新的平衡状态是：

$$p_{CO} = p_{H_2O} = 0.113\text{atm}$$

$$p_{H_2} = 0.378\text{atm}$$

$$p_{CO_2} = 0.053\text{atm}$$

$$P = 0.666\text{atm}$$

如果在系统中引入石墨，会发生什么？如果加入过量的石墨，会建立如下反应平衡：

$$C(\text{gr}) + CO_2(\text{g}) = 2CO(\text{g}) \tag{vi}$$

$$\Delta G_{\text{(vi)}}^\circ = 170700 - 174.5T$$

因此，$\Delta G_{\text{(vi)},1000\text{K}}^\circ = -3800\text{J}$，并且，

$$K_{P,\text{(vi)},1000\text{K}} = 1.579 = \left(\frac{p_{CO}^2}{p_{CO_2}}\right)_{\text{eq}}$$

由于 CaO-CaCO$_3$-CO$_2$ 平衡需要 $p_{CO_2} = 0.053\text{atm}$，为了建立 C-CO-CO$_2$ 平衡，混合气体中的 p_{CO} 值必须从 0.113atm 变为：

$$(1.579 \times 0.053)^{1/2} = 0.289(\text{atm})$$

同样，由于所有的 H$_2$ 都留在气相中，$p_{H_2} + p_{H_2O} = 0.5\text{atm}$，因此，

$$K_{P,\text{(i)},1000\text{K}} = 0.618 = \frac{0.289 \times (0.5 - p_{H_2})}{0.053 p_{H_2}}$$

解得 $p_{H_2} = 0.449\text{atm}$。因此，现在与 CaO、CaCO$_3$ 和石墨处于平衡状态的新的气体混合物为：

$$p_{H_2} = 0.449\text{atm}$$

$$p_{H_2O} = 0.051\text{atm}$$

$$p_{CO} = 0.289\text{atm}$$

$$p_{CO_2} = 0.053\text{atm}$$

$$P = 0.842\text{atm}$$

现在考虑，石墨是在 CaO 之前加入的。即，石墨被添加到最初的混合气体中，其中 $p_{CO} = p_{H_2O} = 0.22\text{atm}$，$p_{CO_2} = p_{H_2} = 0.28\text{atm}$，置于 1000K 的刚性容器中。建立反应平衡（vi），要求混合物中 p_{CO} 和 p_{CO_2} 的值必须改变，以符合：

$$K_{P,\text{(vi)},1000\text{K}} = 1.579 = \frac{p_{CO}^2}{p_{CO_2}}$$

在任何反应之前，混合气体中的 CO 分压为 0.22atm，对于 C-CO-CO$_2$ 平衡，需要 $p_{CO_2} = (0.22)^2/1.579 = 0.031$（atm）（低于混合气体中的数值），或者，对于现有的 0.28atm 的 p_{CO_2}，建立 C-CO-CO$_2$ 平衡需要 $p_{CO} = (1.579 \times 0.28)^{1/2} = 0.665$（atm）（高于混合气体中出现的数值）。因此，反应（vi）必须从左到右进行，气相平衡（i）必须从右到左移动，直到同时满足如下关系。

$$\frac{p_{CO}^2}{p_{CO_2}} = 1.579; \quad \frac{p_{CO} p_{H_2O}}{p_{CO_2} p_{H_2}} = 0.618$$

如前所述，$p_{H_2} + p_{H_2O} = 0.5atm$，第 4 个条件（确定 4 个分压值所需）从考虑 O_2 和 H_2 分子平衡中获得。石墨与 CO_2 反应形成 CO，并不改变气相中 O_2 的摩尔数。在原始混合物中，$CO_2/H_2 = 1$，因此，气相中出现的 O_2 和 H_2 的摩尔数相等。气体中 O_2 的摩尔数为：

$$2n_{CO_2} + n_{CO} + n_{H_2O}$$

H_2 的摩尔数为：

$$2n_{H_2} + 2n_{H_2O}$$

因此，在混合气体中，

$$2n_{CO_2} + n_{CO} + n_{H_2O} = 2n_{H_2} + 2n_{H_2O}$$

或者，

$$n_{CO_2} + \frac{1}{2}n_{CO} = n_{H_2} + \frac{1}{2}n_{H_2O}$$

在体积和温度不变的条件下，$p_i \propto n_i$，因此，

$$p_{CO_2} + \frac{1}{2}p_{CO} = p_{H_2} + \frac{1}{2}p_{H_2O}$$

上式与式 $p_{H_2} + p_{H_2O} = 0.5$ 结合，可得：

$$p_{H_2O} = 1 - 2p_{CO_2} - p_{CO}$$

因此，

$$p_{CO_2} = \frac{p_{CO}^2}{1.579} = 0.633 p_{CO}^2$$

$$p_{H_2O} = 1 - 2p_{CO_2} - p_{CO} = 1 - 1.266 p_{CO}^2 - p_{CO}$$

$$p_{H_2} = 0.5 - p_{H_2O} = 1.266 p_{CO}^2 + p_{CO} - 0.5$$

将其代入式（ii），可得到：

$$K_{P,(i),1000K} = 0.618 = \frac{(1 - 1.266 p_{CO}^2 - p_{CO}) p_{CO}}{(1.266 p_{CO}^2 + p_{CO} - 0.5) \times 0.633 p_{CO}^2}$$

解得 $p_{CO} = 0.541atm$。因此，新的平衡状态为：

$$p_{CO} = 0.541atm$$
$$p_{CO_2} = 0.185atm$$
$$p_{H_2} = 0.412atm$$
$$p_{H_2O} = 0.088atm$$
$$P = 1.226atm$$

现在向系统中加入过量的 CaO。气体中的 CO_2 分压（$p_{CO_2} = 0.185atm$）大于在 1000K 时 CaO、$CaCO_3$ 和 CO_2 之间达到平衡所需的 0.053atm 的数值。因此，CO_2 与 CaO 反应形成 $CaCO_3$，由此直到 CO_2 的分压下降到平衡值 0.053atm，气相平衡发生移动，以保持 C-CO-CO_2 平衡。因此，在新的平衡点上，

$$p_{CO_2} = 0.053atm$$
$$p_{CO} = (1.579 \times 0.053)^{1/2} = 0.289(atm)$$

另外，

$$K_{P,(i),1000K} = 0.618 = \frac{0.289 p_{H_2O}}{0.053 p_{H_2}}$$

由此可得：

$$\frac{p_{H_2O}}{p_{H_2}} = 0.113$$

再考虑 $p_{H_2} + p_{H_2O} = 0.5atm$，可解得 $p_{H_2} = 0.449atm$，$p_{H_2O} = 0.051atm$。因此，新的平衡状态为：

$$p_{H_2} = 0.449atm$$
$$p_{H_2O} = 0.051atm$$
$$p_{CO} = 0.289atm$$
$$p_{CO_2} = 0.053atm$$
$$P = 0.842atm$$

这必然与在石墨之前引入 CaO 所产生的状态相同。

第 13 章

凝聚态溶液组分参与反应的系统平衡

13.1 引言

将纯组元 i 溶解在与气相接触的凝聚相中，会导致 i 产生的蒸气压从 p_i°（由纯 i 产生）降低至 p_i（由存在于溶液中的 i 产生）。由式（8.5）可知，平衡蒸气压的降低，对应于气相中 i 的偏摩尔吉布斯自由能的降低，且降低值为 $RT\ln(p_i/p_i^\circ)$。由于气相和凝聚态溶液之间保持相平衡，所以溶液中 i 的偏摩尔吉布斯自由能，比温度 T 下纯凝聚态 i 的摩尔吉布斯自由能也要低 $RT\ln(p_i/p_i^\circ)$。相对于纯 i，由于溶液中 i 的活度 a_i 被定义为 (p_i/p_i°)，所以凝聚态溶液中 i 的偏摩尔吉布斯自由能，比纯 i 的摩尔吉布斯自由能低 $RT\ln a_i$。p_i 的值以及 a_i，取决于溶液成分、组元性质以及温度。由于 i 的溶液会影响 $\bar{G}_i$ 的值，所以它必然影响到涉及组元 i 的任何化学反应系统的平衡状态。

例如，考虑 SiO_2、Si 和 O_2 之间的平衡，

$$SiO_2(s) \Longrightarrow Si(s) + O_2(g)$$

根据式（11.4），任一温度和总压下反应平衡的判据为：

$$\bar{G}_{SiO_2} = \bar{G}_{Si} + \bar{G}_{O_2}$$

如果系统中参与反应的 SiO_2 和 Si 都是纯的，并且选择纯固体作为标准状态，则有，

$$G_{SiO_2}^\circ = G_{Si}^\circ + \bar{G}_{O_2}$$

或

$$G_{SiO_2}^\circ = G_{Si}^\circ + G_{O_2}^\circ + RT\ln p_{O_2(eq,T)}$$

由第 11 章可知，G_i° 的值仅取决于温度，因此在温度 T 时，存在唯一的 O_2 分压，$p_{O_2(eq,T)}$，在该分压下，系统达到平衡。该唯一的 O_2 压力计算如下：

$$p_{O_2(eq,T)} = \exp\left[\frac{1}{RT}(G_{SiO_2}^\circ - G_{Si}^\circ - G_{O_2}^\circ)\right]$$

并且，如果需要在温度 T 下还原纯 SiO_2，则系统中的 O_2 压力必须低于 $p_{O_2(eq,T)}$。现假设 SiO_2 在 Al_2O_3-SiO_2 溶液中处于活度 a_{SiO_2} 的状态，SiO_2、Si 和 O_2 之间的平衡判据仍然是：

$$\bar{G}_{SiO_2} = \bar{G}_{Si} + \bar{G}_{O_2}$$

则

$$\overline{G}_{SiO_2} = G^{\circ}_{SiO_2} + RT \ln a_{SiO_2}$$

因此，根据标准吉布斯自由能，

$$G^{\circ}_{SiO_2} + RT \ln a_{SiO_2} = G^{\circ}_{Si} + G^{\circ}_{O_2} + RT \ln p'_{O_2(eq,T)}$$

对于给定的 a_{SiO_2} 值，现在存在一个新的唯一平衡氧压力 $p'_{O_2(eq,T)}$，可以由下式计算：

$$p'_{O_2(eq,T)} = p_{O_2(eq,T)} a_{SiO_2}$$

因此，如果需要从 Al_2O_3 溶液中还原 SiO_2 以形成纯固体 Si，系统中的 O_2 压力必须低于 $p'_{O_2(eq,T)}$。由此可以看出，在给定温度下，从 Al_2O_3-SiO_2 溶液中还原 SiO_2 产生纯固体 Si 的可能性，是由 Al_2O_3-SiO_2 系统中溶液的热力学性质决定的。一般来说，计算任何涉及凝聚态溶液中组元反应的平衡态，都需要了解系统中各种溶液的热力学性质。本章研究溶液热力学对反应平衡的影响。

13.2 凝聚态溶液组分参与反应的系统平衡的判据

考虑在温度 T 和压力 P 下发生的反应：

$$a A + b B \Longrightarrow c C + d D$$

如果发生该反应时，反应物或产物均不处于标准态，则该反应的吉布斯自由能变化为：

$$\Delta G = c\overline{G}_C + d\overline{G}_D - a\overline{G}_A - b\overline{G}_B \tag{13.1}$$

然而，如果所有反应物和产物均以其标准态发生反应，则吉布斯自由能的变化为标准吉布斯自由能变化 ΔG°，可以由下式计算。

$$\Delta G^{\circ} = cG^{\circ}_C + dG^{\circ}_D - aG^{\circ}_A - bG^{\circ}_B \tag{13.2}$$

用式（13.1）减去式（13.2）可得，

$$\Delta G - \Delta G^{\circ} = c(\overline{G}_C - G^{\circ}_C) + d(\overline{G}_D - G^{\circ}_D) - a(\overline{G}_A - G^{\circ}_A) - b(\overline{G}_B - G^{\circ}_B) \tag{13.3}$$

对于以非标准状态存在的组元 i，由式（9.28）可知，

$$\overline{G}_i = G^{\circ}_i + RT \ln a_i$$

式中，a_i 为 i 相对于标准状态的活度。因此，式（13.3）可写成：

$$\Delta G - \Delta G^{\circ} = c(RT \ln a_C) + d(RT \ln a_D) - a(RT \ln a_A) - b(RT \ln a_B)$$

$$= RT \ln \frac{a_C^c a_D^d}{a_A^a a_B^b} = RT \ln Q \tag{13.4}$$

其中，$Q = a_C^c a_D^d / a_A^a a_B^b$ 被称作活度商。当反应进行到以下程度时，即建立反应平衡。

$$a\overline{G}_A + b\overline{G}_B = c\overline{G}_C + d\overline{G}_D$$

也就是说，系统在固定温度和压力下的吉布斯自由能已达到最小值，或者反应的 ΔG 为 0。因此，在平衡状态下，

$$\Delta G^{\circ} = -RT \ln Q^{eq} \tag{13.5}$$

式中，Q^{eq} 为平衡时的活度商。由式（11.8），有：

$$\Delta G^{\circ} = -RT \ln K$$

因此，

$$Q^{eq} = K$$

也就是说，在反应平衡时，活度商在数值上等于平衡常数 K。假设纯固体金属 M 在温度 T 和压力 P 下被气态氧氧化，生成纯固体金属氧化物 MO_2。

$$M(s) + O_2(g) \Longrightarrow MO_2(s) \tag{i}$$

对于该反应，

$$Q = \frac{a_{MO_2(s)}}{a_{M(s)} a_{O_2(g)}}$$

由于 M 和 MO_2 是纯的（即以其标准状态出现），因此 $a_M = a_{MO_2} = 1$，根据活度的正式定义，O_2 的活度可表示如下：

$$a_{O_2(g)} = \frac{O_2 \text{ 在气相中的压力}}{O_2 \text{ 在标准状态下的压力}}$$

由于对于气体物质而言，其标准状态被指定为 1atm 和所研究温度下的气体，因此气相中 O_2 的活度等于其分压（假设为理想气体）。因此，

$$Q = \frac{1}{p_{O_2(g)}} \text{ 且 } Q^{eq} = \frac{1}{p_{O_2(eq, T)}} = K$$

现假设金属与其纯氧化物和气体气氛中的 O_2 达到平衡，溶液中金属的活度为 a_M。在这种情况下，

$$Q^{eq} = \frac{1}{a_M p_{O_2(eq, T)}} = K$$

而且，由于 K 仅取决于温度且 $a_M < 1$，可以看出，在相同温度下，维持溶液中 M 和纯 MO_2 之间平衡所需的 O_2 压力，大于纯 M 和纯 MO_2 之间平衡所需的 O_2 压力。类似地，如果纯金属 M 与溶液中活度为 a_{MO_2} 的 MO_2 和气相中的 O_2 处于平衡状态，则

$$Q^{eq} = \frac{a_{MO_2}}{p_{O_2(eq, T)}} = K$$

在这种情况下，纯 M 与溶液中的 MO_2 之间保持平衡所需的 O_2 压力，低于纯 M 与纯 MO_2 之间保持平衡所需的 O_2 压力。在图 13.1 中，直线 ab 表示如下氧化反应的标准吉布斯自由能变化与温度的关系。

$$M(s) + O_2(g, 1atm) \Longrightarrow MO_2(s) \tag{i}$$

在温度 T 下，$\Delta G^\circ = cd$，纯固体 M 和纯固体 MO_2 之间平衡的 O_2 压力，可由 O_2 压力标尺上的 e 点确定。现在考虑反应：

$$M(\text{固溶体中}, a_M) + O_2(g, 1atm) \Longrightarrow MO_2(s) \tag{ii}$$

对于该反应，在温度 T 下，其吉布斯自由能变化为 $\Delta G_{(ii)}$。反应（ii）可以写成反应（iii）与反应（i）的和。

$$M(\text{固溶体中}, a_M) \longrightarrow M(s, \text{纯}) \tag{iii}$$

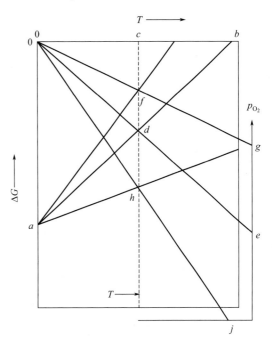

图 13.1　反应物和生成物的（非单位）活度对该反应的 ΔG-T 关系的影响

对于该反应，

$$\Delta G_{(\text{iii})} = G_M^{\circ} - \overline{G}_M = -RT\ln a_M$$

对于反应：

$$M(s) + O_2(g, 1\text{atm}) \Longrightarrow MO_2(s) \qquad \text{(i)}$$

在温度为 T 时，

$$\Delta G_{(\text{i})} = \Delta G^{\circ}$$

因此，

$$\Delta G_{(\text{ii})} = \Delta G_{(\text{iii})} + \Delta G_{(\text{i})} = \Delta G^{\circ} - RT\ln a_M$$

在温度 T 处，ΔG° 是一个负数，并且由于 $a_M < 1$，因此 $\Delta G_{(\text{ii})}$ 是一个（绝对值）较小的负数，如图 13.1 中 cf 所示。因此，M 的溶液对其氧化的影响，是标准吉布斯自由能线绕点 a（ΔG° 在 $T=0$ 处）逆时针旋转，旋转的程度为使得在温度 T 处，与标准吉布斯自由能线的垂直间距等于 $RT\ln a_M$。旋转的程度由 a_M 的值决定。根据如下关系，溶液中的 M 和纯 MO_2 之间平衡所需的 O_2 压力从 e 增加到 g。

$$K_T = \frac{1}{p_{O_2[T,\text{eqM(s)}/MO_2(s)]}} = \frac{1}{a_M \, p_{O_2[T,\text{eqM}(a_M)/MO_2(s)]}}$$

考虑反应：

$$M(s, 纯) + O_2(g, 1\text{atm}) \Longrightarrow MO_2(s, 固溶体中\ a_{MO_2}) \qquad \text{(iv)}$$

对于该反应，在温度 T 下，其吉布斯自由能变化为 $\Delta G_{(\text{iv})}$。反应（iv）可以写成反应（v）与反应（i）的和。

$$MO_2(s, 纯) \longrightarrow MO_2(s, 固溶体中\ a_{MO_2}) \qquad \text{(v)}$$

所以，

$$\Delta G_{(\text{iv})} = \Delta G^{\circ} + RT\ln a_{MO_2}$$

在温度 T 处，ΔG° 是一个负数，并且由于 $a_{MO_2} < 1$，因此 $\Delta G_{(\text{iv})}$ 是一个较大的负数，如图 13.1 中 ch 所示。因此，MO_2 溶液对 M 氧化的影响，被视为吉布斯自由能线绕点 a 顺时针旋转，旋转的程度为使得在温度 T 下，与标准吉布斯自由能线的垂直间距等于 $RT\ln a_{MO_2}$。旋转的程度由 a_{MO_2} 的值决定。根据如下关系，纯 M 和溶液中 MO_2 之间平衡所需的 O_2 压力从 e 降低到 j。

$$K_T = \frac{1}{p_{O_2[T,\text{eqM(s)}/MO_2(s)]}} = \frac{a_{MO_2}}{p_{O_2[T,\text{eqM(s)}/MO_2(a_{MO_2})]}}$$

一般情况下，

$$M(溶液中, a_M) + O_2(g, p_{O_2}) \Longrightarrow MO_2(s, 溶液中\ a_{MO_2}) \qquad \text{(vi)}$$

对于该反应，在温度 T 下，其吉布斯自由能变化为 $\Delta G_{(\text{vi})}$，即

$$\Delta G_{(\text{vi})} = \Delta G^{\circ} - RT\ln a_M - RT\ln p_{O_2} + RT\ln a_{MO_2}$$

$$= \Delta G^{\circ} + RT\ln \frac{a_{MO_2}}{a_M \, p_{O_2}}$$

$$= \Delta G^{\circ} + RT\ln Q$$

在平衡时，a_M、a_{MO_2} 和 p_{O_2} 的值使得 $\Delta G_{(\text{vi})} = 0$，因此，

$$\Delta G^{\circ} = -RT\ln Q^{\text{eq}} = -RT\ln K$$

如式（13.5）所示。

【例题1】 求解在1800℃时液态Fe-Mn合金与含O_2气氛下FeO-MnO液态溶液能够达到平衡的条件。对于反应：

$$Mn(l) + \frac{1}{2}O_2(g) \Longrightarrow MnO(l) \tag{i}$$

$$\Delta G^{\circ}_{(i)} = -344800 + 55.90T$$

对于反应：

$$Fe(l) + \frac{1}{2}O_2(g) \Longrightarrow FeO(l) \tag{ii}$$

$$\Delta G^{\circ}_{(ii)} = -232700 + 45.31T$$

解答：

相关的反应平衡有：

$$FeO(l) + Mn(l) \Longrightarrow Fe(l) + MnO(l) \tag{iii}$$

对于该反应，

$$
\begin{aligned}
\Delta G^{\circ}_{(iii),2073K} &= \Delta G^{\circ}_{(i),2073K} - \Delta G^{\circ}_{(ii),2073K} \\
&= -228900J + 138800J \\
&= -90100(J) \\
&= -8.3144 \times 2073 \ln K_{(iii),2073K}
\end{aligned}
$$

因此，

$$K_{(iii),2073K} = 186 = \frac{(a_{MnO})[a_{Fe}]}{(a_{FeO})[a_{Mn}]}$$

式中[1]，(a_{MnO})为液态氧化物中MnO相对于纯液态MnO的活度；(a_{FeO})为液态氧化物中FeO相对于纯液态FeO的活度；$[a_{Mn}]$为液态金属中Mn相对于纯液态Mn的活度；$[a_{Fe}]$为液态金属中Fe相对于纯液态Fe的活度。

由于液态金属溶液和液态氧化物溶液都遵循拉乌尔定律，因此两者之间的相平衡条件为：

$$\frac{(X_{MnO})[X_{Fe}]}{(X_{FeO})[X_{Mn}]} = 186 \tag{iv}$$

或者

$$\frac{[X_{Fe}]}{[X_{Mn}]} = 186 \frac{(X_{FeO})}{(X_{MnO})}$$

图13.2绘出了一系列金属溶液和氧化物溶液平衡成分的连线。考虑成分为$X_{Fe} = 0.5$的金属合金，根据式（iv）可得：

$$1 = 186 \frac{(X_{FeO})}{1 - (X_{FeO})}$$

或

$$(X_{FeO}) = 0.00535$$

---

[1] 译者注：原著液态金属中和液态氧化物（熔渣）中物质活度和浓度的符号，与现有国际通用标准不同，应该标在物质上，如$a_{[Fe]}$、$a_{(FeO)}$、$X_{[Fe]}$、$X_{(FeO)}$，而不是标在活度和浓度符号上，如$[a_{Fe}]$、(a_{FeO})、$[X_{Fe}]$、(X_{FeO})。为保持原著风貌，这些符号仍沿用原著用法，译著未作修改，请读者阅读时予以注意。

因此，当成分为 $X_{Fe}=0.5$ 的金属合金溶液与氧化物溶液平衡时，后者的成分为 $X_{FeO}=0.00535$。现在考虑气氛中 O_2 分压的影响。

$$\Delta G_{(i)}^{\circ} = -RT\ln K_{(i)} = -RT\ln \frac{(a_{MnO})}{[a_{Mn}]p_{O_2}^{1/2}}$$

由于，

$$\Delta G_{(i),2073K}^{\circ} = -228900J$$

因此，

$$K_{(i),2073K} = 5.856\times 10^5 = \frac{(a_{MnO})}{[a_{Mn}]p_{O_2}^{1/2}}$$

或者假定金属溶液和氧化物溶液为理想状态，则有：

$$\frac{(X_{MnO})}{[X_{Mn}]} = 5.856\times 10^5 p_{O_2}^{1/2} \tag{v}$$

类似地，

$$\Delta G_{(ii)}^{\circ} = -RT\ln \frac{(a_{FeO})}{[a_{Fe}]p_{O_2}^{1/2}}$$

由于，

$$\Delta G_{(ii),2073K}^{\circ} = -138800J$$

所以，

$$K_{(ii),2073K} = 3143 = \frac{(a_{FeO})}{[a_{Fe}]p_{O_2}^{1/2}}$$

或者

$$\frac{(a_{FeO})}{[a_{Fe}]} = 3143 p_{O_2}^{1/2} \tag{vi}$$

两个溶液符合理想拉乌尔定律，使得式（vi）可以写成：

$$\frac{(X_{FeO})}{[X_{Fe}]} = 3143 p_{O_2}^{1/2}$$

因为 $X_{Fe}=0.5$ 的金属合金与 $X_{FeO}=0.00535$ 的氧化物溶液平衡，所以由式（v）可得，

$$p_{O_2} = \left(\frac{0.99465}{0.5}\times \frac{1}{5.856\times 10^5}\right)^2 = 1.15\times 10^{-11}(atm)$$

由式（vi）可得，

$$p_{O_2} = \left(\frac{0.00535}{0.5}\times \frac{1}{3143}\right)^2 = 1.15\times 10^{-11}(atm)$$

因此，图 13.2 中连接平衡金属和氧化物合金成分的连线，也是 O_2 等压线。在任何固定的 O_2 压力下，下述各个比率由式（v）和（vi）确定。

$$\frac{(a_{FeO})}{[a_{Fe}]}\left\{=\frac{(X_{FeO})}{[X_{Fe}]}\right\} \text{ 和 } \frac{(a_{MnO})}{[a_{Mn}]}\left\{=\frac{(X_{MnO})}{[X_{Mn}]}\right\}$$

根据式（iv）合并上述比率可得，

$$\frac{(X_{MnO})[X_{Fe}]}{(X_{FeO})[X_{Mn}]}=\frac{5.856\times10^5}{3143}=186$$

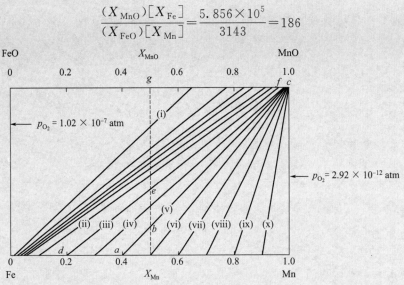

图 13.2 Fe-Mn-O 系统中金属和氧化物合金平衡成分之间的连线

[连线也是 O_2 的等压线，各线压力为：(i) 1.24×10^{-8} atm，(ii) 2.65×10^{-10} atm，(iii) 7.0×10^{-11} atm，

(iv) 3.14×10^{-11} atm，(v) 1.79×10^{-11} atm，(vi) 1.15×10^{-11} atm，(vii) 8.04×10^{-12} atm，

(viii) 5.92×10^{-12} atm，(ix) 4.46×10^{-12} atm 和 (x) 3.58×10^{-12} atm]

考虑一定质量的成分为 $X_{Fe}=0.5$ 的液态金属合金被大量含 O_2 气体氧化的情况，其中 O_2 分压缓慢地增加。从图 13.2 可以看出，当 O_2 分压为小于 1.15×10^{-11} atm 时，金属相稳定。在 $p_{O_2}=1.15\times10^{-11}$ atm 时，金属合金与 $X_{FeO}=0.00535$ 的氧化物溶液处于平衡状态。将 O_2 分压增加到 1.79×10^{-11} atm 时，会使系统状态移动到图 13.2 中等压线 (v) 上的状态 b。在这种状态下，$X_{Fe}=0.6$（在 a 处）的金属合金与 $X_{FeO}=0.00798$（在 c 处）的氧化物溶液处于平衡状态，两相的相对含量可通过对连线 (v) 使用杠杆规则确定，也就是说，系统在 a 状态下以金属合金形式出现的分数是 bc/ac，在 c 状态下以氧化物溶液形式出现的分数是 ab/ac。将 O_2 分压增加到 7.0×10^{-11} atm 时，系统将移动到等压线 (iii) 上的状态 e，其中 $X_{Fe}=0.8$（在 d 处）的金属合金与 $X_{FeO}=0.021$（在 f 处）的氧化物溶液处于平衡状态。金属合金与氧化物溶液的比例为 ef/de。O_2 分压持续增加使体系状态沿图 13.2 中的虚线向上移动，在此期间，氧化物与金属相的比率增大，金属相中 Fe 的摩尔分数和氧化物相中 FeO 的摩尔分数增加。当氧化物的组成达到 $X_{FeO}=0.5$（在 g 处）时，极少量的平衡金属相的成分为 $X_{Mn}=0.00535$，O_2 分压为 2.55×10^{-8} atm。在纯 Mn 和纯 MnO 平衡的 O_2 压力极限 2.92×10^{-12} atm 与纯 Fe 和纯 FeO 平衡的 O_2 压力极限 1.02×10^{-7} atm 之间，Fe-Mn 合金在 2073K 会发生氧化。建立平衡 (iii)，要求 Fe 氧化和 Mn 氧化的 ΔG-T 线在 2073K 处相交，即 $\Delta G_{(iii),2073K}=0$。对于任一氧化反应 $2M+O_2\Longrightarrow2MO$，其 ΔG-T 线（例如，图 13.1 中的线 ab）围绕其与 $T=0$ 轴的交点顺时针旋转，导致 a_{MO}/a_M 逐渐减小到某个小于 1 的数值；反之，逆时针旋转时，

a_{MO}/a_M 会逐渐增加到某一大于 1 的数值。此外，由于平衡常数 K 仅是温度的函数，因此，在温度 T 下，在任一 O_2 压力 p_{O_2} 下，系统 M-MO-O_2 达到平衡时，a_{MO}/a_M 一定为：

$$\frac{a_{MO}}{a_M} = \frac{p_{O_2}^{1/2}}{p_{O_2(eq,T,纯M/纯MO)}^{1/2}}$$

式中，$p_{O_2(eq,T,纯M/纯MO)}$ 为温度 T 下纯 M 和纯 MO 之间平衡所需的唯一 O_2 压力。因此，对于允许范围内的任一 O_2 压力，当满足式（v）和式（vi）时，就会有平衡（iii）发生，并且在这些条件下，Fe 氧化和 Mn 氧化的 ΔG-T 线相交于 1800℃。因此，由于能够改变 a_M 和 a_{MO}，可以在任一 T 和任一 p_{O_2}（在上述允许范围内）下建立平衡（iii）。这与图 12.4 和图 12.5 所示的情况形成了对比。在图 12.4 和图 12.5 中，如果两种金属和两种氧化物都以其纯态存在，那么像（iii）这样的平衡只能在单一特定的状态下实现（唯一的 T 和唯一的 p_{O_2}），两个氧化反应的埃林汉姆线在此处相交。13.4 节将讨论一般的多组元多相平衡的限制条件。

13.3 可供选择的标准状态

到目前为止，系统组元的标准状态被指定为所研究温度下处于稳定存在状态的纯组元。这称为拉乌尔标准状态，在图 13.3 中，组元 B 的拉乌尔标准状态位于 r 点。

在纯组元的物理状态与溶液的物理状态不同的情况下，亨利标准状态可能比拉乌尔标准状态更方便。这种情况包括气体在固体或液体溶剂中所形成的溶液和固体在液体溶剂中所形成的溶液。亨利标准状态是通过考虑亨利定律得到的，严格来说，亨利定律是溶质 B 在无限稀的溶液中遵守的限制性定律，它可表示为：

$$当\ X_B \rightarrow 0\ 时，\frac{a_B}{X_B} \rightarrow k_{(B)}$$

式中，a_B 为 B 在溶液中相对于拉乌尔标准状态的活度；$k_{(B)}$ 是温度为 T 时的亨利定律常数。

或者，亨利定律可以写为：

$$当\ X_B \rightarrow 0\ 时，\frac{a_B}{X_B} \rightarrow \gamma_B^{\circ} \tag{13.6}$$

式中，$\gamma_B^{\circ}[=k_{(B)}]$ 是恒定的活度系数，它量化了 B 的拉乌尔溶液性质和 B 的亨利溶液性质之间的差异。如果溶质在一定的成分范围内服从亨利定律，那么，在这个范围内，

$$a_B = \gamma_B^{\circ} X_B$$

将亨利定律线外推至 $X_B = 1$，可以得到亨利标准状态。这种状态（图 13.3 中的 h 点）代表纯 B 在假想的没有明确物理意义的状态下，如果它表现出与在稀释溶液中相同的性质，那么它将作为一种纯组元存在。在亨利标准状态下，相对于具有单位活度的拉乌尔标准状

态，B 的活度可由式（13.6）给出，即

$$a_B = \gamma_B^\circ$$

因此，在图 13.3 中，如果 rb 的长度是 1，那么 $hb = \gamma_B^\circ$。

在定义了亨利标准态之后，相对于具有单位活度的亨利标准态而言，溶液中 B 的活度可由下式确定。

$$h_B = f_B X_B \qquad (13.7)$$

式中，h_B 为亨利活度；f_B 为亨利活度系数。在溶质 B 服从亨利定律的成分范围内，$f_B = 1$，溶质表现出理想亨利溶液的性质。

A-B 溶液中 B 的摩尔分数与 B 的质量百分比的关系为：

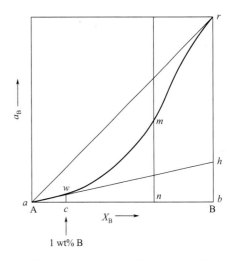

图 13.3 二元 A-B 系统中 B 组元的拉乌尔、亨利和 1wt%❶标准状态

$$X_B = \frac{\dfrac{wt\%B}{MW_B}}{\dfrac{wt\%B}{MW_B} + \dfrac{100 - wt\%B}{MW_A}}$$

式中，MW_A 和 MW_B 分别为 A 和 B 的分子量。因此，在稀溶液中，由于 B 的摩尔分数实际上与 B 的质量百分比成正比，即

$$X_B \sim \frac{wt\%B \times MW_A}{100 \times MW_B}$$

这样可以引入第三个标准状态，就是 1wt%标准状态，其定义为：

$$当 \, wt\%B \to 0 \, 时，\frac{h_{B(1wt\%)}}{wt\%B} \to 1$$

并位于亨利定律线上的一点，该点对应于 1wt%的 B 浓度（图 13.3 中的 w 点）。对于具有单位活度的 1wt%标准状态，B 的活度 $h_{B(1wt\%)}$ 可以由下式确定。

$$h_{B(1wt\%)} = f_{B(1wt\%)} \cdot wt\%B \qquad (13.8)$$

式中，$f_{B(1wt\%)}$ 为 1wt%活度系数。在溶质 B 服从亨利定律的成分范围内，$f_{B(1wt\%)} = 1$，因此，

$$h_{B(1wt\%)} = wt\%B$$

它非常实用且方便。

考虑图 13.3 中的相似三角形 awc 和 ahb，相对于活度为 1 的亨利标准状态来说，1wt%的标准状态下 B 的活度满足如下关系：

$$\frac{wc}{hb} = \frac{ac}{ab} = \frac{MW_A}{100MW_B}$$

并且，相对于活度为 1 的拉乌尔标准状态，满足如下关系：

$$\frac{\gamma_B^\circ MW_A}{100MW_B}$$

任何反应的平衡常数的值，都等于反应平衡时反应物和生成物活度商，它必然取决于各

---

❶ wt%指质量百分比。

组分标准状态的选择。同样，反应 ΔG° 的大小也取决于标准状态的选择，因此，使用时为了从一种标准状态转换到另一种标准状态，必须知道标准状态的吉布斯自由能之间的差异。

对于标准状态的改变：

$$B(拉乌尔标准态) \longrightarrow B(亨利标准态)$$

$$\Delta G^{\circ}_{B(R \to H)} = G^{\circ}_{B(H)} - G^{\circ}_{B(R)} = RT \ln \frac{a_{B(亨利标准态)}}{a_{B(拉乌尔标准态)}}$$

其中，两种活度都是在同一活度标度下测量的。在拉乌尔或亨利标度下，

$$\frac{a_{B(亨利标准态)}}{a_{B(拉乌尔标准态)}} = \frac{hb}{rb} = \gamma^{\circ}_B$$

因此，

$$\Delta G^{\circ}_{B(R \to H)} = RT \ln \gamma^{\circ}_B \qquad (13.9)$$

式中，γ°_B 为温度 T 下的亨利活度系数。

对于标准状态的改变：

$$B(亨利标准态) \longrightarrow B(1wt\% 标准态)$$

$$\Delta G^{\circ}_{B(H \to 1wt\%)} = G^{\circ}_{B(1wt\%)} - G^{\circ}_{B(H)} = RT \ln \frac{a_{B(1wt\% 标准态)}}{a_{B(亨利标准态)}}$$

其中，两种活度也都是在同一活度标度下测量的。

$$\frac{a_{B(1wt\% 标准态)}}{a_{B(亨利标准态)}} = \frac{wc}{hb} = \frac{ac}{ab} = \frac{MW_A}{100 MW_B}$$

因此，

$$\Delta G^{\circ}_{B(H \to 1wt\%)} = RT \ln \frac{MW_A}{100 MW_B} \qquad (13.10)$$

合并式（13.9）和式（13.10）可得：

$$\Delta G^{\circ}_{B(R \to 1wt\%)} = RT \ln \frac{\gamma^{\circ}_B MW_A}{100 MW_B} \qquad (13.11)$$

该关系适用于"拉乌尔→1wt%"标准状态间的转换。用下标 R 表示拉乌尔标准状态，下标 H 表示亨利标准状态，下标 1wt% 表示 1wt% 标准状态。再次考虑在温度 T 下金属 M 氧化形成氧化物 MO_2，有：

$$M(R) + O_2(g) = MO_2(R)$$

对于这个反应平衡，

$$\Delta G^{\circ}_{(R)} = -RT \ln K_{(R)} = -RT \ln \frac{a_{MO_2}}{a_M p_{O_2}}$$

如果 M 处在稀溶液中，在这种情况下，使用 M 的亨利标准状态可能更方便，那么，

$$M(H) + O_2(g) = MO_2(R)$$

$$\Delta G^{\circ}_{(H)} = \Delta G^{\circ}_{(R)} - \Delta G^{\circ}_{M(R \to H)}$$

即

$$-RT \ln K_{(H)} = -RT \ln K_{(R)} - RT \ln \gamma^{\circ}_M$$

或

$$RT \ln \frac{a_{MO_2}}{h_M p_{O_2}} = RT \ln \frac{a_{MO_2}}{a_M p_{O_2}} + RT \ln \gamma^{\circ}_M$$

因此，

$$a_{\mathrm{M}} = h_{\mathrm{M}} \gamma_{\mathrm{M}}^{\circ} \qquad (13.12)$$

它将 M 在溶液中相对于拉乌尔标准态的活度与 M 在溶液中相对于亨利标准态的活度联系起来。例如，在图 13.3 中成分 m 的情况下，

$$a_{\mathrm{B}} = \frac{mn}{rb} = \frac{mn \, hb}{hb \, rb} = h_{\mathrm{B}} \gamma_{\mathrm{B}}^{\circ}$$

同样地，如果方便使用 M 的 1wt% 标准状态，那么，

$$\mathrm{M}(1\mathrm{wt}\%) + \mathrm{O}_2(\mathrm{g}) \Longrightarrow \mathrm{MO}_2(\mathrm{R})$$

$$\Delta G_{(1\mathrm{wt}\%)}^{\circ} = \Delta G_{(\mathrm{R})}^{\circ} - \Delta G_{\mathrm{M}(\mathrm{R} \to 1\mathrm{wt}\%)}^{\circ}$$

或

$$-RT\ln K_{(1\mathrm{wt}\%)} = -RT\ln K_{(\mathrm{R})} - RT\ln \frac{\gamma_{\mathrm{M}}^{\circ} MW_{\mathrm{solvent}}}{100 MW_{\mathrm{M}}}$$

或

$$-RT\ln \frac{a_{\mathrm{MO}_2}}{f_{\mathrm{M}(1\mathrm{wt}\%)} \cdot \mathrm{wt}\% \mathrm{M} \cdot p_{\mathrm{O}_2}} = -RT\ln \frac{a_{\mathrm{MO}_2}}{a_{\mathrm{M}} \cdot p_{\mathrm{O}_2}} - RT\ln \frac{\gamma_{\mathrm{M}}^{\circ} MW_{\mathrm{solvent}}}{100 MW_{\mathrm{M}}}$$

或

$$a_{\mathrm{M}} = f_{\mathrm{M}(1\mathrm{wt}\%)} \cdot \mathrm{wt}\% \mathrm{M} \cdot \gamma_{\mathrm{M}}^{\circ} \cdot \frac{MW_{\mathrm{solvent}}}{100 MW_{\mathrm{M}}} \qquad (13.13)$$

【例题 2】图 13.4 是在两个温度下 Si 在二元 Fe-Si 液体合金中的活度 a_{Si} 曲线。正如所见，Si 表现出相当大的拉乌尔定律负偏差。例如，在 $X_{\mathrm{Si}} = 0.1$ 和 1420℃ 时，$a_{\mathrm{Si}} = 0.00005$。因此，在考虑 Fe 中 Si 的稀释溶液时，使用亨利标准状态或 1wt% 标准状态都更有优势。

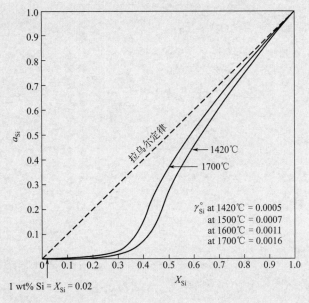

图 13.4　Fe-Si 熔体中 Si 的活度
(1420℃ 和 1700℃)

对于在温度 T 下从拉乌尔标准态到亨利标准态的变化，有：

$$\Delta G^\circ_{Si(R\to H)} = RT\ln\gamma^\circ_{Si}$$

实验测量的 $\lg\gamma^\circ_{Si}$ 随温度变化的关系为：

$$\lg\gamma^\circ_{Si} = -\frac{6230}{T} + 0.37$$

因此，

$$\Delta G^\circ_{Si(R\to H)} = 8.3144T \times 2.303\lg\gamma^\circ_{Si}$$
$$= -119300 + 7.08T$$

此外，对于在温度 T 下从亨利标准态到 Fe 溶液中 $1wt\%$ 标准态的变化，有：

$$\Delta G^\circ_{Si(H\to 1wt\%)} = RT\ln\frac{MW_{Fe}}{100MW_{Si}}$$
$$= 8.3144T\ln\frac{55.85}{100\times 28.09}$$
$$= -32.6T$$

所以，对于 "Si（R）——→Si（Fe 溶液中 $1wt\%$）" 的标准态变换，有：

$$\Delta G^\circ_{Si(R\to 1wt\%)} = \Delta G^\circ_{Si(R\to H)} + \Delta G^\circ_{Si(H\to 1wt\%)}$$
$$= -119300 - 25.5T \tag{i}$$

现在，假设液态 Fe-Si 合金与 SiO_2 饱和的 FeO-SiO_2 熔体（其中 $a_{SiO_2} = 1$）及含有 O_2 的大气处于平衡状态，计算 Fe-Si 合金中 Si 的平衡重量百分比与大气中 O_2 压力之间的关系。对于反应：

$$Si(l) + O_2(g) = SiO_2(s) \tag{ii}$$

在 $1700\sim 2000K$ 范围内，$\Delta G^\circ_{(ii)} = -952700 + 204T$。因此，对于如下反应（iii）：

$$Si(1wt\%) + O_2(g) = SiO_2(s) \tag{iii}$$

其标准吉布斯自由能变化可由 $\Delta G^\circ_{(ii)} - \Delta G^\circ_{Si(R\to 1wt\%)}$ 计算，即

$$\Delta G^\circ_{(iii)} = -833400 + 229.5T$$
$$= -RT\ln\frac{a_{SiO_2}}{h_{Si(1wt\%)}p_{O_2}}$$

当 $a_{SiO_2} = 1$ 时，则

$$\ln h_{Si(1wt\%)} = -\frac{833400}{8.3144T} + \frac{229.5}{8.3144} - \ln p_{O_2}$$

如果可以假设 Fe 中的 Si 在某个初始成分范围内服从亨利定律，那么在这个范围内，$h_{Si(1wt\%)} = wt\%$ Si，因此，

$$\ln wt\%Si = -\frac{100200}{T} + 27.60 - \ln p_{O_2}$$

因此，要在 $1600℃$ 时产生含有 $1wt\%$ Si 的平衡熔体，O_2 分压必须是 $5.57\times 10^{-12}atm$。$1600℃$ 时对于任何其它质量百分比的 Si，O_2 压力可以由下式计算得出。

$$p_{O_2} = \frac{5.57\times 10^{-12}}{wt\%Si}$$

在第 13.9 节中再次考虑该计算时，可以看出在某些初始成分范围内，由于假设亨利性质而造成的误差。

13.4　吉布斯平衡相律

在第 7 章中，我们发现一元系统中平衡状态下有效的自由度数，与由简单规则描述的相数有关。这个规则，吉布斯平衡相律，很容易推导出来，因为表示一元系统中相平衡的图形很简单。然而，多组元系统中的相关系可能很复杂，在这样的系统中，吉布斯平衡相律是确定可能的平衡和限制这些平衡的有力工具。相律的一般推导如下。考虑一个包含 C 个化学物种 i、j、k、$\cdots$ 的系统（它们都不与任何其它物种发生化学反应）。每个组元（化学物种）都出现在 Φ 个相中，如 α、β、γ、$\cdots$。由于 Φ 个相的热力学状态都由其温度、压力和成分（其中成分用 $C-1$ 个成分变量表示，例如摩尔分数或质量百分比）的函数决定，因此当 $\Phi(C+1)$ 个变量固定时，整个系统状态就确定了。整个系统处于完全平衡状态的条件是：

- $T_\alpha = T_\beta = T_\gamma = \cdots$（$\Phi-1$）个温度等式；
- $P_\alpha = P_\beta = P_\gamma = \cdots$（$\Phi-1$）个压力等式；
- $a_{i(\alpha)} = a_{i(\beta)} = a_{i(\gamma)} = \cdots$（$\Phi-1$）个物种 i 活度等式；
- $a_{j(\alpha)} = a_{j(\beta)} = a_{j(\gamma)} = \cdots$（$\Phi-1$）个物种 j 活度等式。

以此类推，C 种化学物质每个都是如此。

因此，平衡条件的总个数，也是系统变量所需满足方程的个数，可表示为：

$$(\Phi-1)(C+2)$$

系统平衡应该具有的自由度（数）F，被定义为可独立改变数值但不干扰平衡的变量的最大个数。这个数字 F 可由以下差值得到：系统可用的变量总个数，减去维持平衡要求系统变量必须满足方程的最小个数，即

$$F = \Phi(C+1) - (\Phi-1)(C+2) = C + 2 - \Phi \tag{13.14}$$

在一个不发生反应的系统中，物种的数量 C 等于系统中组元的数量。然而，如果一些物种彼此发生反应，使系统的平衡包括一些反应平衡（除了相、温度和压力平衡之外），那么必须考虑的变量所满足方程的数量就会增加 R 个，即系统中发生的独立反应平衡的数量。例如，如果物种 i 和 j 反应形成物种 k，那么需要在 Φ 个相中都要建立反应平衡：

$$\bar{G}_i + \bar{G}_j = \bar{G}_k$$

这使得需要变量满足的方程数量增加了 1 个。因此，如果系统包含 N 个物种，其中有 R 个独立的反应平衡，那么：

$$F = \Phi(N+1) - (\Phi-1)(N+2) - R$$
$$= (N-R) + 2 - \Phi$$

为了使式（13.14）所给出的相律能够普遍适用于反应性和非反应性系统，前者的组元数量应定义为：

$$C = N - R$$

C 可以确定为形成平衡状态的系统所需的最小化学物种数，或系统中的物种数减去这些物种间独立反应平衡的个数。

【例题3】 再次考虑第 13.2 节中讨论的例题。该例题研究液态 Fe-Mn 溶液和液态 FeO-MnO 溶液可以与含 O_2 气氛平衡的条件。这是一个存在于三相（金属-氧化物-气体）中的三组元体系（Fe-Mn-O）。因此，从相律来看，平衡有 2 个自由度，可以从变量 T、p_{O_2}、$[X_{Fe}]$、$[X_{Mn}]$、(X_{FeO}) 和 (X_{MnO}) 中选择。体系有 5 个物种（O_2、Fe、Mn、FeO、MnO）和 3 种组元，还有 2 个独立的反应平衡，如下所示：

$$Fe(l) + \frac{1}{2}O_2(g) = FeO(l)$$

对于该反应，有：

$$K_{(i),T} = \frac{a_{FeO}}{a_{Fe}\, p_{O_2}^{1/2}} = \frac{(X_{FeO})}{[X_{Fe}]\, p_{O_2}^{1/2}} \tag{i}$$

和

$$Mn(l) + \frac{1}{2}O_2(g) = MnO(l)$$

对于该反应，有：

$$K_{(ii),T} = \frac{a_{MnO}}{a_{Mn}\, p_{O_2}^{1/2}} = \frac{(X_{MnO})}{[X_{Mn}]\, p_{O_2}^{1/2}} \tag{ii}$$

a. 如果选择 T 和 p_{O_2} 作为独立变量，由式（i）可以确定：

$$\frac{(X_{FeO})}{[X_{Fe}]} = K_{(i),T}\, p_{O_2}^{1/2}$$

由式（ii）可以确定：

$$\frac{(X_{MnO})}{[X_{Mn}]} = \frac{1-(X_{FeO})}{1-[X_{Fe}]} = K_{(ii),T}\, p_{O_2}^{1/2}$$

因此，(X_{FeO})［或 (X_{MnO})］和 $[X_{Fe}]$（或 $[X_{Mn}]$）都能够被确定下来。

b. 如果选择 T 和 $[X_{Fe}]$ 作为独立变量，则 $[X_{Mn}] = 1 - [X_{Fe}]$ 是自动确定的。由式（i）和式（ii）可以确定：

$$\frac{(X_{MnO})}{(X_{FeO})} = \frac{1-(X_{FeO})}{(X_{FeO})} = \frac{K_{(ii),T}[X_{Mn}]}{K_{(i),T}[X_{Fe}]}$$

该式可以确定出 (X_{FeO})［或 (X_{MnO})］。由式（i）可确定：

$$p_{O_2}^{1/2} = \frac{(X_{FeO})}{[X_{Fe}]K_{(i),T}}$$

c. 如果选择 p_{O_2} 和 $[X_{Fe}]$ 作为独立变量，由式（i）可以确定：

$$(X_{FeO}) = K_{(i),T}[X_{Fe}]\, p_{O_2}^{1/2} = \exp\left(\frac{-\Delta H_{(i)}^\circ}{RT}\right)\exp\left(\frac{-\Delta S_{(i)}^\circ}{R}\right)[X_{Fe}]\, p_{O_2}^{1/2}$$

由式（ii）可以确定：

$$(X_{MnO}) = 1 - (X_{FeO}) = K_{(ii),T}[X_{Mn}]\, p_{O_2}^{1/2}$$

$$= \exp\left(\frac{-\Delta H_{(ii)}^\circ}{RT}\right)\exp\left(\frac{-\Delta S_{(ii)}^\circ}{R}\right)[X_{Mn}]\, p_{O_2}^{1/2}$$

固定 T 和 (X_{FeO}) 也有同样的解。因此，任何两个变量的确定都会确定所有其它变量的值。在本例之前的讨论中，$T = 1800℃$ 和 p_{O_2} 被选作独立变量。

【例题4】分析如下几个体系的自由度。首先考虑系统M-MO-O_2，其中建立了如下的反应平衡：

$$M(s) + \frac{1}{2}O_2(g) \Longrightarrow MO(s)$$

该系统具有3个相（凝聚相M和MO以及气态O_2相）和2个组元（M和O）。可用的变量是温度T和总压P。由于在平衡状态下，物质M和MO以确定状态出现，即M被O_2饱和，MO被M饱和，这两种物质的活度是确定的。因此，总压P是O_2压力与固相M和MO的饱和蒸气压之和。由于后两者在任何给定温度下都是确定的，因此只能通过改变p_{O_2}来改变P的值。根据相律，$\boldsymbol{F} = C + 2 - \Phi = 2 + 2 - 3 = 1$，因此，平衡只有1个自由度。因此，要么任意地确定一个T，在这种情况下，平衡常数K_T和由此导出的$p_{O_2(eq,T)}$是确定的；要么任意地确定$P = p_{O_2} +$（M和MO的蒸气压），在这种情况下，K_T的值以及因此T的值是确定的。如果将惰性气体添加到系统中，则$P = p_{O_2} + p_{惰性气体} +$（M和MO的蒸气压），因此p_{O_2}和$p_{惰性气体}$的值可以独立变化。添加惰性气体作为第三个组元将自由度的数量增加到2个，但额外的自由度仅限于$p_{惰性气体}$值的变化，即除了T或p_{O_2}是独立变量之外，$p_{惰性气体}$可以独立变化。考虑平衡：

$$M(s) + CO_2(g) \Longrightarrow MO(s) + CO(g)$$

这种三组元的三相平衡有2个自由度，可以从T、P、p_{CO}和p_{CO_2}中选择。例如，确定T和P，通过下述关系可以唯一地确定p_{CO}和p_{CO_2}。

$$K_T = \frac{p_{CO}}{p_{CO_2}}; \quad P = p_{CO} + p_{CO_2}$$

如果系统包含固体碳化物MC，则三组分四相系统（M+MO+MC+气体）具有1个自由度，该自由度仍要从T、P、p_{CO}和p_{CO_2}中选择。由于$R = N - C = 5 - 3 = 2$，因此2个独立的反应平衡可以选择为：

$$M(s) + CO_2(g) \Longrightarrow MO(s) + CO(g) \tag{i}$$

和

$$M(s) + 2CO(g) \Longrightarrow MC(s) + CO_2(g) \tag{ii}$$

如果确定了T就可以确定：

$$K_{T(i)} = \frac{p_{CO}}{p_{CO_2}}$$

和

$$K_{T(ii)} = \frac{p_{CO_2}}{p_{CO}^2}$$

这两个式子可以确定 p_{CO} 和 p_{CO_2} 的值，因此 $P = p_{CO} + p_{CO_2}$ 的值也就确定了。如果固体碳也存在，在这种情况下，系统包含固相 M、MO、MC、C 以及气态的 CO 和 CO_2，那么独立反应平衡的数量就增加了 1 个，例如，系统中独立的反应平衡有：

$$M(s) + CO_2(g) = MO(s) + CO(g) \qquad (i)$$

$$M(s) + 2CO(g) = MC(s) + CO_2(g) \qquad (ii)$$

和

$$C(s) + CO_2(g) = 2CO(g) \qquad (iii)$$

并且系统中的相数也增加了 1 个。在这种情况下，$F = 0$，系统是不变的，处在一个唯一的 T 和唯一的 p_{CO} 和 p_{CO_2} 值上。在一个存在多个独立反应平衡的多相、多组元系统中，反应平衡的数量可以按以下方式计算。首先写出每个物种从其组分中形成的化学反应方程。例如，在前面的例子中，

$$M(s) + \frac{1}{2}O_2(g) = MO(s) \qquad (a)$$

$$M(s) + C(s) = MC(s) \qquad (b)$$

$$C(s) + \frac{1}{2}O_2(g) = CO(g) \qquad (c)$$

$$C(s) + O_2(g) = CO_2(g) \qquad (d)$$

然后将那些被认为不存在于系统中的元素消去，以这样的方式组合这些反应方程式，由此获得的反应方程的数量就是独立反应平衡的数量 R。在前述系统中，存在的物种是 M(s)、MO(s)、MC(s)、C(s)、CO(g) 和 $CO_2(g)$。因此，由式（a）可得：

$$\frac{1}{2}O_2(g) = MO(s) - M(s)$$

代入式（c）可得：

$$C(s) + MO(s) - M(s) = CO(g) \text{ 或 } C(s) + MO(s) = CO(g) + M(s) \qquad (iv)$$

代入式（d）可得：

$$C(s) + 2MO(s) - 2M(s) = CO_2(g) \text{ 或 } C(s) + 2MO(s) = CO_2(g) + 2M(s) \qquad (v)$$

代入式（b）可得：

$$M(s) + C(s) = MC(s) \qquad (vi)$$

因此，存在 3 个独立的平衡，它们的组合产生了出现在系统中的其它平衡，例如，

$$MC(s) + 2MO(s) = CO_2(g) + 3M(s) \qquad (vii)$$

$$MC(s) + MO(s) = CO(g) + 2M(s) \qquad (viii)$$

$$M(s) + CO_2(g) = MO(s) + CO(g) \qquad (i)$$

$$M(s) + 2CO(g) = MC(s) + CO_2(g) \qquad (ii)$$

$$C(s) + CO_2(g) = 2CO(g) \qquad (iii)$$

当这 5 个平衡中的任何 3 个建立时，其它 2 个平衡也就建立起来了。

13.5 优势区域图

在本节中，我们介绍相稳定图（也称为优势图）。这些图形用于多组元、多相反应系统，以显示在热力学变量空间中，系统中可能出现的各相所处的区域。考虑 1000℃ 时处于平衡的 Si-C-O 三元系统，该系统中可以存在的固相是 Si、SiO_2、SiC 和 C，气相是 CO 和 CO_2 的混合物。正如在二元系统中确定一个组元的活度会确定另一个组元的活度那样，在三元系统中确定两个组元的活度也会确定第三个组元的活度。因此，在 Si-C-O 体系中，若 C 和 O_2 的活度是确定的，则 Si 的活度也是确定的，存在着限定性的平衡态。因此，可以通过以下方式考虑相稳定性的二维表示（图形）。

① 在恒定温度下，以 a_C 和 p_{O_2} 为变量。

② 在恒定 a_C（或恒定 p_{O_2}）下，以 T 和 p_{O_2}（或 a_C）为变量。

对于一个三组元的系统，由相律可知，5 个相之间平衡时自由度为 0。因此，如果气相一直存在，则有：

- 4 个凝聚相可以相互平衡，1 个气相处于不变状态（$F=0=C+2-\Phi=3+2-5$）。

- 3 个凝聚相可以相互平衡，1 个处于任意温度下的气相（$F=1=C+2-\Phi=3+2-4$）。

- 2 个凝聚相可以相互平衡，1 个处于任意温度下的气相和任意取值的 a_C 或 p_{O_2}（$F=2=C+2-\Phi=3+2-3$）。

- 1 个凝聚相可以与气相平衡，气相处于任意温度下，任意选取 a_C 和 p_{O_2} 的值（$F=3=C+2-\Phi=3+2-2$）。

由于可以存在 4 个固相，因此有：

- 4 种可能的平衡，涉及 3 个凝聚相和 1 个气相〔通过 4 个固相每次取 3 个求得，或 $4!/(3!\times1!)=4$〕。

- 6 种可能的平衡，涉及 2 个凝聚相和 1 个气相〔通过 4 个固相每次取 2 个求得，或 $4!/(2!\times2!)=6$〕。

- 4 种可能的平衡，涉及 1 个凝聚相和 1 个气相〔通过 4 个固相每次取 1 个求得，或 $4!/(1!\times3!)=4$〕。

考虑用 $\lg a_C$ 和 $\lg p_{O_2}$ 作为变量，绘制 1000℃ 下 Si-C-O 体系的相稳定图。

如上所述，有 6 种可能的平衡，涉及 2 个凝聚相和 1 个气相，即

① Si-SiO_2-气相；

② Si-SiC-气相；

③ SiC-SiO_2-气相；

④ SiC-C-气相；

⑤ SiO_2-C-气相；

⑥ Si-C-气相。

有 4 种可能的平衡，涉及 3 个凝聚相和 1 个气相，即

① Si-SiO_2-SiC-气相；

② Si-SiC-C-气相；

③ SiO$_2$-SiC-C-气相；

④ Si-SiO$_2$-C-气相。

考虑 2 个凝聚相和 1 个气相之间的平衡。

（1）Si-SiO$_2$-气相平衡

对于反应：

$$Si(s) + O_2(g) \xrightarrow{\quad\quad} SiO_2(s) \tag{i}$$

有

$$\Delta G^{\circ}_{(i),1273K} = -683400J$$

$$= -RT\ln\frac{1}{p_{O_2}}$$

$$= 8.3144 \times 1273 \times 2.303 \lg p_{O_2}$$

或者 $\lg p_{O_2} = -28.04$。因此，在 1273K，Si 和 SiO$_2$ 之间平衡时要求 $\lg p_{O_2} = -28.04$，这个平衡在图 13.5（a）中可画成直线 AB，与 a_C 无关。在较低的 p_{O_2}（横坐标）下，Si 相对于 SiO$_2$ 是稳定的；在较高的 p_{O_2} 下，SiO$_2$ 相对于 Si 是稳定的。

（2）Si-SiC-气相平衡

对于反应：

$$Si(s) + C(s) \xrightarrow{\quad\quad} SiC(s) \tag{ii}$$

有

$$\Delta G^{\circ}_{(ii),1273K} = -63300J$$

$$= -RT\ln\frac{1}{a_C}$$

$$= 8.3144 \times 1273 \times 2.303 \lg a_C$$

或 $\lg a_C = -2.60$。因此，在 1273K，Si 和 SiC 之间平衡要求 $\lg a_C = -2.60$，这个平衡在图 13.5（a）中可画成直线 CD，与 p_{O_2} 无关。在较低的 a_C 值下，Si 相对于 SiC 是稳定的，而在较高的 a_C 值下，SiC 相对于 Si 是稳定的。

（3）SiC-SiO$_2$-气相平衡

直线 AB 和 CD 相交于点 P（$\lg p_{O_2} = -28.04$，$\lg a_C = -2.60$），这是在 1273K 时，Si、SiC 和 SiO$_2$ 三个固相相互平衡并与气相平衡的唯一状态。平衡 SiC-SiO$_2$ 所需的 $\lg a_C$ 与 $\lg p_{O_2}$ 的变化必须经过这一点。将式（i）和式（ii）合并，可以得到：

$$SiC(s) + O_2(g) \xrightarrow{\quad\quad} SiO_2(s) + C(s) \tag{iii}$$

有

$$\Delta G^{\circ}_{(iii),1273K} = -620100J$$

$$= -8.3144 \times 1273 \times 2.303 \lg\frac{a_C}{p_{O_2}}$$

或

$$\lg a_C = \lg p_{O_2} + 25.44$$

在图 13.5（a）中可画成直线 EF。在此线以上的状态，SiC 相对于 SiO$_2$ 是稳定的，在此线以下，SiO_2 相对于 SiC 是稳定的。

（4）SiC-C-气相平衡

固体 SiC 和固体 C 之间的平衡是一种相平衡，只存在于 $a_C=1$ 或 $\lg a_C=0$ 时。因此，在图 13.5（a）中，$\lg p_{O_2}$ 值小于直线 EF 与 $\lg a_C=0$ 线交点值 -25.44 时，SiC 和 C 之间的平衡沿 $\lg a_C=0$ 线存在。

（5）SiO_2-C-气相平衡

与 SiC 和 C 之间的平衡一样，SiO_2 和 C 之间的相平衡要求 $a_C=1$，且在 $\lg p_{O_2}$ 值大于 -25.44 时沿 $\lg a_C=0$ 线存在。

（6）Si-C-气相平衡

对于反应：

$$Si(s)+C(s)\Longrightarrow SiC(s)$$

在 1273K 时，其反应的标准吉布斯自由能变化为 $\Delta G^{\circ}_{(ii),1273K}=-63300J$，它是负数，表明 Si 和 C 自发地相互反应形成 SiC，直到 C 或 Si 被耗尽。因此，Si 和 C 不存在相互平衡。如果体系中 Si/C 的摩尔比大于 1，则 C 被反应耗尽，产物 SiC 与剩余的 Si 之间达到平衡。如果摩尔比小于 1，则 Si 被反应耗尽，产物 SiC 和剩余的 C 之间达到平衡。固体 C 相仅沿 $\lg a_C=0$ 线存在，因此，图 13.5（a）包含单相 Si、SiO_2 和 SiC 的稳定区。图中从 P 点辐射的六条线中，三条代表包含 2 个凝聚相和 1 个气相的稳定平衡，三条代表包含 2 个凝聚相和 1 个气相的亚稳态平衡。问题是如何区分这两种类型的平衡。此类图的一个特征是亚稳态平衡线和稳定平衡线从一个点（例如 P）交替辐射［参见图 7.7 和图 7.8（a）］。因此，一组直线是 PA-PC-PF，另一组是 PE-PB-PD。在图 13.5（a）中，在 PA 左侧的状态下，Si 相对于 SiO_2 是稳定的；在 PC 以下的状态中，Si 相对于 SiC 是稳定的。因此，线 PE 代表 SiC 和 SiO_2 之间的亚稳态平衡。同理分析，可确定稳定平衡线为 PA-PC-PF，也可定义与气相平衡的单一凝聚相的稳定区，并且如图 13.5（b）所示，在恒定温度下，该稳定区有 2 个自由度。这些稳定区在代表 2 个凝聚相和 1 个气相之间平衡的线处相交（在恒定温度下，具有 1 个自由度），并且这些线在代表

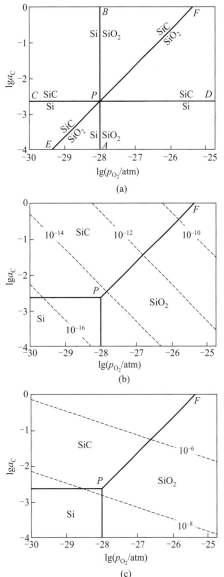

图 13.5　（a）1273K 时绘制的 Si-C-O 系统的相稳定图；（b）1273K 下 Si-C-O 相稳定图中的 CO_2 等压线；（c）1273K 下 Si-C-O 相稳定图中的 CO 等压线

3 个凝聚相和 1 个气相之间平衡的点处相交。P 点是 Si、SiC、SiO_2 和气相的平衡状态，F 点是 SiC、SiO_2、C 和气相的平衡状态。CO 和 CO_2 的分压由系统中 C 的活度和 O_2 的分压决定，等压线 p_{CO_2} 和等压线 p_{CO} 可以按如下分析绘制到相稳定图上。

对于反应：

$$C(s) + O_2(g) \Longrightarrow CO_2(g) \tag{iv}$$

$$\Delta G^\circ_{(iv),1273K} = -395200J = -8.3144 \times 1273 \times 2.303 lg \frac{p_{CO_2}}{a_C p_{O_2}}$$

因此，

$$16.21 = p_{CO_2} - lg a_C - lg p_{O_2}$$

或者

$$lg a_C = -lg p_{O_2} - 16.21 + p_{CO_2}$$

因此，如图 13.5（b）所示，相稳定图中的 CO_2 等压线是斜率为 -1 的线。同样地，对于反应：

$$C(s) + \frac{1}{2} O_2(g) \Longrightarrow CO(g) \tag{v}$$

$$\Delta G^\circ_{(v),1273K} = -223300J = -8.3144 \times 1273 \times 2.303 lg \frac{p_{CO}}{a_C p_{O_2}^{1/2}}$$

因此，

$$lg a_C = -\frac{1}{2} lg p_{O_2} - 9.16 + p_{CO}$$

如图 13.5（c）所示，CO 等压线是斜率为 $-1/2$ 的线。

气态物种 SiO 也可出现在 Si-C-O 系统中，也可以在稳定图上画出 SiO 等压线。由于 SiO 的分压是由 Si 的活度和 O_2 的分压决定的，因此必须分别考虑各个单一的凝聚相稳定区，而且每个平衡都必须涉及所研究的凝聚相、SiO 气体、C 和（或）O_2。在 Si 的稳定区，平衡反应如下：

$$Si(s) + \frac{1}{2} O_2(g) \Longrightarrow SiO(g) \tag{vi}$$

对于该反应，

$$\Delta G^\circ_{(vi),1273K} = -209200J = -8.3144 \times 1273 \times 2.303 lg \frac{p_{SiO}}{p_{O_2}^{1/2}}$$

或

$$lg p_{SiO} = \frac{1}{2} lg p_{O_2} + 8.59$$

因此，如图 13.5（d）所示，Si 稳定区中的 SiO 等压线是垂直线，p_{SiO} 随着 p_{O_2} 的增大而增大。在 SiO_2 稳定区，平衡反应如下：

$$SiO_2(s) = SiO(g) + \frac{1}{2} O_2(g) \tag{vii}$$

由 $\Delta G^\circ_{(vi),1273K}$ 和 $\Delta G^\circ_{(i),1273K}$ 可推出：

$$\Delta G^\circ_{(vii),1273K} = 474200J = -8.3144 \times 1273 \times 2.303 lg p_{SiO} p_{O_2}^{1/2}$$

由此可得：

$$\lg p_{\text{SiO}} = -\frac{1}{2}\lg p_{O_2} - 19.45$$

因此，如图 13.5（d）所示，SiO_2 稳定区的 SiO 等压线为垂直线，p_{SiO} 随 p_{O_2} 增大而减小。在 SiC 的稳定区，平衡反应如下：

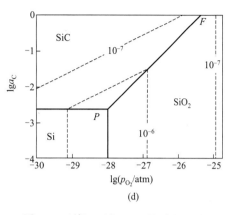

$$SiC(s) + \frac{1}{2}O_2(g) = SiO(g) + C(s) \quad (\text{viii})$$

由 $\Delta G^{\circ}_{(\text{vi}),1273K}$ 和 $\Delta G^{\circ}_{(\text{ii}),1273K}$ 可推出：

$$\Delta G^{\circ}_{(\text{viii}),1273K} = -145900J$$

$$= -8.3144 \times 1273 \times 2.303 \lg \frac{p_{\text{SiO}} \cdot a_C}{p_{O_2}^{1/2}}$$

或

$$\lg p_{\text{SiO}} = \frac{1}{2}\lg p_{O_2} - \lg a_C + 5.99$$

图 13.5（续）（d）1273K 时 Si-C-O 系统相稳定图中的 SiO 等压线

因此，如图 13.5（d）所示，SiO 在 SiC 的稳定区的等压线是斜率为 1/2 的线。在任何温度下，p_{SiO} 的最大值出现在 Si 和 SiO_2 与气相平衡的状态下。图 13.5 绘制时用作变量的 C 的活度和 O_2 分压是由 p_{CO} 和 p_{CO_2} 的数值决定的，它们建立了如下平衡关系：

$$CO + \frac{1}{2}O_2 = CO_2$$

以及

$$C + CO_2 = 2CO$$

因此，可以用 p_{CO} 和 p_{CO_2} 作为变量绘制相稳定图。与式（i）相对应的平衡是：

$$Si(s) + 2CO_2(g) = SiO_2(s) + 2CO(g) \quad (\text{ix})$$

将式（i）、式（iv）和式（v）给出的反应吉布斯自由能变化结合起来，可以得到：

$$\Delta G^{\circ}_{(\text{ix}),1273K} = -339600J = -8.3144 \times 1273 \times 2.303 \lg \frac{p_{\text{CO}}^2}{p_{CO_2}^2}$$

因此，

$$\lg p_{\text{CO}} = \lg p_{CO_2} + 6.97$$

这在图 13.6（a）中可画成直线 AB [与图 13.5（a）中的直线 AB 相对应]。在该线以上，Si 相对于 SiO_2 是稳定的，而在该线以下，SiO_2 相对于 Si 是稳定的。与式（ii）给出的相对等的平衡是：

$$Si(s) + 2CO(g) = SiC(s) + CO_2(g) \quad (\text{x})$$

对于该反应，有：

$$\Delta G^{\circ}_{(\text{x}),1273K} = -11900J = -8.3144 \times 1273 \times 2.303 \lg \frac{p_{CO_2}}{p_{\text{CO}}^2}$$

或

$$\lg p_{\text{CO}} = \frac{1}{2}\lg p_{CO_2} - 0.24$$

这在图 13.6（a）中可画成直线 CD。在该线以上，SiC 相对于 Si 是稳定的；在该线以下，Si 相对于 SiC 是稳定的。直线 AB 和 CD 相交于 P，因此 P 是 Si、SiC、SiO_2 和 1 个气相处于平衡状态的不变点。与式（iii）给出的相对等的平衡是：

$$SiC(s) + 3CO_2(g) \rightleftharpoons SiO_2(s) + 4CO(g) \tag{xi}$$

对于该反应，有：

$$\Delta G^\circ_{(xi),1273K} = -327700J = -8.3144 \times 1273 \times 2.303 lg \frac{p_{CO}^4}{p_{CO_2}^3}$$

或

$$lg\, p_{CO} = 0.75 lg\, p_{CO_2} + 3.36$$

这在图 13.6（a）中可画成直线 EF。在该线上的方，SiC 相对于 SiO_2 是稳定的；在该线的下方，SiO_2 相对于 SiC 是稳定的。

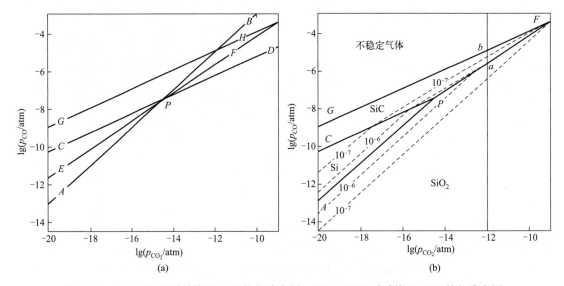

图 13.6 （a）1273K 时系统 Si-C-O 的相稳定图；（b）1273K 时系统 Si-C-O 的相稳定图
（包含 10^{-7} atm 和 10^{-6} atm 的 SiO 等压线）

碳线，相当于图 13.5 中的 $lg\, a_C = 0$ 线，由以下平衡确定。

$$C(s) + CO_2(g) \rightleftharpoons 2CO(g) \tag{xii}$$

对于该反应，有

$$\Delta G^\circ_{(xii),1273K} = -51400J = -8.3144 \times 1273 \times 2.303 lg \frac{p_{CO}^2}{p_{CO_2}}$$

因此，

$$lg\, p_{CO} = \frac{1}{2} lg\, p_{CO_2} + 1.05$$

这在图 13.6（a）中可画成直线 GH。图 13.6（b）显示了以与图 13.5（a）相同的方式确定的相稳定区。Si 相区以 APC 为界，SiC 相区以 $CPFG$ 为界，而 SiO_2 相区位于 APF 线以下。GF 上面的区域是不稳定的气体。在这一区域的任何气体都会按照以下方式析出 C，直到比率 p_{CO_2}/p_{CO} 在 1273K 时达到与 $a_C = 1$ 的 C 平衡所需的值。

$$2CO(g) \rightleftharpoons CO_2(g) + C(s)$$

SiO 气体的等压线计算如下。在 Si 的稳定区，与式（vi）给出的相对等的平衡是：

$$Si(s) + CO_2(g) = SiO(g) + CO(g) \quad\quad (xiii)$$

对于该反应，有：

$$\Delta G^\circ_{(xiii),1273K} = -37300J = -8.3144 \times 1273 \times 2.303 \lg \frac{p_{SiO} p_{CO}}{p_{CO_2}}$$

因此，

$$\lg p_{CO} = \lg p_{CO_2} + 1.53 - \lg p_{SiO}$$

在 SiO_2 的稳定区，与式（vii）给出的相对等的平衡是：

$$SiO_2(s) + CO(g) = SiO(g) + CO_2(g) \quad\quad (xiv)$$

对于该反应，有：

$$\Delta G^\circ_{(xiv),1273K} = 302300J = -8.3144 \times 1273 \times 2.303 \lg \frac{p_{CO_2} p_{SiO}}{p_{CO}}$$

因此，

$$\lg p_{CO} = \lg p_{CO_2} + 12.40 + \lg p_{SiO}$$

在 SiC 的稳定区，与式（viii）给出的相对等的平衡是：

$$SiC(s) + 2CO_2(g) = SiO(g) + 3CO(g) \quad\quad (xv)$$

对于该反应，有：

$$\Delta G^\circ_{(xv),1273K} = -25400J = -8.3144 \times 1273 \times 2.303 \lg \frac{p_{CO}^3 p_{SiO}}{p_{CO_2}^2}$$

因此，

$$\lg p_{CO} = \frac{2}{3} \lg p_{CO_2} + 0.35 - \frac{1}{3} \lg p_{SiO}$$

SiO 等压线 10^{-7}atm 和 10^{-6}atm 如图 13.6（b）所示，图 13.5 和图 13.6 的比较表明，后者是通过对前者变形产生的，使得 CO 等压线为水平线，CO_2 等压线为垂直线。图 13.6（b）中的点 P 和点 F 对应于图 13.5 中的点 P 和点 F。完整的相稳定图是三维的，坐标轴是温度和两个组元的活度（a_C 和 p_{O_2}）或 CO 和 CO_2 的分压。

如果一种组元的活度保持恒定，则可以绘制反映温度影响的二维相稳定图。考虑使用 p_{CO} 和 $1/T$ 作为坐标轴，在 10^{-12}atm 的恒定 CO_2 分压下绘制相稳定图，如图 13.7 所示，该图在 1250～1990K 的温度范围内绘制，由于 Si 的熔化温度为 1683K，因此必须考虑涉及的固体和液体 Si 的平衡。在图 13.7（a）中，$T = 1685K$ 处的垂直线代表 Si 的熔化温度，液态 Si 出现在该线的左侧，而固态 Si 出现在该线的右侧。

① $Si(l)$-$SiO_2(s)$-气相平衡

对于反应平衡：

$$Si(s) + 2CO_2(g) = SiO(s) + 2CO(g) \quad\quad (xvi)$$

有

$$\Delta G^\circ_{(xvi),1273K} = -337300 - 0.02T$$

因此，

$$\frac{-337300}{8.3144 \times 2.303T} - \frac{0.02}{8.3144 \times 2.303} = -\lg \frac{p_{CO}^2}{p_{CO_2}^2}$$

上式整理可得：

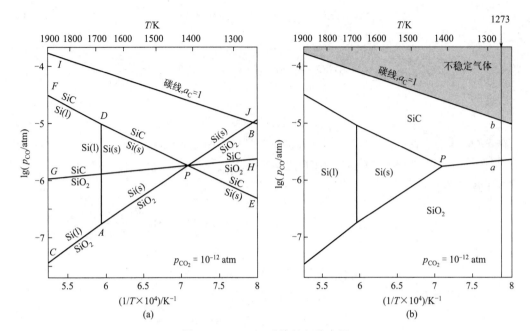

图 13.7　Si-C-O 系统的相稳定图

$(p_{CO_2} = 10^{-12} \text{atm})$

（a）相区分析图；（b）分析后的相稳定图

$$\lg p_{CO} = \frac{8807}{T} + 5.22 \times 10^{-4} + \lg p_{CO_2}$$

在 $\lg p_{CO_2} = -12$ 的情况下，在图 13.7（a）中绘制为直线 AB。在该线上方，Si 相对于 SiO_2 是稳定的；在该线下方，SiO_2 相对于 Si 是稳定的。

对于反应平衡：

$$Si(l) + 2CO_2(g) \Longrightarrow SiO(s) + 2CO(g) \qquad\qquad (xvii)$$

有

$$\Delta G^\circ_{(xvii),1273K} = -387900 + 30.18T$$

因此，

$$\frac{-387900}{8.3144 \times 2.303T} + \frac{30.18}{8.3144 \times 2.303} = -\lg \frac{p^2_{CO}}{p^2_{CO_2}}$$

所以，

$$\lg p_{CO} = \frac{10130}{T} - 0.788 + \lg p_{CO_2}$$

在 $p_{CO_2} = 10^{-12}$ atm 的情况下，这就得到了图 13.7（a）中的直线 CA。在该线的上方，液体 Si 相对于 SiO_2 是稳定的，而在该线的下方 SiO_2 相对于液体 Si 是稳定的。

② Si(s)-SiC-气相平衡

对于反应平衡：

$$Si(s) + 2CO(g) \Longrightarrow SiC(s) + CO_2(g) \qquad\qquad (xviii)$$

有

$$\Delta G^\circ_{(xviii),1273K} = -243750 + 182.11T$$

所以，

$$\lg p_{CO} = -\frac{6364}{T} + 4.76 + \frac{1}{2}\lg p_{CO_2}$$

在 $\lg p_{CO_2} = -12$ 的情况下，可绘制出图 13.7（a）中的直线 DE。在该线的上方，SiC 相对于固体 Si 是稳定的，而在该线的下方固体 Si 相对于 SiC 是稳定的。

③ Si(l)-SiC-气相平衡

对于反应平衡：

$$Si(l) + 2CO(g) \Longrightarrow SiC(s) + CO_2(g) \tag{xix}$$

有

$$\Delta G^{\circ}_{(xix),1273K} = -293300 + 211.5T$$

因此，

$$\lg p_{CO} = -\frac{7659}{T} + 5.52 + \frac{1}{2}\lg p_{CO_2}$$

在 $\lg p_{CO_2} = -12$ 的情况下，可绘制出图 13.7（a）中的直线 FD。在该线的下方，液体 Si 相对于固体 SiC 是稳定的，而在该线的上方 SiC 相对于液体 Si 是稳定的。

④ SiC-SiO$_2$-气相平衡

对于反应平衡：

$$SiC(s) + 3CO_2(g) \Longrightarrow SiO_2(s) + 4CO(g) \tag{xx}$$

有

$$\lg p_{CO} = \frac{1221}{T} + 2.38 + 0.75\lg p_{CO_2}$$

在 $\lg p_{CO_2} = -12$ 的情况下，可绘制出图 13.7（a）中的直线 GH。在该线的上方，SiC 相对于固体 SiO$_2$ 是稳定的，而在该线的下方 SiO$_2$ 相对于 SiC 是稳定的。

$a_C = 1$ 的碳线可由以下平衡确定。

$$C(s) + CO_2(g) \Longrightarrow 2CO(g)$$

对于该反应，有：

$$\Delta G^{\circ} = 170700 - 174.5T$$

因此，

$$\lg p_{CO} = -\frac{4457}{T} + 4.55 + \frac{1}{2}\lg p_{CO_2}$$

在 $\lg p_{CO_2} = -12$ 的情况下，可绘制出图 13.7（a）中的直线 IJ。这条线以上的状态代表不稳定的气体。

稳定区确定过程如下：

① 在 APD 区域，固体 Si 相对于 SiO$_2$ 和 SiC 是稳定的，因此，该区域是固体 Si 的稳定区。

② 在 $FDAC$ 区域，液态 Si 相对于 SiC 和 SiO$_2$ 是稳定的，因此，该领域是液态 Si 的稳定区。

③ 在 $FDPHJI$ 区域，SiC 相对于 Si 和 SiO$_2$ 是稳定的，因此，该区域是 SiC 的稳定区。

④ 在 $CAPH$ 线下方，SiO$_2$ 相对于 Si 和 SiC 是稳定的，因此，该区域是 SiO$_2$ 的稳定区。

这些稳定区如图 13.7（b）所示。相稳定图显示，当 $p_{CO_2} = 10^{-12}$ atm 时，1410K（点 P）是 Si 稳定的最低温度，并且随着温度的升高，Si 的稳定区变宽，SiC 和 SiO$_2$ 稳定区缩小。图 13.7 中线的斜率与平衡反应的标准焓变有关，例如，对于式（xvi）给出的反应，求得区分固体 Si 和 SiO$_2$ 区的线［图 13.7（a）中的线 AB］的斜率为 $-\Delta H°/(2.303 \times 2 \times R) = 337300/(2.303 \times 2 \times 8.3144) = 8807$。图 13.6（b）中 10^{-12} atm 的 CO$_2$ 等压线上的点 a 和 b 对应于图 13.7（b）中 1273K 等温线上的点 a 和 b。

13.6　包含化合物的二元体系

二组元体系中相的关系可以用以温度和成分为坐标的等压相图来表示，这就是材料科学中经常遇到的相图（见第 10 章）。如果两种组元相互反应形成化合物，那么，在这种系统中，化学反应平衡和相平衡是同义的。考虑二元系统 A-B，其相图如图 13.8 所示。固体状态下与理想溶液性质的负偏离足够大时，就会形成遵守定比定律的整化学计量比化合物，A 在 B 中或 B 在 A 中的溶解度可以忽略不计，化合物 AB$_3$、AB 和 A$_3$B 中偏离化学计量比的范围可以忽略不计。该系统包含的平衡反应有：

$$3A + B \Longrightarrow A_3B$$
$$A + B \Longrightarrow AB$$
$$A + 3B \Longrightarrow AB_3$$

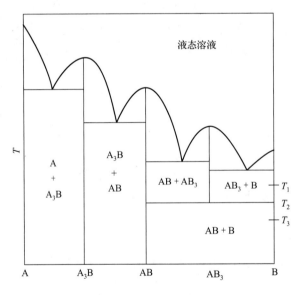

图 13.8　A-B 系统的相图

（其中形成了 3 个整化学计量比化合物）

如果一种组元（B）明显易挥发，而另一种组元（A）不挥发，则 p_B 随成分的变化可以确定系统的热力学（状态）。在温度为 T_1 时 p_B 随成分的变化如图 13.9 所示。在 B 和

AB_3 之间的成分范围内，几乎纯 B 与 AB_3（被 B 饱和）处于平衡状态，并且由于纯 B 的存在，系统产生的压力就是 p_B°，即温度为 T_1 时 B 的饱和蒸气压。在 AB（被 B 饱和）和 AB_3（被 A 饱和）之间的组成范围内，系统产生的恒定压力为 p_B'。在 A_3B（被 B 饱和）和 AB（被 A 饱和）之间的范围内，系统产生的恒定压力是 p_B''。在 A（被 B 饱和）和 A_3B（被 A 饱和）之间的范围内，系统产生的恒定压力是 p_B'''。在每个这样的成分范围内，二组元三相平衡有 1 个自由度。在指定 T_1 时使用这个自由度，这就要求固定温度时在这些范围内 $P=p_B$。系统中 B 的活度被定义为 p_B/p_B°，因此，

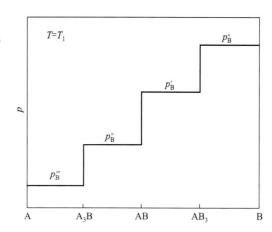

图 13.9　图 13.8 所示系统中组元 B 在温度 T_1 下的蒸气压随成分的变化

在 AB_3 与 B 范围内为：$p_B^\circ/p_B^\circ=1$

在 AB 与 AB_3 范围内为：p_B'/p_B°

在 A_3B 与 AB 范围内为：p_B''/p_B°

在 A 与 A_3B 范围内为：p_B'''/p_B°

由于 $\Delta \bar{G}_B^M = \bar{G}_B - G_B^\circ = RT\ln(p_B/p_B^\circ)$，温度为 T_1 时的吉布斯自由能（变化）-成分图如图 13.10 所示。由于图 13.10 是针对 1 摩尔的系统绘制的，那么：

$$hb = \Delta G_{(i)} = \Delta G \text{（对于如下反应）}$$

$$0.75\text{mol A} + 0.25\text{mol B} = A_{0.75}B_{0.25} \text{ 或 } 0.25\text{mol } A_3B$$

$$gc = \Delta G_{(ii)} = \Delta G \text{（对于如下反应）}$$

$$0.5\text{mol A} + 0.5\text{mol B} = A_{0.5}B_{0.5} \text{ 或 } 0.5\text{mol AB}$$

$$fd = \Delta G_{(iii)} = \Delta G \text{（对于如下反应）}$$

$$0.25\text{mol A} + 0.75\text{mol B} = A_{0.25}B_{0.75} \text{ 或 } 0.25\text{mol } AB_3$$

这三个吉布斯自由能的变化可以从几何学上确定如下：

$$ek = \Delta \bar{G}_B'^M = RT\ln\frac{p_B'}{p_B^\circ}$$

$$em = \Delta \bar{G}_B''^M = RT\ln\frac{p_B''}{p_B^\circ}$$

以及

$$en = \Delta \bar{G}_B'''^M = RT\ln\frac{p_B'''}{p_B^\circ}$$

因此，由相似三角形 ahb 和 aen 可知，

$$\frac{\Delta G_{(i)}}{\Delta \bar{G}_B'''^M} = \frac{1}{4}$$

所以，

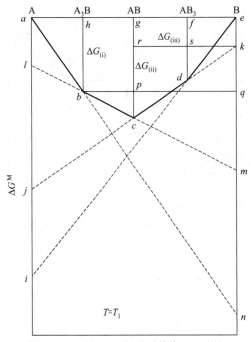

$$\Delta G_{(i)} = \frac{1}{4}\Delta\bar{G}'''^{M}_{B}$$

考虑相似三角形 bpc 和 bqm，可得，

$$\frac{pc}{qm} = \frac{bp}{bq} = \frac{1}{3}$$

此外，

$$pc = gc - gp = \Delta G_{(ii)} - \Delta G_{(i)}$$

且

$$qm = em - eq = \Delta\bar{G}''^{M}_{B} - \Delta G_{(i)}$$

因此，

$$3(\Delta G_{(ii)} - \Delta G_{(i)}) = (\Delta\bar{G}''^{M}_{B} - \Delta G_{(i)})$$

或

$$\Delta G_{(ii)} = \frac{1}{3}\Delta\bar{G}''^{M}_{B} + \frac{2}{3}\Delta G_{(i)}$$

考虑相似三角形 rck 和 sdk，可得，

$$\frac{rc}{sd} = \frac{rk}{sk} = 2$$

此外，

$$rc = gc - gr = \Delta G_{(ii)} - \Delta\bar{G}'^{M}_{B}$$

图 13.10　图 13.8 所示系统中 T_1 处的
摩尔吉布斯自由能

且

$$sd = fd - fs = \Delta G_{(iii)} - \Delta\bar{G}'^{M}_{B}$$

因此，

$$\Delta G_{(iii)} = \frac{1}{2}\Delta G_{(ii)} + \frac{1}{2}\Delta\bar{G}'^{M}_{B}$$

因此，

$$\Delta G_{(i)} = \frac{1}{4}RT\ln\frac{p'''_{B}}{p^{\circ}_{B}}$$

$$\Delta G_{(ii)} = \frac{1}{3}RT\ln\frac{p''_{B}}{p^{\circ}_{B}} + \frac{1}{6}RT\ln\frac{p'''_{B}}{p^{\circ}_{B}}$$

$$\Delta G_{(iii)} = \frac{1}{6}RT\ln\frac{p''_{B}}{p^{\circ}_{B}} + \frac{1}{12}RT\ln\frac{p'''_{B}}{p^{\circ}_{B}} + \frac{1}{2}RT\ln\frac{p'_{B}}{p^{\circ}_{B}}$$

所以，

$$3A + B = A_3B \quad \Delta G^{\circ}_{(i)} = 4\Delta G_{(i)}$$

$$A + B = AB \quad \Delta G^{\circ}_{(ii)} = 2\Delta G_{(ii)} = \frac{2}{3}\Delta\bar{G}''^{M}_{B} + \frac{4}{3}\Delta G_{(i)}$$

$$A + 3B = AB_3 \quad \Delta G^{\circ}_{(iii)} = 4\Delta G_{(iii)} = 2\Delta G_{(ii)} + 2\Delta\bar{G}'^{M}_{B}$$

如图 13.8 所示，在温度 T_2 以下，化合物 AB_3 相对于 AB 和 B 是不稳定的。在温度为 T_2 时，存在其不变的平衡状态是：

$$AB(s) + 2B(s) \Longrightarrow AB_3(s)$$

该反应的标准吉布斯自由能变化可依据 $\Delta G^{\circ}_{(iii)} - \Delta G^{\circ}_{(ii)}$ 计算，等于 $2RT\ln(p'_{B}/p^{\circ}_{B})$。因此，在 $T > T_2$ 时，

$$\Delta G_{(iii)}^{\circ} - \Delta G_{(ii)}^{\circ} < 0; p_B' < p_B^{\circ}$$

在 $T=T_2$ 时，

$$\Delta G_{(iii)}^{\circ} - \Delta G_{(ii)}^{\circ} = 0; p_B' = p_B^{\circ}$$

在 $T < T_2$ 时，

$$\Delta G_{(iii)}^{\circ} - \Delta G_{(ii)}^{\circ} > 0; p_B' > p_B^{\circ}$$

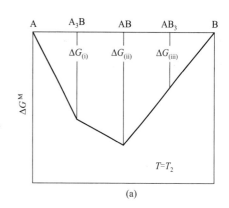

图 13.11（a）和（b）分别是 T_2 和 T_3 时的混合吉布斯自由能随温度变化的关系图。如图所示，在温度为 T_2 时，

$$|\Delta G_{(iii)}| = |1/2\Delta G_{(ii)}|$$

在温度为 T_3 时，

$$|\Delta G_{(iii)}| < |1/2\Delta G_{(ii)}|$$

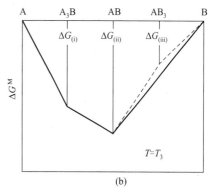

图 13.11 （a）图 13.8 所示系统在温度 T_2 时的混合吉布斯自由能；

（b）图 13.8 所示系统在温度 T_3 时的混合吉布斯自由能

这样，在成分 B-AB 的范围内，当温度低于 T_2 时，以 $AB+AB_3$ 或 AB_3+B 形式出现的系统相对于以 $AB+B$ 形式出现的系统来说是亚稳的。在考虑如图 13.8 所示系统的热力学特性时，可以采用两种方法，即

① 考虑这些化合物是有序的固态溶液；

② 考虑这些化合物是由 A 与 B 的化学反应形成的。

认为化合物 AB_3 是 A 和 B 摩尔比为 1∶3 的有序固态溶液。那么，在图 13.10 中，

$$
\begin{aligned}
fd &= \Delta G^M = RT(X_A \ln a_A + X_B \ln a_B) \\
&= RT(0.25\ln a_A + 0.75\ln a_B) \\
&= RT\ln a_A^{0.25} a_B^{0.75}
\end{aligned} \quad \text{(i)}
$$

考虑形成的化合物 AB_3 为反应的产物，即

$$A + 3B \Longrightarrow AB_3$$

对该反应而言，标准吉布斯自由能的变化是 $\Delta G_{(iii)}^{\circ}$。那么，

$$
fd = 0.25\Delta G_{(iii)}^{\circ} = -0.25RT\ln K_{(iii)} = -RT\left(\frac{a_{AB_3}}{a_A a_B^3}\right)^{0.25}
$$

$$
= RT\ln\left(\frac{a_A^{0.25} a_B^{0.75}}{a_{AB_3}^{0.25}}\right) \quad \text{(ii)}
$$

由于 AB_3 是一种线性化合物（即它的非化学计量比范围可以忽略不计），它以固定的成分存在，因此以固定状态存在。如果这个固定状态被选为标准状态，其 $a_{AB_3}=1$，那么式（ii）就可写成：

$$fd = 0.25\Delta G_{(iii)}^{\circ} = RT\ln(a_A^{0.25} a_B^{0.75})$$

这与式（i）相同。在式（i）和式（ii）中，A 和 B 的标准状态是温度 T 下的纯固体元素。化合物 AB_3 中 A 和 B 的活度变化受限于 B 和 AB 的分离，例如，当 AB_3 与 B 处于平衡状态时，$a_B=1$，因此，$a_A = \exp(4\Delta G_{(iii)}/RT) = \exp(\Delta G_{(iii)}^{\circ}/RT)$（在图 13.10 中 $RT\ln a_A = ai$）。如果 B 的活度降低到小于 1 的值，则 AB_3 不再被 B 饱和，化合物中 A 的活度增加。当 AB_3 被 A 饱和时，AB_3 中 B 的活度最小，此时化合物 AB 出现。从图 13.10 中

可得到 B 可能具有的最小活度，即 $RT\ln a_B = ek$，而 A 的相应最大活度由 $RT\ln a_A = aj$ 确定。当化合物产生的 B 分压位于极限 p_B' 和 p_B° 之间时，AB_3 不能被 A 或 B 饱和。可以对化合物 AB 和 A_3B 进行类似的考虑，例如，在图 13.10 中，

$$gc = \Delta G^M = \frac{1}{2}\Delta G_{(ii)}^\circ = RT\ln a_A^{0.5} a_B^{0.5}$$

以及

$$hb = \Delta G^M = 0.25\Delta G_{(i)}^\circ = RT\ln a_A^{0.75} a_B^{0.5}$$

在前面的讨论中，假设中间相是线性化合物，并且 A 在 B 中不溶解。如果 A 和 B 彼此部分溶解，化合物 A_2B 和 AB_2（分别标识为相 β 和相 γ）具有可测量的非化学计量比范围，相图如图 13.12（a）所示。同样，如果 B 具有明显的挥发性而 A 没有，那么在温度为 T_1 时蒸气压随成分的变化如图 13.12（b）所示，吉布斯自由能的相应变化如图 13.12（c）所示。

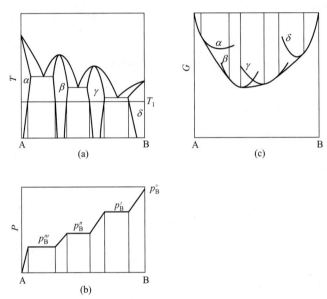

图 13.12 （a）系统 A-B 的相图；（b）温度为 T_1 时 B 蒸气的分压；
（c）温度为 T_1 时的摩尔混合吉布斯自由能

【例题 5】 Ga-GaP 系统

Ga-GaP 系统的相图如图 13.13 所示。计算由 GaP 液相线熔体在 1273K 产生的 P_2 蒸气分压 p_{P_2}。对于反应：

$$Ga(l) + \frac{1}{2}P_2(g) =\!=\!= GaP(s)$$

其标准吉布斯自由能变化为：

$$\Delta G^\circ = -178800 + 96.2T + 3.1T\ln T - 3.61\times 10^{-3}T^2 - \frac{1.035\times 10^5}{T}$$

解答：

在 1273K 时，

$$\Delta G_{1273K}^\circ = -3.406\times 10^4 J$$
$$= -8.3144\times 1273\times \ln K_{1273K}$$

解得：

$$K_{1273K} = 24.97 = \frac{a_{GaP}}{a_{Ga} p_{P_2}^{1/2}}$$

上式中，a_{Ga} 是将液态 Ga 作为标准状态时液态熔体 Ga 的活度，并且由于液态熔体与纯固态 GaP 处于平衡状态，所以 GaP 的活度 a_{GaP} 是 1。液相线成分随温度在 $1173 \sim 1373K$ 范围内的变化可表示为：

$$\ln X_P = -\frac{16500}{T} + 9.902$$

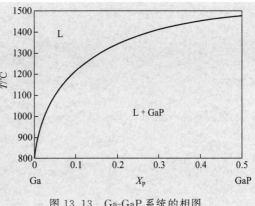

图 13.13　Ga-GaP 系统的相图

由此可解得 1273K 时的液相线成分 $X_P = 0.045$。鉴于溶质 P 的溶解度较低，可以假设溶剂 Ga 服从拉乌尔定律，此时 Ga 在液相线熔体中的活度为 0.955，因此液相线熔体产生的 P_2 分压为：

$$p_{P_2} = \left(\frac{1}{24.97 \times 0.955}\right)^2 = 1.76 \times 10^{-3} \text{(atm)}$$

【例题 6】 Mg-Si 系统

Mg-Si 系统的相图如图 13.14 所示。确定相图可以计算的程度，假设液态溶液表现出正规溶液的性质。

- Mg 在 921K 熔化，熔化时其吉布斯自由能变化为：

$$\Delta G_{m(Mg)}^{\circ} = 8790 - 9.52T$$

- Si 在 1688K 熔化，熔化时其吉布斯自由能变化为：

$$\Delta G_{m(Si)}^{\circ} = 50630 - 30.0T$$

- Mg_2Si 在 1358K 熔化，熔化时其吉布斯自由能变化为：

$$\Delta G_{m(Mg_2Si)}^{\circ} = 85770 - 63.2T$$

如下反应：

$$2Mg(l) + Si(s) = Mg_2Si(s) \tag{i}$$

其反应的标准吉布斯自由能变化为：

$$\Delta G_{(i)}^{\circ} = -100400 + 39.3T$$

解答：

图 13.15 是系统在 1358K 时的吉布斯自由能图，其中液体 Mg 作为 Mg 的标准状态，固体 Si 作为 Si 的标准状态。在 Mg_2Si 熔点（1358K）时，$\Delta G_{(i)}^{\circ} = -47030J$，因此形成 $Mg_{2/3}Si_{1/3}$ 的吉布斯自由能 $= -47030/3 = -15676$（J），在图 13.15 中就是线段 de 的长度。图 13.15 中，b 点表示液体 Si 相对于固体 Si 的自由能，位于 a 点上方 9890J 处。因此，线段 cd 的长度为 $9890/3 = 3297$（J），线段 ce 的长度为 $3297 + 15676 = 18973$（J）。因此，由液态 Mg 和液态 Si 形成固态 $Mg_{2/3}Si_{1/3}$ 的吉布斯自由能为 $-18973J$。然而，在 1358K 的熔化温度下，$G_{Mg_2Si(s)}^{\circ} = G_{Mg_2Si(l)}^{\circ}$，因此，液态 Mg 和液态 Si 在 1358K 时形成液态 $Mg_{2/3}Si_{1/3}$ 的吉布斯自由能也是 $-18973J$。因此，表示系统中在 1358K 处熔体的摩尔

生成吉布斯自由能的线通过点 e，并且有形成正规溶液的一般表达式：

$$\Delta G^{M} = RT(X_{Mg}\ln X_{Mg} + X_{Si}\ln X_{Si}) + \alpha X_{Mg}X_{Si}$$

在 $X_{Si} = 1/3$ 处，

$$-18973 = 8.3144 \times 1358 \times \left(\frac{2}{3}\ln\frac{2}{3} + \frac{1}{3}\ln\frac{1}{3}\right) + \alpha\frac{2}{3} \times \frac{1}{3}$$

解得 $\alpha = -53040$J。

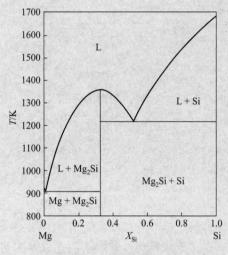

图 13.14　Mg-Si 系统的相图

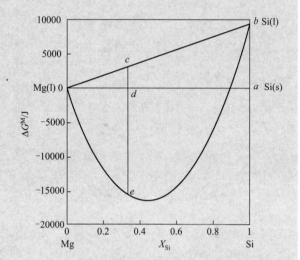

图 13.15　1358K 时 Mg-Si 系统的
摩尔混合吉布斯自由能

对于如下反应，

$$2Mg(l) + Si(l) \xrightarrow{\quad} Mg_2Si(s) \tag{ii}$$

考虑 Si 熔化的吉布斯自由能变化，并与 $\Delta G^{\circ}_{(i)}$ 合并，可求得：

$$\Delta G^{\circ}_{(ii)} = -151030 + 69.3T$$

因此，

$$-151030 + 69.3T = -RT\ln K = -RT\ln\frac{a_{Mg_2Si}}{a_{Mg}^2 a_{Si}}$$

由于 Mg_2Si 液相线上的液体被 Mg_2Si 饱和，$a_{Mg_2Si(s)} = 1$，沿 Mg_2Si 液相线 Mg 和 Si 的活度随温度的变化可由下式求出。

$$-151030 + 69.3T = 2RT\ln a_{Mg} + RT\ln a_{Si} \tag{iii}$$

在正规溶液中，

$$RT\ln a_i = RT\ln X_i + \alpha(1 - X_i)^2$$

因此，式（iii）可写成：

$$-151030 + 69.3T = 2RT\ln(1 - X_{Si}) - 2 \times 53040X_{Si}^2 +$$

$$RT\ln X_{Si} - 53040(1 - X_{Si})^2 \tag{iv}$$

式（iv）是 Mg_2Si 液相线的方程，它是二次方程，在每个温度下 X_{Si} 有两个解，一个是 Mg-Mg_2Si 子二元中的液相线成分，另一个是 Mg_2Si-Si 子二元中的液相线成分。图 13.16 中由式（iv）可绘出虚线 abc。

Si 液相线可由式（10.7）求得。

$$\Delta \bar{G}_{Si(l)}^{M} = -\Delta G_{m(Si)}^{\circ}$$

即

$$RT\ln X_{Si} + \alpha(1-X_{Si})^2 = -50630 + 30.0T$$

解得：

$$T = \frac{50630 - 53040(1-X_{Si})^2}{30.0 - 8.3144\ln X_{Si}} \quad \text{(v)}$$

图 13.16 中由式（v）可绘出虚线 cd。

类似地，Mg 的液相线可由下式求得。

$$RT\ln(1-X_{Si}) + \alpha X_{Si}^2 = -8790 + 9.52T$$

解得：

$$T = \frac{8790 - 53040 X_{Si}^2}{9.52 - 8.3144\ln(1-X_{Si})} \quad \text{(vi)}$$

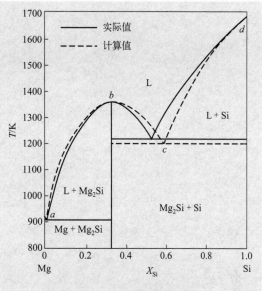

图 13.16　Mg-Si 系统的计算
相图与实际相图

计算图与实际图吻合良好。计算得到的 Mg_2Si-Si 子二元中的共晶温度和共晶成分分别为 1200K 和 $X_{Si}=0.58$，与实际值 1218K 和 $X_{Si}=0.53$ 接近，Mg-Mg_2Si 子二元中的共晶成分和温度与实际值一致。

13.7　相平衡的图形表示

13.7.1　Mg-Al-O 系统的相平衡

考虑 Mg-Al-O 系统在 1073K 时的相平衡。在 1073K，液态 Mg 和 Al 完全相互混溶，并且 MgO、Al_2O_3 和 $MgAl_2O_4$ 尖晶石❶作为金属合金的氧化产物出现。氧化物的稳定性由液体金属合金中 Al 和 Mg 的活度以及氧化物的标准生成吉布斯自由能决定。对于：

$$2Al(l) + \frac{3}{2}O_2(g) = Al_2O_3(s) \quad \text{(i)}$$

$$\Delta G_{(i),1073K}^{\circ} = -1323000J = -RT\ln \frac{a_{Al_2O_3}}{a_{Al}^2 p_{O_2}^{3/2}}$$

解得：

$$2\lg a_{Al} + 1.5\lg p_{O_2} - \lg a_{Al_2O_3} = -64.39 \quad \text{(ia)}$$

对于：

$$Mg(l) + \frac{1}{2}O_2(g) = MgO(s) \quad \text{(ii)}$$

---

❶ 尖晶石是具有通式 AB_2O_4 的立方氧化物，其中 A 是二价离子，B 是三价离子。

$$\Delta G_{(ii),1073K}^{\circ}=-484300J=-RT\ln\frac{a_{MgO}}{a_{Mg}p_{O_2}^{1/2}}$$

解得：

$$\lg p_{O_2}=-2\lg a_{Mg}+2\lg a_{MgO}-47.14 \qquad (iia)$$

对于：

$$Mg(l)+2Al(l)+2O_2(g)=\!\!=\!\!=MgAl_2O_4(s) \qquad (iii)$$

$$\Delta G_{(iii),1073K}^{\circ}=-1854000J=-RT\ln\frac{a_{MgAl_2O_4}}{a_{Mg}a_{Al}^2p_{O_2}^2}$$

解得：

$$\lg p_{O_2}=-\frac{1}{2}\lg a_{Mg}-\lg a_{Al}+\frac{1}{2}\lg a_{MgAl_2O_4}-45.12 \qquad (iiia)$$

合并式（i）、式（ii）和式（iii）可得：

$$MgO(s)+Al_2O_3(s)=\!\!=\!\!=MgAl_2O_4(s) \qquad (iv)$$

对于该式，

$$\Delta G_{(iv),1073K}^{\circ}=-46700J=-RT\ln\frac{a_{MgAl_2O_4}}{a_{MgO}a_{Al_2O_3}}$$

或

$$\lg a_{MgO}+\lg a_{Al_2O_3}-\lg a_{MgAl_2O_4}=-2.273 \qquad (iva)$$

MgO-Al_2O_3 体系的混合吉布斯自由能如图 13.17 所示。从 $\Delta G_{(iv),1073K}^{\circ}$ 开始，$(MgO)_{1/2}$ $(Al_2O_3)_{1/2}$ 的生成吉布斯自由能为 $-23350J$，$MgAl_2O_4$ 作为稳定相存在，要求 MgO 和 Al_2O_3 的活度值介于 $\lg a=-2.273$ 和 $\lg a=0$ 之间，其值由式（iva）确定。

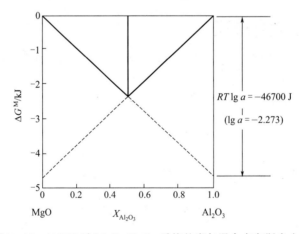

图 13.17　1073K 时 MgO-Al_2O_3 系统的摩尔混合吉布斯自由能

由式（iva）和图 13.17 可知，在用 MgO 饱和（在 $a_{MgO}=1$ 时）的 $MgAl_2O_4$（在 $a_{MgAl_2O_4}=1$ 时）中 Al_2O_3 活度的对数为 -2.273。从对称性看，用 Al_2O_3 饱和的 $MgAl_2O_4$（在 $a_{MgAl_2O_4}=1$ 时）中 MgO 的活度为 -2.273。因此，如果系统中 MgO 或 Al_2O 的活度小于 $10^{-2.273}$，则 $MgAl_2O_4$ 尖晶石不稳定。Mg-Al 系统中 1073K 时测得的 Mg 和 Al 的活度由下式拟合❶。

❶ G. R. Belton，Y. K. Rao. A Galvanic Cell Study of Activities in Mg-Al Liquid Alloys. Trans. Met. Soc. AIME (1969)，245，2189.

$$\lg a_{Mg} = \lg X_{Mg} - 0.68(1 - X_{Mg})^3 \tag{v}$$

以及

$$\lg a_{Al} = \lg(1 - X_{Mg}) - 1.02 X_{Mg}^2 + 0.68 X_{Mg}^3 \tag{vi}$$

系统在 1073K 时的相稳定图,以 p_{O_2} 和 $\lg a_{Mg}$ 为坐标,如图 13.18(a)所示(恒温下确定了三元体系 Mg-Al-O 中 O_2 和 Mg 的活度,就确定了 Al 的活度)。从式(iia)可得,纯液态 Mg 和 MgO 之间的平衡发生在 $\lg p_{O_2} = -47.17$ 处,如图 13.18(a)中的点 a 所示。涉及 Mg-Al 熔体、MgO 和气相的三相平衡由式(iia)确定,如图 13.18(a)中的直线 ab 所示。向液态合金中添加 Al 会减小 a_{Mg},并因此增大维持 $a_{MgO}=1$ 所需的 O_2 压力值。此外,由式(i)可知,在沿 ab 从 a 向 b 移动时,$a_{Al_2O_3}$ 的活度增大,并在 b 点达到 $10^{-2.273}$,此时 $a_{MgO}=1$,使得 $a_{MgAl_2O_4}=1$。因此,在 b 点出现熔体-MgO-MgAl$_2$O$_4$-气相四相平衡,由式(iiia)确定的涉及 Mg-Al 熔体、MgAl$_2$O$_4$ 和气相的三相平衡沿直线 bd 存在。在沿直线 bd 从 b 到 d 移动的过程中,Mg 在熔体中的稀释导致 a_{MgO} 从 b 处的等于 1(逐渐)减小,$a_{Al_2O_3}$ 增大,在 d 点 $a_{Al_2O_3}=1$,$\lg a_{Mg}=-2.273$。因此,点 d 代表四相平衡,熔体-Al$_2$O$_3$-MgAl$_2$O$_4$-气体。当 Mg 的活度小于 d 点值时,MgO 的活度小于 $10^{-2.273}$,因此尖晶石 MgAl$_2$O$_4$ 不稳定。直线 ed 表示涉及熔体、Al$_2$O$_3$ 和气相的平衡,该平衡由式(ia)确定。然而,由于在点 d 处 $a_{Mg}=5.75\times10^{-5}$,a_{Al} 几乎是 1,因此,直线 ed 几乎是水平的,且在 $\lg p_{O_2}=-42.93$ 处[可由式(ia)确定]。直线 df 和 bc 分别代表 Al$_2$O$_3$-MgAl$_2$O$_4$-气相和 MgAl$_2$O$_4$-MgO-气相三相平衡。图 13.18(a)中的直线确定了 Al-Mg 液态合金、MgO、MgAl$_2$O$_4$ 和 Al$_2$O$_3$ 在 1073K 时的稳定区。

式(v)和式(vi)给出的活度-成分关系,使得图 13.18(a)所示的相稳定图可以转换为图 13.18(b)所示的相图,其以 $\lg p_{O_2}$ 和 $\lg[n_{Mg}/(n_{Mg}+n_{Al})]$ 为坐标(其中 n_{Mg} 和 n_{Al} 分别为系统中 Mg 和 Al 的摩尔数)。直线 ab 确定了被 MgO 饱和的金属熔体成分,直线 bd 确定了被 MgAl$_2$O$_4$ 饱和的熔体成分,直线 ed 确定了被 Al$_2$O$_3$ 饱和的熔体成分。

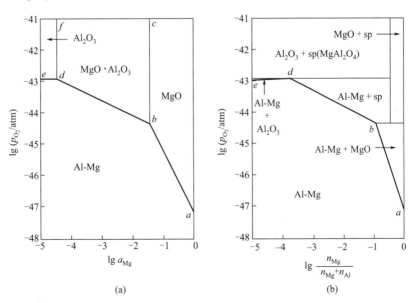

图 13.18 (a) Al-Mg-O 系统在 1073K 时的相稳定图;(b)在 1073K 时 Al-Mg-O 系统的相图

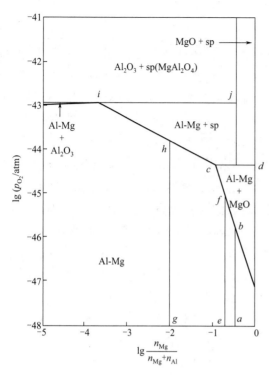

图 13.19　成分和 O_2 压力对 Mg-Al-O
系统中存在的平衡状态的影响

考虑 $X_{Mg}=0.333$、0.2 和 0.01 的 Al-Mg 合金在 1073K 下的氧化顺序。$X_{Mg}=0.333$，$\lg p_{O_2}=-48$，系统存在于图 13.19 的状态 a。当 O_2 压力增加到 $\lg p_{O_2}=-45.6$，系统处于状态 b，在这种状态下，合金与 MgO 处于平衡状态。O_2 压力的进一步增加导致 MgO 从熔体中析出，从而降低了 X_{Mg} 在熔体中的摩尔分数，并导致其成分沿 MgO 饱和线从 b 向 c 移动。在 $\lg p_{O_2}=-44.3$ 处，成分 c 的熔体被 MgO 饱和，O_2 压力的进一步增加导致成分 c 的所有熔体与 d 处的所有 MgO 反应形成尖晶石 $MgAl_2O_4$。$X_{Mg}=0.2$ 的熔体在 $\lg p_{O_2}=-48$ 时与 O_2 平衡，处于图 13.19 中的状态 e。将 O_2 压力增加到 $\lg p_{O_2}=-45.1$ 使合金在状态 f 与 MgO 达到平衡。进一步增加 O_2 压力到 $\lg p_{O_2}=-44.3$ 导致 MgO 沉淀，并使熔体的成分沿着 MgO 饱和线从 f 移动到 c。O_2 压力的进一步增加导致所有的 MgO 与一些熔体反应生成 $MgAl_2O_4$ 和被 $MgAl_2O_4$ 饱和的熔体。随着进一步氧化，$MgAl_2O_4$ 从熔体中析出，熔体的成分沿 $MgAl_2O_4$ 饱和线从 c 向 i 移动。尽管尖晶石从熔体中析出，以 Al/Mg=2 的比率从熔体中去除了 Al 原子和 Mg 原子，但熔体中 X_{Mg} 的值足够低，以至于 Al 原子的去除使 X_{Al} 的变化可以忽略不计，但会导致 X_{Mg} 显著减少。在 $\lg p_{O_2}=-42.8$ 处，状态 i 的熔体被 Al_2O_3 和 $MgAl_2O_4$ 双重饱和，O_2 压力的进一步增加导致熔体消失。增加作用在 $X_{Mg}=0.01$ 的熔体上的 O_2 压力会导致熔体在 $\lg p_{O_2}=-43.8$（状态 h）处被 $MgAl_2O_4$ 饱和。O_2 压力的进一步增加导致氧化按如前所述的方式进行。

13.7.2　碳饱和 Al-C-O-N 系统的相平衡

我们现在考虑在 2000K 时被 C 饱和的 Al-C-O-N 系统的相稳定性，并求出 2000K 时在石墨坩埚中生成 AlN 而不形成 Al_4C_3 的条件。在四元体系中出现的固相是 AlN、Al_4C_3、Al_4O_4C 和 Al_2O_3，并且由于该体系是被石墨饱和的，因此可以相互平衡共存的最少相数为 3（石墨、气相和第二个凝聚相）。此三相平衡可用的自由度数为：

$$F=C-\Phi+2=4-3+2=3$$

可选择 T、p_{O_2} 和 p_{N_2}。因此，可以使用 $\lg p_{N_2}$ 和 $\lg p_{O_2}$ 作为坐标来绘制等温相稳定图。对于反应：

$$4Al(l)+3C(s)\Longrightarrow Al_4C_3(s) \tag{i}$$

$$\Delta G^{\circ}_{(i),2000K}=-74060J$$

在 2000K 时不存在涉及纯液体 Al、石墨和固体 Al_4C_3 的平衡。Al 在被 C 饱和的 Al_4C_3 中

的活度可由下式确定，

$$K_{(i),2000K} = \exp\left(\frac{74060}{8.3144 \times 2000}\right) = 85.95 = \frac{a_{Al_4C_3}}{a_{Al}^4 a_C^3} = \frac{1}{a_{Al}^4}$$

解得，相对于纯 Al，$a_{Al} = 0.327$。

对于如下反应：

$$4AlN(s) + 3C(s) \Longrightarrow Al_4C_3(s) + 2N_2(g) \tag{ii}$$

$$\Delta G_{(ii),2000K}^{\circ} = 917900J = -2 \times 8.3144 \times 2000 \times 2.303 lg p_{N_2}$$

涉及固体石墨、固体 AlN、固体 Al_4C_3 和气相的平衡，由上式解得 $lg p_{N_2} = -11.98$。在图 13.20（a）中，代表这个平衡的线可画成直线 ab。相对于石墨和 Al_4C_3 而言，在线的上方，石墨和 AlN 是稳定的。相对于石墨和 AlN 而言，在线的下方，石墨和 Al_4C_3 是稳定的。

对于如下反应：

$$Al_4O_4C(s) + 2C(s) \Longrightarrow Al_4C_3(s) + 2O_2(g) \tag{iii}$$

$$\Delta G_{(iii),2000K}^{\circ} = 1333000J = -2 \times 8.3144 \times 2000 \times 2.303 lg p_{O_2}$$

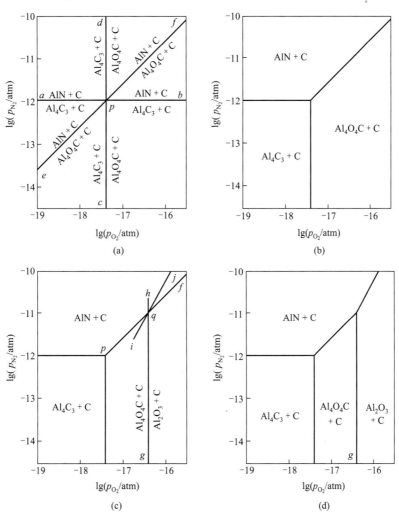

图 13.20　绘制的 2000K 时被 C 饱和的 Al-C-O-N 系统的相稳定图

涉及固体石墨、固体 Al_4C_3、固体 Al_4O_4C 和气相的平衡，由上式解得 $\lg p_{O_2}=-17.40$。在图 13.20（a）中，代表这个平衡的线可绘制为直线 cd。在这条线的左边，相对于石墨和 Al_4O_4C 而言，石墨和 Al_4C_3 是稳定的，而在这条线的右边，情况正好相反。

对于如下反应：

$$4Al(l)+2O_2(g)+C(s)\!=\!=\!=\!Al_4O_4C(s) \tag{iv}$$

$$\Delta G^\circ_{(iv),2000K}=-1407000J$$

对于被 C 饱和的 Al_4O_4C 反应，

$$K_{(iv),2000K}=\exp\left(\frac{1407000}{8.3144\times2000}\right)=5.58\times10^{36}=\frac{1}{a^4_{Al}p^2_{O_2}}$$

当 $\lg p_{O_2}=-17.40$ 时，由上式可得出 $a_{Al}=0.327$。因此，Al 在被 C 饱和的 Al_4O_4C 中的活度与在被 C 饱和的 AlN 中的活度具有相同的值。直线 ab 和 cd 的交点是涉及 4 个固相和 1 个气相的 5 相平衡的状态。

对于反应：

$$Al_4O_4C(s)+2N_2(g)\!=\!=\!=\!C(s)+2O_2(g)+4AlN(s) \tag{v}$$

$$\Delta G^\circ_{(v),2000K}=415000J=-2\times8.3144\times2000\times2.303\lg\frac{p_{O_2}}{p_{N_2}}$$

解得：

$$\lg p_{N_2}=\lg p_{O_2}+5.42$$

上式用于描述石墨、固体 AlN、固体 Al_4O_4C 和气相之间的平衡。在图 13.20（a）中，代表这个平衡的线可画成直线 ef。在线的上方，相对于被 C 饱和的 Al_4O_4C 而言，被 C 饱和的 AlN 是稳定的；在线的下方则相反。考查图 13.20（a）可以获得以下内容：

① 在 ap 下方和 pc 左侧的区域中，Al_4C_3 相对于 AlN 和 Al_4O_4C 是稳定的。

② 在 ap 以上和 pf 以上的区域，AlN 相对于 Al_4C_3 和 Al_4O_4C 是稳定的。

③ 在 pf 下方和 pc 右侧的区域中，Al_4O_4C 相对于 AlN 和 Al_4C_3 是稳定的。

因此，不考虑 Al_2O_3 的稳定性，AlN、Al_4C_3 和 Al_4O_4C 的稳定区如图 13.20（b）所示。

对于反应，

$$2Al_2O_3(s)+C(s)\!=\!=\!=\!O_2(g)+Al_4O_4C(s) \tag{vi}$$

$$\Delta G^\circ_{(vi),2000K}=630800J=-8.3144\times2000\times2.303\lg p_{O_2}$$

对于石墨、Al_4O_4C、Al_2O_3 和气相之间的平衡，由上式解得 $\lg p_{O_2}=-16.47$。在图 13.20（c）中，代表这个平衡的线可画成直线 gh，它与 pf 的交点是石墨、AlN、Al_4O_4C、Al_2O_3 和气相之间的 5 相平衡状态。

对于反应：

$$Al_2O_3(s)+N_2(g)\!=\!=\!=\!2AlN(s)+1.5O_2(g) \tag{vii}$$

$$\Delta G^\circ_{(vii),2000K}=522900J=-8.3144\times2000\times2.303\lg\frac{p^{1.5}_{O_2}}{p_{N_2}}$$

解得：

$$\lg p_{N_2}=1.5\lg p_{O_2}+13.65$$

上式适于描述式（vii）所给出的反应平衡。在图 13.20（c）中，代表这个平衡的线可画成直线 ij，它与系统中 C 的活度无关。由于直线 pq 代表一个稳定的平衡，从 q 点辐射出来的另外两条代表稳定平衡的线是 qg 和 qj，完整的相稳定图如图 13.20（d）所示。该图显示，如果 O_2 和 N_2 的压力使热力学状态位于 AlN 的稳定区域，那么 AlN 可以在石墨坩埚中加热而不形成 Al_4C_3。

13.8 可变组分氧化物相的形成

图 13.21 为温度 T 下，金属 M-氧 O 系统的摩尔混合吉布斯自由能随成分的变化，其中 O_2 在金属 M 中具有可测量的溶解度，氧化物 MO 和 M_3O_4 的成分可变化。具有非化学计量成分的化合物有时被称为贝托莱化合物，它以 Claude Louis Berthollet（1748—1822）命名。从纯 M 开始，增加 O_2 压力会导致摩尔混合吉布斯自由能从 f 沿线 fi 移动，直到 $p_{O_2}=p_{O_2(M/MO)}$，金属被 O 饱和，出现被金属饱和的成分为 M_bO_a 的 MO 相。如果选择纯金属 M 和温度 T 时的 1atm 的 O_2 作为标准状态，则

$$\Delta G_{\text{金属/被饱和的金属氧化物}}=jk=RT(b\ln a_M+a\ln p_{O_2}^{1/2})$$
$$=RT\ln(a_M^b p_{O_2}^{a/2})$$

根据图 13.21 可知，$fg=RT\ln a_M$，$lm=RT\ln p_{O_2(M/MO)}$。

对于下式，

$$b\,M(s)+\frac{1}{2}a\,O_2(g)\longrightarrow M_bO_a(s)$$

我们可以写出：

$$\Delta G^\circ=jk=RT\ln\left(\frac{a_M^b p_{O_2}^{a/2}}{a_{M_bO_a}}\right)$$

如果选择被金属饱和的氧化物作为标准状态，则与前面的表达式相同。这样就可以很方便地写出氧化反应所消耗的整数倍摩尔数的 O_2 原子了。例如，对于 1 摩尔原子的 O_2 的消耗，

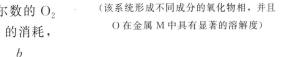

图 13.21 M-O 系统的混合吉布斯自由能
（该系统形成不同成分的氧化物相，并且 O 在金属 M 中具有显著的溶解度）

$$y\,M+\frac{1}{2}O_2(g)\longrightarrow M_yO，\text{其中 } y=\frac{b}{a}$$

$$\Delta G^\circ=RT\ln\left(\frac{a_M^y p_{O_2}^{1/2}}{a_{M_yO}}\right)$$

或者，对于消耗 1 摩尔的 O_2 分子（2 摩尔 O 原子），

$$\Delta G^\circ=RT\ln\left(\frac{a_M^{2y} p_{O_2}}{a_{M_yO}^2}\right)$$

如果 O_2 在金属中的溶解度几乎为 0，那么图 13.21 中的 fg 就会缩小为一个点，图 13.21 可重新绘制为图 13.22。在这种情况下，选择纯 M、在 1atm 和温度 T 下的 O_2 以及

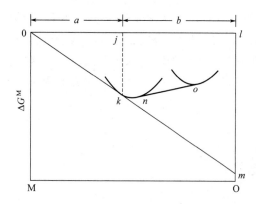

图 13.22　M-O 系统的混合吉布斯自由能
（该系统形成可变成分的氧化物相，并且
O 在金属 M 中的溶解度可忽略不计）

成分 M_yO 的氧化物作为标准状态，对于下述氧化反应，有：

$$yM + \frac{1}{2}O_2 = M_yO$$

$$\Delta G^\circ = RT \ln p_{O_2(M/M_yO)}^{1/2}$$

其中 $p_{O_2(M/MO)}$ 是金属 M 和被金属饱和的氧化物 MO 之间平衡所需的 O_2 压力，其值由图 13.22 中的 $lm = RT \ln p_{O_2(M/MO)}$ 确定。

如果 O_2 压力增加到大于 $p_{O_2(M/MO)}$ 的值，则金属相消失，MO 相的 O 含量增加，体系的摩尔混合吉布斯自由能沿线 kn 移动，而 M 和 MO 的活度相应变化。在一项经典研究中，Darken 和 Gurry[1] 通过改变 O_2 压力和温度并观察相和相成分的相应变化，来确定 Fe-O 系统中存在的相关系。他们为 FeO 和 Fe_2O_3 绘制的相图如图 13.23 所示。考虑浮氏体（以 "FeO" 或 Fe_xO 表示）[2] 相区，它在 1100℃ 时从成分 m 延伸到成分 n。可以使用吉布斯-杜亥姆方程从实验确定的浮氏体成分随 O_2 压力的变化，计算浮氏体相中 a_{Fe} 的变化。

$$X_{Fe} d\ln a_{Fe} + X_O d\ln a_O = 0$$

即

$$\lg a_{Fe} = -\int \frac{X_O}{X_{Fe}} d\lg a_O = -\int \frac{X_O}{X_{Fe}} d\lg p_{O_2}^{1/2}$$

式中，积分的上限是与目标浮氏体成分平衡的 O_2 压力；积分的下限是 $p_{O_2(Fe/"FeO")}$（组成为 m 的浮氏体与被 O 饱和的金属 Fe 平衡时的 O_2 压力），在此成分时 $a_{Fe} = 1$。因此确定了 a_{Fe} 随成分的变化，$a_{"FeO"}$ 的相应变化确定如下。如果选择目标温度下的 $p_{O_2(Fe/"FeO")}$ 为 O_2 的标准状态，那么对于：

$$yFe(s) + \frac{1}{2}O_2(g, p_{O_2(Fe/"FeO")}) = Fe_yO(s)$$

由于标准状态彼此处于平衡状态，$\Delta G^\circ = 0$，因此，$K = 1$，

$$a_{"FeO"} = a_{Fe} a_O，其中 a_O = \left(\frac{p_{O_2}}{p_{O_2(Fe/"FeO")}}\right)^{1/2}$$

或

$$\begin{aligned} \lg a_{"FeO"} &= \lg a_{Fe} + \lg a_O \\ &= -\int \frac{X_O}{X_{Fe}} d\lg a_O + \int d\lg a_O \\ &= -\int \left(\frac{X_O}{X_{Fe}} - 1\right) d\lg p_{O_2}^{1/2} \end{aligned}$$

[1] L. S. Darken，R. W. Gurry. The System Iron-Oxygen，I：The Wustite Field and Related Equilibria," J. Am. Chem. Soc. (1945)，vol. 67，p. 1398；"The System Iron-Oxygen，Ⅱ：Equilibria and Thermodynamics of Liquid Oxide and Other Phases. J. Am. Chem. Soc，1946，68，798.
[2] 浮氏体使用了引号，因为其成分只是近似等原子比例。

其中积分限与前文是相同的。

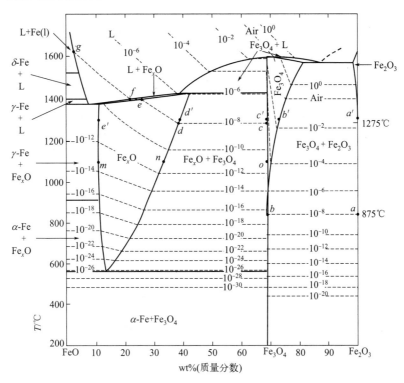

图 13.23　$FeO\text{-}Fe_2O_3$ 系统的相图

（其中虚线为 O_2 等压线（atm），Fe_xO 为浮氏体）

图 13.24 是在 1100℃、1200℃和 1300℃时，a_{Fe}、$a_{\text{"FeO"}}$ 和 a_O 在浮氏体区的变化曲线，根据这些变化，可以确定图 13.22 中浮氏体的摩尔吉布斯自由能曲线 kn。对于一个固定的成分，从吉布斯-亥姆霍兹关系中可以得到在浮氏体中金属和氧溶液的偏摩尔热为：

$$\Delta \overline{H}_O^M = R \frac{\partial \ln p_{O_2}^{1/2}}{\partial(1/T)}$$

或

$$\Delta \overline{H}_{Fe}^M = R \frac{\partial \ln a_{Fe}}{\partial(1/T)}$$

图 13.25 是 $\Delta \overline{H}_O^M$ 和 $\Delta \overline{H}_{Fe}^M$ 随成分变化的曲线。在图 13.24 中，在浮氏体的成分 $X_O = 0.5125$ 时，Fe 的活度与温度无关，因此，如图 13.25 所示，在此成分下 Fe 的偏摩尔混合热为 0。

温度 T 下，在均质稳定的浮氏体以上 p_{O_2} 增大的极限为 $p_{O_2(\text{"FeO"}/Fe_3O_4)}$，在此 O_2 压力下，成分为 n 的浮氏体与成分为 o 的磁铁矿（Fe_3O_4）（图 13.23）处于平衡状态，如果选择这些成分作为标准状态，那么对于：

$$3FeO(\text{被 O 饱和}) + \frac{1}{2}O_2(g) = Fe_3O_4(\text{被 Fe 饱和})$$

$$\Delta G^\circ = RT \ln p_{O_2(\text{"FeO"}/Fe_3O_4)}^{1/2}$$

图 13.23 显示，与磁铁矿平衡的浮氏体的成分随温度变化很大。因此，不能通过对 $p_{O_2(\text{"FeO"}/Fe_3O_4)}$ 随温度的变化使用吉布斯-亥姆霍兹方程来计算从浮氏体形成磁铁矿的生成

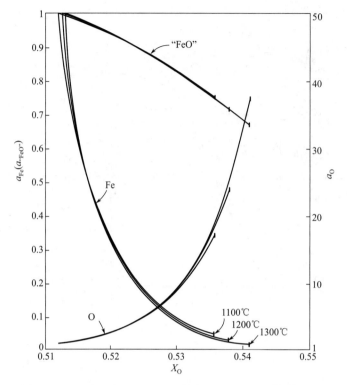

图 13.24　几个温度下 Fe、O 和被 Fe 饱和的浮氏体相的活度

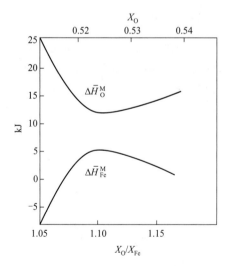

图 13.25　浮氏体中 Fe 和 O 溶液的
偏摩尔热

热（吉布斯-亥姆霍兹偏微分方程使用的条件是恒定的总压和恒定的成分）。然而，由于磁铁矿与浮氏体平衡时的成分与温度无关，因此对于如下反应：

$$3Fe(s) + 2O_2(g) \Longrightarrow Fe_3O_4(被 Fe 饱和)$$

其熔值变化可以用吉布斯-亥姆霍兹关系得到，即

$$K = \frac{1}{a_{Fe}^3 p_{O_2}^2}$$

因此，

$$\Delta H^\circ = -R \frac{d\ln K}{d(1/T)} = R \left[3 \frac{d\ln a_{Fe}}{d(1/T)} + 2 \frac{d\ln p_{O_2}}{d(1/T)} \right]$$

根据图 13.24 中的数据可以确定浮氏体和磁铁矿之间的平衡状态，在上述表达式中，a_{Fe} 和 p_{O_2} 分别取该平衡态下的数值。

低于 550℃ 时，均匀的浮氏体相对于 Fe 和磁铁矿是亚稳的。这种情况与图 13.11（b）相对应，即在 550℃ 以下（图 13.11 中的 T_2，亦参见图 13.8），从纯 Fe（图 13.11 中的 B）到磁铁矿的吉布斯自由能曲线的公切线，位于浮氏体的曲线之下。在 550℃ 时，该公切线变成了一条"三重"公切线，二组元四相平衡时状态不再发生变化［图 13.11（a）］。

图 13.23 所示的总压为 1atm 的相图上叠加了 O_2 等压线，这些 O_2 等压线描绘了系统中

固定 O_2 压力下平衡成分随温度变化的轨迹。例如，室温下在 $p_{O_2}=10^{-8}$ atm 的储气槽中保存的少量赤铁矿（Fe_2O_3），储气槽体积足够大，以至于氧化物还原产生的任何 O_2 都不会显著影响储气槽中 O_2 的压力。让氧化物足够缓慢地加热，以保持与气相的平衡。由图 13.23 可见，在温度达到 875℃ 之前，氧化物保持为均质的赤铁矿。在 875℃ 时，10^{-8} atm 是如下平衡所需的 O_2 分压，其值不变。

$$2Fe_3O_4+\frac{1}{2}O_2 =\!=\!= 3Fe_2O_3$$

在该温度下，成分为 b 的磁铁矿与成分为 a 的赤铁矿处于平衡状态，任何温度的升高都会使平衡向磁铁矿方向变化，从而导致赤铁矿相的消失。进一步升高温度使氧化物的成分沿着磁铁矿相区中的 10^{-8} atm 等压线移动，直到达到 1275℃，在这个温度下，10^{-8} atm 是如下平衡所需的不变的 O_2 分压。

$$3\text{``}FeO\text{''}+\frac{1}{2}O_2 =\!=\!= Fe_3O_4$$

在 1275℃ 时，成分为 d 的浮氏体与成分为 c 的磁铁矿处于平衡状态。进一步升高温度导致磁铁矿相消失，固态均质浮氏体成分沿 10^{-8} atm 的 O_2 等压线移动，直至达到 1400℃ 的固相线温度，此时成分为 e 的固态浮氏体熔化，形成在 $p_{O_2}=10^{-8}$ atm 时成分为 f 的液态氧化物。温度的持续升高使液态氧化物的成分沿 10^{-8} atm 等压线移动，在温度 1635℃ 时形成（被 O 饱和的）Fe，此时液态氧化物的成分为 g，并出现被 O 饱和的液态 Fe。在这种状态下，建立如下反应平衡。

$$Fe(l)+\frac{1}{2}O_2(g) =\!=\!= \text{``}FeO\text{''}(l)$$

温度上升到 1635℃ 以上会导致液态氧化相消失，液态 Fe 的溶解 O 含量下降。

类似地，赤铁矿的等温还原是通过降低系统中的 O_2 分压来实现的。例如，由图 13.23 可见，在 1300℃ 时，赤铁矿是稳定相，直到 O_2 分压降低到 $1.34×10^{-2}$ atm，此时成分为 b' 的磁铁矿与成分为 a' 的赤铁矿处于平衡状态。然后，磁铁矿是稳定的，直到 O_2 分压降低到 $2.15×10^{-8}$ atm，此时成分为 d' 的浮氏体与成分为 c' 的磁铁矿处于平衡状态。O_2 分压降低到 $1.95×10^{-11}$ atm 时，浮氏体是稳定的，此时固态 Fe 与成分为 e' 的浮氏体平衡出现。O_2 分压的进一步降低导致氧化物相的消失。图 13.26 显示了在 $\lg p_{O_2}$ 与温度 T 图中的相关系，路径 $a—g$ 和 $a'—e'$ 对应于图 13.23 中的路径。由于图 13.26 不包含共存氧化物相的成分，因此相比于包含 O_2 等压线的正常的成分-温度相图，图 13.26 并不实用。图 13.27 显示了在 $1/T$ 与 $\lg p_{O_2}$ 图上的相平衡。该图可以转换为埃林汉姆图，如图 13.28 所示。在此图中，路径 $a—g$ 和 $a'—e'$ 对应于图 13.23 中的路径。除了图 13.28 中的 Fe_3O_4-Fe_2O_3 线外，这些线是按消耗 1 摩尔 O_2 的氧化反应（即如下典型的反应）绘制的。

$$Fe_xO_y+O_2 =\!=\!= Fe_xO_{2+y}$$

其中，成分为 Fe_xO_y 的低级氧化物与成分为 $Fe_xO_{(2+y)}$ 的高级氧化物处于平衡状态。Fe_3O_4-Fe_2O_3 线是假设的，适用于整化学计量比化合物（和与赤铁矿平衡的 Fe_3O_4 成分相比，整化学计量比的 Fe_3O_4 所含 Fe 的活度更高）。在埃林汉姆图中，从原点（$\Delta G°=0$，$T=0K$）辐射出的直线是 O_2 等压线。表示反应和相平衡的埃林汉姆图有显著的优势，它能够一目了然地表示许多金属-氧系统的相对稳定性，如图 12.13 所示。

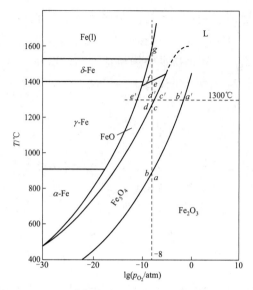

图 13.26 Fe-Fe₂O₃ 系统中的相稳定性作为温度和 $\lg p_{O_2}$ 的函数

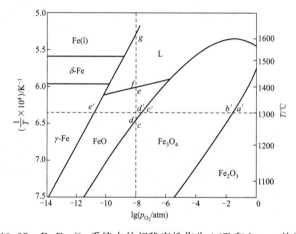

图 13.27 Fe-Fe₂O₃ 系统中的相稳定性作为 $1/T$ 和 $\lg p_{O_2}$ 的函数

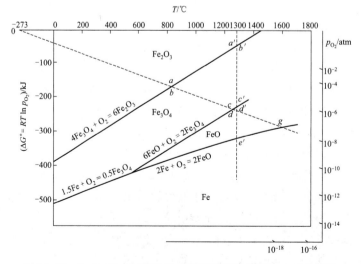

图 13.28 Fe-Fe₂O₃ 系统中的相稳定性作为温度和 $\Delta G°$ 的函数

13.9 气体在金属中的溶解度

人们无一例外地发现，分子气体以原子的形式溶解在金属中。例如，如果纯液体 Ag 在相对较低的压力下与 O_2 接触，会发生以下一系列过程。

① 撞击液体 Ag 表面的 O_2 分子会被吸附在表面上。

② 被吸附的分子解离，形成吸附在表面的 O 原子。

③ 吸附的 O 原子从表面扩散到熔体本体中。

整个反应可以写成：

$$\frac{1}{2}O_2(g) \Longrightarrow [O]（在 \ Ag \ 中）$$

当液态 Ag 中 O 的偏摩尔吉布斯自由能 $\overline{G}_O$ 等于气相中 O_2 的摩尔吉布斯自由能 $1/2G_{O_2}$ 时，就达到了平衡。溶解在金属中的气体，其标准状态可以选择为在第 13.3 节中讨论的 1wt% 标准状态；或者选择为百分之一原子比（1at%）的标准状态，即溶质的摩尔分数为 0.01 时亨利定律线上的点。因此，当气态物质 A_2 在 1atm、温度 T 下以浓度 $X_A = 0.01$（1at%）溶解在温度为 T 的金属中时，根据如下反应，会产生摩尔吉布斯自由能的标准变化。

$$\frac{1}{2}A_2(g, P=1atm) \Longrightarrow [A](1at\%) \tag{13.15}$$

其值为：

$$\Delta G^{\circ}_{1at\%} = -RT\ln K_{1at\%} = -RT\ln \frac{[h_A]_{(1at\%)}}{p_{A_2}^{1/2}} \tag{13.16}$$

式中，$[h_A]_{(1at\%)}$ 为相对于 1 at% 的标准状态，A 在金属溶液中的活度。如果溶质遵从亨利定律，则

$$K_{1at\%} = \frac{[at\%A]}{p_{A_2}^{1/2}} \tag{13.17}$$

然而，如果为溶质选择 1wt% 的标准状态，那么对于反应：

$$\frac{1}{2}A_2(g, P=1atm) \Longrightarrow [A](1wt\%) \tag{13.18}$$

$$\Delta G^{\circ}_{1wt\%} = -RT\ln K_{1wt\%} = -RT\ln \frac{[h_A]_{(1wt\%)}}{p_{A_2}^{1/2}} \tag{13.19}$$

式中，$[h_A]_{(1wt\%)}$ 为相对于 1wt% 的标准状态，A 在金属溶液中的活度。如果溶质遵从亨利定律，则

$$K_{1wt\%} = \frac{[wt\%A]}{p_{A_2}^{1/2}} \tag{13.20}$$

对于 213～1573K 范围内的液态 Ag 中的 O_2 溶液，

$$\Delta G^{\circ}_{1at\%} = -14310 + 5.44T \tag{i}$$

Ag 中 1wt% 的 O 浓度对应的摩尔分数为：

$$\frac{\frac{1}{16}}{\frac{1}{16}+\frac{99}{107.9}}=0.0638$$

因此，对于：

$$[O](Ag \text{中},1 \text{ at}\%)=\!=\![O](Ag \text{中},1 \text{wt}\%) \tag{ii}$$

摩尔吉布斯自由能的变化为：

$$\Delta G^{\circ}_{(ii)}=-8.3144T\ln\frac{0.0638}{0.01}=-15.40T$$

由 $\Delta G^{\circ}_{1at\%}$ 和 $\Delta G^{\circ}_{(ii)}$ 之和可得：

$$\Delta G^{\circ}_{1wt\%}=-14310-9.96T \tag{iii}$$

对于在 573～1173K 范围内的固体 Ag 中的 O_2 溶液，

$$\Delta G^{\circ}_{1at\%}=49620-15.77T \tag{iv}$$

O_2 在液态 Ag 中遵循亨利定律，因此，根据式（i）、式（13.16）和式（13.17），O_2 在液态 Ag 中的溶解度为：

$$\text{at}\%O=p_{O_2}^{1/2}\exp\left(\frac{1721}{T}-0.654\right) \tag{v}$$

根据式（iv）、式（13.16）和式（13.17），O_2 在固态 Ag 中的溶解度为：

$$\text{at}\%O=p_{O_2}^{1/2}\exp\left(-\frac{5967}{T}+1.90\right) \tag{vi}$$

图 13.29 为 O_2 压力为 1atm 时 Ag-O 系统的相图。由式（i）可得如下反应状态变化的 $\Delta H^{\circ}_{1\,at\%}$。

$$\frac{1}{2}O_2(g,P=1atm)=\!=\![O](\text{液态 Ag 中},1at\%)$$

其值为 -14310J。由于熔变是负的，降低温度会使平衡向右移动，其结果是在 O_2 压力不变的情况下，O_2 在液态 Ag 中的溶解度随着温度的降低而增大。根据式（v），图 13.29 中 O 在液态 Ag 中的最大溶解度在 940℃时为 2.14 at%（状态 b）。式（vi）给出了 940℃时 O 在固体 Ag 中的溶解度为 0.049 at%（状态 d），因此，在 940℃发生如下转变：

$$Ag(l,2.14at\%\ O)\longrightarrow Ag(s,0.049at\%\ O)+O_2(g,P=1atm)$$

在含 O 液态 Ag 的凝固过程中，O（浓度）的变化导致了喷花现象，在此过程中，Ag 液滴从液体的凝固团块中喷出。对于如下反应：

$$\frac{1}{2}O_2(g,P=1atm)=\!=\![O](\text{固态 Ag 中},1at\%)$$

由式（iv）可得其状态变化的 $\Delta H^{\circ}_{1at\%}$ 为 49620J，该值是正的，要求 O 在固体 Ag 中的溶解度随着温度的降低而减小。从式（vi）可知，O_2 压力为 1atm 时，O 在固体 Ag 中的溶解度从 940℃时的 0.049at%下降到 189℃时的 1.7×10^{-5}at%（图 13.29 中的点 e）。

对于反应：

$$2Ag(s)+\frac{1}{2}O_2(g)=\!=\!Ag_2O(s)$$

其 ΔG° 可表示为：

$$\Delta G^{\circ}=-30540+66.11T$$

因此 $p_{O_2,eq} = 1atm$ 时温度为 $30540/66.11 =$
462（K）（189℃），三相不变平衡处于 189℃，
如图 13.29 所示。O_2 在 Ag 中的溶解度是温度
和氧压的函数，如图 13.30 所示。在 lg（at% O）
与温度倒数的关系图中，单相区中的 O_2 等压线
是平行线，其斜率由 O_2 溶液的摩尔焓确定。由
式（v）可知，液态 Ag 相区中线的斜率为
1721，由式（vi）可知，固态 Ag 相区中线的斜
率为 −5967。在 940℃ 的 1atm 等压线上的点 b
和点 d 对应于图 13.29 中的点 b 和点 d。增加 O_2
压力会降低液体 Ag、固体 Ag 和 O_2 气体平衡共存
的温度，会增加固体 Ag、Ag_2O 和 O_2 气体平衡
共存的温度。当 O_2 压力为 414atm（图 13.30 中的状
态 A）时，两个温度重合，为 508℃。二元系统中
的这种四相平衡的自由度为 0。式（13.17）可
写为：

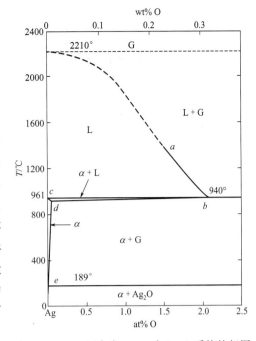

图 13.29　O_2 压力为 1atm 时 Ag-O 系统的相图

$$[at\%A] = k(T)p_{A_2}^{1/2} \qquad (13.21)$$

上述方程式称为西华特定律（Adolf Sieverts，1874—1947）。式（13.21）中与温度有
关的常数 $k(T)$ 称为西华特常数，用于求解金属中 A 的浓度，其中金属与温度 T、1atm 下
的 A_2 气体处于平衡状态。西华特在 1907 年测量了 O_2 在液态 Ag 中的溶解度❶。

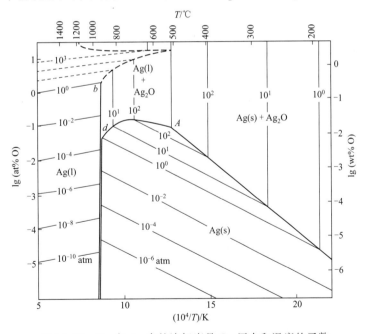

图 13.30　O_2 在 Ag 中的溶解度是 O_2 压力和温度的函数

---

❶ A. Sieverts，J. Hagenacker. Über die Loslichkeit von Wasserstoff und Sauerstoff in festem und geschmolzenem
Silber. Z. Phys. Chem，1907，68，115.

13.10 含有几种溶质的稀溶液

稀溶质在二元溶液中的性质，是由溶质和溶剂原子之间相互作用的性质和大小决定的。然而，当加入第二个稀溶质时，会发生三种类型的相互作用，即溶剂-溶质Ⅰ、溶剂-溶质Ⅱ和溶质Ⅰ-溶质Ⅱ，系统的热力学性质由这三种类型的相互作用的相对大小决定。假设将液态 Fe 暴露在 H_2 和 O_2 的气体混合物中，建立如下反应平衡。

$$H_2(g) + \frac{1}{2}O_2(g) \rightleftharpoons H_2O(g) \tag{i}$$

因此：

$$p_{H_2} p_{O_2}^{1/2} = \frac{p_{H_2O}}{K_{(i)}}$$

由于 H_2 和 O_2 在液态 Fe 中的溶解度都有限，因此两种气体都会以原子方式溶解，直到它们在 Fe 中的各自活度（相对于 1atm 标准状态）等于各自在气相中的分压。或者，对于如下反应：

$$\frac{1}{2}O_2(g) \rightleftharpoons [O](Fe\ 液体中,1wt\%) \tag{ii}$$

以及

$$\frac{1}{2}H_2(g) = [H](Fe\ 液体中,1wt\%) \tag{iii}$$

相对于铁液体中的 1wt% 标准状态，有：

$$h_{O(1wt\%)} = K_{(ii)} p_{O_2}^{1/2}$$

以及

$$h_{H(1wt\%)} = K_{(iii)} p_{H_2}^{1/2}$$

金属相中的平衡由下式给出。

$$h_{H(1wt\%)}^2 h_{O(1wt\%)} = \frac{K_{(iii)}^2 K_{(ii)}}{K_{(i)}} p_{H_2O}$$

或

$$f_{H(1wt)}^2 f_{O(1wt\%)} [wt\%H]^2 [wt\%O] = \frac{K_{(iii)}^2 K_{(ii)}}{K_{(i)}} p_{H_2O}$$

因此，H 和 O 的溶解度（以质量百分比表示）由 H 和 O 的活度系数（$f_{i(1wt\%)}$）的值决定，需要回答的问题是：

① Fe 中 O 的活度系数如何受溶解的 H 影响？

② Fe 中 H 的活度系数如何受溶解的 O 影响？

这些问题通过引入相互作用系数和相互作用参数来解决。在二元 A-B 中，B 在稀溶液中相对于亨利标准态的活度由下式确定。

$$h_B = f_B^B X_B$$

如果在 B 浓度不变的情况下，添加少量 C 将 B 的活度系数值改变为 f_B，则 f_B 和 f_B^B 之间的差异由表达式量化为：

$$f_B = f_B^B f_B^C \qquad (13.22)$$

式中，称 f_B^C 为 C 对 B 的相互作用系数。它是衡量在相同 B 浓度下，特定浓度的 C 出现时，其对 B 性质的影响。类似地，如果少量的 D 加到 A-B 溶液中，使得 B 的活度系数值从 f_B^B 变为 f_B，则

$$f_B = f_B^B f_B^D$$

现在考虑系统 A-B-C-D。只有当 f_B^D 与 C 的浓度无关，且 f_B^C 与 D 的浓度无关时，才能对此类系统进行数学分析。考虑溶质 i 对溶质 j 的相互作用系数与存在的其它溶质无关，在这种情况下，相互作用系数可以用 $\ln f_i$ 的关于溶质浓度函数的泰勒展开项来组合。例如，对于 A 为溶剂的二元系统 A-B，

$$\ln f_B = 溶质 B 摩尔分数的某一函数$$

$$= \ln f_B^\circ + \left(\frac{\partial \ln f_B}{\partial X_B}\right) X_B + \frac{1}{2}\left(\frac{\partial^2 \ln f_B}{\partial X_B^2}\right) X_B^2 + \cdots$$

在这个表达式中，当 $X_B \to 0$ 时偏导数达到极限值。对于多组元系统 A-B-C-D，

$$\ln f_B = 溶质 B、C 和 D 摩尔分数的某一函数$$

$$= \ln f_B^\circ + \left(\frac{\partial \ln f_B}{\partial X_B} X_B + \frac{\partial \ln f_B}{\partial X_C} X_C + \frac{\partial \ln f_B}{\partial X_D} X_D\right) +$$

$$\left(\frac{1}{2}\frac{\partial^2 \ln f_B}{\partial X_B^2} X_B^2 + \frac{\partial^2 \ln f_B}{\partial X_B X_C} X_B X_C + \cdots\right)$$

当溶质的摩尔分数接近 0 时，偏导数也是极限值。在非常低的浓度下，包含摩尔分数乘积的项小到可以忽略不计，而且，选择亨利标准状态也使得 $f_B^\circ = 1$。因此，

$$\ln f_B = \frac{\partial \ln f_B}{\partial X_B} X_B + \frac{\partial \ln f_B}{\partial X_C} X_C + \frac{\partial \ln f_B}{\partial X_D} X_D$$

$$= \varepsilon_B^B X_B + \varepsilon_B^C X_C + \varepsilon_B^D X_D \qquad (13.23)$$

其中，

$$\varepsilon_j^i = \frac{\partial \ln f_j}{\partial X_i} \Big|_{X_i \to 0}$$

被称为 i 对 j 的相互作用参数，是在恒定的 X_j 下 $\ln f_j$ 对 X_i 图形的极限斜率。ε_i^j 和 ε_j^i 之间的关系如下。对于一般系统：

$$\frac{\partial^2 G}{\partial n_i \partial n_j} = \frac{\partial \bar{G}_i}{\partial n_j} = \frac{\partial \bar{G}_j}{\partial n_i}$$

由于 $\partial \bar{G}_i = RT\partial \ln a_i = RT\partial \ln f_i$，则

$$\frac{\partial \ln f_j}{\partial n_i} = \frac{\partial \ln f_i}{\partial n_j}$$

因此：

$$\varepsilon_j^i = \varepsilon_i^j \qquad (13.24)$$

溶质浓度单位为质量百分比时，使用以 10 为底的对数通常更为方便，在这种情况下，式（13.23）变为：

$$\lg f_{\mathrm{B}} = \frac{\partial \lg f_{\mathrm{B}}}{\partial \mathrm{wt}\%\mathrm{B}}\mathrm{wt}\%\mathrm{B} + \frac{\partial \lg f_{\mathrm{B}}}{\partial \mathrm{wt}\%\mathrm{C}}\mathrm{wt}\%\mathrm{C} + \frac{\partial \lg f_{\mathrm{B}}}{\partial \mathrm{wt}\%\mathrm{D}}\mathrm{wt}\%\mathrm{D}$$
$$= e_{\mathrm{B}}^{\mathrm{B}}\mathrm{wt}\%\mathrm{B} + e_{\mathrm{B}}^{\mathrm{C}}\mathrm{wt}\%\mathrm{C} + e_{\mathrm{B}}^{\mathrm{D}}\mathrm{wt}\%\mathrm{D} \tag{13.25}$$

式（13.25）乘以 2.303，并逐项与式（13.23）比较，可得：

$$\varepsilon_{\mathrm{B}}^{i} X_i = 2.303 e_{\mathrm{B}}^{i}\mathrm{wt}\%i$$

并且，由于 B 和 i 的浓度低，有：

$$X_i \sim \frac{\mathrm{wt}\%i \cdot MW_{\mathrm{A}}}{100 MW_i}$$

所以：

$$e_{\mathrm{B}}^{i} = \frac{1}{230.3}\frac{MW_{\mathrm{A}}}{MW_i}\varepsilon_{\mathrm{B}}^{i}$$

以及

$$e_{\mathrm{B}}^{i} = \frac{MW_{\mathrm{B}}}{MW_i}e_i^{\mathrm{B}}$$

Pehlke 和 Elliott[❶] 已经证实，1600℃溶解在 Fe 中的 N_2 服从西华特定律。

$$[\mathrm{wt}\%\mathrm{N}] = k p_{\mathrm{N}_2}^{1/2} \tag{iv}$$

其中 1873K 时 $k = 0.045$，他们测量了第二种稀溶质对 Fe 中溶解的 N 的热力学影响。这些系统经得起实验研究的检验，因为很容易通过气相控制 N 的活度。通过维持 N 在熔体中的活度，测量 N 溶解度随着第二种溶质浓度的变化，可确定相互作用参数 e_{N}^{i}。因为 N_2 在 Fe 液体中符合亨利（西华特）定律，$f_{\mathrm{N}} = 1$，所以 $e_{\mathrm{N}}^{\mathrm{N}}(\varepsilon_{\mathrm{N}}^{\mathrm{N}})$ 都为 0。因此，式（13.23）和式（13.25）的第一项都为 0。如果第二种溶质 X 加入到 Fe-N 二元系统中，导致溶解的 N 成分从 $[\mathrm{wt}\%\mathrm{N}]_{\mathrm{Fe-N}}$ 变化到 $[\mathrm{wt}\%\mathrm{N}]_{\mathrm{Fe-N-X}}$，那么，由式（iv）可知：

$$k = \frac{[\mathrm{wt}\%\mathrm{N}]_{\mathrm{Fe-N}}}{p_{\mathrm{N}_2}^{1/2}} = \frac{f_{\mathrm{N}}^{\mathrm{X}}[\mathrm{wt}\%\mathrm{N}]_{\mathrm{Fe-N-X}}}{p_{\mathrm{N}_2}^{1/2}}$$

因此，$f_{\mathrm{N}}^{\mathrm{X}}$ 可通过实验获得。

$$f_{\mathrm{N}}^{\mathrm{X}} = \left(\frac{[\mathrm{wt}\%\mathrm{N}]_{\mathrm{Fe-N}}}{[\mathrm{wt}\%\mathrm{N}]_{\mathrm{Fe-N-X}}}\right)_{T, p_{\mathrm{N}_2}}$$

图 13.31 是加入几种第二种溶质时，$[\mathrm{wt}\%\mathrm{N}]$ 随 $[\mathrm{wt}\%\mathrm{X}]$ 的变化曲线。图 13.32 是相应的 $\lg f_{\mathrm{N}}^{\mathrm{X}}$ 随 $[\mathrm{wt}\%\mathrm{X}]$ 的变化曲线，由该图中曲线线性部分的斜率可以得到 $e_{\mathrm{N}}^{\mathrm{X}}$ 的值。

因此，在含有若干溶质（包括 N）的多种成分的液体 Fe 合金中，如果任何一种溶质对 f_{N} 的影响与任何其它溶质的存在无关，那么溶质对 f_{N} 的总影响就是它们各自影响的总和，如果 $\lg f_{\mathrm{N}}^{\mathrm{X}}$ 是 $[\mathrm{wt}\%\mathrm{X}]$ 的线性函数，那么 f_{N} 可由式（13.25）确定。然而，如果 X 浓度高于 $\lg f_{\mathrm{N}}^{\mathrm{X}}$ 与 $[\mathrm{wt}\%\mathrm{X}]$ 线性变化的极限，那么就需要采用图解的办法。在这些情况下，从图中读出每个 $[\mathrm{wt}\%\mathrm{X}]$ 值的 $\lg f_{\mathrm{N}}^{\mathrm{X}}$ 值（图 13.32），因此 $\lg f_{\mathrm{N}}$ 可写为：

$$\lg f_{\mathrm{N}} = \sum_{\mathrm{X}} \lg f_{\mathrm{N}}^{\mathrm{X}}$$

或者

❶ R. Pehlke，J. F. Elliott. Solubility of Nitrogen in Liquid Iron Alloys，I：Thermodynamics. Trans. Met. Soc. AIME，1960，218，1088.

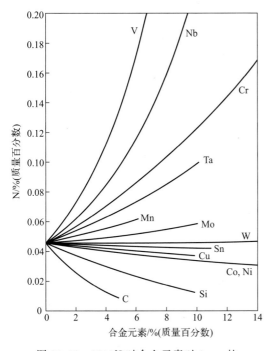

图 13.31　1600℃时合金元素对 1atm 的 N_2 在液态二元 Fe 合金中溶解度的影响

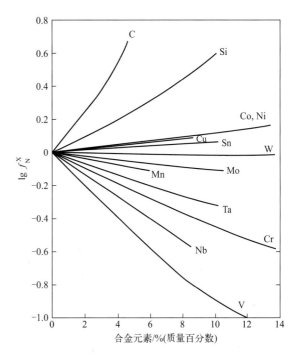

图 13.32　1600℃时二元 Fe 合金中 N 的活度系数

$$f_N = \prod_X f_N^X$$

图 13.32 表明，一般来说，当 X 形成比氮化铁更稳定的氮化物时，e_N^X 是一个负数，而且 $|e_N^X|$ 的大小顺序与 X 的氮化物的生成吉布斯自由能的大小顺序一致。同样，当 X 对 Fe 的亲和力大于 X 对 N 或 Fe 对 N 的亲和力时，e_N^X 是一个正数。表 13.1 列出了几种元素在 1600℃ 的 Fe 稀溶液中的相互作用系数的值。

表 13.1　1600℃溶解在液态 Fe 稀溶液中的元素的相互作用系数

元素 (i)	元素 (j)											
	Al	C	Co	Cr	H	Mn	N	Ni	O	P	S	Si
Al	4.8	11	—	—	(34)	—	(0.5)	—	−160	—	4.9	6
C	(4.8)	22	1.2	−2.4	(72)	—	(11.1)	1.2	(−9.7)	—	9	10
Co	—	(6)	—	—	(11)	—	(4.7)	—	(2.6)	—	—	—
Cr	—	(−10)	—	—	(−11)	—	(−16.6)	—	(−13)	—	(−3.55)	—
H	1.3	6.0	0.18	−0.22	0	−0.14	—	0	—	1.1	0.8	2.7
Mn	—	—	—	—	(−7.7)	—	(−7.8)	—	(0)	—	(−4.3)	(0)
N	0.3	13	1.1	−4.5	—	−2	0	1	5.0	5.1	1.3	4.7
Ni	—	(5.9)	—	—	(0)	—	(4.2)	0	(2.1)	—	(0)	(1.0)
O	−94	−13	0.7	−4.1	—	0	(5.7)	0.6	−20	7.0	−9.1	−14
P	—	—	—	—	(34)	—	(11.3)	—	(13.5)	—	(4.3)	(9.5)
S	5.8	(24)	—	−2.2	(26)	−2.5	(3.0)	0	(−18)	4.5	−2.8	6.6
Si	(6.3)	24	—	—	(76)	0	(9.3)	0.5	(−25)	8.6	(5.7)	32

注：1600℃元素溶解在液态 Fe 中的稀溶液的一些相互作用系数 $e_i^j \times 10^2$。括号中的值由 $e_i^j = (MW_i/MW_j)e_j^i$ 计算得出。(来自 J. F. Elliott, M. Gleiser, V. Ramakrishna. Thermochemistry for Steelmaking, vol. 2. Addison-Wesley, Reading, MA, 1963.)

【例题 7】鉴于引入了相互作用参数，现在可以重新研究一下第 13.3 节中讨论过的液态 Fe 中的 Si-O 平衡的例子。在本例中，我们已知：

$$Si(液态 Fe 中, 1wt\%) + O_2(g) \rightleftharpoons SiO_2(s)$$

$$\Delta G^\circ = -833400 + 229.5T$$

对于：

$$\frac{1}{2}O_2(g) \rightleftharpoons [O](液态 Fe 中, 1wt\%)$$

$$\Delta G^\circ = -111300 - 6.41T \tag{i}$$

因此，对于：

$$Si(液态 Fe 中, 1wt\%) + 2O(液态 Fe 中, 1wt\%) = SiO_2(s)$$

$$\Delta G^\circ = -610800 + 242.32T \tag{ii}$$

1600℃ 由式 (i) 得：

$$\frac{h_{O(1wt\%)}}{p_{O_2}^{1/2}} = 2.746 \times 10^3 \tag{iii}$$

1600℃ 由式 (ii) 得：

$$\frac{a_{SiO_2}}{h_{Si(1wt\%)} h_{O(1wt\%)}^2} = 2.380 \times 10^4 \tag{iv}$$

因此，$p_{O_2} = 5.57 \times 10^{-12}$ atm 和 $a_{SiO_2} = 1$，由式 (iii) 有：

$$h_{O(1wt\%)} = 6.48 \times 10^{-3} \tag{v}$$

由式 (iv) 有：

$$h_{Si(1wt\%)} h_{O(1wt\%)}^2 = 4.20 \times 10^{-5} \tag{vi}$$

式 (vi) 除以由式 (v) 给出的 $h_{O(1wt\%)}^2$，得：

$$h_{Si(1wt\%)} = 1 \tag{vii}$$

在前面的处理中，假设 Si 服从亨利定律，得出的结论是：

$$h_{Si(1wt\%)} = wt\%Si = 1$$

在 1600℃ 时，由表 13.1 可知，

$$e_O^{Si} = -0.14 \quad e_O^O = -0.2$$

$$e_{Si}^O = -0.25 \quad e_{Si}^{Si} = 0.32$$

由式 (v) 可得，

$$\lg f_O + \lg[wt\%O] = \lg(6.48 \times 10^{-3})$$

或

$$-0.2 \times [wt\%O] - 0.14 \times [wt\%Si] + \lg[wt\%O] = -2.188 \tag{viii}$$

由式 (vii) 可得，

$$\lg f_{Si} + \lg[wt\%Si] = \lg(1)$$

或

$$0.32 \times [wt\%Si] - 0.25 \times [wt\%O] + \lg[wt\%Si] = 0 \tag{ix}$$

计算机求解式 (viii) 和 (ix)，得：

$$[wt\%Si] = 0.631; \quad [wt\%O] = 0.00798$$

在第 13.3 节的例子中，忽略了溶解 O 的影响，假设 $f_{Si}=1$，当 $a_{SiO_2}=1$、$p_{O_2}=5.57 \times 10^{-12}$ atm 时，Si 在 Fe 中的平衡质量百分比为 1.0。确定两个初始假设，即①$e_{Si}^{Si}=0$ 和②$e_{Si}^{O}=e_{O}^{Si}=0$，哪一个对初始计算误差的贡献更大，是一项有意义的工作。使用 $e_{Si}^{Si}=0.32$，并假设 e_{Si}^{O} 和 e_{O}^{Si} 都为 0。由式（ix）可知，

$$0.32 \times [wt\%Si] + \lg[wt\%Si] = 0$$

解得 $[wt\% Si] = 0.629$。由式（viii）可知，

$$-0.2 \times [wt\%O] - 0.14 \times [wt\%Si] + \lg[wt\%O] = -2.188$$

解得 $[wt\% O] = 0.00797$。因此，与假设 Si 在某些初始成分范围内服从亨利定律所引入的误差相比，忽略在 Fe 溶液中 Si 和 O 之间的相互作用而引入的误差是可以忽略不计的。

【例题 8】 计算 Fe-C-O 合金的平衡 O 含量。该合金在 1600℃ 时含有 1%（质量百分数）C，且处于 1atm 的 CO 压力下。

对于：

$$C(石墨) + \frac{1}{2}O_2(g) = CO(g)$$

$$\Delta G° = -111700 - 87.65T$$

对于：

$$C(石墨) = C(液态 Fe 中，1wt\%)$$

$$\Delta G° = 22600 - 42.26T$$

对于：

$$\frac{1}{2}O_2(g) = O(液态 Fe 中，1wt\%)$$

$$\Delta G° = -111300 - 6.41T$$

因此，对于：

$$C(1wt\%) + O(1wt\%) = CO(g)$$

$$\Delta G° = -23000 - 38.98T$$

因此：

$$\Delta G°_{1873K} = -96010J$$

以及

$$\frac{p_{CO}}{h_C h_O} = 476$$

因此：

$$h_C h_O = f_C[wt\%C]f_O[wt\%O] = 2.1 \times 10^{-3}p_{CO}$$

在 1600℃ 时，

$$e_C^C = 0.22$$

$$e_O^O = -0.2$$

$$e_C^O = -0.097$$

$$e_O^C = -0.13$$

因此，在 1%（质量百分数）C 和 $p_{CO} = 1$atm 条件下，

$$\lg[\text{wt\%O}] - 0.297[\text{wt\%O}] = -2.768$$

解得 $[\text{wt\% O}] = 0.00171$。如果忽略所有相互作用参数，O 的质量百分比计算结果为 0.00210。

【例题 9】大气中 H_2 的分压使得含有 1%（质量百分数）C 和 3%（质量百分数）Ti 的 Fe-C-Ti 熔体在 1600℃时含有 5ppm（按质量计）的 H_2。计算将熔体的 H 含量降低到 1ppm 所需的真空度。假设 $e_H^{Ti} = -0.08$，$e_H^C = 0.06$，纯 Fe 中的 H 遵守亨利定律，在 1600℃时 1atm 的 H_2 压力下，H 的溶解度高达 0.0027%（质量百分数）。

对于气态 H_2 和溶解 H 之间的平衡，可写为：

$$\frac{1}{2}H_2(g) \rule[0.5ex]{2em}{0.4pt} [H](\text{液态 Fe 中}, 1\text{wt\%})$$

有：

$$K = \frac{f_{H(1\text{wt\%})}[\text{wt\%H}]}{p_{H_2}^{1/2}}$$

在纯 Fe 中，由于 H 遵循亨利定律，$f_{H(1\text{wt\%})} = 1$，因此，

$$K_{1873K} = 0.0027$$

因此，

$$\lg f_{H(1\text{wt\%})} + \lg[\text{wt\%H}] - \frac{1}{2}\lg p_{H_2} = \lg 0.0027$$

但是，

$$\lg f_{H(1\text{wt\%})} = e_H^H[\text{wt\%H}] + e_H^{Ti}[\text{wt\%Ti}] + e_H^C[\text{wt\%C}]$$

因为 $f_{H(1\text{wt\%})} = 1$、$e_H^H = 0$，所以：

$$e_H^{Ti}[\text{wt\%Ti}] + e_H^C[\text{wt\%C}] + \lg[\text{wt\%H}] - \frac{1}{2}\lg p_{H_2} = \lg 0.0027$$

当 $[\text{wt\% H}] = 5 \times 10^{-4}$ 时，

$$\lg p_{H_2} = 2 \times [(-0.08 \times 3) + (0.06 \times 1) + \lg(5 \times 10^{-4}) - \lg 0.0027]$$
$$= -1.825$$

解得 $p_{H_2} = 0.015\text{atm}$。类似地，当 $[\text{wt\% H}] = 1 \times 10^{-4}$ 时，$p_{H_2} = 6 \times 10^{-4}\text{atm}$。因此，当 $p_{H_2} = 0.015\text{atm}$ 且 $P_{\text{total}} = 1\text{atm}$ 时，$[\text{wt\% H}] = 5$ ppm；当 $p_{H_2} = 0.0006\text{atm}$ 时，$[\text{wt\% H}] = 1\text{ppm}$，且有：

$$P_{\text{total}} = \frac{0.0006}{0.015} = 0.04(\text{atm})$$

因此，为了实现溶解 H 含量按预期下降，总压必须从 1atm 降到 0.04atm。

13.11 小结

① 对于如下反应：

$$a\mathrm{A} + b\mathrm{B} = c\mathrm{C} + d\mathrm{D}$$

当反应进行到以下程度时,

$$a\bar{G}_\mathrm{A} + b\bar{G}_\mathrm{B} = c\bar{G}_\mathrm{C} + d\bar{G}_\mathrm{D}$$

反应平衡就建立起来了,也就是说,反应的 ΔG 为 0。

② 反应平衡状态是由反应的标准吉布斯自由能变化 ΔG° 决定的,且有:

$$\Delta G^\circ = -RT\ln K$$

其中,K 是反应的平衡常数,由反应平衡时反应物和生成物的活度商决定,即

$$K = \frac{a_\mathrm{C}^c a_\mathrm{D}^d}{a_\mathrm{A}^a a_\mathrm{B}^b}$$

③ 热力学组元的拉乌尔标准状态是指,在所研究的温度下处于稳定存在状态的纯组元。亨利标准状态则是通过考虑亨利定律得到的,严格来说,亨利定律是溶质 B 在无限稀的溶液中遵守的约束性定律,它可表示为:

$$当\ X_\mathrm{B} \rightarrow 0\ 时, \frac{a_\mathrm{B}}{X_\mathrm{B}} \rightarrow k_{(\mathrm{B})}$$

式中,a_B 为 B 在溶液中相对于拉乌尔标准状态的活度;$k_{(\mathrm{B})}$ 是温度为 T 时的亨利定律常数。或者,

$$当\ X_\mathrm{B} \rightarrow 0\ 时, \frac{a_\mathrm{B}}{X_\mathrm{B}} \rightarrow \gamma_\mathrm{B}^\circ$$

式中,$\gamma_\mathrm{B}^\circ[=k_{(\mathrm{B})}]$ 是恒定的活度系数,它量化了 B 的拉乌尔溶液性质和 B 的亨利溶液性质之间的差异。如果溶质在一定的成分范围内服从亨利定律,那么,在这个范围内,

$$a_\mathrm{B} = \gamma_\mathrm{B}^\circ X_\mathrm{B}$$

将亨利定律线外推至 $X_\mathrm{B} = 1$,可以得到亨利标准状态。在亨利标准状态下,相对于具有单位活度的拉乌尔标准状态,B 的活度为:

$$a_\mathrm{B} = \gamma_\mathrm{B}^\circ$$

相对于具有单位活度的亨利标准态而言,溶液中 B 的活度可表示为:

$$h_\mathrm{B} = f_\mathrm{B} X_\mathrm{B}$$

式中,h_B 为亨利活度;f_B 为亨利活度系数。在溶质 B 服从亨利定律的成分范围内,$f_\mathrm{B} = 1$。

1wt% 标准状态定义为:

$$当\ \mathrm{wt\%B} \rightarrow 0\ 时, \frac{h_{\mathrm{B(1wt\%)}}}{\mathrm{wt\%B}} \rightarrow 1$$

并位于亨利定律线上的一点,该点对应于 1%(质量百分数)的 B 浓度。对于具有单位活度的 1%(质量百分数)标准状态,B 的活度 $h_{\mathrm{B(1wt\%)}}$ 可以由下式确定。

$$h_{\mathrm{B(1wt\%)}} = f_{\mathrm{B(1wt\%)}} \cdot \mathrm{wt\%B}$$

式中,$f_{\mathrm{B(1wt\%)}}$ 为 1%(质量百分数)的活度系数。这些活度之间有如下关系:

$$a_\mathrm{B} = h_\mathrm{B} \gamma_\mathrm{B}^\circ$$

以及

$$a_\mathrm{B} = f_{\mathrm{B(1wt\%)}} \cdot \mathrm{wt\%B} \cdot \gamma_\mathrm{B}^\circ \cdot \frac{MW_\mathrm{solvent}}{100 MW_\mathrm{B}}$$

④ 吉布斯平衡相律为:

$$F = C + 2 - \Phi$$

其中，C 是系统中组分的数量，F 是涉及 Φ 个相的平衡有效的自由度数量。当系统中包含 N 个物种且具有 R 个独立反应平衡时，吉布斯平衡相律为：

$$F = (N - R) + 2 - \Phi$$

其中 $C = N - R$。

⑤ 在溶剂 A 和若干稀溶质 B、C 和 D 的溶液中，有：

$$\ln f_B = \varepsilon_B^B X_B + \varepsilon_B^C X_C + \varepsilon_B^D X_D$$

其中，

$$\varepsilon_j^i = \left. \frac{\partial \ln f_j}{\partial X_i} \right|_{X_i \to 0}$$

是 i 对 j 的相互作用参数。相互作用参数之间的关系是：

$$\varepsilon_j^i = \varepsilon_i^j$$

如果稀溶质的浓度是以质量百分比表示的，那么：

$$\lg f_B = e_B^B \mathrm{wt}\% B + e_B^C \mathrm{wt}\% C + e_B^D \mathrm{wt}\% D$$

其中，

$$e_j^i = \left. \frac{\partial \lg f_j}{\partial \mathrm{wt}\% i} \right|_{\mathrm{wt}\% i \to 0}$$

i 和 j 的两个相互作用参数通过以下方式联系起来。

$$e_j^i = \frac{MW_j}{MW_i} e_i^j$$

以及

$$\varepsilon_j^i X_i = 2.303 e_j^i \mathrm{wt}\% i$$

13.12 本章概念和术语

读者应写出以下术语的简要定义或描述。在适当的情况下，可以使用方程式。

活度商

吸附原子

可供选择的标准状态

贝托莱化合物

组元

化合物

吉布斯平衡相律

无限稀溶液

相互作用参数

定比定律

非化学计量比化合物

相稳定图

西华特常数

西华特定律

整化学计量比化合物

热力学自由度

13.13 证明例题

（1）证明例题 1

a. 找到图 13.29 中的点 e，并在图 13.30 中找到它对应的位置。

b. 在 e 点存在什么相？

c. 在该点将吉布斯平衡相律应用于系统。

d. 图 13.29 中的 b 点存在什么相。

e. 如果 b 点温度稍微升高，会出现什么相？

f. 在这个稍高的温度下将吉布斯平衡相律应用于系统。

解答：

a.

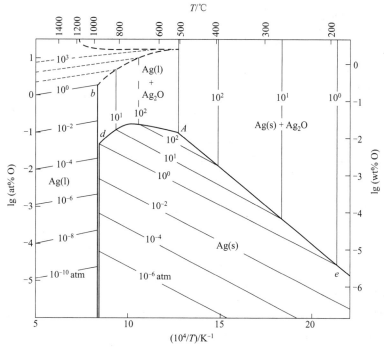

b. $Ag(s)$、$Ag_2O(s)$ 和 O_2。

c. 在图 13.29 中，压力是固定的。有一个与三相相关的反应：$4Ag(s) + O_2(g) \Longrightarrow 2Ag_2O(s)$。因此：

$$F = (N-R) + 1 - \Phi$$
$$F = (3-1) + 1 - 3 = 0$$

e 点位于不变的温度上。

d. $Ag(l)$、$Ag_2O(s)$ 和 $O_2(g)$。

e. $Ag(l)$ 和 $O_2(g)$。

f. $F = (N-R) + 1 - \Phi = 3 - 1 + 1 - 2 = 1$ [温度可以变化或 O_2 分压力可以改变，$Ag(l)$ 和 $O_2(g)$ 状态保持不变]。

（2）证明例题 2

图 13.17 是在 1073K 时 Al_2O_3 和 MgO 的摩尔混合吉布斯自由能变化关系图。当成分从 $X_{Al_2O_3} = 0$ 到 $X_{Al_2O_3} = 1$ 变化时，请划定出相区。

解答：

$X_{Al_2O_3} = 0$ 时，仅为 MgO；

$0 < X_{Al_2O_3} < 0.5$ 时，为 MgO 和 $MgAl_2O_4$；

$0.5 < X_{Al_2O_3} < 1$ 时，为 $MgAl_2O_4$ 和 Al_2O_3；

$X_{Al_2O_3} = 1$ 时，仅为 Al_2O_3。

请注意：图 13.17 中的只是近似值。每种成分彼此之间以及在尖晶石相中必有一定的溶解度（尽管很小）。

13.14 计算例题

（1）计算例题 1

将 100g 的 SiO_2 和 100g 的石墨放入容积为 20L 的刚性容器中，在室温下抽真空，然后加热到 1500℃，在该温度下石英和石墨反应形成 SiC。计算：

a. 1500℃ 时容器中 CO 和 SiO 的平衡分压；

b. 生成 SiC 的质量；

c. 用于形成 CO 和 SiC 而消耗的石墨质量。

解答：

通过绘制 1773K 时的相稳定图，可以高效地判断容器中达到的平衡状态。在第 13.4 节的例 2 中，使用 p_{CO} 和 p_{CO_2} 为自变量绘制了等温相稳定图。然而，在本问题中，需要 p_{CO} 和 p_{SiO} 的平衡值，因此将使用 p_{CO} 和 p_{SiO} 作为自变量绘制 1773K 的相稳定图。当 CO 和 SiO 平衡存在时，CO 中 O 的活度等于 SiO 中 O 的活度。因此，在给定的 CO 分压下，CO 中 C 的活度是固定的，而在给定的 SiO 分压下，Si 的活度也是固定的。系统中可以存在凝聚相液态 Si、固态 SiC、固态 SiO_2 和石墨（C），因此涉及两个凝聚相和一个气相的可能平衡数为 $(4 \times 3)/2 = 6$。然而，如第 13.4 节例 2 中看到的，Si 和 C 不能彼此平衡存在。在 1773K 时，4 种所研究的化合物的标准生成摩尔吉布斯自由能如下：

化合物	$\Delta G^\circ_{1773K}/J$
$SiO_2(s)$	-595900
$SiO(g)$	-246100
$SiC(s)$	-56990
$CO(g)$	-266900

5个涉及2个凝聚相和1个气相的平衡中，每一个都必须包含CO和SiO。

① C、SiO_2、CO和SiO之间的平衡　对于如下平衡：

$$SiO_2(s)+C(s)\Longrightarrow SiO(g)+CO(g) \tag{i}$$

该反应的 $\Delta G^\circ_{1773K}=82900J$。因此，对于该平衡，有：

$$\lg p_{SiO}=-\lg p_{CO}-2.44$$

该式在图13.33中可画成直线1。请注意，由于两种气体都出现在描述平衡的方程式的同一侧，因此不能确定哪种凝聚相在直线1以上是稳定的，哪种凝聚相在该直线以下是稳定的。

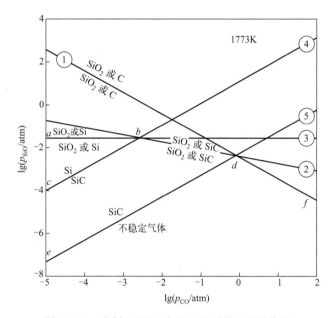

图13.33　绘制1773K时Si-C-O系统的相稳定图

② SiO_2、SiC、SiO和CO之间的平衡　对于如下平衡：

$$2SiO_2(s)+SiC(s)\Longrightarrow 3SiO(g)+CO(g) \tag{ii}$$

该反应的 $\Delta G^\circ_{1773K}=243590J$。因此，有：

$$\lg p_{SiO}=-\frac{1}{3}\lg p_{CO}-2.39$$

该式在图13.33中可画成直线2。也请注意，无法确定在该直线的上方哪个凝聚是相稳定，在该直线的下方哪个凝聚是相稳定的。

③ SiO_2、Si和SiO之间的平衡　该平衡与CO的压力无关，可写为：

$$SiO_2(s)+Si(s)\Longrightarrow 2SiO(g) \tag{iii}$$

该反应的 $\Delta G^\circ_{1773K}=103700J$。因此，有：

$$\lg p_{SiO} = -1.53$$

该式在图 13.33 中可画成直线 3。也请注意，这里仍没有给出凝聚相稳定性的指示。

④ Si、SiC、SiO 和 CO 之间的平衡 对于如下平衡：

$$2Si(s) + CO(g) \rightleftharpoons SiC(s) + SiO(g) \tag{iv}$$

该反应的 $\Delta G^\circ_{1773K} = 36190J$。因此，有：

$$\lg p_{SiO} = \lg p_{CO} - 1.06$$

该式在图 13.33 中可画成直线 4。在这个平衡中，在该直线的上方，Si 相对于 SiC 是稳定的；而在该直线的下方，SiC 相对于 Si 是稳定的。

⑤ SiC、C、SiO 和 CO 之间的平衡 对于如下平衡：

$$SiC(s) + CO(g) \rightleftharpoons 2C(s) + SiO(g) \tag{v}$$

该反应的 $\Delta G^\circ_{1773K} = 77790J$。因此，有：

$$\lg p_{SiO} = \lg p_{CO} - 2.29$$

该式在图 13.33 中可画成直线 5。由于 C 沿着这条线以单位活度存在，相对于石墨来说，SiC 在这条直线的上方是稳定的，在这条线的下方则是不稳定的气体。

对图 13.33 进行分析表明：

① 在直线 bc 的下方，SiC 相对于 Si 是稳定的。

② 在直线 ed 的上方，相对于石墨，SiC 是稳定的。

③ 在直线 bd 的下方，SiC 或 SiO_2 是稳定的。

这确定了 $cbde$ 区是 SiC 的稳定区域。然后可以知道：Si 相对于 SiC 在直线 cb 的上方上是稳定的，Si 或 SiO_2 在直线 ab 的下方是稳定的。这就确定了 abc 区是液态 Si 的稳定区域。因此，SiO_2 相对于 Si 在直线 ab 的上方是稳定的，SiO_2 相对于 SiC 在直线 bd 的上方是稳定的，SiO_2 或石墨在直线 df 的上方是稳定的。

因此，SiO_2 的稳定区位于线 $abdf$ 的上方，相稳定图如图 13.34 所示。相稳定图显示，石墨和石英相互反应产生 SiC，直到达到 SiO_2-石墨-SiC 的平衡状态 A，也就是图 13.33 中直线 1、2 和 5 的交点。同时，其中由任何两条直线方程的解，可以确定出状态 A。

$$\lg p_{CO} = -0.075 (p_{CO} = 0.841atm)$$

以及

$$\lg p_{SiO} = -2.365 (p_{SiO} = 4.32 \times 10^{-3} atm)$$

通过对 Si、C 和 O 进行质量平衡计算，就可以得到产生 SiC 的质量和消耗石墨的质量。C、O 和 Si 的原子量分别为 12、16 和 28.09。因此，在任何反应开始之前，该容器中含有 $100/60.09 = 1.6642$（mol）的 SiO_2 和 $100/12 = 8.3333$（mol）的 C。因此，该容器中含有 1.6642mol 的 Si，3.3283mol 的 O，以及 8.3333mol 的 C。当在 1773K 达到反应平衡时，气相中 CO 的摩尔数计算如下：

$$n_{CO} = \frac{p_{CO}V}{RT} = \frac{0.841 \times 20}{0.082057 \times 1773} = 0.1156(mol)$$

并且，气相中 SiO 的摩尔数为：

$$n_{SiO} = \frac{p_{SiO}V}{RT} = \frac{4.32 \times 10^{-3} \times 20}{0.082057 \times 1773} = 5.9387 \times 10^{-4}(mol)$$

因此，气相包含 0.1156mol 的 C、0.1162mol 的 O 和 5.9387×10^{-4} mol 的 Si。因此，在平衡时，固相包含：

$$1.6642 - 5.9387 \times 10^{-4} = 1.6636 \ (mol)$$
的 Si

$$3.3283 - 0.1162 = 3.2121 \ (mol) \ 的 O$$
以及

$$8.3333 - 0.1162 = 8.2171 \ (mol) \ 的 C$$

固体中的所有 O 都出现在 SiO_2 中，因此，固体 SiO_2 中有 $3.2121/2 = 1.60605 \ (mol)$ 的 Si。固体中剩余 $1.6636 - 1.60605 = 0.0576 \ (mol)$ 的 Si 出现在 SiC 中。因此，生成了 0.0576mol，或 $0.0576 \times 40.09 = 2.31 \ (g)$ 的 SiC。消耗的石墨摩尔数等于生成的 SiC 摩尔数加上产生的 CO 摩尔数。即 $0.0576 + 0.1156 = 0.1732 \ (mol)$，或 $0.1732 \times 12 = 2.08 \ (g)$。

CO_2 和 O_2 的平衡分压分别为 $5.9 \times 10^{-5}atm$ 和 $1.3 \times 10^{-16}atm$，小到在气相中产生的 CO_2 和 O_2 不需要包括在质量平衡计算中。

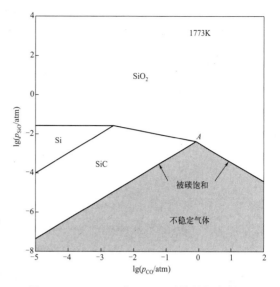

图 13.34   1773K 时 Si-C-O 系统的相稳定图

（2）计算例题 2

确定在 1600℃ 时 Fe-Cr-O 熔体与如下物质平衡的条件。

① 固体 Cr_2O_3；

② 固体 $FeO \cdot Cr_2O_3$。

对于反应：

$$2Cr(s) + \frac{3}{2}O_2(g) = Cr_2O_3(s) \qquad (i)$$

$$\Delta G_{(i)}^{\circ} = -1120300 + 259.8T$$

对于反应：

$$\frac{1}{2}O_2(g) = O(液态 Fe 中,1wt\%) \qquad (ii)$$

$$\Delta G_{(ii)}^{\circ} = -111070 - 5.87T$$

解答：

在 1600℃ 时，Fe-Cr 熔体表现出理想拉乌尔溶液性质，在 2173K 的平衡熔化温度下，Cr 的摩尔熔化热为 21000J。因此，对于 $Cr(s) = Cr(l)$，

$$\Delta G_m^{\circ} = \Delta H_m^{\circ} - T \frac{\Delta H_m^{\circ}}{T_m} = 21000 - 9.66T$$

对于 $Cr(l) = [Cr](Fe 中,1wt\%)$，有：

$$\Delta G = RT \ln \frac{55.58}{100 \times 52.01} = -37.70T$$

因此，对于反应：

$$Cr(s) = [Cr](Fe 中,1wt\%) \qquad (iii)$$

$$\Delta G_{(iii)}^{\circ} = 21000 - 47.36T$$

对于反应：

$$2[Cr](1wt\%)+3[O](1wt\%)=\!\!=\!\!=Cr_2O_3(s) \tag{iv}$$

其标准吉布斯自由能变化为：

$$\begin{aligned}
\Delta G^{\circ}_{(iv)} &= \Delta G^{\circ}_{(i)} - 3\Delta G^{\circ}_{(ii)} - 2\Delta G^{\circ}_{(iii)}\\
&= -829090 + 372.13T\\
&= -RT\ln\frac{a_{Cr_2O_3}}{h^2_{Cr(1wt\%)}h^3_{O(1wt\%)}}
\end{aligned}$$

或者，在1873K时，

$$\lg\frac{h^2_{Cr(1wt\%)}h^3_{O(1wt\%)}}{a_{Cr_2O_3}}=-3.68 \tag{v}$$

在 $a_{Cr_2O_3}=1$ 时，熔体被固体 Cr_2O_3 饱和，如果忽略溶液中 Cr 和 O 之间的相互作用，并且假设 O 服从亨利定律，则式（v）可以写为：

$$\lg[wt\%Cr]=-1.5\lg[wt\%O]-1.84 \tag{vi}$$

这是在 1600℃ 液态 Fe 中 $[wt\% Cr]$ 随 $[wt\% O]$ 变化的关系式，其中液态 Fe 与固体 Cr_2O_3 处于平衡状态。式（vi）可绘制为图 13.35 中的直线（vi）。

对于反应：

$$Fe(l)+2Cr(s)+2O_2(g)=\!\!=\!\!=FeO \cdot Cr_2O_3(s) \tag{vii}$$
$$\Delta G^{\circ}_{(vii)}=-1409420+318.07T$$

因此，对于反应：

$$Fe(l)+2[Cr](1wt\%)+4[O](1wt\%)=FeO \cdot Cr_2O_3(s) \tag{viii}$$
$$\begin{aligned}
\Delta G^{\circ}_{(viii)} &= \Delta G^{\circ}_{(vii)} - 4\Delta G^{\circ}_{(ii)} - 2\Delta G^{\circ}_{(iii)}\\
&= -1007140 + 436.27T\\
&= -RT\ln\frac{a_{FeO \cdot Cr_2O_3}}{a_{Fe}h^2_{Cr(1wt\%)}h^4_{O(1wt\%)}}
\end{aligned}$$

或者，在1873K时，

$$\lg\frac{a_{Fe}h^2_{Cr(1wt\%)}h^4_{O(1wt\%)}}{a_{FeO \cdot Cr_2O_3}}=-5.30 \tag{ix}$$

在 $a_{FeO \cdot Cr_2O_3}=1$ 时，熔体被固体 $FeO \cdot Cr_2O_3$ 饱和，在与之前相同的假设下，$a_{Fe}=X_{Fe}=1-X_{Cr}$，在 1600℃ 时液态 Fe 与固体 $FeO \cdot Cr_2O_3$ 处于平衡状态，此时 $[wt\% Cr]$ 随 $[wt\% O]$ 的变化关系为：

$$\lg(1-X_{Cr})+2\lg[wt\%Cr]+4\lg[wt\%O]=-5.30 \tag{x}$$

在充分稀的稀溶液（$X_{Fe}\sim 1$）中，式（x）可以简化为：

$$\lg[wt\%Cr]=-2\lg[wt\%O]-2.65 \tag{xi}$$

在图 13.35 中式（xi）可画成直线（x）。直线（vi）和（x）相交于 A 点，其 $\lg[wt\% Cr]=0.59$（$wt\% Cr=3.89$），$\lg[wt\% O]=-1.62$（$wt\% O=0.024$），即该成分的熔体同时被固体 Cr_2O_3 和 $FeO \cdot Cr_2O_3$ 饱和。从相律来看，4 相（液态 Fe-Cr-O、固态 Cr_2O_3、固态 $FeO \cdot Cr_2O_3$ 和气相）的三元体系（Fe-Cr-O）的平衡具有 1 个自由度，即在本例中，该自由度已被指定为温度，且为 1873K。因此，Fe、Cr 和 O 的活度是唯一确定的，$[wt\% Cr]$ 和 $[wt\% O]$ 也是唯一确定的。可由式（ii）求得气相中的平衡 O_2 压力：

$$\Delta G^{\circ}_{(ii)} = -122065J = -8.3144 \times 1873 \times \ln \frac{[wt\% O]}{p_{O_2}^{1/2}}$$

当 $[wt\% O] = 0.024$ 时，可得 $p_{O_2(eq)} = 8.96 \times 10^{-11}$ atm。根据图 13.35 中线的位置可知，在 $[wt\% Cr] > 3.89$ 的熔体中，Cr_2O_3 是沿直线 AB 与饱和熔体平衡的稳定相；在 $[wt\% Cr] < 3.89$ 的熔体中，$FeO \cdot Cr_2O_3$ 是沿直线 AC 与饱和熔体平衡的稳定相。或者，Cr_2O_3 是与 $[wt\% O] < 0.024$ 的饱和熔体平衡的稳定相，而 $FeO \cdot Cr_2O_3$ 是与 $[wt\% O] > 0.024$ 的饱和熔体平衡的稳定相。考虑熔体在 $\lg[wt\% Cr] = 1.5$ 时的情况。从图 13.35 或式（vi）可以看出，在该 Cr 浓度下，与 Cr_2O_3 平衡所需的 O 含量（图 13.35 中的 B 点）为 5.93×10^{-3} wt%，或 $\lg[wt\% O] = -2.25$。由式（v）可知，在该熔体中，Cr_2O_3 相对于固体 Cr_2O_3 的活度是 1，因此熔体相对于固体 Cr_2O_3 是饱和的。然而，由式（ix）可知，在同一熔体中（即 $X_{Fe} = 0.668$，$[wt\% Cr] = 31.6$，$[wt\% O] = 0.00593$），$FeO \cdot Cr_2O_3$ 相对于固体 $FeO \cdot Cr_2O_3$ 的活度仅仅只有 0.2。因此，熔体对于 Cr_2O_3 是饱和的，对于 $FeO \cdot Cr_2O_3$ 是欠饱和的。沿直线 BA 从 B 向 A 移动，$a_{Cr_2O_3} = 1$；而 $a_{FeO \cdot Cr_2O_3}$ 则从 B 处的 0.2 增大

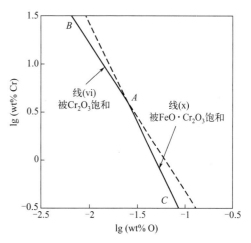

图 13.35　1600℃时被 Cr_2O_3 和 $FeO \cdot Cr_2O_3$ 饱和的 Fe 中 Cr 浓度随 O 浓度的变化

到 A 处的双饱和熔体中的 1。考虑 $\lg[wt\% Cr] = -0.5$ 的熔体。从图 13.35 中，用 $FeO \cdot Cr_2O_3$ 饱和所需的 O 含量为 0.084wt%（$\lg[wt\% O] = -1.075$，在图 13.35 中的 C 点）。由式（ix）可知，该熔体中 $FeO \cdot Cr_2O_3$ 的活度是 1。然而，从式（v）可知，熔体中 Cr_2O_3 的活度相对于固体 Cr_2O_3 仅为 0.285。因此，该熔体对于 $FeO \cdot Cr_2O_3$ 是饱和的，而对于 Cr_2O_3 是欠饱和的。沿直线 CA 从 C 向 A 移动时，$a_{FeO \cdot Cr_2O_3}$ 为 1，而 $a_{Cr_2O_3}$ 则从 C 处的 0.285 增大到 A 处的 1。

如果再考虑各种溶质-溶质的相互作用，当 $a_{Cr_2O_3} = 1$ 时，则式（v）可写为：

$$2\lg h_{Cr(1wt\%)} + 3\lg h_{O(1wt\%)} = -3.68$$

或者

$$2\lg f_{Cr(1wt\%)} + 2\lg[wt\% Cr] + 3\lg f_{O(1wt\%)} + 3\lg[wt\% O] = -3.68$$

或者

$$2e_{Cr}^{Cr}[wt\% Cr] + 2e_{Cr}^{O}[wt\% O] + 2\lg[wt\% Cr] + 3e_O^O[wt\% O]$$
$$+ 3e_O^{Cr}[wt\% Cr] + 3\lg[wt\% O] = -3.68$$

因为：

$$e_{Cr}^{Cr} = 0, \quad e_O^O = -0.2, \quad e_O^{Cr} = -0.041, \quad e_{Cr}^{O} = -0.13$$

由此可得：

$$-0.43[wt\% O] - 0.0615[wt\% Cr] + \lg[wt\% Cr]$$
$$+ 1.5\lg[wt\% O] = -1.84 \tag{xii}$$

该关系式在图 13.36 中可画为直线（xii）。

同样地，如果 $a_{FeO \cdot Cr_2O_3}=1$，式（ix）可写为：

$$\lg X_{Fe}+2\lg h_{Cr(1wt\%)}+4\lg h_{O(1wt\%)}=-5.30$$

或者

$$\lg X_{Fe}+2e_{Cr}^{Cr}[wt\%Cr]+2e_{Cr}^{O}[wt\%O]+2\lg[wt\%Cr]+4e_{O}^{O}[wt\%O]$$
$$+4e_{O}^{Cr}[wt\%Cr]+4\lg[wt\%O]=-5.30$$

或者

$$\lg X_{Fe}-1.06[wt\%O]-0.164[wt\%Cr]+2\lg[wt\%Cr]$$
$$+4\lg[wt\%O]=-5.30$$

该关系式在图 13.36 中可画成直线（xiii）。直线（xii）和直线（xiii）相交于 $\lg[wt\%\ Cr]=$ 0.615（$[wt\%\ Cr]=4.12$）、$\lg[wt\%\ O]=-1.455$（$[wt\%\ O]=0.035$）处。当忽略溶质之间的相互作用时，得到的交点 A 为 $[wt\%\ Cr]=3.89$、$[wt\%\ O]=0.024$。

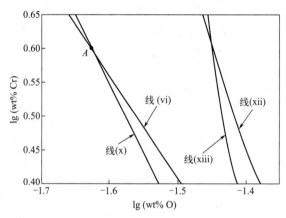

图 13.36　考虑液体 Fe 中溶质 Cr 和 O 之间的相互作用对图 13.35 进行修正

 作业题

13.1　在 1500K 下，将 1atm 的空气吹到富含 Cu 的 Cu-Au 液态溶液上。如果只有 Cu 被氧化（形成纯固体 Cu_2O），请计算在溶液中 Cu 活度可取得的最小值。

13.2　Mg-Al 液体溶液中的 Mg，可以通过选择性地形成氯化物 $MgCl_2$ 而除去。在 800℃时，使该溶液与含有 H_2 的 H_2-HCl 气体混合物反应，生成纯液态 $MgCl_2$，此时的总压为 1atm 且 $p_{HCl}=10^{-5}$ atm。计算此时液态 Mg-Al 体系中 Mg 可以实现的活度。

13.3　1200K 时，与纯液体 Pb 和纯液体 PbO 平衡的 O_2 分压为 2.16×10^{-9} atm。当 SiO_2 添加到液态 PbO 中形成 $PbSiO_3$ 熔体时，与纯液体 Pb 和硅酸盐熔体平衡的 O_2 压力下降到 5.41×10^{-10} atm。计算 $PbSiO_3$ 熔体中 PbO 的活度。

13.4　Cu 作为杂质存在于液态 Pb 中，可以通过将 PbS 添加到 Cu-Pb 合金中并进行交换反应达到平衡来去除，反应为：

$$2Cu(s)+PbS(s)=\!=\!=Cu_2S(s)+Pb(l)$$

固体硫化物是相互不溶的，Pb 不溶于固体 Cu。液态 Cu 在 850℃以下可以用以下方式表示：

$$\lg X_{Cu} = -\frac{3500}{T} + 2.261$$

其中 X_{Cu} 是 Cu 在液体 Pb 中的溶解度。如果 Cu 在液态 Pb 中服从亨利定律，请计算在 800℃下，通过这一过程可以从液态 Pb 中去除 Cu 的程度。通过提高或降低温度，Pb 的净化程度是否会提高？

13.5 总压为 1atm 的 CH_4-H_2 气体混合物，其中 $p_{H_2} = 0.957$atm，与 1000K 的 Fe-C 合金平衡。计算合金中 C 相对于石墨的活度。为了在 1000K 时用石墨使 Fe 饱和，气体混合物中的 p_{H_2} 值（$P_{total} = 1$atm）必须是多少？

13.6 计算 FeO-Al_2O_3-SiO_2 熔体中 FeO 的活度，在 1600℃时，低于此活度的 FeO 不能被 $p_{CO}/p_{CO_2} = 10^5$ 的 CO-CO_2 混合物还原成纯 Fe。

13.7 一块 Fe 要在 1000K 的 CO-CO_2-H_2O-H_2 混合气体中于 1atm 下进行热处理。混合气体是通过混合 CO_2 和 H_2 并使 $CO_2 + H_2 \Longrightarrow CO + H_2O$ 反应处于平衡而产生的。计算：（a）在不氧化铁的情况下，进入炉子的气体中最小的 H_2/CO_2 比率；（b）在这个初始的最小 H_2/CO_2 比率的平衡气体中碳的活度（相对于石墨）；（c）在 1000K 时，为使 Fe 中的石墨达到饱和，平衡气体必须提高的总压；（d）总压的增加对平衡气体中 CO_2 分压的影响。

13.8 含 $X_{Mn} = 0.001$ 的 Fe-Mn 固溶体与 FeO-MnO 固溶体和含 O_2 气体在 1000K 时处于平衡状态。平衡有多少个自由度？平衡氧化物溶液的成分是什么，气相中的 O_2 分压是多少？假设两个固溶体都表现为拉乌尔定律性质。

13.9 元素 A 和 B 在 1000℃下都是固体，形成两种化学计量化合物 A_2B 和 AB_2，它们在 1000℃下也是固体。系统 A-B 不包含任何固溶体。A 在 1000℃时的蒸气压非常小，并且对于状态 B(s) $\Longrightarrow$ B(v) 的变化，

$$\Delta G° = 187220 - 108.80T$$

由平衡的 AB_2-A_2B 混合物产生的蒸气压由下式给出，

$$\lg(p/atm) = -\frac{11242}{T} + 6.53$$

而平衡的 A-A_2B 混合物产生的蒸汽压力可以由下式确定。

$$\lg(p/atm) = -\frac{12603}{T} + 6.9$$

根据这些数据，计算 A_2B 和 AB_2 的标准生成吉布斯自由能。

13.10 对于标准状态的变化 V(s) $\Longrightarrow$ V（液态 Fe 中，1wt%），

$$\Delta G° = -15480 - 45.61T$$

计算 1600℃时 $\gamma_V°$ 的值。如果液态 Fe-V 溶液与纯固体 VO 和含有 $p_{O_2} = 4.72 \times 10^{-10}$atm 的气体处于平衡，计算以下条件下液态溶液中 V 的活度。（a）相对于作为标准状态的固体 V；（b）相对于作为标准状态的液体 V；（c）相对于亨利标准状态；（d）相对于 Fe 中 1wt% 的标准状态。

13.11 当 Fe-P 液态溶液在 1900K 与固体 CaO、固体 3CaO·P_2O_5 和含 $p_{O_2} = 10^{-10}$atm 的气相平衡时，相对于 Fe 中 1wt% 标准状态，Fe 中 P 的活度为 20。已知，对于反应：

$$3CaO(s) + P_2O_5(g) \Longrightarrow 3CaO \cdot P_2O_5(s)$$

其 $\Delta G°_{1900K} = -564600$J。对于反应：

$$\frac{1}{2}P_2(g)=P(液态 Fe 中,1wt\%)$$

其 $\Delta G^\circ = -122200 - 19.22T$。对于反应：

$$P_2(g) + \frac{5}{2}O_2(g) = P_2O_5(g)$$

计算其 ΔG°_{1900K}。

13.12 温度为 1600℃时，在 $p_{O_2} = 3 \times 10^{-12}$ atm 的气氛下，置于 Al_2O_3 坩埚中的液态 Fe，溶解了平衡浓度的 O 和 Al。为了使固体铁铝尖晶石（$FeO \cdot Al_2O_3$）与熔体和固体 Al_2O_3 达到平衡，必须将 p_{O_2} 提高到什么值？在这种状态下 Al 的活度（相对于 Fe 中 1wt% 的标准状态）是多少？在 1600℃这个平衡的自由度是多少？已知：

$$\frac{1}{2}O_2(g) = O(液态 Fe 中,1wt\%)$$
$$\Delta G^\circ = -111070 - 5.87T$$
$$Al(l) = Al(液态 Fe 中,1wt\%)$$
$$\Delta G^\circ = -43100 - 32.26T$$
$$FeO \cdot Al_2O_3(s) = Fe(l) + O(液态 Fe 中,1wt\%) + Al_2O_3(s)$$
$$\Delta G^\circ = 146230 - 54.35T$$

13.13 UC_2 可以在高温下与 UC 和 C 平衡，在较低温度下可以与 U_2C_3 和 C 平衡。计算 UC_2 可以存在的最高和最低温度。

13.14 在生产 Mg 的 Pigeon 工艺中，白云石（$CaO \cdot MgO$）被 Si 还原形成 Mg 蒸气和 $2CaO \cdot SiO_2$。计算该反应在 1200℃时产生的 Mg 蒸气的平衡压力。CaO 和 MgO 生成白云石的吉布斯自由能小到可以忽略不计。

13.15 1000℃时 MgO 在 $MgO \cdot Al_2O_3$ 中的活度最小值是多少？

13.16 将 ZnO 和石墨的混合物放入真空容器中并加热到 1200K。计算形成的 Zn、CO 和 CO_2 的分压。

13.17 固体 CaO、MgO、$3CaO \cdot Al_2O_3$ 和液体 Al 的化合物在 1300K 时，产生的 Mg 的平衡蒸气压为 0.035atm。请写出正确的反应平衡的方程式。计算 CaO 和 Al_2O_3 生成 $3CaO \cdot Al_2O_3$ 的标准吉布斯自由能，和 1300K 时在 CaO 饱和的 $3CaO \cdot Al_2O_3$ 中 Al_2O_3 的活度。

13.18 在 1600℃时，$p_{CO} = 1$atm，在氧化铝坩埚中制备的 Fe-C 熔体含 0.5wt% C。计算以下条件下熔体中 O 和 Al 的平衡浓度。（a）忽略所有溶质-溶质相互作用；（b）考虑溶质-溶质相互作用。相互作用参数请查阅表 13.1。

13.19 现要求通过与 SO_2-O_2 气体反应将含有 PbO、PbS 和 $PbSO_4$ 的矿石转化为 PbS 或 $PbSO_4$ 来消除 PbO。虽然气体中 O_2 的压力可以在很宽的范围内变化，但 SO_2 的分压不得高于 0.5atm。计算可以保证消除 PbO 相的最高温度。

13.20 渗碳体 Fe_3C 在 950K、1atm 下相对于 C 饱和的 α-铁和石墨是亚稳态的。假设 950K 时 α-Fe、石墨和 Fe_3C 的摩尔体积分别为 $7.32cm^3/mol$、$5.40cm^3/mol$ 和 $23.92cm^3/mol$，计算 950K 时 Fe_3C 与 C 饱和的 α-Fe 和石墨平衡的压力。在什么温度下，1atm 时，C 饱和的 γ-Fe 和石墨与渗碳体平衡。

13.21 正在对置于 1200K 的密闭容器中的处于平衡状态的 CaO 和 $CaCO_3$ 混合物进行实验。该混合物被 Fe 污染生成了赤铁矿（Fe_2O_3）。如果污染物以浮氏体（FeO）或渗碳体

（Fe_3C）的形式出现，则污染物不会对实验有不利影响。将 CO 气体引入到容器中，可以使污染物向所需要的化学形式转化。计算容器中 p_{CO} 的允许限度，使污染物以（a）浮氏体和（b）渗碳体形式出现。

13.22　$X_{Cu} = 0.5$ 的 Cu-Au 合金正于 600℃ 下的 Ar 气（脱氧）中进行退火。Ar 气在进入退火炉之前，通过加热的纯铜屑进行脱氧。固体 Cu-Au 系统假设表现出正规溶液的性质，具有的超额摩尔混合吉布斯自由能可由下式确定。

$$\Delta G^{XS} = -28280 X_{Cu} X_{Au}$$

假设在脱氧炉中达到平衡，计算：在不引起被退火 Cu-Au 合金中的 Cu 氧化的情况下，脱氧炉运行的最高温度。

13.23　在露点实验中，Cu-Zn 合金置于真空封闭管的一端，加热至 900℃。当管子的另一端冷却到 740℃ 时，Zn 蒸气开始凝结。计算合金中 Zn 相对于纯 Zn 的活度。

13.24　将 1000℃ 下含 Ag 量为 100.0 g 的坩埚置于西华特装置的反应室中。将腔室抽空并用 50 cm^3（STP）的 Ar 气体填充，以测量腔室的空隙体积。外部压力计读取 Ar 的压力为 0.9atm。将腔室重新抽真空并充满氧气，发现需要 251.5 cm^3（STP）才能在腔室中产生 0.9atm 的压力。计算 O 在 Ag 中的溶解度（以原子百分比计），计算西华特定律常数在 1000℃ 的值。

13.25　Si 和 Mn 通常一起用作钢水的脱氧剂。在 1600℃ 时，

[Mn]（液态 Fe 中，1wt%）+[O]（液态 Fe 中，1wt%）=====MnO(s)，　$K = 23.5$

[Si]（液态 Fe 中，1wt%）+2[O]（液态 Fe 中，1wt%）=SiO_2(s)，　$K = 27840$

平衡常数值表明 SiO_2 比 MnO 稳定得多。那么，为什么 Mn 和 Si 的混合物作为脱氧剂比单独使用 Si 更有效呢？以固体作为标准状态，1600℃ 时 MnO 和 SiO_2 在 MnO-SiO_2 熔体中的活度如图 13.37 所示。

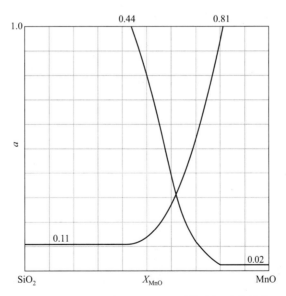

图 13.37　1600℃ 时 MnO-SiO_2 系统中组元的活度

第 14 章

电化学

14.1 引言

所有化学反应，在反应物形成产物的过程中，都涉及部分或全部参与反应原子的氧化状态或价态的变化。按照惯例，化合物中原子的价态由围绕原子核的电子数决定。价态的分配不受组成原子之间键合性质的影响。例如，HF 分子中的键合被认为具有 50％ 的离子性和 50％ 的共价性。在这里，离子性意味着电子从 H 原子到 F 原子的彻底转移，以形成 H^+ 和 F^-；而共价性意味着完全共享电子，以产生具有零电偶极矩的正常共价 HF 分子。然而，HF 中 H 和 F 的价态是分别被表示为 +1 和 −1 的。

一个元素的价态变化是由得失电子引起的，因此，任何反应的热力学驱动力，必须以某种方式与所需反应原子价态改变的难易程度相关联，即一定与电子发生必要转移的难易程度有关。例如，反应：

$$AO + B \Longrightarrow BO + A$$

包括 A 的价态从 +2 下降到 0，B 的价态从 0 增加到 +2。该反应涉及两个电子从 B 到 A 的转移，因此可写为：

$$A^{2+} + B \Longrightarrow B^{2+} + A$$

因此，自由能的变化是电子转移的能量学表现形式。总反应方程，可写成下列各项之和。

$$A^{2+} + 2e^- \Longrightarrow A$$
$$B - 2e^- \Longrightarrow B^{2+}$$

它表明有可能进行如图 14.1 所示的反应。A + AO 的混合物和 B + BO 的混合物由两个连接体 a 和 b 连接。其中，a 是电子导体，只有电子可以通过；b 是离子导体，只有氧离子可以通过。因此，自发反应以下列方式发生。两个电子离开一个 B 原子，沿 a 从右向左移动，到达 A + AO 混合物时，将一个 A^{2+} 转化为 A 原子。同时，一个 O^{2-} 离开 A + AO 混合物，通过 b 进入 B + BO 混合物。因此，整个系统的电中性条件得以保持，整个反应可以写成：

$$A^{2+}O^{2-} + B \Longrightarrow B^{2+}O^{2-} + A$$

由于它是以电化学方式进行的，这种反应被称为电化学反应。电子沿 a 输运的驱动力表现为电压（或电势差），可以通过在电路 a 中放置一个相反的外部电压来测量，并调整该电压，直到没有电流流动为止，此时电化学反应就会停止。在这一点上，外部电压与电化学系统产生的电压完全抵消。也就是说，化学反应的热力学驱动力与外部施加的电驱动力完全抵消。利用这两类驱动力之间的数学关系，可以测量前者（反应的 ΔG）的大小。此外，在第 12 章中，我们看到纯 A、纯 AO、纯 B 和纯 AO 只有在两条埃林汉姆线相交的唯一温度下才处于热力学平衡状态（如果它们确实相交的话），而现在我们看到，通过用一个相反的电驱动力来抵消化学驱动力，这四个相可以在任何温度下处于电化学平衡状态。本章将对这样的系统的特性进行研究。

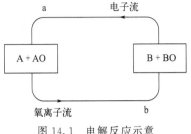

图 14.1　电解反应示意

14.2　化学驱动力和电驱动力的关系

由第 5.4 节可知，当一个系统在恒定的温度和压力下经历一个可逆过程时，系统的吉布斯自由能的减少等于 w'_{max}，即系统所做的功（不包括膨胀功）。对于这样一个过程的增量，有：

$$-\mathrm{d}G' = \delta w'_{max}$$

考虑一个系统，它通过跨越电压差（即从一个电势到另一个电势）输运电荷来做电功。所做的功等于输送的电荷 q（库仑）和电势差 $\Delta\phi$（伏特）的乘积。这种功的单位是焦耳，它等于 1 伏特乘以 1 库仑。一个能够因化学反应的发生而做电功的系统被称为伏打电池（原电池），整个化学反应由一个被称为电池反应的方程式表示。1 克离子❶单位正电荷所带的电量是 96487 库仑，是法拉第（Michael Faraday，1791—1867）常数，表示为 F。因此，如果化合价为 z 的 $\mathrm{d}n$ 摩尔个离子通过电池电极之间保持的电势差 $\Delta\phi$ 进行传输，那么：

$$\delta w' = zF\Delta\phi\,\mathrm{d}n$$

如果传输是可逆进行的，在这种情况下，电池电极之间的电势差称为电池的电动势（EMF）ε，则

$$\delta w'_{max} = zF\varepsilon\,\mathrm{d}n = -\mathrm{d}G' \tag{14.1}$$

对于 1 摩尔离子的传输，式（14.1）变为：

$$\Delta G = -zF\varepsilon \tag{14.2}$$

这就是所谓的能斯特方程。

考虑图 14.2 所示的常见的丹尼尔电池（John Frederic Daniell，1790—1845）。该电池由部分浸入酸性 $ZnSO_4$ 水溶液中的 Zn 电极和部分浸入酸性 $CuSO_4$ 水溶液中的 Cu 电极组成。这两种水溶液构成原电池的电解质（即离子电流流过的介质），在它们之间插入多孔隔膜来防止其混合。考虑将金属浸入电解质中时发生的过程。金属和电解质之间界面处的不对称力，导致溶剂偶极子和带电物质重新排列，从而使界面的电解质侧带电。产生的电场穿过界

---

❶ 即阿伏伽德罗离子数，废止旧单位，现为统一用摩尔。

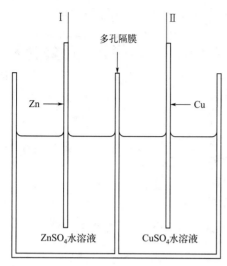

图 14.2　丹尼尔电池示意

面起作用，根据电场的方向，金属中的自由电子要么向界面移动，要么远离界面，直到在金属中感应出与界面处电解质一侧所带电荷电量相等但符号相反的电荷。这种电荷的重新分布导致界面和远离界面的电解质主体之间产生电势差。

图 14.3（a）给出了当金属电极获得负电荷时，电势随远离界面进入电解质的距离而变化的性质。图 14.3（b）给出了金属电极获得正电荷时的相应变化。金属电极的电位 ϕ^M 与电解质主体的电位 ϕ^e 之间的差，称为电极的绝对电位。在丹尼尔电池中，在电极之间进行外部电接触之前，Zn 电极获得了过多的电子，而 Cu 电极则缺乏电子。这导致从 Zn 电极到电解液到 Cu 电极的电势变化，如图 14.4 所示。当如下关系成立时，

$$\mu_{Zn^{2+}}(\text{电解液中}) = \mu_{Zn^{2+}}(\text{电极上})$$

以及

$$\mu_{Zn^{2+}} + 2\mu_{e^-}^{Zn} = \mu_{Zn}$$

在 Zn-电解质界面上建立起如下平衡反应，

$$Zn^{2+} + 2e^- = Zn$$

前式中，μ_{Zn} 为电极中 Zn 原子的化学势；$\mu_{Zn^{2+}}$ 为电解液和电极中 Zn^{2+} 的化学势；$\mu_{e^-}^{Zn}$ 为 Zn 电极中电子的化学势。

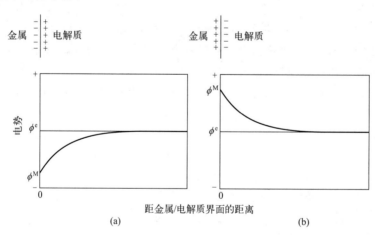

图 14.3　电势随距金属/电解质界面的距离变化的示意

（a）金属电极获得负电荷；（b）金属电极获得正电荷

可以看出，由电解液中 $ZnSO_4$ 浓度决定的 $\mu_{Zn^{2+}}$ 值（溶液中），决定了 $\mu_{e^-}^{Zn}$ 的平衡值。同样地，当如下关系成立时，

$$\mu_{Cu^{2+}}(\text{电解液中}) = \mu_{Cu^{2+}}(\text{电极上})$$

以及

$$\mu_{Cu^{2+}} + 2\mu_{e^-}^{Cu} = \mu_{Cu}$$

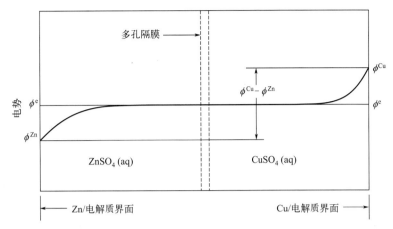

图 14.4　丹尼尔电池中电势随位置变化的示意

（电池的开路电压由 $\phi^{Cu} - \phi^{Zn}$ 确定）

在 Cu-电解质界面上建立起如下平衡反应。

$$Cu^{2+} + 2e^- = Cu$$

可以看出，$\mu_{e^-}^{Cu}$ 的平衡值也是由电解液中 $CuSO_4$ 的浓度决定的。如果将相同的金属丝作为延长导线连接到每个电极上，如图 14.2 所示，那么由于金属丝-Zn 电极和金属丝-Cu 电极都是电导体。

$$\mu^{\text{I}} = \mu_{e^-}^{Zn}, \ \mu^{\text{II}} = \mu_{e^-}^{Cu}$$

dn 摩尔电子从电势 ϕ^{Zn} 向电势 ϕ^{Cu} 可逆转移，电池所做的正功 $\delta w'_{max}$ 可表示为：

$$\delta w'_{max} = zF(\phi^{Zn} - \phi^{Cu})dn$$

其中，对于电子来说，z 的值为 -1。在恒定的温度和压力下，dn 摩尔电子从化学势 μ^{I} 向 μ^{II} 的可逆转移，也涉及所做的功 $\delta w'_{max}$ 和系统的吉布斯自由能的减少 dG'，根据：

$$\delta w'_{max} = -dG' = -(\mu^{\text{II}} - \mu^{\text{I}})dn$$

因此，

$$\mu^{\text{II}} - \mu^{\text{I}} = zF(\phi^{Cu} - \phi^{Zn}) \tag{14.3}$$

式（14.3）把化学势差和电子转移的电势差联系起来。$\phi^{Cu} - \phi^{Zn}$ 是丹尼尔电池的开路电动势 ε。

当外部在电极 I 和电极 II 之间施加一个大小为 ε 的相反电动势时，整个系统处于平衡状态。这是因为电池的化学驱动力正好被外部相反电压所抵消。如果外部相反电压的大小减少，平衡就不再存在，电子电流从 I 流向 II，相当于离子电流流过电池。在丹尼尔电池中，通过电池的离子电流，涉及 SO_4^{2-} 从 $CuSO_4$ 隔室（阴极液）到 $ZnSO_4$ 隔室（阳极液）的传输速率，该速率与 Zn^{2+} 溶解到电解液中的速率相等，因此，也等于 Cu^{2+} 从阴极电解液中被沉积（出 Cu）的速率。随着电池反应的进行，阴极液中 $CuSO_4$ 的浓度降低，而阳极液中 $ZnSO_4$ 的浓度增加。正如所见，μ^{I} 和 μ^{II} 的平衡值以及由二者确定的 ε 值，取决于电解质中 $ZnSO_4$ 和 $CuSO_4$ 的浓度。因此，最终，在正常的动力学因素的情况下，电池的电动势减小到外部施加的反向电压值，此时电流停止通过并建立新的平衡。然而，如果通过适当地去除 $ZnSO_4$ 和添加 $CuSO_4$，使它们在各自隔室中的浓度保持恒定，则电池反应将无限期地继续。当外部施加的电压略微小于电池电动势时，就会有微弱的电流流过，电池反应就会不可逆地进行。在这种情况下，由于外部电路中的电子通过较小的电势差传输，因此获得的功小于最大功。在外电压降低的极限（即外电压为零且电池短路时），反应的不可逆程度达到最大，不做功，系统吉布斯自由能降低的能量完全表现为热能。该系统相当于将一块 Zn 置于 $CuSO_4$ 水溶液中的系统。为了产生最大功，电池必须以可逆方式运行，在这种情况下，外部施加的电压必须无限接近电池的电动势，从而在正方向上产生无穷小的电流。如果电池可以可逆地工作，那么外部电压增加无限小量会反转电流的方向和电池反应的方向。因此，电池变成消耗电流而不是产生电流，也就是说，它变成了电解池而不是原电池。该示意图如图 14.5 所示。

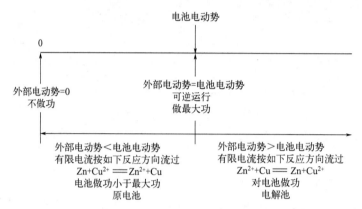

图 14.5　产生电流的电池（原电池）与消耗电流的电池（电解池）的关系

当作为一个伏打电池工作时，在 Zn 阳极发生的阳极氧化反应为：

$$Zn = Zn^{2+} + 2e^-$$

在 Cu 阴极上发生的阴极还原反应为：

$$Cu^{2+} + 2e^- = Cu$$

电池整体反应是这些反应的总和，为：

$$Zn + CuSO_4 = Cu + ZnSO_4$$

在速记符号中，总反应可被写成：

$$Zn \mid Zn^{2+}（水溶液）\vdots Cu^{2+}（水溶液）\mid Cu$$

其中完整的垂直线表示电池中的相界，垂直虚线表示分离两种水溶液的多孔隔膜。

14.3　浓度对电动势（EMF）的影响

在上一节中，我们看到丹尼尔电池的电动势取决于阴极电解液和阳极电解液中 $CuSO_4$ 和 $ZnSO_4$ 的浓度。浓度，或准确地说是活度，和电动势之间的定量关系介绍如下。考虑如下反应：

$$Zn + CuSO_4 = Cu + ZnSO_4$$

虽然假设反应按书面形式从左到右自发进行，但其方向取决于反应物和生成物的状态。考虑反应物和生成物在 298K 时以其标准状态出现，然后

$$Zn(s) + CuSO_4（饱和水溶液）= Cu(s) + ZnSO_4（饱和水溶液）$$

这在热力学上等同于：

$$Zn(s) + CuSO_4(s. a. s.) \mathrm{=\!=} Cu(s) + ZnSO_4(s. a. s.)$$

在 298K 时，$\Delta G = \Delta G^\circ_{298K} = -213040J$，因此，由式（14.2）可得：

$$\varepsilon^\circ = -\frac{\Delta G^\circ}{zF} = \frac{213040}{2 \times 96487} = 1.104(V)$$

式中，ε° 为反应物和生成物以其指定的标准状态出现时的电池电动势，被称为电池的标准电动势。因此，当 Zn 浸泡在 $ZnSO_4$ 的饱和水溶液中，Cu 浸泡在 $CuSO_4$ 的饱和水溶液中时，在 298K 时抵消电池反应的化学驱动力所需的外部施加电压为 1.104V。

对于一般反应：

$$a\mathrm{A} + b\mathrm{B} \mathrm{=\!=} c\mathrm{C} + d\mathrm{D}$$

当反应物和生成物不以其标准状态出现时，

$$\Delta G = \Delta G^\circ + RT \ln \frac{a_\mathrm{C}^c a_\mathrm{D}^d}{a_\mathrm{A}^a a_\mathrm{B}^b} \tag{14.4}$$

根据式（14.2），发生前述电化学反应的电池的电动势为：

$$\varepsilon = \varepsilon^\circ - \frac{RT}{zF} \ln \frac{a_\mathrm{C}^c a_\mathrm{D}^d}{a_\mathrm{A}^a a_\mathrm{B}^b} \tag{14.5}$$

因此，在丹尼尔电池中使用纯 Zn 和纯 Cu，电动势为：

$$\varepsilon = \varepsilon^\circ - \frac{RT}{zF} \ln \frac{a_{ZnSO_4}}{a_{CuSO_4}}$$

在 298K 时，可以得到：

$$\varepsilon = 1.104 - 0.0296 \lg \frac{a_{ZnSO_4}}{a_{CuSO_4}}$$

为了使电池的电动势为 0，活度商必须为：

$$10^{\frac{1.104}{0.0296}} = 1.98 \times 10^{37}$$

因此，如果 $ZnSO_4$ 溶液是饱和的（即 $a_{ZnSO_4} = 1$），那么相对于作为标准状态的饱和溶液而言，要求阴极电解液中 $CuSO_4$ 的活度为 5×10^{-38}，以便电池反应平衡时不需要在电极之间的外部电路中施加反电动势。存在于多孔隔膜上的浓度梯度导致离子从一个隔室扩散到另一个隔室，由于扩散是一个不可逆的过程，浓度梯度产生了一个被称为液体接界电势的电势。必须通过在阳极电解液和阴极电解液之间使用盐桥等手段，将这种液体接界电势降到最低。

14.4 化成电池

一个没有液体接界的电池，例如：

$$\mathrm{Pb}(l) \mid \mathrm{PbO}(l) \mid \mathrm{O}_2(g), (\mathrm{Pt})$$

其中，阳极是液态 Pb，阴极是浸入电解质中被 O_2 鼓泡的惰性 Pt 丝，电解质是液态 PbO。在这个电池中，如下电池反应的驱动力可以通过在电极之间施加一个相反的电压来抵消。

$$\mathrm{Pb}(l) + \frac{1}{2}\mathrm{O}_2(g) \mathrm{=\!=} \mathrm{PbO}(l)$$

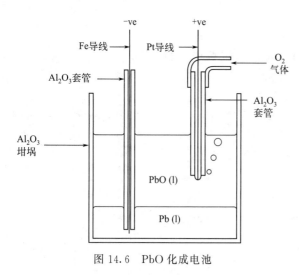

图 14.6 PbO 化成电池

这样的电池就是化成电池的一个例子，如图 14.6 所示❶。在液态铅阳极上，

$$Pb \longrightarrow Pb^{2+} + 2e^-$$

在 O_2 阴极上，

$$\frac{1}{2}O_2(g) + 2e^- \longrightarrow O^{2-}$$

在纯液体 Pb 阳极、纯液体 PbO 电解质和阴极上 O_2 压力为 1atm 条件下，PbO 的标准生成吉布斯自由能为：

$$\Delta G^\circ = -2F\varepsilon^\circ$$

保持 O_2 压力恒定在 1atm，并改变电池的温度，有利于确定 ΔG° 随 T 的变化关系。在电解质中加入第二种氧化物，该氧化物①必须在化学上比 PbO 更稳定，②不得引入任何电导率，例如 SiO_2。其对电池电动势的影响如下。

$$\varepsilon = \varepsilon^\circ - \frac{RT}{2F}\ln \frac{a_{PbO(PbO-SiO_2 熔体)}}{p_{O_2}^{1/2}}$$

因此，电池的电动势是 $PbSiO_3$ 中 PbO 浓度的函数，在纯 PbO 到被 SiO_2 饱和的 PbO 范围内测量该电动势，可以确定 a_{PbO} 随成分的变化。因此，通过吉布斯-杜亥姆关系，也可以确定 a_{SiO_2} 随成分变化的情况。Sridhar 和 Jeffes 得到的 ε° 随温度和 $PbSiO_3$ 熔体成分的变化关系，如图 14.7 所示。对于电池反应：

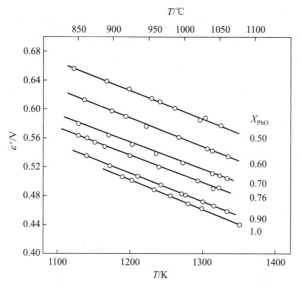

图 14.7　$PbO(l)|PbO-SiO_2(l)|O_2(1atm)$，Pt 电池的电势随温度和电解液中 SiO_2 含量的变化

（引自 R. Sridhar 和 J. H. E. Jeffes）

---

❶ R. Sridhar，J. H. E. Jeffes. Thermodynamics of PbO and PbO-SiO₂ Melts. Trans. Inst. Mining Met.，1967，76，C44.

$$Pb(l) + \frac{1}{2}O_2(g) \Longrightarrow PbO(l)$$

由 ε° 随温度的变化关系（图 14.7 中 $X_{PbO}=1$ 的线性关系线）可知：

$$\Delta G^\circ = -191600 + 79.08T$$

14.5 浓差电池

将相同材料电极插入仅有浓度差异溶液中组成的电池，称为浓差电池。考虑电池：

$$Cu|CuSO_4(水溶液,低浓度)|CuSO_4(水溶液,高浓度)|Cu$$

电池反应为：

$$CuSO_4(高浓度) \longrightarrow CuSO_4(低浓度)$$

也就是说，自发过程是 $CuSO_4$ 的稀释。这种电池的标准电动势为 0，因此，电动势为：

$$\varepsilon = -\frac{RT}{2F}\ln\frac{a_{CuSO_4(低浓度)}}{a_{CuSO_4(高浓度)}}$$

如果其中一个水溶液（例如高浓度溶液）含有标准状态的 $CuSO_4$，那么：

$$\varepsilon = -\frac{RT}{2F}\ln a_{CuSO_4(低浓度)} = -\frac{\Delta\bar{G}^M_{CuSO_4}}{2F}$$

因此，电化学测量可以确定 $CuSO_4$ 水溶液的偏摩尔吉布斯自由能。这种电池的缺点是具有液接电势。

在材料应用中，一种非常重要的浓差电池形式是氧浓差电池，它使用石灰稳定的氧化锆作为固体电解质。图 14.8 是 ZrO_2-CaO 系统的相图，表明 Ca^{2+} 取代 Zr^{4+} 稳定了 ZrO_2 的高温立方晶型，并且可以形成含有高达 20%（摩尔百分比）CaO 的固溶体。固溶体的电中性要求每次 Ca^{2+} 取代 Zr^{4+} 时在晶格中要形成一个 O 空位，因此，当稳定的立方 ZrO_2 含有 $x\%$ 的 CaO 时，就有 $0.5x\%$ 的 O 晶格位置出现空缺。例如，含 20% 的 CaO 时，晶格中 10% 的 O 位置是空的。这导致 O 在固溶体中的扩散系数足够高，以至于在一定的 O_2 压力和温度范围内，立方固溶体是离子导体，其中 O^{2-} 是唯一的迁移物质。因此，这个电池构造如下：

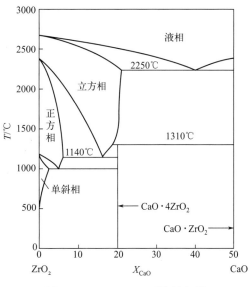

图 14.8 ZrO_2-CaO 系统的相图

$$O_2(g,低压 I), Pt|CaO-ZrO_2|Pt, O_2(g,高压 II)$$

其电池反应是：

$$O_2(g,压力 II) \longrightarrow O_2(g,压力 I)$$

其电动势为：

$$\varepsilon = -\frac{RT}{4F}\ln\frac{p_{O_2(I)}}{p_{O_2(II)}}$$

电池工作时，O^{2-} 通过电解质从阴极传输到阳极（或 O 空位反向扩散），电子通过外部电路从阳极传输到阴极。使用金属-金属氧化物偶件，可以确定电极上的 O_2 压力。例如，使用 X-XO 和 Y-YO 偶件，电池通式为：

$$X\,|\,XO\,|\,CaO\text{-}ZrO_2\,|\,YO\,|\,Y$$

在温度 T 下，较低的阳极 O_2 压力 $p_{O_2(X/XO)}$，可由建立如下化学平衡（的氧分压）确定，

$$X(s) + \frac{1}{2}O_2(g) \Longrightarrow XO(s)$$

较高的阴极 O_2 压力 $p_{O_2(Y/YO)}$，可由建立如下化学平衡（的氧分压）确定。

$$Y(s) + \frac{1}{2}O_2(g) \Longrightarrow YO(s)$$

因此，阳极半电池反应可等效为：

$$X + \frac{1}{2}O_2(p_{O_2(eq,T,X/XO)}) \Longrightarrow XO$$

或

$$O^{2-} - 2e^- = \frac{1}{2}O_2(p_{O_2(eq,T,X/XO)})$$

同样地，阴极半电池反应可等效为：

$$YO \Longrightarrow Y + \frac{1}{2}O_2(p_{O_2(eq,T,Y/YO)})$$

或

$$\frac{1}{2}O_2(p_{O_2(eq,T,Y/YO)}) + 2e^- = O^{2-}$$

因此，电池反应为：

$$YO + X \Longrightarrow XO + Y \tag{i}$$

$$\frac{1}{2}O_2(p_{O_2(eq,T,Y/YO)}) = \frac{1}{2}O_2(p_{O_2(eq,T,X/XO)}) \tag{ii}$$

虽然纯的反应物和纯的产物之间的化学平衡：

$$YO + X \Longrightarrow XO + Y$$

只有在单一的不变温度下（例如，在图 12.4 中的 T_E），且满足如下状态关系时才能实现，

$$p_{O_2(eq,T,Y/YO)} = p_{O_2(eq,T,X/XO)}$$

但是，对于电化学平衡：

$$YO + X \Longrightarrow XO + Y$$

在任何温度下（在 ZrO_2-CaO 电解质性能的适用范围内），通过施加一个与电池的化学驱动力相反的外部电压就可以实现。对于式（i）或式（ii），化学驱动力是：

$$\Delta G = RT\ln\frac{p_{O_2(eq,T,X/XO)}^{1/2}}{p_{O_2(eq,T,Y/YO)}^{1/2}}$$

因此，电池的电动势为：

$$\varepsilon = -\frac{RT}{2F} \ln \frac{p_{O_2(eq,T,X/XO)}^{1/2}}{p_{O_2(eq,T,Y/YO)}^{1/2}}$$

或

$$\varepsilon = -\frac{RT}{4F} \ln \frac{p_{O_2(eq,T,X/XO)}}{p_{O_2(eq,T,Y/YO)}} \tag{iii}$$

如果其中一种金属（例如 X）溶解在惰性溶剂中，其中对"惰性"的要求是，溶剂金属-溶剂金属氧化物平衡的 O_2 压力大大高于 $p_{O_2(eq,T,X/XO)}$，那么 X 在合金中的活度可以按如下分析求得。如果溶液中的 X 表示为 $\underline{X}$，那么对于电池：

$$\underline{X} \mid XO \mid CaO\text{-}ZrO_2 \mid YO \mid Y$$

其电动势为：

$$\varepsilon' = -\frac{RT}{4F} \ln \frac{p_{O_2(eq,T,\underline{X}/XO)}}{p_{O_2(eq,T,Y/YO)}} \tag{iv}$$

温度为 T 时，

$$a_X p_{O_2(\underline{X}/XO)}^{1/2} = p_{O_2(X/XO)}^{1/2}$$

由式（iii）和式（iv）整理可得：

$$\varepsilon - \varepsilon' = -\frac{RT}{2F} \ln a_X$$

因此，测量 ε' 随合金成分的变化，可以确定合金中 X 的活度-成分关系。更简单地，如果电池为：

$$X \mid XO \mid CaO\text{-}ZrO_2 \mid \underline{X} \mid XO$$

则

$$\varepsilon = \frac{RT}{2F} \ln \frac{p_{O_2(eq,T,\underline{X}/XO)}^{1/2}}{p_{O_2(eq,T,X/XO)}^{1/2}} = -\frac{RT}{2F} \ln a_X = -\frac{\Delta \bar{G}_X^M}{2F}$$

同样地，如果金属氧化物 XO 溶解在惰性氧化物溶剂中，那么，将溶解的 XO 表示为 $\underline{XO}$，对于电池：

$$X \mid \underline{XO} \mid CaO\text{-}ZrO_2 \mid X \mid XO$$

其电动势为：

$$\varepsilon = -\frac{RT}{2F} \ln \frac{p_{O_2(eq,T,X/\underline{XO})}^{1/2}}{p_{O_2(eq,T,X/XO)}^{1/2}}$$

因为：

$$a_{XO} = \frac{p_{O_2(X/\underline{XO})}^{1/2}}{p_{O_2(X/XO)}^{1/2}}$$

因此，

$$\varepsilon = -\frac{RT}{2F} \ln a_{XO}$$

Kozuka 和 Samis[1] 用这种技术测量了 $PbO\text{-}SiO_2$ 系统的熔体中的 PbO 的活度，使用的

---

[1] Z. Kozuka，C. S. Samis. Thermodynamic Properties of Molten PbO-SiO$_2$ Systems，Met. Trans. AIME，1970，1，871.

电池是：

$$Pb(l) \mid PbO(l, in\ PbO\text{-}SiO_2) \mid CaO\text{-}ZrO_2 \mid Pb(l) \mid PbO(l)$$

他们的实验电池如图 14.9 所示。图 14.10 给出了他们在 1000℃ 下获得的结果，并与 Sridhar 和 Jeffes 的结果进行了比较。

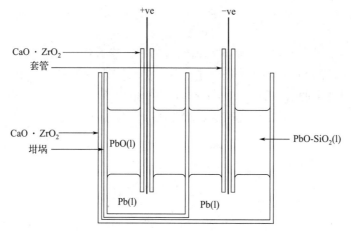

图 14.9　稳定的 ZrO_2 作为固态电解质的 PbO 浓差电池

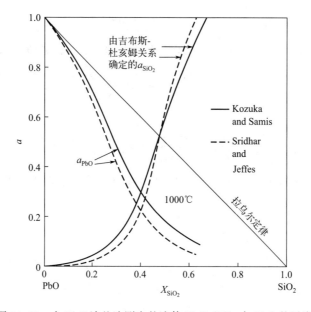

图 14.10　由 PbO 浓差池测定的液体 PbO-SiO_2 中 PbO 的活度

（源自 Z. Kozuka 和 C. S. Samis）

14.6　电动势（EMF）的温度系数

对于恒定温度和压力下的任何电池反应，

$$\Delta G = -zF\varepsilon$$

在恒定压力下（对 ΔG）取温度的微分，可得：

$$\left(\frac{\partial \Delta G}{\partial T}\right)_P = -zF\left(\frac{\partial \varepsilon}{\partial T}\right)_P = -\Delta S$$

因此，对于电池反应，

$$\Delta S = zF\left(\frac{\partial \varepsilon}{\partial T}\right)_P \tag{14.6}$$

且

$$\Delta H = -zF\varepsilon + zFT\left(\frac{\partial \varepsilon}{\partial T}\right)_P \tag{14.7}$$

因此，根据式（14.6），对于化成电池 $Pb + 1/2 O_2 \xrightarrow{\hspace{1cm}} PbO$ 中的电池反应，图 14.7 中线的斜率等于 $\Delta S/2F$。

由 $X_{PbO} = 1$ 直线的斜率可得：

$$\Delta S_{(a)} = S^\circ_{PbO(l)} - S^\circ_{Pb(l)} - \frac{1}{2}S^\circ_{O_2(g)}$$

并且，由 $X_{PbO} < 1$ 熔体直线的斜率可得：

$$\Delta S_{(b)} = \overline{S}_{PbO} - S^\circ_{Pb(l)} - \frac{1}{2}S^\circ_{O_2(g)}$$

因此，PbO 在组成为 X_{PbO} 的熔体中的偏摩尔混合熵 $\Delta \overline{S}^M_{PbO}$，可由 $\Delta S_{(b)} - \Delta S_{(a)}$ 确定。

在浓差电池中，例如：

$$A | A^{z+} X^{z-} | A(\text{A-B 合金})$$

因为：

$$\varepsilon = -\frac{RT}{zF}\ln a_A$$

在 A-B 合金中，A 的偏摩尔性质为：

$$\Delta \overline{S}^M_A = zF\frac{\partial \varepsilon}{\partial T}$$

且

$$\Delta \overline{H}^M_A = -zF\varepsilon + zFT\frac{\partial \varepsilon}{\partial T}$$

另外，测量如下类型的化成电池，

$$A | A^{2+} X^{2-} | X_2(g, 1atm) \tag{i}$$

可得：

$$\varepsilon_{(i)} = \varepsilon^\circ$$

测量如下类型的电池，

$$A(\text{A-B 合金}) | A^{2+} X^{2-} | X_2(g, 1atm) \tag{ii}$$

可得：

$$\varepsilon_{(ii)} = \varepsilon^\circ - \frac{RT}{2F}\ln\frac{1}{a_A}$$

a_A 的数值可由下式确定，

$$\varepsilon_{(ii)} - \varepsilon_{(i)} = \frac{RT}{2F}\ln a_A$$

因此，随温度变化的关系为：

$$\Delta \overline{S}_A^M = 2F \frac{\partial}{\partial T}(\varepsilon_{(ii)} - \varepsilon_{(i)})$$

且

$$\Delta \overline{H}_A^M = -2F(\varepsilon_{(ii)} - \varepsilon_{(i)}) + 2FT \frac{\partial}{\partial T}(\varepsilon_{(ii)} - \varepsilon_{(i)})$$

Belton 和 Rao[1] 测量了如下两个电池的电动势，

$$Mg(l)|MgCl_2(l)|Cl_2(g, 1atm)$$

和

$$Mg(Mg-Al 合金)(l)|MgCl_2(l)|Cl_2(g, 1atm)$$

其中，温度在 700~1000℃内，Mg-Al 合金中 X_{Mg} 在 0.096~0.969 内，以纯 Mg 为阳极。他们得到：

$$\varepsilon° = 3.135 - 6.5 \times 10^{-4} T$$

由此可知，对于反应：

$$Mg(l) + Cl_2(g) = MgCl_2(l)$$

有：

$$\Delta G° = -604970 + 125.4T$$

他们把在 1073K 测量的活度拟合为第 13.6 节中的式（v）和式（vi）。

14.7 热能（热）效应

在第 5 章研究焓的性质时，我们注意到，只有体积功是系统所做或被做的唯一形式的功时，系统焓的变化才等于恒压过程中进入或离开系统的热能。而在电化学电池中进行电化学反应，是做电功，$\Delta H \neq q_P$。

对于在恒定温度和压力下的状态变化，由式（5.6）可得：

$$\Delta G = q - w + P\Delta V - T\Delta S$$
$$= q - w' - T\Delta S$$

如果 $w' = 0$，那么，$q = \Delta G + T\Delta S = \Delta H$。但是，如果涉及做功 w' 的过程是可逆的，在这种情况下 $-w' = -w'_{max} = \Delta G$，那么：

$$q = T\Delta S$$

回顾一下，w' 是所有非 PV 功的总和。

考虑丹尼尔电池反应 $Zn + CuSO_4 = Cu + ZnSO_4$。当反应物和生成物处于标准状态（纯金属和饱和水溶液）时，电池反应的吉布斯自由能变化为：

$$\Delta G° = -208800 - 13.9T$$

如果发生反应时，纯固体 Zn 是放在 25℃饱和 $CuSO_4$ 溶液中的，在这种情况下，反应

---

[1] G. R. Belton，Y. K. Rao. A Galvanic Cell Study of Activities in Mg-Al Liquid Alloys，Trans. Met. Soc. AIME，1969，245，2189.

自发进行，w' 为 0，那么，对于形成饱和 $ZnSO_4$ 和固体 Cu，每摩尔的反应有：

$$\Delta H° = -208800J$$

该值是指从系统中流向恒温储热器的热能。然而，如果反应是在丹尼尔电池中可逆地进行，在这种情况下，

$$w' = -\Delta G° = 208800 + 13.9 \times 298$$

那么 $q = T\Delta S = 13.9 \times 298 = +4140(J)$ 是从恒温储热器转移到系统的热能。

14.8 水溶液的热力学

水溶液的成分通常用质量摩尔浓度（m）或摩尔浓度（M）表示，其中质量摩尔浓度是指每 1000 克水中存在的溶质的摩尔数，摩尔浓度是指 1 升溶液中存在的溶质的摩尔数。摩尔分数、质量摩尔浓度和摩尔浓度的关系如下。考虑在 1000 克 H_2O 中含有 m_i 摩尔溶质 i 的水溶液，这样的溶液质量摩尔浓度为 m_i。由于 H_2O 的分子量为 18，1000 克的 H_2O 含有 $1000/18$ 摩尔（水分子），因此，

$$X_i = \frac{n_i}{n_i + n_{H_2O}} = \frac{m_i}{m_i + \frac{1000}{18}}$$

考虑一个摩尔浓度为 M_i 的溶液，每升溶液中含有 M_i 摩尔的溶质 i，也就是说，在 1000ρ 克的溶液中含有 M_i 摩尔的溶质 i，ρ 是溶液的密度，单位是 g/cm^3。1 升溶液中 H_2O 的摩尔数为 $(1000\rho - M_i MW_i)/18$，其中 MW_i 为 i 的分子量，因此，

$$X_i = \frac{n_i}{n_i + n_{H_2O}} = \frac{M_i}{M_i + \frac{(1000\rho - M_i MW_i)}{18}}$$

当溶液趋于无限稀时，有：

$$m_i = \frac{1000X_i}{18} \quad \text{和} \quad M_i = \frac{1000\rho X_i}{18}$$

在稀溶液中，质量摩尔浓度和摩尔浓度在数值上基本上是相等的。例如，$X_{NaCl} = 10^{-3}$ 的 NaCl 水溶液，其浓度为 $0.0556mol/kg$ 和 $0.0554mol/L$。

在液态金属中稀溶质的情况下，为便于处理问题，可定义 1wt% 标准状态和 1wt% 活度标度，如：

$$当[wt\% \ i] \to 0 \ 时, h_{i(1wt\%)} \to [wt\% \ i]$$

其中 1wt% 标准状态都位于符合亨利定律的 1wt% 线上。同样为了便于处理问题，在水溶液中，可定义类似的单位质量摩尔浓度标准状态，以及单位质量摩尔浓度活度，如：

$$当 m_i \to 0 \ 时, a_{i(m)} \to m_i$$

其中 $a_{i(m)}$ 是溶质相对于单位质量摩尔浓度标准状态的活度，单位质量摩尔浓度标准状态位于亨利定律的 $m_i = 1$ 线上。如前所述，通过引入活度系数来反映对理想性质的偏离，该系数被定义为：

$$\gamma_{i(m)} = \frac{a_{i(m)}}{m_i}$$

考虑电解质（或盐）$A_a Y_y$，当它溶于水时，根据下式解离形成 A^{z+} 阳离子和 Y^{z-} 阴离子。

$$A_a Y_y = a A^{z+} + y Y^{z-}$$

当 m 摩尔的 $A_a Y_y$ 溶于 n 摩尔的 H_2O 时，所形成的溶液可以被认为是：

① 一个含有 m 摩尔成分 $A_a Y_y$ 和 n 摩尔 H_2O 的溶液；

② 在 n 摩尔 H_2O 中含有 am 摩尔 A^{z+} 和 ym 摩尔 Y^{z-} 的溶液。

在情况①中，在恒定的 T 和 P 下，溶液的吉布斯自由能随成分的变化由式（9.16）求出，为：

$$dG' = \bar{G}_{A_a Y_y} dm + \bar{G}_{H_2O} dn \tag{i}$$

在情况②中，解离的化学计量是这样的：A^{z+} 的摩尔数 $m_{A^{z+}}$ 等于 am，Y^{z-} 的摩尔数，$m_{Y^{z-}}$ 等于 ym。因此，

$$dm_{A^{z+}} = a\,dm, \quad dm_{Y^{z-}} = y\,dm$$

因此，在恒定的 T 和 P 下，

$$\begin{aligned} dG' &= \bar{G}_{A^{z+}} dm_{A^{z+}} + \bar{G}_{Y^{z-}} dm_{Y^{z-}} + \bar{G}_{H_2O} dn \\ &= (a\bar{G}_{A^{z+}} + y\bar{G}_{Y^{z-}})dm + \bar{G}_{H_2O} dn \end{aligned} \tag{ii}$$

根据定义，

$$\bar{G}_{A_a Y_y} = \left(\frac{\partial G'}{\partial m}\right)_{T,P,n}$$

$$\bar{G}_{A^{z+}} = \left(\frac{\partial G'}{\partial m_{A^{z+}}}\right)_{T,P,n,m_{Y^{z-}}}$$

以及

$$\bar{G}_{Y^{z-}} = \left(\frac{\partial G'}{\partial m_{Y^{z-}}}\right)_{T,P,n,m_{A^{z+}}}$$

由于 m 可以在恒定的 n 下变化，$\bar{G}_{A_a Y_y}$ 可以通过实验来测量。然而，由于 $m_{A^{z+}}$ 和 $m_{Y^{z-}}$ 不能独立变化，所以不能测量 $\bar{G}_{A^{z+}}$ 和 $\bar{G}_{Y^{z-}}$。将式（i）和式（ii）结合起来，可得：

$$\bar{G}_{A_a Y_y} = a\bar{G}_{A^{z+}} + y\bar{G}_{Y^{z-}} \tag{iii}$$

这表明，尽管 $\bar{G}_{A^{z+}}$ 和 $\bar{G}_{Y^{z-}}$ 都是不可测量的，但式（iii）给出的组合是可以测量的。

如果组分 $A_a Y_y$ 处于单位质量摩尔浓度的标准状态下，式（iii）可写为：

$$G^{\circ}_{A_a Y_y} = a G^{\circ}_{A^{z+}} + y G^{\circ}_{Y^{z-}} \tag{iv}$$

注意到：

$$\bar{G}_i - G^{\circ}_i = RT \ln a_i$$

式（iii）减去式（iv），整理可得：

$$a_{A_a Y_y} = a^a_{A^{z+}} \cdot a^y_{Y^{z-}} \tag{v}$$

因此，同样地，尽管 $a_{A^{z+}}$ 和 $a_{Y^{z-}}$ 都不能通过实验测量，这必然意味着 $a_{A^{z+}}$ 和 $a_{Y^{z-}}$ 都没有任何物理意义，但方程（v）给出的乘积可以测量并且确实具有物理意义。式（v）可以写成：

$$a_{A_aY_y} = (\gamma_{A^{z+}} m_{A^{z+}})^a (\gamma_{Y^{z-}} m_{Y^{z-}})^y$$
$$= \gamma_{A^{z+}}^a \gamma_{Y^{z-}}^y m_{A^{z+}}^a m_{Y^{z-}}^y \tag{vi}$$

平均离子质量摩尔浓度 $m_{\pm}$ 定义为：

$$m_{\pm} = (m_{A^{z+}}^a m_{Y^{z-}}^y)^{\frac{1}{a+y}} \tag{vii}$$

平均离子质量摩尔活度系数 $\gamma_{\pm}$ 定义为：

$$\gamma_{\pm} = (\gamma_{A^{z+}}^a \gamma_{Y^{z-}}^y)^{\frac{1}{a+y}} \tag{viii}$$

因此，将式（vii）和式（viii）代入式（vi）可得：

$$a_{A_aY_y} = (\gamma_{\pm} m_{\pm})^{a+y} \tag{ix}$$

考虑 m 摩尔的 NaCl 溶液。由于 $|z^+| = |z^-| = 1$，$a = y = 1$，由式（ix）可得：

$$a_{NaCl(m)} = (\gamma_{\pm} m_{\pm})^2$$

且由式（vii）得：

$$m_{\pm} = (mm)^{1/2}$$

因此，

$$a_{NaCl(m)} = (\gamma_{\pm} m_{NaCl})^2$$

亨利性质满足如下关系，

$$a_{NaCl(m)} = m_{NaCl}^2$$

考虑 m 摩尔的 $CaCl_2$ 溶液，由于 $|z^+| = 2$，$|z^-| = 1$，$a = 1$，$y = 2$，则

$$a_{CaCl_2(m)} = (\gamma_{\pm} m_{\pm})^3$$
$$m_{\pm} = [m(2m)^2]^{1/3}$$

因此，

$$a_{CaCl_2(m)} = 4(\gamma_{\pm} m_{CaCl_2})^3$$

同样地，在 m 摩尔的 $Fe_2(SO_4)_3$ 溶液中，

$$a_{Fe_2(SO_4)_3(m)} = 108(\gamma_{\pm} m_{Fe_2(SO_4)_3})^5$$

14.9 离子的形成吉布斯自由能和标准还原电势

考虑电池：

$$Pt, H_2(g) \mid HCl(水溶液) \mid Hg_2Cl_2(s) \mid Hg(l)$$

其按图 14.11 所示方式组建而成。阳极的半电池反应为：

$$\frac{1}{2}H_2 \Longrightarrow H^+ + e^-$$

而阴极的 Hg_2Cl_2 半电池反应为：

$$\frac{1}{2}Hg_2Cl_2 + e^- \Longrightarrow Hg + Cl^-$$

因此总反应为：

$$\frac{1}{2}Hg_2Cl_2(s) + \frac{1}{2}H_2(g) = Hg(l) + HCl(m) \quad\quad\quad (i)$$

其中，Hg 和 Hg_2Cl_2 活度为 1，$p_{H_2}=1atm$。电池的电动势为：

$$\varepsilon = \varepsilon^\circ - \frac{RT}{F}\ln a_{HCl(m)} = \varepsilon^\circ - \frac{RT}{F}\ln(\gamma_\pm m_{HCl})^2$$

这个表达式可重新整理为：

$$\varepsilon + \frac{2RT}{F}\ln m_{HCl} = \varepsilon^\circ - \frac{2RT}{F}\ln\gamma_\pm \quad\quad\quad (ii)$$

其中可测量的量处于等式的左侧。将 $\varepsilon + (2RT/F)\ln m_{HCl}$ 项外推到无限稀释溶液，其中 $\gamma_\pm \to 1$，可以计算 ε° 的值，因此，由式（ii）可以计算 $\gamma_\pm$ 随 m_{HCl} 的变化。298K 时的 ε° 的值已确定为 0.26796V，$a_{HCl(m)}$ 随 m_{HCl}^2 的变化关系如图 14.12 所示。由于 $\varepsilon^\circ = 0.26796V$，

$$\Delta G_{(i),298K}^\circ = -F\varepsilon^\circ = -96487 \times 0.26796 = -25855(J)$$

对于反应：

$$Hg(l) + \frac{1}{2}Cl_2(g) = \frac{1}{2}Hg_2Cl_2(s) \quad\quad\quad (iii)$$

$$\Delta G_{(iii),298K}^\circ = -105320J$$

因此，对于反应：

$$\frac{1}{2}H_2(g) + \frac{1}{2}Cl_2(g) = HCl(m) \quad\quad\quad (iv)$$

$$\begin{aligned}\Delta G_{(iv)}^\circ &= \Delta G_{(i)}^\circ + \Delta G_{(iii)}^\circ \\ &= -25855 - 105320 \\ &= -131175(J)\end{aligned}$$

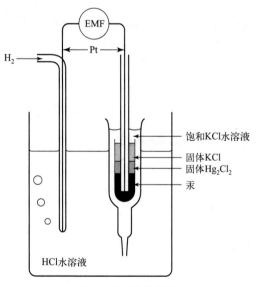

图 14.11　甘汞电池

$Pt, H_2(g)|HCl(水溶液)|Hg_2Cl_2(s)|Hg(l)$

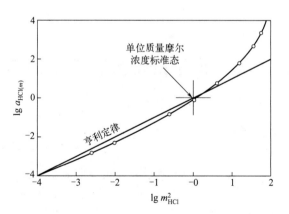

图 14.12　水溶液中 HCl 的活度

因此，H_2 气体和 Cl_2 气体在 1atm 下，水溶液中 HCl 活度为 1，298K 时 HCl 的标准生成吉布斯自由能是 −131175J。对于反应：

$$\frac{1}{2}H_2(g)+\frac{1}{2}Cl_2(g)=\!=\!=HCl(g) \qquad\qquad (v)$$

$$\Delta G^{\circ}_{(v),298K}=-94540J$$

因此，对于状态变化：

$$HCl(g)=\!=\!=HCl(m)$$

$$\begin{aligned} \Delta G^{\circ}_{298K} &= -131175+94540 \\ &= -36635J \\ &= -8.3144\times298\times\ln\frac{a_{HCl(m)}}{p_{HCl}} \end{aligned}$$

因此，在 298K 时，活度为 1 的 HCl 水溶液所产生的 HCl 蒸气分压为 3.79×10^{-7} atm。由式（iv）可知，如下电池，

$$Pt,H_2(g)\,|\,HCl(m)\,|\,Cl_2(g),Pt$$

其标准电动势为：

$$\varepsilon^{\circ}=\frac{-\Delta G^{\circ}_{(iv)}}{F}=\frac{131175}{96487}=1.3595(V)$$

电池反应：

$$\frac{1}{2}H_2(g)+\frac{1}{2}Cl_2(g)=\!=\!=HCl(m)$$

或

$$\frac{1}{2}H_2(g)+\frac{1}{2}Cl_2(g)=\!=\!=H^+(m)+Cl^-(m) \qquad\qquad (vi)$$

可以看作是如下两个半电池反应的合并。

$$\frac{1}{2}H_2=\!=\!=H^++e^- \qquad\qquad (vii)$$

和

$$\frac{1}{2}Cl_2+e^-=\!=\!=Cl^- \qquad\qquad (viii)$$

现在可以方便地介绍半电池或单电极电势的概念了，在任何电池中，其总和等于电池的电动势。尽管不可能构造并由此测量由单个电极构成的电池的电势，但是这一概念是有用的。为了给这个概念赋予意义，有必要选择一个特定的标准单电极并任意指定其电势为 0。在水溶液中，这种标准单电极就是标准氢电极（SHE），其中 1atm 的 H_2 通入 H^+ 活度为 1 的水溶液，与（置于溶液中的）Pt 丝接触并鼓泡。在 SHE 中，任意指定标准状态下的 H_2，与水溶液中标准状态下的 H^+ 具有相同的电势。考虑电池：

$$Pt,H_2(g,1atm)\,|\,H^+(m)Cl^-(m)\,|\,Cl_2(g,1atm),Pt$$

从氢气-电解质界面到氯气-电解质界面，电势随距离变化的示意图见图 14.13。尽管 $\phi^{\circ,Cl}$ 的数值不详，但是 $\phi^{\circ,Cl}$ 和 $\phi^{\circ,H}$ 之间的差值经实验测量为 1.3595V。因此，如果绝对电势 $\phi^{\circ,H}$ 被规定为 0 值，那么在阴极发生 $1/2Cl_2$ 还原为 Cl^- 的标准电极电势为 1.3595V。因此，由于氢气的标准氧化（也是还原）电位为 0，那么，通过代数运算，从图 14.13 就可以得到电池的标准电动势 ε°，即阴极的标准还原电势减去阳极的标准还原电势，即

$$\varepsilon^{\circ}=\varepsilon^{\circ,Cl}-\varepsilon^{\circ,H}=1.3595V$$

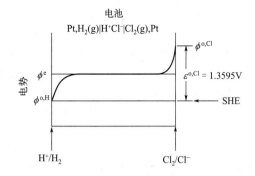

电池
Pt,H₂(g)|H⁺Cl⁻|Cl₂(g),Pt

图 14.13 在电池 Pt,H₂(g,1atm)|H⁺(m)Cl⁻(m)|Cl₂(g,1atm),Pt 中，相对于标准氢电极而言，Cl 的标准还原电势以及绝对电势

再次考虑以纯 Zn 和纯 Cu 为电极，Zn^{2+} 和 Cu^{2+} 为单位质量摩尔浓度的丹尼尔电池。图 14.14 (a) 给出了在子电池中通过电解质的电势变化情况，其中子电池反应如下：

$$Zn(s)+2H^+(m)\Longrightarrow Zn^{2+}(m)+H_2(g)$$

图 14.14 (b) 给出了发生如下电池反应的子电池相应的电势变化情况。

$$H_2(g)+Cu^{2+}(m)\Longrightarrow 2H^+(m)+Cu(s)$$

参照 SHE，如图 14.14 所示，Cu^{2+} 的标准还原电势由 $\phi^{o,Cu}-\phi^{o,H}$ 确定，经实验测量为 0.337V。因此，Cu 的标准还原电势是 0.337V。另外，相对于 SHE，Zn 的标准氧化电势经实验测量为 $\phi^{o,H}-\phi^{o,Zn}=0.763$。因此，Zn 的标准还原电势 $\varepsilon^{o,Zn}$ 是 $-0.763V$，丹尼尔电池的标准电动势是 Cu 的标准还原电势减去 Zn 的标准还原电势，即

$$\varepsilon^o=0.337-(-0.763)=1.100(V)$$

标准还原电势系统化的列表，被称为电化次序（电位序，电势序），表 14.1 列出了其中的部分数据。

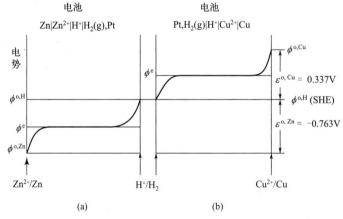

(a)   (b)

图 14.14 在电池 Zn|Zn²⁺|H⁺|H₂(g,1atm),Pt 和 Pt,H₂(g,1atm)|H⁺|Cu²⁺|Cu 中，相对于标准氢电极而言，Zn 和 Cu 的标准还原电势以及绝对电势

表 14.1 298K、1atm 下的标准电极电位

电极反应	$\varepsilon^{o,x}/V$
酸性溶液	
$F_2+2e^-\Longrightarrow 2F^-$	2.65
$S_2O_8^{2-}+2e^-\Longrightarrow 2SO_4^{2-}$	1.98
$Co^{3+}+e^-\Longrightarrow Co^{2+}$	1.82
$Ce^{4+}+e^-\Longrightarrow Ce^{3+}$	1.61
$1/2Cl_2+e^-\Longrightarrow Cl^-$	1.3595
$Cr_2O_7^{2-}+14H^++6e^-\Longrightarrow 2Cr^{3+}+7H_2O$	1.33

电极反应	$\varepsilon^{\ominus,x}/V$
酸性溶液	
$MnO_2 + 4H^+ + 2e^- \Longrightarrow Mn^{2+} + 2H_2O$	1.23
$Br_2(l) + 2e^- \Longrightarrow 2Br^-$	1.0652
$2Hg^{2+} + 2e^- \Longrightarrow Hg_2^{2+}$	0.92
$Hg^{2+} + 2e^- \Longrightarrow Hg$	0.854
$Ag^+ + e^- \Longrightarrow Ag$	0.7991
$Fe^{3+} + e^- \Longrightarrow Fe^{2+}$	0.771
$I_2 + 2e^- \Longrightarrow 2I^-$	0.5355
$Fe(CN)_6^{3-} + e^- \Longrightarrow Fe(CN)_6^{4-}$	0.36
$Cu^{2+} + 2e^- \Longrightarrow Cu$	0.337
$S_4O_6^{2-} + 2e^- \Longrightarrow 2S_2O_3^{2-}$	0.17
$Cu^{2+} + e^- \Longrightarrow Cu^+$	0.153
$Sn^{4+} + 2e^- \Longrightarrow Sn^{2+}$	0.15
$S + 2H^+ + 2e^- \Longrightarrow H_2S$	0.141
$2H^+ + 2e^- \Longrightarrow H_2$	0.000
$Fe^{3+} + 3e^- \Longrightarrow Fe$	-0.036
$Pb^{2+} + 2e^- \Longrightarrow Pb$	-0.126
$Sn^{2+} + 2e^- \Longrightarrow Sn$	-0.136
$Cd^{2+} + 2e^- \Longrightarrow Cd$	-0.403
$Cr^{3+} + e^- \Longrightarrow Cr^{2+}$	-0.41
$Fe^{2+} + 2e^- \Longrightarrow Fe$	-0.440
$Zn^{2+} + 2e^- \Longrightarrow Zn$	-0.763
$Al^{3+} + 3e^- \Longrightarrow Al$	-1.66
$1/2H_2 + e^- \Longrightarrow H^-$	-2.25
$Mg^{2+} + 2e^- \Longrightarrow Mg$	-2.37
$Na^+ + e^- \Longrightarrow Na$	-2.714
$Ca^{2+} + 2e^- \Longrightarrow Ca$	-2.87
$Ba^{2+} + 2e^- \Longrightarrow Ba$	-2.90
$Cs^+ + e^- \Longrightarrow Cs$	-2.923
$K^+ + e^- \Longrightarrow K$	-2.925
$Li^+ + e^- \Longrightarrow Li$	-3.045
碱性溶液	
$O_3 + H_2O + 2e^- \Longrightarrow O_2 + 2OH^-$	1.24
$Fe(OH)_3 + e^- \Longrightarrow OH^- + Fe(OH)_2$	-0.56
$Ni(OH)_2 + 2e^- \Longrightarrow Ni + 2OH^-$	-0.72
$2H_2O + 2e^- \Longrightarrow H_2 + 2OH^-$	-0.828
$SO_4^{2-} + H_2O + 2e^- \Longrightarrow 2OH^- + SO_3^{2-}$	-0.93
$CNO^- + H_2O + 2e^- \Longrightarrow 2OH^- + CN^-$	-0.97
$ZnO_2^{2-} + 2H_2O + 2e^- \Longrightarrow Zn + 4OH^-$	-1.216
$Cr(OH)_3 + 3e^- \Longrightarrow Cr + 3OH^-$	-1.3
$Ca(OH)_2 + 2e^- \Longrightarrow Ca + 2OH^-$	-3.03

注：标准状态是 1 单位质量摩尔浓度。

14.9.1 溶度积

根据表 14.1，钠的标准还原电势 $\varepsilon^{\circ,Na}$ 为 $-2.714V$，氯的标准还原电势 $\varepsilon^{\circ,Cl}$ 为 $1.3595V$。因此，对于反应，

$$Na^+(m) + e^- \Longrightarrow Na(s)$$

$$\Delta G^\circ = -F\varepsilon^{\circ,Na} = -96487 \times (-2.714) = 261870(J)$$

对于反应，

$$\frac{1}{2}Cl_2(g) + e^- \Longrightarrow Cl^-(m)$$

$$\Delta G^\circ = -F\varepsilon^{\circ,Cl} = -96487 \times 1.3595 = -131170(J)$$

对于反应，

$$Na(s) + \frac{1}{2}Cl_2(g) \Longrightarrow Na^+(m) + Cl^-(m) \tag{i}$$

由（上述电极）合反应可知：

$$\Delta G^\circ_{(i)} = -131170 - 261870 = -393040(J)$$

对于反应，

$$Na(s) + \frac{1}{2}Cl_2(g) \Longrightarrow NaCl(s) \tag{ii}$$

$$\Delta G^\circ_{(ii)} = -385310J$$

合并式（i）和式（ii）可得：

$$NaCl(s) \Longrightarrow Na^+(m) + Cl^-(m) \tag{iii}$$

对于上式，有：

$$\begin{aligned}
\Delta G^\circ_{(iii)} &= \Delta G^\circ_{(i)} - \Delta G^\circ_{(ii)} \\
&= -393040 + 385310 \\
&= -8.314 \times 298 \times \ln \frac{(\gamma_\pm m_{NaCl})^2}{a_{NaCl(m)}}
\end{aligned}$$

在式（iii）中，左边的标准状态是纯固体 NaCl，右边的标准状态是单位质量摩尔浓度标准状态。相对于作为标准状态的固体 NaCl 而言，当 NaCl 溶解到溶液中且 NaCl 的活度为 1 时，水溶液就发生了饱和。在这种状态下，

$$(\gamma_\pm m_{NaCl})^2 = 22.6$$

或

$$\gamma_\pm m_{NaCl} = 4.76$$

因此，如果是理想的离子溶液，298K 时 NaCl 的饱和水溶液为 4.76 质量摩尔浓度。相对于作为标准状态的固体 NaCl 来说，当溶液中 NaCl 的活度是 1 时，$(\gamma_\pm m_{NaCl})^2$ 被称为溶解度积，K_{sp}。因此，一般来说，对于盐 $A_a Y_y$，

$$K_{sp} = (\gamma_\pm m_\pm)^{a+y} = \exp \frac{-\Delta G^\circ_{298K}}{298R}$$

式中，ΔG°_{298K} 为如下状态变化的标准吉布斯自由能变化。

$$A_a Y_y(s) \Longrightarrow a A^{z+}(m) + y Y^{z-}(m)$$

【例题】 计算298K时水中的 H^+ 和 OH^- 的质量摩尔浓度。

解答：

在表14.1中，如下半电池反应，

$$H_2O(l) + e^- \Longrightarrow \frac{1}{2}H_2 + OH^-(m)$$

其标准还原电势为 $-0.828V$。如下反应，

$$H^+(m) + e^- \Longrightarrow \frac{1}{2}H_2$$

其标准还原电势为 $0V$。对于合反应，

$$H_2O(l) \Longrightarrow H^+(m) + OH^-(m)$$

有：

$$\Delta G^\circ_{298K} = -F\varepsilon^\circ = -96487 \times (-0.828) = 79900(J)$$

$$79900 = -8.314 \times 298 \times \ln(\gamma^2_{\pm} m_{H^+} m_{OH^-})$$

假设 $\gamma_{\pm} = 1$，则

$$m_{H^+} m_{OH^-} = 9.87 \times 10^{-15}$$

按化学计量解离时，$m_{H^+} = m_{OH^-}$，

$$m_{H^+} = m_{OH^-} = 10^{-7}$$

在质量摩尔浓度为 10^{-7} 时，$\gamma_{\pm} = 1$ 的假设是合理的。

14.9.2 酸度的影响

半电池反应，

$$H^+(m) + e^- \Longrightarrow \frac{1}{2}H_2(g)$$

其单电极电势为：

$$\varepsilon^H = \varepsilon^{\circ,H} - \frac{RT}{F}\ln\frac{p_{H_2}^{1/2}}{m_{H^+}}$$

其中，$\varepsilon^{\circ,H} = 0$，因此：

$$\varepsilon^H = -\frac{RT}{F}\ln\frac{p_{H_2}^{1/2}}{m_{H^+}} \tag{i}$$

也就是说，对于固定压力的 H_2，ε^H 是 H^+ 质量摩尔浓度的对数的线性函数。水溶液中 H^+ 浓度决定了溶液的酸度，传统上，酸度是通过 pH 值的定义来量化的，如：

$$pH = -\lg[H^+] \tag{ii}$$

$[H^+]$ 是 H^+ 的摩尔浓度，即每升溶液中 H^+ 的摩尔数。将式（ii）代入式（i）需要依据单位摩尔浓度标准状态确定半电池的还原电势，或者将 pH 值定义为 $-\lg(m_{H^+})$。由于在稀溶液中，质量摩尔浓度和摩尔浓度几乎是相同的，所以这个理论上的困难没有实际意义。在下面的讨论中，溶液中的离子采用单位摩尔浓度作为标准状态。这种标准状态定义如下：

$$当[A^{z+}] \rightarrow 0 \ 时, a_{A^{z+}} \rightarrow [A^{z+}]$$

此外，在下面的讨论中，我们将假设水溶液中的所有离子都处于理想状态，在这种情况下，

$$a_{A^{z+}} = [A^{z+}] \sim m_{A^{z+}}$$

依据这种理解，式（i）可写成：

$$\varepsilon^H = -\frac{RT}{F} \ln \frac{p_{H_2}^{1/2}}{[H^+]}$$

再结合式（ii），上式可表达为：

$$\varepsilon^H = -\frac{2.303 \times 8.3144 \times 298}{2 \times 96487} \lg p_{H_2} + \frac{2.303 \times 8.3144 \times 298}{96487} \lg[H^+]$$

$$= -0.0591(pH) - 0.0296 \lg p_{H_2}$$

或者，$p_{H_2} = 1 \text{atm}$，氢的还原电势随 pH 的变化关系为：

$$\varepsilon^H = -0.0591 pH$$

由前面的例子可知，在 298K 时，H^+ 在 H_2O 中的质量摩尔浓度（也是摩尔浓度）为 10^{-7}。因此，在 298K 时，H_2O 的 pH 值为 7，而氢在水中的还原电位为 $-0.0591 \times 7 = -0.414$（V）。氢电极在 pH=0 时，即在 $[H^+]=1$ 时，其标准还原电位为 0。

14.10 电位-pH（Pourbaix）图

泡佩克斯（Pourbaix）图[1]或电位-pH 图，是表示发生在水系统中的热力学和电化学平衡的图形。因此，它们是在电化学方面的类似于第 13.5 节中所讨论的化学相稳定性图形。考虑电池，

$$Pt, H_2(g) | H_2O | O_2(g), Pt$$

其原电池反应，

$$H_2(g) + \frac{1}{2} O_2(g) = H_2O(l) \tag{i}$$

是如下两个半电池反应的合并，

$$H_2 = 2H^+ + 2e^- \tag{ii}$$

和

$$\frac{1}{2} O_2 + 2H^+ + 2e^- = H_2O \tag{iii}$$

因此，

$$\Delta G^\circ_{(i)} = \Delta G^\circ_{(ii)} + \Delta G^\circ_{(iii)}$$

$\Delta G^\circ_{(i)298K} = -237190 \text{J}$，根据惯例，$\Delta G^\circ_{(ii)298K} = 0$。因此，反应方程式（iii）的标准还原电位为：

---

[1] M. Pourbaix. Atlas of Electrochemical Equilibria in Aqueous Solutions. National Association of Corrosion Engineers，Houston，TX，1974.

$$\varepsilon_{(iii)}^{\circ} = \frac{-\Delta G_{(iii)}^{\circ}}{2F} = \frac{237190}{2 \times 96487} = 1.229(V)$$

由于所有反应物和生成物都处于标准状态，当施加在电池上的反向电动势为 1.229V 时，电化学平衡就建立了。如果反向电动势小于这个值，电池就是一个产生电流的原电池，发生的电池反应是：

$$H_2(g) + \frac{1}{2}O_2(g) = H_2O(l)$$

在阳极发生氧化反应 $2H_2 \longrightarrow 2H^+ + 2e^-$，在阴极发生还原反应 $1/2O_2 + 2H^+ + 2e^- \longrightarrow H_2O$。然而，如果反向电动势大于 1.229V，那么电池就是一个消耗电流的电解池，发生的电池反应是：

$$H_2O(l) = H_2(g) + \frac{1}{2}O_2(g)$$

在阳极发生氧化反应 $H_2O \longrightarrow 1/2O_2 + 2H^+ + 2e^-$，在阴极发生还原反应 $2H^+ + 2e^- \longrightarrow H_2$。因此，在 H_2 和 H^+ 处于单位活度的情况下，当电极处于零电位时，电化学平衡在氢电极上建立。如果电极的电位增加到高于 0 的数值，就会发生阳极反应 $H_2 \longrightarrow 2H^+ + 2e^-$，如果电极的电位降低到小于 0 的数值，就会发生阴极反应 $2H^+ + 2e^- \longrightarrow H_2$。因此，一般来说，如果与电解质平衡的电极的电位 ε 增加，就会发生阳极氧化反应，如果电位降低，就会发生阴极还原反应。

由于半电池反应（ii）和（iii）都涉及 H^+，所以半电池电位是水溶液的 pH 值的函数。在氢气电极上，298K 时，电化学反应，

$$H^+ + e^- = \frac{1}{2}H_2 \tag{a}$$

在满足如下关系时达到平衡。

$$\varepsilon_{(a)} = -\frac{RT}{F}\ln\frac{p_{H_2}^{1/2}}{[H^+]}$$
$$= -0.0591pH - 0.0296\lg p_{H_2}$$

图 14.15 给出了 $p_{H_2} = 1atm$ 时的 a 线。在氧气电极上，298K 时，电化学反应，

$$\frac{1}{2}O_2 + 2H^+ + 2e^- = H_2O \tag{b}$$

在满足如下关系时达到平衡。

$$\varepsilon_{(b)} = 1.229 - \frac{RT}{F}\ln\frac{1}{[H^+]^2 p_{O_2}^{1/2}}$$
$$= 1.229 - 0.1183pH + 0.0296\lg p_{O_2}$$

图 14.15 给出了 $p_{O_2} = 1atm$ 时的 b 线。图 14.15 中的线 a 和线 b 定义了在 1atm H_2 和 1atm O_2 压力下水溶液中水的热力学稳定区域。在 a 线下方，H_2 的平衡压力大于 1atm，因此，当电极处的 H_2 压力升高时，其电位移至 a 线下方，H_2 将从水溶液的阴极上析出。类似地，在线 b 上方，O_2 的平衡压力大于 1atm，因此，当电极处的 O_2 压力升高时，其电位移动到 1atm 的线 b 上方，O_2 将从水溶液的阳极上析出。在 O_2 和 H_2 压力为 1atm 的情况下，水在 a 和 b 线之间是热力学稳定的。

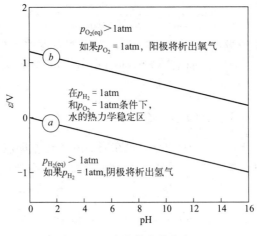

图 14.15　水的热力学稳定区

14.10.1　铝的电位-pH (Pourbaix)图

参与各种化学和电化学平衡的物种是固体 Al 和 Al_2O_3 以及 Al^{3+} 和 AlO_2^-。相关的标准形成吉布斯自由能如下：

反应	$\Delta G^\circ_{298K}/J$
$Al(s)$	0
$\frac{1}{2}H_2(g)\!\!=\!\!=\!\!H^+(m)+e^-$	0
$2Al(s)+1.5O_2(g)\!\!=\!\!=\!\!Al_2O_3(s)$	-1608900
$Al(s)\!\!=\!\!=\!\!Al^{3+}(m)+3e^-$	-481200
$Al(s)+O_2(g)+e^-\!\!=\!\!=\!\!AlO_2^-(m)$	-839800
$H_2(g)+\frac{1}{2}O_2(g)\!\!=\!\!=\!\!H_2O(l)$	-237200

首先考虑溶液中离子之间发生的平衡。由于使用的是还原电位，所以电化学平衡方程式的左边放置的是高氧化态，右边是低氧化态，也就是说，平衡的电子电荷在方程式的左边。

14.10.2　两种溶解物之间的平衡

Al^{3+} 和 AlO_2^- 之间的平衡为：

$$Al^{3+} \longleftrightarrow AlO_2^-$$

推导出平衡表达式的过程如下：

① 用 H_2O 平衡 O_2，即

$$Al^{3+}+2H_2O \longleftrightarrow AlO_2^-$$

② 用 H^+ 来平衡 H_2，即

$$Al^{3+}+2H_2O \longleftrightarrow AlO_2^-+4H^+$$

③ 如有必要，用 e^- 平衡电荷。

对于 Al^{3+} 和 AlO_2^-，这一步骤是不必要的，因为不是电化学的平衡。因此，所需的表达式是：

$$Al^{3+}+2H_2O \Longrightarrow AlO_2^- +4H^+ \qquad (i)$$

对于该反应，

$$\Delta G_{(i)}^\circ =(-839800)-2\times(-237200)-(-481200)$$
$$=115800(J)$$
$$=-8.3144\times 298\times 2.303lg\frac{[H^+]^4[AlO_2^-]}{[Al^{3+}]}$$

因此，

$$-20.29=4lg[H^+]+lg\frac{[AlO_2^-]}{[Al^{3+}]}$$

或

$$lg\frac{[Al^{3+}]}{[AlO_2^-]}=20.29-4pH$$

因此，在 pH＝5.07 时，$[Al^{3+}]=[AlO_2^-]$。在图 14.16（a）中，pH＝5.07 可画成"直线 1"。

在 pH 值大于 5.07 时，$[AlO_2^-]>[Al^{3+}]$，而在 pH 值小于 5.07 时，$[Al^{3+}]>[AlO_2^-]$。

14.10.3 两种固体之间的平衡

Al 和 Al_2O_3 之间的平衡，左边是高氧化态，右边是低氧化态，推导平衡表达式的过程开始于：

$$Al_2O_3 \longleftrightarrow 2Al$$

然后，像前面一样，用 H_2O 平衡 O_2，即

$$Al_2O_3 \longleftrightarrow 2Al+3H_2O$$

用 H^+ 平衡 H 元素，即

$$Al_2O_3+6H^+ \longleftrightarrow 2Al+3H_2O$$

用 e^- 平衡电荷，即

$$Al_2O_3+6H^++6e^- \longleftrightarrow 2Al+3H_2O$$

因此，所需的表达式是：

$$Al_2O_3+6H^++6e^- \Longrightarrow 2Al+3H_2O \qquad (ii)$$

对于该反应，

$$\Delta G_{(ii)}^\circ =3\times(-237200)-(-1608900)$$
$$=897300(J)$$
$$=-zF\varepsilon_{(ii)}^\circ =-6\times 96487\varepsilon_{(ii)}^\circ$$

因此，$\varepsilon_{(ii)}^\circ =-1.55V$，并且当 $a_{Al}=a_{Al_2O_3}=1$ 时，

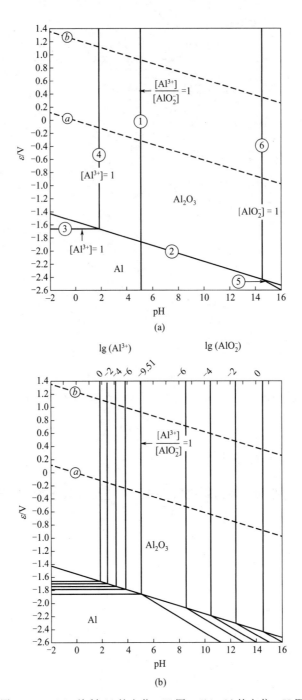

图 14.16　(a) 绘制 Al 的电位-pH 图；(b) Al 的电位-pH 图

$$\varepsilon_{(ii)} = \varepsilon^{\circ}_{(ii)} - \frac{RT}{zF} \ln \frac{1}{[H^+]^6}$$

$$= -1.55 + \frac{8.3144 \times 298 \times 2.303 \times 6}{6 \times 96487} \lg[H^+]$$

$$= -1.55 - 0.0591 pH$$

在图 14.16 (a) 中，该式可画成"直线 2"表示，是 Al 与 Al_2O_3 处于平衡状态的线。

在直线 2 以下的状态区（在较低的 pH 值和较负的电极电位下），Al 是稳定的固相；而在该直线以上的状态区，Al_2O_3 是稳定的固相。

14.10.4　固体与一种溶解物质的平衡

（1）　Al 和 Al^{3+} 之间的平衡

平衡反应如下：

$$Al^{3+} + 3e^- \rightleftharpoons Al \tag{iii}$$

对于该反应，

$$\Delta G_{(iii)}^\circ = 481200J$$

因此，

$$\varepsilon_{(iii)}^\circ = -\frac{481200}{3 \times 96487} = -1.66(V)$$

当 $a_{Al} = 1$ 时，有：

$$\varepsilon_{(iii)} = -1.66 - \frac{8.3144 \times 298 \times 2.303}{3 \times 96487} \lg \frac{1}{[Al^{3+}]}$$

因此，与 Al 平衡的 Al^{3+} 的浓度变化符合如下关系：

$$\varepsilon_{(iii)} = -1.66 + 1.971 \times 10^{-2} \times \lg[Al^{3+}]$$

当 $[Al^{3+}] = 1mol/L$ 时，在图 14.16（a）中，该方程绘制为"直线 3"。平衡状态下的 Al^{3+} 浓度与 pH 值无关，并且随着 ε 减小而降低。

（2）　Al_2O_3 和 Al^{3+} 之间的平衡

平衡方程的推导过程如下：

$$Al_2O_3 \longleftrightarrow 2Al^{3+}$$

$$Al_2O_3 \longleftrightarrow 2Al^{3+} + 3H_2O$$

$$6H^+ + Al_2O_3 \longleftrightarrow 2Al^{3+} + 3H_2O$$

没有必要用 e^- 平衡电荷，因此需要的表达式是：

$$6H^+ + Al_2O_3 \rightleftharpoons 2Al^{3+} + 3H_2O \tag{iv}$$

对于该反应，

$$\Delta G_{(iv)}^\circ = 3 \times (-237200) + 2 \times (-481200) - (-1608900)$$
$$= -65100(J)$$

因此，当 $a_{Al_2O_3} = 1$ 时，有：

$$-65100 = -8.3144 \times 298 \times 2.303\lg \frac{[Al^{3+}]^2}{[H^+]^6}$$

或

$$\lg[Al^{3+}] = 5.70 - 3pH$$

这是与 Al_2O_3 平衡时，Al^{3+} 浓度变化的关系式。这个平衡与电极电位无关，在图 14.16（a）中的"直线 4"表示，在 pH = 1.9 时，与 Al_2O_3 平衡的 Al^{3+} 浓度为 $1mol/L$。

（3）　Al 和 AlO_2^- 之间的平衡

平衡方程的推导过程如下：

$$AlO_2^- \longleftrightarrow Al$$

$$AlO_2^- \longleftrightarrow Al + 2H_2O$$

$$4H^+ + AlO_2^- \longleftrightarrow Al + 2H_2O$$

$$4H^+ + AlO_2^- + 3e^- \longleftrightarrow Al + 2H_2O$$

因此，需要的表达式是：

$$4H^+ + AlO_2^- + 3e^- = Al + 2H_2O \tag{v}$$

对于该反应，

$$\Delta G_{(v)}^{\circ} = 2 \times (-237200) + 839800$$
$$= 365400 (J)$$

因此，

$$\varepsilon_{(v)}^{\circ} = -\frac{365400}{3 \times 96487} = -1.26 (V)$$

当 $a_{Al} = 1$ 时，有：

$$\varepsilon_{(v)} = -1.26 - \frac{8.3144 \times 298 \times 2.303}{3 \times 96487} \lg \frac{1}{[H^+]^4 [AlO_2^-]}$$

因此，与 Al 平衡的 AlO_2^- 的浓度变化符合如下关系：

$$\varepsilon_{(v)} = -1.26 - 0.0789 pH + 0.0198 \lg [AlO_2^-]$$

当 $[AlO_2^-] = 1mol/L$ 时，由这个表达式可绘制出图 14.16（a）中的"直线 5"。该平衡取决于 pH 值和 ε。

（4） Al_2O_3 和 AlO_2^- 之间的平衡

平衡方程的推导过程为：

$$Al_2O_3 \longleftrightarrow 2AlO_2^-$$

$$Al_2O_3 + H_2O \longleftrightarrow 2AlO_2^-$$

$$Al_2O_3 + H_2O \longleftrightarrow 2AlO_2^- + 2H^+$$

因此，需要的表达式是：

$$Al_2O_3 + H_2O = 2AlO_2^- + 2H^+ \tag{vi}$$

对于该反应，

$$\Delta G_{(vi)}^{\circ} = 166500 J$$

因此，

$$\lg [AlO_2^-] = pH - 14.59$$

这是与 Al_2O_3 平衡的 AlO_2^- 浓度变化的关系式。当 $[AlO_2^-] = 1mol/L$ 时，pH = 14.59，由这个方程可绘制出图 14.16（a）中的"直线 6"。

Al 的电位-pH 图如图 14.16（b）所示，其中包含了 Al 和 Al_2O_3 稳定区中的 Al^{3+} 和 AlO_2^- 等浓度线。在 pH = 5.07 时，Al_2O_3 稳定区 $[Al^{3+}] = [AlO_2^-] = 3.1 \times 10^{-10} mol/L$。然而，在 Al 稳定区中，$3.1 \times 10^{-10} mol/L$ 的 Al^{3+} 等浓度线出现在 $\varepsilon = -1.85V$ 处，$3.1 \times 10^{-10} mol/L$ 的 $[AlO_2^-]$ 等浓度线位于 $\varepsilon = -1.45 - 0.0789 pH$ 处。水在 H_2 和 O_2 压力为 1atm 下的热力学稳定区由线 a 和 b 确定。图 14.16（a）中线 a 相对于直线 2 的位置，说明了为什么不能通过电解水溶液生产铝金属。在 1atm 的 H_2 压力下，试图将电极的电位降低到小于直线 a 确定的值，会导致电解液中 H_2 在阴极上析出。

14.10.5 氧化铝在水溶液中的溶解度

根据下式，Al_2O_3 在水溶液中溶解形成 Al^{3+} 离子。

$$Al_2O_3 + 6H^+ \Longrightarrow 2Al^{3+} + 3H_2O$$

根据下式，溶解形成 AlO_2^- 离子。

$$Al_2O_3 + H_2O \Longrightarrow 2AlO_2^- + 2H^+$$

如图 14.17 所示，以 Al^{3+} 形式溶解时，其溶解度随 pH 值的变化关系如下：

$$lg[Al^{3+}] = 5.70 - 3pH$$

以 AlO_2^- 形式溶解时，其溶解度随 pH 值的变化关系如下：

$$lg[AlO_2^-] = pH - 14.59$$

当 pH 从 14 降低到 5 时，以 AlO_2^- 的形式溶解的 Al_2O_3，其溶解度降低了 10 个数量级，这种特性被拜耳法用于从铝土矿中分离 Al_2O_3。铝土矿是主要的铝矿石，是一水合铝和三水合铝的混合物，含有高达 60% 的 Al_2O_3，主要杂质为 Fe_2O_3。温度在 150~250℃ 之间，在足以抑制沸腾的高压力下，矿石在强苛性碱溶液中被消解。Al_2O_3 以 AlO_2^- 的形式溶解，通过过滤从溶液中除去不溶的 Fe_2O_3 残留物（赤泥）。然后通过加入水提高溶液的 pH 值，并加入 $Al(OH)_3$ 的晶种，溶解度降低导致 $Al(OH)_3$ 通过水解反应沉淀，即

$$NaAlO_2 + 2H_2O \Longrightarrow NaOH + Al(OH)_3$$

通过煮沸去除部分 H_2O，使强碱溶液再生，然后将沉淀的水合物在 1200~1350℃ 下煅烧，形成 $\alpha\text{-}Al_2O_3$。

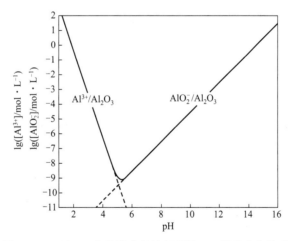

图 14.17　Al_2O_3 在溶液中的溶解度随 pH 值的变化关系

14.11　小结

① 由于发生化学反应而能够做电功的系统称为原电池，整个化学反应由所谓的电池反应方程式来表示。

- 如果在这样的反应中，电池电极之间保持的电势差为 $\Delta\phi$，dn 摩尔化合价为 z 的离子通过电极进行传输，那么：

$$\delta w' = zF\Delta\phi\, dn$$

其中 F 是法拉第常数（$=96487\text{C/mol}$）。

- 如果传输是可逆的，在这种情况下，电池的电极之间的电势差称作电池的电动势（EMF），ε，那么：

$$\delta w' = zF\varepsilon\, dn = -dG'$$

并且，对于传输 1 摩尔的离子，有：

$$\Delta G = -zF\varepsilon$$

② 如果在一个原电池中进行如下反应：

$$a\text{A} + b\text{B} = c\text{C} + d\text{D}$$

其电池的电动势可由下式确定。

$$\varepsilon = \varepsilon^\circ - \frac{RT}{zF}\ln\frac{a_\text{C}^c a_\text{D}^d}{a_\text{A}^a a_\text{B}^b}$$

其中标准电动势 ε° 可表示为：

$$\varepsilon^\circ = -\frac{\Delta G^\circ}{zF}$$

③ 对于恒定温度和压力下的任何电池反应，有：

$$\Delta G = -zF\varepsilon$$

因此，电池反应的摩尔熵变为：

$$\Delta S = zF\left(\frac{\partial\varepsilon}{\partial T}\right)_P$$

电池反应的摩尔焓变为：

$$\Delta H = -zF\varepsilon + zFT\left(\frac{\partial\varepsilon}{\partial T}\right)_P$$

④ 水溶液的组成通常用质量摩尔浓度（m）或摩尔浓度（M）表示，其中质量摩尔浓度是指每 1000g 水中含有的溶质的摩尔数，摩尔浓度是指 1L 溶液中含有的溶质的摩尔数。单位质量摩尔浓度活度标度（与 1wt% 活度标度类似）定义为：

$$\text{当 } m_i \rightarrow 0 \text{ 时}, a_{i(m)} \rightarrow m_i$$

其中 $a_{i(m)}$ 是溶质相对于单位质量摩尔浓度标准状态的活度，单位质量摩尔浓度标准状态位于 $m_i = 1$ 的亨利定律关系线上。活度系数反映了溶液与理想溶液的偏离程度，其定义为：

$$\gamma_{i(m)} = \frac{a_{i(m)}}{m_i}$$

⑤ 当电解质（或盐）A_aY_y 溶于水时，其平均离子质量摩尔浓度 $m_\pm$ 定义如下：

$$m_\pm = (m_{\text{A}^{z+}}^a m_{\text{Y}^{z-}}^y)^{\frac{1}{a+y}}$$

平均离子质量摩尔活度系数 $\gamma_\pm$ 定义为：

$$\gamma_\pm = (\gamma_{\text{A}^{z+}}^a \gamma_{\text{Y}^{z-}}^y)^{\frac{1}{a+y}}$$

因此，溶解盐的活度为：

$$a_{A_aY_y} = (\gamma_\pm m_\pm)^{a+y}$$

⑥ 任何电池反应都是两个半电池反应的总和，对于标准氢电极，其发生如下半电池反应的电势被指定为 0。

$$H^+(水溶液, m=1) + e^- === \frac{1}{2}H_2(g, P=1atm)$$

这有利于为所有其它半电池反应确定其标准还原半电池的电位。将半电池反应按其标准还原半电池电位的大小递减排列，这个排列就是所谓的电位序。

⑦ 电极电位和 pH 值对水系电化学系统中的相平衡和溶解度的影响，可以用电位-pH 图来描述。

14.12　本章概念和术语

读者应写出以下术语的简要定义或描述。在适当的情况下，可以使用方程式。

绝对电势

阳极氧化反应

阳极液

阴极还原反应

阴极液

电池反应

电中性

浓差电池

共价特性

丹尼尔电池

电势

电功

电化学反应

电位序

电极

电解

电解液

电动势（EMF）

法拉第常数（F，96487C/mol）

化成电池

原电池

离子特性

液接电位

质量摩尔浓度

摩尔浓度

能斯特方程

开路电动势

盐桥

单电极电位

溶度积

电池的标准电动势

标准氢电极（SHE）

14.13 证明例题

计算 298K 时 AgBr 在水中的溶解度。

解答：

根据表 14.1，$\varepsilon^{\circ,Ag}=0.7991V$，$\varepsilon^{\circ,Br}=1.0652V$。因此，对于反应，

$$Ag(s)+\frac{1}{2}Br_2(l)=\!=\!=Ag^+(m)+Br^-(m)$$

$$\Delta G^{\circ}_{298K}=-96487\times(-0.7991+0.5\times1.0652)=25714(J)$$

对于，

$$Ag(s)+\frac{1}{2}Br_2(l)=\!=\!=AgBr(s)$$

$$\Delta G^{\circ}_{298K}=-95670J$$

因此，对于，

$$AgBr(s)=\!=\!=Ag^+(m)+Br^-(m)$$

$$\Delta G^{\circ}_{298K}=25714+95670$$

$$=121384(J)$$

$$=-8.3144\times298\ln K_{sp}$$

因此，$K_{sp}=(\gamma_{\pm}m_{AgBr})^2=5.3\times10^{-22}$ 或 $\gamma_{\pm}m_{AgBr}=2.3\times10^{-11}$，这表明 AgBr 实际上不溶于水。

14.14 计算例题

（1）计算例题1

铁橄榄石，$2FeO\cdot SiO_2$，是唯一由 FeO 与 SiO_2 在 1atm 总压下反应形成的硅酸铁化合物，1200K 时如下反应的标准吉布斯自由能变化为 $-11070J$。

$$2FeO(s)+SiO_2(s)=\!=\!=2FeO\cdot SiO_2(s)$$

计算 1200K 时如下电池的电动势。

$$Fe \mid SiO_2 \mid 2FeO \cdot SiO_2 \mid CaO\text{-}ZrO_2 \mid FeO \mid Fe$$

解答：

这是一个氧浓差电池，其电池反应可写为：

$$O_2(阴极较高压力) \longrightarrow O_2(阳极较低压力) \tag{i}$$

对于该反应，电动势为：

$$\varepsilon = -\frac{RT}{4F} \ln \frac{p_{O_2(阳极)}}{p_{O_2(阴极)}} \tag{ii}$$

电极上的 O_2 压力是由如下化学平衡决定的。

$$Fe + \frac{1}{2}O_2 \Longrightarrow FeO \tag{iii}$$

对于该反应，有：

$$K_{(iii)} = \frac{a_{FeO}}{a_{Fe} p_{O_2}^{1/2}}$$

在阴极上，相对于 Fe 饱和的纯 FeO，FeO 的活度是 1；而在阳极上，FeO 的活度，是被 Fe 和 SiO_2 饱和的 $2FeO \cdot SiO_2$ 中 FeO 的活度。因为：

$$K_{(iii)} = \frac{a_{FeO(阴极)}}{a_{Fe(阴极)} p_{O_2(阴极)}^{1/2}} = \frac{a_{FeO(阳极)}}{a_{Fe(阳极)} p_{O_2(阳极)}^{1/2}}$$

且

$$a_{Fe(阳极)} = a_{Fe(阴极)} = a_{FeO(阴极)} = 1$$

所以：

$$\frac{p_{O_2(阳极)}}{p_{O_2(阴极)}} = a_{FeO(阳极)}^2$$

因此，由式（ii）可得，

$$\varepsilon = -\frac{RT}{4F} \ln a_{FeO(阳极)}^2$$

对于反应 $2FeO + SiO_2 \Longrightarrow 2FeO \cdot SiO_2$，

$$\Delta G_{1200K}^\circ = -11070J$$

$$= -8.3144 \times 1200 \times \ln \frac{a_{2FeO \cdot SiO_2}}{a_{FeO}^2 a_{SiO_2}}$$

因此，在阳极上，当 $a_{2FeO \cdot SiO_2} = a_{SiO_2} = 1$ 时，

$$a_{FeO} = 0.574$$

所以，

$$\varepsilon = -\frac{8.3144 \times 1200}{4 \times 96487} \times \ln 0.574^2 = 0.0287(V)$$

或者，阳极半电池反应可以写成：

$$O^{2-} \Longrightarrow \frac{1}{2}O_2(eq, Fe/FeO) + 2e^-$$

阴极半电池反应可以写成：

$$\frac{1}{2}O_2(eq, Fe/FeO) + 2e^- \Longrightarrow O^{2-}$$

或者，在阳极上，
$$2Fe + 2O^{2-} + SiO_2 \Longrightarrow 2FeO \cdot SiO_2 + 4e^-$$
在阴极上，
$$2FeO + 4e^- \Longrightarrow 2Fe + 2O^{2-}$$
上述两式总和可以得到电池反应为：
$$2FeO + SiO_2 \Longrightarrow 2FeO \cdot SiO_2$$
电池反应的吉布斯自由能变化是：
$$\Delta G^{\circ}_{1200K} = -zF\varepsilon^{\circ} = -11070(J)$$
$$\varepsilon = \frac{-\Delta G^{\circ}}{4F} = -\frac{-11070}{4 \times 96487} = 0.0287(V)$$

（2）计算例题 2

一种废液由 0.5 单位质量摩尔浓度的 $CaCl_2$ 水溶液组成。计算在常温常压下，将液体分离成无水 $CaCl_2$ 和纯 H_2O 时，分离出每摩尔 $CaCl_2$ 所需的最小功。0.5 单位质量摩尔浓度 $CaCl_2$ 的平均离子活度系数为 0.448。

解答：

最小的功是在进行可逆分离时所需的功，即，$w = -\Delta G$ 的过程。此外，0.5 单位质量摩尔浓度的 $CaCl_2$ 包括 0.5 摩尔的 $CaCl_2$ 和 1000g 的 H_2O 或 0.5 摩尔的 $CaCl_2$ 和 1000/18＝55.55（mol）的 H_2O。因此，1 摩尔的 $CaCl_2$ 存在于 111.1 摩尔的 H_2O 中，而 H_2O 的摩尔分数为 111.1/112.1＝0.991。

① 将 1 摩尔溶解的 $CaCl_2$ 从 0.5 m 的浓度移至 1 m 的标准状态。
$$\begin{aligned}
\Delta G_{(1)} &= RT\ln \frac{a_{CaCl_2(m=1)}}{a_{CaCl_2(m=0.5)}} \\
&= -RT\ln 4(\gamma_{\pm} m_{CaCl_2})^3 \\
&= -8.3144 \times 298 \times \ln[4 \times (0.448 \times 0.5)^3] = 7686(J)
\end{aligned}$$

② 将 1 摩尔的 Ca^{2+} 从 $1m$ 的标准状态转移到 298K 的固体 Ca。
根据表 14.1，$\varepsilon^{\circ, Ca} = -2.87V$。因此，对于反应：
$$Ca^{2+}(m) + 2e^- \Longrightarrow Ca(s)$$
$$\Delta G_{(2)} = -2 \times 96487 \times (-2.87) = 553835(J)$$

③ 将 2 摩尔的 Cl^- 从 $1\,m$ 的标准状态转移到 298K、1atm 的 Cl_2 气体中。根据表 14.1，$\varepsilon^{\circ, Cl} = 1.3595V$。因此，对于反应：
$$2Cl^-(m) \Longrightarrow Cl_2(g) + 2e^-$$
$$\Delta G_{(3)} = -2 \times 96487 \times (-1.3595) = 262348(J)$$

④ 将 111.1 摩尔的 H_2O 从 0.991 的摩尔分数转移到 1.0 的摩尔分数。假设满足拉乌尔性质，
$$\Delta G_{(4)} = -n_{H_2O}RT\ln X_{H_2O} = -111.1 \times 8.3144 \times 298 \times \ln 0.991 = 2489(J)$$

⑤ 使 1 摩尔固体 Ca 与 1 摩尔气态 Cl_2 在 298K 下反应，形成 1 摩尔固体 $CaCl_2$。对于反应：
$$Ca(s) + Cl_2(g) \Longrightarrow CaCl_2(s)$$
$$\Delta G_{(5)} = \Delta G^{\circ}_{298K} = -752110(J)$$

因此，分离过程的吉布斯自由能的变化是：

$$\Delta G_{(1)} + \Delta G_{(2)} + \Delta G_{(3)} + \Delta G_{(4)} + \Delta G_{(5)} = 74248(\text{J})$$

这是分离 1 摩尔 $CaCl_2$ 所需的最小功。

 作业题

14.1 原电池：

$$Pb(s)|PbCl_2(s)|HCl(水溶液)|AgCl(s)|Ag(s)$$

其电动势在 25℃ 时为 0.490V，其中所有的组分都以纯固体的存在形式与盐酸电解质接触。在该温度下，电动势的温度系数为 -1.84×10^{-4} V/℃。写出电池反应，并计算 298K 时电池反应的吉布斯自由能变化和熵的变化。

14.2 298K 时，如下电池的电动势是 $+0.5357$V，

$$Pb|PbCl_2|Hg_2Cl_2|Hg$$

其电动势的温度系数是 1.45×10^{-4} V/℃。计算 (a) 298K 时，每摩尔 Pb 反应的最大功，(b) 电池反应的熵变化，以及 (c) 当电池在 298K 可逆运行时，每摩尔 Pb 反应所吸收的热量。

电池中的汞电极由 Hg-X 合金代替，其中 $X_{Hg}=0.3$，X 是惰性的。发现 298K 时电池的电动势增加了 0.0089V。计算 (d) 298K 时合金中 Hg 的活度。

14.3 固态电化学电池：

$$(Pt), O_2(g, p_{O_2})|CaO\text{-}ZrO_2|Fe|FeO,(Pt)$$

是为了测量气体中的氧分压而构建的。写出电池的电动势与气体的氧压和温度有关的方程式。

14.4 电池：

$$Ag(s)|AgCl(s)|Cl_2(g,1atm),(Pt)$$

其电动势在 100～450℃ 的温度范围内符合如下关系，

$$\varepsilon = 0.977 + 57 \times 10^{-4}(350-T) - 4.8 \times 10^{-7}(350-T)^2$$

计算电池反应的 Δc_P 值。

14.5 用固体 Al 和固体 Al-Zn 合金的电极以及熔融的 $AlCl_3\text{-}NaCl$ 电解液构建一个电化学电池。当合金电极中 Al 的摩尔分数为 0.38 时，380℃ 下电池的电动势为 7.43mV，电动势的温度系数为 2.9×10^{-5} V/℃。计算 (a) 合金中 Al 的活度，(b) 合金中 Al 的偏摩尔混合吉布斯自由能，以及 (c) 合金中 Al 的偏摩尔混合焓。

14.6 通过测量以下类型电池的电动势，

$$Ni(s)|NiO(s)|CaO\text{-}ZrO_2|Cu(l), O_2(溶解)$$

已经确定在 1363K 的液态 Cu 中的 $\varepsilon^{\circ,O}$ 是 -0.16V，而对于反应，

$$\frac{1}{2}O_2(g) = [O](\text{Cu 液体}, 1wt\%)$$

其标准吉布斯自由能变化 $\Delta G^\circ = -74105 + 10.76T$。如果这种电池在 1363K 时的电动势为 0.222V，请计算 (a) 相对于 1atm 下 O_2 的标准状态，液态 Cu 阴极中 O_2 的活度，(b) 相

对于 Cu 饱和的纯固体 Cu_2O，阴极金属中 Cu_2O 的活度，（c）溶解在 Cu 阴极中的 O_2 质量百分比，（d）1363K 时 O_2 在液态 Cu 中的最大溶解度。

14.7 计算 $[Pb^{2+}]=1mol/L$ 的水溶液，在 298K 时与金属 Pb 和固体 PbO 达到平衡的条件。该溶液中是否有高浓度的其它铅离子存在？

物种	$\Delta G_{298K}^{\circ}/J$
PbO(s)	−189300
$Pb^{2+}(m)$	−24310
$Pb^{4+}(m)$	+302500
$HPbO_2^-(m)$	−339000
$PbO_3^{2-}(m)$	−277570
$PbO_4^{4-}(m)$	−28210
$H_2O(l)$	−237190

14.8 通过电解溶解在熔融冰晶石（$3NaF\text{-}AlF_3$）中的 Al_2O_3 可以生产 Al。如果在电解池中使用惰性电极，并在 1000℃ 时使冰晶石中的 Al_2O_3 饱和，那么 Al_2O_3 的分解电压是多少？用于电解 Al_2O_3 的 Hall-Heroult 工艺使用石墨作为阳极材料，在 1atm 下，在阳极上产生的气体基本上是纯 CO_2。计算 Hall-Heroult 电池在 1000℃ 下，在 Al_2O_3 饱和的 3NaF-AlF_3 电解质中的 Al_2O_3 的分解电压。

14.9 在 298K、$p_{Cl_2}=1atm$ 下，Cl_2 在 H_2O 中的溶解度为 0.0618 摩尔/千克溶液。计算 Cl_2 水溶液的标准生成吉布斯自由能，并计算形成 0.01 单位质量摩尔浓度的 Cl_2 溶液的吉布斯自由能的变化。可以假设该溶液为理想溶液。

第 15 章

相变热力学

本章介绍的是关于发生在封闭热力学系统中的相变。学习之前，我们最好先定义一下相和相变这两个术语。

相是热力学系统中完全独立的均质部分，在空间中由一个被称为相界面的边界表面所界定，并以其聚集状态（固态、液态或气态）、晶体结构、组成和/或有序程度来区分。材料系统中的每一相一般都表现出一系列特有的物理、机械和化学特性，并且原则上可以从整体上进行机械分离[1]。

当系统中的一个或多个相因其组成粒子（原子、分子、离子、电子等）重新构型（分布）而改变它们的聚集状态、晶体结构、有序程度或组成时，材料系统中就会发生相变。这种重新构型使得热力学状态向更稳定的情形变化，该过程可由适当的热力学势能描述，例如在恒定温度（T）和压力（P）下吉布斯自由能（G）的降低。无论是描述金属的凝固还是铁（Fe）中铁磁性的出现，当相关热力学变量的微小变化导致系统性质产生了明显的变化时，有时是剧烈的质变时，就表明发生了相变。在某些热力学变量的临界值处，这些变化可以突然（不连续）或逐渐（连续）地发生。伴随重新构型而来的自由能的减少通常被称为相变的热力学"驱动力"[2]。

我们可以看到，前面几章的大部分主题都很好地引向了相变的研究领域。本章将简要讨论相变热力学的某些选定课题。[3]

15.1 热力学和驱动力

15.1.1 组成不变的相变

不涉及组成变化，并且发生在单组分系统（单质或化合物）中的相变，是我们将要研究

---

[1] W. A. Soffa，D. E. Laughlin. Diffusional Phase Transformations in the Solid State. in Physical Metallurgy，vol. 1. edited by D. E. Laughlin and K. Hono，Elsevier，Waltham，MA，2014，851-1019.

[2] 同上。

[3] 如需更深入地讨论，请参阅 Soffa 和 Laughlin 的工作（同上）。

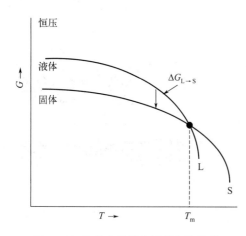

图 15.1 单组分系统中固相和液相的
吉布斯自由能随温度的变化
(T_m 是熔点)

的第一个相变。图 15.1 为恒压下单组分系统中竞争相的两条吉布斯自由能曲线。我们使用单位 J/m^3（摩尔自由能除以摩尔体积，G_m/V_m）来表示体积广延量吉布斯自由能，原因在下文中将不言而喻。液体为高温稳定相，固体为低温稳定相。两条吉布斯自由能曲线的交点表示单组分材料的平衡熔点。我们已经讨论了类似吉布斯自由能与温度曲线的斜率和曲率，以及这些几何特征如何与两相的热容相联系（参见第 7 章）。现在我们更详细地研究当系统温度从高于熔点开始降低时，液相中发生转变的情况。

我们要研究转变的细节，这在某种程度上偏离了以前对相图的讨论（第 7 章和第 10 章），在那里我们只谈到了系统的平衡状态。在液体向晶体转变的过程中，会有一些过渡态，这些状态本身可能不是严格意义上的平衡状态。事实上，为了讨论异质转变的"开始"，我们必须讨论形成新相的有限区域，并进而讨论一个新的实体——液相和不断变化的固相之间的界面，以及随之而来的超额自由能。

温度高于熔点 T_m 时，任何平衡液相的起伏，导致类似固体物的形成，都会带来系统自由能的增加。因此，这种类固体物是不稳定的，会重新溶入液体。在熔点温度时，两相具有相同的吉布斯自由能，并且都是平衡相。由于它们在熔点具有相同的自由能，因此没有使液体形成固体的驱动力（吉布斯自由能的减少）。如果液体中的起伏产生一个小区域的固相，由于体积自由能没有增加，我们可以认为这样的小区域固相是稳定的。但是，就是在这一点上，我们必须考虑系统的新特征——初生固相与现有液相之间的界面。液相和新出现的固相之间的界面，有一个与之相关的正的超额能量，因此它对固相的形成构成了一个障碍。温度等于熔点时，由于这种超额的表面能，即 1 体积液体变成 1 体积固体的吉布斯自由能变化是正的，所以，上述的小区域固相是不稳定的，为了形成固相，必须使液体处于过冷的状态。这对一级相变来说是符合真实情况的（见第 7 章）。

让我们研究一下，当一个小的、球形的固相在过冷的液体中形成时会发生什么。由于系统温度低于熔点，液体转为固体的体积吉布斯自由能变化，$\Delta G_{L \to S}$，是负的。然而，我们也必须考虑到固体和液体之间的表面能。考虑到这两种能量，我们写出形成半径为 r 的固相球体的总的吉布斯自由能变化，$\Delta g_{L \to S}$，为：

$$\Delta g_{L \to S} = \frac{4}{3}\pi r^3 \Delta G_{L \to S} + 4\pi r^2 \gamma_{S/L} \tag{15.1}$$

式中，$\gamma_{S/L}$ 是固体和液体之间的超额表面自由能。

吉布斯自由能的变化，$\Delta g_{L \to S}$，是固体小球尺寸的函数，如图 15.2 所示。我们看到它有两个组成部分，第一个是负的（体积项）；第二个是正的，因为它代表了正的超额表面能项。对于非常小的固体颗粒，表面能项占主导地位，自由能变化的符号是正的。

为了形成一个稳定的固体（成核），成核区域必须经历其结构上的起伏，使它变得更倾向于成为一个固体而不是液体。如果该区域足够大，由于新相的体积而导致的自由能下降值将大于界面能项导致的自由能增加值。在这种情况下，自由能的变化将是负的，固相的核将是稳定的。

式（15.1）对半径求导，并令其结果为 0，由此可以得到开始转变的临界半径。

$$r^* = -\frac{2\gamma_{S/L}}{\Delta G_{L \to S}} \tag{15.2}$$

这是一个（结构）起伏的大小，伴随着固体的形成，吉布斯自由能的变化开始减小。将这个临界半径的值代入式（15.1），可以得到临界活化能，为了使起伏能够形成，必须克服这个临界活化能。

$$\Delta g_{L \to S}^* = \frac{16\pi\gamma_{S/L}^3}{3\Delta G_{L \to S}^2} \tag{15.3}$$

从图 15.1 可以看出，过冷度（ΔT）越大，$\Delta G_{L \to S}$ 值的大小就越大，因此，从式（15.2）可以看出，能够成长为稳定颗粒的新固相的尺寸就越小。注意临界活化能与超额表面自由能的立方成正比。

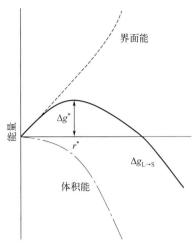

图 15.2　从液相中形成一个临界尺寸的固体核的自由能（变化）与半径的关系，及体积能和表面能对它的贡献

15.1.2　组成发生变化的相变

多组分合金系统中新相的形成要复杂一些，让我们研究一下图 15.3 中所示的二元系统的情况。成分为 X_0 的合金最初保持在温度 T_1，平衡时，系统在 T_1 的状态是固体 α 的单相。现在考虑当温度突然降低到 T_2 时会发生什么，合金将处于相图的 $\alpha + \beta$ 两相区。图 15.4 是温度 T_2 下 $\alpha + \beta$ 相的吉布斯自由能曲线的示意图。两条曲线之间有一条公切线，两相的平衡组成分别表示为 X_e^α 和 X_e^β。图中还给出了形成与 α 相平衡的 β 相时，吉布斯自由能总的减少量。在这种情况下，最终状态是两相状态，新 β 相的成分（X_β）与原始相的成分（X_0）不同。杠杆定律（第 1.7 节）可用于确定平衡时两相的分数。例如，β 相的分数由下式给出。

$$\%\beta = \frac{X_0 - X_e^\alpha}{X_e^\beta - X_e^\alpha}$$

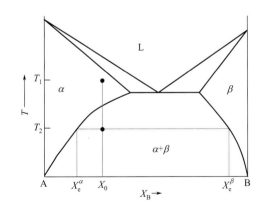

图 15.3　二元共晶相图

（成分为 X_0 的合金在 T_1 的平衡状态是固体 α 相，在 T_2 的平衡状态是两相 α 和 β，它们的成分也显示在相图上了）

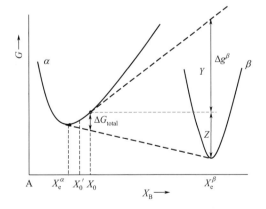

图 15.4　T_2 时 α 相和 β 相的自由能曲线

（当少量的 β 形成时，合金的母相成分会从 X_0 变为 X_0'。如图所示，形成 β 相的驱动力为 Δg^β）

如果我们要利用式（15.2）来确定新相的临界尺寸，我们需要确定形成新相的临界核的驱动力。它不是图 15.4 中所示 ΔG_{total} 的值，因为那是达到平衡后总的吉布斯自由能变化。

当少量成分为 X_β 的 β 相从母相中形成时，我们需要确定 Δg^β，此时母相成分从 X_0 变为 X_0'。X_0' 的值小于合金的初始成分值，因为溶质在新相 β 中富集，消耗了母相的溶质。当少量 β 形成后，1 摩尔（混合）相的自由能变化为：

$$\Delta G = G_\beta f_\beta + G_{\alpha'} f_\alpha - G_\alpha$$

式中，ΔG 为形成 f_β 分数的 β 相时自由能的变化。分数 f_β 可表示为：

$$f_\beta = \frac{X_0 - X_0'}{X_e^\beta - X_0'}$$

$$\Delta g^\beta = \frac{\Delta G}{f_\beta} = G_\beta - G_{\alpha'} + \frac{G_{\alpha'} - G_\alpha}{f_\beta}$$

但是，

$$G_{\alpha'} \approx G_\alpha - (X_0 - X_0')\left(\frac{\partial G}{\partial X}\right)_{X_0}$$

通过几何关系，可得：

$$\Delta g^\beta \approx G_\beta - G_\alpha - (X_e^\beta - X_0)\left(\frac{\partial G}{\partial X}\right)_{X_0} < 0 \tag{15.4}$$

如图 15.4 所示，可以看到 Δg^β 的确定过程：首先在 α 相自由能曲线的 X_0 位置处画一条切线，然后（在切线上找到新相 β 的成分 X_β 所对应位置，由此点）下降到新相 β 的自由能曲线上的 X_β 成分处。Δg^β 是自由能的变化值，它是固体（β）成核的驱动力，将其代入式（15.2）和式（15.3），就可以得到形成固相（β）的临界尺寸和临界势垒（形核功）。

15.2　T_0 曲线的使用

在单组分系统中，两条自由能曲线相交的温度是两相之间相变的平衡温度。对于二元系统来说，情况并非如此。考虑图 15.5 所示的相图及其在温度 T' 的平衡吉布斯自由能曲线（图 15.6）。相图上有两条虚线，分别代表 α 相和 γ 相以及 β 相和 γ 相的自由能-温度关系相等的所有点的轨迹，即自由能曲线交点的轨迹。

现在考虑当成分为 X_1 的相从 γ 稳定相区淬火到温度 T' 时可能发生的相变，以下两种转变是可能的。

- γ 相可以直接转变为 α 相而不改变成分。
- γ 相可以分解为 $\alpha + \beta$ 的平衡两相混合物。

现在考虑当成分为 X_2 的相从 γ 相区淬火到温度 T' 时可能发生的相变，只有以下的转变是可能的。

- γ 相分解为 $\alpha + \beta$ 的平衡两相混合物。

从图 15.6 的自由能曲线中很容易看出这种差异的原因。对于第一种情况，如图所示，γ 的自由能为 S' 点，高于对应成分下 α 相的吉布斯自由能曲线。因此，随着自由能的降低且到达 E' 点时，γ 相可以直接转化为 α 相，而其成分没有变化。这种相变被称为无扩散型相变，没有原子长程扩散是完成转变的必要条件。由于这两相是相互区分开来的，因此在这种转变中，必须有晶体结构的变化。

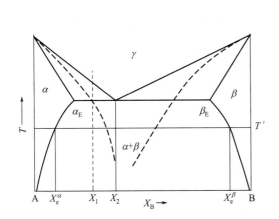

图 15.5　绘有 α/γ 和 γ/β 相 T_0 曲线的共晶相图

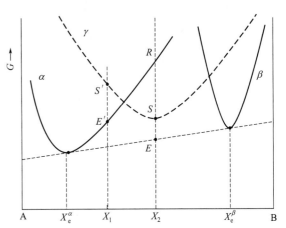

图 15.6　图 15.5 所示相图的自由能曲线

（合金 X_1 在 T' 时的自由能为 E'，

成分为 X_2 的合金在 T' 时的自由能为 E）

然而，在第二种情况下，在所考虑的成分（分别为 S 点和 R 点）下，γ 相的自由能小于 α 相的自由能。因此，γ 不能转化为相同成分的 α 相。

因此，相图上的 T_0 点轨迹表示哪些成分的高温相可以转化为成分相同但晶体结构不同的低温相。这种分析对以下的固态转变是很重要的。

- 钢中的马氏体转变；
- 各种二元合金的块状转变。

15.2.1　马氏体转变

在某些成分的钢中，合金在保持高温面心立方（FCC）奥氏体（γ）相［以威廉·钱德勒·罗伯茨-奥斯汀爵士（William Chandler Roberts-Austen，1843—1902）命名］内的温度下，快速淬火至较低温度。所得相为四方 α' 相，它与体心立方（BCC）α 相相关。但是，由于新相的碳原子处于特定的位置上，（晶体结构）有些扭曲，从而降低了其（结构的）对称性。这种对称性较低的 α' 相［称为马氏体，以阿道夫·马滕斯（Adolf Martens，1850—1914）命名］极大地提高了合金的强度。淬火后，α' 相是与形成它的奥氏体相成分相同的单相。α' 马氏体不是平衡相，如果获得足够的热能，它会分解成平衡的 $\alpha+Fe_3C$ 相。

15.2.2　块状转变

可以使用 T_0 曲线研究的另一种固态转变是块状转变，以其特有的"块状"微观结构命名。块状转变是一种固态相变，涉及成分不变的成核和生长过程，从而产生晶体结构的变化。20 世纪 30 年代对 Cu-Zn 和 Cu-Al 合金的研究，首次报道了这种转变。

再考虑一下图 15.6 中所示的自由能曲线。只有当 γ 相的成分小于 α 相和 γ 相自由能曲线的交点成分时，低温 α 相才能由高温 γ 相形成。例如，成分 S' 的 γ 相可以直接形成同一成分的 α 相（E'）。同样地从图中可以看到，高温 γ 相能形成 β 相。在这种情况下，只有当

γ 相的成分大于 γ 相和 β 相自由能曲线的交点时，才能直接形成 β 相。

15.2.3 由液体形成非晶相

T_0 曲线的另一个应用是了解哪些合金在从液态快速淬火时可能形成非晶态相。无定形相可以被认为是过冷的液体，在冷却时其黏度迅速增加而被冻结。

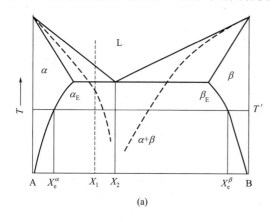

(a)

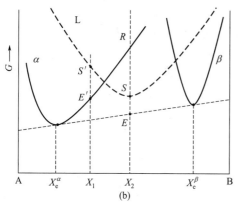

(b)

图 15.7 （a）二元共晶相图及其 T_0 曲线；

（b）相图在 T' 处的自由能曲线

考虑图 15.7（a）二元共晶相图和相应的图 15.7（b）吉布斯自由能图。如果成分为 S' 的液体被迅速淬火到 T'，可发生如下之一的情况。

① 液体转变为 α 和 β 相的平衡混合物；

② 液体成为无定形固体；

③ 液体转变为相同成分的 α 固相。

情况①不可能发生，因为淬火不允许有足够的时间发生分解并形成两个成分差距很大的固相。因此，这种转变在动力学上是不可能的。

情况②和情况③都可能发生。由于液体直接转化为相同成分的结晶固相的自由能变化较大，所以这种可能性更大。这样的过程有时被称为"一致凝固"。

现在考虑成分 X_E 的液相的快速冷却。考虑到相对于 T_0 点的位置，这种成分的液体不能转变为相同成分的固体。因此，这种成分的液体只有两种可能的转变。

① 转变为 α 相和 β 相的平衡混合物；

② 成为无定形固体。

再次指出，转变为平衡混合物的情况是不可能的，因为缺乏发生（这种转变）的时间。这使得液相可以选择保持其过冷的液体状态，并随着其黏度的增加而成为无定形结构的固体。如果液体被迅速冷却到的温度低于其玻璃化转变温度，就会出现这种情况。由金属元素组成的无定形固体有时被称为金属玻璃。

再次强调，T_0 曲线在理解和预测会发生什么样的相变方面发挥了重要作用。在形成无定形固体的情况下，相对于 T_0 点，液体应处于不允许形成相同成分固相的位置。在共晶体系的情况下，这意味着成分在两条 T_0 曲线之间的液体能够形成非晶态固体。

15.3 表面能

在前面关于确定临界核大小的临界值讨论中，我们假设固相成核时是球形的。如果固体的表面能是各向同性的，这可能是真实的情况，因为这是一种使固体的表面积与体积之比最小的形状，因此使表面能的影响最小。如果表面能不是各向同性的，形状将是产生低能量面的形状，这通常意味着晶核将呈多面体形状。对于立方对称性，按照诺埃曼（Neumann）原理❶，表面能与所关注面的法线的相应关系，必须满足 $m\bar{3}m$ 点群对称性。

例如，如果（100）面的表面能远小于（111）面的表面能，晶体的平衡形状将是立方体［图 15.8 (a)］。另一方面，如果情况相反，（111）面的表面能远小于（100）面的表面能，就会形成一个八面体形状的颗粒［图 15.8 (b)］。晶体表面能的各向异性可以用断键来理解。一般来说，最大限度地减少表面断键的数量可以使这些晶面的表面自由能最小。

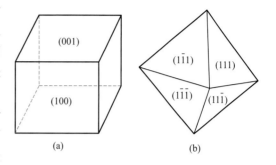

图 15.8　具有立方对称性的晶体的粒子形状
(a) 立方体［此时（100）面具有非常小的表面能］；
(b) 八面体［此时（111）面具有非常低的表面能］

当然，可能存在各向异性的中间情况，可用图 15.9 所示的极坐标图来说明。通过吉布斯-伍尔夫（George Yuri Viktorovich Wulff，1863—1925）理论，这个极坐标图可以用来构建晶体的平衡形状。在图中，n 是 $\{hkl\}$ 面族的法线，从原点到实线曲线的距离与所研究平面的表面能值成正比。吉布斯-伍尔夫理论产生了一个平面包络面，该包络面是位置的函数，通过最小化 $\int \sigma(n)\mathrm{d}A$ 而具有最低的表面能值。这个形状限定了晶体的平衡形状。

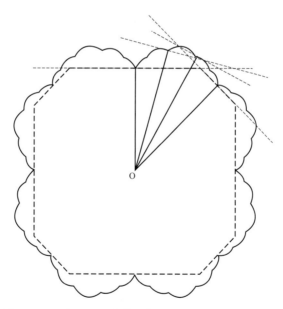

图 15.9　具有四重对称轴晶体的超额表面能的极坐标图
（吉布斯-伍尔夫理论产生晶体的平衡形状。来自 J. W. Christian，The Theory of Transformations in Metals and Alloys，Pergamon Press，Oxford，UK，1965.）

---

❶ "晶体任一物理性质的对称性元素，一定包含晶体点群的对称性元素。" J. F. Nye，*Physical Properties of Crystals*，Oxford University Press，Oxford，UK，1957，pp. 20-24.

15.4　形核与表面能

15.4.1　均匀形核

固相在液相中最初形成的位置往往是人们所感兴趣的。一种可能性是，它可以在液相的任何地方形成。这就是通常所说的均匀形核。原则上，新相可以在液体中存在原子的任何位置处形成。随着时间的推移，液体将均匀地转变为固相，首先形成的固相晶粒最大。

15.4.2　异质形核

最有可能的形核方式是所谓的异质形核，这意味着从液体到固体的最初转变发生在非常特殊的地点。在本节中，我们将只考虑在液体容器壁上形成固体的情况。

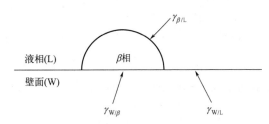

图 15.10　半球形 β 相颗粒在液相容器壁上形成的示意
（图中显示了各种界面能）

异质形核更多见，其发生的原因是固体在特定位置上成核的能垒降低。例如，考虑图 15.10 中固体 β 相在含有液相的容器壁上成核。晶核形状受器壁的约束，且重要的是，器壁本身具有与液体接触的表面，因而它也有表面能。当 β 相在器壁上成核时，器壁-液体表面（或其表面能）被 β 相-器壁表面（或其表面能）所取代。器壁-β 相的表面能通常小于器壁-液体的表面能，因此在此处形成 β 相具有能量优势。这有效地降低了成核的自由能垒 Δg^{*}，允许在显著较低的过冷度下形成新相。

该过程的热力学分析细节如下。

我们在式（15.1）中看到，通过均匀形核机制，形核的自由能变化为：

$$\Delta g_{L \to S} = \frac{4}{3}\pi r^{3} \Delta G_{L \to S} + 4\pi r^{2} \gamma_{S/L}$$

均匀形核的形核功为：

$$\Delta g_{L \to S}^{*} = \Delta g_{L \to S}^{\mathrm{hom},*} = \frac{16\pi \gamma_{S/L}^{3}}{3\Delta G_{L \to S}^{2}}$$

如果在装有液体的容器壁上形成半个均匀形核球体（图 15.10），我们可以写出如下能量变化：

$$\Delta g_{L \to \beta}^{\mathrm{het}} = \frac{2}{3}\pi r^{3} \Delta G_{L \to \beta} + 2\pi r^{2} \gamma_{\beta/L} + \pi r^{2}(\gamma_{\beta/w} - \gamma_{L/w})$$

$$r^{\mathrm{het},*} = \frac{-2\gamma_{\beta/L} - \gamma_{\beta/w} + \gamma_{L/w}}{\Delta G_{L \to \beta}}$$

$$\Delta g_{L \to \beta}^{\mathrm{het},*} = -\frac{\pi(-2\gamma_{\beta/L} - \gamma_{\beta/w} + \gamma_{L/w})^{3}}{3\Delta G_{L \to \beta}^{2}}$$

形成相同体积的核，异质形核的形核功与均匀核的形核功之比为：

$$\frac{\Delta g_{L\to\beta}^{het,\,*}}{\frac{1}{2}\Delta g_{L\to\beta}^{hom,\,*}}=-\frac{1}{8}\frac{(-2\gamma_{\beta/L}-\gamma_{\beta/w}+\gamma_{L/w})^3}{\gamma_{\beta/L}^3}$$

如果表面能 $\gamma_{\beta/w}$ 等于表面能 $\gamma_{L/w}$，那么这个比率就会等于 1，意味着在器壁上没有形核优势。然而，如果 $\gamma_{L/w} > \gamma_{\beta/w}$，这两个形核功的比率小于 1，因此，$\beta$ 相在容器壁上异质形核有较小的形核功。

对于其它界面缺陷（如固-固相变中的晶界）以及具有与之相关应变能的缺陷（如位错），也可以证明有类似的效果。在位错的情况下，新相减少了局部应变能，从而有效地降低了成核的势垒。

前面的讨论说明了异质形核的热力学（参数），它是热力学势垒的值，在成核率表达式中处于指数项的位置上。因此，成核势垒大小的微小变化对转变动力学会产生很大的影响。

15.5 毛细作用和局部平衡

图 15.5 所示的相图是一个平衡图。绘制平衡图时，假设 α 相和 β 相（尺寸）都很大，因此表面能的影响可以忽略不计。我们有兴趣研究一下，如果情况不是这样，且 β 相相对于母相（α 相）来说（尺寸）很小时，会发生什么。

图 15.7（b）所示的大 β 相的自由能曲线必须要修改，以说明小 β 相的生成吉布斯自由能大于大 β 相（$r=\infty$）的自由能（图15.11）。

随着 β 相小颗粒的生成，α 相的组成会发生变化，为了估算这个变化值，必须要知道吉布斯自由能的增加量，即 $\Delta\mu$。β 相颗粒的吉布斯自由能（包括其表面能）可写为：

$$dG'=\Delta\mu\,dn=-S'dT+V'dP+\sigma dA'$$

对于平衡的情况，在恒定的温度和压力下，上述方程可简写为

$$\Delta\mu\,dn=\sigma dA'$$

对于球形颗粒，表面积 $A=4\pi r^2$，$n=4\pi r^3/(3V_m)$。因此，$dA=8\pi r$，$dn=4\pi r^2/V_m$。所以，

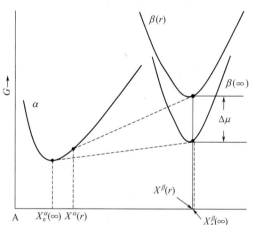

图 15.11 一个非常大的 β 相颗粒和一个非常小的 β 相颗粒的自由能曲线示意（说明组分在各相中的溶解度对颗粒尺寸的依赖关系）

$$\Delta\mu=\frac{\sigma dA'}{dn}=\frac{8\sigma\pi r}{4\pi r^2/V_m}=\frac{2\sigma V_m}{r}$$

从图中可以看出，吉布斯自由能的这种增加，改变了其与 α 相公切线的位置。如图所示，与半径为 r 的（β 相）颗粒平衡的 α 相成分和与非常大的（$r=\infty$）（β 相）颗粒平衡的 α 相成分，二者的差值为 $X^\alpha(r)-X_e^\alpha(\infty)$。

这个差值与两条公切线斜率的值有关。

$$\Delta \text{slopes} \approx \frac{\Delta \mu}{X_e^\beta - X_e^\alpha} \approx \frac{\partial^2 G}{\partial X^2}[X^\alpha(r) - X_e^\alpha]$$

$$\frac{2V_m\sigma}{r(X_e^\beta - X_e^\alpha)} \approx \frac{RT}{X_e^\alpha(1 - X_e^\alpha)}[X^\alpha(r) - X_e^\alpha]$$

如果 X^α 相对于 X^β 来说是（较）小的，则

$$1 - X_e^\alpha \approx 1$$

$$X^\alpha(r) - X_e^\alpha = \frac{2\sigma V_m X_e^\alpha}{rRT} \tag{15.5}$$

式（15.5）是吉布斯-汤姆森方程的一种形式。

现在考虑两个颗粒，一个半径为 r_1，另一个半径为 r_2（图 15.12）。如图所示，与小颗粒平衡的 α相成分 $X^\alpha(r_1)$，大于与大颗粒平衡的成分 $X^\alpha(r_2)$。这就产生了成分梯度（因此也产生了化学势梯度，它是扩散的驱动力）。因此，β 相原子将离开较小颗粒并加入较大颗粒中。这个过程被称为颗粒粗化或奥斯特瓦尔德（Friedrich Wilhelm Ostwald，1853—1932）熟化。粗化的最终效果是大颗粒尺寸增大，从而降低了系统的总表面能。

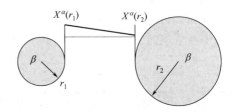

图 15.12 α 相与不同大小 β 相颗粒的平衡示意
（示意图显示，当 α 相与较小 β 相颗粒处于局部平衡时，β 相组分在 α 相中的溶解度更大。小颗粒和大颗粒之间会产生一个成分梯度）

15.6　朗道相变理论热力学

我们在第 8 章中看到，对于非理想气体，范德瓦耳斯方程模拟了系统中的相变，这种变化可以是一级相变，也可以是连续相变。我们还讨论了埃伦费斯特（Ehrenfest）关于相变是一级或二级（高级）的命名（规则）。在这一节中，我们介绍另一个关于相的热力学模型，该模型可预测相变，也可同时考虑一级和高级相变。这个模型就是相变的朗道模型。

20 世纪 30 年代后期，列夫·达维多维奇·朗道（Lev Davidovich Landau，1908—1968）提出，许多相变可以用一个参数 η 来表征，该参数描述了能够体现所研究系统特征（自旋、力矩、密度、应变等）的一个重要性质。此参数在某个临界温度 T_C 下具有非零值，在此温度以上为零。它被称为序参量，其以可测量的物理参数来描述系统的演化。对于给定的以温度和压力为变量的系统，该参量具有平衡值。它通常被归一化处理，使得在有序状态下，随着 T 接近 0，它接近 1（$\eta=1$），并且在转变温度之上它等于 0。它在临界点附近的变化方式，可作为区分相变/转变属性的有效准则。一级和高级转变都可以建模，尽管原始模型专注于高级转变。在第 9.10 节中，我们利用原子序参量研究了与理想状态有负偏离的正规溶液的平衡状态。图 9.19 是此类系统的原子序参量与温度的关系图。

序参量对系统热力学的影响可通过超额自由能项来理解。在朗道模型中，有序状态（$\eta>0$）和无序状态（$\eta=0$）之间的超额自由能 $G^{XS}(\eta)$，可以在临界点附近展开为序参量

的幂级数。

朗道把超额自由能写成：

$$G^{XS}(\eta)=G_{\eta\neq0}-G_{\eta=0}$$

$$G^{XS}(\eta)=A\eta^2+B\eta^3+C\eta^4+D\eta^5+E\eta^6+\cdots \qquad (15.6)$$

式中，系数 A、B、$C\cdots$ 可以是温度 T 和压力 P 的函数。在恒定压力下，可认为 A 项是温度的线性函数，其表达式为：

$$A=a(T-T_C) \qquad (15.7)$$

系数 a 是一个正常数。B、C、D 和 E 在一次近似中可视为常数。可以看出，A 的符号在温度经过 T_C 时发生改变。

- 当 $T>T_C$ 时，$A>0$；
- 当 $T=T_C$ 时，$A=0$；
- 当 $T<T_C$ 时，$A<0$。

系数 A 正比于 $G^{XS}(\eta)$ 与 η 关系图在 $\eta=0$ 时的曲率。温度高于 T_C，因为 $A>0$，所以图的曲率是正的。温度等于 T_C 时，该系数为 0，标志着高温相的不稳定性即将到来。温度低于 T_C，无序相是不稳定的，将形成有序相。

我们现在将研究朗道展开式的三种情况。

（1）2-4 型

在这种情况下，$B=0$，$C>0$，$D=E=0$。

当 $B=D=0$ 时，$G^{XS}(\eta)$ 是 η 的偶函数，即

$$G^{XS}(+\eta)=G^{XS}(-\eta) \qquad (15.8)$$

如前所述，$A=a(T-T_C)$ 的符号在 $T=T_C$ 时发生改变。

图 15.13 是 $G^{XS}(\eta)$ 随温度变化的关系图，以及序参量随温度变化的情况。温度高于 T_C（T_1 和 T_2），$G^{XS}(0)$ 是唯一的最小值，因此，平衡状态是无序的。温度等于 T_C，$G^{XS}(0)$ 的曲率等于 0，这意味着无序相即将变得不稳定。温度低于 T_C（T_3 和 T_4），有两个具有非 0 序参量的状态。从图中可以看出，随着温度的降低，$G^{XS}(\eta)$ 的最小值出现在 η 值较大的地方。

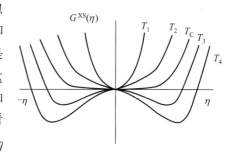

图 15.13　朗道展开式 2-4 型情况（$A\neq0$ 和 $C\neq0$）的超额吉布斯自由能
［温度等于 T_C 时，无序相变得不稳定（曲率=0）。图中，$T_1>T_2>T_C>T_3>T_4$］

我们现在来看一下这个系统其它方面的热力学。

首先，我们写出超额自由能表达式。

$$G^{XS}(\eta)=a(T-T_C)\eta^2+C\eta^4 \qquad (15.9)$$

对于平衡（状态），我们取超额自由能关于 η 的一阶导数，并令其为 0，此时超额自由能取得最小值。

$$\frac{\partial G^{XS}(\eta)}{\partial \eta}=2a(T-T_C)\eta+4C\eta^3=0$$

这个方程的解是：

$$\eta_{eq}=0 \quad \text{和} \quad \eta_{eq}^2=-\frac{a(T-T_C)}{2C}$$

此外，如果我们在 $T=0$ 时令 $\eta=1$（第三定律准则），我们得到 $T_C=2C/a$，因此，对于非零解，有：

$$\eta_{eq}^2 = \frac{T_C - T}{T_C} = 1 - \frac{T}{T_C} \qquad (15.10)$$

两个解 $+\eta_{eq}$ 和 $-\eta_{eq}$ 的绝对值相等（图 15.13），分别对应于低温相的不同区域。

如果 $T>T_C$，方程只有一个实解，即 $\eta=0$。通过 $G^{XS}(\eta)$ 的二阶导数，我们可以得到一个与曲线曲率成正比的表达式：

$$\frac{\partial^2 G^{XS}(\eta)}{\partial \eta^2} = 2a(T-T_C) + 12C\eta^2$$

在 $\eta=0$ 处，当 $T>T_C$ 时，

$$\frac{\partial^2 G^{XS}(\eta)}{\partial \eta^2} = 2a(T-T_C) > 0$$

正曲率表明无序相在温度高于 T_C 是稳定的。

只有当温度降到低于 T_C 时，其它极值才真实存在，从而出现在图中。由于温度为 T_C 时，曲率在 $\eta=0$ 处为 0，高温相将变得不稳定。温度的进一步下降，会促使发生向有序相的连续相变。

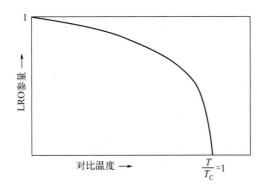

图 15.14　序参量与对比温度（T/T_C）的关系
（图 15.13 中朗道展开式 2-4 型情况。
注意，在朗道模型中，$T=0$ 处的斜率不为 0）

图 15.14 是序参量的平衡图。这是一个连续相转变的例子，该性质基本上等同于埃伦费斯特二级转变的性质。

将 η 的平衡值代入式（15.9），就可以求出 $T<T_C$ 的超额吉布斯自由能 G^{XS}。因此，我们得到：

$$G^{XS} = -\frac{a(T_C - T)^2}{2T_C}$$

由于 $a>0$，对于所有 $T<T_C$，$G^{XS}<0$。对于稳定的低温有序相来说，负的超额值 G^{XS} 是意料之中的。

现在，可以求得系统的超额熵为：

$$S^{XS} = -\frac{a(T_C - T)}{T_C}$$

像连续转变的情况一样，这个（相变）变化连续地经过转变温度。温度低于 T_C 时，它的符号是负的，因为超额是相对于无序相而言的，而且有序相的构型熵小于无序相的构型熵。

在恒定压力下，$T<T_C$ 时，有序相相对于无序相的超额热容为：

$$c_P^{XS} = T\left(\frac{\partial S^{XS}}{\partial T}\right) = \frac{aT}{T_C}$$

其随温度变化的关系，如图 15.15 所示。

温度为 T_C 时，c_P^{XS} 的值为 a，而在温度刚好高于 T_C 时，超额热容值降至 0。这导致了热容的有限不连续性，与二级转变一致，因为它是能量项的二阶导数 $[c_P = T(\partial^2 G/\partial T^2)]$，在转变温度下首次出现不连续。这个超额热容是正的，因为提高低温有序相的温度需要更多

的热能，因为热能也必须用来降低系统的有序性。温度高于 T_C 的热容是高温相的热容。

最后，可以证明超额焓 H^{XS}（见作业题 15.3）为：

$$H^{XS} = \frac{a}{2} \frac{(T^2 - T_C^2)}{T_C}$$

该转变没有转变潜热（焓），这是二级转变的另一个标志。

（2） 2-3-4 型

一级转变也可以用朗道展开式来建模。如果 G^{XS} 表达式舍去超过四次的项，但 B 和 C 都不为 0，$A = a(T - T_C)$，就会产生一级相变的结果。

此时超额自由能可写为：

$$G^{XS}(\eta) = a(T - T_C)\eta^2 + B\eta^3 + C\eta^4$$

取 G^{XS} 对 η 的一阶导数可以得到三个可能的平衡解，即

$$\eta_{eq} = 0 \ 和 \ \eta_{eq} = \frac{-3B \pm \sqrt{9B^2 - 32a(T - T_C)}}{8C}$$

在非常高的温度下，该方程唯一真正的解是 $\eta_{eq} = 0$。因此，

$$\left[\frac{\partial^2 G^{XS}(\eta)}{\partial \eta^2} \right]_{\eta=0} = 2a(T - T_C) + 6B\eta + 12C\eta^2 = 2a(T - T_C) > 0$$

该条件对应 G^{XS} 的最小值（见图 15.16）。

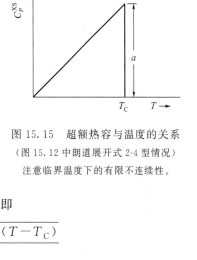

图 15.15 超额热容与温度的关系
（图 15.12 中朗道展开式 2-4 型情况）
注意临界温度下的有限不连续性。

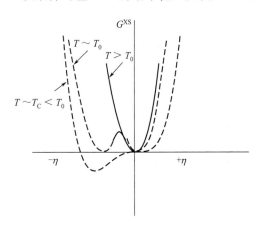

图 15.16 朗道展开式 2-3-4 型情况的 G^{XS} 曲线
（T_0 以上、T_0 附近、T_0 以下和 T_C 时。转变的非对称一级特征是明显的。Caroline Gorham 女士提供。）

随着温度降低到某一温度 T_0，无序相（$\eta = 0$）的自由能等于有序相的自由能（见图 15.16）。这种两相平衡是一级相变的特征。随着温度的不断降低，自由能曲线有两个最小值，一个是有序相的，另一个是无序相的。然而，无序相是一种亚稳态的相。最后，在较低温度下，$\eta = 0$ 处的最小值变为极大值：如果无序相可能已经过冷到该温度，它就会变得不稳定，无序相将有序化。这个温度就是相的 T_C 温度，有时它被称为冷却时温度的不稳定性。

冷却时的超额自由能有一个明显的不连续性。温度等于 T_C 时，具有有限序参量的有序态成为稳定状态。这种情况下序参量与温度的关系，如图 15.17 所示，不连续性是很明显的。

（3） 2-4-6 型

对于这种情况，$A \neq 0$，$C \neq 0$，$E \neq 0$。

与 2-4 型情况一样，这种情况下的自由能是关于 $\eta = 0$ 对称的。如前所述，只有二次项

依赖于温度，而 $C<0$ 和 $E>0$ 被认为与 T 和 P 无关。六次项保证了低温下正确的热力学性质，产生了序参量的真实解（图 15.18）。

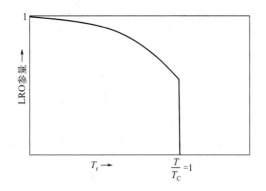

图 15.17　朗道展开式 2-3-4 情况（具有一级相变）下序参量与对比温度（T/T_C）的关系

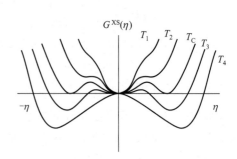

图 15.18　朗道展开式 2-4-6 型情况下的超额吉布斯自由能曲线
（A、C 和 E 均不为 0，但 $C<0$）

在 T_C 时，无序相与有序相的两种变体具有相同的自由能。$T_1>T_2>T_C>T_3>T_4$。这是一个对称的一级相变的情况。

这种情况有趣的特点是，即使低温相的超额自由能是关于 $\eta=0$ 对称的，但是相变也是一级的。在 $T=T_C$ 时，有 3 个最小值。2 个处于非零序参量处，1 个处于无序状态（$\eta=0$）处。请注意，在这种情况下，在足够低的温度下（如 T_4），无序相变得不稳定（$\eta=0$ 时的负曲率），有序状态可以从过冷的无序状态连续形成。与 2-3-4 型情况一样，无序相的不稳定温度小于转变温度。

在上述三种情况下，可以看到 η 与 T 的关系图在 T 接近绝对零度时有一个非零斜率（图 15.14 和图 15.17）。在本章的证明例题 1 中将对其作进一步讨论。

虽然这种相变建模的方法很简单，但却能够处理一些重要的热力学内容（转变的顺序、相的稳定性、熵等）。朗道模型被用于许多领域，并且可以通过增加序参量的梯度项拓展处理非均质相（问题）。此外，展开式可以包括两个或更多序参量，研究不同类型序的相互作用（见证明例题 2）。

15.7　小结

在这一章中，本书前 10 章中所介绍的几个热力学应用被直接应用于相变。在本章中，我们

• 定义了术语"相"和"相变"。
• 了解了如何确定有和没有成分变化的形核驱动力。
• 讨论了平衡相图中 T_0 曲线对理解相变的重要性。
• 讨论了表面能在确定晶体平衡形状方面的重要性，以及在某些位置上，表面能效应如何有利于异质成核。

- 讨论了毛细现象如何影响局部组成平衡，以及表面能如何产生颗粒粗化的驱动力。
- 介绍了超额自由能的朗道模型，并表明它能模拟两种不同类型的相变。

15.8 本章概念和术语

读者应写出以下术语的简要定义或描述。在适当的情况下，可以使用方程式。
无定形固体
成核势垒
毛细现象
一致转变
临界晶核
无扩散转变
驱动力
平衡形貌
小面（歧义面）
吉布斯-伍尔夫理论
异质形核
均匀形核
不稳定性
自由能的朗道模型
马氏体
块状转变
金属态玻璃
形核
颗粒粗化
表面能
T_0 曲线

15.9 证明例题

（1）证明例题 1

当温度接近 0K 时，计算 2-4 型转变的 η 与温度关系曲线的斜率。从热力学第三定律预测角度来讨论这个问题。

解答：

$$\eta = \left(1 - \frac{T}{T_C}\right)^{1/2} \left[见式（15.10）\right]$$

$$\frac{\partial \eta}{\partial T}=-\frac{1}{2T_C}\Big(1-\frac{T}{T_C}\Big)^{-\frac{1}{2}}$$

$$\lim_{T\to 0}\frac{\partial \eta}{\partial T}=\lim_{T\to 0}-\frac{1}{2T_C}\Big(1-\frac{T}{T_C}\Big)^{-\frac{1}{2}}=-\frac{1}{2T_C}<0$$

在这个模型中，当 $T=0K$ 时，序参量 η 随温度变化的斜率为负值，这与根据热力学第三定律的要求预测的斜率为 0 的情况不同。

另见第 9 章的证明例题 2，该问题表明，对于符合热力学第三定律的系统，当温度接近绝对零度时，曲线的斜率为 0。

（2）证明例题 2

高级转变的朗道展开式可写为：

$$G^{XS}=A\eta^2+C\eta^4 \quad (C>0)$$

包含一个二阶参数（应变）的朗道展开式可以写为：

$$G^{XS}=A\eta^2+C\eta^4+\lambda\varepsilon_S\eta^2+\frac{1}{2}C_{El}\varepsilon_S^2 \quad (C>0)$$

其中，ε_S 是相中的应变；λ 是应变和序参量 η 之间的耦合常数；C_{El} 是一个弹性常数。证明这种耦合可以将相变变为一级相变，并指出在什么条件下发生。

解答：

首先，我们求出自由能随应变变化的最小值，

$$\frac{\partial G^{XS}}{\partial \varepsilon_S}=0=\lambda\eta^2+C_{El}\varepsilon_S$$

$$\varepsilon_S^*=-\frac{\lambda\eta^2}{C_{El}}$$

现在我们将这个值代入自由能表达式中，得到：

$$G^{XS}=A\eta^2+C\eta^4+\lambda\Big(-\frac{\lambda\eta^2}{C_{El}}\Big)\eta^2+\frac{1}{2}C_{El}\Big(-\frac{\lambda\eta^2}{C_{El}}\Big)^2$$

$$=A\eta^2+\Big[C+\lambda^2\Big(-\frac{1}{C_{El}}\Big)+\frac{\lambda^2}{2C_{El}}\Big]\eta^4$$

$$=A\eta^2+\Big(C-\frac{\lambda^2}{2C_{El}}\Big)\eta^4$$

如果耦合项 λ 是大的正数，或者弹性常数小，η^4 项可能变成负值。此时转变不再是高级的了。当第二项变成负数时，我们必须加入一个 η^6 项以保证稳定性。

 作业题

15.1[1] 根据 2-4 型朗道展开式，溶液的超额吉布斯自由能与序参量的关系可写为：

$$G^{XS}=G^{ord}-G^{dis}=a(T-T_C)\eta^2+C\eta^4$$

其中 G^{dis} 是无序相的自由能，a 和 C 是正常数。

a. 求平衡有序相的超额熵与温度之间函数关系的表达式。

b. 确定在转变温度 T_C 时 $\Delta c_P = c_P^{ord} - c_P^{dis}$ 的值。

15.2❶ 根据 2-4-6 型朗道展开式，对某一溶液而言，作为序参量函数的吉布斯自由能可写为：

$$G = a(T - T_C)\eta^2 + C\eta^4 + E\eta^6$$

对于这种情况，假设 $C<0$，a 和 E 都是正数。

a. 求出溶液序参量的非零值，使该溶液与无序溶液具有相同的吉布斯自由能。

b. 画出 a 中有关温度时吉布斯自由能与 η 的关系曲线。这个温度可称为 T_{tr}。

c. 判断这种合金的转变是否是一级的，并给出解释。

d. 根据 a、η_{tr} 和 T_{tr} 计算这种无序/有序转变的转变热 ΔH_{tr}，其中 η_{tr} 是平衡转变温度 T_{tr} 时的序参量。

e. ΔH_{tr} 的符号对这种转换有什么意义？

15.3❶ 根据 2-4 型朗道展开式，使用方程：

$$G^{XS} = a(T - T_C)\eta^2 + C\eta^4$$

证明 $B=0$、$C>0$ 的朗道模型的超额焓为：

$$H^{XS} = \frac{a}{2} \frac{(T^2 - T_C^2)}{T_C}$$

15.4❶ 一块固体被置于高温下直到达到平衡。它的表面上显示出凹槽，如图 15.19 所示。

a. 写出 α_1 和 α_2 晶粒之间晶界能关系的表达式。

b. 哪个晶界的能量最大，是 α_1/α_2 还是 α_2/α_3？

c. 如果 ϕ_{ij} 趋于 π，晶界能的值是多少？

d. 如果 ϕ_{ij} 趋于 0，晶界能的值是多少？

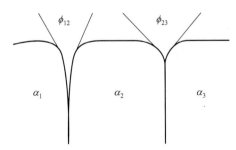

图 15.19 具有不同晶界能的晶界产生的晶界沟

15.5❶ 已观察到小圆柱形颗粒在某些合金系统中成核。

a. 为使这些粒子形成时的能量势垒最小，r 和 l 应取何值？

b. 哪些表面能有利于形成长而薄的圆柱体？解释一下。

请注意，假设粒子的体积是恒定的，γ_1 是圆形面的表面能，γ_2 是沿圆柱体长度方向的表面能。

---

❶ 第 6 版中的新作业题。

15.6❶ 根据 2-6 型朗道展开式，某一相的吉布斯自由能可以用它的序参量来描述，即

$$G = a(T - T_C)\eta^2 + E\eta^6$$

其中 $a > 0$，$E > 0$。

a. 无序相与平衡有序相具有相同吉布斯自由能时的温度 T_{tr} 是多少？写出分析过程。

b. T_{tr} 时序参量的数值是多少？

c. 这是一个一级或高级的相变吗？解释一下。

d. 用数学方法表明，对于 $T < T_C$，无序相是不稳定的。

---

❶ 第 6 版中的新作业题。

附录 A　部分热力学与热化学数据

表 A.1　部分反应的标准吉布斯自由能变化

表 A.1 列出了部分反应的标准吉布斯自由能变化，其形式为：

$$\Delta G_T^\circ = A + BT$$

或

$$\Delta G_T^\circ = A + B\ln T + CT$$

并列出该表达式适用的温度范围。

例如，对于固态 Cu 氧化形成固态 Cu_2O，根据反应方程式，

$$2Cu(s) + \frac{1}{2}O_2(g) =\!\!=\!\!= Cu_2O(s)$$

$$\Delta G_T^\circ = -162200 + 69.24T$$

适用范围是 298～1356K。因此，在 Cu 的熔化温度 1356K 时，有：

$$\Delta G_{1356K}^\circ = -162200 + 69.24 \times 1356$$
$$= -68311(J)$$

对于液态 Cu 氧化形成固态 Cu_2O，根据反应方程式，

$$2Cu(l) + \frac{1}{2}O_2(g) =\!\!=\!\!= Cu_2O(s)$$

$$\Delta G_T^\circ = -188300 + 88.48T$$

适用范围是 1356～1509K。因此，在 1356K 有：

$$\Delta G_{1356K}^\circ = -188300 + 88.48 \times 1356$$
$$= -68321(J)$$

表 A.1　部分反应的标准吉布斯自由能变化

反应	$\Delta G^\circ/J$	温度范围/K
$2Ag(s) + 0.5O_2(g) =\!\!=\!\!= Ag_2O(s)$	$-30540 + 66.11T$	298～463
$Al(l) =\!\!=\!\!= [Al](1wt\% \text{ in Fe})$	$-43100 - 32.26T$	
$2Al(l) + 1.5O_2(g) =\!\!=\!\!= Al_2O_3(s)$	$-1687200 + 326.8T$	993～2327
$C(s) + 0.5O_2(g) =\!\!=\!\!= CO(g)$	$-111700 - 87.65T$	298～2000
$C(s) + O_2(g) =\!\!=\!\!= CO_2(g)$	$-394100 - 0.84T$	298～2000
$C(s) + 0.5O_2(g) + 0.5S_2(g) =\!\!=\!\!= COS(g)$	$-202800 - 9.96T$	773～2000
$C(gr) + 2H_2(g) =\!\!=\!\!= CH_4(g)$	$-91040 + 110.7T$	773～2000
$C(gr) =\!\!=\!\!= [C](1wt\% \text{ in Fe})$	$22600 - 42.26T$	
$CaO(s) + CO_2(g) =\!\!=\!\!= CaCO_3(s)$	$-168400 + 144T$	449～1150
$2CaO(s) + SiO_2(s) =\!\!=\!\!= 2CaO \cdot SiO_2(s)$	$-118800 - 11.30T$	298～2400
$CoO(s) + SO_3(g) =\!\!=\!\!= CoSO_4(s)$	$-227860 + 165.3T$	298～1230
$2Cr(s) + 1.5O_2(g) =\!\!=\!\!= Cr_2O_3(s)$	$-1110100 + 247.3T$	298～1793

反应	$\Delta G^\circ/J$	温度范围/K
$2Cu(s)+0.5O_2(g)\!=\!=\!Cu_2O(s)$	$-162200+69.24T$	$298\sim1356$
$2Cu(l)+0.5O_2(g)\!=\!=\!Cu_2O(s)$	$-188300+88.48T$	$1356\sim1509$
$2Cu(s)+0.5S_2(g)\!=\!=\!Cu_2S(s)$	$-131800+30.79T$	$708\sim1356$
$3Fe(\alpha)+C(gr)\!=\!=\!Fe_3C(s)$	$29040-28.03T$	$298\sim1000$
$3Fe(\gamma)+C(gr)\!=\!=\!Fe_3C(s)$	$11234-11.00T$	$1000\sim1137$
$Fe(s)+0.5O_2(g)\!=\!=\!FeO(s)$	$-263700+64.35T$	$298\sim1644$
$Fe(l)+0.5O_2(g)\!=\!=\!FeO(s)$	$-256000+53.68T$	$1808\sim2000$
$3Fe(s)+2O_2(g)\!=\!=\!Fe_3O_4(s)$	$-1102200+307.4T$	$298\sim1808$
$Fe(s)+0.5S_2(g)\!=\!=\!FeS(s)$	$-150200+52.55T$	$412\sim1179$
$H_2(g)+Cl_2(g)\!=\!=\!2HCl(g)$	$-188200-12.80T$	$298\sim2000$
$H_2(g)+I_2(g)\!=\!=\!2HI(g)$	$-8370-17.65T$	$298\sim2000$
$H_2(g)+0.5O_2(g)\!=\!=\!H_2O(g)$	$-247500+55.85T$	$298\sim2000$
$Hg(v)+0.5O_2(g)\!=\!=\!HgO(s)$	$-152200+207.2T$	
$Li(g)+0.5Br_2(g)\!=\!=\!LiBr(g)$	$-333900+42.09T$	$1298\sim2000$
$Mg(l)+Cl_2(g)\!=\!=\!MgCl_2(l)$	$-603200+121.43T$	$987\sim1368$
$Mg(g)+0.5O_2(g)\!=\!=\!MgO(s)$	$-729600+204T$	$1363\sim2200$
$2MgO(s)+SiO_2(s)\!=\!=\!Mg_2SiO_4(s)$	$-67200+4.31T$	$298\sim2171$
$MgO(s)+CO_2(g)\!=\!=\!MgCO_3(s)$	$-117600+170T$	$298\sim1000$
$MgO(s)+Al_2O_3(s)\!=\!=\!MgO\cdot Al_2O_3(s)$	$-35560-2.09T$	$298\sim1698$
$Mn(s)+0.5O_2(g)\!=\!=\!MnO(s)$	$-388900+76.32T$	$298\sim1517$
$N_2(g)+3H_2(g)\!=\!=\!2NH_3(g)$	$-87030+25.8T\ln T+31.7T$	$298\sim2000$
$2Ni(s)+O_2(g)\!=\!=\!2NiO(s)$	$-471200+172T$	$298\sim1726$
$2Ni(l)+O_2(g)\!=\!=\!2NiO(s)$	$-506180+192.2T$	$1726\sim2200$
$0.5O_2(g)\!=\!=\![O](1wt\% \text{ in Fe})$	$-111070-5.87T$	
$Pb(l)+0.5O_2(g)\!=\!=\!PbO(s)$	$-208700+91.75T$	$600\sim1158$
$Pb(l)+0.5O_2(g)\!=\!=\!PbO(l)$	$-181200+68.03T$	$1158\sim1808$
$Pb(l)+0.5S_2(g)\!=\!=\!PbS(s)$	$-163200+88.03T$	$600\sim1386$
$PbO(s)+SO_2(g)+0.5O_2(g)\!=\!=\!PbSO_4(s)$	$-401200+261.5T$	$298\sim1158$
$PCl_3(g)+Cl_2(g)\!=\!=\!PCl_5(g)$	$-95600-7.94T\ln T+235.2T$	$298\sim1000$
$0.5S_2(g)+O_2(g)\!=\!=\!SO_2(g)$	$-361700+76.68T$	$718\sim2000$
$Si(s)+O_2(g)\!=\!=\!SiO_2(s)$	$-907100+175T$	$298\sim1685$
$3Si(s)+2N_2(g)\!=\!=\!Si_3N_4(s)$	$-723800+315.1T$	$298\sim1685$
$Sn(l)+Cl_2(g)\!=\!=\!SnCl_2(l)$	$-333000+118.4T$	$520\sim925$
$SO_2(g)+0.5O_2(g)\!=\!=\!SO_3(g)$	$-94600+89.37T$	$298\sim2000$
$U(l)+C(gr)\!=\!=\!UC(s)$	$-102900+5.02T$	$1408\sim2500$
$2U(l)+3C(gr)\!=\!=\!U_2C_3(s)$	$-236800+25.1T$	$1408\sim2500$
$U(l)+2C(gr)\!=\!=\!UC_2(s)$	$-115900+10.9T$	$1408\sim2500$
$V(s)+0.5O_2(g)\!=\!=\!VO(s)$	$-424700+80.04T$	$298\sim2000$
$Zn(v)+0.5O_2(g)\!=\!=\!ZnO(s)$	$-460200+198T$	$1243\sim1973$

注：下标注明了标准状态。

表 A.2　各种物质的恒压摩尔热容

恒压摩尔热容表示为：

$$c_P = a + bT + cT^{-2}$$

或

$$c_P = a + bT + cT^{-2} + dT^2$$

表 A.2 包括这些表达式有效的温度范围。例如，对于 Ag 在 298～1234K，有：

$$c_P = 21.30 + 8.54 \times 10^{-3}T + 1.51 \times 10^5 T^{-2}$$

对于石墨在 298～1100K，有：

$$c_P = 0.11 + 38.94 \times 10^{-3}T + 1.48 \times 10^5 T^{-2} - 17.38 \times 10^{-6}T^2$$

表 A.2　各种物质的恒压摩尔热容 $[c_P = a + bT + cT^{-2} \text{J}/(\text{mol}\cdot\text{K})]$

物质	a	$b \times 10^3$	$c \times 10^{-5}$	温度范围/K	备注
Ag	21.3	8.54	1.51	298～1234(T_m)	
Ag(l)	30.5	—	—	1234～1600	
Al(s)	20.67	12.38	—	298～933(T_m)	
Al(l)	31.76	—	—	933～1600	
Al_2O_3	106.6	17.78	−28.53	298～2325(T_m)	
Ba(α)	−473.2	1587	128.2	298～648	
Ba(β)	−5.69	80.33	—	648～1003	
BaO	53.3	4.35	−8.30	298～2286(T_m)	
$BaTiO_3$	121.46	8.54	−19.16	298～1800	
C(石墨)	0.11	38.94	−1.48	298～1100	$-17.38 \times 10^{-6}T^2$
C(石墨)	24.43	0.44	−31.63	1100～4000	
C(金刚石)	9.12	13.22	−6.19	298～1200	
CO	28.41	4.1	−0.46	298～2500	
CO_2	44.14	9.04	−8.54	298～2500	
Ca(α)	25.37	−7.26	—	298～716	$23.72 \times 10^{-6}T^2$
Ca(β)	−0.36	41.25	—	716～1115	
CaO	49.62	4.51	−6.95	298～1177	
$CaTiO_3$	127.49	5.69	−27.99	298～1530	
Cr(s)	24.43	9.87	−3.68	298～2130(T_m)	
Cr_2O_3	119.37	9.3	−15.65	298～1800	
Cu(s)	22.64	6.28	—	298～1356(T_m)	
Fe(α/δ)	37.12	6.17	—	298～1183/1664～1809	
Fe(γ)	24.47	8.45	—	1187～1664	
Fe(l)	41.8	—	—	1809～1873	
H_2O(g)	30	10.71	0.33	298～2500	
O_2(g)	29.96	4.18	−1.67	298～3000	
$2MgO \cdot 2Al_2O_3 \cdot 5SiO_2$	626.34	91.21	−200.83	298～1738(T_m)	

物质	a	$b\times10^3$	$c\times10^{-5}$	温度范围/K	备注
N_2	27.87	4.27	—	298～2500	
Si_3N_4	70.54	98.74	—	298～900	
SiO_2(α-石英)	43.89	1.00	−6.02	298～847	
Ti	22.09	10.46	—	298～1155	
TiO_2(金红石)	75.19	1.17	−18.20	298～1800	
$Zr(\alpha)$	21.97	11.63	—	298～1136	
$Zr(\beta)$	23.22	4.64	—	1136～2128	
$ZrO_2(\alpha)$	69.62	7.53	−14.06	298～1478	
$ZrO_2(\beta)$	74.48	—	—	1478～2950(T_m)	

表 A.3　各种物质在 298K 时的标准摩尔生成焓和标准摩尔熵

例如，对于反应，

$$2Al(s)+\frac{3}{2}O_2(g)\rule[0.5ex]{2em}{0.4pt}Al_2O_3(s)$$

$$\Delta H^\circ_{298K}=-1675700J$$

因此，它是 Al_2O_3 在 298K 时的标准摩尔生成焓。Al_2O_3 在 298K 时的标准摩尔熵为 50.9J/K。按照惯例，单质在 298K 的标准状态下的标准摩尔焓规定为 0。

表 A.3　各种物质在 298K 时的标准摩尔生成焓和标准摩尔熵

物质	$\Delta H^\circ_{298}/(J/mol)$	$S^\circ_{298}/[J/(mol\cdot K)]$
Al_2O_3	−1675700	50.9
Ba	—	62.4
BaO	−548100	72.1
$BaTiO_3$	−1653100	107.9
C(石墨)		5.73
C(金刚石)	1900	2.43
CH_4	−74800	186.3
CO	−110500	197.5
CO_2	−393500	213.7
Ca	—	41.6
CaO	−634900	38.1
$CaTiO_3$	−1660600	93.7
$3CaO\cdot Al_2O_3\cdot 3SiO_2$	−6646300	241.4
$CaO\cdot Al_2O_3\cdot SiO_2$	−3293200	144.8
$CaO\cdot Al_3O_3\cdot 2SiO_2$	−4223700	202.5
$2CaO\cdot Al_2O_3\cdot SiO_2$	−3989400	198.3
Cr_2O_3	−1134700	81.2
$H_2O(g)$	−241800	232.9

物质	$\Delta H_{298}^{\circ}/(\mathrm{J/mol})$	$S_{298}^{\circ}/[\mathrm{J/(mol \cdot K)}]$
N_2	—	191.5
O_2	—	205.1
$SiO_2(\alpha\text{-石英})$	-910900	41.5
Si_3N_4	-744800	113.0
Ti	—	30.7
TiO	-543000	34.7
Ti_2O_3	-1521000	77.2
Ti_3O_5	-2459000	129.4
TiO_2	-944000	50.6
Zr	—	39.0
ZrO_2	-1100800	50.4

表 A. 4　各种物质的饱和蒸气压

在所给温度范围内，物质的饱和（平衡）蒸气压具有如下形式。

$$\ln(p/\mathrm{atm}) = -\frac{A}{T} + B\ln T + C$$

例如，液态 CaF_2 在 1691～2783K 的温度范围内所产生的饱和蒸气压由下式给出，

$$\ln(p/\mathrm{atm}) = -\frac{50200}{T} - 4.525\ln T + 53.96$$

因此，在 2783K 的正常沸腾温度下，液体 CaF_2 的饱和蒸气压为：

$$\ln(p/\mathrm{atm}) = -\frac{50200}{2783} - 4.525\ln 2783 + 53.96$$
$$= 0$$

也就是说，在正常的沸腾温度下，饱和蒸气压是 1atm。

表 A. 4　各种物质的饱和蒸气压 $[\ln(p/\mathrm{atm}) = -A/T + B\ln T + C]$

物质	A	B	C	温度范围/K
$CaF_2(\alpha)$	54350	-4.525	56.57	298～1430
$CaF_2(\beta)$	53780	-4.525	56.08	1430～1691(T_m)
$CaF_2(l)$	50200	-4.525	53.96	1691～2783(T_b)
$Fe(l)$	45390	-1.27	23.93	1809(T_m)～3330(T_b)
$Hg(l)$	7611	-0.795	17.168	298～630(T_b)
$Mn(l)$	33440	-3.02	37.68	1517(T_m)～2348(T_b)
$SiCl_4(l)$	3620	—	10.96	273～333(T_b)
$Zn(l)$	15250	-1.255	21.79	693(T_m)～1177(T_b)

表 A. 5　摩尔熔化焓和摩尔相变焓

例如，在 Ag 的熔化温度（1234K）下，

$$Ag(s) \longrightarrow Ag(l)$$

熔值变化是11090J。因此，在1234K时，Ag的摩尔熔化焓为11090J。由于在1234K熔化，因此摩尔熵的变化是：

$$\frac{\Delta H_m}{T_m} = \frac{11090}{1234} = 8.987[\text{J/(mol·K)}]$$

在1187K时，

$$Fe(\alpha) \longrightarrow Fe(\gamma)$$

相变焓为670J。因此，1187K时相应的摩尔熵变化是：

$$\Delta S_{trans} = \frac{\Delta H_{trans}}{T_{trans}} = \frac{670}{1187} = 0.56[\text{J/(mol·K)}]$$

表 A.5 摩尔熔化焓和摩尔相变焓

物质	转变	ΔH_{trans}/(J/mol)	T_{trans}/K
Ag	s→l	11090	1234
Al	s→l	10700	934
Al_2O_3	s→l	107500	2324
Au	s→l	12600	1338
Ba	$\alpha \to \beta$	630	648
Ba	$\beta \to l$	7650	1003
Cu	s→l	12970	1356
Ca	$\alpha \to \beta$	900	716
CaF_2	s→l	31200	1691
Fe	$\alpha \to \gamma$	670	1187
Fe	$\gamma \to \delta$	840	1664
Fe	$\delta \to l$	13770	1809
H_2O	s→l	6008	273
$K_2O \cdot B_2O_3$	s→l	62800	1220
MgF_3	s→l	58160	1563
$Na_2O \cdot B_2O_3$	s→l	67000	1240
Pb	s→l	4810	600
PbO	s→l	27480	1158
Si	s→l	50200	1685
V	s→l	22840	2193
Zr	$\alpha \to \beta$	3900	1136
ZrO_2	$\alpha \to \beta$	5900	1478

附录 B　全微分方程

考虑一个由参数 x、y、z 定义的系统的初始状态和距其无限小位置 $x+\mathrm{d}x$、$y+\mathrm{d}y$、$z+\mathrm{d}z$ 上的最终状态。从初始状态到最终状态的运动导致其因变量的变化,如系统的体积变化 $\mathrm{d}V$,可以由下式确定。

$$\mathrm{d}V = V(x+\mathrm{d}x, y+\mathrm{d}y, z+\mathrm{d}z) - V(x, y, z) \tag{B.1}$$

相应地,

$$\mathrm{d}V = \left(\frac{\partial V}{\partial x}\right)_{y,z} \mathrm{d}x + \left(\frac{\partial V}{\partial y}\right)_{x,z} \mathrm{d}y + \left(\frac{\partial V}{\partial z}\right)_{x,y} \mathrm{d}z \tag{B.2}$$

式 (B.2) 中括号内的每个函数都是函数 $V(x, y, z)$ 对其中一个变量的偏导,也就是,V 相对于一个变量在其它两个变量数值不变时的导数。微分 $\mathrm{d}V$ 是偏导数的总和,被称为总微分,如果 V 是状态函数,它就是一个精确微分。

考虑如下函数:

$$V(x, y, z) = x^2 y^3 + xz$$

它的偏导数是:

$$\left(\frac{\partial V}{\partial x}\right)_{y,z} = 2xy^3 + z ; \left(\frac{\partial V}{\partial y}\right)_{x,z} = 3x^2 y^2 ; \left(\frac{\partial V}{\partial z}\right)_{x,y} = x$$

全微分是:

$$\mathrm{d}V = (2xy^3 + z)\mathrm{d}x + 3x^2 y^2 \mathrm{d}y + x\,\mathrm{d}z \tag{B.3}$$

式 (B.2) 给出的精确微分具有以下特性:

$$\frac{\partial^2 V}{\partial x \partial y} = \frac{\partial^2 V}{\partial y \partial x} ; \frac{\partial^2 V}{\partial y \partial z} = \frac{\partial^2 V}{\partial z \partial y} ; \frac{\partial^2 V}{\partial z \partial x} = \frac{\partial^2 V}{\partial x \partial z} \tag{B.4}$$

反之,一个函数 $V(x, y, z)$,如果存在:

$$X = \left(\frac{\partial V}{\partial x}\right)_{y,z} ; Y = \left(\frac{\partial V}{\partial y}\right)_{z,x} ; Z = \left(\frac{\partial V}{\partial z}\right)_{x,y} \tag{B.5}$$

那么,

$$\mathrm{d}V = X\mathrm{d}x + Y\mathrm{d}y + Z\mathrm{d}z \tag{B.6}$$

是精确微分。因此,从式 (B.4) 可以看出:

$$\frac{\partial X}{\partial y} = \frac{\partial Y}{\partial x} ; \frac{\partial Y}{\partial z} = \frac{\partial Z}{\partial y} ; \frac{\partial Z}{\partial x} = \frac{\partial X}{\partial z} \tag{B.7}$$

式 (B.7) 给出的关系是式 (B.6) 成为精确微分的必要和充分条件。利用式 (B.7) 可证明式 (B.3) 是一个精确微分的充要条件,理由如下:

$$\frac{\partial(2xy^3 + z)}{\partial y} = 6xy^2 ; \frac{\partial(3x^2 y^2)}{\partial x} = 6xy^2$$

$$\frac{\partial(3x^2y^2)}{\partial z}=0 \, ; \frac{\partial(x)}{\partial y}=0$$

$$\frac{\partial(x)}{\partial x}=1 \, ; \frac{\partial(2xy^3+z)}{\partial z}=1$$

　　具有精确微分的热力学函数被称为热力学状态函数。状态函数不取决于改变它们的路径。它们在任何状态下的平衡值都不取决于所经历路径的演化过程，而只取决于其独立变量的值。

附录 C　由勒让德变换导出其它热力学势

我们已经发现对于一个简单的热力学系统，内能 U 是独立变量熵和体积的函数，即 $U=U(S,V)$。本附录详细介绍了第 5 章中用于获取简单系统其它热力学势的数学方法。对于许多因变量，我们还给出了获取其所有热力学势的方法。

因变量 y 随自变量 x 的变化，可以表示为满足 $y=y(x)$ 关系点的曲线，如图 C.1 所示。它也可以表示为如图 C.2 所示的切线族的包络线。在图 C.1 中，平面内的每一个点都由两个坐标 x 和 y 描述；而在图 C.2 中，平面内的每一条直线都可以由两个数字 m 和 Ψ 描述，其中 m 是直线的斜率，Ψ 是直线在 y 轴上的截距。正如关系 $y=y(x)$ 是所有可能点 (x,y) 的一个子集一样，关系 $\Psi=\Psi(m)$ 是所有可能线 (m,Ψ) 的一个子集。了解切线的截距 Ψ 与斜率 m 的关系，就可以绘制切线族，从而就可以绘制出切线包络所对应的曲线。因此，如下关系与关系式 $y=y(x)$ 是等价的：

$$\Psi=\Psi(m) \tag{C.1}$$

在式（C.1）中，m 是自变量。

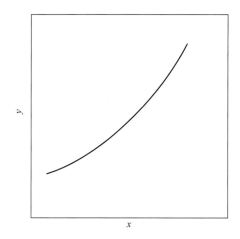

图 C.1　满足 $y=y(x)$ 关系点的曲线

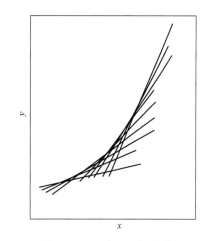

图 C.2　$\Psi=\Psi(m)$ 切线族

从已知关系 $y=y(x)$ 计算关系 $\Psi=\Psi(m)$ 被称为勒让德（Adrien-Marie Legendre，1752—1833）变换。图 C.3 显示了一条经过点 (x,y) 的、斜率为 m 的切线。如果在 y 轴上的截距是 Ψ，那么：

$$m=\frac{y-\Psi}{x-0} \tag{C.2}$$

或者

$$\Psi=y-mx \tag{C.3}$$

对已知方程 $y=y(x)$ 进行微分，得到 $m=m(x)$，消去 x 和 y，就可得到所需的 Ψ 和 m 的关系。这个函数 Ψ 被称为 y 的勒让德变换。

式（3.12）给出了在 1 摩尔的封闭系统中，因变量 U 随自变量 S 和 V 的变化关系。该系统正在经历一个涉及反抗外部压力而体积改变的过程，这个过程是系统做功或对系统做功的唯一形式。

$$dU = T\,dS - P\,dV \tag{3.12}$$

图 C.4 是在 S 恒定的条件下 U 随 V 变化的示意图。使用图 C.3 中描述的几何做法可以得到：

$$m = \frac{U - \Psi}{V - 0}$$

整理可得：

$$\Psi = U - mV \tag{C.4}$$

根据式（3.12），直线的斜率 m 为：

$$\left(\frac{\partial U}{\partial V}\right)_S = -P$$

因此，式（C.4）可写为：

$$\Psi = U + PV$$

这个热力学势被称为焓，H［见式（2.4）］。因此，焓是内能 U 的勒让德变换，即

$$H = U + PV \tag{C.5}$$

对式（C.5）进行微分，可以得到：

$$dH = dU + P\,dV + V\,dP$$

结合式（3.12）可得：

$$dH = T\,dS + V\,dP \tag{C.6}$$

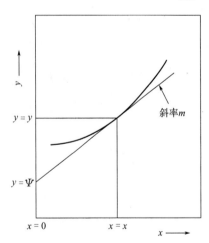

图 C.3　y 经勒让德变换获得 Ψ 的几何做法

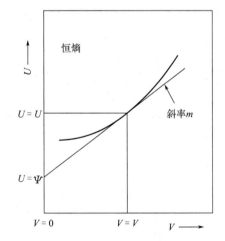

图 C.4　在 S 恒定的条件下由 U 的勒让德变换获取 Ψ 的几何做法

这是一个因变量 H 随自变量 S 和 P 变化的表达式。由于 H 是一个状态函数，我们可以写出：

$$dH = \left(\frac{\partial H}{\partial S}\right)_P dS + \left(\frac{\partial H}{\partial P}\right)_S dP$$

将此式与式（C.6）比较，可以得出 T 和 V 的热力学定义为：

$$T = \left(\frac{\partial H}{\partial S}\right)_P$$

和

$$V = \left(\frac{\partial H}{\partial P}\right)_S$$

图 C.5 是在 V 恒定的条件下 U 随 S 变化的示意图，几何做法给出了：

$$m = \frac{U - \Psi}{S - 0}$$

整理可得：

$$\Psi = U - mS \tag{C.7}$$

根据式（3.12），直线的斜率 m 为：

$$\left(\frac{\partial U}{\partial S}\right)_V = T$$

因此，式（C.7）可写为：

$$\Psi = U - TS \tag{C.8}$$

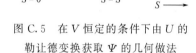

图 C.5　在 V 恒定的条件下由 U 的勒让德变换获取 Ψ 的几何做法

这个热力学势被称为亥姆霍兹自由能，A（见 5.3 节）。因此，亥姆霍兹自由能是内能 U 的另一个勒让德变换，即

$$A = U - TS \tag{C.9}$$

对式（C.9）进行微分，可以得到：

$$dA = dU - TdS - SdT$$

结合式（3.12）可得：

$$dA = -SdT - PdV \tag{C.10}$$

这是一个因变量 A 随自变量 T 和 V 变化的表达式。由于 A 是一个状态函数（因此是精确微分），我们可以写出：

$$dA = \left(\frac{\partial A}{\partial T}\right)_V dT + \left(\frac{\partial A}{\partial V}\right)_T dV$$

将此式与式（C.10）比较，可以得出 S 和 P 的热力学定义为：

$$S = -\left(\frac{\partial A}{\partial T}\right)_V$$

和

$$P = -\left(\frac{\partial A}{\partial V}\right)_T$$

通过 A 的勒让德变换，式（C.10）中的 V 被 P 取代，可以得到依赖于 T 和 P 的热力学变量。在 T 恒定的条件下，A 随着 V 变化的关系为：

$$m = \frac{A - \Psi}{V - 0}$$

或

$$\Psi = A - mV \tag{C.11}$$

由式（C.10）可得：

$$m = \left(\frac{\partial A}{\partial V}\right)_T = -P$$

因此，式（C.11）可写为：

$$\Psi = A + PV = U - TS + PV = H - TS$$

这个热力学势被称为吉布斯自由能，G（定义见第 5.4 节）。

$$G = H - TS \tag{C.12}$$

对式（C.12）进行微分，可以得到：

$$dG = dH - T dS - S dT$$

该式结合式（C.6）可得：

$$dG = -S dT + V dP \tag{C.13}$$

该式是一个因变量 G 随自变量 T 和 P 变化的表达式。式（C.13）与下式比较，

$$dG = \left(\frac{\partial G}{\partial T}\right)_P dT + \left(\frac{\partial G}{\partial P}\right)_T dP$$

可得 S 和 V 的热力学定义为：

$$S = -\left(\frac{\partial G}{\partial T}\right)_P$$

和

$$V = \left(\frac{\partial G}{\partial P}\right)_T$$

因此，由热力学第一定律，

$$dU = T dS - P dV \tag{3.12}$$

我们可知：

$$U = U(S, V)$$
$$H = H(S, P)$$
$$A = A(T, V)$$

以及

$$G = G(T, P)$$

现在假设热力学第一定律可写为包含另一种形式的功，这个功可能是作用在系统上的或者是由系统做出的。

$$dU = T dS - P dV + X dy$$

式中，X 为作用在系统上的或由系统产生的力；y 为产生的位移。我们现在可知：

$$U = U(S, V, y)$$
$$H = H(S, P, y)$$
$$A = A(T, V, y)$$

以及

$$G = G(T, P, y)$$

由此，可以得到以下其它基本方程。

$$dH = T dS + V dP + X dy$$
$$dA = -S dT - P dV + X dy$$
$$dG = -S dT + V dP + X dy \tag{C.14}$$

我们也可以通过考虑其它的功项来导出内能的勒让德变换❶。

---

❶ 双撇号用来区分这些术语与 dU、dH、dA 和 dG。

$$dU'' = TdS - PdV - ydX$$
$$dH'' = TdS + VdP - ydX$$
$$dA'' = -SdT - PdV - ydX$$
$$dG'' = -SdT + VdP - ydX \qquad (C.15)$$

这些变换已采用双撇号标出，以区别于方程（C.14）。我们看到，在热力学第一定律中加入另一个自变量后，基本方程的数量增加到了 8 个。由于第一定律中的热力学共轭变量对的每一个都可以被视为一个因变量，因此热力学第一定律用 n 个项来表述时将有 2^n 个基本方程。

我们现在看一下三项形式的热力学第一定律的一个具体应用，即包括磁性质项的方程。我们已经知道，对系统做的磁功或系统对外做的磁功可以写成：

$$\delta w_{mag} = \mu_0 V \mathbf{H} d\mathbf{M}$$

式中，V 为体积。我们假设 $\mathbf{H} /\!/ \mathbf{M}$。

我们可以把热力学第一定律写成：

$$dU_{mag} = TdS - PdV + \mu_0 V \mathbf{H} d\mathbf{M}$$

并可得到其它 3 个磁学基本方程。

$$dH_{mag} = TdS + VdP + \mu_0 V \mathbf{H} d\mathbf{M}$$
$$dA_{mag} = -SdT - PdV + \mu_0 V \mathbf{H} d\mathbf{M}$$
$$dG_{mag} = -SdT + VdP + \mu_0 V \mathbf{H} d\mathbf{M} \qquad (C.16)$$

如上所述，我们还可得到以下其它的基本方程。

$$dU''_{mag} = TdS - PdV - \mu_0 V \mathbf{M} d\mathbf{H}$$
$$dH''_{mag} = TdS + VdP - \mu_0 V \mathbf{M} d\mathbf{H}$$
$$dA''_{mag} = -SdT - PdV - \mu_0 V \mathbf{M} d\mathbf{H}$$
$$dG''_{mag} = -SdT + VdP - \mu_0 V \mathbf{M} d\mathbf{H} \qquad (C.17)$$

在处理磁系统时，使用哪一个基本方程取决于哪个热力学变量是独立变量［见式（5.11）］。

(术语表) 命名法

符号列表

a 范德瓦耳斯常数

a_i 物质 i 在特定标准状态下的活度

A 亥姆霍兹自由能 (或功函数)

b 范德瓦耳斯常数

C 组元数量

C 热容

c_P 恒压摩尔热容

c_V 恒容摩尔热容

e_j^i i 对 j 的交互作用参数

F 平衡的自由度数

F 法拉第常数

f 逸度

f_i 物质 i 的亨利活度系数

$f_{i(1wt\%)}$ 物质 i 相对于 1wt％标准状态的活度系数

f_j^i i 对 j 的相互作用系数

G 吉布斯自由能

H 磁场强度

H 焓

h_i 物质 i 的亨利活度

$h_{i(1wt\%)}$ 物质 i 相对于 1wt％标准状态的活度

K 平衡常数

k_B 玻尔兹曼常数

M 磁矩

m 质量

n 摩尔数

n_i 物质 i 的摩尔数

N_0 阿伏伽德罗数

P 压力 (压强)

p_i 物质 i 的分压

p_i° 物质 i 的饱和蒸气压

q 热量

R 气体常数

S 熵

T 温度

T_m 熔化温度

T_b 沸腾温度

U 内能

V 体积

w 功

X_i 物质 i 的摩尔分数

$\mathbf{Z}$ 配分函数

Z 可压缩因子

α 热膨胀系数

α 正规溶液常数

β_S 绝热压缩率

β_T 等温压缩系数

β 等于 $(k_B T)^{-1}$

γ c_P 与 c_V 的比值

γ_i 物质 i 的活度系数

γ_i° 亨利定律常数

ε_i 第 i 个能级的能量

ε_j^i i 对 j 的相互作用参数

ε 电动势

$\varepsilon^{\circ, A}$ 物质 A 的标准还原电位

γ 表面能

η 热机效率

η 广义序参量

μ_0 真空介电常数

μ_i 物质 i 的化学势

σ 应力

Φ 系统中存在的相数

Ω 可能的微状态排列数

（s）固体

（l）液体

（g）气体

广延热力学性质的符号

（以吉布斯自由能 G 为例说明）

G' n 摩尔系统的吉布斯自由能

G 1 摩尔系统的吉布斯自由能

ΔG 由于系统状态的特定变化而导致的 G 的变化

ΔG^M 由于组元混合形成溶液而引起的总的摩尔吉布斯自由能的变化

$\Delta G_i^{M,id}$ 由于组元混合形成物质 i 的理想溶液而引起的总的摩尔吉布斯自由能的变化

G_i° 物质 i 在其指定标准状态下的摩尔吉布斯自由能

$\bar{G}_i$ 某特定溶液中 i 的偏摩尔吉布斯自由能

$\Delta \bar{G}_i^M = \bar{G}_i - G_i^\circ$，物质 i 的偏摩尔混合吉布斯自由能

$G^{XS} = \Delta G^M - \Delta G^{M,id}$，溶液的总超额摩尔吉布斯自由能

$\bar{G}_i^{XS}$ 溶液中物质 i 的偏摩尔超额吉布斯混合自由能

ΔG_m 摩尔熔化吉布斯自由能

ΔG_b 摩尔沸腾吉布斯自由能

ΔG° 指定反应的标准吉布斯自由能变化

部分作业题答案

第 1 章

1.1 根据提示，这些曲面的主曲率与其二阶导数成正比。

$$\frac{\partial^2 V}{\partial T^2} = \alpha^2 V > 0; \quad \frac{\partial^2 V}{\partial P^2} = \beta_T^2 V > 0$$

所以，表面是凹的。

1.4 绝热压缩率：

$$\frac{\alpha}{\beta_T} = \frac{P}{T}$$

第 2 章

2.1 ia. 22.5L，ib. $w = 9244$J，ic. $q = 9244$J，id. $\Delta U = 0$，ie. $\Delta H = 0$，iia. 19.13L，iib. $w = 5130$J，iic. $q = 0$，iid. $\Delta U = -5130$J，iie. $\Delta H = -8549$J

2.2 a. $w = 2270$J，$q = 5675$J；b. $w = 0$，$q = 6809$J；c. $w = -3278$J，$q = -13.492$J；$w_{\text{Total}} = q_{\text{Total}} = -1008$J

2.3 $V = 1.52$L，$w = 8.7$J

2.4 $T = 1620$K

2.5 a. $P = 1$atm，$V = 30.61$L，$T = 373$K；b. $\Delta U = 2168$J，$\Delta H = 3000$J；c. $c_V = 21.7$J/(mol·K)，$c_P = 30$J/(mol·K)

2.6 a. $+123.4$kJ，b. -22.5kJ，c. 0。总功等于系统所做的功 100.9kJ。

2.7 $P = 0.3$atm

2.8 $\Delta U = \Delta H = 0$，（状态函数）

$w = \sum w_i = -877.3$J

$q = \sum q_i = -877.3$J

2.9
$$w = \int_0^{M_f} \mu_0 V \boldsymbol{H} \, dM = \int_0^{M_f} \mu_0 V \frac{TM}{C} \, dM = \mu_0 V \frac{TM_f^2}{2C} = \mu_0 V \frac{\boldsymbol{H}_f M_f}{2}$$

2.12
$$\gamma_{\alpha\alpha} = 2\gamma_{\alpha L} \cos\left(\frac{\theta_{\text{gb}}}{2}\right)$$

第 3 章

3.1 a. 5.76J/K，b. 0J/K，c. -8.65J/K

3.2 a. $\Delta U = \Delta H = q = w = 0$，$\Delta S = 9.13$J/K

b. $\Delta U = \Delta q = 1247\text{J}$, $\Delta H = 2079\text{J}$, $w = 0$, $\Delta S = 3.59\text{J/K}$

c. $\Delta U = \Delta H = 0$, $q = w = 3654\text{J}$, $\Delta S = 9.13\text{J/K}$

d. $\Delta U = -1247\text{J}$, $\Delta H = q = 2079\text{J}$, $w = -831\text{J}$, $\Delta S = 5.98\text{J/K}$

整个过程：$\Delta U = \Delta H = 0$, $w = q = 2322\text{J}$, $\Delta S = 15.88\text{J/K}$

3.3 $T_1 = 300\text{K}$, $T_2 = 600\text{K}$，等温膨胀是在 300K 下进行的。

3.4 $\Delta H = 42750\text{J}$, $\Delta S = 59.7\text{J/K}$

3.5 最终温度为 323.32K，大于 323K，因为热容随温度升高而增大。因此，从热 Cu 中导出热量 q 导致的温度降低小于向冷 Cu 导入热量 q 导致的温度升高。传递的热量为 1233J，$\Delta S_{\text{irr}} = 0.6\text{J/K}$。

3.6 $$T_f = (T_1^{C_1} T_2^{C_2})^{\frac{1}{C_1 + C_2}}, \quad w = q_2 - q_1 = [-C_2(T_f - T_2)] - [-C_1(T_f - T_1)]$$

3.8 a. -21.23J/K

b. -19.4J/K

3.9 $w = (T_2 - T_1)\Delta S$，为 T-S 图中框的面积。

第 4 章

4.1 $R\ln 4$, $R\ln 8$, 0, $R\ln(32/27)$

4.2 总的微观状态数是：

$$\frac{(2n)!}{n!\,n!} \tag{i}$$

且 n 是 4 的倍数，最可能的分布的微观状态数是：

$$\left[\frac{n!}{(0.5n)!\,(0.5n)!}\right]\left[\frac{n!}{(0.5n)!\,(0.5n)!}\right] \tag{ii}$$

式（ii）与式（i）的比值随着 n 的增加而减小。

4.3 $\Delta S_{\text{conf}} = 1.02\text{J/K}$

4.4 65.14g

4.5 $$S = nk_B\ln \mathbf{Z} + nk_B T\ln\frac{\partial\ln\mathbf{Z}}{\partial T}$$

4.6 a. $$\mathbf{Z} = \sum\exp\left(\frac{-\varepsilon_i}{k_B T}\right) = \exp\left(\frac{-\varepsilon^{\uparrow}}{k_B T}\right) + \exp\left(\frac{-\varepsilon^{\downarrow}}{k_B T}\right)$$

b. 在高温下：自旋向上与自旋向下的数目相等；在低温下：全部自旋向上。

第 5 章

5.1 $$dU = T\,dS - P\,dV$$

$$\therefore dS = \frac{dU}{T} + \frac{P\,dV}{T}$$

$$\therefore \left(\frac{\partial S}{\partial V}\right)_P = \frac{1}{T}\left(\frac{\partial U}{\partial V}\right)_P + \frac{P}{T}$$

$$U = H - PV$$

$$\therefore \left(\frac{\partial U}{\partial V}\right)_P = \left(\frac{\partial H}{\partial V}\right)_P - P$$

$$\therefore \left(\frac{\partial S}{\partial V}\right)_P = \frac{1}{T}\left(\frac{\partial H}{\partial V}\right)_P$$

$$dH = \left(\frac{\partial H}{\partial T}\right)_P dT + \left(\frac{\partial H}{\partial P}\right)_T dP$$

$$\therefore \left(\frac{\partial H}{\partial V}\right)_P = \left(\frac{\partial H}{\partial T}\right)_P \left(\frac{\partial T}{\partial V}\right)_P = \frac{c_P}{V\alpha}$$

$$\therefore \left(\frac{\partial S}{\partial V}\right)_P = \frac{c_P}{TV\alpha}$$

5.2

$$dU = T\,dS - P\,dV$$

$$dS = \frac{dU}{T} + \frac{P}{T}dV$$

$$\therefore \left(\frac{\partial S}{\partial P}\right)_V = \frac{1}{T}\left(\frac{\partial U}{\partial P}\right)_V$$

$$dU = \left(\frac{\partial U}{\partial T}\right)_V dT + \left(\frac{\partial U}{\partial V}\right)_T dV$$

$$\therefore \left(\frac{\partial U}{\partial P}\right)_V = \left(\frac{\partial U}{\partial T}\right)_V \left(\frac{\partial T}{\partial P}\right)_V$$

$$\left(\frac{\partial T}{\partial P}\right)_V = \frac{-\left(\frac{\partial V}{\partial P}\right)_T}{\left(\frac{\partial V}{\partial T}\right)_P} = \frac{\beta_T}{\alpha}; \ \left(\frac{\partial U}{\partial T}\right)_V = c_V$$

$$\left(\frac{\partial U}{\partial P}\right)_V = \frac{c_V\beta_T}{\alpha}; \ \left(\frac{\partial S}{\partial P}\right)_V = \frac{c_V\beta_T}{T\alpha}$$

$$c_P - c_V = \frac{VT\alpha^2}{\beta_T}$$

$$c_V = c_P - \frac{VT\alpha^2}{\beta_T}$$

$$\left(\frac{\partial S}{\partial P}\right)_V = \frac{c_P\beta_T}{T\alpha} - V\alpha$$

5.3

$$dA = \left(\frac{\partial A}{\partial T}\right)_V dT + \left(\frac{\partial A}{\partial V}\right)_T dV$$

$$\therefore \left(\frac{\partial A}{\partial P}\right)_V = \left(\frac{\partial A}{\partial T}\right)_V \left(\frac{\partial T}{\partial P}\right)_V$$

$$\left(\frac{\partial A}{\partial T}\right)_V = -S, \ \left(\frac{\partial T}{\partial P}\right)_V = \frac{\beta_T}{\alpha}$$

$$\left(\frac{\partial A}{\partial P}\right)_V = -\frac{S\beta_T}{\alpha}$$

5.4

$$dA = \left(\frac{\partial A}{\partial T}\right)_P dT + \left(\frac{\partial A}{\partial P}\right)_T dP$$

$$\left(\frac{\partial A}{\partial V}\right)_P = \left(\frac{\partial A}{\partial T}\right)_P \left(\frac{\partial T}{\partial V}\right)_P = \left(\frac{\partial A}{\partial T}\right)_P \frac{1}{\alpha V}$$

$$dA = -S\,dT - P\,dV$$

$$\therefore \left(\frac{\partial A}{\partial T}\right)_P = -S - P\left(\frac{\partial V}{\partial T}\right)_P$$

$$\therefore \left(\frac{\partial A}{\partial V}\right)_P = (-S - P\alpha V)\frac{1}{\alpha V} = -\left(\frac{S}{\alpha V} + P\right)$$

5.5
$$dH = \left(\frac{\partial H}{\partial T}\right)_V dT + \left(\frac{\partial H}{\partial V}\right)_T dV$$

$$\left(\frac{\partial H}{\partial S}\right)_V = \left(\frac{\partial H}{\partial T}\right)_V \left(\frac{\partial T}{\partial S}\right)_V$$

$$T dS + \delta q_V = c_V dT$$

$$\therefore \left(\frac{\partial T}{\partial S}\right)_V = \frac{T}{c_V}$$

$$H = U + PV$$

$$\left(\frac{\partial H}{\partial T}\right)_V = \left(\frac{\partial U}{\partial T}\right)_V + V\left(\frac{\partial P}{\partial T}\right)_V = c_V + \frac{V\alpha}{\beta_T}$$

$$\therefore \left(\frac{\partial H}{\partial S}\right)_V = \frac{T}{c_V}\left(c_V + \frac{V\alpha}{\beta_T}\right) = T\left(1 + \frac{V\alpha}{c_V\beta_T}\right)$$

5.6
$$dH = T dS + V dP$$

$$\therefore \left(\frac{\partial H}{\partial V}\right)_S = V\left(\frac{\partial P}{\partial V}\right)_S$$

$$\left(\frac{\partial P}{\partial V}\right)_S = -\frac{\left(\frac{\partial S}{\partial V}\right)_P}{\left(\frac{\partial S}{\partial P}\right)_V}$$

由作业题 5.1 结果,

$$\left(\frac{\partial S}{\partial V}\right)_P = \frac{c_P}{TV\alpha}$$

由作业题 5.2 结果,

$$\left(\frac{\partial S}{\partial P}\right)_V = \frac{c_V\beta_T}{T\alpha}$$

$$\therefore \left(\frac{\partial P}{\partial V}\right)_S = -\frac{c_P}{Vc_V\beta_T}$$

$$\therefore \left(\frac{\partial H}{\partial V}\right)_S = -\frac{c_P}{c_V\beta_T}$$

5.7
$$c_P = \left(\frac{\partial H}{\partial T}\right)_P$$

$$\left(\frac{\partial c_P}{\partial P}\right)_T = \left[\frac{\partial}{\partial P}\left(\frac{\partial H}{\partial T}\right)_P\right]_T = \left[\frac{\partial}{\partial T}\left(\frac{\partial H}{\partial P}\right)_T\right]_P$$

$$\left(\frac{\partial H}{\partial P}\right)_T = T\left(\frac{\partial S}{\partial P}\right)_T + V$$

$$\left(\frac{\partial S}{\partial P}\right)_T = -\left(\frac{\partial V}{\partial T}\right)_P$$

$$\left(\frac{\partial c_P}{\partial P}\right)_T = \left\{\frac{\partial}{\partial T}\left[-T\left(\frac{\partial V}{\partial T}\right)_P + V\right]\right\}_P$$

$$= \left[\frac{\partial}{\partial T} (-T\alpha V + V) \right]_P$$

$$= -\alpha V - TV \frac{d\alpha}{dT} - T\alpha^2 V + \alpha V$$

$$= -TV \left(\alpha^2 + \frac{d\alpha}{dT} \right)$$

5.8
$$\left(\frac{\partial S}{\partial T} \right)_P = \frac{c_P}{T}$$

$$\left(\frac{\partial S}{\partial P} \right)_T = -\left(\frac{\partial V}{\partial T} \right)_P = -\alpha V$$

$$\left(\frac{\partial T}{\partial P} \right)_S = -\frac{\left(\frac{\partial S}{\partial P} \right)_T}{\left(\frac{\partial S}{\partial T} \right)_P} = \frac{\alpha V T}{c_P}$$

5.9
$$\left(\frac{\partial P}{\partial V} \right)_S = -\frac{\left(\frac{\partial S}{\partial V} \right)_P}{\left(\frac{\partial S}{\partial P} \right)_V}$$

$$dS = \left(\frac{\partial S}{\partial T} \right)_V dT + \left(\frac{\partial S}{\partial V} \right)_T dV$$

$$\left(\frac{\partial S}{\partial P} \right)_V = \left(\frac{\partial S}{\partial T} \right)_V \left(\frac{\partial T}{\partial P} \right)_V = -\frac{c_V}{T} \frac{\left(\frac{\partial V}{\partial P} \right)_T}{\left(\frac{\partial V}{\partial T} \right)_P} = \frac{c_V}{T} \frac{\beta_T V}{\alpha V} = \frac{c_V \beta_T}{T\alpha}$$

$$dS = \left(\frac{\partial S}{\partial T} \right)_P dT + \left(\frac{\partial S}{\partial P} \right)_T dP$$

$$\left(\frac{\partial S}{\partial V} \right)_P = \left(\frac{\partial S}{\partial T} \right)_P \left(\frac{\partial T}{\partial V} \right)_P = \frac{c_P}{T} \frac{1}{\alpha V}$$

$$\left(\frac{\partial P}{\partial V} \right)_S = -\frac{c_P}{c_V V \beta_T}$$

5.10
$$dG = -SdT + VdP$$

$$\therefore \left(\frac{\partial G}{\partial P} \right)_T = V; \quad \left(\frac{\partial^2 G}{\partial P^2} \right)_T = \left(\frac{\partial V}{\partial P} \right)_T$$

$$dA = -SdT - PdV$$

$$\therefore \left(\frac{\partial A}{\partial V} \right)_T = -P$$

$$\left(\frac{\partial^2 A}{\partial V^2} \right)_T = -\left(\frac{\partial P}{\partial V} \right)_T = -\frac{1}{\left(\frac{\partial^2 G}{\partial P^2} \right)_T}$$

5.11 该过程是绝热的。因此 $q=0$，气体做的功 $w = P_2 V_2 - P_1 V_1$。因此 $\Delta H = q - w + (P_2 V_2 - P_1 V_1) = 0$，等焓。

$$\mu_{\text{J-T}} = \left(\frac{\partial T}{\partial P} \right)_H$$

$$\left(\frac{\partial T}{\partial P}\right)_H = -\frac{\left(\frac{\partial H}{\partial P}\right)_T}{\left(\frac{\partial H}{\partial T}\right)_P} = -\frac{1}{c_P}\left(\frac{\partial H}{\partial P}\right)_T$$

$$\left(\frac{\partial H}{\partial P}\right)_T = T\left(\frac{\partial S}{\partial P}\right)_T + V = -T\left(\frac{\partial V}{\partial T}\right)_P + V = -T\alpha V + V$$

$$\therefore \mu_{J\text{-}T} = -\frac{1}{c_P}(-T\alpha V + V) = -\frac{V}{c_P}(1 - T\alpha)$$

对于理想气体，$\alpha = \dfrac{1}{T}$，因此 $\alpha T = 1$，$\mu_{J\text{-}T} = 0$。

5.12 a.　　过程 1：$\Delta U = \Delta H = 0$，$\Delta S = R\ln 4$，$\Delta A = \Delta G = -T\Delta S = -RT\ln 4$

　　　　　　过程 2：$\Delta U = \Delta H = 0$，$\Delta S = R\ln 8$，$\Delta A = \Delta G = -RT\ln 8$

　　　　　　过程 3：$\Delta U = \Delta H = \Delta S = \Delta A = \Delta G = 0$

　　　　　　过程 4：$\Delta U = \Delta H = 0$，$\Delta S = R\ln\dfrac{32}{27}$，$\Delta A = \Delta G = -RT\ln\dfrac{32}{27}$

　　　　b.　$\Delta U = \Delta H = 0$，$\Delta S = R\ln(V_2/V_1) = R\ln 2$，$\Delta A = \Delta G = -RT\ln 2$

　　　　c.　$\Delta U = c_V(T_2 - T_1)$，$\Delta H = c_P(T_2 - T_1)$，$\Delta S = 0$，$\Delta A = \Delta U - S(T_2 - T_1)$，
　　　　　　$\Delta G = \Delta H - S(T_2 - T_1)$

　　　　d.　$\Delta U = c_V(T_2 - T_1)$，$\Delta H = c_P(T_2 - T_1)$，$\Delta S = c_P\ln(T_2/T_1)$，
　　　　　　$\Delta A = \Delta U - S_1(T_2 - T_1) - T_2\Delta S$，$\Delta G = \Delta H - S_1(T_2 - T_1) - T_2\Delta S$

　　　　e.　$\Delta U = c_V(T_2 - T_1)$，$\Delta H = c_P(T_2 - T_1)$，$\Delta S = c_V\ln(T_2/T_1)$，
　　　　　　$\Delta A = \Delta U - S_1(T_2 - T_1) - T_2\Delta S$，$\Delta G = \Delta H - S_1(T_2 - T_1) - T_2\Delta S$

5.14
$$\left(\frac{\partial T}{\partial P}\right)_{S,\boldsymbol{H}} = \left(\frac{\partial V}{\partial S}\right)_{P,\boldsymbol{H}}$$

$$\left(\frac{\partial V}{\partial \boldsymbol{H}}\right)_{S,P} = -\mu_0 V\left(\frac{\partial \boldsymbol{M}}{\partial P}\right)_{S,\boldsymbol{H}}$$

$$\left(\frac{\partial T}{\partial \boldsymbol{H}}\right)_{S,P} = -\mu_0 V\left(\frac{\partial \boldsymbol{M}}{\partial S}\right)_{P,\boldsymbol{H}}$$

5.15
$$\left(\frac{\partial S}{\partial V}\right)_{T,\boldsymbol{M}} = \left(\frac{\partial P}{\partial T}\right)_{V,\boldsymbol{M}}$$

$$\left(\frac{\partial S}{\partial \boldsymbol{M}}\right)_{T,V} = -\mu_0 V\left(\frac{\partial \boldsymbol{H}}{\partial T}\right)_{\boldsymbol{M},V}$$

$$\left(\frac{\partial P}{\partial \boldsymbol{M}}\right)_{V,T} = -\mu_0 V\left(\frac{\partial \boldsymbol{H}}{\partial V}\right)_{\boldsymbol{M},T}$$

第 6 章

6.1　$\Delta H_{1600\text{K}} = -1.086\times 10^6\text{J}$，$\Delta S_{1600\text{K}} = -178.5\text{J/K}$

6.2　$H_{\text{金刚石},1000\text{K}} - H_{\text{石墨},1000\text{K}} = 1037\text{J}$。因此金刚石在 1000K 的氧化比石墨的氧化放热高 1037J/mol。

6.3　$\Delta H_{1000\text{K}} = -80500\text{J}$，$\Delta S_{1000\text{K}} = 6.6\text{J/K}$

6.4　将压力增加到 1000atm 会使摩尔焓增加 612J。摩尔焓的增加是在 1atm 的压力下，通过 Cu 从 298K 到 327K 提高温度来实现的。

6.5 a. $\Delta H = -435000J$，$\Delta S = -94.75J/K$；b. $\Delta H = -355000J$，$\Delta S = -75.35J/K$；
c. $\Delta H = -373000J$，$\Delta S = -80.15J/K$

6.6 9078g

6.7 （a）4745K；（b）2330K

6.8 $\Delta G_{800K} = -1.817 \times 10^6 J$。如果假设反应的 Δc_P 为 0，$\Delta G_{800K} = \Delta H_{298K} - 800\Delta S$ 计算结果为 $-1.811 \times 10^6 J$，出现 0.4% 的误差。

6.9 $a=3$，$b=c=2$，$\Delta H_{298K} = 99700J$，$\Delta S_{298K} = 125.8J/K$，$\Delta G_{298K} = 62210J$

6.10 1675kJ

6.11
$$d\Omega = SdT + PdV + Nd\mu$$
$$\Omega = \Omega(T, V, \mu)$$

第7章

7.1 a. α-β-蒸气的三相点为 $T=1163K$，$P=2.52\times10^{-10}atm$；β-液-气的三相点为 $T=1689K$，$P=8.35\times10^{-5}atm$。b. $T_b=2776K$。c. $\Delta H_{(\alpha\to\beta)}=4739J$，d. $\Delta H_m=29770J$

7.2 $P_{Hg,373K} = 3.55\times10^{-4}atm$

7.3 冷凝开始于328K；在280K时82.5%的 $SiCl_4$ 已凝结。

7.4 方程（i）给出固体 Zn 的蒸气压。

7.5 $\Delta H_{b,Fe,3330K} = 342kJ$

7.6 $P_{CO_2,298K,(l)} = 73.3atm$。三相点压力为 $5.14atm$，并且，因为1atm等压线不通过液相区，液态 CO_2 在大气压下是不稳定的。

7.7 $P = 2822atm$

7.8 三相点处的直线斜率可由 $dP/dT = \Delta S/\Delta V$ 求得。

7.9 $T_b = 523K$

7.12

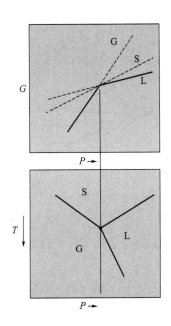

7. 13

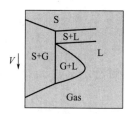

第 8 章

8. 1 包含对比参数的范德瓦耳斯方程为：

$$\left(P_R + \frac{3}{V_R^2}\right)(3V_R - 1) = 8T_R$$

$$Z_{cr} = 0.375 ；\ (\Delta U / \Delta V)_T = a / V^2$$

8. 2 $n_A / n_B = 1，\ P = 1.414 \text{atm}$

8. 3 罐内装有 565 摩尔范德瓦耳斯氧和 511 摩尔理想气体氧。由于气体是按罐装购买的，价格相同购买的范德瓦耳斯气体比理想气体多。

8. 4 $w = -1384 \text{J}$

8. 5 a. $b = 0.0567 \text{L/mol}$, $a = 6.77 \text{L}^2 \cdot \text{atm/mol}^2$; b. 0.170L/mol; c. P （范德瓦耳斯气体）$= 65.5 \text{atm}$, P （理想气体）$= 82.1 \text{atm}$

8. 6 维里方程 $w = -301 \text{kJ}$，范德瓦耳斯方程 $w = -309 \text{kJ}$，理想气体定律 $w = -272 \text{kJ}$

8. 7 a. $f = 688 \text{atm}$，b. $P = 1083 \text{atm}$，c. $\Delta G = 16190 \text{J}$，非理想性的贡献为 790J。

8. 9

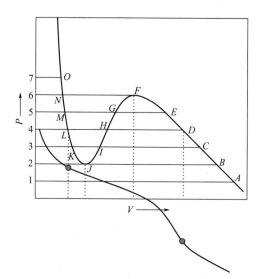

8. 10

$$\mathrm{d}P = \frac{R}{V-b}\mathrm{d}T - \left(\frac{RT}{(V-b)^2} + \frac{2a}{V^3}\right)\mathrm{d}V$$

8. 11

$$Z_{cr} = \frac{P_{cr}V_{cr}}{RT_{cr}} = \frac{a}{27b^2} \cdot 3b \cdot \frac{1}{R} \cdot \frac{27bR}{8a} = \frac{3}{8} = 0.375$$

第 9 章

9.1 $\Delta H = 117400\text{J}$，$\Delta S = 59.63\text{J/K}$

9.2 $\gamma_{Mn} = 1.08$

9.3 a. α 的平均值为 $(4396 \pm 6)\text{J}$，这表明，相对于 G^{XS} 的性质，溶液是正规的。

b. $\bar{G}^{XS}_{Fe} = 1583\text{J}$，$\bar{G}^{XS}_{Mn} = 703\text{J}$

c. $\Delta G^M = -9.370\text{J}$

d. $p_{Mn} = 0.0118\text{atm}$，$p_{Fe} = 3.68 \times 10^{-5}\text{atm}$

9.4 73380J

9.5 $\alpha = -4578\text{J}$，$a_{Sn} = 0.418$

9.6 a.
$$\Delta \bar{G}_B = RT \ln a_B = -5763\text{J}$$
$$a_B(X_B = 0.5) = \exp\left(\frac{-5763}{8314}\right) = 0.5$$

b.
$$\Delta \bar{G}_B = RT \ln a_B = -1609\text{J}$$
$$a_B = \exp\left(\frac{-1609}{8314}\right) = 0.844$$

9.8 温度升高 $2.37℃$ （K）。

9.10 $\ln \gamma_{Cd} = 0.425 X^2_{Zn} + 0.3 X^3_{Zn}$，$a_{Cd} = 0.577$

9.11 $a_{Au} = 0.695$，$a_{Ni} = 0.85$

9.14 B 服从亨利定律。

9.15 $a_B = 0.824$

第 10 章

10.1 $T = 1317\text{K}$，$X_{CaF_2} = 0.53$

10.2 （a） -11140J，（b） 0

10.3 a. 2418K，b. $X_{Al_2O_3} = 0.62$，c. 2444K，d. $X_{Al_2O_3} = 0.38$

10.4 -814J

10.5 $\alpha_L = 38096\text{J}$，$T_{cr} = 2291\text{K}$

10.6 a. 由液相线 $\Delta H^{\circ}_{m(Ge)} = 21527\text{J}$，b. 由固相线 $\Delta H^{\circ}_{m(Ge)} = 33111\text{J}$

10.7 CaO 在 MgO 中的最大溶解度为 $X_{CaO} = 0.066$，MgO 在 CaO 中的最大溶解度为 $X_{MgO} = 0.15$。

第 11 章

11.1 $X_{CO_2} = X_{H_2} = 0.182$，$X_{H_2O} = 0.0677$，$X_{CO} = 0.568$

11.2 43800J

11.3 $CO_2/H_2 = 1.276$

11.4 1771K

11.5 $P_T = 0.192\text{atm}$，$T = 792\text{K}$

11.6 a. $p_{N_2} = 5.94 \times 10^{-6}\text{atm}$，b. $P_T = 3.18 \times 10^{-9}\text{atm}$

11.7 13.3atm，$\Delta H^\circ_{573K} = -50900J$，$\Delta S^\circ_{573K} = -110.7J/K$

11.8 $PCl_5/PCl_3 = 0.371$

11.9 在 $P_T = 1atm$ 时，$p_{H_2} = 1.05 \times 10^{-8}atm$，$p_{O_2} = 0.0756atm$。在 $P_T = 10atm$ 时，$p_{H_2} = 3.31 \times 10^{-8}atm$，$p_{O_2} = 0.756atm$

11.10 $X_{H_2} = X_{I_2} = 0.165$，$X_{HI} = 0.669$，$T = 906K$

11.11
$$p_{CO} = \frac{1}{K_P^{\frac{1}{4}}+1} \; ; \; p_{CO_2} = \frac{K_P^{\frac{1}{4}}}{K_P^{\frac{1}{4}}+1}$$

第 12 章

12.1 $T = 565K$

12.2 $T_{m(Ni)} = 1731K$，$\Delta H^\circ_{m(Ni)} = 17490J$，$\Delta S^\circ_{m(Ni)} = 10.1J/K$

12.3 （a）$T = 462K$，（b）$T = 421K$

12.4 $p_{H_2O} = 1.32 \times 10^{-3}atm$，氧化反应放热。

12.5 平衡会产生 11.4％HCl、46.6％H_2 和 42％氩。因此没有达到平衡。

12.6 FeO 会消失。

12.7 $p_{Mg} = 2.42 \times 10^{-2}atm$

12.8 （a）$T = 1173K$，（b）$p_{CO_2} = 0.055atm$，（c）$p_{CO_2} = 1.23atm$

12.9 $P = 1atm$ （$p_{SO_3} = 7.99 \times 10^{-2}atm$，$p_{SO_2} = 0.612atm$，$p_{O_2} = 0.306atm$）

12.10 99.1％的 S 被去除，废气中 p_{S_2} 的压力为 $6.3 \times 10^{-11}atm$。

12.11 $\Delta G^\circ = 282000 - 123T$

12.12 每生产 1 摩尔 Fe 消耗 0.76 摩尔 CH_4。

12.13 方程（i）对于固体 Mg，方程式（ii）对于气态 Mg，方程式（iii）对于液态 Mg，$T_{m(Mg)} = 930K$，$T_{b(Mg)} = 1372K$。

12.14 54.92g 的 Zn 氧化形成 ZnO，29.78g 的 Zn 被蒸发，在坩埚中留下 115.3g 金属 Zn。

12.15 每燃烧 1 摩尔 CH_4 会分解 4.76 摩尔 $CaCO_3$。

12.16 $X_{Hg} = 0.0152$，$X_{O_2} = 0.0071$

12.17 $P_T = 1.651atm$，$p_{CO} = 1.009atm$，$p_{CO_2} = 0.642atm$。

第 13 章

13.1 $a_{Cu} = 0.159$

13.2 $a_{Mg} = 6.4 \times 10^{-4}$

13.3 $a_{PbO} = 0.5$

13.4 $X_{Cu} = 0.018$。T 增加会降低去除 Cu 的程度。

13.5 $a_C = 0.5$，$p_{H_2} = 0.92atm$

13.6 $a_{FeO} = 9.9 \times 10^{-5}$

13.7 （a）$p_{H_2}/p_{CO_2} = 2.15$，（b）$a_C = 0.194$，（c）$P_T = 5.16atm$，（d）总压不影响 p_{O_2}。

13.8 当 $C=3$、$\Phi=3$ 时，$F=2$，可通过 $T=1000\text{K}$ 和 $[X_{Mn}]=0.001$ 来说明。系统状态平衡时，$(X_{FeO})=1.22\times10^{-3}$，$p_{O_2}=2.33\times10^{-27}\text{atm}$。

13.9 对于 $2A+B=A_2B$，$\Delta G^\circ_{1273K}=-24370\text{J}$；对于 $A+2B=AB_2$，$\Delta G^\circ_{1273K}=-23190\text{J}$。

13.10 $\gamma^\circ_V=0.14$，(a) 10^{-3}，(b) 8.07×10^{-4}，(c) 7.14×10^{-3}，(d) 0.65

13.11 $\Delta G^\circ=-567500\text{J}$

13.12 $p_{O_2}=5.17\times10^{-10}\text{atm}$；$h_{Al(Fe中,1wt\%)}=7.2\times10^{-6}$；$C=3$，$\Phi=4$，因此 $F=1$，可通过指定 $T=1600℃$ 来说明。

13.13 $T_{max}=2211\text{K}$，$T_{min}=1515\text{K}$

13.14 $p_{Mg}=0.053\text{atm}$

13.15 $a_{MgO(min)}=0.027$

13.16 $p_{CO}=0.739\text{atm}$，$p_{CO_2}=0.0117\text{atm}$，$p_{Zn}=0.763\text{atm}$

13.17 $3CaO(s)+2Al(l)+3MgO(s)\Longrightarrow3Mg(g)+Ca_3Al_2O_6(s)$，$\Delta G^\circ_{1300K}=-22140\text{J}$，$a_{Al_2O_3}=0.129$

13.18 (a) $wt\%Al=0.00042$，$wt\%O=0.0039$；(b) $wt\%Al=0.00054$，$wt\%O=0.0035$

13.19 $T_{max}=1108\text{K}$

13.20 $P=6917\text{atm}$，1021.3K

13.21 浮氏体 $0.904\text{atm}<p_{CO}<3.196\text{atm}$，渗碳体 $7.43\text{atm}<p_{CO}<8.14\text{atm}$。

13.22 $T_{max}=1026\text{K}$

13.23 $a_{Zn}=0.154$

13.24 $[wt\%O]=1.9$，$k(1273\text{K})=2.0$

13.25 作为脱氧产物的硅酸锰熔体的形成将 SiO_2 的活性降低到小于1的值，从而使平衡 $[Si]+2[O]\Longrightarrow(SiO_2)$ 向右移动。对于 $[wt\%Si]$ 的任何给定值，当脱氧产物是 MnO 饱和硅酸盐熔体时，脱氧程度最大，此时 a_{SiO_2} 的最小值为 0.02。

第 14 章

14.1 $Pb(s)+2AgCl(s)\Longrightarrow2Ag(s)+PbCl_2(s)$，$\Delta G^\circ=-94560\text{J}$，$\Delta S^\circ=-35.5\text{J/K}$

14.2 (a) -103400J，(b) 27.98J/K，(c) 8338J/mol Pb，(d) $a_{Hg}=0.71$

14.3 $$\ln p_{O_2}=\frac{46620\varepsilon}{T}+\frac{63400}{T}-15.48$$

14.4 $\Delta c_P=-0.093\text{J/K}$

14.5 (a) $a_{Al}=0.673$，(b) $\Delta\bar{G}^M_{Al}=-2150\text{J}$，(c) $\Delta\bar{H}^M_{Al}=3329\text{J}$

14.6 (a) 1.62×10^{-6}，(b) 0.5，(c) $0.266wt\%$，(d) $0.602wt\%$

14.7 $pH=6.33$，$\varepsilon=-0.126\text{V}$，$[Pb^{4+}]=3.1\times10^{-62}\text{mol/L}$，$HPbO_2^-=10^{-9}\text{mol/L}$，$PbO_3^{2-}=2.5\times10^{-47}\text{mol/L}$，$[PbO_4^{4-}]=5.6\times10^{-221}\text{mol/L}$

14.8 2.20V，1.17V

14.9 $+6897\text{J}$，-4513J

第 15 章

15.1 a.
$$S^{XS} = \frac{a^2(T - T_C)}{2C}$$

b.
$$c_P^{ord} - c_P^{dis} = a$$

15.2 a.
$$T = T_C + \frac{C^2}{4aE}$$

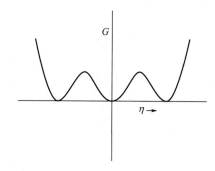

b. c. 一级

d. 因为 $C < 0$，所以：

$$\Delta H_{tr} = T_{tr} a \left(\frac{C}{2E}\right) < 0$$

e. 放热

15.4 a.
$$\gamma_{gb/12} = 2\gamma_{\alpha_1/\alpha_2} \cos\left(\frac{\phi_{12}}{2}\right)$$

b. α_1/α_2

c. 0

d. $2\gamma_{\alpha_i/\alpha_j}$

索 引
（按拼音排序）